科学出版社“十三五”普通高等教育研究生规划教材

创新型现代农林院校研究生系列教材

高级动物病理学

鲍恩东　吕英军　主编

科学出版社

北　京

内 容 简 介

本教材是在动物病理学本科生教材的基础上，汇集多所高校动物病理学研究生教学大纲和内容，针对性、系统性地对本科生动物病理教学内容进一步延展编写而成的，融入了当前病理学研究的前沿理论和知识，符合本专业研究生学习和思考的特点。本教材的内容及章节设置整体上分四篇论述：第一篇介绍病理学基础（分子病理学基础、动物超微病理学概论、免疫病理学基础、毒理病理学）；第二篇介绍动物传染性疾病病理（病毒性疾病、细菌性疾病、寄生虫性疾病、真菌性疾病、支原体疾病）；第三篇介绍普通病病理（败血症、贫血、中毒性疾病、营养与代谢性疾病）；第四篇介绍病理学研究技术与方法（传统动物病理学研究技术、现代动物病理学研究技术、比较病理学基础、数字病理与病理远程诊断）。

本教材可作为兽医专业、生命科学类专业、食品类专业、动物检验检疫专业及其他相关专业研究生的教材和参考用书。

图书在版编目（CIP）数据

高级动物病理学 / 鲍恩东, 吕英军主编. -- 北京 : 科学出版社, 2024. 11. (科学出版社“十三五”普通高等教育研究生规划教材) (创新型现代农林院校研究生系列教材). -- ISBN 978-7-03-078936-5

Ⅰ. S852.3

中国国家版本馆 CIP 数据核字第 2024JC3176 号

责任编辑：刘 丹 赵萌萌 / 责任校对：严 娜

责任印制：赵 博 / 封面设计：金舵手世纪

科学出版社 出版

北京东黄城根北街 16 号

邮政编码：100717

http://www.sciencep.com

北京市金木堂数码科技有限公司印刷

科学出版社发行 各地新华书店经销

*

2024年11月第 一 版 开本：787×1092 1/16

2025年 9 月第二次印刷 印张：27 1/2

字数：721 000

定价：118.00 元

（如有印装质量问题，我社负责调换）

《高级动物病理学》编委会

主　编　鲍恩东　吕英军

副主编　刘思当　高　洪

编　委（以姓氏笔画为序）

王文龙　内蒙古农业大学
王金玲　内蒙古农业大学
白文霞　南京工业大学江苏省药物研究所
宁章勇　华南农业大学
吕英军　南京农业大学
刘永宏　内蒙古农业大学
刘思当　山东农业大学
刘蒙达　中国动物卫生与流行病学中心
孙卫东　南京农业大学
肖　鹏　云南农业大学
肖一红　山东农业大学
佘锐萍　中国农业大学
张晓辉　海南大学
金　毅　深圳市药品检验研究院（深圳市医疗器械检测中心）
周向梅　中国农业大学
赵　丽　内蒙古农业大学
高　洪　云南农业大学
唐　姝　南京农业大学
涂　健　安徽农业大学
曹胜亮　聊城大学
董俊斌　内蒙古农业大学
鲍恩东　南京农业大学

主　审　徐广贤　广东医科大学

前 言

动物病理学的主要内容是研究动物机体在疾病过程中，病因和机体反应性间的相互作用而导致患病动物有关器官组织呈现代谢、功能和形态结构的改变，并进一步探索其发生、发展和转归规律。动物病理学是我们研究和认识疾病的重要依据，更是衔接基础兽医学和临床兽医学的一门“桥梁”学科，在动物医学的整个课程体系中起到承上启下的作用。高级动物病理学在吸纳了细胞生物学和分子生物学方法和成果的基础上，在动物机体患病过程中呈现的代谢、功能、形态学的基础上也增补了新的技术和内容，显著提高了动物病理学的深度和广度。随着科学技术的发展，虽然很多新兴技术为疾病的早期诊断和治疗提供了帮助，但现有的临床诊断方法在有些方面依然无法有效取代病理学诊断方法，如在肿瘤诊断中的病理组织学检查仍然是判断肿瘤性质、发展及预后的“金标准”，在新药上市前病理阅片是判断药物是否具备上市资格的重要一环。动物病理学在很多医学领域都显示出十分重要的地位。随着分子生物学技术的迅速发展，在学科间深度交叉融合的今天，高级动物病理学作为一门既承担基础理论研究，又具备很强的临床实用性的学科，在拓展相关专业本科生和研究生的认知深度和广度方面是十分必要的。

我国农业高等院校的研究生教学自改革开放得到恢复以来，招生规模不断扩大，标准化教学逐步行进在体系化通道中。然而，相对于较成熟的本科生教材，研究生的动物病理学教学和教材至今尚未形成完整统一的体系，各个高等院校依旧依据自身的招生、师资特点，在可调整的范围内自主确定教学大纲和教学任务，自然也无统一的研究生教材。近年来，中国畜牧兽医学会兽医病理学分会组织国内专家编写行业内巨著《动物病理学》，已出版至第二版。该著作内容较为系统和全面，既有传统内容，也有新进展介绍，是一本价值极高的动物病理学参考书。然而，该著作篇幅达一千多页，不宜直接用于研究生教学。南京农业大学一直主持编写全国统编教材《兽医病理生理学》，参加编写《动物病理学》和《兽医病理解剖学》，对本科生动物病理学的学习特点、系统学习有深刻的认知。相较本科生而言，硕士、博士研究生对病理学的拓展性学习，不但要求具有一定的系统性病理学知识储备，而且需要兼备新知识的探索和导向性思维要求，因此不宜将本科生教材和专著性参考书籍直接用于研究生教学。鉴于现状，编写一本内容新颖、及时反映病理学知识前沿、体系及结构完整、与本科生病理学教材相呼应的《高级动物病理学》研究生教材，是当前兽医相关专业研究生教学形势所亟需的。

南京农业大学动物病理学教研组在开展研究生教育的数十年间，与高级动物病理学相关内容的教学研究工作也同期展开，教学内容也与当时本科生规划教材相互协调和补充。此外，与研究生高级动物病理学教学相关的教材种类繁多，如《遗传病理》《分子病理学进展》《细胞病理学》《病理学研究进展》《病理诊断技术》《免疫病理学》《现代动物病理学》等。由此可见，作为研究生教学中的重要必修和骨干课程，尽管教学内容已形成较为充分的知识和结构体系基础，但高级动物病理学一直没有形成有组织、有系统的规范性研究生教材。本教材即是在我们多年来为兽医专业近千名研究生进行授课的经验和实践基础上汇集而成的。在本教材的编写方法上，我们既吸取传统兽医本科生病理学教科书的优良特点，又创新性地融入和延展病理诊断和科学研究等专科病理学的内容，系统地、分模块地展现对研究生教学工作的思考与成果，体现跨学科、多层次的交叉与渗透，还充分注意到本科生和研究生教学的差异和特点等，这是本教材的主要特色，也是以往其他病理学书籍所不具备的。

在教材编写过程中，我们还力求内容系统、语言精简、图片直观，使本教材既全面展现动物病理学内容，又避免烦冗拖沓，便于研究生学习参考。此外，我们邀请中国农业大学、山东农业大学、内蒙古农业大学、安徽农业大学、云南农业大学、海南大学、华南农业大学等高校及科研院所的国内兽医病理领域顶尖病理学专家、教授，以及部分青年学者、教师参与本教材编写，及时吸收融合最新、最前沿的病理学进展，尽力保障教科书的编写质量。特别感谢李志要在文章插图及修饰方面及研究生赵辰阳、赵雪瑞等同学在文字处理过程中的辛苦付出。

由于本教材涉及动物病理学众多领域，编者水平有限，因此出现疏漏之处在所难免，恳请各位同行、读者批评指正，以便再版时及时更正。

鲍恩东　吕英军

2024 年 11 月

目　录

第三篇　普通病病理

第四篇　病理学研究技术与方法

《高级动物病理学》教学课件申请单

凡使用本书作为授课教材的高校主讲教师，可获赠教学课件一份。欢迎通过以下两种方式之一与我们联系。

1. 关注微信公众号“科学EDU”索取教学课件

扫码关注→“样书课件”→“科学教育平台”

2. 填写以下表格，扫描或拍照后发送至联系人邮箱

<table>
<tr><td colspan="2">姓名：</td><td colspan="2">职称：</td><td>职务：</td></tr>
<tr><td colspan="2">手机：</td><td colspan="2">邮箱：</td><td>学校及院系：</td></tr>
<tr><td colspan="3">本门课程名称：</td><td colspan="2">本门课程选课人数：</td></tr>
<tr><td colspan="5">您对本书的评价及修改建议：</td></tr>
</table>

联系人：刘丹 编辑　　电话：010-64004576　　邮箱：liudan@mail.sciencep.com

绪　论

众所周知，动物病理学是衔接基础兽医学和临床兽医学的一门“桥梁”学科。它需要以基础兽医学如动物解剖学、动物生理学、动物组织胚胎学、动物生物化学的内容为基础，去衔接临床兽医学如兽医内科学、外科学、产科学等学科的内容，在动物医学的整个课程体系中起到承上启下的作用。动物病理学吸纳了细胞生物学和分子生物学的方法和成果，在纯形态学的基础上增补了新的技术，从而拓宽了病理学的深度和广度。随着科学技术的发展，创新性的诊断技术不断涌现，在疾病早期诊断和治疗方面起到了重要的作用。但是，现有的临床诊断方法在有些方面还无法有效取代病理学诊断方法。比如在肿瘤诊断中，病理组织学检测依然作为判断肿瘤性质、发展及预后的“金标准”。在新药上市前安全性评价的工作中，病理阅片也是作为判断药物是否具备上市资格的重要一环。然而，动物病理学虽然在很多医学领域都显示出十分重要的地位，但是在分子生物学技术迅速发展的今天，对于疾病的诊断不应该只是从病理学一个角度去考量，还应该结合其他多种技术，全面分析，得出结论。在学科间深度交叉融合的今天，动物病理学是一门既承担理论基础研究，又具备很强的临床实用性的学科，将其作为本科生和研究生的必修科目是十分必要的。

动物病理学的主要研究内容是疾病发生发展的规律。发病过程中，由于病原因子和机体反应的相互作用，患病动物体有关组织的代谢、功能以至形态结构都会发生种种改变，这是我们研究和认识疾病的重要依据。动物病理学的任务就是运用自然科学的方法来研究疾病的原因（病因学，etiology）、在病因作用下疾病发生发展和转归的过程及机体在发病过程中功能、代谢和形态结构的改变，以此阐明其本质，为认识和掌握疾病发生发展规律，更为防治疾病提供必要的理论基础。

由于疾病对于动物机体造成的损伤是动态变化的，因此病因学和发病学的学习就显得尤为重要。病因是指外界客观存在的生物的、物理的、化学的、社会的等有害因素，或者心理及遗传的缺陷，这些因素作用于动物体可以引起致病效应。病因学就是内外环境的致病因素侵袭动物体后引起动物发病，并研究其发病机制的科学。生活在自然界中的动物及其正常的生命活动均要求动物体能适应外界环境的各种影响因素，如果这种适应能力失调，即导致疾病。而造成这种失调的原因，可大致分为内因和外因。外因是指外来刺激如致病微生物、环境变化、毒素等作用于动物机体，超过了机体适应调节的能力，从而导致动物发生疾病；内因是指动物机体内部抵抗外界各种动因的能力或体质上的某些缺陷，从而导致疾病发生。动物种类繁多，种属和个体千差万别，如牛是反刍动物，而猪是单胃动物，其采食品种和饲料的消化吸收过程均有差别，因而评估其发生消化系统疾病的内因是不同的；而宠物中，犬、猫、鸟等的个体差异就更加巨大，需要考虑的内因也就更多更广。由此可见，学习动物病理学的难点之一也在于不同种属的动物在发生疾病时需要考量的病因不仅仅是外因，还需要将内因和外因综合考虑，才能完整判断动物疾病的发生发展过程。而疾病发生发展过程究竟有何规律，结果如何等，则是发病学所研究的内容。发病学强调动物机体是一个有机整体，而疾病的进展是动态变化的。疾病的发生过程中存在因果转化和动物的抗损伤反应，而每一个因果的不同又会导致动物不同的结局，是死亡还是康复等。因此，学习发病学时一定要带着辩证的观点来看待疾病。发病时的因果转化主要表现为初始病因对机体造成一定的损伤，使得动物体内自稳调节的某一个环节发生紊乱，而自稳调节任何一个环节的紊乱，又会造成相应功能或代谢活动发生障碍，并通过连锁反应，牵动其他环节，从而引起更为广泛而严重的生命活动障碍。在疾病因果交替过程中，动物机体的抗损伤反应也发挥着重要作用，其中包括各种生理性防御适应性反应和代偿作用。损伤和抗损伤反应之间相互依存又相互斗争的复杂关系是推动很多疾病不断发展演变、使因果连锁反应不断向前推移的基本动力。认识疾病发展过程中的因果转化及在某些疾病、某些情况下可能出现的恶性循环，对于正确治疗疾病和防止疾病的恶化具有重要意义。

随着科学技术的进步和病理学科的发展，病理学的研究手段也相应地发展出许多新方法、新技术，从而使研究工作得到进一步的深化。然而，动物病理学的形态学研究方法仍不失为基本的研究方法，其可以概括为：①大体观察，主要运用肉眼或辅以放大镜、量尺、各种衡器等，对检材及其病变性状（大小、形态、色泽、重量、表面及切面状态、病灶特征及坚度等）进行细致的观察和检测。这种方法简便易行，有经验的病理及临床工作者往往能借大体观察而确定或大致确定病变性质。②组织学观察，将病变组织制成厚约数微米的切片，经不同方法染色后用显微镜观察其细微病变，从而千百倍地提高了肉眼观察的分辨能力，加深了对疾病和病变的认识，这是最常用的观察、研究疾病的手段之一。同时，由于各种疾病和病变往往本身具有一定程度的组织形态特征，故常可借助组织学观察来诊断疾病。③细胞学观察，运用采集器采集病变部位脱落的细胞，或用空针穿刺吸取病变部位的组织、细胞，或由体腔积液中分离所含病变细胞，制成细胞学涂片，作显微镜检查，了解其病变特征。此法常用于某些肿瘤和其他疾病的早期诊断。④超微结构观察，运用透射及扫描电子显微镜对组织、细胞及一些病原因子的内部和表面超微结构进行更细微的观察，即从亚细胞（细胞器）或大分子水平上认识和了解细胞的病变。在超微结构水平上，还常能将形态结构的改变与功能代谢的变化联系起来，有利于加深对疾病和病变的认识。⑤组织化学和细胞化学观察，通过运用具有某种特异性的、能反映组织和细胞成分化学特性的组织化学和细胞化学方法，可以了解组织、细胞内各种蛋白质、核酸、糖原等化学成分的状况，从而加深对形态结构改变的认识。这种方法不仅可以揭示普通形态学方法所不能观察到的组织、细胞的化学成分变化，而且往往在尚未出现形态结构改变之前，就能查出其化学成分的变化。而且随着免疫学技术的进步，还可运用免疫组织化学和免疫细胞化学的方法，了解组织、细胞的免疫学性状，对于病理学研究和诊断都有很大帮助。除上述常用方法外，近数十年来陆续建立的还有放射自显影技术、显微分光技术、形态测量技术、分析电镜技术、流式细胞仪（FCM）技术、聚合酶链反应（PCR）技术及分子原位杂交技术等一系列分子生物学技术，从而使常规的病理形态学观察，发展到将形态结构改变与组织、细胞的化学变化相结合进行研究，而且将历来定性的研究发展到对病理改变进行形态的和化学成分的定量研究，从而获得更多更新的信息，大大增加了疾病研究的深度。

病理学的发展史可以追溯到数千年前，它是在人类探索和认识自身及动物疾病的过程中应运而生的。公元1～2世纪，一些医学家根据临床实践的启示，对动物和人体器官的构造及功能进行了解剖学和生理学方面的探索，如希腊著名医学家赫罗菲拉斯（Herophilos）及埃拉西斯特拉图斯（Erasistratos）发现脑和脊髓是相连的整体，并从它们发出神经；盖伦（Galen）还对神经系统各部分功能进行过科学实验，观察在不同水平上切断脊髓所发生的相应症状，认为疾病是病因作用于局部的结果，可造成局部功能障碍，即表现为症状。随着解剖学和生理学的发展，病理学的建立已有了相当良好的开端。1761年，意大利临床医学家莫尔加尼（Morgagni）根据

700 多例尸体解剖发现出版了五卷本的《疾病的部位和原因》，创造了器官病理学，基本上奠定了病理解剖学的基础。从 17 世纪开始制成放大镜到 19 世纪日趋完善的显微镜的出现，使人类对客观事物的观察进入了微观世界，产生了细胞病理学。1858 年，德国病理学家魏尔啸（Virchow）根据对大量尸体解剖材料的显微镜观察，描述了病变部位的细胞和组织结构的各种变化，提出了细胞病理学的理论，认为细胞的改变和细胞的功能障碍是一切疾病的基础，指出形态学改变与疾病过程和临床表现之间的关系。细胞病理学的问世，是病理学发展史上具有深远影响的里程碑，它对近百年来病理解剖学和临床医学的发展做出了具有历史意义的贡献。20 世纪 30 年代初电子显微镜问世以来，特别是 50 年代以后，细胞病理学发展到电子显微镜水平的超微病理学。随着包括医学科学在内的现代科学技术的快速发展，各学科之间相互渗透，生物学、免疫学、遗传学的知识在病理学中得到越来越广泛的应用，病理学目前已经处于分子病理学时代。

当代动物病理学飞速发展，许多常规诊断已经可以借助大数据建库，并由机器识别，从而提高效率、解放人力。这对动物病理学的学习提出了更高的要求，其中超微病理学的学习也更加重要。利用电子显微镜观察细胞内超微结构改变，借助冷冻切片、超微细胞化学、电子探针、微量元素分析、免疫电镜技术、同位素放射自显影等技术观察细胞内大分子（如蛋白质、核酸等）的改变等，从细胞器水平研究疾病导致的细胞损伤，可以从形态学上更加深刻地认识和鉴别疾病。与此同时更要求病理学者对前沿知识不断学习和吸收，对新出现的知识如细胞黏附与黏附分子、细胞凋亡与焦亡、细胞铁死亡、细胞自噬等进行系统学习，可以进一步了解疾病发生及发展规律，从而揭示许多疾病的发病机制。这对动物医学专业的学生也提出了新的要求，除学习传统病理学知识以外，还要紧跟科技发展的脚步学习一些新的分子生物学、分子遗传学、电子计算机、分子病理学等边缘及交叉学科，从而完善知识体系。

虽然科技发展日新月异，但是在动物疾病领域仍有许多问题解决不了。除畜牧业中不断涌现的各类新传染病需要我们去学习和应对外，宠物的各类慢性病、传染病、肿瘤等也越来越多，还有各类新药物往往用实验动物来评价其性质时也需要用病理学的知识来解决。而动物疾病相比较人类疾病来说，种类更多，检查后可治疗的手段却有限。因此，动物医学专业的学生不仅需要学好传统病理学知识，更要具有前瞻的眼光，不断摄取新知识，交叉融合，才能解决更多动物疾病的问题。动物医学从业者在解决问题的时候也需要对集约化养殖的畜禽和人类伴侣宠物报以不同的处理态度。集约化养殖动物要求我们尽早了解传染病的病理学和传播学特征，做到早发现、早隔离、早治疗或淘汰；而对于宠物来说，疾病诊断（预防）和治疗则成为重中之重。每个品种的宠物疾病特征都不同，甚至是未知，这就需要我们不断去发现、了解、解释。因此，未来的动物病理学是细化领域的动物病理学，是交叉融合的动物病理学，是一门更全更实用的基础与临床衔接的学科。动物病理学的未来还有很大的空间等待我们去学习、探索、挖掘。

（唐　姝　鲍恩东）

第一篇 病理学基础

第一章 分子病理学基础

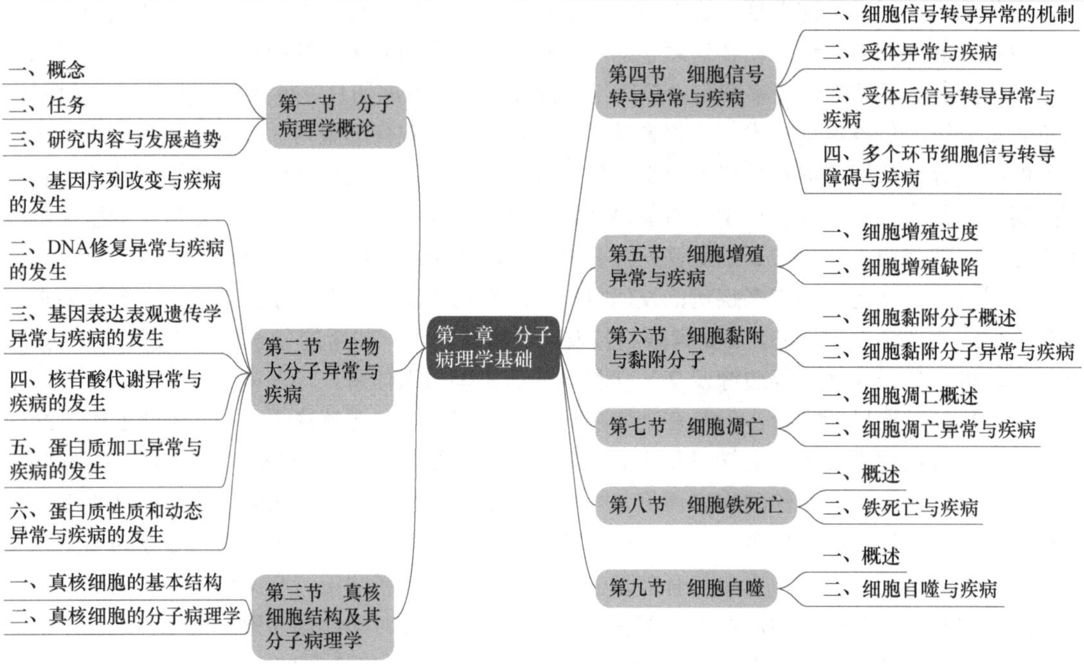

第一节 分子病理学概论

一、概念

分子病理学（molecular pathology）是应用分子生物学技术从蛋白质和核酸水平研究疾病发生、发展过程的一个重要的病理学分支学科。通常将生物所有的分子分为两类：一类是水、碳水化合物、无机盐和寡核苷酸等小分子；另一类为结构复杂的生物大分子，其生物学特性与小分子截然不同，既是组装细胞的结构成分，又是完成细胞各项功能的物质基础。体内非常重要的生物大分子是核酸和蛋白质，它们是生命体结构和功能的核心物质。分子病理学是从此类大分子水平上研究生命异常现象的学科，它的核心内容是阐明疾病过程中核酸、蛋白质等生物大分子的结构、功能及其相互作用的分子基础，其学科体系是在生物化学、生物合成、细胞生物学和遗传学（genetics）、基因组学（genomics）及蛋白质组学（proteomics）的交叉融合中逐渐形成并不断完善的。

二、任务

分子病理学是在研究生命现象的分子基础上，探索疾病发生、发展及转归过程中出现的细胞和分子生物学现象。它的诞生使人们对疾病的研究从器官、组织、细胞和亚细胞水平深入到分子和遗传基因水平，大大加深了对疾病本质的认识，并为一些疾病的防治开辟了新途径。光学显微镜之后电子显微镜的应用，使我们对病理过程的了解不断深入。同样，分子病理学及其相关技术的应用，更使我们能够解释以前所不能解释的病理现象。分子病理学的诞生是传统病理学发展的必然阶段。但必须强调的是，分子病理学并非解释所有病理现象的万能钥匙。寻求分子病理学与其他相关学科的结合点和切入点，仍是病理学工作者今后奋斗的目标。

三、研究内容与发展趋势

就病理学的学科体系而言，凡是传统病理学研究的领域，如疾病的病因、发病机制，以及疾病过程中各器官、组织、细胞和亚细胞的病理改变及其功能异常和疾病的转归，都是分子病理学的研究内容和研究对象。

分子病理学有广义和狭义之分。广义分子病理学是指在分子水平上研究所有疾病的发生发展；狭义分子病理学主要研究生物大分子（如核酸、蛋白质）在疾病发生发展中的作用。所谓分子病（molecular disease）是指DNA遗传性变异引起的一类以蛋白质异常为特征的疾病，主要包括遗传性酶缺陷所致的疾病、血浆与细胞蛋白缺陷所致的疾病、受体病和膜转运异常所致的疾病。总之，从分子病理学角度而言，某些特定蛋白质结构和功能改变是基因突变及其表达调控异常的结果，是疾病状态下器官、组织和细胞形态及功能异常的基础。

分子病理学的发展自始至终与分子生物学的发展有着千丝万缕的联系。此间 DNA 分离和双螺旋结构的确定、限制性内切酶的发现、DNA 测序及 PCR 等生物技术的问世等，为揭示遗传信息的复制和转录秘密奠定了基础。随着核酸分子生物学的迅猛发展，其相关技术如质粒的提取和纯化、转基因技术的定型、克隆技术的完善及人类基因组计划的启动到完成，使分子生物学成为生命科学中的领先学科，分子生物学技术也成为 21 世纪的先导技术。在 20 世纪 70 年代，病理学家创造性地将分子生物学理论及相关技术引入病理学领域，将疾病发生、发展规律的研究推进到分子水平。可以毫不夸张地讲，分子生物学的所有理论和技术，均可在病理学的病因学研究、发病机制研究、病理学诊断、疾病治疗及治疗后反应的分子问题中得以运用和发展。综上可见，随着分子生物学及其他相关学科的发展，分子病理学将成为21 世纪病理学探索的主体和发展方向，必将为人类和动物健康做出更大的贡献。

第二节 生物大分子异常与疾病

一、基因序列改变与疾病的发生

1. 结构基因序列改变导致的疾病 结构基因序列改变（如基因突变）可导致 DNA 一级结构（即碱基序列）发生变化。基因突变与疾病的关系十分密切，表现在结构基因所造成的序列改变可直接引起编码蛋白质产物发生质变或量变，前者主要指蛋白质的理化性质、免疫学性质和生物学功能改变；后者指蛋白质分子在细胞内外的数量变化，进而触发机体包括应激在内的相应生理调节反应。一旦异常的改变不断累积并且超出机体的调控范围，则发生疾病。

（1）蛋白质编码序列碱基改变可引起疾病　机体蛋白质的分子种类极具多样性，所参与完成的生物学功能也非常多样和复杂。基因序列改变所影响的蛋白质类型不同，其所引起的疾病和具体的表现也多有所不同。根据受累蛋白质对疾病进行病因学分类是分子生物学在疾病诊断方面的主要应用之一。如果受累的蛋白质属于酶类，尤其是重要的代谢酶，由于酶的催化功能具有放大性，而且其异常往往导致异常代谢产物的堆积，因此这类疾病的表现在临床中比较容易被发现。酶的突变异常被称为酶蛋白病，其概念后期得到进一步扩展，称为“分子病”，即包括 DNA 的突变发生在其他非酶类蛋白质分子的编码基因上。

机体对各种物质的代谢过程不仅常常由多步连续的反应完成，而且不同的代谢途径之间还存在交叉和联系。代谢底物通常在一系列酶的催化下，在生成代谢终产物之前，历经不同的代谢中间产物形式。在代谢途径的调控机制中，代谢终产物能够通过负反馈机制抑制其催化酶的活性。此外，代谢过程的网络中还备有一些代谢的旁路途径。因此，当某些特定的酶蛋白由于基因突变而丧失正常功能时，可导致代谢终产物缺乏、底物堆积、代谢中间产物的增加等现象的发生，最终引起酶蛋白病的典型临床表现。

（2）影响 RNA 剪接的突变可导致疾病　一定条件下，蛋白质的质变或量变并非完全由所编码基因的序列改变所决定，RNA 剪接也可能发挥一定作用。真核生物的初始转录产物核不均一 RNA（hnRNA）需要经过剪接等一系列转录加工过程后才具有活性。hnRNA 的剪接发生在特定位点，最常见的位点为 GU-AG，如果基因序列的改变恰巧发生在剪接位点，无论正常剪接位点消失，抑或是产生新的剪接位点，均可能影响剪接效果，产生不同的剪接产物，从而生成不同的蛋白质产物，影响细胞功能。

（3）序列变化可影响基因表达强度进而引起疾病　除直接改变蛋白质的一级结构（氨基酸残基的序列），进而影响蛋白质功能，引起疾病的分子机制外，基因序列的改变还可能通过影响基因表达的强度而改变蛋白质分子的数量。当某种蛋白质的表达量超出细胞的调节能力时，则可引起相应疾病。此外，基因扩增可导致相应基因及其蛋白质产物量的增多而诱发疾病，如在多种肿瘤发生过程中，促进肿瘤发生的基因 *c-myc* 常存在大量的扩增，对肿瘤发生起着重要作用。

（4）线粒体 DNA 序列改变可引起疾病　线粒体病（mitochondrial disease）是线粒体的功能异常导致的疾病，多是线粒体 DNA（mtDNA）突变所致。由于 mtDNA 缺乏组蛋白保护，并且缺乏完整的修复功能，因此突变率非常高。此外，一些线粒体蛋白由细胞核基因编码和调控，因此广义的线粒体病还包括由细胞核突变而引起的线粒体功能异常。线粒体病可导致糖原和脂肪酸等不能在线粒体中充分代谢从而不能产生足够的 ATP，导致能量代谢障碍，产生复杂的临床症状。mtDNA 的突变类型在不同的疾病中有所不同，主要包括点突变和重组突变两大类。

2．基因调控序列改变导致的疾病　结构基因除了可以引起编码序列改变以外，也可引起调控序列的改变。作为基因表达调控的重要组成部分，调控序列的改变不会直接影响蛋白质的氨基酸序列和生物学功能，但可通过调控基因表达的强度而影响蛋白质的合成量。同样，如果蛋白质的量变超出机体的调节能力，也可引起相应疾病。根据统计，人类基因组可引起疾病的序列突变中，1%～2%发生在调控区，且这些突变大部分位于基因转录起始位点 1kb 以内的区域。这些突变引起疾病的主要模式是：基因调控序列突变可改变某种转录因子与 DNA 结合位点的结合活性，从而改变所调节基因的表达量，进而引起疾病。基因调控序列改变除可改变基因表达外，还可由于与转录因子结合活力的增强而增加基因表达引发疾病。

二、DNA 损伤修复异常与疾病的发生

细胞中 DNA 损伤的生物学后果，主要取决于 DNA 损伤的程度和细胞的修复能力。如果损伤得不到及时正确的修复，就可能导致细胞功能出现异常，造成细胞衰老（senescence）、细胞凋亡或细胞瘤变，导致生物个体出现对应的症状，即老化、死亡或引发肿瘤。因此，DNA 损伤修复异常与肿瘤、遗传病、衰老及缺陷和免疫性疾病等的发生有着密切的联系。

1. DNA 损伤修复异常与肿瘤　肿瘤的发生是环境因素与遗传因素相互作用的结果，环境因素引起广泛的 DNA 损伤，包括原癌基因和抑癌基因的损伤；遗传因素则是肿瘤相关基因的先天缺陷，包括 DNA 修复系统的缺陷。先天性 DNA 修复系统缺陷，则易患恶性肿瘤。研究表明，环境因素可诱发 DNA 损伤，如果 DNA 修复系统异常，将导致基因突变；如果原癌基因被激活或抑癌基因被失活，都将导致肿瘤发生。DNA 修复系统异常不仅可引起基因突变，而且还可引起表观基因沉默，导致肿瘤发生。

虽然 DNA 修复功能缺陷也可引起肿瘤的发生，但已癌变的细胞本身 DNA 修复功能往往并不弱，相反会显著增强，使得癌细胞能够充分修复化疗药物引起的 DNA 的损伤，这也是大多数抗癌药物不能奏效的直接原因，所以关于 DNA 修复的研究可为肿瘤联合化疗提供新思路。

2. DNA 损伤修复异常与遗传病　DNA 损伤导致核苷酸切除修复缺陷后，不能修复紫外线和化学制剂等引起的 DNA 损伤，而使机体对这些因素特别敏感，可以导致着色性干皮病（XP）、科凯恩综合征（Cockayne syndrome，CS）、沃纳综合征（Werner's syndrome，WS）、布卢姆综合征（Bloom syndrome）、共济失调毛细血管扩张症（ataxia telangiectasia，AT）和范科尼贫血（Fanconi anemia）等遗传病，进一步可导致肿瘤的发生。

3. DNA 损伤修复异常与衰老　有关 DNA 损伤修复能力比较的研究发现，寿命长的动物（如象、牛等）的 DNA 损伤修复能力较强；寿命短的动物（如小鼠、仓鼠等）的 DNA 损伤修复能力较弱。衰老是细胞的重要生命现象之一。细胞衰老的一种假说认为，细胞中 DNA 损伤监测及修复系统退化，导致细胞中 DNA 突变的积累，进而加速细胞的老化，如人类常染色体隐性遗传的科凯恩综合征，患者的体细胞极易衰老，过早老化。研究表明，长寿人群的细胞具有较高的损伤修复相关酶活性，如多腺苷二磷酸核糖聚合酶［poly（ADP-ribose）polymerase，PARP］、DNA 依赖性蛋白激酶（DNA-PK）及突变激酶（ATM），可调控细胞内 DNA 损伤监测及修复系统，使细胞逃避衰老调控机制，成为“长寿”细胞。

4. DNA 损伤修复衰退与缺陷和免疫性疾病　DNA 修复功能先天性缺陷患者，其免疫系统常有缺陷，主要是 T 淋巴细胞功能缺陷。随着年龄的增长，细胞中的 DNA 修复功能逐渐衰退，如果同时发生免疫监视功能的障碍，便不能及时清除癌变的突变细胞，从而导致肿瘤发生。因此，DNA 损伤修复、免疫和肿瘤等均是紧密关联的。

三、基因表达表观遗传学异常与疾病的发生

在基因表达的过程中，除 DNA 的序列改变可以影响蛋白质的质和量外，基因表达复杂的调控机制网络任何环节的异常均可能影响调控基因的表达：RNA 的生物合成、降解过程异常也会导致相应 RNA 拷贝数的改变，进而影响蛋白质的表达量。蛋白质翻译后修饰异常也会影响蛋白质正确空间结构的形成，干扰蛋白质分子与其他生物分子的相互识别和作用。蛋白质靶向运输的障碍，使蛋白质无法在正确的亚细胞结构定位上发挥功能；蛋白质降解途径的异常，会

影响蛋白质分子的数量等。

RNA 转录的过程除受基因调控序列影响外，还受到染色体表观遗传学机制的影响。表观遗传学修饰通过改变染色体的结构，影响与转录相关的蛋白质复合体和 DNA 的相互作用，调控 RNA 转录的效率。细胞染色体表观遗传学改变，特别是 DNA 甲基化和组蛋白修饰异常及非编码 RNA 的异常表达，可引发疾病。

1．DNA 甲基化异常与疾病　DNA 甲基化在胚胎发育、细胞分化、染色体失活及基因印记等方面发挥重要作用。异常的 DNA 甲基化与肿瘤、自身免疫病、退行性疾病等多种疾病密切相关。

与正常细胞相比，肿瘤细胞常表现出异常的 DNA 甲基化模式，提示 DNA 甲基化异常可能是促进肿瘤发生发展的重要因素。在肿瘤中发挥不同作用的基因，其 DNA 甲基化水平不同可引起相应基因表达谱的异常。如果促进肿瘤发生、发展的基因启动子区 DNA 甲基化水平降低，而抑制肿瘤发生、发展的基因启动子区的 DNA 甲基化水平升高，则可分别引起癌基因表达水平的升高和抑癌基因表达水平的下降，且均可能促进肿瘤的发生与发展。除了肿瘤发生、发展，DNA 甲基化与肿瘤化疗的敏感性也有密切关系。DNA 甲基化在酶蛋白病，如苯丙酮尿症（PKU）的发展过程中同样发挥了重要作用。体液中大量堆积的苯丙氨酸可作为毒性刺激从整体上改变机体细胞中 DNA 的甲基化模式。

2．组蛋白修饰异常与疾病　许多研究已证实组蛋白乙酰化在肿瘤发生中起重要作用。乙酰转移酶 CBP、P300 和 ZNF220 均有肿瘤抑制作用，如结肠癌、胃癌和乳腺癌中 P300 发生点突变，ZNF220 异常与急性进行性髓性白血病相关；而在急性粒细胞白血病和非霍奇金淋巴瘤中出现的组蛋白脱乙酰酶（HDAC）异常聚集是上述肿瘤发生的重要病因。除乙酰化修饰外，其他的组蛋白修饰也和肿瘤的发生密切相关。总之，组蛋白修饰与肿瘤的发生、发展及药物治疗均有密切关系。

3．非编码 RNA 的异常表达与疾病　长链非编码 RNA（long noncoding RNA，lncRNA）可通过多种机制对基因表达发挥调节作用，其异常表达可参与疾病的发生。作为基因表达重要的转录后调节方式，miRNA 在多种复杂性疾病，如心脑血管疾病、肿瘤的发生发展过程中发挥了重要作用。前述 PKU 的发病中苯丙氨酸的异常堆积可诱发细胞基因组 DNA 甲基化模式的改变，而发生改变的 DNA 部分可为 miRNA 编码序列。这些甲基化模式的改变导致相应 miRNA 表达的异常，而这些 miRNA 通过调节靶基因的表达参与 PKU 的进展。此外，由于 miRNA 的相对稳定性，根据血中特定 miRNA 的水平变化进行组合检测，可以将其作为疾病诊断和预后判断的分子标志物。

环状 RNA（circular RNA，circRNA）是一种特殊的内源性非编码 RNA，可广泛、保守、稳定地存在于真核生物中，可通过外显子或内含子的环化产生。circRNA 可通过调节 miRNA 的表达和功能发挥、mRNA 前体的剪接过程等方式调控基因的表达，其异常表达也与多种疾病密切相关。

四、核苷酸代谢异常与疾病的发生

1．嘌呤核苷酸代谢异常与疾病　正常生理情况下，嘌呤合成与分解处于相对平衡的状态，所以人体嘌呤分解代谢的最终产物——尿酸的生成与排泄也较恒定。正常人血浆中尿酸含量为 120～360μmol/L。当体内核酸大量分解（白血病、恶性肿瘤等）或食入高嘌呤食物时，水溶性差的尿酸在血中的水平升高。当超过 480μmol/L 时，尿酸盐将过饱和而形成结晶，沉积于关节、软组织、软骨及肾等处，导致关节炎、尿路结石及肾疾病，称为痛风。

2．嘧啶核苷酸代谢异常与疾病　嘧啶核苷酸代谢异常的疾病较少见，乳清酸尿症是一种遗传性疾病，其发病原因主要是催化嘧啶核苷酸从头合成反应的双功能酶缺陷。主要表现为尿中排出大量乳清酸、生长迟缓和重度贫血。

五、蛋白质加工异常与疾病的发生

1．蛋白质错误折叠引起的疾病

（1）*朊病毒疾病*　为区别于病毒和类病毒，将不含核酸的导致神经退行性变性疾病的这类蛋白致病因子定名为朊病毒（prion）。朊病毒主要成分为朊病毒蛋白（prion protein，PrP），其有两种形式：一种是正常细胞型，称 PrPc；另一种是异常致病型，称 PrPSc。这两种蛋白质的氨基酸序列相同，但其空间结构不同。PrPc 主要由 α 螺旋组成，水溶性，对蛋白酶消化敏感；PrPSc 主要由 β 折叠组成，耐热，对蛋白酶消化具有显著的抵抗能力，并聚集成淀粉样的纤维杆状结构。正常细胞的 *PrP* 基因表达的正常产物 PrPc 是没有感染能力的，而 PrPSc 则具有致病能力。朊病毒本身不能繁殖，它被认为是通过胁迫 PrPc 改变空间结构而达到自我复制的目的，并产生病理效应。多种因素（包括 PrPc 的氨基酸序列、二级结构、翻译后修饰及细胞外环境因素等）可导致细胞型 PrPc 转变为 PrPSc 型，继而 1 分子 PrPSc 胁迫 1 分子 PrPc 形成 PrPSc 二聚体，随后 2 分子 PrPSc 又胁迫 2 分子 PrPc 形成 PrPSc 四聚体，如此倍增累积 PrPSc，导致神经元损伤，使脑组织发生退行性病变。

（2）*蛋白质错误折叠引起的其他疾病*　如果机体避免蛋白质错误折叠的机制出现故障，比如错误折叠的蛋白质所暴露的疏水或异常表面不能被分子伴侣或泛素连接酶所识别，或者错误折叠的蛋白质形成的速度超过了分子伴侣修复和泛素-蛋白酶体系统降解的速度，则那些错误折叠的蛋白质就会相互聚集而导致蛋白质构象病。阿尔茨海默病（Alzheimer's disease，AD）是常见的神经退行性变性疾病，患者脑中有淀粉样 β（Aβ）蛋白和 Tau 蛋白两类蛋白质的沉淀，Aβ 蛋白可形成淀粉样斑，Tau 蛋白可引起神经细胞内的自损伤。帕金森病（Parkinson's disease，PD）患者的脑中也有蛋白质沉淀物，称为路易小体（Lewy 小体），表明帕金森病也可能是蛋白质错误折叠所致。还有许多疾病，如囊性纤维性病变、家族性淀粉样病变、家族性高胆固醇血症、白内障及某些癌症等被确认为是蛋白质错误折叠相关疾病。

2．蛋白质翻译后异常修饰引起的疾病　在 AD 的发生过程中，Tau 蛋白受各种因素的影响导致过度磷酸化，从而使 Tau 蛋白失去了有效聚合的能力，代之以成对螺旋细丝的形式异常组装形成神经原纤维缠结，失去了维持微管正常形态与功能的能力，造成神经元的变性损伤。糖原合成酶激酶 3β（glycogen synthase kinase 3β，GSK-3β）是 Tau 蛋白磷酸化最主要的酶。AD 患者中另一种异常沉积的 Aβ 蛋白能有效提高 GSK-3β 的活性并促进其表达，是促进 Tau 蛋白过度磷酸化的原因之一。除了异常磷酸化，Tau 蛋白在神经退行性变性疾病中翻译后的修饰还包括硝基化、糖基化、乙酰化和泛素化等。

3．蛋白质定位错误引起的疾病　功能蛋白质靶向定位异常，会引起细胞功能的紊乱，甚至导致疾病发生。脑肝肾综合征是一种典型的过氧化物酶体蛋白靶向转运异常所导致的疾病。这类患者的过氧化物酶体是空的，不含基质蛋白。这是 *PTS1R* 基因缺陷引起受体蛋白表达异常，使翻译后的蛋白质不能正常转运过氧化物酶体蛋白，致使过氧化物酶体丧失正常功能，引起病理性改变。

4．蛋白质降解异常引起的疾病　泛素-蛋白酶体途径在细胞周期、基因转录、细胞凋亡及抗原呈递等多种生理功能中均发挥重要的调控作用。该系统功能失常与多种疾病的发病机制有关。例如，严重创伤和恶性肿瘤患者常因伴有肌肉萎缩和消耗而延迟康复，可能是患者体内的泛素-蛋白酶体途径激活，致使骨骼肌蛋白高代谢。囊性纤维化是一种常染色体隐性遗传病，其致病原因之一是囊性纤维化跨膜转导调节因子（CFTR，一种氯离子通道）基因突变，导致CFTR 不能正常到达细胞表面而在内质网中沉积，并被泛素-蛋白酶体降解。CFTR 的减少造成细胞膜对部分离子的通透性降低，进而引起黏液过多，导致囊性纤维化疾病。

六、蛋白质性质和动态异常与疾病的发生

蛋白质分子水平的稳态维持取决于合成和降解过程的动态平衡。目前认为，在正常情况下，基因、mRNA 的质和量决定了蛋白质合成过程的质和量，而 mRNA 翻译出肽链过程的高保真性决定了翻译过程本身出错概率较低。因此，与蛋白质生成有关的疾病基本由 DNA 序列改变和 mRNA 量的改变所引起，很少有疾病产生于肽链的错误翻译。蛋白质合成后需要多种加工修饰并转运至恰当的亚细胞结构才能发挥正常的生物学功能，而蛋白质功能发挥完毕后需要进入降解途径，以维持蛋白质水平的稳定。蛋白质翻译后修饰、定向转运和降解过程的异常是临床多种疾病的病理学基础。

1．蛋白质修饰异常与疾病　蛋白质合成后需要多种修饰才能具有生物学功能，如糖基化、小分子泛素相关修饰物蛋白（SUMO）化、磷酸化、乙酰化和亚硝基化等。如果蛋白质修饰异常，无论是催化修饰的酶类基因突变，或是蛋白质本身的修饰位点的突变，均会严重影响蛋白质功能的正常发挥。多聚腺苷酸二磷酸核糖（poly ADP-ribose，PAR）糖基化是一种由多腺苷二磷酸核糖聚合酶（PAR polymerase，PARP）催化的重要的蛋白质翻译后修饰现象。多种参与 DNA 损伤修复、基因转录、细胞增殖和凋亡的蛋白质均可发生 PAR 修饰，在细胞生物学过程中发挥重要功能。肿瘤细胞中的 PARP 可通过 DNA 损伤修复促使肿瘤细胞对多种 DNA 损伤化疗药物，如烷化剂、铂类等产生耐药，而 PARP 抑制剂正在成为临床重要的抗肿瘤药物。

2．蛋白质分选或输送异常与疾病　蛋白质翻译加工后输送异常可能是酶蛋白病的重要发病机制之一，如白化病中，酪氨酸酶是黑色素生成的关键酶。作为具有酶活性的蛋白质，酪氨酸酶肽链合成后同样需要在内质网进行折叠，然后运输至高尔基体进行糖基化修饰，最后由转运囊泡转运至黑色素体发挥作用。该过程同样需要包括酶类在内的多种蛋白质的参与。酪氨酸酶自身或这些参与酪氨酸酶翻译后加工修饰、运输的蛋白质编码基因变异均可能导致黑色素合成障碍，引发类白化病的疾病发生，可称为泛发性白化病。例如，酪氨酸酶催化结构域以外的区域发生的点突变可干扰酶蛋白与内质网中的分子伴侣结合，导致新合成的酪氨酸酶肽链无法正确折叠，并影响后续的加工修饰和转运，最终影响酪氨酸酶的功能发挥，这是Ⅰ型泛发性白化病发生的重要分子机制。除此以外，在酪氨酸酶蛋白由高尔基体向黑色素体转运的过程中，P 蛋白发挥协同转运功能，由编码基因变异引起的 P 蛋白功能障碍可导致酪氨酸酶无法正确转运，最终引起黑色素合成障碍，构成Ⅱ型泛发性白化病的分子基础。

多泡体（multivesicular body，MVB）分选途径对细胞表面受体，尤其是表皮生长因子受体（EGFR）的命运至关重要。细胞表面受体在信号传递功能完成后可通过内体吞噬完成细胞内化（internalization）过程。内化的受体可重新循环至细胞表面继续传递信号，或者进入多泡体分选途径，后者与溶酶体融合降解内化的受体。多泡体分选途径功能的发挥依赖于一系列蛋白质复合物的功能发挥，主要是“运输所需的胞内分选复合物”（endosomal sorting complex required for transport，ESCRT），通过复杂的组装，多种蛋白质（主要是 vacuolar protein sorting，VPS）分

布组成Ⅰ、Ⅱ、Ⅲ型 ESCRT；进入 MVB 途径的受体经过一系列的相互作用，由Ⅰ、Ⅱ、Ⅲ型 ESCRT 介导完成分选。因此，ESCRT 对细胞表面多种受体的命运起着重要作用。由基因突变引起的组成蛋白功能缺失可导致 ESCRT 功能缺失，进而影响一系列细胞表面受体的水平，如与细胞增殖密切相关的 EGFR、c-met 等均可由于 ESCRT 功能缺失而异常激活，导致细胞增殖紊乱，与多种肿瘤发生密切相关，如乳腺癌、食管癌、肝细胞癌、前列腺癌等。

蛋白质的降解对维持细胞内部环境稳定具有极为重要的作用，损伤或错误折叠的蛋白质、多余和老化的蛋白质组分、外来蛋白质等均需要降解，生成的氨基酸在细胞内可再利用，以维持细胞的自我平衡等。目前，已发现的哺乳动物体内的蛋白质降解途径主要包括泛素-蛋白酶体降解途径和溶酶体降解途径。前者负责降解体内大多数蛋白质，是胞质和胞核内依赖于 ATP 的非溶酶体途径的降解通路；溶酶体降解途径可降解细胞吞入的外源性蛋白质和细胞自身的蛋白质，后者被称为蛋白质的自噬（autophagy）。目前已经发现，泛素-蛋白酶体降解途径和自噬降解途径的损坏参与了多种重大疾病的发生与发展。

第三节 真核细胞结构及其分子病理学

一、真核细胞的基本结构

真核细胞比原核细胞进化程度高，结构复杂。由真核细胞组成的生物称为真核生物，包括单细胞生物（如酵母）、原生生物、动植物及人类等。真核细胞区别于原核细胞的最主要特征是其出现有核膜包围的细胞核。

真核细胞的形态多种多样，常与细胞所处的部位及功能相关，组织中的细胞一般呈椭圆形、扁梭形、立方形和多角形，如上皮细胞多为扁平形或立方形；具有收缩功能的肌肉细胞多为梭形；具有接受和传导各种刺激功能的神经细胞常呈多角形，并出现多个星状突起；游离于液体的细胞多近于球形，如红细胞和卵细胞。不同类型细胞的大小差异很大，小细胞的直径可达 10μm，大细胞的直径可达几厘米。

在光学显微镜下，真核细胞由细胞膜（cell membrane）、细胞质（cytoplasm）和细胞核（nucleus）构成，在细胞核中可见核仁结构。应用电子显微镜对细胞内部进行广泛研究，发现除位于细胞最外层的细胞膜外，在细胞内部还有多种重要的亚显微结构也是由膜性结构组成的。因此在电镜下，将细胞结构分为膜性结构和非膜性结构。膜性结构主要包括细胞膜、内质网、线粒体、高尔基体、溶酶体和核膜等；非膜性结构主要包括核糖体、染色质、核仁及微丝、微管和中间丝等细胞骨架。真核细胞结构可分为三大功能体系：①以类脂和蛋白质分子为基础的生物膜体系，其功能意义在于将细胞内分隔为若干区域，使细胞内的有关组分形成更严密的结构，更有效地进行代谢反应；②以核酸和蛋白质为主要成分的颗粒状或纤维状体系，其功能意义在于与细胞内遗传信息的复制和表达相关；③以蛋白质为主体的细胞骨架体系，其功能意义在于对细胞形态起支撑作用，同时在细胞运动、物质运输、信息传递和细胞分裂增殖等方面起重要作用。

二、真核细胞的分子病理学

（一）细胞骨架的分子病理学

各种病理状态下的细胞，其细胞骨架系统发生变化。细胞骨架在组装与分布上的改变必然影响细胞的功能，并引起多种疾病，包括肿瘤、某些神经系统疾病和遗传性疾病等。不同细胞骨架在细胞内的特异性分布用于对一些疑难疾病的诊断，也可根据细胞骨架与疾病的关系来设计药物。

1. 细胞骨架与肿瘤　肿瘤细胞的本性决定了细胞生长与增殖的失控并具有无限生长的特征。细胞骨架在细胞的生命过程中充当重要角色，细胞恶变时，细胞骨架异常的结构和功能是导致肿瘤失控的重要因素。

（1）肿瘤细胞内的微丝　肿瘤细胞内微丝束减少，并常出现成片的肌动蛋白凝聚小体。培养的成纤维细胞转化为肿瘤细胞后，其中的肌动蛋白微丝束消失。微丝的组装和分布发生异常，似与肿瘤细胞的生长与增殖失控有关。

（2）肿瘤细胞内的微管　肿瘤细胞中的微管数仅为正常细胞内微管数的 1/2，但肿瘤细胞内的钙调蛋白为正常细胞的 2 倍。这可能是钙调蛋白抑制了微管蛋白的聚合从而使微管数目减少。微管的分布排列也发生紊乱，使肿瘤细胞的形状和细胞器的运动均发生异常。

（3）瘤细胞内的中间丝　活体内肿瘤细胞中间丝的形态、超微结构和免疫学特征均与正常细胞表现相同，仅在化学组成上有所改变。

2. 细胞骨架与衰老　衰老机体内各种细胞均表现为功能低下。细胞骨架在结构和功能上的改变是造成细胞与机体衰老的重要环节。衰老的小鼠腹腔巨噬细胞内肌动蛋白微丝较年轻小鼠同种细胞内微丝数量减少。衰老动物脑皮质神经元中的微管多呈扭曲或缠绕状态，妨碍神经轴突微管的运动和轴浆营养物质的运输，使神经元的营养受到阻抑，引起老年人和动物的痴呆现象。衰老动物神经元中的微管数目也明显减少，影响神经细胞的各种功能，特别是降低神经细胞运动的能力，故老年人和动物的衰老首先出现神经系统症状。

另外，在细胞生活过程中发生质膜脂质过氧化而产生自由基，这些自由基可使微丝与膜的连接断裂，质膜局部呈泡状凸起，细胞不能正常执行膜与微丝的运动功能而趋于衰亡。

3. 细胞骨架与神经系统疾病　许多神经系统疾病与细胞骨架蛋白的异常表达有关。AD 患者的神经元中可见到大量损伤的神经原纤维，它们由成对的螺旋状中间丝组成，并含有过度磷酸化的 Tau 蛋白。对死亡 AD 患者的大脑进行分析发现，神经元中微管蛋白的数量并无异常，但微管聚集缺陷。孤立的微管蛋白与结合的微管蛋白均可以过度磷酸化的方式与其他配体结合形成稳定的 Tau 蛋白。因为微管是轴浆流必需的细胞骨架，所以 AD 中微管聚集缺陷，可能引起轴浆流阻塞，神经原纤维缠结体形成，从而使神经信号传递紊乱。对患者脑脊液分析发现，AD 患者脑脊液中 Tau 蛋白含量明显高于正常人，提示 AD 患者神经元中存在 Tau 蛋白的积累。

4. 细胞骨架与遗传学疾病　血影蛋白（spectrin）结构与功能异常引起的一系列先天性溶血性贫血，是与细胞骨架蛋白异常有关的遗传性疾病。近年来发现，一些遗传性疾病患者常有细胞骨架的异常或细胞骨架蛋白基因的突变。

5. 细胞骨架在寄生虫病中的作用　只有在宿主细胞膜上存在 ATP 的情况下，疟原虫才能进到红细胞内。若无 ATP 存在，疟原虫可与位于细胞外表面的受体结合，但不能进入红细胞内。疟原虫进入红细胞的过程与红细胞骨架有关，可导致血影蛋白分子磷酸化的红细胞环磷酸腺苷（cAMP）非依赖性激酶在这一过程中发挥重要作用。

（二）细胞膜的分子病理学

1. 细胞膜与肿瘤　肿瘤细胞的特征之一可表现为细胞表面组分和结构改变，导致增殖失控、转移和浸润。

（1）细胞膜表面糖链短缺不全 细胞表面糖基转移酶活性降低，而糖苷水解酶活性增强，细胞外的糖链不能接触延伸，失去接触抑制和密度依赖性生长调节，导致增殖失控。同时，糖链短缺不全可造成高度复杂的鞘糖脂和高分子量糖蛋白丧失，出现一些简单前体糖脂和低分子量糖蛋白，导致糖蛋白和糖脂出现异常。蛋白聚糖的细胞外“天线”状结构与细胞的恶变和肿瘤细胞的去分化程度有关。

（2）糖蛋白改变 糖蛋白的改变体现在膜上某种糖蛋白的丢失，各种肿瘤细胞都有黏连蛋白的缺失，失去了原来正常细胞与细胞之间的黏着作用，这样肿瘤细胞彼此之间的黏着性和亲和力降低，使细胞易于脱落，从而浸润病灶周围组织或通过血液和淋巴液转移到其他部位。另外，糖蛋白的糖链发生改变，表现为糖蛋白出现唾液酸化，使癌细胞表面唾液酸残基增加，导致肿瘤细胞免疫逃逸现象的发生。肿瘤细胞还可以合成新的糖蛋白。

（3）糖脂改变 糖脂的改变主要是糖链缩短及糖基缺失所造成的，可能与酶的活化或抑制有关。在结肠胰腺癌和淋巴瘤细胞中，都发现有鞘糖脂组分的改变和合成肿瘤细胞特有的新糖脂。

（4）表面降解酶的改变 肿瘤细胞表面的糖苷酶和蛋白质水解酶活性增加，使细胞膜对蛋白质和糖的传送能力增强，为肿瘤细胞的分裂和增殖提供了物质基础。

（5）癌基因表达产物增多及细胞表面出现异常的抗原和受体 消化道肿瘤细胞表面可出现癌胚抗原（CEA）和异体的 ABO 血型抗原。O 型血胃癌患者，正常时胃黏膜表面只有单一的 O 型抗原，而在胃癌细胞膜表面可出现 A 型抗原，增加了 1 个单糖残基，这可能与某些糖基转移酶活性改变有关。

（6）肿瘤细胞连接异常 连接数目减少，结构混乱，间隙连接通信中断；紧密连接丧失或解体，改变细胞侧壁的通透性；膜下微丝数减少，排列无规则，黏着连接松散，使细胞和结缔组织脱离，易于脱落和转移，细胞自主性增强，失去群体细胞约束和控制。

（7）多数肿瘤细胞出现有氧酵解 在有氧情况下将葡萄糖分解为乳酸，造成糖的利用浪费和供能缺乏，使细胞膜的糖吸收量增加，受体介导胞吞作用加快，而且腺苷酸环化酶活性下降，信号跨膜转导受阻，细胞代谢紊乱。

2．细胞膜与遗传性疾病

（1）细胞膜受体蛋白异常与遗传性疾病 膜受体在结构上和数量上发生缺陷，多数是基因突变导致的遗传性疾病。

（2）细胞膜载体蛋白异常与遗传性疾病 胱氨酸尿症为遗传性疾病，表现为患者的尿液中含有大量的胱氨酸。当尿液的 pH 下降时，胱氨酸沉淀形成结石。其机制是细胞膜上缺少胱氨酸载体蛋白，造成转运功能降低所致；肾性糖尿病是肾小管上皮细胞膜中转运糖类的载体蛋白缺失所致，也是一种遗传病。

3．细胞膜与细胞的衰老 细胞衰老过程中，细胞膜磷脂的脂肪酸链不饱和程度增加，脂质分子移动减慢，镶嵌蛋白运动减缓乃至停止，膜选择通透性受到损害。细胞的间隙连接减少。膜渗漏引起外界钙大量进入细胞基质中，终致磷脂降解，细胞膜崩解。衰老细胞表现为细胞膜上的微绒毛数目增加、细胞膜的流动性降低、细胞膜受体-配体复合物形成效能降低。细胞衰老过程中伴随有其他细胞器的变化，如衰老细胞的内质网排列无序、膜腔膨胀扩大，甚至崩解，因而细胞的物质合成效率下降。细胞中线粒体的数量随年龄的增大而减少，其体积随年龄的增长而增大。高尔基体数量明显增加，囊泡肿胀，并可出现扁平膜囊泡断裂崩解，以致高尔基体分泌功能和囊泡运输功能衰退。溶酶体数量及体积也明显增加。脂褐素增加。

（三）基膜的分子病理学

病理过程中基膜的改变涉及其结构和各种组成成分，包括胶原、黏着成分和蛋白聚糖。因胶原的含量、结构或类型异常而导致的疾病颇为多见，如过量基膜成分沉积所导致的糖尿病微血管病变和肾小球病变；基膜破损所导致的牛皮癣；细胞周基膜胶原沉积所导致的动脉硬化性平滑肌斑块等。

1．胶原异常　胶原蛋白可引起自身免疫病。天然的、变性的胶原分子，乃至前胶原的 α 链，都可引起体液免疫及细胞免疫反应。人体丧失对自身胶原组织结构的免疫耐受即可产生自身免疫性胶原损伤，如类风湿性关节炎及肾小球肾炎等。免疫性胶原病还可是免疫复合物在胶原组织中沉积所致。大于 19S 的免疫复合物常可沉积在含胶原的组织中，从而引起一系列变化，如补体活化并固定到特殊组织，与特异性细胞反应，释放致病性介质及引起炎症反应等。

2．纤连蛋白异常　肾小球肾炎的发生与血浆、组织中的纤连蛋白有关。在肾小球基膜中含有大量纤连蛋白。DNA、链球菌、金黄色葡萄球菌、胶原和纤维蛋白的降解产物，可直接或以免疫复合物的形式，通过与纤连蛋白结合而沉积于肾小球，引起肾小球肾炎。血浆中的纤连蛋白则可与上述各种抗原结合而阻止其与肾小球纤连蛋白结合。同时，血浆纤连蛋白与抗原结合的复合物可被肝库普弗细胞和脾巨噬细胞表面的纤连蛋白受体识别、结合，引起内吞，从而加速抗原的清除。血浆纤连蛋白浓度降低，则失去对肾的保护作用。

3．层粘连蛋白异常　糖尿病具有广泛的基膜改变，肾小球基膜中层粘连蛋白的含量减低，而血清中出现基膜的降解产物，如层粘连蛋白 P1 片段及来自Ⅳ型胶原的 7S 胶原。在链球菌感染后的肾小球肾炎及锥虫病患者血中出现层粘连蛋白抗体，可引起自身免疫反应，导致某些器官的基膜损伤。在扩张性心肌病与心肌炎患者中也能检测到层粘连蛋白的自身抗体。

4．蛋白聚糖异常　动脉粥样硬化的形成与富含胆固醇的低密度脂蛋白及钙在动脉壁的沉积有关。造成这种沉积的内在因素是动脉壁中的氨基聚糖和蛋白聚糖。动脉壁中的氨基聚糖随年龄的增加而改变，如硫酸软骨素的含量降低、硫酸皮肤素的含量增高，均有利于脂质沉积。

第四节　细胞信号转导异常与疾病

细胞信号转导（cell signal transduction）是指细胞通过细胞膜或细胞内的受体，接受细胞外信号，通过细胞内复杂的级联信号转导，进而调节细胞内蛋白质的活性或基因表达，使细胞发生相应的生物学功能改变的过程。跨膜信号转导（transmembrane signal transduction）是指不能穿过细胞膜的信息分子先与细胞膜受体结合，从而激活细胞内信息分子，将胞外信号转变为胞内信号，启动细胞内信号传递系统，再经信号转导级联反应将细胞外信息传递至胞质或胞核内，从而调节靶细胞的功能。它们对维持正常的细胞生物学功能，如细胞增殖、分化及凋亡等至关重要，任何环节异常都可能引起细胞功能改变，严重的可导致疾病的发生。研究细胞信号转导与疾病的关系不仅有助于阐明疾病的发生发展机制，而且可以提供新的治疗药物靶点和治疗思路。

一、细胞信号转导异常的机制

细胞信号转导异常的机制总体上包括三个方面：信号异常、受体异常和受体后信号转导通路异常。

（一）信号异常

信号异常一般是信号的产生异常增多或减少、信号的拮抗因素产生增多或产生了抗信号的自身抗体及外源性刺激或损伤，这些均可导致细胞信号异常。

1．内源性细胞信号异常　生理状态下，体内神经递质、内分泌激素、生长因子等的生成和释放是根据机体的状况而处于一定的变动之中的，这种变化有利于维持内环境的稳定。但若变化过于剧烈或持续时间过长，则会导致代谢紊乱或器官功能变化，从而促进疾病的发生发展。

2．外源性细胞信号异常

（1）理化损伤性刺激　环境中许多化学物质可引起细胞信号异常，进而导致信号转导异常。化学致癌物，如多环芳烃类化合物，能诱导小鼠小 G 蛋白 *K-Ras* 基因突变，使 Ras 的 GTP 酶活性降低，引起 Ras 处于与 GTP 结合的持续激活状态，通过激活 Ras-Raf-MEK-ERK 通路，导致细胞异常增殖，从而诱发肿瘤。各种物理刺激同样可以引起细胞信号异常，如心肌的牵拉刺激、血管中流体的切应力对血管的刺激等可通过特定的信号转导通路，激活 PKC、ERK 等，促进细胞的增殖，导致心肌肥厚、动脉硬化等病变。

（2）生物损伤性刺激　各种病原体及其相关物，如病原微生物的菌体蛋白、脂多糖、核酸等均可作为配体，干扰细胞的信号转导过程。Toll 样受体（Toll-like receptor，TLR）为Ⅰ型膜蛋白，其胞内部分与 IL-1 受体（IL-1R）明显同源，在信号转导方面也相似，被归入 TLR/IL-1R 超家族。TLR 在一定程度上识别并区分不同类型的病原体，介导生物因素引起的细胞信号转导。

（二）受体异常

受体异常可因编码受体的基因突变、免疫学因素和继发性改变所致。基因突变分为失活性突变和激活性突变，可引起受体数量改变或功能（如受体与配体结合功能、受体激酶的活性、核受体的转录调节功能等）异常。还有一种情况是受体本身没有异常，但受体功能所需的相关因子或辅助因子缺陷，也可导致受体功能异常。基因突变发生在生殖细胞可导致遗传性受体病，而发生在体细胞的突变则与肿瘤的发生发展有关。

1．遗传性受体异常　编码受体的基因缺失、突变，从而使受体缺失、减少或结构异常，引起遗传性疾病，称为遗传性受体异常。

（1）受体数量改变　受体合成数量减少、组装或定位障碍，使受体生成减少或受体降解增加，最终导致受体数量减少或缺失，出现受体功能丧失，导致靶细胞对相应配体不敏感。相反，受体数量异常增多引起的受体过度激活，也可诱发一系列疾病，如肿瘤。

（2）受体结构异常　基因突变导致受体结构改变，引起其功能降低或缺失，如受体与配体结合障碍、受体酶活性降低及受体-G 蛋白偶联障碍、受体与 DNA 结合障碍、受体的调节异常等。基因突变也可使受体成为异常的不受控制的激活状态，又称组成型激活（constitutive activation）状态，或者受体的抑制性成分缺陷，均可使细胞内特定的信号转导通路过度激活。

2．自身免疫性受体异常　自身免疫性受体异常是机体通过免疫应答反应产生针对自身受体的抗体所引起的疾病。抗受体抗体根据其与相应受体结合所产生的效应而分为阻断型和刺激型抗受体抗体。前者与受体结合后，可阻断受体与配体的结合，从而阻断受体的信号转导通路和效应，导致靶细胞功能低下；后者可模拟信号分子或配体的作用，激活特定的信号转导通路，使靶细胞功能亢进。

3．继发性受体异常　很多内环境因素可以调节或改变受体的数量及与配体的亲和力，从而引起继发性受体的调节性改变。其中部分是损伤性变化，如膜磷脂分解引起受体功能降低；有些是代偿性调节，如配体含量增高引起的受体减敏，以减轻配体对细胞的过度刺激。机体在缺血、缺氧、炎症、创伤等内环境紊乱时，可出现神经内分泌的改变，使神经递质、激素、细胞因子、炎症介质等释放异常（持续增多或减少），导致特定受体的数量、亲和力及受体后信号转导系统发生改变，引起细胞对特定信号的反应性增强或减弱。继发性受体异常可进一步影响疾病的发生发展。

（三）受体后信号转导通路异常

受体后信号转导通路异常多是基因突变所致的信号转导蛋白失活或异常激活引起的，主要见于肿瘤和遗传病，如*Ras*基因突变，突变率较高的甘氨酸12、甘氨酸13或谷氨酰胺61被其他氨基酸残基所取代，使*Ras*处于与CTP结合的持续激活状态而引起细胞增殖。因此，该通路的异常激活与多种肿瘤的发病有关。此外，受体后信号转导通路异常也可因配体异常或病理性刺激所致，如霍乱（cholera）。

需要指出的是，细胞信号系统是一个网络系统，信号转导通路之间存在交互通话和作用。某种信号蛋白的作用丧失后，可由别的信号蛋白来替代，或者功能相近的信号转导通路间发生了功能上的互补，使细胞的功能代谢不受明显影响，因此并非所有的信号转导蛋白异常都能导致疾病。

二、受体异常与疾病

细胞信号转导异常涉及受体、细胞信号转导分子和转录因子等多个环节。细胞信号转导系统的任何环节可因原发性障碍而引起疾病，也可继发于某种疾病或病理过程而使细胞信号转导系统改变，其功能紊乱又促进了疾病的发展。

（一）遗传性受体病

1．家族性高胆固醇血症　家族性高胆固醇血症（familial hypercholesterolemia，FH）是低密度脂蛋白（LDL）受体缺陷所致。富含胆固醇的LDL能与存在于细胞膜表面的LDL受体结合，并由受体介导的内吞作用进入细胞。在细胞内，受体与LDL解离，受体再回到细胞膜表面，而LDL则在溶酶体内降解释放出胆固醇，供细胞代谢需要并降低血浆胆固醇含量。FH属常染色体显性遗传，分为受体合成障碍、受体转运障碍、受体与相应配体结合障碍和受体内吞缺陷4种类型。因LDL受体数量减少或功能异常，其对血浆LDL清除能力降低，患病动物出生后血浆LDL含量高于正常，发生动脉粥样硬化的危险性显著提高。

2．雄激素受体（AR）缺陷与雄激素不敏感综合征　AR属核受体，当其与雄激素结合后，在核内再与雄激素反应元件结合，调节基因表达发挥生物学效应。因此，AR异常可引起雄激素不敏感综合征（androgen insensitivity syndrome，AIS）。AIS包括雄性假两性畸形、特发性精子减少甚至缺乏症、延髓脊髓性肌萎缩（SBMA）。

3．胰岛素受体（IR）与胰岛素抵抗性糖尿病　IR属酪氨酸蛋白激酶型受体，其基因异常与2型糖尿病发生密切相关。IR与胰岛素结合使TPK激活，后者经胰岛素受体底物（IRS）进一步激活多条细胞内信号转导通路，产生生物学效应。

（二）自身免疫性受体病

1．重症肌无力　重症肌无力（myasthenia gravis，MG）是一种神经-肌肉间传递功能障碍的自身免疫病。MG 动物的胸腺上皮细胞及淋巴细胞内含有一种与烟碱型乙酰胆碱（n-Ach）受体结构相似的物质，其可能作为自身抗原而引起胸腺产生抗 n-Ach 受体的抗体。后者通过干扰 Ach 与受体结合，或加速受体内吞与破坏，最终导致运动神经末梢释放的 Ach 不能充分与运动终板上的 n-Ach 受体结合，使兴奋由神经传递到肌肉的过程发生障碍，从而影响肌肉收缩。

2．自身免疫性甲状腺病 自身免疫性甲状腺病（autoimmune thyroid disease，AITD）是甲状腺自身抗体所引起的自身免疫病。腺垂体合成和释放的促甲状腺素（thyroid stimulating hormone，TSH）是糖蛋白激素，其与甲状腺细胞膜上的 TSH 受体结合，经刺激性调节蛋白（Gs）激活腺苷酸环化酶（AC），增加 cAMP 生成；也可经 G 蛋白的异源三聚体亚型 Gq 介导的磷酸肌醇特异性磷脂酶 C（PLC）增加二酰甘油（DAG）和肌醇三磷酸（IP_3）生成，其生物学效应是调节甲状腺细胞生长和甲状腺素分泌。由于自身抗体性质不同，动物的临床表现也各异。

TSH 受体的抗体分为：①TSH 受体刺激性抗体。其与 TSH 受体结合后能模拟 TSH 作用，通过激活 G 蛋白，促进甲状腺素分泌和甲状腺腺体生长，与甲状腺功能亢进和甲状腺肿大的临床表现有关。②TSH 受体阻断性抗体。阻断性抗体可存在于慢性淋巴细胞性甲状腺炎和特发黏液性水肿病动物的血液中，其与 TSH 受体结合后，减少了 TSH 与受体的结合概率，减弱或消除了 TSH 的作用，抑制甲状腺素分泌，造成甲状腺功能低下。

3．继发性受体异常（secondary receptor disorder） 心功能不全时动物心脏 β 受体减敏是对过量儿茶酚胺刺激的代偿反应，可抑制心肌收缩力，减轻心肌损伤，但也是促进心功能不全发生发展的主要因素之一。

三、受体后信号转导异常与疾病

1．霍乱 霍乱（cholera）是霍乱弧菌引起的烈性肠道传染病。霍乱弧菌可分泌活性极强的霍乱毒素，后者选择性催化 Gsα 亚基的 Arg201 核糖化，此时 Gsα 尽管能与 GTP 结合，但其酶活性已丧失，不能将 GTP 水解为 GDP，结果使 Gsα 处于不可逆的激活状态，不断刺激 AC 生成 cAMP，导致小肠上皮细胞膜蛋白构型改变，大量 Cl^-、Na^+和 H_2O 持续转运入肠腔，引起严重腹泻、脱水、电解质紊乱和酸中毒。患病动物因循环衰竭而死亡。

2．假性甲状旁腺功能减退症 假性甲状旁腺功能减退症（pseudohypoparathyroidism，PHP）是靶器官对甲状旁腺激素（PTH）反应性降低而引起的遗传性疾病。PTH 与受体结合后可激活 Gs，经活化 AC 催化 cAMP 生成。PHP 可分为Ⅰ型和Ⅱ型。其中，Ⅰ型是编码 Gsα 的等位基因突变，导致 PTH 受体与 AC 之间信号转导脱偶联。*Gs* 基因突变还可引起其他与 AC 相关联的激素抵抗症，如 TSH、LH 和 FSH 抵抗症等；Ⅱ型是指肾源性 cAMP 对磷酸盐尿反应性降低，患病动物仅对 PTH 抵抗，Gs 正常，与 PTH 受体无关，具体发病机制尚未阐明。

四、多个环节细胞信号转导障碍与疾病

1．肿瘤 肿瘤发生可以使刺激细胞生长的信号转导通路持续激活，或诱导细胞凋亡的信号转导通路失活。

（1）促进细胞增殖的信号转导增强 在肿瘤发生上促进细胞增殖的信号转导异常往往表现为信号转导过强。

1）细胞因子产生增加。参与肿瘤发生的细胞因子主要是生长因子类，如转化生长因子-α（TGF-α）、成纤维细胞生长因子（FGF）、血小板源性生长因子（PDGF）、表皮生长因子（EGF）等。研究表明，很多肿瘤细胞可分泌某些生长因子。某些癌基因可编码生长因子样活性物质

（growth factor-like active substance），如 *sis* 癌基因表达产物与 PDGF β 链高度同源；*int-2* 癌基因蛋白与成纤维细胞生长因子具有相似结构，上述癌基因的激活可使生长因子样物质生成增多，通过自分泌或旁分泌方式刺激细胞增殖。另外，肿瘤细胞还具有生长因子受体，生长因子与相应受体共同作用刺激肿瘤细胞自身增殖。

2）生长因子受体表达异常增多。恶性肿瘤常伴有某些生长因子受体表达异常（过表达或基因突变）等，且基因表达量与肿瘤的生长密切相关。受体型酪氨酸激酶（receptor tyrosine kinase，RTK）与生长因子结合后，通过二聚化及受体间的磷酸化，使胞内区的 TPK 激活。活化受体通过其接头蛋白（junctin）启动多条信号转导通路，增强基因表达和细胞周期运行，促进细胞增殖。另外，某些癌基因还可表达生长因子受体类似物，通过模拟生长因子受体功能促进细胞增殖。

3）受体组成型激活突变。已发现多种肿瘤组织中存在 RTK 组成型激活突变。例如，人乳腺癌、肺癌、胰腺癌和卵巢肿瘤中发现有 EGF 受体的过表达，这种受体处于配体非依赖性持续激活状态，能不断刺激细胞的增殖与转化。

4）小分子 G 蛋白的改变。*ras* 癌基因编码的小分子 G 蛋白 Ras，可在 Sos 催化下通过与 GTP 结合而激活下游信号转导分子。突变的 Ras 与 GDP 解离速率增加或 GTP 酶活性降低，均可导致 Ras 持续活化，促进细胞增殖信号的增强，进而引发肿瘤。

（2）抑制细胞增殖的信号转导减弱　肿瘤的发生不但可由促进细胞增殖的信号转导通路增强引起，而且还可能与细胞生长抑制因子受体减少或功能丧失及受体后信号转导通路异常，即负调控细胞生长机制的减弱或丧失等有关，如 TGF-β 具有抑制多种肿瘤细胞增殖和激活凋亡的作用，其受体（TGF-βR）具有丝/苏氨酸蛋白激酶（PSTK）活性。TGF-βR 有Ⅰ型和Ⅱ型两种。其中Ⅱ型受体与配体结合后，与Ⅰ型受体形成寡聚体并使其磷酸化，活化Ⅰ型受体可使 Smad 蛋白家族的丝/苏氨酸残基磷酸化，随后 Smad 以二聚体的形式转入细胞核内，调节靶基因转录，经抑制细胞周期依赖性激酶 4（CDK_4）表达，诱导 $P21^{waf1}$、$P27^{kipl}$ 和 $P15^{ink4b}$ 等 CDK 抑制因子的生物合成，使细胞周期阻滞于 G_1 期。

在某些肿瘤（如胃肠癌、肝癌、淋巴瘤等）组织中，不但存在 TGF-βⅡ型受体（TGF-ⅡβR）的突变，而且还有 Smad 的失活、缺失或突变。Smad 和受体突变导致 TGF-β 信号转导通路障碍，从而使细胞脱离 TGF-β 的负调控作用而发生肿瘤。此外，TGF-β 还可通过增进细胞外基质的生成和刺激肿瘤组织血管增生，对肿瘤发生发展产生促进作用。

2. 心血管疾病　心血管系统疾病不仅种类繁多，而且病因多样，因而涉及的信号转导系统也更加复杂，有许多问题迄今尚未阐明。

（1）β-肾上腺受体与心功能衰竭　任何原因引起的心衰，其心肌均呈现一系列特殊的分子病理变化，如 β-肾上腺受体（β-AR）信号转导通路的改变。因 β-AR 属 G 蛋白偶联受体，故其脱敏需依赖于 G 蛋白偶联受体激酶（GRK）。心肌细胞中的 GRK（包括 GRK_2、GRK_3、GRK_5，其中 GRK_2、GRK_3 又称为 β-ARK_1、β-ARK_2）只能识别与配体结合的受体并将其磷酸化，使受体脱敏。心衰时，一方面儿茶酚胺类物质的持续存在使 β-AR 的密度和敏感性均下降；另一方面 β-ARK_1 水平的明显增加，使 β-AR 脱敏。许多心肌损伤因素（如心肌缺血、高血压等）均可诱导 β-ARK_1 的上调，进而导致心功能衰竭。

（2）肾素-血管紧张素系统（renin-angiotensin system，RAS）与心血管疾病　RAS 的激活在由缺血、高血压等因素所诱发的心肌重塑中发挥关键作用。其中，血管紧张素Ⅱ（AngⅡ）可通过与心肌细胞膜上的 G 蛋白偶联的 AT1 受体（AngⅡ type 1 receptor）结合激活 RAS-MAPK 通路、PLC 和 Ca^{2+}，引起基因表达改变，促进 RNA 和蛋白质的生物合成，从而导致心肌肥大。

AT1 还可激活非受体酪氨酸激酶——信号转导子和转录激活子（JAK-STAT）信号通路。RAS 和 AT1 信号转导通路的长期活化，可使补偿性心肌肥大向心衰转化。

3．炎症　细胞信号转导系统与炎症启动、放大及反应过程密切相关，尤其是在炎症反应的调节中具有十分重要的作用。

（1）与炎症细胞激活和放大有关的信号转导通路　能够激活炎症细胞的各种物质（如病原微生物及其代谢产物、补体、免疫复合物、创伤和坏死组织等）可通过不同受体启动细胞内信号转导通路，从而引发炎症。

1）脂多糖（lipopolysaccharide，LPS）受体介导的信号转导通路。LPS 首先与细胞膜上的 CD_{14} 结合，然后通过 Toll 样受体 4（TLR4）胞内区的连接蛋白（如 MyD_{88}）与其辅助因子 MD-2 结合，激活 IL-1 受体连接蛋白激酶（IRAK），启动炎症细胞内多条信号转导通路，包括 NF-κB、多种磷脂酶信号转导通路（如磷脂酶 C-蛋白激酶 C 信号通路、钙信号通路及 PLA_2 等）和 MAPK 家族等。激活多种转录因子（如 NF-κB），增进促炎细胞因子（如 IL-1β、TNF-α 等）、趋化因子、脂类介质和活性氧等生物活性物质的合成与释放。上述因子与相应受体结合后，可引起炎症细胞的进一步激活和炎症反应的扩大，从而导致炎症的级联反应。

2）TNF-α 和 IL-1 受体介导的信号转导通路。TNF-α 有两种受体，即 1 型和 2 型（TNF-α1 和 TNF-α2）。其中 TNF-α1 和 IL-1R 可通过接头蛋白，如肿瘤坏死因子受体（TNFR）、结合因子 2（TRAF2）或 6（TRAF6）激活 NIK-IKK-NF-κB 通路和 MAPK 家族信号转导通路等。使单核巨噬细胞分泌细胞因子（如 TNF-α、IL-1、IL-6、IL-8 等）产生细胞因子级联反应（cytokine cascade reaction）。上述促炎细胞因子可进一步激活白细胞和内皮细胞等，使其表达黏附分子，并能增强中性粒细胞的吞噬活性，释放蛋白水解酶及氧自由基，从而使炎症反应进一步扩大。

（2）与炎症反应有关的黏附分子及其信号转导通路　发生炎症时，在细胞因子、趋化因子等作用下，白细胞和内皮细胞均被活化，其表达黏附分子明显增加，如内皮细胞被激活后 2h，其表面细胞间黏附分子-1 的表达增加 30 倍，E-选择素表达增加 100 倍。在黏附分子作用下，白细胞在血管内经过滚动、黏附、伸出伪足和穿出血管等一系列过程而进入炎症病灶。在此过程中穿出血管的白细胞表达整合素，后者与细胞外基质结合，进而激活白细胞内多条信号转导通路，如活化多种蛋白激酶（包括 PTK、PKC、ERK、JNK 等）、激活小 G 蛋白 Rho 和 PI-3K 等。整合素与其配体结合产生的细胞信号转导，可使细胞骨架重构，有利于白细胞的变形及其移动，从而促使白细胞穿出血管进入炎症病灶。

（3）参与炎症调控的细胞因子及其信号转导　炎症反应可造成组织细胞的广泛性损伤，从而引起炎症性疾病。为了减轻或防止过度炎症反应对机体造成的损伤，机体内存在多种极其复杂的抗炎机制，主要包括抗炎因子（如 IL-4、IL-10 等）、可溶性受体（如 TNF-αR、IL-1R 及 IL-6R 等）和激素（如糖皮质激素等）。

总之，炎症反应是多因素和多种细胞参与的极其复杂的病理过程。因此，炎症的调控也是十分复杂的，细胞信号转导系统在炎症调控中起着十分重要的作用，其主要目的是将炎症控制在一定范围内，以防止过度炎症反应对组织细胞的损伤。

第五节　细胞增殖异常与疾病

细胞增殖（cell proliferation）是指细胞分裂及再生的过程。细胞以分裂的方式进行增殖，以维持个体的生长，修复损伤，或用来补充衰老、死亡的细胞。细胞增殖是生物体生长、发育、繁殖及遗传的基础。细胞增殖是通过细胞周期实现的，是多阶段和多因素参与的有序调节过程，以使各类细胞可依机体需要进行增殖或处于静止状态，否则可导致和促进疾病发生。

细胞周期调控是细胞对不同信号进行整合后，依靠细胞内级联反应完成的，包括细胞周期的驱动力量（cyclin 和 CDK）、抑制力量和检查点等，其任一环节发生异常均可使细胞增殖过度或缺陷，导致或促进疾病发生。

一、细胞增殖过度

细胞增殖过度可导致如肿瘤、肝肺肾纤维化、前列腺肥大、原发性血小板增多症、家族性红细胞增多症、银屑病、类风湿性关节炎、肾小管间质性病变和动脉粥样硬化等疾病的发生。恶性肿瘤是典型的细胞周期异常性疾病，下面以其为例阐述细胞周期自身调控异常与癌细胞恶性增殖的关系。

1. 细胞周期自身调控异常

（1）cyclin 过表达　肿瘤发生与细胞周期蛋白（cyclin），主要是 cyclin D、cyclin E 的过表达有关。研究表明，人乳腺癌细胞或组织中 cyclin E 高表达；在 B 细胞淋巴瘤、乳腺癌、胃肠癌、甲状旁腺癌和食管癌细胞或组织中 cyclin D_1 过表达。cyclin 过表达与基因扩增、染色体倒位和染色体易位有关。cyclin D_1 对正常细胞和癌细胞的 G_1 期至关重要，如过表达 cyclin D_1 使细胞易被转化；cyclin D_1 与癌基因 *c-myc* 协同作用能诱导转基因小鼠发生 B 淋巴瘤等。

（2）CDK 增多　多种癌细胞或组织 CDK 常呈过表达，且与肿瘤发生、发展、转移和浸润等相关，如小细胞肺癌、鳞癌和不同分化胃癌组织 CDK1 过表达，与胃癌发生中早期分子事件相关；在 G_1/S 期过表达的 CDK4 可使 Rb 磷酸化，并与 E2F 分离而解除 Rb 对细胞生长的负调控，导致宫颈癌等。采用 TGF-β 处理人角化细胞，可通过降低 CDK4 mRNA 表达，抑制人角化细胞的增殖。

（3）CKI 表达不足和突变　CKI 通过直接特异性抑制 CDK 活性，影响细胞的周期运转。在多种肿瘤细胞或组织中呈现 CKI 表达不足或突变，包括 InK4 和 Kip 失活和（或）含量减少。

（4）检查点功能障碍　细胞周期主要的检查点是 DNA 损伤和复制检查点，分别位于 G_1/S 和 G_2/M 交界处，当其探测到 DNA 损伤或 DNA 复制量异常时，即可终止细胞周期进程，可见在检查点的正确调控下细胞周期得以精确和有序地进行。检查点主要靠蛋白质分子发挥调控作用，如 P53 为 DNA 损伤检查点的主要分子，当 DNA 损伤时，P53 可使细胞停滞在 G_1 期进行修复，减少携带损伤 DNA 细胞的增殖；如修复失败，P53 则过度表达，直接激活 *bax* 凋亡基因或下调 *bcl-2* 抗凋亡基因的表达而诱导细胞凋亡，以避免癌前病变细胞不恰当地进入 S 期，阻止癌症的发生和发展。

2. 细胞外信号对细胞周期的调控异常　除细胞周期的自身调控因素之外，癌基因家族及抑癌基因家族在细胞周期调控中也发挥重要作用，它们的产物可通过与生长因子受体结合或其他作用方式促进或抑制细胞增殖。癌基因家族产物种类较多，包括生长因子类蛋白质及生长因子受体类蛋白质。例如，*sis* 基因编码的生长因子类蛋白与相应的受体结合，模拟生长因子的作用，以自分泌的方式对细胞周期进行调控，刺激细胞进行分裂增殖，促进肿瘤的发生发展。

二、细胞增殖缺陷

细胞增殖缺陷可导致许多疾病，如再生障碍性贫血、糖尿病、肾病等。再生障碍性贫血是多种原因引起的骨髓造血功能衰竭，以骨髓造血干细胞增殖缺陷和外周血全血细胞减少为特征的血液系统疾病。正常情况下，骨髓造血干细胞具有很强的增殖能力。各种原因可导致造血干细胞增殖缺陷，使得其数量不足，加上造血微环境异常、免疫功能紊乱等，影响造血干细胞的增殖和分化，引起骨髓造血功能衰竭。糖尿病肾病时，肾小球滤过膜的毛细血管内皮细胞和足细胞及肾小管上皮细胞出现细胞损伤及细胞增殖缺陷。而肾小球系膜细胞则可出现肥大和增殖，细胞外基质分泌增多，最终导致肾小球硬化、肾小管萎缩及肾脏纤维化，肾脏功能明显减退。

（刘永宏 赵 丽）

第六节 细胞黏附与黏附分子

一、细胞黏附分子概述

细胞黏附分子（cell adhesion molecule，CAM）泛指一类介导细胞间及细胞与细胞外基质（extracellular matrix，ECM）相互识别与结合，起黏附作用的膜表面糖蛋白分子（图 1-1-1）。它们都是以受体与配体配对的方式分布于相互作用的细胞表面或 ECM 中的单链或双链糖蛋白分子中，其通过增加细胞间黏附作用和（或）传递信号而增强细胞的功能，在细胞的识别、信号转导与活化、生长分化与运动游走、胚胎的分化发育、维持正常组织结构、炎症反应和免疫调节、凝血与血栓形成、肿瘤扩散与转移、损伤修复、病毒和原虫（如疟原虫）感染等许多生理和病理过程中发挥着重要的生物学功能。在免疫系统中，CAM 通过增强免疫细胞与其他细胞的结合能力，不仅能促进淋巴细胞的发育分化、增强抗原呈递和传递信号的能力、诱发有效的免疫应答反应，而且对白细胞向炎症区移行、淋巴细胞的归巢和再循环等过程都起着重要的作用。

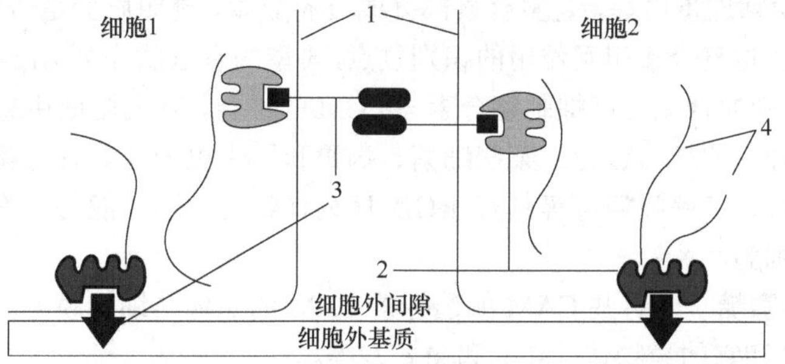

图 1-1-1 细胞黏附分子介导的细胞间及细胞与细胞外基质的黏附反应

1. 细胞膜；2. 骨架结合蛋白；3. 细胞黏附分子；4. 细胞骨架

（一）细胞黏附分子的基本结构

绝大多数 CAM 是存在于细胞膜上的整合糖蛋白，由较长的细胞外区、跨膜区和较短的细胞内区组成。配体接合部位于细胞外区，多数 CAM 的胞内区通过骨架结合蛋白（cytoskeleton binding protein，CBP）与细胞骨架成分结合。少数 CAM 通过糖基磷脂酰肌醇（glycosylphosphatidylinositol，GPI）锚定在细胞膜上。CAM 与细胞骨架连接，不仅能增强黏附的力度，配体（ECM 等）-CAM-CBP-细胞骨架途径还参与细胞的跨膜联系和信号转导，调节基因表达及细胞骨架的组装和收缩。根据 CAM 的编码基因及其产物的结构功能特点，可将 CAM 分为 5 类：钙黏素（cadherin）、整合素（integrin）、选择素（selectin）、免疫球蛋白超家族（immunoglobulin super family，IgSF）和透明质酸黏素（hyalherin）。另外，还有一些尚未被归类的 CAM。

CAM 细胞外区脱落后进入血液或其他体液，形成可溶性细胞黏附分子（soluble cell adhesion molecule，sCAM）。在某些病理状态下，如炎症、自身性免疫疾病、恶性肿瘤或移植排斥反应等，可致血清中可溶性细胞黏附分子水平升高，临诊上由于它们容易检测，故有较大的价值。可溶性细胞黏附分子可与膜型细胞黏附分子竞争结合配体，以抑制膜型细胞黏附分子介导的细胞间的黏附。

（二）细胞黏附分子的配体

细胞黏附分子的配体主要有下述 4 种。

1. 同种或异种细胞黏附分子的细胞外区　相邻两细胞通过同种或异种的 CAM 介导相互结合，前者称为同种亲和性结合，后者称为异种亲和性结合（图 1-1-2）。介导两细胞结合的 CAM，其中一个细胞上的 CAM 作为配体，与其结合的另一个 CAM 就作为受体；或一个作为受体，则作为配体的一个称为反受体（counter receptor）。

图 1-1-2　细胞黏附分子介导的黏附方式

2. 细胞外基质　ECM 成分是整合素和透明质酸黏素等一些 CAM 的重要配体，如胶原蛋白、纤连蛋白和层粘连蛋白等，是整合素部分成员的配体。透明质酸是透明质酸黏素的配体。它们的分子中含有能与整合素相互作用的识别位点，典型的有三肽序列 Arg-Gly-Asp，简称 RGD 序列，含有 RGD 序列的合成肽可抑制整合素与 ECM 的结合，从而阻断由整合素介导的血小板聚集、炎症反应及肿瘤的转移过程。某些细菌、病毒和原生虫表面具有与黏附分子配体类似的结构，如艾滋病病毒、口蹄疫病毒等具有 RGD 序列样结构，因此能与细胞膜上的整合素结合从而感染哺乳动物细胞。

3. 细胞表面的寡糖　有些 CAM 如选择素 CAM 的配体是细胞膜上的寡糖分子，如唾液酸化的寡糖 Lewise^x 和它的异物体（sLe^x 和 sLe^a）等。

4. 血浆中的可溶性蛋白　血浆中的可溶性蛋白如血浆中的纤维蛋白原（FB）、血管性血友病因子（von Willebrand factor，vWF）和无活性的补体 C_{3b}（iC_{3b}）。纤维蛋白原的表面有多个 RGD 序列，它可作为连接分子，与多个血小板膜上的整合素结合，介导血小板之间的黏附反应。细胞表面的黏附分子通过与一个多价分子（配体）结合介导细胞间的黏附，是细胞间黏附的另一方式。

（三）细胞黏附分子的调节

在正常细胞中，CAM 的表达及活性都受到严格的调控。目前已知的 CAM 的数量和亲和力受多种胞外信号，如激素、细菌脂多糖（LPS）、细胞因子及炎症介质等调节因素的调节。这些胞外信号启动的细胞信号转导通路，能调节 CAM 基因表达，或使某些 CAM 从细胞内转位到膜上，从而改变膜上 CAM 的数量。信号转导通路中激活的蛋白激酶，如酪氨酸蛋白激酶（PTK）、丝/苏氨酸蛋白激酶和磷酸酶可使 CAM 的胞内区磷酸化，并影响其活化，以增强或减弱 CAM 与配体的黏附性或结合的亲和力。而当 CAM 与其配体结合后，又能激活多条细胞内的信号转导途径，导致细胞内 CBP 的重组，造成细胞形态的变化及细胞的增生、分化、凋亡和细胞因子生成等改变。CAM 作用的发挥还受到多方面因素的调节，如数量和构型的改变、外界因素的刺激等。有些调节因素之间是相互关联的，如黏附分子构型改变与表达数量的增减并不是截然分开的两个过程，两者可能同时存在，共同完成对黏附作用的调节。例如，淋巴细胞活化后不仅黏附分子构型改变导致亲和力增加，同时也伴有黏附分子数量的增加。

二、细胞黏附分子异常与疾病

细胞黏附分子具有多种生理功能。在一定条件下，细胞黏附分子异常（如表达水平和构象的异常）与某些疾病或病理过程的发生发展密切相关。在细胞因子（如炎症介质）及其他因素的作用下，细胞黏附分子的表达水平和构象可以发生改变，导致细胞黏附能力的变化。体内某些黏附分子的表达是组成型（constitutive）的，即在静止状态下细胞表面具有一定水平的表达，在某些因素的作用下，这些黏附分子的表达也可以发生上调、下调或没有明显改变。另外一些黏附分子的表达可以是非组成型（non-constitutive）或称为诱导型（inducible）的，即通常状态下这些黏附分子在细胞表面表达很少或不表达，但在某些因素的作用下可诱导表达。细胞黏附分子通过其表达的数量和构象的改变来参与某些疾病或病理过程的发生发展。

（一）细胞黏附分子与肿瘤转移

已知肿瘤转移是一个复杂的多步骤的连续过程（图 1-1-3），并且具有高度选择性，整个过程有多种基因产物参与。现已证实，肿瘤组织中有多种 ECM 和细胞黏附分子的改变，这些改变赋予肿瘤侵袭和转移的能力。肿瘤转移包括以下步骤。

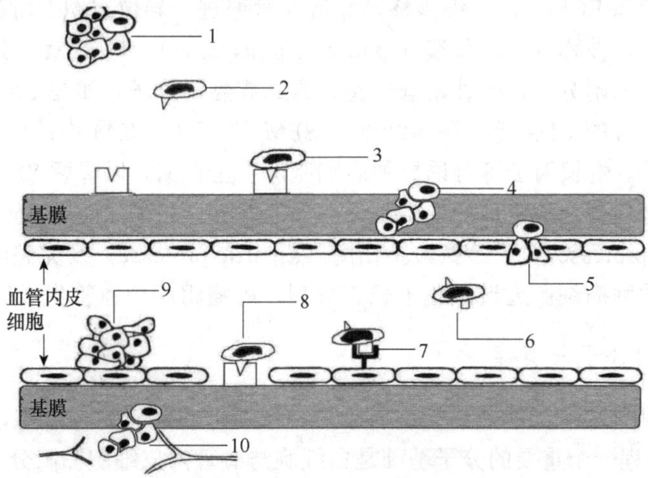

图 1-1-3　肿瘤转移过程

1．肿瘤细胞从原位脱离；2．肿瘤细胞在间质中移动；3．肿瘤细胞与基膜黏附；4．肿瘤细胞分解破坏并穿越基膜；5．肿瘤细胞在基膜内移动，穿过血管内皮细胞进入血管内；6．免疫逃避；7、8．肿瘤细胞与血管内皮细胞的选择性黏附，穿过血管内皮细胞，破坏基膜迁入组织实质中；9．血小板聚集；10．肿瘤细胞进入靶器官中生长

1. 肿瘤细胞从原位脱离　肿瘤细胞转移的第一步是从原位脱离，这与其细胞表面的钙黏素表达减少和细胞间的黏附性下降有关。研究表明，E-钙黏素的表达减少或结构异常是某些上皮细胞性肿瘤细胞具有侵袭转移能力的原因之一，如食道癌、胃癌、大肠癌及乳腺癌等上皮细胞癌有 E-钙黏素表达减少或结构异常。基因转染试验也证实，钙黏素可限制或逆转肿瘤的转移行为。

2. 肿瘤细胞进入血液系统　肿瘤细胞从原位脱离后，在黏附分子的介导下与基膜及 ECM 黏附，释放蛋白酶降解 ECM，破坏血管基膜进入血液循环，这个过程称为内向侵袭（introverted invasion）。

3. 血液循环中肿瘤细胞的移动　直径 1cm 的肿瘤每天可向血液循环中释放几百万个肿瘤细胞，进入血管的多数肿瘤细胞因变形能力不如白细胞强而被阻塞在毛细血管内，在毛细血管内血压差和毛细血管外组织压力的作用下，因破裂而死亡。一部分可通过黏附分子的黏附作用与淋巴细胞、单核巨噬细胞、自然杀伤细胞及补体等黏附，使其容易被宿主的免疫细胞所清除。只有少量的肿瘤细胞在循环中可逃避免疫监视，通过自身黏附或与纤维蛋白沉积物结合形成瘤血栓，或通过整合素家族中的 β_3 亚族介导与血小板黏附。同时，肿瘤细胞 ICAM-1 表达减少，而血液中可溶性 ICAM-1 升高，可使淋巴细胞和自然杀伤细胞识别癌细胞的能力降低，这些都有利于肿瘤细胞逃避免疫监视，并促进肿瘤细胞在血路中的转移。

4. 肿瘤细胞与异位器官血管内皮细胞的选择性黏附　异位器官的肿瘤细胞要穿过血管壁转移，首先瘤细胞要与内皮细胞发生特异性黏附，这是器官特异性转移的关键步骤。肿瘤细胞与内皮细胞的黏附主要是内皮细胞表面的黏附分子与它们的配体相互作用的结果。肿瘤细胞转移的器官特异性与不同器官的血管床选择性表达黏附分子有关，如 VCAM-1 在肺血管内皮细胞上表达非常丰富，ELAM-1 主要分布在肝，表达 VLA-4 的皮肤黑色素瘤和一些淋巴瘤易转移至肺脏，而表达 sLe^x 寡糖的胃癌、结肠癌等易转移到肝脏。

5. 肿瘤细胞穿过血管基膜进入转移组织　肿瘤细胞与血管内皮细胞黏附往往引起内皮收缩或损伤，暴露内皮下基膜（SEM），肿瘤细胞也可直接穿过内皮细胞与内皮下基底膜黏附，分泌特定酶降解基膜和 ECM，再经细胞移动穿过血管壁进入异位组织。而肿瘤细胞从毛细血管和小静脉进入组织，被称为外向侵袭（extraverted invasion）。与 SEM 粘连的主要是肿瘤细胞表面的整合素家族黏附分子，此外还有非整合素家族黏附分子，如与 LN 亲和力很高的 LN 受体、与透明质酸结合的 CD_{44} 等。肿瘤细胞与 SEM 黏附后，SEM 中的成分如 LN 和 FN 片段及体内的细胞因子、生长因子等可诱导肿瘤细胞产生蛋白酶，以降解 SEM 成分。目前比较明确的蛋白酶包括金属蛋白酶（metalloprotease）、丝氨酸蛋白酶（serine proteinase）、半胱氨酸蛋白酶（cysteine protease）、天冬氨酸蛋白酶（aspartic protease）及完整的膜蛋白酶等。最后，进入异位器官的肿瘤细胞通过细胞生长、分裂、肿瘤组织内血管生成等形成转移灶。

（二）细胞黏附分子与炎症

炎症过程的一个重要特征就是白细胞黏附，白细胞穿越血管内皮细胞，向炎症部位渗出（图 1-1-4）。这一过程一个重要的分子基础是白细胞与血管内皮细胞黏附分子的相互作用，不同白细胞的渗出过程或渗出过程的不同阶段涉及的黏附分子不尽相同。白细胞游出血管向炎性部位的浸润大致经历了以下几个阶段。

1. 白细胞聚合或滚动阶段　在炎症初期，炎症部位的毛细血管和微静脉扩张，血流缓慢，白细胞进入边流，并沿内皮细胞表面做往返的运动。这是短暂和可逆的过程，与内皮细胞的

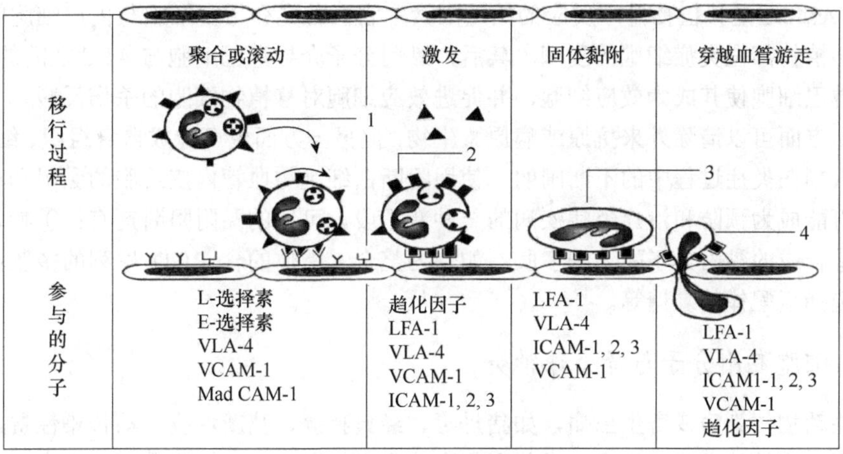

图 1-1-4　白细胞渗出过程

1．白细胞聚合或滚动阶段；2．白细胞激发阶段；3．白细胞固体黏附阶段；4．白细胞穿越血管游走阶段
ICAM．细胞间黏附分子；LFA-1．淋巴细胞功能相关抗原-1；
Mad CAM．黏膜地址素细胞黏附分子；VCAM-1．血管细胞黏附分子-1

黏附是不牢固的。此阶段中性粒细胞在趋化因子、内毒素和多种炎症介质等的作用下被迅速激活，膜表面的黏附分子受体 Mac-1 增多。同样，在炎性细胞因子和炎症介质的作用下内皮细胞也被激活，P-选择素在内皮细胞膜上表达，与白细胞表面的寡糖配体 sLe^x 和 sLe^a 结合。同时，白细胞也可通过其膜上的 L-选择素与内皮细胞表面的寡糖 sLe^x 和 sLe^a 结合。L-选择素在白细胞黏附中起“锚”的作用，它随着白细胞的透过而随即脱落（shedding），这样就发生了白细胞沿着血管内皮细胞表面滚动的现象。这个阶段主要参与的黏附分子是白细胞的 L-选择素与内皮细胞的 E-选择素，淋巴细胞可能通过利用 $\alpha_4\beta_7$ 整合素与内皮细胞上的 VCAM-1/Mad CAM-1 结合来介导。

2．白细胞激发阶段　在此阶段，聚合的白细胞受内皮细胞和 ECM 产生的细胞因子及内皮细胞表面分子的刺激而活化，诱导白细胞表达整合素家族的黏附分子 LFA-1 和 VLA-4。而内皮细胞在细胞因子的作用下进一步被激活，充分表达 E-选择素、ICAM-1,2,3 和 VCAM-1 等黏附分子。LFA-1 和 VLA-4 与内皮细胞的 ICAM-1,2,3、VCAM-1 结合（即 LFA-1-ICAM-1,2,3、VLA-4-VCAM-1），使白细胞停滞于局部。

3．白细胞固体黏附（solid adhesion）阶段　在这一时期，进一步活化的白细胞与内皮细胞通过表面黏附分子的结合（如 LFA-1-ICAM-1,2,3、VLA-4-VCAM-1），发生固体黏附。

4．白细胞穿越血管游走阶段　此时，L-选择素逐渐从白细胞表面脱落，使白细胞与内皮细胞间的黏附作用减弱。白细胞的活化使 Ca^{2+} 内流，导致细胞骨架蛋白发生收缩。白细胞在炎症病灶炎性细胞因子和趋化因子的作用下开始定向移动，穿越内皮细胞与基膜接触，并表达新的细胞黏附分子和释放各种蛋白水解酶以降低基膜的胶原蛋白和其他成分，使白细胞逐渐向炎区组织聚集。

在炎症病灶中，激活的白细胞释放出溶解酶、活性氧和花生四烯酸代谢产物，造成血管内皮细胞和其他组织细胞的广泛损伤。白细胞与血管内皮细胞的黏附和白细胞的聚集，还可堵塞微血管，导致微循环血液灌流量减少，这在急性炎症，如败血症、休克、缺血再灌流损伤、急性呼吸窘迫综合征及多器官功能衰竭等多种病理过程中发挥重要作用。在慢性炎症反应过程中，由黏附分子介导的淋巴细胞浸润、激活及杀伤靶细胞的病理过程与一些慢性炎症的发生有关，如类风湿性关节炎。CAM 还介导嗜酸性粒细胞的浸润及炎症反应，从而导致变态反应性疾病的发生。CAM 还是移植物排斥反应的始动因素，它们首先介导白细胞与内皮细胞间的相互作用，引起移植物部位炎症细胞的浸润。其后，黏附分子介导淋巴细胞与 APC 之间的相互作用，从而激活淋巴细胞使其成为效应细胞，并促进效应细胞对移植物细胞的杀伤反应。

炎症一方面可以清除外来抗原或病原微生物，但另一方面也可造成自身组织、细胞的损伤。随着黏附机制在炎症过程中的不断阐明，使用阻断白细胞与血管内皮细胞的黏附和白细胞渗出的药物有可能成为预防和治疗炎症疾病的一种新手段。可用的黏附阻断剂有：①特定黏附分子的单抗；②合成的黏附分子配体的多肽，如作为整合素配体的含 RGD 序列的多肽；③人工合成的作为选择素配体的寡糖等。

（三）细胞黏附分子与肾小球肾炎

在某些动物传染病或寄生虫病，如猪丹毒、经典猪瘟、鸡新城疫、马传染性贫血、链球菌感染及弓形虫病等的发病过程中，常伴有肾小球肾炎的发生。而在肾小球肾炎中，白细胞的浸润是一重要环节，除与免疫复合物的 Fc 受体及补体受体有关外，还与肾脏内皮细胞上的 CAM 所介导的黏附作用密切相关。这些 CAM 参与细胞-细胞、细胞-细胞外基质间的相互作用，从而介导肾小球肾炎时的白细胞浸润、细胞增殖及细胞外基质的增加等病理过程。

参与血管内皮细胞和白细胞间相互作用的 CAM 主要有 3 种，即 E-选择素、VCAM-1 和 ICAM-1，其中对 ICAM-1 的研究最为深入。ICAM-1 和 LFA-1 结合使内皮细胞可与所有的白细胞结合；E-选择素通过与 Sialyl 寡糖相互作用，使内皮细胞与中性粒细胞、单核细胞和 T 细胞亚群发生黏附作用；VCAM-l 则通过 VLA-4 与单核细胞、嗜碱性粒细胞、嗜酸性粒细胞、淋巴细胞结合，但不与中性粒细胞结合。应用免疫组化技术发现，在出现免疫复合物沉积、系膜细胞增殖及基质增加的肾炎病变组织中，其系膜区域的 β_1 整合素和玻连蛋白受体（vitronectin receptor，VNR）染色增强，细胞性新月体的 VNR 染色增强，这表明肾小球肾炎时整合素的表达增加伴随着系膜细胞的增殖和基质的积聚，提示整合素的异常表达与肾小球的炎症进展有关。

（四）细胞黏附分子与血栓形成

血栓形成是一个十分复杂的过程，其影响因素包括血管因素、血流动力学参数、血小板的数量和功能、凝血因子的水平和结构异常及纤溶系统等。但是，血小板是参与血栓形成过程的主要效应细胞，而血小板聚集的分子基础是血小板表面的黏附分子。在生理情况下，血小板血栓的形成是一个旨在维持血管壁完整性的自限性过程。而在病理情况下，血栓形成的失控会给机体造成严重危害，如冠状动脉的血栓形成可导致心肌梗死，脑血管血栓形成或血栓栓塞可引起脑血管意外。相反，若血栓形成障碍，则可发生出血性疾病。血小板与内皮下基膜及血浆中黏附蛋白（黏附素）之间的黏附和血小板相互之间的聚集，是多种黏附分子参与的过程，其中整合素家族中的 $\alpha_2\beta_1$（GP Ⅰa/Ⅱa）、$\alpha_5\beta_1$（GP Ⅰc/Ⅱa）、$\alpha_6\beta_1$（GP Ⅰc′/Ⅱa）及 GP Ⅰb/Ⅸ复合物在参与止血、凝血和血栓形成中起重要的作用。

（五）可溶性黏附分子与疾病

白细胞、血管内皮细胞或其他细胞表面的黏附分子可以被内吞进入细胞，也可脱落进入血液，成为可溶性黏附分子（soluble adhesion molecule，sAM）。此外，某些黏附分子的 mRNA 存在着不同的剪接形式，其中有的 mRNA 翻译后的产物直接分泌进入血液，成为 sAM 的另一个重要来源。除血清外，某些 sAM 还可在脑脊液、肺泡灌洗液、尿、滑膜液及腹水中出现，反映了局部黏附分子的表达和代谢状况。在结构上，sAM 一般与跨膜型黏附分子胞膜外区部分相同，通常具有黏附分子的结合活性，因此可能成为机体调节黏附作用的一个途径。在疾病状态下，黏附分子的表达量往往增加，可致血清中可溶性黏附分子的水平显著升高，因此检测 sAM 的水平已成为监测某些疾病状态的手段。

（高　洪　肖　鹏）

第七节　细胞凋亡

从孕育一个有生命的机体开始，经胚胎发育直到出生后的整个过程中，无不伴有细胞的死亡。人们通常将活体中细胞的死亡称坏死（necrosis）。但自从提出细胞凋亡的概念以来，其已成为生物医学的研究热点，并在揭示胚胎发育、免疫反应、细胞恶变等重要生物学和医学奥秘中发挥着重要作用。

一、细胞凋亡概述

（一）细胞凋亡的概念

细胞凋亡（apoptosis，Apo）指细胞在基因调控下自主而有序的死亡过程。细胞凋亡是一种不同于坏死的细胞死亡方式，又称程序性细胞死亡（programmed cell death，PCD），但有学者认为细胞凋亡和程序性细胞死亡是有区别的，前者偏重于细胞形态的变化（如染色质边集、DNA 梯形条带），后者则偏重于细胞功能的改变（不一定存在上述形态学变化）。

（二）细胞凋亡的特征

1. 形态学特征　细胞凋亡的早期，染色质固缩，聚集在核膜的周围或一侧，有时呈新月形，有时呈斑块状，胞质浓缩，细胞表面微绒毛消失，胞膜皱缩，细胞体积逐渐缩小，与周围细胞脱离。凋亡的晚期，核染色质高度浓缩，融合成团，继而胞膜内陷，将胞质分割成若干个外有胞膜包裹、内容物不外溢的小体，即凋亡小体（apoptotic body）。凋亡小体内有细胞器，最后被邻近的细胞识别并吞噬消化。整个凋亡过程没有细胞内容物的外漏，溶酶体相对完整，因此不引起局部的炎症反应。形成凋亡小体是细胞凋亡的重要形态学特征（图 1-1-5）。

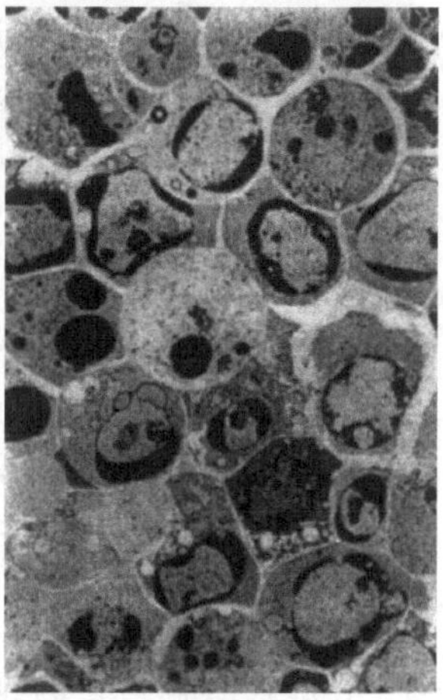

图 1-1-5　各种凋亡小体的电镜图

2. 生化特征　诱导凋亡的细胞先后发生一系列生化变化。在细胞内外诱导凋亡因素的作用下，经一系列细胞内信号转导过程，最后激活一类凋亡性核酸内切酶（apoptotic endonuclease）。这是一类在正常细胞中存在的双链 DNA 内切酶，其作用位点是在两个核小体之间的 DNA 连接区域。激活的核酸内切酶对核小体连接区域的一段 DNA 进行酶切，使核小体被酶切除下来，形成单一（180～200bp）或寡聚核小体（180～200bp 的倍数）。因此在琼脂糖凝胶电泳时，呈现“梯状”（ladder pattern）DNA 片段分布的特征（图 1-1-6）。

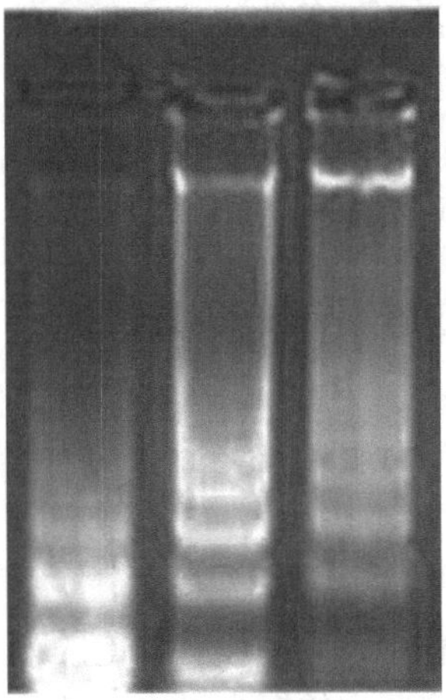

图 1-1-6　凋亡细胞琼脂糖凝胶电泳的“梯状”条带

（三）细胞凋亡与细胞坏死的区别

细胞凋亡与细胞坏死是两种截然不同的细胞学变化。细胞凋亡是一种主动的由基因决定的细胞自我破坏的过程，是机体为更好地适应生存环境而主动采取的一种死亡方式，而细胞坏死则是指活体内局部组织细胞的病理性死亡，是极端物理、化学因素或严重的病理性刺激引起的细胞死亡。二者的主要区别是：细胞凋亡过程中，细胞膜反折，包裹断裂的染色质片段或细胞器，然后逐渐分离，形成许多凋亡小体，琼脂糖凝胶电泳呈“梯状”DNA片段分布。整个细胞凋亡过程中，细胞膜的完整性保持良好，死亡细胞的内容物不会逸散到胞外环境中去，因而不引起炎症反应。与细胞凋亡不同，细胞坏死时，首先是细胞膜的通透性增加，大量水分进入细胞内，细胞和细胞器因肿胀而破裂，其内容物外溢，特别是溶酶体酶的释放，可诱发局部炎症反应，使组织细胞损伤进一步加重。在此过程中不耗能，无新的蛋白质合成，不激活核酸内切酶，DNA 被随机降解为任意长度的片段，琼脂糖凝胶电泳呈均一 DNA 片状。当然，细胞坏死与细胞凋亡之间也有联系，如在培养细胞进行凋亡诱导时，当诱导物剂量增加，诱导细胞可由细胞凋亡转为坏死，在体内也是如此（图 1-1-7）。

（四）细胞凋亡的过程

细胞凋亡的发生与发展可分为三个阶段，即诱导期、效应期和降解期。诱导期包括体内外各种细胞凋亡相关因素的作用和细胞凋亡的信号转导；效应期是调控细胞凋亡的相关基因接受由信号转导途径传来的死亡信号后，按预定程序启动、合成凋亡所需要的各种酶类及有关物质，并导致凋亡性相关核酸内切酶和半胱天冬蛋白酶家族的级联反应，这是在细胞内进行的一系列有序事件；降解期就是底物的降解，主要执行者是核酸内切酶和半胱天冬蛋白酶，前者彻底摧毁细胞核内的 DNA 结构，即破坏细胞生命活动所必需的全部基因，后者导致细胞结构的全面解体，最终完成细胞凋亡。

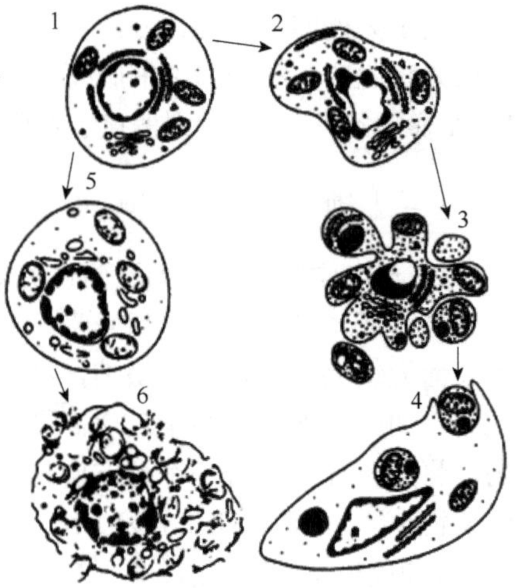

图 1-1-7　细胞凋亡和细胞坏死的形态比较

1. 正常细胞；2～4. 细胞凋亡过程：2. 细胞膜皱缩，核染色质凝聚、边集，胞质致密；3. 胞膜内陷并包裹胞质成分，形成凋亡小体；4. 凋亡小体被周围巨噬细胞等吞噬；5～6. 细胞坏死过程：5. 细胞及其细胞器肿胀；6. 细胞膜、细胞器膜、核膜破裂，内容物外流

（五）细胞凋亡的结局

机体为了保持正常生理功能的需要，正在凋亡的细胞及凋亡小体的最终结局是被邻近的吞噬细胞或正常细胞迅速识别和吞噬，进而被吞噬细胞内的溶酶体酶彻底消化，其中巨噬细胞是“专职”的吞噬凋亡小体的细胞群。吞噬细胞上有对凋亡细胞进行识别的受体，同时凋亡细胞上也有相应的死亡标志，表明其“可食性”。吞噬细胞对凋亡细胞的识别或吞噬机制至少与以下 3 种因素有关：①凋亡细胞中细胞表面的糖蛋白失去唾液酸侧

链时，原来处于隐蔽状态的N-乙酰葡糖胺、N-乙酰半乳糖和半乳糖等单糖暴露出来，从而可与吞噬细胞表面的凝集素（lectin）结合并发生相互作用；②吞噬细胞分泌的血小板应答蛋白（TSP）可介导吞噬细胞上的玻连蛋白（vitronectin）受体对凋亡细胞的吞噬；③凋亡细胞的细胞膜磷脂酰丝氨酸外翻，从而被巨噬细胞上的磷脂酰丝氨酸受体识别和吞噬。

（六）细胞焦亡

细胞焦亡（pyroptosis）是一种新的程序性细胞死亡方式，是Cookson等（2001）在鼠伤寒沙门菌感染的巨噬细胞中发现的，其形态介于细胞坏死和细胞凋亡之间，同时具有坏死和凋亡的特征，但又有明显的不同（图1-1-8）。细胞焦亡在形态学上的特征表现为细胞膜上形成1.1～2.4nm的微孔和囊泡，细胞膜完整性丧失，细胞质物质释放到细胞外，这些特征与细胞坏死相似，与细胞膜保持完整性且形成凋亡小体的细胞凋亡不同。在分子生物学上，细胞焦亡时细胞核浓缩和染色质DNA断裂，与细胞凋亡相似，但往往不会像细胞凋亡时那样表现出180～200个碱基或其整数倍的DNA片段；细胞焦亡由caspase-1和caspase-4/caspase-5/caspase-11介导，伴随有大量炎性细胞因子IL-1β和IL-18释放，而细胞凋亡发生时主要依赖于caspase-3的激活。

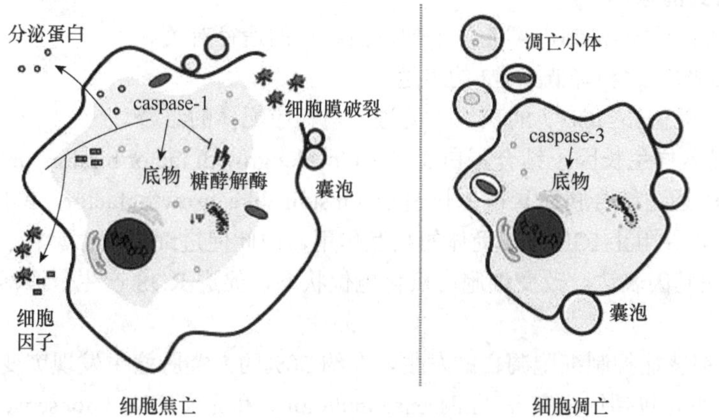

图1-1-8　细胞焦亡和细胞凋亡的形态比较

（七）细胞凋亡的基因调控

细胞凋亡是细胞内级联式基因表达的结果。细胞内的基因直接调控细胞凋亡的发生和发展，信号转导通路影响这些基因的表达，从而间接调控细胞凋亡。参与调控细胞凋亡的细胞内基因，按其对细胞凋亡的作用，可分三类：细胞凋亡诱导基因、细胞凋亡抑制基因和细胞凋亡双向调控基因（表1-1-1）。

表1-1-1　调控细胞凋亡的细胞内基因

基因	细胞凋亡诱导基因	细胞凋亡抑制基因	细胞凋亡双向调控基因	说明
p53	+			野生型*p53*
myc			+	*c-myc*
ras		+		*c-ras*
rel	+			*c-rel*
bcl-2		+		

续表

基因	细胞凋亡诱导基因	细胞凋亡抑制基因	细胞凋亡双向调控基因	说明
bax	+			*bcl-2* 家族成员
p53		+		
fas/apo-1	+			CD95 分子
ice	+			IL-1β 转换酶基因

注："+"为具有调控作用

1．*p53* 基因　*p53* 是一种抑癌基因，有野生型和突变型两种。野生型 *p53* 对细胞凋亡有诱导作用，突变型 *p53* 对细胞凋亡有抑制作用。正常时其编码的产物 P53 蛋白定位在细胞核，是一种 DNA 结合蛋白。有人认为 P53 是细胞生长过程中的分子感受器（molecular sensor），可监测细胞内 DNA 的状态，起"分子警察"的作用。当细胞 DNA 受损时，P53 可使细胞分裂停止在 G_1 期，即 P53 在 DNA 损伤时呈高度表达，并使细胞终止增殖，以便为 DNA 的修复赢得时间，在细胞进入 S 期前修复损伤的 DNA，如 DNA 受损严重无法修复，则 P53 持续表达，诱导细胞凋亡，将其清除。

P53 诱导细胞凋亡的机制，可能与下列调控凋亡的途径有关。

1）诱导 *bax* 的表达和降低 *bcl-2* 的表达。

2）调控死亡受体 *fas/apo-1* 的表达，促进其与相应配体的结合。

3）促进胰岛素样生长因子结合蛋白 3（insulin-like growth factor binding protein 3，$IGF\text{-}BP_3$）的表达。$IGF\text{-}BP_3$ 通过结合胰岛素样生长因子（insulin-like growth factor，IGF）阻止其对有丝分裂信号的传递，并阻止 IGF 与其受体的相互作用，由此促进细胞凋亡。

4）调控相关基因表达。改变细胞内氧化电位状态，促进 ROS 产生，激活半胱天冬蛋白酶系统，诱导凋亡。

p53 基因的突变能抑制细胞凋亡的发生，在约 50%的人类肿瘤中发现突变型 *p53* 的存在。最常见的为点突变，包括错义突变（missense mutation）和无义突变（nonsense mutation）。突变型 *p53* 抑制细胞凋亡的作用与其失去结合 DNA 的功能有关。

2．*c-myc* 基因　细胞癌基因 *myc*（*c-myc*）的编码产物 Myc 属核蛋白，既能诱导细胞增殖，也能诱导细胞凋亡，对细胞有双向调节作用。细胞在 Myc 的作用下，可同时启动细胞增殖和细胞凋亡两种状态，而细胞选择何种状态取决于细胞接受的刺激信号和所处的生长环境，如在细胞存活因子（血清、生长因子、丝裂原等）的刺激下，细胞选择增殖；相反，如果没有足够存活因子的作用，细胞就发生凋亡。

3．*bcl-2* 基因家族　B 细胞淋巴瘤/白血病-2 基因（B-cell lymphoma/leukemia-2 gene，*bcl-2*）是从滤泡性淋巴瘤中分离出来的一个原癌基因，也是第一个被发现的与细胞存活能力有关的癌基因，曾有人称其为细胞的"长寿"基因，其编码产物 Bcl-2 蛋白是一种与细胞器膜相关联的稳定蛋白，主要位于线粒体膜和核被膜。Bcl-2 有一个庞大的家族，目前发现有 23 个成员（其中 15 个来自哺乳类动物，其他分别来自禽类和病毒）。就功能而言，可将其分为两类，一类是 Bcl-2 为代表的抗细胞凋亡成员，另一类则具有促进细胞凋亡的功能。它们通过蛋白质-蛋白质的结合和解聚作用，主宰着细胞的生与死。Bcl-2 蛋白家族具有单个和数个保守的功能域（Bcl-2 homologous domain，BH），分为 BH_1、BH_2、BH_3 和 BH_4。具有 BH_1 和 BH_2 功能域的蛋白质可在细胞器膜上形成通道，具有离子通道和停靠蛋白质（docking protein）作用。

（1）抑制细胞凋亡的Bcl-2亚家族　主要包括Bcl-2、Bcl-XL、Bcl-w及Mcl-1等12个成员。Bcl-2蛋白在线粒体膜上可直接调节线粒体膜通透性转换孔（MPTP）使线粒体膜通透性降低，线粒体内容物包括活性氧（ROS）、细胞色素c（Cyt c）等不易释放入胞质。由于Cyt c可启动半胱天冬蛋白酶系统，因此当细胞表达Bcl-2时，依赖半胱天冬蛋白酶介导的细胞凋亡受阻。

（2）促进细胞凋亡的Bax、BH_3亚家族　包括Bax、Bak、Bad、Bik、Bid等11个成员。它们的过度表达可诱发细胞凋亡。实验证实此类亚家族成员的多数存在于线粒体膜和内质网膜上，其BH_3区为促进细胞凋亡所必需。*bax*是第一个被分离到的*bcl-2*同源基因。Bax蛋白能与Bcl-2形成异源二聚体，通过抑制Bcl-2的活性，使细胞凋亡易于发生。实验表明，Bax比Bcl-2在细胞内膜上容易形成通道，因此在生理情况下Bax就有可能在膜上形成通道，从而导致细胞死亡，而Bcl-2能通过与Bax结合抑制Bax所致的细胞凋亡。

（3）Bcl-2蛋白家族影响细胞凋亡的机制　Bcl-2家族内部各成员之间可以形成同源或异源二聚体，这种二聚体反应是决定细胞存亡的关键。Bcl-2家族成员间异源二聚体的形成具有特异性，如Bax能和Bcl-2、Bcl-XL、Mcl-1发生结合，而使它们失去抑制细胞凋亡的能力。Bak与Bcl-XL形成二聚体的能力比Bcl-2强，这种选择性结合与BH_3区有关。在一个特定细胞，每个成员的浓度决定了占优势的二聚体的类别，最终决定细胞的命运。

二、细胞凋亡异常与疾病

细胞凋亡参与体内细胞数量的调节，并清除体内无功能的细胞、对机体有害的细胞、突变的细胞及受损伤后不能存活的细胞，在发育和机体的稳态调节中发挥重要作用。适度的凋亡具有以下作用：①确保正常生长发育，清除多余和（或）失去功能的细胞，在组织器官成熟的过程中发挥重要作用，如在发育过程中，细胞凋亡参与趾间空隙的造就。②维持内环境稳定，细胞凋亡可清除受损、突变或衰老的细胞，以维持内环境稳态，如在淋巴细胞分化发育过程中，绝大多数没有功能的细胞及能与自身抗原起反应的细胞可通过细胞凋亡而被清除，以维持免疫系统功能稳定。③发挥积极的防御功能，当感染病毒时，受感染细胞发生凋亡，使DNA发生降解，整合于其中的病毒DNA随之被破坏进而阻止病毒的复制。

细胞凋亡异常是许多疾病发生和发展的病理生理学基础。一般来讲，细胞凋亡的抑制可导致细胞增生性疾病，相反，过度发生细胞凋亡则可引起免疫缺陷等疾病。

（一）细胞凋亡不足与疾病

细胞凋亡不足引起增殖细胞大于死亡细胞，继而导致细胞群体的稳态破坏，病变细胞异常增多或病变组织体积增大，器官功能异常，这类疾病包括肿瘤和自身免疫病等。

1. 细胞凋亡不足与肿瘤　肿瘤尤其是恶性肿瘤组织的特征之一是其快速增大。这种快速增大是肿瘤细胞分裂增殖过度和死亡率过低导致的综合性结果。只将肿瘤的快速生长归结为肿瘤细胞的增生过度是不全面的，因细胞的“积累率＝细胞的增殖率－细胞的死亡率”，试想快速增殖的肿瘤细胞如果也发生快速死亡，其结果就不会有细胞的净增加。研究证明，肿瘤细胞确实存在着细胞凋亡过程的异常。在许多肿瘤细胞中有*p53*基因的缺失和突变，如用*p53*基因敲除（gene knock-out）的小鼠证实，虽然*p53*基因缺失的小鼠可正常生长、发育，但在生后6个月内肿瘤发生率明显升高。另外，*p53*状态可影响肿瘤细胞凋亡的发生，将患皮肤癌小鼠以*p53*状态的不同分为野生型*p53*（＋/＋）、杂合型*p53*（＋/－）和突变型*p53*（－/－）三组，然后分别用相同剂量紫外线照射，结果在24h照射后，野生型组小鼠的皮肤组织显示出广泛的细胞凋亡，不发生皮肤癌；而突变型组小鼠的皮肤组织却几乎不发生细胞凋亡，但发生皮肤癌；杂合型组小鼠皮肤组织的细胞凋亡数介于前两者之间。

bcl-2 基因是最重要的抑制肿瘤细胞凋亡的基因。*bcl-2* 基因的过度表达并不影响细胞增殖和加速细胞分裂，而是通过延长肿瘤细胞生存，阻止细胞凋亡的发生。例如，在鸡马立克病（Marek’s disease，MD）肿瘤组织中，存在着 Bcl-2 的高表达，而流式细胞仪检测的结果显示，肿瘤组织细胞 DNA 合成期（synthesis phase，S 期）细胞比例明显增加，增殖指数（proliferation index，PI）显著增高，细胞凋亡率（apoptotic rate）明显降低。

此外，其他与细胞凋亡有关的基因，如 *c-myc* 等在肿瘤细胞中的表达也呈异常。由此可见，细胞凋亡过程的减弱对肿瘤发生至关重要。因此，寻找特异的引起肿瘤细胞凋亡的药物已成为当前肿瘤治疗的新策略。

2．细胞凋亡不足与自身免疫病　自身免疫病的主要特征是自身抗原受到自身抗体或致敏 T 淋巴细胞的攻击，造成器官组织损伤。免疫细胞在发育过程中，存在细胞的正负选择。正常情况下，免疫系统发育过程中已将针对自身抗原的 T 淋巴细胞、B 淋巴细胞在非成熟期通过细胞凋亡的方式进行有效清除，此为负性选择。如果负性选择失调，那些针对自身抗原的 T 淋巴细胞、B 淋巴细胞不发生凋亡而存活下来，并得到不应有的增殖，进而攻击自身组织导致自身免疫病。例如，犬、猫的系统性红斑狼疮（systemic lupus erythematosus，SLE）是一种多系统非化脓性自身免疫病，血清中存在以抗核抗体为主的多种自身抗体。犬的寻常型天疱疮（pemphigus vulgaris）是针对基底细胞层细胞内胞质成分的抗体介导的自身免疫性皮肤黏膜疾病。

（二）细胞凋亡过度与疾病

1．细胞凋亡过度与免疫缺陷病　免疫缺陷病（immunodeficiency disease）或称免疫缺陷综合征（immunodeficiency syndrome），是机体对各种抗原刺激的免疫应答不足或缺乏而引起的一系列病征。动物主要表现为获得性免疫缺陷，发生在某些病毒、细菌、寄生虫感染及某些药物对免疫系统的损伤过程中。

人类获得性免疫缺陷综合征（acquired immunodeficiency syndrome，AIDS）是由人类免疫缺陷病毒（HIV）引起的一种具有传染性的疾病，其主要发病机制是宿主 CD_4^+ T 细胞被选择性破坏，导致 CD_4^+ T 细胞数量骤减，引起相关免疫功能缺陷。CD_4 分子是 HIV 被膜蛋白复合体的受体。当 HIV 与 CD_4 结合时，可激活 CD_4^+ T 细胞的 Ca^{2+}通道，导致细胞中 Ca^{2+}浓度升高，激活核酸酶，促进 CD_4^+ T 细胞凋亡，引起相关免疫功能的缺陷。

动物生产中，引起获得性免疫缺陷的主要原因是微生物感染，许多病毒、细菌甚至寄生虫等感染都可导致宿主免疫细胞凋亡异常，从而引发相应的免疫缺陷。从某种意义上说，微生物感染导致的免疫缺陷是一种免疫细胞凋亡过度性疾病。

2．细胞凋亡过度与心力衰竭　心肌细胞损伤是心力衰竭发生的重要因素，心肌损伤不但有坏死，也有凋亡。心力衰竭发生发展过程中的许多病因，如压力负荷、容量负荷过重，氧化应激，缺血和缺氧等均可诱导心肌细胞凋亡，这提示细胞凋亡与心力衰竭发生发展的关系十分密切。有人在压力负荷过重引起的心力衰竭动物模型中观察到心肌细胞数量减少，并证实这是细胞凋亡过度所致。人类的研究表明，心衰患者心肌标本的凋亡指数（即凋亡细胞核数/100 个细胞核）可达 35%（对照仅为 0.2%～0.4%）。还有研究表明，阻断诱导心肌细胞凋亡的信号，可防止心肌细胞数量的减少。这些均说明，心力衰竭过程中，心肌细胞数量的减少与凋亡过度有关。

（三）细胞凋亡与感染性疾病

感染尤其是病毒感染是导致细胞凋亡的重要因素。

1．细胞凋亡与病毒感染　病毒感染后，宿主利用细胞凋亡介导感染细胞的自杀进而结束病毒的繁殖。如果病毒基因或病毒感染诱导表达的细胞蛋白抑制宿主细胞的凋亡，就逃避了宿主细胞的防御机制，造成持续性感染，增加了病毒致肿瘤的可能性。可见病毒基因对细胞凋亡的调控是影响受感染细胞命运的一个关键因素。因此，病毒感染细胞后有两种可能，一是抑制受感染细胞凋亡，二是诱导受感染细胞凋亡。

（1）*病毒感染抑制受感染细胞凋亡*　有些病毒感染细胞后，可通过其编码的蛋白质抑制受感染细胞凋亡，如马立克病毒（Marek's disease virus，MDV）的 *meq*（MDV *Eco*R Q 片段）基因可抑制感染细胞的凋亡，从而使感染细胞发生转化。病毒蛋白抑制细胞凋亡的机制有：①使 P53 蛋白失活；②促 Bcl 表达或模拟 Bcl-2 蛋白功能；③抑制 caspase 活性。EB 病毒（EBV）感染可增强细胞的存活能力，这与 EBV *bhrf1*（*Bam* H Ⅰ rightward reading frame 1）和潜伏膜蛋白基因（*lmp*）的编码产物 BHRF1（17kDa）和 LMP 有关。BHRF1 与 Bcl-2 有一定的同源性，具抑制细胞凋亡、延长细胞寿命的功能。牛痘病毒的 CrmA 蛋白能特异地抑制 caspase，从而使细胞凋亡受阻。宿主细胞感染这类病毒后获得细胞凋亡抗性进而长期存活，致使病毒能持续复制并扩散。病毒的持续感染抑制宿主细胞凋亡，导致细胞能永久性生存和形成肿瘤。部分已知能抑制宿主细胞凋亡的病毒见表 1-1-2。

表 1-1-2　与宿主细胞凋亡相关的病毒

诱导细胞凋亡的病毒	相关基因产物	抑制细胞凋亡的病毒	相关基因产物
人类免疫缺陷病毒（HIV）	*gp120*	EB 病毒（EBV）	*BHRF1*
流感病毒	*NS1*	非洲猪瘟病毒（ASFV）	*LMW5-HL*
脊髓灰质炎病毒		SV40 病毒	T 抗原
猪繁殖与呼吸综合征病毒（PRRSV）	*p25*	牛痘病毒	*CrmA*
鸡传染性贫血病毒（CAV）	*VP3*	马立克病毒（MDV）	*meq* 等
腺病毒（ADV）	*EIA*		

（2）*病毒感染诱导受感染细胞凋亡*　病毒感染后，可通过诱导宿主细胞凋亡，限制病毒复制，以利于自身生存。但是如果凋亡过度就可能导致相应的免疫缺陷发生。

有些病毒的一种或多种蛋白质具诱导细胞凋亡的作用，如猪繁殖与呼吸综合征病毒（porcine reproductive and respiratory syndrome virus，PRRSV）的 P25 蛋白、鸡传染性贫血病毒（chicken infectious anemia virus，CAV）的 VP3 蛋白等都有凋亡诱导功能。在这些疾病的发生过程中，细胞凋亡具有保护意义，因为凋亡可使宿主细胞的 DNA 降解，整合于其中的病毒也随之被破坏，从而终止病毒的复制和表达，阻止其进一步繁殖和扩散。但感染导致的免疫细胞过度凋亡却不可避免地抑制宿主免疫应答和导致免疫缺陷的发生。猪圆环病毒 2 型感染仔猪后，其第三个开放阅读框（ORF3）编码的蛋白质与细胞凋亡密切相关，可使抑癌基因 *p53* 的表达量增高，导致 T 淋巴细胞、B 淋巴细胞凋亡，从而引起机体产生免疫抑制。

2．细胞凋亡与细菌感染　细菌感染动物后，可在细胞内、外寄生。目前已有许多致病菌被确定为细胞凋亡的介导因子，包括革兰氏阳性菌和革兰氏阴性菌。细菌侵入动物的不同组织可造成不同的结局，激活细胞凋亡程序破坏宿主细胞，或是抑制宿主细胞凋亡造成持续性感染。细菌一旦进入机体，首先要避免被诸如白细胞、巨噬细胞等机体免疫细胞所吞噬、清除。因此，激发吞噬细胞凋亡对细菌来说，是逃避宿主第一道免疫防御的方法。

（1）革兰氏阳性菌感染与细胞凋亡　革兰氏阳性菌感染主要通过外毒素或一些特殊的水解酶发挥致病作用，其中一些毒素与宿主细胞的凋亡有关，如葡萄球菌肠毒素B（staphylococcal Enterotoxin B，SEB）、链球菌致热外毒素B（streptococcal pyrogenic exotoxin B，SPEB）、白喉杆菌的白喉毒素（diphtheria toxin，DT）均可诱导细胞凋亡。

（2）革兰氏阴性菌感染与细胞凋亡　革兰氏阴性菌主要通过内毒素脂多糖（LPS）和其他一些致病因子发挥致病作用，内毒素本身对TNF诱导的细胞凋亡有明显的抑制作用，这有利于细菌的存活。但革兰氏阴性菌可通过非LPS毒力因子诱导细胞凋亡，在造成细菌扩散的同时，并发组织器官损伤。

目前细胞凋亡与感染性疾病相互关系的研究方兴未艾，相信随着研究的深入，人们对感染性疾病的发病机制将有更新的认识。

第八节　细胞铁死亡

铁是机体的必需微量元素，是血红蛋白的重要部分，参与血液氧的运输和储存，同时是多种酶和免疫系统化合物的成分，广泛存在于各个组织和器官中。一种依赖于细胞内铁过氧化和活性氧诱导的全新非细胞凋亡的细胞死亡形式被称为细胞铁死亡，简称“铁死亡”。传统的细胞凋亡、细胞自噬、细胞焦亡的抑制剂不能抑制铁死亡过程，但铁离子螯合剂则可以抑制这一过程。目前对铁死亡的形态学、生物学、机制通路等有一定的了解，涉及一系列复杂的生化反应、基因表达和信号转导。铁死亡与癌症、神经退行性变性疾病、急性肾功能不全、肝纤维化、1型糖尿病、肾脏缺血再灌注损伤等多种疾病的发生发展相关，同时铁死亡也具有潜在的肿瘤抑制作用。

一、概述

（一）细胞铁死亡的概念

细胞铁死亡（ferroptosis）是一种铁依赖性的程序性细胞死亡，由细胞内铁依赖性脂质过氧化物（LPO）和活性氧（ROS）堆积导致。在形态、生化和基因上与细胞凋亡、坏死、自噬和焦亡不同，没有细胞皱缩、染色质凝集等典型的细胞凋亡特征，是新型的细胞程序性死亡方式。主要机制是，在二价铁或脂氧合酶的作用下，催化细胞膜上高表达的不饱和脂肪酸，发生脂质过氧化，从而诱导细胞死亡。病理性的代谢和生化过程引起的急性或慢性细胞应激可能触发铁死亡。

（二）细胞铁死亡的特征

细胞铁死亡以由铁催化的、不饱和脂肪酸的磷脂过度氧化为主要特征。

1．细胞形态　铁死亡细胞的线粒体明显皱缩，体积变小（图1-1-9），伴有双层膜密度增高，嵴减少或消失。线粒体外膜断裂。细胞核形态变化不明显，未出现染色质固缩。细胞内还原系统失活后细胞膜或细胞器膜上含不饱和脂肪酸长链的磷脂分子被过氧化破坏，造成细胞膜破裂。

2．生化及其他特征　丝裂原激活的蛋白激酶（mito- genactivated protein kinase，MAPK）

系统被激活，胱氨酸运输蛋白受到抑制，谷胱甘肽（glutathione，GSH）耗竭，谷胱甘肽过氧化物酶 4（glutathione peroxidase 4，GPX4）活性下降，铁累积和脂质过氧化增加，大量活性氧类（reactive oxygen species，ROS）聚集，副产物 MDA 和 4-HNE 产生。

铁死亡可激活固有免疫系统的因子，参与损伤相关分子模式，释放前炎症介质。铁死亡组织中有显著激活的巨噬细胞，释放促炎物质，还能激活树突状细胞成熟、T 细胞活化和浸润，诱导肿瘤特异性免疫应答，而且可以有效地使巨噬细胞从免疫抑制 M2 表型向抗肿瘤 M1 表型复极。铁死亡使调控铁稳态和脂质过氧化代谢等方面的基因，如 *SCD1*、*FADS2* 和 *GLS2* 等发生改变。

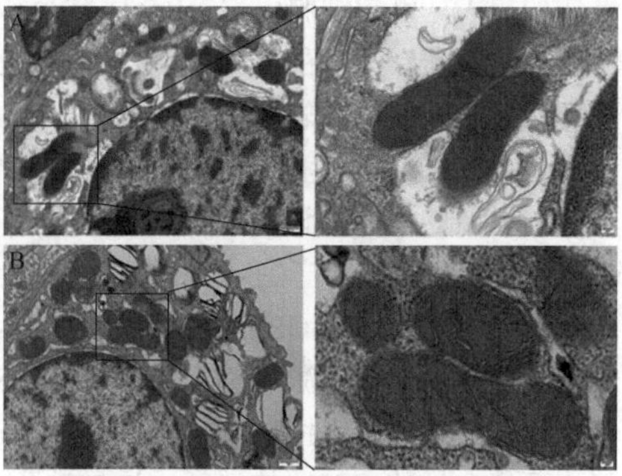

图 1-1-9 铁死亡细胞的线粒体皱缩（Stockwell et al.，2017）

A．正常细胞；B．铁死亡细胞

（三）细胞铁死亡的发生机制

1．铁稳态 机体吸收的二价铁离子经铜蓝蛋白氧化成为三价铁离子，与脱铁转铁蛋白（ApoTf）结合形成 Tf-Fe^{3+}复合物，转铁蛋白受体（transferrin receptor，TfR）识别并与其结合，形成转铁蛋白复合物，以内吞的方式，协助将铁运入细胞。进入细胞后复合物中的三价铁离子被释放，ApoTf 和 TfR 被回收到细胞膜，释放的三价铁离子经还原酶的还原，成为二价铁离子后转运进入胞质不稳定铁池（labile iron pool，LIP）。多余的部分铁离子则由膜铁转运蛋白（ferroportin，FPN）转出细胞。过铁、铁衍生物或诱导铁超载引起细胞内铁稳态失调，通过芬顿反应直接催化自由基形成，引发脂质过氧化，对线粒体电子传递链产生活性氧的酶造成影响，进而产生大量 ROS。铁沉积所引起的氧化反应若超过细胞的抗氧化能力水平则可导致氧化应激信号的启动，直接或间接地引起大分子物质损伤，导致细胞损伤或死亡。

2．脂质过氧化相关机制 除了通过芬顿反应铁介导生成 ROS，脂质过氧化是导致铁死亡的重要因素。胱氨酸进入细胞依赖胱氨酸转运蛋白系统（system Xc-），system Xc-由 SLC7A11 催化亚基和 SLC3A2 伴侣亚基组成，摄取胞外胱氨酸排出谷氨酸，转入细胞内的胱氨酸被还原成半胱氨酸，半胱氨酸与谷氨酸、甘氨酸通过谷胱甘肽合成酶（glutathione synthetase，GSS）、γ-谷氨酸半胱氨酸合成酶催化合成谷胱甘肽（GSH），GSH 可在谷胱甘肽过氧化物酶（glutathione oxidase，GPX）的作用下转化为氧化型谷胱甘肽（GSSG），GPX4 将脂质过氧化物还原成脂肪醇。GSSG 又可被还原型烟酰胺腺嘌呤二核苷酸磷酸（reduced nicotinamide adenine dinucleotide phosphate，NADPH）还原为谷胱甘肽。脂质氧化物不能经 GPX4 催化的 GSH 还原反应代谢，继而氧化膜脂质，因此阻断 system Xc-引起 GSH 耗竭，抑制 GSH 合成并引发自由基和脂质过氧化物的减少，导致自由基的过度产生，可诱发铁死亡。

（四）细胞铁死亡的调控

1．抑制胱氨酸摄入诱导铁死亡 半胱氨酸是合成谷胱甘肽（GSH）的限速原料，因此 system Xc-的功能受到抑制从而诱导铁死亡。谷氨酸与胱氨酸以 1∶1 比例交换胱氨酸进入细胞内，谷氨酸转运体抑制剂 SAS 或高浓度的谷氨酸影响 system Xc-的功能，从而增强细胞对铁死亡的敏感性。铁死亡激活剂埃拉斯汀（Erastin）通过直接抑制 system Xc-活性，降低细胞对胱氨酸的摄入，引起细胞内 GSH 合成减少。热休克蛋白 B1 和热休克因子 1 的敲除促进了铁死亡激活剂埃拉斯汀诱导的铁死亡，而热休克预处理和热休克因子 1 的过表达则抑制 Erastin 诱导的铁死亡。阻断胱氨酸转运蛋白（SLC7A11）的活性也可诱导铁死亡。INF-γ 可下调 system Xc-的表达，柳氮磺吡啶和丁硫氨酸亚砜胺等也可以抑制 system Xc-。

2. 抑制 GPX4 诱导铁死亡　基因敲除或抑制 GPX4 活性可引发细胞铁死亡，若上调 GPX4 的表达，则会产生对铁死亡的耐受，因此包括 RSL3、ML162、DPI10、DPI7、DPI12 和 DPI13 等在内，抑制 GPX4 可诱导铁死亡。他汀类药物会干扰 GPX4 翻译，加快细胞铁死亡。FIN56 可通过结合和激活角鲨烯合成酶（SQS）耗尽 GPX4，铁死亡诱导剂 FINO2 可间接抑制 GPX4，产生脂质活性氧。此外，脂溶性抗氧化剂辅酶 Q10（CoQ10）和 Sec-tRNA 分子的代谢障碍可能会导致 GPX4 的消耗，诱导铁死亡。

3. 铁离子的稳态调节　各种调节铁稳态的铁离子输入、排出、储存相关基因或蛋白质，可调节铁死亡的敏感性。向细胞输入铁离子，并且保证铁离子以二价铁的形式存在，可启动铁死亡，去铁胺、甲磺酸去铁胺等铁螯合剂可以拮抗铁死亡的发生。转铁蛋白受体（TfR）表达量增加和铁蛋白重链（FTH）水平的降低均能增强细胞发生铁死亡的敏感性。热休克蛋白 B1 通过抑制 TfR 的表达而降低细胞内铁离子浓度。TfR 在细胞内减少会提高细胞对铁死亡的敏感度，抑制 TfR 的自噬性降解，可使细胞抵抗铁死亡。

二、细胞铁死亡与疾病

（一）细胞铁死亡与肿瘤

铁死亡与多种肿瘤的发生有密切关系。研究显示，铁死亡诱导剂对抑制三阴性乳腺癌、胰腺癌、弥漫性大 B 细胞淋巴瘤、肝癌、肾上腺皮质癌等多种癌症有效，调控铁死亡具有诱导癌细胞死亡、抑制肿瘤生长的作用。抑癌基因 *p53* 能够抑制 SLC7A1 的相关表达和转运活性，减少细胞对胱氨酸的摄取，削减细胞的抗氧化能力，诱导铁死亡的发生。半胱氨酸耗竭可诱导小鼠胰腺肿瘤铁死亡，细胞核蛋白布罗莫结构域 BET 和趋化因子受体 CXCR2 的靶向药物可诱发间质型三阴性乳腺癌细胞凋亡，PI3K-Akt-mTOR 通路激活有助于保护肿瘤细胞抵御氧化应激及铁死亡，乳酸可通过 HCAR1/MCT1-SREBP1-SCD1 途径，抵抗氧化应激诱导的脂质过氧化，抑制肝细胞的铁死亡。金属有机框架纳米颗粒、血小板膜包衣磁性纳米颗粒等诱导铁死亡，增加肿瘤免疫治疗的新策略及研究新型抗癌药物，通过诱导铁死亡触发肿瘤细胞死亡有望成为癌症治疗的新途径。

（二）细胞铁死亡与动物神经退行性变性疾病

铁死亡重要调节蛋白钙离子非依赖性磷脂酶 A2β（iPLA2β）功能缺失，清除铁死亡的死亡信号分子 1-SA-2-15-HpETE-PE 功能下降，导致多巴胺能神经元对铁死亡更加敏感。诱导帕金森病小鼠模型中运用铁螯合剂，能减少氧化应激，增强多巴胺的可利用性，从而改善现有的运动症状和减少运动功能的退化。阿尔茨海默病患者的脑铁代谢紊乱，并且在海马和大脑皮层中观察到过度的铁沉积。在实验性亨廷顿舞蹈症患者神经元中发现氧化损伤、脂质氧化、铁沉积等。铁死亡作为治疗靶点对退行性疾病的治疗具有潜在价值。

（三）细胞铁死亡与器官损伤

铁死亡主导了 *Fth* 基因心肌特异敲除小鼠心脏损伤，并且铁死亡特异性抑制剂可以显著降低阿霉素或缺血再灌注手术导致的心脏损伤。使用治疗剂量的氨氯地平或维拉帕米后可缓解铁过载小鼠的氧化应激和心功能损伤。采用褪黑素与铁死亡特异性抑制剂干预后，能逆转脑外伤铁死亡与铁代谢相关蛋白质的表达，减轻神经退行性变化。铁离子催化氧化反应产生的大分子物质可诱导脑出血后的继发性损伤，而且还会引发铁死亡。常铁稳态与铁死亡有关，可导致中枢神经系统的病理变化。高铁状态及遗传性血色病铁过载可诱发肝脏发生铁死亡，引起肝脏损伤。

第九节　细胞自噬

细胞内蛋白质和细胞器的降解对维持细胞内环境稳态起着至关重要的作用，其主要的降解途径有蛋白酶体途径和内吞途径。蛋白酶体途径主要负责降解细胞内短寿的、多聚泛素化的蛋白质；内吞途径主要负责将跨膜蛋白运送到溶酶体进行降解。细胞内的长寿蛋白、蛋白质聚集物及膜包被的细胞器则不能通过上述两种途径降解，而是通过细胞自噬完成。早期认为细胞自噬是细胞“将自己吃掉”，当时研究人员发现细胞能够将自身成分用膜包起来，形成袋装囊泡并运到溶酶体进行降解，自此细胞自噬研究得到了快速发展。

一、概述

（一）细胞自噬的概念

细胞自噬（autophagy）是指细胞在营养缺乏、氧化应激、离子射线和病毒入侵等外界环境因素的影响下，利用溶酶体对其内部受损的细胞器、错误折叠的蛋白质和侵入其内的病原体进行降解的生物学过程。细胞自噬的表现形式多样，但均可通过溶酶体降解细胞内的成分。细胞自噬所产生的物质和能量可以重新参与细胞的生命活动。细胞自噬可以使机体在十分严峻的生存条件下通过自我降解来获得营养成分和能量从而得以生存，同时细胞自噬也是清除入侵机体病原体的重要机制。细胞自噬的稳态和调节一旦出现紊乱，则会导致一系列疾病。

（二）细胞自噬的类型

根据细胞内底物进入溶酶体途径的方式不同，细胞自噬分为三种类型，即巨自噬（macroautophagy）、微自噬（microautophagy）和分子伴侣介导的自噬（chaperonemediated autophagy，CMA）（图 1-1-10）。

1．巨自噬　巨自噬是最为常见的细胞自噬，也是传统意义上的细胞自噬。如果没有特殊说明，本书所提细胞自噬均指巨自噬。巨自噬是指细胞质中可溶性蛋白和变性坏死的细胞器被非溶酶体来源的双层膜结构即前自噬体结构所包裹，并由自噬泡将其携带到溶酶体中降解加工。巨自噬主要负责降解细胞内稳定并永久存在的蛋白质，产生氨基酸以维持细胞在营养缺乏时的生存。根据分解物质不同，巨自噬又可分为选择性自噬（selective autophagy）和非选择性自噬（non-selective autophagy）。选择性自噬对细胞特异包裹的一些物质进行降解，包括细胞质至自噬泡寻靶途径（Cvt 途径）、线粒体自噬、内质网自噬、核糖体自噬、过氧化物酶体自噬和异源自噬等。

2．微自噬　此过程简单，自噬对象没有选择性，通过溶酶体膜的内陷、突起和（或）分隔，直接吞入细胞质。

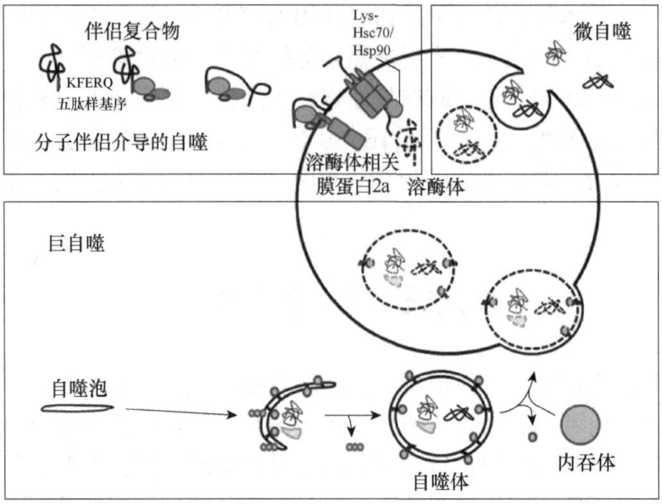

图 1-1-10 细胞自噬的三种类型

3．分子伴侣介导的自噬 CMA 仅见于哺乳动物细胞，具有选择性。哺乳动物的 CMA 有两个突出的特点用以区别于其他类型的细胞自噬：一个特点是选择性地针对细胞质中的蛋白质，另一特点是具有将细胞内底物向溶酶体运送的特殊机制。只有那些在分子结构中具有 KFERQ 五肽样基序的蛋白质分子才能被热休克蛋白 70（Hsp70）所识别，Hsp70 携带靶蛋白质分子，并将其运送到溶酶体进行降解。

（三）细胞自噬的调控

细胞自噬（主要指巨自噬）是真核生物细胞中一种古老的保守机制，从开始时形成多层膜包围的自噬泡，到其最终与溶酶体区室融合以降解所隔离的物质，是一个复杂的且又处于精细调控中的多步骤过程。细胞自噬的调控分为三个连续的水平：①细胞自噬起始的信号调控，是指止于细胞自噬相关基因（*Atg*）体系上游的信号转导通路；②自噬体形成的信号调控，主要跟参与自噬体形成的 *Atg* 相关；③自噬溶酶体过程的调控，主要是自噬体成熟及其与溶酶体区室融合。

1．细胞自噬起始的信号调控 在细胞饥饿、生长因子缺乏、缺氧、药物和辐射及一些病理状态下，均可诱导细胞自噬的发生。有众多信号转导通路和第二信使参与自噬体形成的 Atg 体系活性，这些通路中的多条途径在进化保守的哺乳动物雷帕霉素靶蛋白（mammalian target of rapamycin，mTOR）处汇集，但也有一些通路不依赖 mTOR 发挥作用。

（1）mTOR 依赖的信号转导通路 mTOR 是非常保守的丝氨酸/苏氨酸蛋白激酶，是生长因子、营养信号和能量状态的重要调控因子，也是细胞自噬的主要调控因子。mTOR 存在两个不同的复合体，即 mTORC1 和 mTORC2。mTORC1 由 mLST8、DEPTOR、Tti1/Tel2 复合物、RAPTOR 和 PRAS40 组成，而 mTORC2 由 mLST8、DEPTOR、Tti1/Tel2 复合物、RICTOR、mSin1 和 PROCTOR1/2 组成。mTORC1 对 mTOR 特异性抑制剂雷帕霉素的作用很敏感，其主要功能就是调控细胞自噬。营养缺乏或雷帕霉素会抑制 mTORC1 复合体，从而导致自噬。mTORC2 对雷帕霉素不敏感。mTOR 是细胞自噬的门户分子，机体的营养信号（如生长因子和氨基酸）、能量信号（如细胞内 AMP/ATP 值）和压力信号（如氧化压力或 DNA 损伤）均能对其进行调节，其中包括 PI3K-Akt-mTOR 信号通路、MAPK 信号通路、AMPK 信号通路及其他信号通路，并可形成复杂的网状通路信号。

（2）mTOR 非依赖的信号转导通路　游离肌醇的匮乏和肌醇三磷酸（IP_3）水平降低不需要通过抑制 mTOR，而诱导自噬 Beclin-1 通路和 Gai3 蛋白通路诱导的细胞自噬也不需要 mTOR 介导。

2．自噬体形成的信号调控　自噬始于前自噬体隔离池的生成，随后形成隔离膜或自噬泡，然后该膜延伸形成自噬体，此双层膜包围的结构在哺乳动物细胞中的大小为 0.5～1.5μm。自噬的整个过程中，随时都受到不同自噬相关蛋白质的调控。这些自噬相关蛋白质由细胞自噬相关基因编码。

根据核心自噬相关基因所编码的蛋白质在自噬信号转导中表现出的功能差异，可将其分为 6 类：①ULK-Atg13-FIP200-Atg101 复合体；②磷脂酰肌醇 3-羟激酶（PI3K）复合体，包括其核心蛋白 VPS34、VPS15 和 Beclin-1；③3-磷酸磷脂酰肌醇结合的 WIPI/ATG18-ATG2 复合体；④跨膜蛋白 Atg9；⑤泛素样 Atg12-Atg5 系统；⑥泛素样 Atg8/LC3 系统。这 6 类蛋白质介导不同阶段的自噬体生物进程，参与自噬泡成核、自噬体膜的延伸、自噬体形成的整体过程。主要包括：①上游信号激活 ULK-Atg13-FIP200-Atg101 复合体内各类 Atg 的磷酸化/去磷酸化，形成前自噬体（PAS）结构支架；②当磷脂酰肌醇 3-羟激酶复合体形成后，随即结合到膜表面，有助于招募各类膜分子；③通过膜上各类分子如 WIPI 复合体、Atg9 等识别膜包裹物质并延长磷脂双分子膜；④最后在膜上形成泛素样蛋白质分子，被溶酶体识别。

3．自噬溶酶体过程的调控　自噬体一经形成，将会进一步与溶酶体融合而成熟，并最终形成自噬溶酶体。这个过程包括自噬溶酶体形成阶段、囊泡分解阶段及自噬溶酶体重构阶段。自噬溶酶体过程是一个细胞器的循环过程，这个过程既能降解自噬体内容物，又能在细胞内不断提供一直被消耗的溶酶体，使自噬流顺利进行。

二、细胞自噬与疾病

（一）细胞自噬与微生物感染

细胞自噬在维持细胞内的代谢稳态中起着重要作用，与多种病原微生物感染有着错综复杂的关系。一方面，自噬能够帮助宿主清除病原体；另一方面有些病原体可利用自噬体为其增殖提供必要条件，甚至在其中潜伏增殖。

1．细胞自噬与细菌感染　细胞自噬可以清除某些细菌，如 A 族链球菌、幽门螺杆菌、金黄色葡萄球菌和肺炎球菌等。A 族链球菌胞吞泡进入细胞质后，自噬体将其包裹，并运送到溶酶体使其降解。而在自噬缺陷细胞中，A 族链球菌会存活和繁殖，并从感染细胞中释放出来再感染其他细胞。霍乱弧菌能够分泌一些具有细胞毒性的蛋白质如溶细胞蛋白，可以引起自噬泡的形成，导致细胞溶解和坏死。幽门螺杆菌自身或其分泌物可以激活自噬，促进自噬对机体细胞的免疫保护作用。另外，某些细菌可以逃避自噬，如结核分枝杆菌、伤寒沙门菌和产单核细胞李斯特菌等。结核分枝杆菌入侵宿主巨噬细胞后，可以阻止巨噬细胞自噬溶酶体的酸化和成熟，从而阻碍自噬进程，为结核分枝杆菌在体内的潜伏及结核病复发埋下隐患。伤寒沙门菌在入侵宿主时，利用Ⅲ型分泌系统（T3SS），向宿主细胞内注入大量毒力蛋白，这些毒力蛋白整合到宿主细胞骨架上，诱导红细胞膜皱缩，有助于细菌进入细胞，形成沙门菌囊泡（SCV），从而使其潜伏在宿主体内得以长期生存。产单核细胞李斯特菌利用一种胆固醇依赖的李斯特菌溶血素 O 来逃脱吞噬，从而定植在细胞质中。

2．细胞自噬与病毒感染　细胞自噬在病毒感染中的作用与在细菌中大致相似。自噬可作为宿主的防御机制，而病毒自身也能对抗宿主的自噬防御机制，如水疱性口炎病毒、单纯疱疹病毒Ⅰ型和麻疹病毒等侵入机体后，能够启动自噬反应，抑制其复制，从而保护机体。而人类免疫缺陷病毒（HIV）、新城疫病毒和甲型流感病毒等获得逃逸、抑制或利用自噬增强其在宿主体内的生存能力。

（二）细胞自噬与肿瘤

在肿瘤发生、发展过程中，细胞自噬对肿瘤细胞具有抑制和促进的双重作用。一方面细胞自噬可表现出对肿瘤抑制的作用，表现在维持染色体的稳定、防止致癌突变的积累、限制氧化应激、减轻瘤体内细胞坏死和局灶性炎症等方面；另一方面细胞自噬可促进肿瘤的发生发展，在肿瘤形成后，肿瘤细胞能利用自噬对抗应激环境，增强存活能力，特别是在实体瘤中，需要更多的氧气和营养物质来保持快速增殖，这造成细胞中营养缺乏和低氧胁迫。作为细胞应激状态下提供营养物质的重要途径，细胞自噬可以保护肿瘤细胞，避免凋亡或坏死的发生。细胞自噬在不同的肿瘤中作用不同，即使在同一肿瘤中的不同发展阶段，其功能也可能不一样。

1．细胞自噬对肿瘤的抑制作用　自噬相关基因 *Beclin-1* 在自噬中发挥着重要作用。在多种肿瘤细胞中都出现 Beclin-1 蛋白表达的下降，肺癌、食管癌和胃癌中 *Beclin-1* 的表达量低于在癌旁组织及非癌组织中的表达量，且呈现癌细胞分化程度越低其表达量也越低的趋势。干扰 *Beclin-1* 能够降低细胞的自噬水平，从而诱导一系列自发性肿瘤，如淋巴癌、肺癌、肝癌和乳腺癌。*Beclin-1* 等基因缺失可以破坏细胞的自噬能力，不利于正常细胞在代谢应激状态下存活，但却促进了肿瘤的发生。另外，*Beclin-1* 能够通过提高肿瘤细胞的自噬活性降低肿瘤细胞的坏死率，从而减少炎症因子的产生，抑制肿瘤的继续发展。

2．细胞自噬对肿瘤的促进作用　肿瘤细胞生长迅速，容易出现营养与能量相对不足的状况，特别是在肿瘤中晚期，往往会引发细胞自噬，既可以通过降解细胞内的蛋白质和核酸及衰老的细胞器为肿瘤细胞的持续增殖提供能量与营养支持，也能够保护肿瘤细胞免于凋亡而维持肿瘤的持续生长。在恶性胶质瘤组织中，缺氧可以促进自噬的活化，进而激活缺氧诱导因子1α/AMP 活化的蛋白质激酶（HIF-1α/AMPK）信号通路，从而促进肿瘤细胞生长；胰腺癌细胞和胰腺癌组织标本中的自噬水平显著高于正常细胞/组织，因此抑制自噬活性可以导致肿瘤体积缩小。在营养匮乏时，肿瘤细胞通过激活突变的 *K-Ras* 或 *H-Ras* 上调自噬活性以维持其自身的氧化代谢活动。

（吕英军）

第二章　动物超微病理学概论

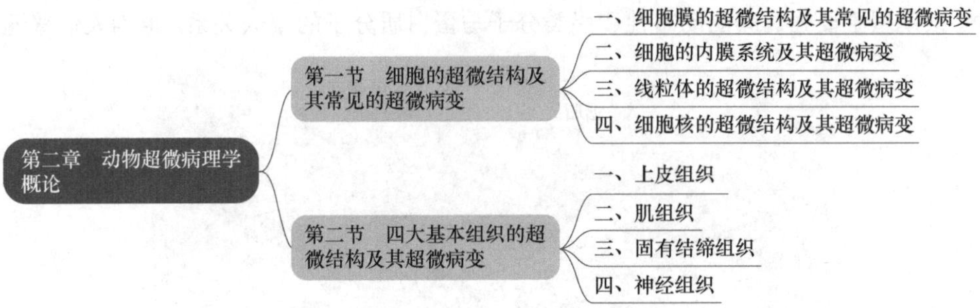

第一节　细胞的超微结构及其常见的超微病变

随着电镜技术的提高，电镜放大倍率的不断扩展，科学家对细胞的结构和功能的研究已经深入到了分子水平，人们可以借助电镜技术直接观察和解释细胞核内外遗传信息传递的可见形态。关于对病理学的研究，我们不再满足于显微镜下的组织形态学变化，而是用新的技术在超微水平和分子水平上揭示那些"线条"上的亚单位，或者说大分子结构排列的形态。因此，可充分利用电镜技术来揭示异常生命活动状态下动物结构的超微水平改变及其奥秘。动物超微结构及超微病理学就是利用电镜技术观察研究生理及病理状态下组织与细胞超微结构的变化，从而在超微水平及分子水平上揭示疾病的发生机制及疾病的发生、发展和转归的规律。

细胞是构成动物有机体的基本生命单位。细胞由细胞膜、细胞质和细胞核组成，三者在结构及功能上密切相关。在位于细胞膜与细胞核之间的细胞质中分布着由细胞膜内陷所形成的内膜系统，它们是由细胞质内具有一定形态结构和生理功能的小器官——细胞器所组成。细胞器是细胞代谢和细胞活动的形态支柱，细胞器的形态结构改变是各种细胞和组织损伤的超微形态学基础。

一、细胞膜的超微结构及其常见的超微病变

（一）细胞膜的结构

1．细胞膜的形态结构　细胞膜是围在细胞质表面的一层薄膜，又称质膜（plasma membrane）。其厚度一般为 7～10nm，达不到光学显微镜所能分辨的极限，所以在光学显微镜下是看不到细胞膜的。光学显微镜下观察到的所谓的细胞膜，实际上是细胞与周围介质的界面。细胞膜是细胞结构的重要形式，除细胞外层的细胞膜外，细胞内还有丰富的膜结构，如线粒体、内质网、高尔基体、溶酶体、核膜等，都是由膜构成的细胞器。这些膜在低倍率电镜下呈一致密的细线条，在高倍率电镜下，每层膜均显示出"两暗一明"的三层结构，即单位膜（unit membrane）。人们把细胞膜和细胞内各种膜相结构的膜统称为生物膜（biological membrane）。细胞各部分的生物膜，既有其共同的基本结构，又各有其特点。

2．细胞膜的分子结构　关于细胞膜的分子结构模型有几十种，目前比较有代表性的包

括：层状结构模型（lamellar structure model）、单位膜模型（unit membrane model）、液态镶嵌模型（fluid mosaic model）（图 1-2-1）等。其中液态镶嵌模型认为生物膜是α-螺旋球形蛋白质和脂类的二维排列的液态体，不是静止的，而是一种具有流动特性的结构。膜中的脂质双分子层既具有固有分子排列的有序性，又有液体的流动性，即流动的脂质双分子层构成膜的连续主体。膜中球形蛋白质分子以各种镶嵌的形式与脂质双分子层相结合。蛋白质分子的非极性部分嵌入脂质双分子层的疏水区；极性部分则外露于膜的表面，似一群岛屿，无规则地分散在脂类的海洋中。该模型主要强调膜的动态性和脂类分子与蛋白质分子的镶嵌关系，也为人们普遍接受。

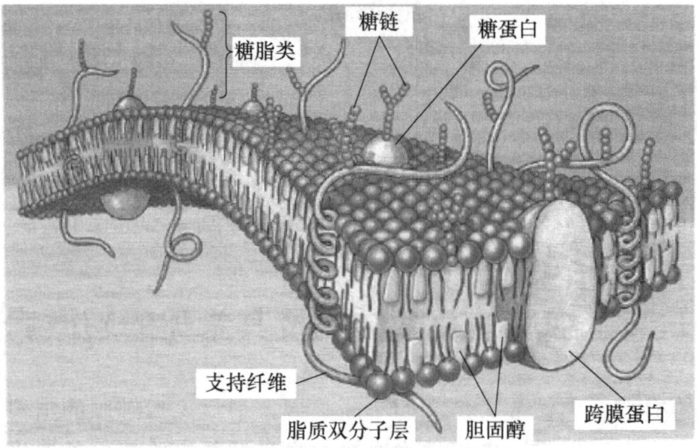

图 1-2-1　细胞膜的分子结构模型图——液态镶嵌模型（Thibodeau and Patton，2000）

脂质双分子层提供了基本结构，而且对绝大多数水溶性分子形成了一个相对不渗透的屏障

细胞膜与其他生物膜一样均由膜脂和膜蛋白构成。膜蛋白可分为膜内在蛋白和膜周边蛋白，脂质双分子层构成膜的基本结构。各种不同的膜蛋白与膜质分子的协同作用不仅为细胞的生命活动提供了稳定的内环境，而且还行使着物质转运、信号传递、细胞识别等多种复杂的功能。生物膜结构的基本特征是流动性和不对称性，这是完成其生理功能的必要保证。

（二）细胞膜的超微病变

1．细胞膜形态结构的病变　机械力作用下或细胞出现强烈变形时，可引起细胞膜破损。血液寄生虫（如锥虫、疟原虫）感染时，因虫体在血细胞内寄生、繁殖导致血细胞膜破裂造成溶血。某些脂溶性阴离子物质、溶蛋白和溶脂性酶及毒素等也能破坏细胞膜的完整性，如串珠镰刀菌素可引起小型猪心肌纤维膜变性混浊、膨胀，失去单位膜的结构特点，严重时造成心肌纤维膜溶解、断裂。细胞膜结构损伤可导致细胞内容物的外溢或水分进入细胞使细胞肿胀，甚至破裂崩解。

2．细胞膜分子结构的病变　细胞膜是具有多种功能的结构，其各种功能的实现依赖于构成细胞膜的各种蛋白质的存在及其结构的稳定性。若致病因子作用于细胞膜，一旦引起细胞膜的结构异常或缺失即可引起相应的功能改变或丧失。膜受体异常引起的膜受体病，就是由接受激素、神经递质等生物活性分子的膜受体缺陷引起的疾病。

（1）细胞膜的结构改变与溶血作用的发生密切相关　磷脂是细胞膜的重要组成部分，其含量过高或过低都会造成严重的后果，破坏磷脂组成不仅影响红细胞的形态，而且会引起溶血。电镜观察证实，红细胞中卵磷脂增高时，细胞膜便向外突起成棘状管形，进而膨胀成球形而破裂。在患遗传性溶血病时，红细胞膜对钠离子的通透性增加，以致细胞内水分增多而引起红细胞肿胀、破裂。

红细胞膜上蛋白质的变化也可引起严重的溶血病。红细胞膜上有血影蛋白，可使红细胞具有可塑性，而在患遗传性球形红细胞增多症时，细胞膜上的血影蛋白缺乏酸性磷酸化功能，从而影响了膜的收缩性能，使红细胞膜变硬、变脆，很易破裂。在患缺铁性贫血时，红细胞变薄，中间大而明显，在患重症贫血时，红细胞变小而厚，外形不规则，出现许多凹陷或隆起。在患巨幼细胞贫血时，红细胞变脆变大，厚度增加，中心过度凹陷。这些异常红细胞病大都起因于膜结构上的异常，从而导致溶血。

（2）*细胞表面的改变与肿瘤的发生密切相关*　癌变细胞或转化细胞最显著的特点之一是细胞表面组分和结构发生改变，以致细胞连接和通信中断、识别和黏着能力下降、失去接触抑制、细胞增殖失控、浸润转移等。由于细胞表面糖脂的变化，肿瘤细胞失去正常细胞间的黏合，最突出的是失去了接触抑制功能而无限增殖。另外，许多病毒在感染细胞时（如副黏病毒）常常发生细胞融合，这是因为病毒改变了细胞膜，使多个细胞可以相互结合而形成巨核细胞。

（3）*细胞膜分子结构的改变可造成细胞膜通透性改变*　例如，能量代谢不足（缺氧时）或毒物的连接损害等导致各种不同的细胞损伤时，均可造成细胞主动运输障碍，从而导致细胞内 Na^+潴留和 K^+排出，但 Na^+潴留多于 K^+排出，细胞内渗透压升高，水分因而进入细胞，引起细胞水肿。这种单纯通透性障碍时并不见细胞膜的形态学改变，只有借助化学方法才可在电镜下检出细胞膜上某些酶如 ATP 酶、碱性磷酸酶、核苷酸酶等活性的改变。

3．细胞膜受体异常引起的疾病　膜受体信息机制的研究在生物医学上具有重要意义。接受激素、神经递质等生物活性分子的膜受体缺陷而引起的疾病称为膜受体病。根据病因不同可分为如下几种。

（1）*遗传性受体病*　也称原发性受体病，是受体基因突变导致受体数量减少或功能异常引起的，如家族性高胆固醇血症、睾丸女性化综合征等。

（2）*自身免疫性受体病*　机体自身产生抗受体的抗体，与受体结合，使受体失去功能或功能改变，如甲状腺功能亢进，是由于患者体内产生促甲状腺激素受体的抗体，它是一种长效甲状腺刺激物，可促进合成和释放过多的甲状腺素。

（3）*继发性受体病*　是由机体自身代谢紊乱引起的。肥胖引起的胰岛素受体活性下降，导致糖尿病。心功能不全可引起心肌细胞 β-受体减少等。

（三）细胞表面及其病理过程

细胞表面（cell surface）是一个以细胞膜为核心的复杂的结构体系，它包括细胞膜、细胞外被、细胞膜内面的胞质溶胶和细胞表面的特化结构。

1．细胞表面的主要结构　细胞表面是指包围在细胞质外层的一个复合的结构体系和多功能体系，是细胞与外界环境物质相互作用，并发挥各种复杂功能的部位。其结构以细胞膜为主体，在细胞膜外面有一层含糖物质的细胞外被（cell coat），在细胞膜内侧为富含微丝、微管的胞质溶胶（cytosol）。广义的细胞表面还包括细胞表面的特化结构，如鞭毛、纤毛、微绒毛及细胞连接。

（1）*细胞外被*　是指与细胞表面细胞膜的膜脂或膜蛋白共价结合的由糖链形成的一层呈绒毛状或细丝状的物质，厚度 5～20nm，它的主要成分是糖蛋白和糖脂。植物细胞的外被是由果胶和纤维素组成的细胞壁，细菌的外被主要是脂多糖。细胞外被有保护细胞和识别细胞的作用。细胞外基质的基本成分是由胶原蛋白与弹性蛋白组成的蛋白纤维及由糖胺聚糖与蛋白聚糖形成的水合胶体，层粘连蛋白和纤连蛋白具有多个结合位点，在细胞与细胞外基质成分相互黏着时起重要作用。细胞外基质不仅提供细胞外的网架，赋予组织抗压和抗张力的机械性能，而且还与细胞的增殖分化和凋亡等重要的生命活动有关。细胞外被在细胞生命活动过程中起重要作用，具有保护细胞并参与细胞与周围微环境相互作用的功能。

（2）胞质溶胶　在细胞膜的内表面有一层厚度为0.1～0.2μm、含有高浓度蛋白质的溶胶层，称为胞质溶胶，其内含有较多的微丝和微管。微丝和微管相互连接并都与细胞膜的内表面相连，又与细胞内其他结构相连，起固定作用。微丝和微管有很强的抗张强度，对维持细胞形态、运动和极性有重要作用。微丝和微管也是细胞运动的微器官，肢体活动、胃肠蠕动等均为肌细胞收缩作用所致，这种收缩作用是细胞内肌动蛋白与肌球蛋白等成分相互作用的结果，各种细胞的微丝内均含有肌动蛋白。微丝和微管还是构成细胞表面的调节装置，嵌合在细胞膜中的蛋白质（如各种受体）、微丝和微管在结构和功能上可视为一个整体，共同组成细胞表面的调节装置。细胞外的化学信号作用于细胞表面的受体膜蛋白、膜脂等，然后通过细胞表面的调节装置，将信号转换为某种信息，进而调控细胞的生长、代谢、分化和分裂等活动。细胞内的某些变化也可以通过调节装置使膜表面的结构成分发生变化，从而改变细胞表面特性。

（3）细胞表面的特化结构　是由细胞膜表面衍化出的外部细胞器或特化结构，主要包括膜骨架、鞭毛、纤毛、变形足和微绒毛，它们都是细胞膜与膜内的细胞骨架纤维形成的复合结构，分别与维持细胞的形态、细胞的运动、细胞与环境的物质交换等功能有关。

1）微绒毛，是直径80～90nm、长0.2～1μm的细胞膜表面的指状突起，几乎所有的细胞表面都或多或少有此种结构。微绒毛的主要作用是扩大细胞表面的吸收面积，因此在富于吸收功能的细胞表面微绒毛很发达，如光镜下见到的肠吸收上皮游离面的纹状缘及肾近曲小管上皮表面的刷状缘即是电镜下所见到的细胞顶部细胞质和细胞膜形成的整齐排列的指状突起——微绒毛（图1-2-2）。1个小肠柱状上皮细胞表面有2000～3000根微绒毛，每平方毫米面积的小肠上皮，微绒毛数可达2亿，能增加30倍的表面积。

2）纤毛，是上皮细胞顶端伸出的毛状突起，直径约0.2μm、长5～10μm，见于呼吸道气管及支气管、输卵管、输精管等处的上皮，可分为动纤毛（kinocilium）和静纤毛（stereocilium）两类。纤毛具有复杂的结构以适应敏捷的弯曲运动，在上呼吸道每个纤毛上皮细胞中有250～270根纤毛（图1-2-3）。纤毛运动的主要作用是推动上皮表面的液体、微生物、灰尘或黏液膜。

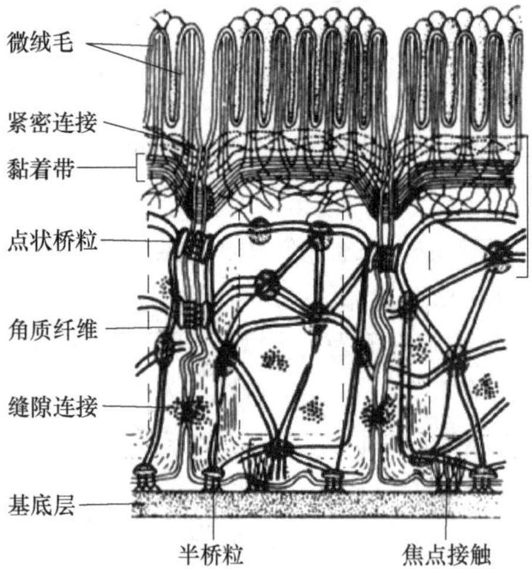

图1-2-2　肠黏膜上皮细胞间的各种细胞连接模式图

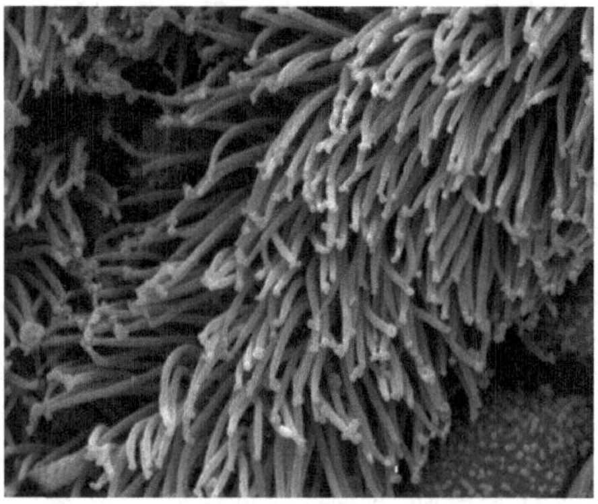

图1-2-3　细胞表面结构（SEM①）
大鼠气管黏膜上皮表面纤毛密集

① SEM表示该图为扫描电镜图片

3）细胞连接，相邻细胞的细胞膜之间及与其所附着的基垫（如基膜）之间具有不同的连接装置，为细胞膜的特化结构。在上皮组织的相邻细胞间这些结构很丰富，主要包括桥粒（desmosome）（图 1-2-2）、紧密连接（tight junction）和缝隙连接（gap junction）等。其中桥粒又可分为带状桥粒或称为黏着带（adhesion belt），点状桥粒或称附着斑（attachment plaque）；紧密连接又称闭锁小带（zonula occludens）；缝隙连接又称融合膜（nexus）（图 1-2-2）。当细胞受损时，这些连接装置会发生一系列的改变。在心肌原纤维横端连接处有由中间连接与桥粒构成的闰盘（图 1-2-4）。①

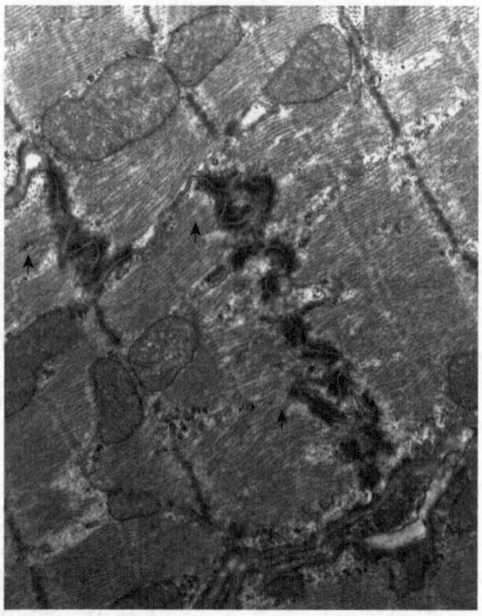

图 1-2-4 心肌纤维间闰盘连接（↑）（TEM①）

2．细胞表面的超微病变

（1）*细胞膜蛋白改变与疾病的关系* 当细胞膜上相应的载体蛋白有缺陷时，会导致物质运输紊乱，如肾性糖尿病是肾小管上皮细胞膜中转运糖类的载体蛋白缺失而致。膜受体在结构上和数量上发生缺陷时，会导致机体功能不全，多数是基因突变导致的遗传性疾病。在无丙种球蛋白血症患者的 B 淋巴细胞膜上，缺少作为抗原受体的免疫球蛋白，因此，B 淋巴细胞不能接受抗原刺激分化成浆细胞，也不能产生相应的抗体，致使机体抗感染功能严重受损，常常反复出现肺部感染。重症肌无力是由于体内产生了乙酰胆碱受体的抗体，占据了乙酰胆碱受体，封闭了乙酰胆碱的作用。该抗体还可以促使乙酰胆碱受体分解，使患者的受体大大减少，导致重症肌无力。

（2）*细胞膜结构的改变与肿瘤发生密切相关* 肿瘤细胞可以合成新的糖蛋白，如小鼠乳腺癌可以产生一种表面糖蛋白，它掩盖了小鼠的主要组织相容性抗原，使肿瘤细胞具有可移动性。各种肿瘤细胞都有黏连蛋白的缺失，失去原来正常细胞之间的黏着作用，使肿瘤细胞彼此之间的亲和力降低，肿瘤细胞易于脱落，并浸润病灶周围组织或通过血液、淋巴液转移到其他部位。虽然细胞膜上糖脂的含量较少，但具有重要的生理功能，如在结肠、胃、胰腺癌细胞中都发现有糖脂组分的改变和合成肿瘤细胞自己特有的新糖脂。另外，肿瘤细胞表面的糖苷酶和蛋白酶活性增加，使细胞膜对蛋白质和糖的传送能力增加，从而为肿瘤细胞的分裂增殖提供了物质基础。

（3）*细胞膜的特化结构——纤毛、微绒毛和细胞连接结构的超微病变*

A．纤毛的病理改变 纤毛对于物理性、化学性和炎症性的损害特别敏感，当受到这些异常刺激后，常迅速以相应的结构改变来做出反应，从而导致纤毛的运动障碍。

1）纤毛的数目改变：在胚胎性细胞和去分化细胞中纤毛数目常增多。在慢性反复发作性炎症（如慢性支气管炎）和维生素 A 缺乏时，呼吸道上皮常发生鳞状上皮化生，纤毛也随之消失。

2）纤毛的形成异常：在一切由呼吸性上皮覆盖的部位，慢性炎症可使纤毛变粗短。鼻咽部和卵巢的乳头状瘤及来自呼吸性上皮的肺癌也有这种典型改变。这种短粗的纤毛内结构异常，表现为周边部二联微管数目超常或中枢微管增多且排列杂乱。相反，二联微管数也可不足。

3）纤毛肿胀：气管败血性布鲁氏菌感染、慢性支气管炎及过度吸烟时，气管及支气管上皮纤毛可发生肿胀和运动不灵，以致黏液纤毛装置的排泌功能受阻。

① TEM 表示该图为透射电镜图片

4）纤毛结构异常及脱落：在纤毛周边区二联微管顺时针方向的一侧各有两组蛋白质物质，称为动力蛋白（dynein）臂，其中含有 ATPase，可向纤毛提供 ATP，是纤毛运动的能量来源。当动力蛋白臂由于遗传缺陷如有原发性纤毛不动综合征（immobile cilia syndrome）而缺失时，则呼吸性上皮覆盖的黏膜纤毛运动丧失，导致黏液纤毛装置功能失调并伴有分泌物潴留、支气管扩张和慢性鼻炎及鼻窦炎。很多致病因子均可引起气管纤毛的损伤，如给大鼠被动吸烟 1 个月后，可以见到气管黏膜上皮纤毛明显断裂、脱落和缺失（图 1-2-5）。当发生感染性疾病，尤其是呼吸道感染时，气管黏膜上皮细胞表面的纤毛常常会出现各种病变。例如，感染兔出血症病毒（RHDV）的病兔的气管黏膜上皮纤毛可发生倒伏、粘连、断裂，病变严重时，还可见气管黏膜上皮纤毛大片脱落、缺损。

图 1-2-5　被动吸烟大鼠的气管（SEM）

多数黏膜上皮细胞纤毛脱落（★）

B．微绒毛的病理改变　在致病因子的作用下，微绒毛可发生倒伏、粘连、断裂及缺失等变化。各种原因引起胃肠道发生炎症时，均可造成肠道微绒毛断裂及脱落。某些肠道病毒在感染肠黏膜后，可引起肠黏膜上皮表面的微绒毛出现明显的断裂、缺失。微绒毛大量断裂、缺失，上皮细胞吸收功能下降，以致大量液体潴留于肠腔而引起腹泻。另外，分布于肠道内的滤泡相关上皮，在某些药物的作用下或感染病毒后，可出现大量的微小开口，如在兔出血症病毒感染后，电镜下可见兔圆小囊的圆顶上皮（即滤泡相关上皮）表面出现大量的微孔。这种微孔可能是肠腔内抗原性物质进入肠道淋巴组织及淋巴细胞进入肠腔的通道。

C．细胞连接结构的病理改变

1）桥粒的病理改变：在某些病理状态下，桥粒的数目可发生改变，如患皮肤的角化棘皮瘤（keratoacanthoma）及增生性滑膜炎（proliferative synovitis）时，桥粒明显增多，可能是蛋白质溶解和细胞外隙中 Ca^{2+}浓度下降引起的。中毒、微生物感染等作用都可引起桥粒及其他细胞连接的改变。在一些恶性肿瘤组织中，由于癌细胞的去分化，细胞的桥粒减少乃至消失，导致细胞互相分离，这是癌侵袭性生长和转移的形态结构基础之一，如鸡咽-食管癌的癌细胞间桥粒连接结构很稀少。此外，在某些皮肤病伴有皮肤棘层松解（acantholysis）时，局部棘细胞之间的桥粒也消失。在一些病理状态下，桥粒也可移位于细胞质内，如表皮棘细胞再生和间变、由多个细胞融合而成的巨核细胞等。

2）紧密连接的病理改变：当出现坏死灶时，环绕其周围的细胞间因受蛋白溶解产物的影响而导致紧密连接增多。高血压时，内皮细胞受血压升高的影响，细胞膜单位面积上的紧密连接数目代偿性增多，呈一种适应性反应的表现。紧密连接也可出现松解，使细胞间的密封性下降。这就是高血压性血管病时血浆成分能透过内皮细胞层而渗入内皮下的原因。此外，这也是恶性肿瘤细胞得以脱离细胞群体而侵袭性生长和转移的另一缘由，还是炎症渗出过程中血管壁通透性升高的原因之一。紧密连接带内相邻两细胞膜之间的间隙内可沉积黏蛋白，使细胞呈合体细胞样黏合而不能彼此分离，如红细胞生成障碍性贫血时晚幼红细胞（normoblast）即有这样的改变，这时形成许多异常的多核细胞，并在骨髓内或进入外周血流后迅速死亡，不能成熟，故造成贫血。

3）缝隙连接的病理改变：正常的缝隙连接有利于相邻细胞间的沟通联合，但一些二价阳离子，特别是 Ca^{2+}，能够中和位于细胞膜微孔开口区的带负电荷的微孔蛋白，使其呈晶状集结，从而使微孔可复性地封闭，以致细胞间的联合一时中断。在各种情况下的低氧、缺氧及其他细胞损伤时，可出现这种改变。进一步发展的结果是，损伤细胞脱离，绕于坏死性周围的上皮细胞的缝隙连接微孔封闭，与坏死灶隔离。这对于周围细胞是一个启动信号，将细胞的代谢由功能代谢转入有丝分裂。这一过程紊乱就能引起细胞的异常再生、恶性转化和转移，以及心律不齐和胃肠等平滑肌性空腔器官的蠕动障碍。缝隙连接通常为圆形，在高血压性血管病时，受血压升高的机械性影响而变为不规则形。

二、细胞的内膜系统及其超微病变

原核细胞只有包围细胞的细胞膜，但在真核细胞中除细胞膜外，还存在通过细胞膜的内陷而演变成的复杂的内膜系统（endomembrane system）或称为网状囊腔系统（reticular cystic cavity system）。内膜系统是指细胞内那些在功能上连续统一的细胞内膜，其中包括细胞组分中的核膜、内质网、高尔基体、溶酶体、过氧化物体、微体及小泡和液泡等。虽然它们各有自己的特点，但它们在结构、功能及发生上都有一定的联系，所有这些不同的膜，都是统一的膜系统在局部区域特化的结果。这里的内膜是针对包在细胞外面的细胞膜而言，内膜系统浮游在细胞质溶胶之中。内膜系统为细胞提供了足够大的表面积，使其完成各种重要的生命活动。这些细胞器都是互相分隔的封闭性区室，并各自具有一套独特的酶系，互不干扰地执行着专一的生理功能。与细胞膜比较，内膜系统膜的三层结构区分并不明显，也比较薄，约为7nm。所含蛋白质的性质也有差别，应用免疫学方法测定，两者的抗原性显然不同。

（一）内质网

内质网（endoplasmic reticulum，ER）是细胞内的一些连接成网状的小管和小泡样结构。由于这些网状结构多位于细胞核附近的细胞内质区域，故称为内质网。内质网不仅在蛋白质和脂类合成中起重要作用，而且也是细胞许多其他内膜结构的来源，因此，它在细胞的内膜系统中占有中心地位。

1. 内质网的超微结构　内质网是一种相互连通的膜性管腔系统，交织成网状而分布于细胞质中。在某些细胞中，它围绕着细胞核成紧密的同心圆层次排列，而在另一些细胞中，其分布遍及整个细胞。在电镜下，内质网的构造有的呈管状（tubulous），有的呈扁囊（cisterna）状，有的则扩大成小泡（vesicle）。内质网膜可与核膜相连，少数也可与细胞膜相连。内质网膜较细胞膜薄，厚5～6nm，组成内质网的小管和囊的横切面宽40～70nm。按其膜外表面是否附有核糖体，内质网分为粗面内质网、滑面内质网两大类。

（1）粗面内质网（rough endoplasmic reticulum，RER）　又称有粒内质网或颗粒内质网（granule ER，GER），其表面附着大量颗粒状核糖体，因表面粗糙而得名。膜的外表面有核糖体颗粒，其上的核糖体与粗面内质网无论从形态和功能上均不可分割。粗面内质网膜上含有特殊的核糖体连接蛋白，可与核糖体 60S 大亚基上的两种糖蛋白紧密连接。光镜下的核外染色质，除游离核糖体外，主要为粗面内质网。细胞质中核糖体，主要以粗面内质网的形式存在，夹杂有部分游离核糖体，从而构成斑块状的嗜碱性物质，如神经细胞中的尼氏体。粗面内质网发达，则细胞呈强嗜碱性，如合成抗体的浆细胞和分泌多种酶的胰腺外分泌细胞等。

粗面内质网常由板层状排列的扁囊构成，表面附着核糖体，腔内含有均质的低或中等电子致密度的蛋白质样物质。核糖体主要成分为核糖体 RNA（rRNA）和蛋白质，是合成蛋白质的场所。由附着于内质网上的核糖体合成的蛋白质进入内质网腔后，常使内质网间隙明显膨胀。附着于内质网上的核糖体主要合成输送到细胞外的分泌蛋白质，如酶类、激素和抗体等。因此，在分泌蛋白质旺盛的细胞中，粗面内质网含量丰富，如浆细胞和腺上皮细胞。未成熟的卵细胞和视杆细胞中粗面内质网特别发达，细胞质内几乎充满了内质网。除红细胞外，所有真核细胞均含有粗面内质网，粗面内质网的内容物一般为均质的，具有较低或中等电子致密度，因粗面内质网合成的蛋白质类物质较稀，到高尔基体上，可浓缩成电子致密度较高的颗粒或结晶体，积存在囊内，有的可以是糖蛋白或粗蛋白，故称为蛋白质样颗粒（proteinaceous granule），最典型的是浆细胞胞质中的拉塞尔小体（Russell body），即为粗面内质网囊内贮存了大量的免疫球蛋白（图 1-2-6）。

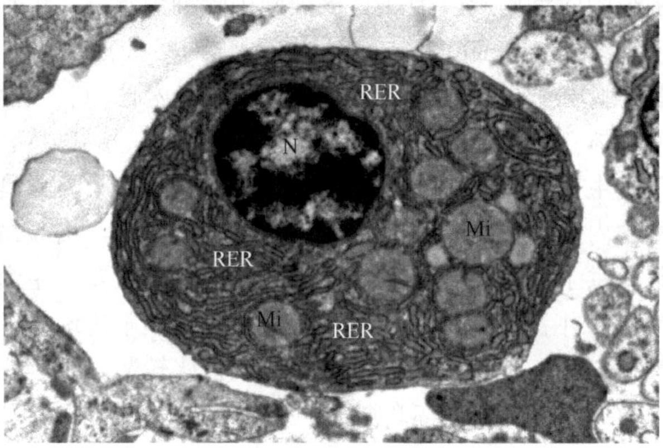

图 1-2-6　猪淋巴结中的浆细胞（TEM）

细胞质被粗面内质网（RER）及线粒体（Mi）所占据。N. 细胞核

（2）滑面内质网（smooth endoplasmic reticulum，SER）　又称无颗粒型内质网（agranular ER）。其主要特征是膜表面不附着核糖体，故无颗粒且光滑。SER 的结构与 RER 不同，很少有扁囊，常由分支小管或圆形小泡构成，小管直径 50～100nm。在一些特化的细胞中，SER 比较丰富。肝细胞是产生外输脂蛋白的主要场所，所以，在肝细胞中与脂蛋白生成有关的滑面内质网为主要的细胞器，参与脂蛋白合成的部分酶位于滑面内质网膜上。肝对有害代谢产物的解毒作用主要是由肝细胞的滑面内质网来完成的。骨骼肌细胞的滑面内质网称作肌质网（sarcoplasmic reticulum），肌质网能释放和收回 Ca^{2+}来调节肌肉的收缩活动。

2．内质网的超微病变　在病理状态下，当细胞受到有害因子的作用时，内质网可发生数量和形态的病理改变。

（1）内质网数量的病理改变　表现为细胞内质网数量的增多或减少，如当药物中毒时，在肝细胞的超薄切片上可见滑面内质网数量显著增多，其主要分布在肝小叶的中心区。有时滑面内质网的增加使化合物的毒性作用反而增加了，这就是所谓的“致死性合成”，因为这些物质在解毒时产生环氧化物和其他活性代谢物，而环氧化物可与还原谷胱甘肽结合影响细胞的氧化还原反应。在蛋白质合成及分泌活性高的细胞（如浆细胞、胰腺泡细胞、肝细胞等）中及细胞再生、病毒感染时，粗面内质网数量增多。当某些感染因子刺激某些特定细胞时，可引起这些细胞的内质网增多，蛋白质合成及分泌旺盛，具有抗感染的作用。例如，当B淋巴细胞受到抗原物质如细菌、病毒刺激时，可转变成浆细胞，浆细胞的粗面内质网显著增多，免疫球蛋白的分泌量增加。巨噬细胞的内质网增多表现为水解酶的合成增强。在组织损伤的修复过程中，如形成肉芽组织时，成纤维细胞中的粗面内质网和高尔基体增多，同时胶原前分子的合成和组装也增加。

（2）内质网形态的病理改变　病理情况下，内质网可出现网池扩张（肿胀）、网膜断裂、粗面内质网脱颗粒及脂质蓄积现象。基因突变造成的某些遗传性疾病中，可观察到蛋白质、糖原和脂类在内质网中累积。同时，凡是能产生内质网脱颗粒的许多药物如嘌呤霉素或乙基硫氨酸等均可导致甘油三酯在肝细胞内蓄积。

内质网的扩张肿胀主要是水分和钠的流入，使细胞内质网变成囊泡。这些囊泡还互相融合进而扩张成更大的囊泡，肿胀其实是一种空泡变性。低氧、辐射和阻塞所造成的压力等均能引起内质网的肿胀和扩张。低氧还能引起核糖体从粗面内质网上脱落，使核糖体数目减少从而影响蛋白质的合成。

病毒性肝炎时，肝细胞内粗面内质网呈进行性肿胀，核糖体脱落。肝细胞内的呈扩张状态的内质网腔中含有大量水分，呈现出混浊肿胀现象。若水分进一步聚集，便可使内质网肿胀破裂。病毒性肝炎，若肝细胞发生水分丢失而出现脱水时，粗面内质网上的核糖体会脱落，这时萎缩的内质网和其他细胞成分一起浓缩成团块，肝细胞呈皱缩样。感染RHDV后，兔圆小囊淋巴组织中的淋巴细胞及浆细胞内的粗面内质网出现网池肿胀扩张、增生、脱颗粒及网膜破裂等多种变化（图1-2-7）。尤其是在内质网发生严重网膜破裂缺损的同时，可伴随大量核糖体样颗粒的异常增殖。这可能与RHDV的复制合成有关。

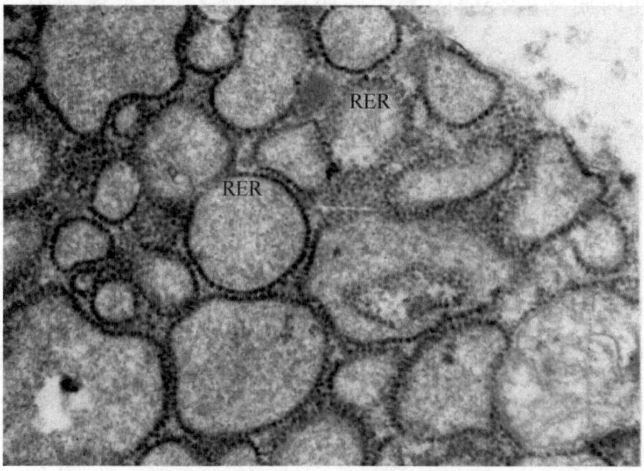

图1-2-7　RHDV感染兔圆小囊中的浆细胞（TEM）
粗面内质网（RER）网池高度扩张，网膜脱颗粒

在细胞凋亡和致死性缺血性细胞损伤或严重感染时，内质网往往遭到早期扩张和破裂等损害。缺血早期，内质网膜上的葡糖-6-磷酸酶很快就消失，蛋白质合成受到影响，出现多聚核蛋白体脱落现象。若病因持续作用，很快就会发展成不可恢复的局面，出现内质网脱颗粒、空泡

化直至网膜破裂，或网膜变畸形。在线粒体凝聚肿胀和线粒体内细小絮状致密物等变化出现的同时，内质网的管腔里出现大量不规则的絮状致密团块。

（二）高尔基体

高尔基体（Golgi body，GB）是细胞质内由几部分膜性结构共同构成的一网状结构，普遍存在于所有动植物细胞中。它是一个结构复杂、高度组织化的细胞器，每一个部分都有独特的酶结构和酶系统。它在细胞的分泌活动中起着重要作用，具有糖蛋白合成、修饰和运输功能，也参与脂类代谢及膜的转变和溶酶体的形成。

1. 高尔基体的超微结构 高尔基体是由平行排列的扁平囊泡（flattened vesicle）、小囊泡（vesicle）和大囊泡（large vesicle）组成的一种结构比较复杂的膜性细胞器。在不同类型的细胞中，高尔基体的形态结构变化很大。在分泌细胞、精细胞、卵细胞、白细胞、浆细胞和神经细胞中，高尔基体具有三种典型的基本形态结构。但在组织培养细胞、肿瘤细胞或早期再生组织的细胞内，高尔基体只有少量的扁平囊泡或泡状结构。

（1）扁平囊泡 扁平囊泡是高尔基体最具特征性的一种成分，又称高尔基囊泡（Golgi saccule）。高等动物和植物细胞中，一般3～8个扁平囊泡平行排列在一起，称高尔基堆或叠层（Golgi stack）。在低等生物中，可出现30个以上的扁平囊泡堆积在一起。一组高尔基体中，一般含3～8个，囊腔宽15～20nm，囊间相距20～30nm，其间有电子致密度高的纤维状物质，它们可能与囊间的相互黏着有关。这一组扁平囊泡被称为网状体（reticulate body），可组成一个机能单位。它们平行排列，弓形略弯曲，有时弯曲很显著。囊泡的凸面，称形成面（forming face）或顺面（*cis*-face）。凹面称分泌面（secreting face）或成熟面（maturing face）或反面（*trans*-face）。在有极性的细胞中，通常形成面朝向细胞的底部，分泌面朝向细胞的表面。

（2）小囊泡 直径为40～80nm，界膜厚约为6nm，数量较多，与一般吞饮小泡类似，附有外衣或无外衣，散布于扁平囊泡周围，常见于形成面。小囊泡由高尔基体附近的粗面内质网芽生而来，载有粗面内质网所合成的蛋白质成分，运输到扁平囊泡中，并使扁平囊泡的膜结构和内含物不断得到补充。

（3）大囊泡 直径0.1～0.5μm，界膜厚约8nm，一般在切面上为数个，多见于扁平囊泡扩大的末端，或见于分泌面，也称分泌泡（secretory vacuole）或浓缩泡（condensing vacuole）。凡是有分泌作用的细胞，高尔基体均很发达，如杯状细胞、胰腺细胞、唾液腺细胞及小肠上皮细胞等多见，肌细胞、淋巴细胞则少见。高尔基体的发达程度与细胞的分化程度呈正相关。

2. 高尔基体的病理改变

（1）高尔基体肥大和萎缩 病理条件下，高尔基体数量和形态均可发生改变，表现出肥大和萎缩及内容物的变化。高尔基体与其他细胞器如线粒体和内质网等相比较，其对许多致病因素的敏感性低。在病变初期的细胞中，高尔基体的变化往往不甚显著。在细胞功能亢进时，高尔基体可发生肥大，如大白鼠实验性肾上腺皮质再生过程中，在垂体前叶分泌促肾上腺皮质激素的细胞内高尔基体显著肥大，囊泡增多。而当再生完毕时，促肾上腺皮质激素水平下降，高尔基体又恢复至正常水平。在中毒情况下，脂蛋白合成及分泌发生障碍，引起肝细胞内高尔基体萎缩、破坏和消失。

（2）高尔基体内容物的变化 高尔基体与脂蛋白的形成、分泌有关。因此在肝细胞内可见电子致密度不等的颗粒，为饱和脂肪酸和不饱和脂肪酸。当中毒因子引起脂肪肝时，肝细胞内充满大量的脂质体，高尔基体内含脂蛋白的颗粒消失，形成大量扩张或断裂的大泡。

（3）高尔基体形态结构的变化　在大剂量放射线的作用下，高尔基体可发生解体现象，先是大囊泡分散到细胞质各部位，然后扁囊解体。在病毒致细胞病变过程中，高尔基体的超微结构变化不很明显，只是在被病毒感染的细胞病变晚期，高尔基体的液泡可见有增大现象，如在痘病毒感染的细胞内，高尔基体区切面可增大到 3～5μm，液泡数量增多，液泡的大小可增加到1～3μm。在药物中毒的细胞与衰老细胞内，首先表现为成熟面液泡增多，在细胞病变晚期，高尔基体发生解体。在狂犬病病毒感染的脑细胞内高尔基体结构出现明显异常（图 1-2-8）。

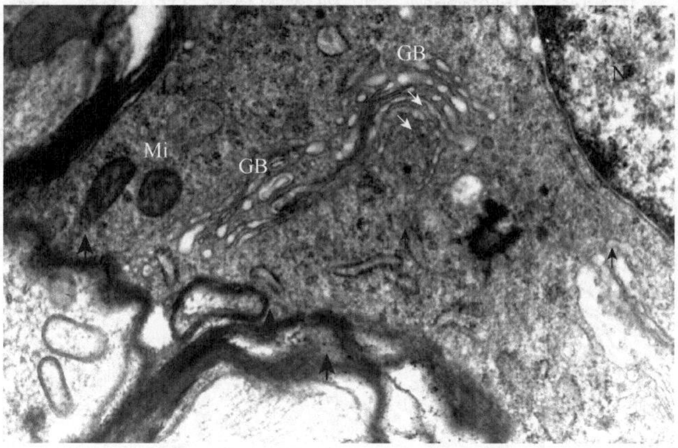

图 1-2-8　感染狂犬病病毒小鼠大脑细胞内的高尔基体（TEM）

高尔基体（GB）形态异常，见扁平囊泡离散（白箭头），神经髓鞘肿胀，鞘膜离散（黑箭头）。线粒体（Mi）稀少。N. 细胞核

（4）癌细胞内高尔基体的改变　在迅速生长间变的肿瘤细胞中，高尔基体几乎都不发达。对某一类型的癌细胞来说，分化程度越低，高尔基体越不发达，如胃的低分化腺癌细胞；而分化程度高的癌细胞中，高尔基体较发达。有时癌细胞中还可看到高尔基体的肥大和变形，如禽白血病的肿瘤细胞中高尔基体的扁平囊泡减少，或出现结构异常。

（三）溶酶体

1. 溶酶体的超微结构　溶酶体（lysosome）是存在于细胞质中的由一层单位膜包围而成的微小颗粒，其中含有各种水解酶，这些酶能作用于蛋白质、核酸及多糖类，具有溶解或消化的功能，因而称其为溶酶体。其含义为溶解或消化小体，被称为细胞内消化装置。溶酶体存在于除成熟的红细胞以外的所有动物细胞内。

溶酶体呈圆形或卵圆形，大小不一，直径 0.2～0.8μm。它是一种囊状结构，由一层厚约 6nm 的单位膜包围，内含高浓度的酸性水解酶。在不同细胞中溶酶体的含量差别很大，肝窦内皮细胞、培养细胞和病变细胞内的溶酶体数目较多，而在肌细胞内含量很少。溶酶体膜的成分主要为脂蛋白，但含有较多的鞘磷脂成分，膜内含有 60 种以上活性非常广泛的酸性水解酶，如酸性磷酸酶、酸性 RNA 酶、芳基硫酸酯酶、脂肪酶、磷酸酶、酯酶等。

溶酶体在形态和体积上存在着极大差异，其形态和体积不仅在不同细胞中不同，即便在同一细胞中也不一样。因此，溶酶体也被称为异型性细胞器。根据形成过程和功能状态不同，溶酶体可分为内体性溶酶体（endosomal lysosome）和吞噬溶酶体（phagolysosome）两大类。内体性溶酶体由运输小泡和内体（endosome）合并而形成；吞噬溶酶体由内体性溶酶体与来自细胞内外的作用底物相融合而成，当内体性溶酶体与细胞内的自身产物或与细胞摄入的外来物质相互融合时便形成吞噬溶酶体。吞噬溶酶体又可根据其作用底物的来源不同分为两种：自噬溶酶体（autophagolysosome），为内源性的，来自细胞内衰老和崩解的细胞器或局部细胞质（如内质网、线粒体、高尔基体、脂类、糖原等）；异噬溶酶体（heterophagic lysosome），是通过细胞的吞饮作用或吞噬作用而被摄入细胞内的外源性物质（如细菌、红细胞、血红蛋白、铁蛋白、酶等）（图 1-2-9）。末期阶段的吞噬溶酶体形成残余小体。吞噬溶酶体到达末期阶段时，由于水解酶的活性下降，还残留一些未被消化和分解的物质，被保留在溶酶体内，形成在电镜下呈现电子致密度较高、色调较深的残余物，这种溶酶体称为残余体（residual body）。在这些残余体中，有的能将其残余物通过胞吐作用排出细胞，有的则长期存留在细胞内而不被排出，如脂褐素（lipofuscin）、含铁小体（siderosome）、多泡体（multivesicular body）、髓鞘样结构（myelin figure）。没有吞噬任何物质的内体性溶酶体则以溶酶体的形式存在于细胞质内。

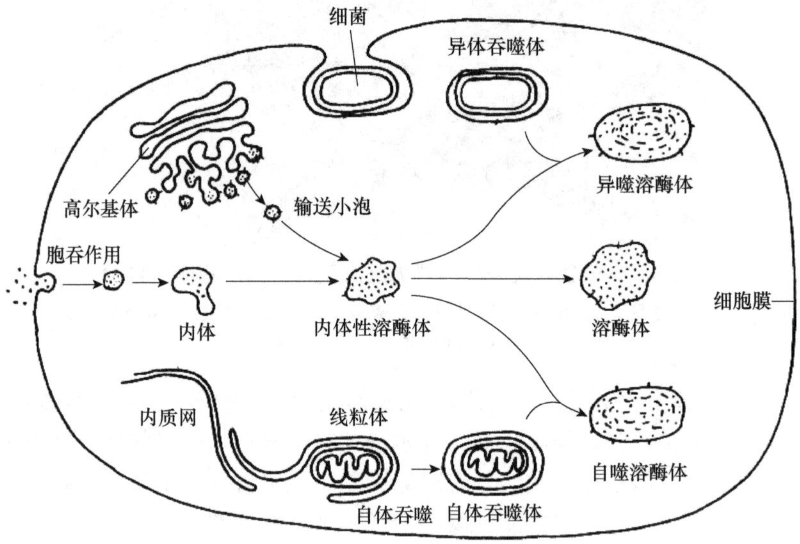

图 1-2-9　自噬溶酶体和异噬溶酶体形成过程示意图（Alberts，2002）

2．细胞自噬的超微变化　细胞自噬（autophagy）是存在于真核生物中的一种高度保守的蛋白质或细胞器的降解过程。该过程中一些损坏的蛋白质或细胞器等胞质成分被双层膜结构的自噬小泡包裹，并最终运送至溶酶体（动物）或液泡（酵母和植物）中进行降解，降解产生的氨基酸和其他的小分子物质可被再利用或产生能量，以满足细胞本身的代谢需要和某些细胞器的更新，从而维持细胞基本的生命活动。细胞自噬可分为三种类型：巨自噬（macroautophagy）、微自噬（microautophagy）和分子伴侣介导的自噬（chaperonemediated autophagy，CMA）。通常所讲的自噬指的是巨自噬。

巨自噬的第一步是细胞内的内质网、线粒体、高尔基体等膜结构形成非闭合的半月状分隔膜（phagophore），包围在待降解的大分子、细胞器及外源物质周围。紧接着分隔膜逐渐延伸，把内容物包裹起来，形成一个完整的双层膜结构性自噬体（autophagosome，APS）。透射电子显微镜下，该自噬体的囊泡直径为 300～900nm。最后，自噬体包裹着待降解的内容物［与内体融合形成自噬性液泡］运输至溶酶体，自噬体膜与溶酶体膜发生融合，最终形成具有单位膜结构的自噬溶酶体（autophagolysosome）。在自噬溶酶体中，待降解的大分子、细胞器及外源物质被水解酶分解成氨基酸等，重新释放至细胞质中，从而实现代谢与能量物质的再循环利用。

在生理条件下细胞能进行较低水平的自噬，即基础自噬，以维持生理状态下机体内环境的稳态。自噬既是细胞的一种正常生理活动，还可在细胞遭受各种细胞外或细胞内刺激（如缺氧、营养缺乏、有毒化学物质作用、病原微生物感染、细胞器损伤、细胞内异常蛋白及其他代谢物质的过量堆积等）时作为应激反应而被激活，自噬可起到保护细胞的作用。但是，过度活跃的自噬可以引起细胞死亡，即“自噬性细胞死亡”（autophagic cell death），也称为Ⅱ型程序性细胞死亡。动物机体内除红细胞外，各种细胞都可发生自噬。与自噬不同的是，吞噬作用只有巨噬细胞及其他具有吞噬功能的细胞才具有。在三聚氰胺染毒小鼠的肝及睾丸曲细精管上皮细胞中很容易见到自噬现象（图 1-2-10）。在细菌和病毒感染的动物组织细胞中常见吞噬现象，自噬也同时增多（图 1-2-11）。

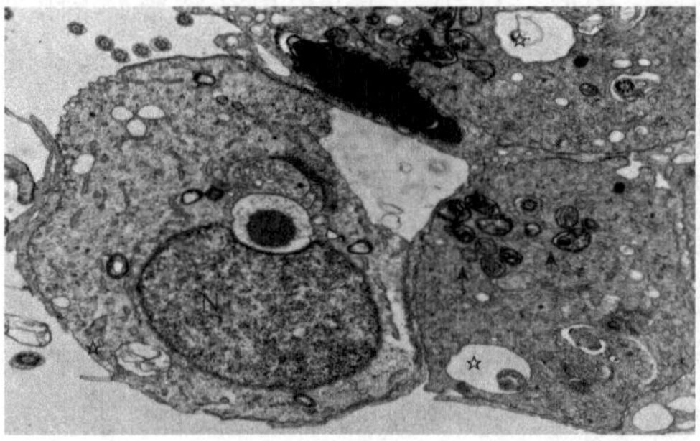

图 1-2-10　三聚氰胺染毒小鼠睾丸曲细精管上皮细胞（TEM）

细胞内见大量自噬体（↑）及少数自噬溶酶体（☆）。N. 细胞核

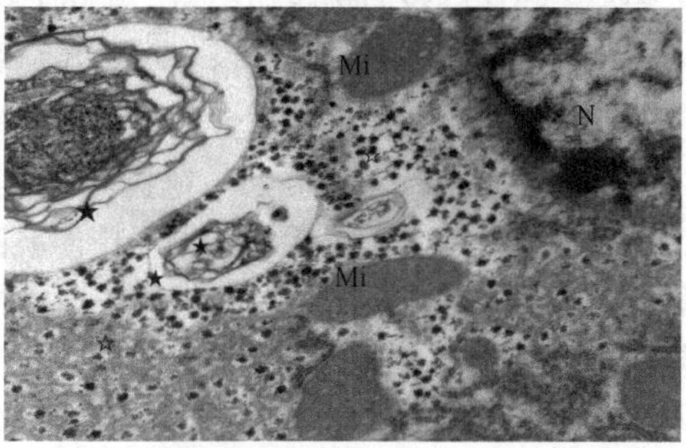

图 1-2-11　戊型肝炎病毒（HEV）感染沙鼠肝细胞（TEM）

肝细胞内见 3 个吞噬溶酶体形成的髓样结构——残余体（★）。胞质内见有大量的病毒样粒子（☆）。线粒体（Mi）固缩。N. 细胞核

细胞自噬是溶酶体降解系统的一个组成部分，普遍认为自噬是一种防御和应激调控机制。细胞可以通过自噬和溶酶体的作用，消除、降解和消化受损变性、衰老和失去功能的细胞、细胞器和变性蛋白质与核酸等生物大分子，为细胞的重建、再生和修复提供必需的原料，实现退变细胞成分的再循环和再利用。所以说溶酶体不仅是机体内“消化”的主要场所及“垃圾处理厂”，更是机体内的“废品回收站”。它既可以抵御病原体的入侵，又可保卫细胞免受细胞内毒物的损伤。

3. 溶酶体与疾病的关系　溶酶体内含有大量的水解酶，其作用是杀灭微生物并参与细胞的许多代谢和解毒过程。当细胞吞入某些有害外来物质时，溶酶体受到损害。在某些因素的作用下，当溶酶体膜发生破裂或由于溶酶体缺乏某些酶，相应的作用底物不能被分解时，均会影响细胞的正常生理功能进而引起病变，并进一步导致机体发生疾病。溶酶体在病理学中的主要作用可归纳为如下 7 个方面：①损伤组织的自溶；②自噬体的形成；③在细胞内释放水解酶造成细胞损伤；④在细胞外释放水解酶引起结缔组织基质损伤；⑤在细胞内消化致病性微生物；⑥引起“贮积病”，即溶酶体先天性缺乏必要的酶，因而不能去分解积聚在溶酶体里的某些物质；⑦在胎盘内不能进行组织细胞内消化作用而导致胎儿畸形等。

（1）溶酶体贮积病　这是一类先天性缺陷病。溶酶体里先天缺乏某些酶，相应的作用底物不能被分解而积聚于溶酶体内，从而造成代谢障碍，导致疾病的发生。这类疾病的主要病理表现为溶酶体过载现象。例如，糖原贮积病Ⅱ型（glycogenosis typeⅡ），是患者的常染色体隐

性基因缺陷，不能合成α-葡糖苷酶，致使糖原无法被分解而积累于溶酶体内，使溶酶体越变越大，以致大部分细胞质被溶酶体所占据。此病多见于婴儿，症状为肌无力、进行性心力衰竭等。患病婴儿一般在两岁内死亡。

对于因溶酶体缺乏某些酶而导致的溶酶体积累（过载）病，有人设想将溶酶体所缺失的酶包裹在人工脂质体内，由细胞的吞噬作用将脂质体吞入细胞内，当脂质体与溶酶体合并后，脂质体被水解，内含的酶便进入溶酶体内，但此法尚存在一些问题，有待进一步研究。另一种溶酶体过载则是由于进入细胞内的物质量过多，超过了溶酶体酶所能处理的量，因而在细胞内贮积下来。例如，各种原因引起蛋白尿时，可在肾近曲小管上皮细胞内见到玻璃滴样蛋白质的贮积（即玻璃滴状变）。电镜下可见这些玻璃滴样为增大的载有蛋白质的溶酶体，实际上这是细胞功能增高的表现而并非变性现象。当蛋白尿停止，增大的溶酶体又可恢复。此外，在正常情况下不能被溶酶体降解的物质如尘粒、某些大分子物质（如血浆代用品等）也可在溶酶体内贮积，使溶酶体增多、增大。总之，溶酶体过载现象很多，可以包括各种不能消化的物质和各种无机物，有些含有色素如炭末尘粒性色素的溶酶体存在于肺巨噬细胞内。

（2）溶酶体破裂与硅肺　硅肺是人类的一种职业病，其形成的原因主要是溶酶体的破裂。当肺部吸入硅尘颗粒后，硅尘颗粒便被巨噬细胞吞入，形成吞噬小体，吞噬小体与内体性溶酶体融合形成吞噬溶酶体。硅尘颗粒中的二氧化硅在溶酶体内形成硅酸分子，硅酸分子能以其羧基与溶酶体膜上的受体分子形成氢键，使溶酶体膜变构而破裂，以致大量的水解酶和硅酸流入细胞质内，造成巨噬细胞死亡。由死亡细胞释放的二氧化硅被正常细胞吞噬后，将重复上述过程。巨噬细胞的不断死亡会诱导成纤维细胞的增生并分泌大量胶原物质，而使吞入二氧化硅的部位出现胶原纤维结节，以致降低肺的弹性，妨碍肺的功能，形成硅肺。硅肺患者常出现吐血现象，这是由于血小板内的溶酶体在二氧化硅的作用下，膜发生了破裂，释放出来的酸性水解酶溶解了肺的微血管壁，造成了血液的外流。

（3）溶酶体与细胞自溶　溶酶体在细胞的自溶过程中起着重要的作用。机体死后及活体内细胞坏死的发生均主要是溶酶体膜损伤及膜的通透性增高，水解酶大量释放造成细胞结构大分子成分的分解所致。在细胞的局灶性坏死时，胞质内形成自噬泡，自噬泡与水解酶结合后形成自噬溶酶体。若水解酶不能将其内的结构彻底消化溶解，则自噬溶酶体可转化为细胞内的残余体，如某些长寿细胞中的脂褐素即是典型的残余体。

（4）溶酶体在细胞间质损伤中的作用　当溶酶体酶释放到细胞间质中时，可对间质成分造成破坏。例如，类风湿性关节炎时，关节软骨细胞的损伤就被认为是细胞内的溶酶体膜脆性增加，溶酶体酶局部释放所致。释放出的酶中含有胶原酶，它能侵蚀软骨细胞。由于吲哚美辛和肾上腺皮质激素具有稳定溶酶体膜的作用，因此被用来治疗类风湿性关节炎。

（5）溶酶体与癌症　应用电镜放射自显影术，观察到致癌物质进入细胞之后，先贮存于溶酶体内，然后再与染色体整合。也有人提出，作用于溶酶体膜的物质有时也能诱发细胞发生异常分裂。还有人证实，致癌物质引起的染色体异常和细胞分裂的调节机制障碍等癌变现象，可能与细胞受到损伤后溶酶体释放出来的水解酶有关。上述研究资料虽然认为溶酶体与癌症有关，但究竟是否有直接关系，尚待深入研究。另外，肿瘤的发生及肿瘤细胞侵入血管的过程均与溶酶体有关。有人利用溶酶体释放的水解酶能使细胞自溶和消化周围细胞的特性来治疗癌症。研究证明，溶酶体活化剂与抗癌药物配伍使用，能够提高抗癌药物的治疗效果。有的研究还根据癌细胞吞噬作用比较强的特点，将抗癌药物与载体分子DNA结合起来，制成药物DNA复合体，使它们被癌细胞吞噬。在溶酶体中载体分子被水解酶分解，抗癌药物便可直接对癌细胞发挥作用，增强了抗癌药物的杀伤能力。

（四）细胞骨架及其病理学意义

1．细胞骨架的超微结构　细胞骨架（cytoskeleton）是位于细胞核和细胞膜内侧面的一种纤维状蛋白基质，这些纤维状结构在细胞内呈网状、束状或带状等不同形态。细胞骨架由直径 29～30nm 的微管（microtubule）、直径 5～6nm 的微丝（microfilament）及直径 7～11nm 的中等纤维（medium fiber）组成。

微管是细胞的网状支架，它维持细胞形态，固定与支持细胞器的位置，参与细胞的收缩与伪足运动，是纤毛与鞭毛等细胞运动器的基本结构成分，与细胞器的位移有关，尤其是染色体的分离与移动，需要在牵引丝（微管）的协助下进行。微管在细胞内还可能起着运输大分子颗粒的"微循环系统"作用。中心粒主要是由微管蛋白和鸟苷酸构成的圆柱形小体。

微丝普遍存在于多种细胞中，在非对称性的细胞内尤为发达，具有运动功能。微丝常成群或成束存在，在一些高度特化的细胞如肌细胞中，它们能形成稳定的结构，但更常见的是形成不稳定的束或复杂的网。微丝也是一个可变的结构，能根据所在细胞的不同需要而聚合或解聚。微丝的主要功能可概括为：与微管共同组成细胞的支架，以维持细胞的形状，与细胞的运动紧密相关；常见与其他细胞器的连接，因而与其他细胞器的关系密切。在痘病毒感染的细胞中可见大量细而长的微丝增生，病毒在微丝间组装（图 1-2-12）。

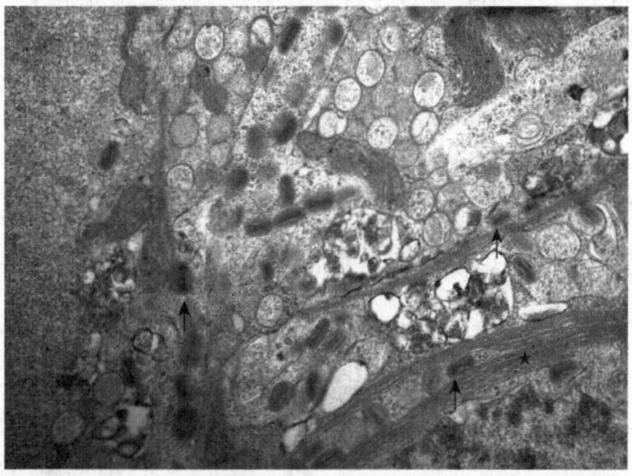

图 1-2-12　鸡痘病毒感染的鸡胚绒毛膜尿囊膜（TEM）

病毒（↑）常沿着微丝（★）进行组装

中等纤维的主要功能有：固定细胞核；与微管和微丝共同在细胞内发挥运输作用；细胞分裂时，中等纤维对纺锤体与染色体起空间定向支架作用，并负责子细胞中细胞器的分配与定位；在细胞癌变中发挥一定作用；还可能与 DNA 的复制与转录有关。

2．细胞骨架的病理学意义

（1）*微管与肿瘤、病毒感染及遗传性疾病的关系*　微管的减少是恶性转化细胞的一个重要特征，在长期传代的癌变细胞内微管显著减少，细胞表面的微突也减少。在被病毒感染的细胞内微管明显增多，这种微管与病毒有很强的亲和力，结合极为牢固。病毒与色素颗粒可沿着微管移动，而且速度很快。已证实，有些疾病属于微管遗传性疾病，如阿尔茨海默病，在脑神经元内发现大量扭曲变形的微管，仅个别微管保持正常。某些肿瘤病毒也能作用于膜下面的网络，由病毒癌基因所编码的转化细胞蛋白质可能位于网络之内，这些蛋白质能引起细胞骨架的某些改变，在一些情况下对细胞骨架蛋白具有磷酸化作用。

（2）*中等纤维与疾病的关系*　中等纤维的分布具有组织特异性，较稳定，所以不同类型的中等纤维可作为肿瘤诊断的有力工具。当正常组织发生恶性增生时，中等纤维不改变，即肿瘤细胞一般仍保持原来细胞的中等纤维。据此，可用抗中等纤维抗体对肿瘤的起源作鉴别诊断，特别是对未分化癌及转移肿瘤的诊断价值较高。在乙醇中毒和阿尔茨海默病患者的肝及脑内，中等纤维也出现不正常的改变。

三、线粒体的超微结构及其超微病变

（一）线粒体的超微结构

线粒体（mitochondrion，Mi）是一个在动植物细胞中均有分布的敏感而多变的重要细胞器。线粒体是能量转换系统，可回收食物中所含的能量，并经氧化磷酸化的方式将其转至为 ATP 的高能键。因此，线粒体是机体的能量转换器，是细胞的氧化中心和动力站。

线粒体的大小、形状、数量和分布等常因细胞的不同而有差异，即便在同一细胞内也不相同。光镜下的线粒体为粒状、杆状等，但在一定条件下又会发生改变，如细胞处于低渗环境下，线粒体呈伸长的线状。线粒体的形态也随着细胞发育阶段的不同而异，如人胚肝细胞的线粒体在胚胎发育早期为短棒状，在胚胎发育晚期为长棒状。细胞内的渗透压和 pH 对线粒体形态也有影响，细胞内 pH 较高时线粒体为粒状。线粒体的大小也不一致，一般直径为 0.5～1.0μm，但随细胞类型和生理状态的不同也有变化，如在骨骼肌细胞中，有时可出现巨大线粒体，长达 8～10μm。

在不同细胞中，线粒体的数量相差很大，如哺乳动物肝细胞中有 2000 个左右，肾小管上皮细胞中约有 3000 个，心肌细胞中的线粒体更多（图 1-2-13），精子中仅约 25 个。一般来说，生理活动旺盛的细胞比代谢不旺盛的细胞数目多，动物细胞比植物细胞多。

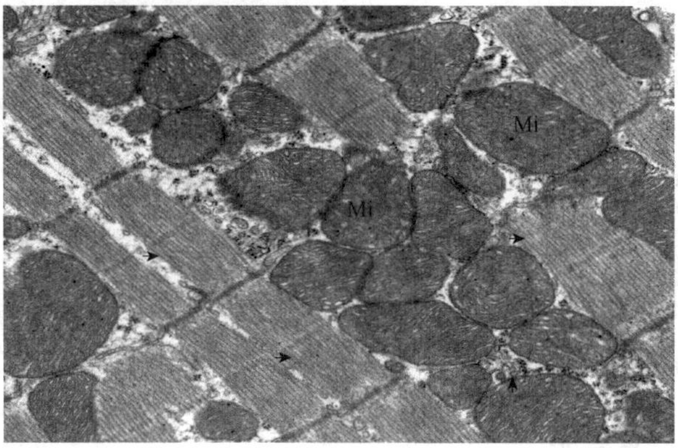

图 1-2-13　大鼠心肌细胞中的线粒体（TEM）

线粒体（Mi）密集排列于肌原纤维（↑）之间。线粒体嵴密集，排列整齐、清晰。肌原纤维（↑）结构清晰完整

线粒体在细胞内的位置也略有差别。柱状细胞内，线粒体分布于细胞的两极；在球状细胞如血细胞中，线粒体为放射状排列。用高倍电镜和负染色法见到的线粒体是由两层单位膜（外膜和内膜）围成的封闭性囊，内膜和外膜套叠构成囊中之囊，内外囊并不相通，外膜与内膜组成线粒体的支架。

（1）外膜（outer membrane）　包围着整个线粒体，平均厚 5.5nm，比内膜稍厚，分别由暗、明、暗的单位膜组成。外膜与内膜并不连续，其脂类、蛋白质的组成与内膜也显然不同，而与内质网膜较为相似。用磷钨酸负染时，外膜上有排列整齐的筒状体，高 5～6nm，直径 6nm，筒状体之间有孔径为 1～3nm 的小孔。这种结构可能是便于小分子物质进入外膜，分子量在 10 000 以下的物质均能通过。

（2）内膜（inner membrane）　比外膜稍薄，平均厚 4.5nm，也由一层单位膜组成。内外膜间的空隙称外室（outer chamber）或膜间隙（intermembrane space），宽 6～8nm，内膜呈褶皱状向内凹陷，形成线粒体嵴（mitochondrial cristae），嵴与嵴间的距离随嵴的数量和嵴的疏密情况而定。嵴间的空隙称内室（inner chamber）或嵴间腔（bluff cavity）。嵴内的空隙称嵴内腔（intracristal space）。内膜对多种物质的通透性很低。嵴的形态和数量与细胞种类及其生理状况有密切关系。

（3）基质　在线粒体内膜以内，线粒体嵴间的空隙为基质（matrix），不同类型线粒体基质的密度是不同的。在线粒体基质中，除含有脂类、蛋白质、环状 DNA 分子和核糖体外，还含有一些嗜锇酸的电子致密度很高的基质颗粒（matrix grain），又称致密颗粒（dense granule）或线粒体内颗粒（intramitochondrial granule），颗粒为圆形，直径 20～50nm，常紧靠嵴膜分布，主要由磷酸脂蛋白组成，并含有钙、镁、磷等元素。基质颗粒是二价阳离子积聚的场所，很可能具有调节线粒体内部离子环境的功能。当线粒体内的空间膨大时，其基质缩小，电子致密度高。反之，当线粒体内空间狭窄时，基质扩大，电子致密度也低。这种变化与线粒体的能量状态有密切关系。内膜的选择透过性，使基质与细胞质之间的物质交换受到控制。

（二）线粒体的超微病变

细胞内外环境因素的改变，可引起线粒体结构和功能的异常。因此，线粒体可作为疾病诊断和环境因素测定的指标。线粒体的变化往往会引起其他细胞器和整个细胞的变化，因此，线粒体异常也是整个细胞病变的一部分。细胞损伤时，线粒体的大小、数量及形态结构均可发生改变。

1．线粒体大小的病理改变　细胞损伤时最常见的病理改变为线粒体肿胀。线粒体肿胀分为嵴型肿胀和基质型肿胀两种类型。嵴型肿胀较少见，主要局限于嵴内腔，扁平的嵴可变成烧瓶状甚至空泡状，而基质则更显得致密。嵴型肿胀一般为可复性，但当膜的损伤严重时，可经过混合型肿胀过渡为基质型肿胀。基质型肿胀时线粒体变大变圆，基质变淡，嵴变短、变少甚至消失。极度肿胀时，线粒体可转化为空泡状结构。基质型肿胀为细胞水肿的部分改变。光学显微镜下所谓的颗粒变性的细胞中所见的颗粒即为肿大的线粒体。线粒体肿胀可由各种损伤因子引起，如病原微生物感染、各种毒素的作用、射线及渗透压改变等。例如，兔出血症病毒（RHDV）感染后，兔肠黏膜上皮细胞内的线粒体发生严重肿胀，呈空泡状；又如，在串珠镰刀菌素作用下，小型猪的心肌细胞内可出现线粒体肿胀、空泡化。在乙型肝炎病毒（HBV）感染时，肝细胞的线粒体普遍肿胀，嵴断裂、缺失，形成大小不一、不规整的空泡，或多个空泡化的线粒体相互融合形成细胞内大空泡。

2．线粒体数量的病理改变　线粒体的平均寿命为 10d。衰亡的线粒体可通过保留的线粒体直接分裂为二而得到补充更新。在病理状态下线粒体可发生增生，如串珠镰刀菌素对小型猪心肌的损伤作用，除发生线粒体肿胀变性外，还可见线粒体增生。线粒体增生是对慢性非特异性细胞损伤的适应性反应或细胞功能升高的表现，线粒体数量减少则见于急性细胞损伤时，线粒体崩解或自溶。慢性损伤时由于线粒体逐渐新生，故一般不见线粒体减少，反而可能会增多。此外，线粒体减少也是细胞未成熟和（或）失去分化的表现，如肝癌细胞的线粒体数目较正常肝细胞中的少。

线粒体减少与肿瘤细胞的呼吸减弱有关。肿瘤组织代谢上一个明显的特点是无氧糖酵解。肿瘤细胞内线粒体较正常细胞少，线粒体内嵴减少，电子传递链组分及 ATP 酶含量均减少。虽然肿瘤发生是因细胞呼吸损伤这一观点并不准确，但肿瘤组织呼吸减弱，糖酵解增加的现象是客观存在的。Rous 肉瘤病毒在细胞内的复制被氯霉素等抑制，这就提示线粒体的核酸与蛋白质合成系统对病毒的复制可能起重要作用。

3．线粒体形态结构的病理改变　在病理情况下，线粒体可出现凝集，腔内出现絮状颗粒、结晶等，还可出现巨大线粒体（megamitochondrion）。当中毒、感染等原因引起机体组织缺血时，细胞内的氧压立即下降，ATP 水平急剧降低，1min 之内可降至零，线粒体的功能随之减弱以至停止。若缺血时间延长 30min～1h，线粒体的内膜即发生结构和功能的变化，出现凝聚性线粒体，呈现内室浓缩、外室扩大。如果持续缺血，则线粒体病变加剧，有的凝聚，有的肿大为巨大线粒体。当线粒体基质蛋白变性时，出现细小的絮状致密物，最后解体消失（图 1-2-14）。化学有毒物质的作用、致病微生物感染及患肿瘤时均可影响线粒体的生长增殖，产生畸形或巨大线粒体，可引起动物的心肌、肾和睾丸等组织细胞的线粒体形态异常，出现杆状、哑铃状、椭圆形、弧形及各种扭曲的畸形线粒体。另外，在线粒体基质或嵴内隙内可出现结晶、絮状物。当细胞趋于死亡时，由于线粒体成分的崩解而出现无定型的电子致密物，这是线粒体不可复性损伤的表现。此外，当线粒体膜受损严重时，还可形成髓鞘样层状结构。衰亡或受损的线粒体，最后是通过细胞的自噬过程加以处理并最终被溶酶体降解消化。

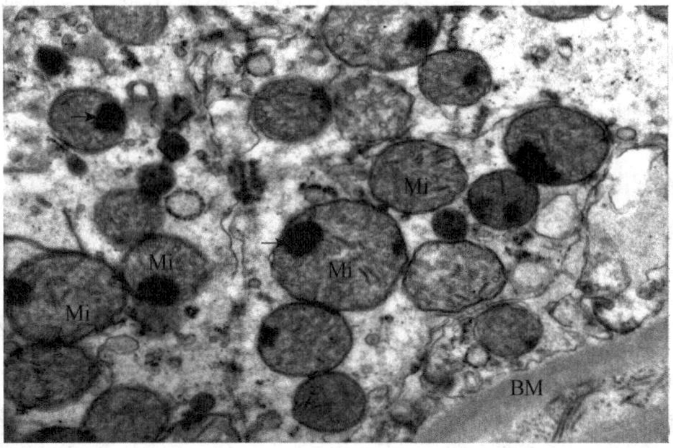

图 1-2-14　PRRSV 与大肠杆菌混合感染仔猪肾小管上皮细胞（TEM）

肾小管上皮细胞胞质中多数线粒体内出现絮状致密物（↑），嵴排列紊乱，上皮基膜明显增厚。

Mi．线粒体；BM．基膜

4．mtDNA 的病理改变　mtDNA 的变化与许多疾病的发生具有一定的关系。mtDNA 中 260 多个点突变和大片段缺失与致病性有关。由于 mtDNA 为遗传物质，因此这种点突变或大片段缺失造成的致病性是可以遗传给后代的。不只有遗传性的 mtDNA 具有致病性，体细胞线粒体的突变和片段缺失也有致病性，尤其是在能量需求较多的组织里（如脑和肌肉），对体细胞线粒体的突变和片段缺失表现得更加敏感。当这些突变量达到一定数量后，线粒体能量代谢受到影响，细胞发生退行性变化，导致细胞凋亡或死亡。肝癌模型大鼠的 mtDNA 存在缺失，衰老可以使线粒体基因水平发生变化，导致碱基突变。

四、细胞核的超微结构及其超微病变

（一）细胞核的超微结构

细胞核的发现是生物进化史上极重要的进展，原核生物与真核生物最主要的区别就在于有无完整的细胞核。原核细胞遗传物质散布于细胞质中，没有核膜围绕，而真核细胞遗传物质主要包围于核膜中，从而把细胞质与核质分开。细胞分裂期看不到完整的核，只有在分裂间期才可以看到核的全貌，因而被称为间期核。间期核具有细胞核的典型结构，包括核膜、核仁、染色质（染色体）和核基质（核骨架）等。细胞核是遗传信息贮存、复制和表达的重要结构，与细胞的遗传密切相关。细胞核在细胞繁殖、维持自身稳定性上起主要作用。

1. 核膜　核膜（nuclear membrane）又称核被膜（nuclear envelope）。未经染色的核膜用一般的显微镜看不清楚，但活细胞由于其核膜的折光作用，用相差显微镜可以清楚地见到。在染色的切片上由于内外核膜上均附着有着色的物质，故可以分辨出核膜来。在电镜下核膜清楚，可见三层结构，即由内外两层膜夹着中间一层 20～40nm 宽的核周隙而成，宽度变异较大。外核膜（outer nuclear membrane）厚 4～19nm，外面可见附有核糖体，有时可见与粗面内质网连接并和其相通，所以也认为外核膜是内质网的一部分。内外核膜之间的核周隙内充满液态不定形物质，如脂蛋白、分泌蛋白、组蛋白、过氧化物酶和磷酸酶等。核周隙与内质网池的囊腔有临时通道，并且其结构与内质网的扁囊膜围起来的小池类似，故核周隙也叫作“核周小池”。内核膜（inner nuclear membrane）与外核膜平行，没有核糖体附着，其向核质的一侧有一致密层附着，使核膜具有一定的强度以维持核的形态，间期核内有很多染色质丝与内核膜相连。外核膜与内核膜在功能和生化性质上都不一样，外核膜与内质网相连，它们可直接进行物质交换，还可迅速扩大和缩小。在核膜上还有由内外核膜局部融合所形成的核孔（nuclear pore），孔径 40～100nm。核孔的数目和大小随细胞的种类不同而不同，可占核面积的 5%～38%，功能旺盛时或在某些病理状态下，核孔数增多。核孔是核质和细胞质的交通要道。

核膜具有一定的屏障作用，可使 DNA 与细胞质分离，在保证遗传物质稳定的情况下，可进行一定的物质交换。核膜可允许一些离子（如 Na^+、K^+、Ca^{2+}、Mg^{2+}、Cl^-等）及单糖、双糖和氨基酸等自由进出细胞核，在 S 期可检测到大量的组蛋白通过核膜进入细胞核。较大分子的物质，如 Y 球蛋白、白蛋白和核糖核蛋白都要通过核孔进入细胞核。在间期可见大量核糖核蛋白通过核孔向核外细胞质输送。核膜能使细胞核内环境的温度、压力、pH 和化学成分维持相对恒定，成为细胞质中的一个相对独立和稳定的系统，使核内和核外同时进行的生理活动尽量减少相互干扰。核膜不是静态结构，而是处于不断运动状态。当核内大量合成 DNA 或 RNA 时，核膜表面积明显扩增。在间期，核膜主要的运动有内吞、外排、扩展和收缩等。

核膜除具有物质运输功能之外，还有将染色质终末细丝都连在其孔上，使得每条染色质都能固定在一定的位置上，而不致发生紊乱的作用。脊椎动物细胞的核膜里有很多与细胞物质代谢、能量代谢及核膜的主动运输有关的酶，这些酶多以膜蛋白形式镶嵌在核膜的磷脂双分子层中，核膜为酶蛋白分子提供了比较恒定的外环境，并维持一定的空间构象，从而发挥催化作用而有利于各种生物化学反应的有序进行。

2. 核基质　核基质（nuclear matrix）是间期细胞核内除染色体和核仁之外的基质。核基质并非无定型结构，其中含有以纤维蛋白为主的骨架系统。核基质可参与染色体 DNA 的有序包装和构建、真核细胞中 DNA 复制、基因表达调控及核内的一系列生命活动。病理状态下，核内病毒 DNA 的复制及装配过程与核基质有密切关系，如单纯疱疹病毒的核壳体及腺病毒的 DNA 是在核基质上进行装配的。

3. 染色质与染色体　染色质（chromatin）是存在于细胞核内的遗传物质，因为它能被碱性染料染色而得名染色质。染色质是一种细微纤丝，是由细胞核中 DNA、组蛋白、非组蛋白及少量 RNA 组成的。染色质是一种动态结构，它在有丝分裂时，浓缩组装形成染色体（chromosome），在有丝分裂末期逐渐解旋，间期变成染色质。可见染色体和染色质的差异，只不过是同一物质在细胞的分裂期和分裂间期的不同形态结构的表现。染色质 DNA 在细胞核内是分几个等级进行压缩的，这种压缩的最初级结构或一级结构就是核小体（nucleosome）。核小体是染色质和染色体超微结构的基本单位。由核小体再进一步构成更高级的结构，即螺线管结构，它是染色质的二级结构；螺线管结构再行盘绕即形成了染色质的三级结构——超螺线管；

超螺线管再经过一次折叠，就形成了染色单体，即染色质的四级结构。从 DNA 到染色单体，DNA 的长度缩短了，这就是染色体的多级螺旋结构（multistage spiral structure）。

间期核内的染色质还有常染色质和异染色质之分。常染色质（euchromatin）是正常情况下经常活动、有功能的染色质。在电镜下间期核内的常染色质呈浅亮区，多位于核的中央位置，并通到核孔的内面，形成所谓的常染色质通道（euchromatin channel）。常染色质一部分介于异染色质之间。在细胞中，常染色质、异染色质相间形成典型的车轮状图形。常染色质丝纤维直径约 10nm，折叠盘曲曲度小，分散度大，又称伸展性染色质（stretching chromatin），不易被染料着染。常染色质实际是间期合成 mRNA 单一序列的 DNA 拷贝。常染色质代表有活性的 DNA 分子部分，能活跃地进行复制与转录，细胞分裂期位于染色体臂上。异染色质（heterochromatin）是在间期或分裂早期，细胞核内呈凝集状态的 DNA 与组蛋白的复合物，是光镜和电镜下见到的染色质高密度的成分。异染色质螺旋缠绕紧密，形成 20～30nm 直径的纤维，因而又称凝聚染色质（condensed chromatin），一般位于间期核的边缘，沿着核膜内形成一薄圈，即周围染色质。还有些小块与核仁相结合，围着核仁形成一层外壳，构成核仁伴随染色质的一部分。异染色质在分裂期位于着丝点、端粒或在染色体臂的常染色质之间。

4. 核仁　光镜下观察到的核仁（nucleolus）为均质、海绵状的球体，无包膜。核仁的位置一般在核的一侧，常常移到核膜边缘，这种现象叫作核仁边集（margination），它有利于把核仁合成物输送到细胞质，在生长旺盛的细胞如肿瘤细胞中易见到此情况。电镜下核仁具有较高的电子致密度，其结构一般像松散的粗线团，其外附有异染色质块。核仁的细微结构包括：核仁结合染色质（nucleolar associated chromatin），即染色浅淡区域；纤维区（pars fibrosa）或称核仁丝，由原纤维丝组成的海绵状网架，直径 5～10nm，位于核仁的中心；含电子致密度较大的颗粒构成的颗粒区（granulolmere），位于核仁的外周，直径 15～20nm；由无定型蛋白质性液体物质形成的核仁基质。核仁的结构随细胞的种类及生理功能状态的不同而发生变化。电镜下核仁的形态主要有三种类型：①颗粒均匀分布，呈均质状态；②颗粒成群，呈斑点状；③颗粒集中在核仁周围，呈环状。一个细胞可有 1～2 个或多个核仁。精子和肌细胞，核仁不明显或不存在。代谢活跃的细胞如腺细胞、神经细胞可见到明显的核仁。在合成旺盛时核仁变化大，细胞处于静息状态时核仁萎缩。在细胞有丝分裂前期，核仁消失，该部分染色质被分配到新细胞（子细胞核）后再参与核仁的形成。核仁的主要成分为蛋白质和 RNA，在核仁结合染色质区含有 DNA，它是转录 rRNA 的基因。核仁最主要的功能是合成 rRNA。

正常情况下，光镜下所见的各种组织细胞均具有各自形状独特的核，如圆形、椭圆形、杆形、菱形、肾形等。不同组织细胞的细胞核形态各异，如柱状上皮细胞的核常呈圆形或椭圆形；肝细胞、肾小管上皮细胞及其他外分泌腺上皮细胞的核常呈圆形，常染色质丰富，所以电镜下核较空亮（图 1-2-15，图 1-2-16）；淋巴细胞核也呈圆形或带有小凹痕的圆形，常染色质少，异染色质多且多分布于核膜下，即染色质边集；浆细胞的染色质边集呈车轮状；纤维细胞核多呈长杆状。

（二）细胞核的超微病变

1. 细胞核形态的超微病变　病理情况下，细胞核可失去原有的形态特征，变成不规则形，如肿瘤细胞的核膜常呈曲折、凹陷、扭曲状态（图 1-2-17，图 1-2-18）。病毒感染、化学毒物中毒均可引起细胞核的形态改变，出现细胞核染色质凝集趋边，核膜内陷，核孔增多、增大，核外膜空泡变性或核膜断裂以致核质外溢等一系列病变。

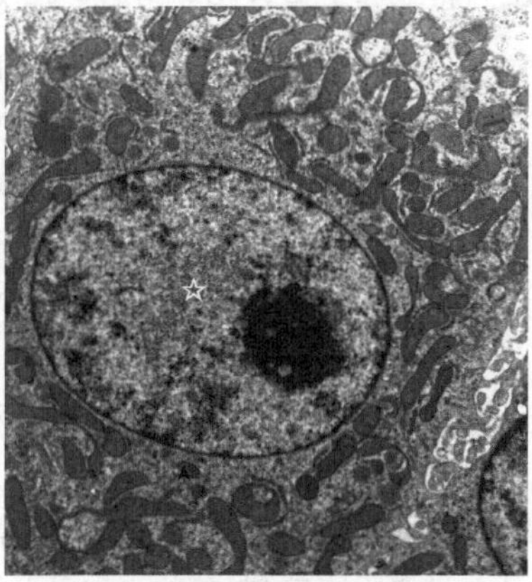

图 1-2-15　鸡肾小管上皮（TEM）

细胞核呈圆形（☆），常染色质丰富，核膜平滑

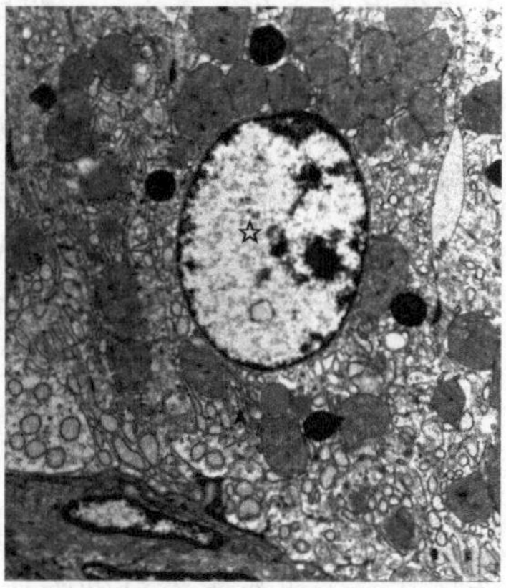

图 1-2-16　鸡腺胃上皮细胞（TEM）

核呈卵圆形（☆），常染色质丰富，核膜薄而平滑

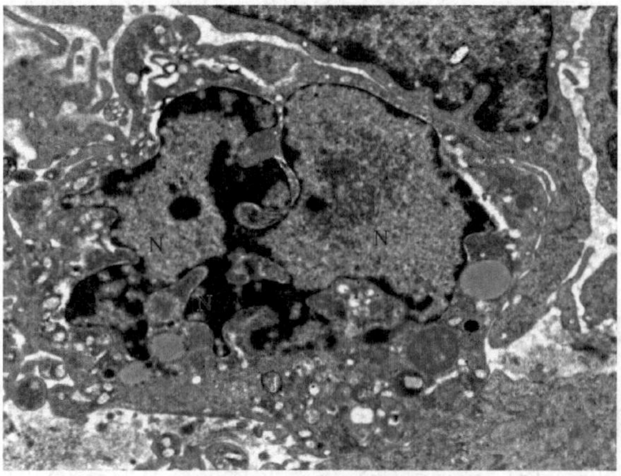

图 1-2-17　鳞状细胞癌畸形核（TEM）

细胞核（N）形不规整，扭曲，细胞间难见细胞连接

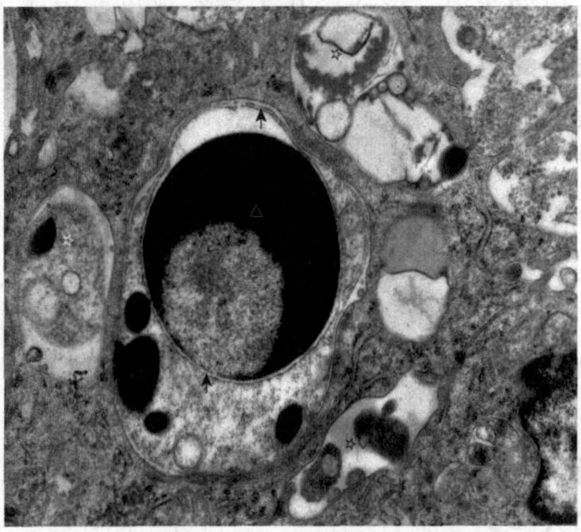

图 1-2-18　凋亡细胞核（TEM）

IBDV 感染鸡法氏囊组织，被吞噬细胞吞进的凋亡淋巴细胞，核染色质浓缩呈月牙形（△），核膜及细胞膜（↑）基本完整。吞噬细胞内见有次级溶酶体（☆）

2．核仁的超微病变　病理情况下，核仁可发生分离解聚、空泡变性及碎裂等变化。正常细胞核仁里的颗粒和丝状成分是混在一起的，发生核仁分离病变时，这两种成分之间出现明显界线。干扰 RNA 合成的许多物质与操作，如放线菌素 D、溴化乙锭、黄曲霉素、某些生物碱、紫外线照射、支原体及兔出血症病毒（RHDV）感染等均可见核仁分离病变。核仁空泡变性主要见于病毒感染。核仁碎裂时在电镜下可见碎裂的核仁分散在核质边缘。

3．核内包涵物　核内包涵物（intranuclear inclusion）可分为两大类：一类为胞质性核内包涵物，另一类为非胞质性（异物性）核内包涵物。

（1）胞质性核内包涵物　是指在细胞核内出现胞质成分（如线粒体、内质网片段、溶酶体、糖原颗粒等）的现象。有真性和假性胞质性核内包涵物之分，真性胞质性核内包涵物是在细胞有丝分裂末期，某些细胞质结构被封入了正在形成中的子细胞核内，以后出现在子细胞核中，某些致癌剂可引起此变化。假性胞质性核内包涵物是细胞质成分隔着核膜向核内膨突，以致在一定的切面上看似乎是细胞质成分已进入核内，但实际上大多数仍可见其周围有核膜包绕。

（2）非胞质性核内包涵物　即异物性核内包涵物，此类核内包涵物有多种，如在铅、铋、金等重金属中毒时，核内可出现丝状或颗粒状含有相应重金属的包涵物；肝细胞发生脂肪变性时，核内可出现脂质包涵物；糖尿病时，肝细胞核内可见有较多的糖原颗粒沉着，出现糖原包涵物。在常规切片制作过程中，由于糖原被溶解，核内只可见大小不一的空泡，称为糖尿病性空泡核。某些病毒感染，尤其是 DNA 病毒感染细胞后，核内除含有病毒粒子的病毒性包涵物外，还可见有特殊的包涵物，这些包涵物呈大的电子致密圆球形，有时呈线管状、线状、脂滴状，有时呈奇形怪状，甚至出现特殊的板层结构。

4．死亡细胞核的超微病变　细胞死亡的形式有两种，一种为细胞凋亡，另一种为细胞坏死。

细胞凋亡时细胞膜凹陷，将凋亡的细胞成分包裹起来形成多个或单个凋亡小体，膜结构尚存。

细胞坏死时，光镜下可见细胞核出现核固缩（pyknosis）、核碎裂（karyorrhexis）和溶化（dissolve）变化，然而在电镜下，核固缩的表现是染色质在核质内聚集成致密浓染的、大小不等的团块状，而后整个细胞核收缩变小，最后仅留下一致密的团块。这种固缩的核最后还可发生崩解碎裂，形成碎片而逐渐消失；电镜下核碎裂表现为染色质逐渐边集于核膜内层，形成较大的高电子致密度的染色质团块，初期核膜还保持完整，以后则多处发生断裂，核逐渐变小，最后裂解为若干致密浓染的碎片。电镜下核溶解表现为核内染色质在 DNA 酶的作用下全部溶解、消失，仅残留核的轮廓，在核染色质溶解消失后，核膜也很快在蛋白酶的作用下溶解消失。核溶解可以在核碎裂或核固缩的基础上发生，但若致病因子强烈时，也可不经过核浓缩或核碎裂而直接发生。

第二节　四大基本组织的超微结构及其超微病变

组织（tissue）是细胞和细胞间质组成的群体结构，是构成机体器官的基本成分。高等动物和人体的细胞有成百上千种，细胞间质是细胞的产物，包括纤维、基质和体液。各种组织和器官结构与功能的差异，主要取决于组成它们的细胞不同，同时也与细胞间质的含量、分布和类型有关。根据结构和功能的不同，组织被分为上皮组织、固有结缔组织、肌组织和神经组织四大类，又称为基本组织（fundamental tissue）。

一、上皮组织

上皮组织（epithelial tissue）简称上皮（epithelium），是由大量形状较规则并紧密排列的细胞和少量细胞间质组成，细胞间以黏着物和特殊连接结构牢固相连。上皮内大都无血管和淋巴管，其营养由深层结缔组织的血管提供，来自血液中的营养物质通过基膜渗透到上皮细胞的间隙中。上皮组织可分为被覆上皮、腺上皮、感觉上皮、生殖上皮和肌上皮等。本部分主要简述被覆上皮。

（一）上皮组织的特殊结构

上皮细胞的形态结构与其功能相适应，常分化形成多种特殊结构，这些特殊结构有的由细胞质和细胞膜构成，有的由细胞膜、细胞质和细胞间质共同构成。这些结构的形成及其发达程度常与上皮所处的内外环境及其功能特点相关。上皮细胞的不同面均有其特殊结构。

1．上皮细胞游离面的特殊结构

（1）微绒毛（microvilli，Mv）　是上皮细胞游离面的细胞膜和细胞质形成的微细指状突起（图 1-2-19，图 1-2-20）。光镜下所见小肠柱状上皮的纹状缘（striated border）和肾近曲小管上皮表面的刷状缘（brush border）均是由排列整齐而密集的微绒毛组成的。微绒毛与细胞表面垂直分布，直径约为 0.1μm，长度因细胞的种类和功能状态不同而有很大差异。微绒毛可增加具有吸收、分泌功能细胞的表面积。在致病因子的作用下，微绒毛可发生倒伏、粘连、断裂及缺失等变化。各种原因引起胃肠道发生炎症时，均可造成肠道微绒毛断裂及脱落。

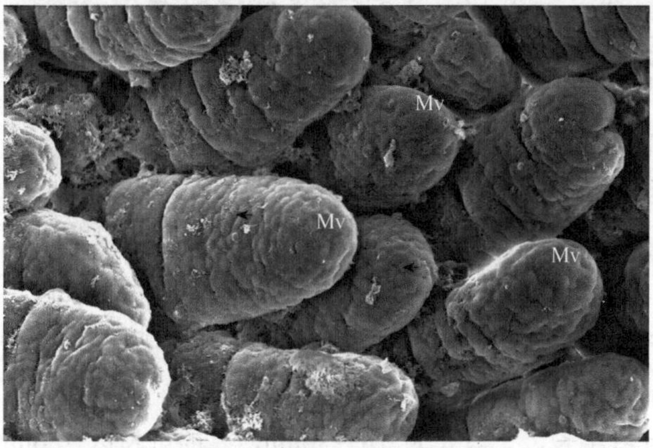

图 1-2-19　仔猪小肠黏膜（SEM）

小肠黏膜绒毛（Mv）顶端呈指状，上皮细胞排列紧密，界线清楚（↑），表面微绒毛（Mv）密集

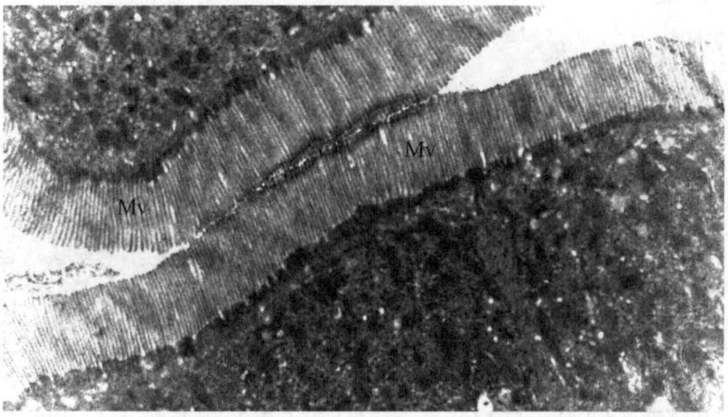

图 1-2-20　兔小肠黏膜（TEM）

上皮表面微绒毛（Mv）结构清晰，排列整齐

（2）纤毛（cilium）　是上皮细胞顶端伸出的细长、能摆动、表面覆盖细胞膜的细胞质突起，常见于呼吸道（气管）和雌性生殖道如输卵管等黏膜上皮的腔面。不同上皮纤毛的粗细、长短和数量差异明显。一般直径为 0.3～0.5μm，长 5～10μm。纤毛使物质沿着细胞表面运输。每根纤毛起始于中心粒（基体）。有一个轴丝中轴，由外周 9 对（双联）微管和中心 2 条（单个）微管构成。

双联微管具有 ATP 酶活性的动力蛋白臂，可为纤毛的运动提供能量。活细胞的纤毛呈周期性、节律性地朝一个方向摆动，众多纤毛一起摆动时状如麦浪起伏。温血动物的气管黏膜上皮纤毛每分钟可拍击 1100～1300 次。正是借助纤毛这种节律性的摆动，呼吸道即可将黏液及附着的尘埃或微生物向前推移和排出。在某些上皮细胞的游离面有类似纤毛的细长突起，但不能运动，结构与微绒毛近似，称为静纤毛（stereocilium）。典型的静纤毛仅见于附睾上皮，位于附睾及机体的少数特定部位。静纤毛因其长度而被命名为纤毛，但电镜证实其实质是长的微绒毛。

在病理状态下，静纤毛可发生倒伏、粘连、断裂或缺失（图 1-2-21）。

图 1-2-21　感染 PRRSV 仔猪气管黏膜（SEM）

成片上皮细胞（epithelial cell，EC）纤毛脱落，细胞间隙松散（☆），炎性渗出物堆积（★）。C. 纤毛

（3）鞭毛（flagellum）　鞭毛与纤毛的结构基本相同，细胞若只有 1～2 条纤毛，便称为鞭毛。鞭毛的特点是比纤毛长，一般长为 15～30μm，有的可长达 150μm。鞭毛的运动是无定向的摆动，是由根部向末端的弯曲波动。哺乳动物精子的尾部即是典型的鞭毛结构，长达 50～200μm（图 1-2-22）。在致病因子作用下，鞭毛可发生变形或断裂缺失（图 1-2-23）。

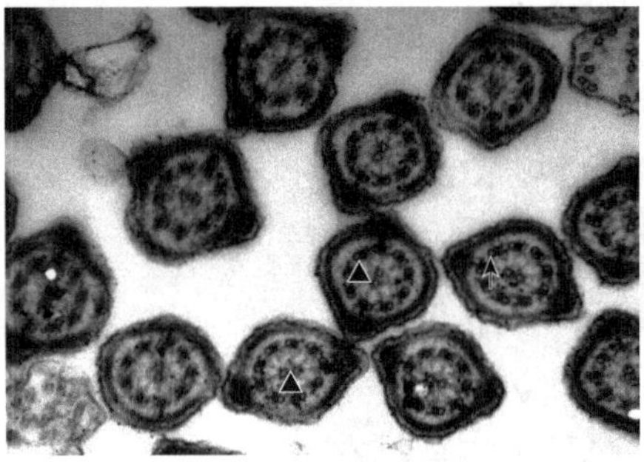

图 1-2-22　健康小鼠精子细胞（TEM）

精子尾部末段鞭毛横切面，细胞膜结构完整，构成鞭毛的两根中央微管（▲）和 9 对周围微管（↑）清晰可见，排列整齐有序

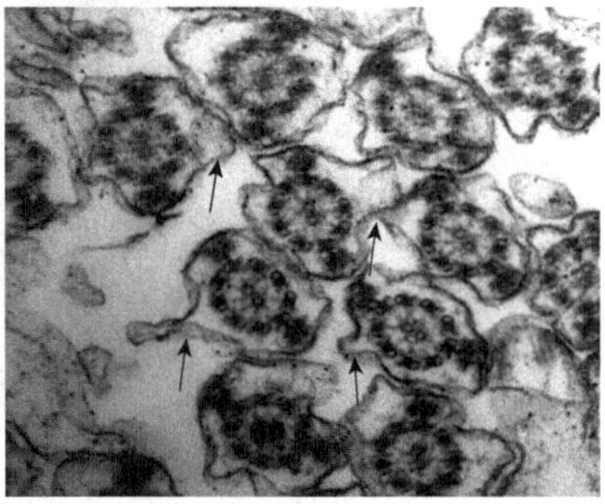

图 1-2-23　双酚 A 染毒小鼠精子细胞（TEM）

精子尾部末段鞭毛横切面，多数微管结构模糊不清；细胞膜显著扩张，扭曲变形（↑）

2．上皮细胞侧面的特殊结构　上皮细胞侧面分化形成的特殊结构称为细胞连接（cell junction）。除紧密连接、中间连接、桥粒及缝隙连接外，还有一种分布较广泛的细胞连接为镶嵌连接（interdigitation）。镶嵌连接不同于其他几种连接，没有固有的特殊连接结构，电镜下可见上皮细胞与相邻细胞的侧面或上皮细胞与其他细胞之间，相邻细胞膜凹凸不平，相互形成齿状镶嵌。此种连接见于单层扁平上皮内，在单层柱状上皮和立方上皮的基部侧面常见有指状镶嵌或翼状皱褶镶嵌。镶嵌连接可加强细胞间的牢固结合，并扩大细胞间的接触面积。感染或毒物可引起上皮细胞间的连接结构松散或模糊，断裂或缺失。

3．上皮细胞基底面的特殊结构

（1）基膜（basement membrane）　是上皮细胞基底面与深部结缔组织间的细胞间质组成的薄膜。不同上皮的基膜厚薄不一，复层鳞状上皮和假复层纤毛柱状上皮的基膜较厚，睾丸曲细精管外的基膜厚且致密，肾小球毛细血管的基膜也较厚。基膜除分布于上皮的基部外，也见于心肌纤维与结缔组织细胞之间（图 1-2-24）。细胞基底面的细胞膜经黏着连接，即半桥粒附着于基膜。形态上半桥粒的结构像是桥粒的一半，但生物化学组成和临床意义两者极不相似，因此半桥粒不再被认为仅仅是桥粒的一半。

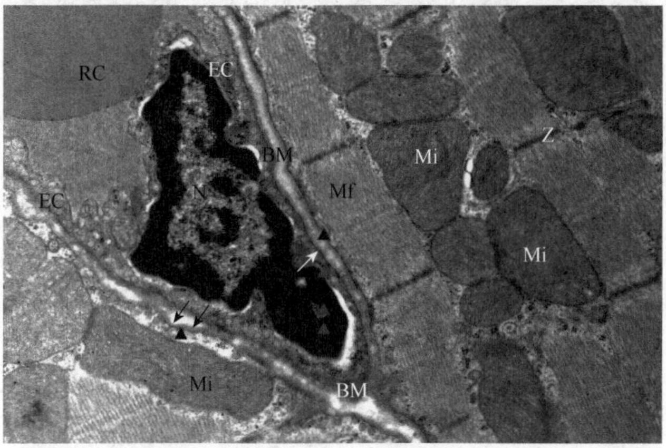

图 1-2-24　大鼠心肌毛细血管（TEM）

连续性厚内皮（endocelial cell，EC）毛细血管结构清晰，基膜（BM）清晰、完整。心肌线粒体（Mi）结构完整，嵴紧密清晰；肌原纤维（Mf）整齐密集；Z 线清晰平直（Z）；肌细胞膜（▲）及基板（↑）结构清晰完整。RC．红细胞；N．内皮细胞核

基膜介于上皮组织和结缔组织之间，由上皮组织产生的基板和结缔组织产生的网板组成。基板进一步分为透明板和致密板两部分。基膜作为上皮组织支持结构和分子过滤器（如在肾小球内）而发挥功能。可调控某些细胞通过上皮层的迁移活动（如防止成纤维细胞进入，但允许淋巴细胞通过），参与上皮再生（如伤口修复时，基膜形成一个表面，再生上皮细胞沿着该面进行迁移）及细胞间的相互作用（如形成神经肌肉连接点）。病理状态下，基膜可发生增生或断裂缺失。

（2）细胞膜内褶（plasma membrane infolding）　是上皮细胞基底面细胞膜折向细胞质而形成的长短不同的膜褶，扩大了细胞基底面的表面积。此结构常见于液体及离子交换频繁的上皮细胞，如唾液腺的闰管、胆囊、肾近曲小管和远曲小管等上皮细胞的细胞膜内褶比较发达，但各种上皮细胞膜内褶的深浅和多少不一，肾远曲小管上皮细胞基部的细胞膜内褶多而且深长（图 1-2-25）。

（二）被覆上皮

除关节腔的软骨面外，身体体表和有腔器官的内表面都衬贴着被覆上皮（covering epithelium）。被覆上皮具有典型的上皮组织结构，上皮细胞紧密排列成层，细胞之间有少量黏合质起黏合作用。被覆上皮具有保护、吸收、分泌和排泄等功能，上皮的形态结构与其功能相适应。被覆上皮的结构和功能具有明显的极性。被覆上皮可根据上皮细胞的排列层次和细胞形态进行分类。

1. 单层扁平上皮　单层扁平上皮（simple squamous epithelium）又称单层鳞状上皮，是一种最薄的上皮，仅由一层不规则的扁平细胞组成。单层扁平上皮分布于心血管和淋巴管腔面、某些脏器的外表面及肾小球囊壁层、肾小管细段、肺泡壁和耳鼓膜的内面等处。衬在心血管和淋巴管腔面的上皮称为内皮（endothelium）（图 1-2-26）；被覆于心包膜、胸膜表面的上皮称为间皮（mesothelium）。

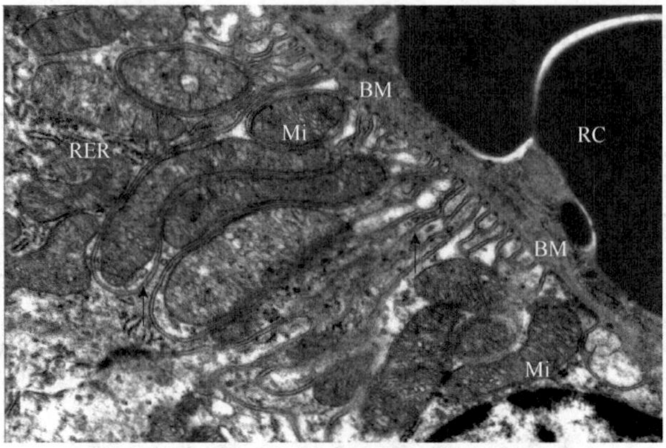

图 1-2-25　健康大鼠肾小管上皮细胞（TEM）

肾近曲小管上皮基膜（BM）光滑、平整，基底面细胞膜内褶（↑）清晰深长；线粒体（Mi）丰富，线粒体内外膜结构完整，嵴密集清晰；RC．红细胞；RER．粗面内质网

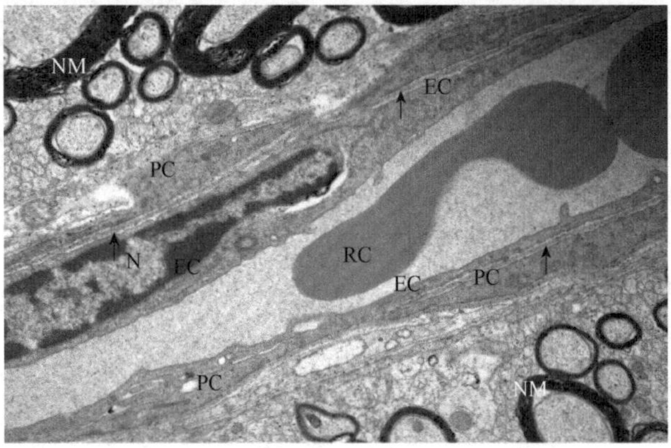

图 1-2-26　沙鼠脊髓连续性厚内皮毛细血管（TEM）

毛细血管内皮（EC）结构完整，基膜（↑）及周细胞结构（PC）清晰，连续完整。RC．红细胞；NM．神经髓鞘；N．细胞核

2．单层立方上皮　单层立方上皮（simple cuboidal epithelium）是由一层近似立方形的细胞组成的，细胞核呈圆形，位于细胞中央。单层立方上皮见于肾小管、脉络丛睫状体、晶状体前上皮、甲状腺滤泡上皮，许多外分泌腺的腺泡细胞均属于单层立方上皮。这类细胞的游离面常有微绒毛，微绒毛的数量与长短常因细胞的部位和功能不同而有所不同。

3．单层柱状上皮　单层柱状上皮（simple columnar epithelium）由一层柱状细胞组成，细胞游离面或横切面多呈六角形。肠道黏膜上皮即为单层柱状上皮。

4．假复层纤毛柱状上皮　假复层纤毛柱状上皮（pseudostratified ciliated columnar epithelium）由形状不同、高低不等的一层细胞组成。细胞底部均附于基膜上，但由于细胞的高矮不同，细胞核的位置不在同一平面上。光镜下观察形似复层上皮，实为单层上皮，故称假复层纤毛柱状上皮。气管黏膜即属于假复层纤毛柱状上皮。

5．变移上皮　变移上皮（transitional epithelium）又称移行上皮，膀胱黏膜上皮属于变移上皮。

6．复层扁平上皮　复层扁平上皮（stratified squamous epithelium）较厚，细胞层次多，表层细胞为扁平鳞片状，故又称为复层鳞状上皮。这种上皮主要分布于常受摩擦的部位，如表皮及口腔、食管、咽、阴道、鼻前庭的腔面。上皮由深至浅大致可分为基底细胞层、棘细胞层和表层三层结构。

（1）*基底细胞层*　位于最深层，细胞呈立方形或矮柱状，核为长椭圆形，染色质较多，异染色质聚于核膜下，核仁清楚。细胞质内游离核糖体丰富，内质网较少，线粒体较多，常分布于基底部，细胞底部可见少量微软小泡。细胞侧面的间隙较宽，有少量桥粒。

（2）*棘细胞层*　由多层有棘突的细胞组成。棘细胞呈多边形或梭形，体积较大，核卵圆形，由基底细胞分化而来。电镜下可见棘细胞质内有成束的细丝，即张力原纤维（tonofibril）。游离核糖体丰富，内质网和线粒体稀少，高尔基体罕见，常见糖原颗粒。浅层棘细胞内还分布有直径为60～350nm的圆形、膜包被的溶酶体颗粒，常聚集于细胞的边缘，颗粒内含有酸性磷酸酶和芳香基硫酸酯酶。棘细胞之间的间隙较宽大，相邻细胞之间的棘状突起彼此以桥粒相连接，构成光镜下的细胞间桥（intercellular bridge）。棘状突起与相邻细胞胞体之间也可形成桥粒，故此层内的桥粒十分丰富，常见许多桥粒聚成桥粒区，使细胞连接增强。

（3）*表层*　表层细胞呈扁平状，与表面平行，核固缩变小，细胞质嗜酸性增强。电镜下可见嗜锇酸增强，糖原颗粒丰富，游离核糖体较少，线粒体少或无，偶见内质网、脂滴和微丝等。细胞间隙变窄，细胞质突起短而直，不见桥粒。浅层细胞趋向退化凋亡，不断脱落，由深层新生的细胞补充。

表皮的细胞层次很多，浅层细胞的核与细胞器逐渐消失，细胞质内充满角蛋白，细胞干燥变硬，常成片脱落，称为角化复层扁平上皮（keratinized stratified squamous epithelium）。口腔、食管和阴道等处的复层扁平上皮浅层细胞有核，细胞质中含角蛋白较少，故称为非角化复层扁平上皮（nonkeratinized stratified squamous epithelium）。复层扁平上皮的基底面与深层结缔组织的连接凸凹不平，从而使两者的接触面扩大，增强相互间的连接。上皮与结缔组织之间有完整的基膜。在鳞状上皮细胞发生癌变时，癌细胞浸润性生长，使基膜结构变性、断裂，甚至大段缺失（图1-2-27）。

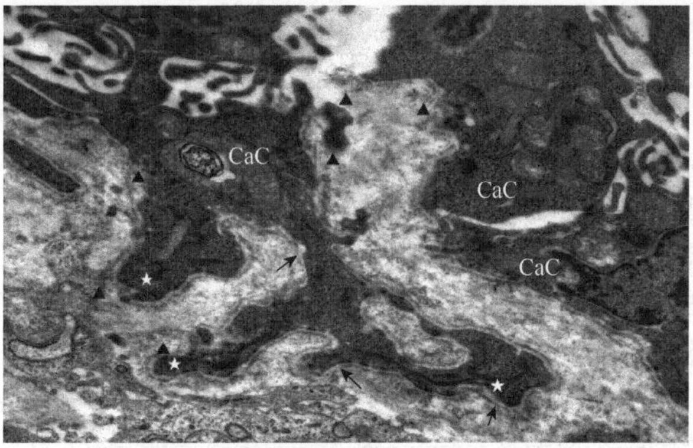

图1-2-27　鸡咽食管上皮细胞癌（TEM）

癌细胞（CaC）细胞质向癌巢外浸润性生长（☆），癌细胞巢外基膜断裂（↑），局部模糊不清，大段缺失（▲）。细胞间桥粒难以寻见

7. 复层立方上皮　复层立方上皮（stratified cuboidal epithelium）由两层或数层细胞组成，表面细胞为立方形。上皮深层的细胞为立方形或多边形，附于基膜上。中间层细胞为梭形或多边形。此种上皮少见，可见于肛管和雌性尿道近开口处。汗腺导管是较典型的复层立方上皮，由2～3层立方形细胞组成。

8. 复层柱状上皮　复层柱状上皮（stratified columnar epithelium）由数层细胞组成。表层细胞为矮柱状，细胞质内含较多糖原，游离面常有分散的微绒毛。深层细胞为立方形或多边形，附于基膜上。中间层细胞多为横行的梭形细胞，细胞间形成嵌合连接，利于上皮的伸展。此种上皮也较少，见于眼结膜穹隆部、尿道海绵体部、肛门、咽、会厌喉面和一些腺的大导管等。位于咽、会厌、软腭和喉的上皮，其柱状细胞的游离面常见纤毛，称为复层纤毛柱状上皮（stratified ciliated columnar epithelium）。

二、肌组织

肌组织（muscular tissue）是具有收缩功能的肌细胞构成的组织。肌细胞（muscle cell）呈细长的纤维状，因此肌细胞又称肌纤维（muscle fiber）。肌细胞之所以能收缩，是由于细胞内有特别发达的肌原纤维（myofibril），它们主要由肌动蛋白和肌球蛋白等参与收缩的蛋白质构成。这类蛋白质也存在于非肌细胞内，甚至血小板内，但其收缩活动主要是参与完成细胞的其他功能。

肌细胞内的基质称肌质（sarcoplasm）或肌浆。肌细胞内的滑面内质网称肌质网。线粒体曾称作肌小体或肌粒（sarcosome），它们除产生 ATP 外，还有储存少量 Ca^{2+}的功能。肌细胞的细胞膜称肌膜（sarcolemma）。在光镜下所见到的“肌膜”实质上是肌细胞的细胞膜和它外表面的糖蛋白及网状纤维共同形成的结构。肌组织可分为骨骼肌、心肌和平滑肌三类。骨骼肌细胞和心肌细胞都有明暗相间的横纹，属横纹肌；平滑肌细胞无横纹，主要分布于内脏与血管壁。

（一）骨骼肌组织

骨骼肌组织由具有横纹的细胞组成，而且这些肌细胞受自主神经控制。它主要形成附着于骨骼并移动骨骼的肌肉，因此得名“骨骼肌”。但它也见于诸如舌、咽、肛管等器官中，而且负责眼睛运动的肌肉也是骨骼肌。横纹来自细胞内肌原纤维的 A 带、I 带、H 带和 M 带的精准配置。骨骼肌细胞可以异常延长，达数厘米，呈圆柱形，并且是多核的。细胞核位于细胞质的外周，紧邻肌细胞膜的下方。

骨骼肌细胞（skeletal muscle cell）直径为 10～100μm，长短不一，短的数毫米，长者可达 10cm 以上。除舌肌等少数肌细胞外，骨骼肌细胞极少有分支。骨骼肌细胞属于多核细胞，每 1mm 长的细胞中有 50～100 个核，位于近细胞膜处，细胞核呈扁圆形或扁椭圆形，核染色质少，核仁明显。骨骼肌的肌质大部分被肌原纤维所占据。肌原纤维的直径为 1～2μm，其长轴与肌细胞的长轴一致。肌原纤维有明带和暗带相间排列，暗带（dark band）长约 1.5μm，易于被苏木素、亚甲蓝着染。在细胞静止期，明带（light band）长 0.8～1μm，着色较浅。在明带中央有一着色深的细带称 Z 盘（Z disc）或 Z 线（Z line）。在暗带中部有着色较浅的 H 带。在 H 带中央又可见着色深的 M 带。暗带又称 A 带（A band），明带又称 I 带（I band），在相邻两个 Z 盘之间的一段肌原纤维称为一个肌节（sarcomere），静止时肌节的长度为 2.1～2.5μm。每条肌原纤维由许多平行排列的肌丝（myofilament）组成。肌丝分为粗肌丝和细肌丝两种。粗肌丝与细肌丝相互平行排列。在一条粗肌丝周围有 6 条细肌丝，相邻的粗肌丝隔着共有的细肌丝。粗肌丝（thick filament）长约 1.5μm，直径约 15nm，主要由许多肌球蛋白集合而成，还有极微量的其他蛋白质。细肌丝（thin myofilament）是 I 带的主要成分，长约 1μm，直径为 5～7nm，由肌动蛋白、原肌球蛋白及肌原蛋白 3 种蛋白质组成。在肌原纤维的纵切面上，A 带中央的无横桥裸区称为 M 区（M region），相当于 H 带。沿肌原纤维的长轴，M 区宽为 160nm。Z 盘的宽度因动物种类而异。大鼠、猫和兔的骨骼肌及猫和犬的心肌 Z 盘较宽，可达 80～160nm。在 Z 盘的横切面上可见细肌丝和 Z 线形成的网格状结构，称 Z 网格（Z lattice）。由肌细胞膜凹入细胞内形成横小管（transverse tubule，T 小管）。在哺乳动物中，T 小管在 I 带与 A 带交界处环绕在每一条肌原纤维的表面，两栖类和鸟类的横小管环绕在 Z 盘的周围。横小管的管径为 20～40nm，开口于肌细胞表面，因此在肌细胞膜上，每隔一小段距离就有一圈小孔，环绕着肌细胞排列，细胞外的液体可经这些小孔进入横小管内。肌质网（sarcoplasmic reticulum）是在两条相邻的横小管之间包绕在肌原纤维表面的结构。肌质网由横小管构成，是整个网的管腔互相连通形成的一个封闭的囊，与细胞外不直接相通。肌质网的膜是单位膜结构，膜内镶嵌的蛋白质中 75%～80%是钙泵蛋白（calcium pump），其中的 Ca^{2+}，Mg^{2+}-ATP 酶能分解 ATP，通过释放的能量，将肌质网外的 Ca^{2+}吸入到肌质网内，可使网内的 Ca^{2+}浓度比肌质网外高出数千倍。在肌原纤维之间有大量线粒体、糖原颗粒和少量脂滴（图 1-2-28）。

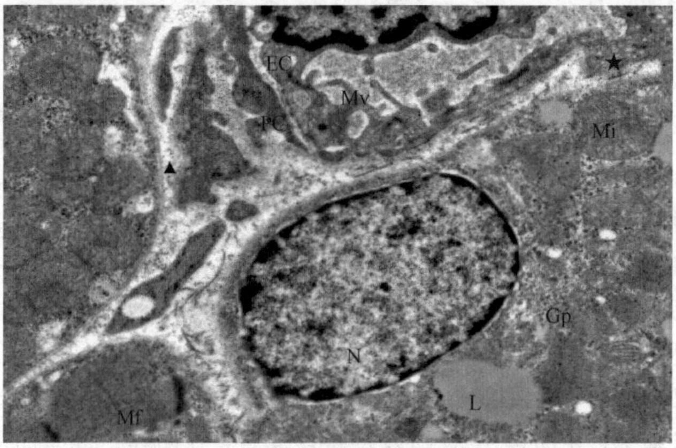

图 1-2-28　鸡骨骼肌细胞（TEM）

肌细胞核（N）紧贴于肌细胞膜下，膜外可见基板（▲），肌原纤维间有丰富的糖原颗粒（Gp）。在肌细胞旁的毛细血管内皮细胞（EC）表面有微绒毛（Mv），细胞质中有大量吞饮小泡（★）。内皮外有周细胞（PC）。Mf. 肌原纤维；L. 脂滴；Mi. 线粒体

（二）心肌组织

心肌细胞（cardiac muscle cell）也称心肌纤维，由不随意的带横纹的肌细胞组成。它形成心脏的心肌层，也出现在主要血管的壁上，包括主动脉、肺动脉、肺静脉和腔静脉。横纹是由类似于骨骼肌组织中的肌原纤维束中的肌节精准配置而形成的。大多数心肌细胞都有一个位于中心位置的单一核，偶可见一个细胞有两个核。

心肌细胞形成长的有分支并相互吻合的肌纤维。椭圆形细胞核比较大，位于细胞中央，略呈泡沫状。细胞内有 A 带和 I 带，但不如骨骼肌明显。横断面可明显观察到结缔组织将心肌纤维彼此分隔开，肌纤维的横断面为不规则形，并且大小不等。细胞核很少但比较大，位于细胞中央。

与平滑肌或骨骼肌细胞不同的是，心肌细胞有分支而且相互吻合（闰盘），由桥粒和缝隙连接组成的闰盘将心肌细胞末端与末端点对点地连接起来。心肌组织中有些特化的细胞，它们是窦房结、房室结和浦肯野纤维的功能元素。心肌细胞的长度远大于其宽度，因此称为心肌纤维。心肌纤维和平滑肌纤维也都不同于神经纤维，神经纤维是神经细胞的有生命结构的延伸。某些独特的名词可用来描述肌细胞，如肌细胞膜称肌膜，内质网称肌质网（SR）（图 1-2-29）。

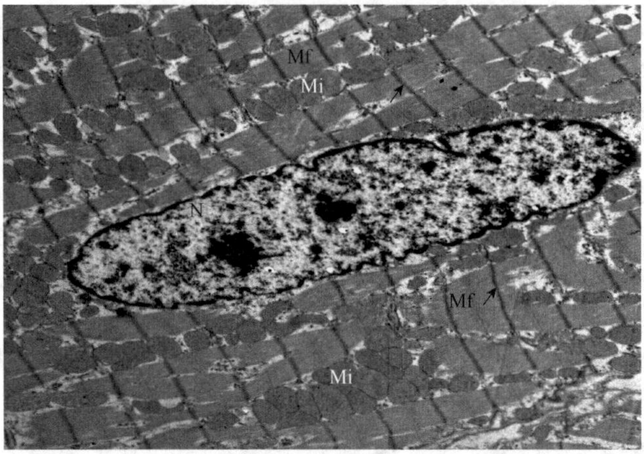

图 1-2-29 大鼠心肌细胞（TEM）

细胞核（N）呈长的卵圆形，位于中间。肌原纤维（Mf）排列整齐，肌节 Z 线（↑）清晰，因心肌纤维处于收缩状态，故明带不明显。线粒体（Mi）结构完整，整齐排列于肌原纤维之间

心脏的壁由心内膜、心肌膜和心外膜三层膜组成。心肌膜为心脏的主体，由心肌细胞组成。根据分布和功能不同，心肌细胞分为三类：心室工作心肌细胞、普通心房肌细胞和传导心肌细胞。

心室工作心肌细胞（以下简称心肌细胞）是有横纹的短柱状细胞，长 80～150μm，横径为 10～30μm，每个心肌细胞有一个椭圆形的核，位于细胞中央，偶见双核。心肌细胞有分支，彼此连接成网，细胞间的连接结构称闰盘。

电镜下，心肌细胞与骨骼肌细胞一样，也有粗肌丝和细肌丝，并有规律地排列成 I 带与 A 带。细肌丝固定在 Z 盘上，粗肌丝由 M 桥及连接丝固定，在肌丝之间有肌质网和线粒体等。在闰盘部位，心肌细胞的末端呈阶梯状。在阶梯的横位部分，两细胞末端都伸出许多峰状突起，交错相嵌，可增大两个相邻细胞之间的接触面，两细胞之间以黏合膜和桥粒的方式相连。在阶梯的纵位上，两细胞的侧面以缝隙连接的方式相连。

普通心房肌细胞（以下简称心房肌细胞）的结构与心肌细胞相似，但也存在着重要的差异。因其能分泌有强大利钠、利尿和扩血管降压作用的物质——心房肽，所以心房心肌细胞具有分泌肽类激素细胞的结构特点。心房肌细胞无分支，肌膜表面有丰富的小凹，但横小管极小或缺如。电镜下，心房肌细胞含有心房肽的分泌颗粒，呈小球形。

传导心肌细胞可分为三种：起搏细胞、移行细胞和浦肯野纤维。起搏细胞简称 P 细胞，细胞核呈圆形或卵圆形，着色浅，直径 4～8μm，以窦房结最多。电镜下，P 细胞核多位于细胞中央，细胞器少，细胞质呈空泡状，肌丝少且走向不一，无结构完整的肌节。线粒体少，大小形态不一，散乱分布于细胞质中；移行细胞又称 T 细胞，一般为细长形，比一般心肌细胞短，但较 P 细胞大，约为其直径的 2 倍，在房室结中多见；浦肯野纤维大多比心肌细胞短而宽，宽 10～30μm，长 20～50μm。核位于细胞中央，核周围的明区中含许多线粒体。

（三）平滑肌组织

平滑肌由不随意且缺乏横纹的细胞组成，分布于消化道、血管、膀胱、支气管、细支气管和某些器官的囊内。与骨骼肌和心肌细胞相比，平滑肌细胞相对较小，呈纺锤形（梭形），含有一个长条形的细胞核，核位于细胞锥形末端的中间位置。

电镜下平滑肌细胞为长梭形无横纹的细胞。细胞质内充满肌丝（myofilament，Myf）和中

间丝。细胞质内分布有高电子致密度的小体（密体），细胞膜上有高电子致密度的结构，为密斑。细胞核膜常有曲折凹陷。细胞呈长梭形，细胞核呈长杆状。细胞质内肌丝丰富，散见密体，在细胞膜上有密斑密布。

三、固有结缔组织

固有结缔组织（connective tissue proper）由细胞和细胞间质组成，特点是细胞数量较少，细胞间质多，细胞分散在大量的细胞间质内。固有结缔组织可分为纤维结缔组织和有特殊性质的结缔组织。前者以纤维为其显著特点，再按纤维排列疏松或致密的程度区分为疏松结缔组织和致密结缔组织。致密结缔组织按排列规则程度又可分为规则的（如肌腱和韧带）和不规则的致密结缔组织。有特殊性质的结缔组织是指黏液组织、网状组织和脂肪组织等。本部分主要介绍分布比较广泛的疏松结缔组织。

疏松结缔组织（loose connective tissue）又称蜂窝组织（areolar tissue），在机体内广泛分布，支持和连接各种组织或器官，也构成某些器官如腺体、肝、肺、肾等的间质。疏松结缔组织中的细胞种类较多，一类是常在的定居细胞，如成纤维细胞、巨噬细胞、浆细胞、肥大细胞、脂肪细胞、未分化的间充质细胞；另一类是由血液迁移游走而来的细胞，如中性粒细胞、嗜酸性粒细胞、淋巴细胞等。结缔组织的细胞间质包括纤维和基质两部分。纤维分为胶原纤维、网状纤维和弹性纤维；基质则由蛋白多糖和糖蛋白两类生物大分子组成。

（一）细胞成分

1. 成纤维细胞（fibroblast）　成纤维细胞是疏松结缔组织内数量最多、最常见的一种细胞。成纤维细胞能合成胶原纤维、弹性纤维和网状纤维及许多基质成分，如糖胺多糖和糖蛋白。它还具有吞噬异物颗粒的作用，而且还可以在淋巴因子作用下发生趋化性移动。电镜下，成纤维细胞的表面有一些微绒毛和粗短的突起，细胞质内富含粗面内质网（RER）和较多的核糖体；高尔基体发达，线粒体少而细长，主要位于核周的细胞质中。在高尔基体中还含有少量溶酶体和过碘酸希夫（PAS）染色阳性小泡。成纤维细胞细胞质中还含有一些微丝、微管和中间丝，它们共同构成细胞骨架，起支持细胞形态与活动的作用。成纤维细胞的形态在不同时期有所变化，活跃期时细胞体积变大，细胞质内可见发达的高尔基体明显扩大，粗面内质网和核糖体更丰富。在功能休止期的成纤维细胞称为纤维细胞（fibrocyte），细胞较小，多呈长梭形或扁平的星形，有少量细长的突起。纤维细胞的核较小，呈扁卵圆形，染色较深，有一个较小的核仁，细胞质内粗面内质网及高尔基体均不发达，其他细胞器也较少。但在创伤修复过程中结缔组织再生时，休止的纤维细胞可转化为功能活跃的成纤维细胞。此时细胞体积变大，细胞质嗜碱性增强，高尔基体明显扩大，粗面内质网和核糖体更丰富，又可积极合成和分泌细胞外成分，形成结缔组织的纤维和基质。

成纤维细胞能改变其形态和功能特征，以适应其所处微环境。例如，在创伤愈合过程中，局部成纤维细胞受趋化作用移向肉芽组织，同时细胞转变成兼有成纤维细胞和平滑肌细胞两者结构特征的细胞，既具有成纤维细胞的形态特点，又含有很多肌动蛋白微丝和肌球蛋白，因而称为肌成纤维细胞（myofibroblast）。肌成纤维细胞是既能合成胶原纤维又具有收缩能力的成纤维细胞，其结构特点介于成纤维细胞与平滑肌细胞之间，但更接近成纤维细胞。该细胞细胞质内含有成堆的粗面内质网，细胞核常有若干凹陷或深的内褶。另外，细胞质内又含有发达的肌动蛋白微丝系统，这些微丝直径 4～8nm，常成束平行排列，与细胞的长轴一致。在微丝束或细胞膜下面散在有分化完好的电子致密区即纤维融合膜，类似于平滑肌内肌丝的附着点（attachment point），即密斑。细胞质内也有丰富的微管和由波形蛋白构成的中间丝。肌成纤维细胞之间有缝隙连接和紧密连接。

2．单核细胞及巨噬细胞　巨噬细胞（macrophage）是机体内吞噬作用最强的细胞，是结缔组织中常见的白细胞。巨噬细胞通过摄取（吞噬）损伤、死亡的细胞或细胞碎片和其他外来颗粒性物质，并以其溶酶体酶将其分解、消化，从而维持机体组织的平衡状态。它还具有趋化作用，可参与抗原呈递和调节淋巴细胞的免疫学活性。巨噬细胞结构最大的特点是细胞质中含有大量溶酶体，其中含有数十种活性物质，可以将吞噬物分解消化。所有的巨噬细胞都起源于骨髓单核细胞系，从骨髓进入外周血流，循环1～2d穿过毛细血管后微静脉的内皮，离开血流进入结缔组织，在此分化为寿命约2个月的巨噬细胞。巨噬细胞的大小差异较大，直径为20～50μm，细胞外形不规则，多呈星形或菱形，细胞表面常见有很多皱褶或不规则的微绒毛及少数球形隆起（内含吞噬体）。细胞核常有凹陷，呈卵圆形或马蹄形，异染色质呈小块状沿核膜内侧分布，核孔多。细胞质中散在中等量的游离核糖体和少量滑面内质网，粗面内质网的量随动物种属不同而异，如大鼠、小鼠的特别多。细胞质中线粒体较少，多聚集于高尔基体周围，有些分布于细胞的周缘部，便于供应吞噬作用所需的能量。

根据功能状态不同，可将巨噬细胞分为3类：①分布于一定部位并未受到外源性刺激的称为定居巨噬细胞（resident macrophage），也称组织细胞（histiocyte）；②在受刺激部位产生反应的活动性巨噬细胞称诱生的巨噬细胞（elicited macrophage）；③对局部刺激产生反应并出现吞噬活动和抗原呈递活动增强的巨噬细胞称活化的巨噬细胞（activated macrophage）。定居的巨噬细胞为广泛分布在结缔组织胶原纤维束之间的菱形或星形细胞，它们主要分布在小血管周围，其细胞核较小，染色较深，细胞质多呈异质性，常含有小而致密的初级和次级溶酶体颗粒；诱生的巨噬细胞和活化的巨噬细胞形态多变，它们在移动时伸出和缩回伪足，表面有许多短的微绒毛和称为板状伪足（lamellipodia）的波浪形细小皱褶。这些巨噬细胞在吞噬和吞饮方面较定居巨噬细胞活跃得多，在脾中衰老死亡的红细胞就是被巨噬细胞吞噬消化的（图1-2-30）。

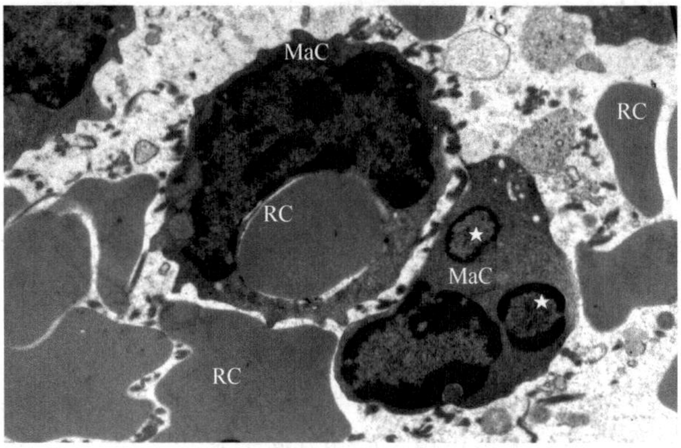

图1-2-30　小鼠脾脏中的巨噬细胞（TEM）

巨噬细胞（MaC）正在吞噬包裹1个衰老的红细胞（RC）；右下方1巨噬细胞细胞质内吞噬了2个凋亡的淋巴细胞（☆）

在某些病理状态下，如在由结核分枝杆菌引起的慢性炎症病灶的坏死组织周围常聚集着由巨噬细胞转化而来的上皮样细胞（epitheloid cell）和巨核细胞（megakaryocyte）。巨噬细胞聚集在一起，细胞间形成紧密连接，形似上皮，故称为上皮样细胞。电镜下细胞呈多边形，细胞质丰富，嗜酸性，溶酶体减少。细胞呈卵圆形或圆形，呈泡状，着色浅。它们的吞噬能力减弱，具有隔离慢性炎症区的作用。

3．淋巴细胞　淋巴细胞（lymphocyte）是结缔组织中体积最小的一种白细胞，也是结缔组织内最小的游走细胞。它们是自血液穿过血管壁而迁移到结缔组织中的。正常结缔组织内的淋巴细胞较少，只有在慢性炎症或对异源性蛋白发生反应时淋巴细胞才明显增多。淋巴细胞呈圆形，核大且有凹陷，核内异染色质很丰富，细胞质很少，细胞质内细胞器稀少，仅见少数线粒体。结缔组织内的小淋巴细胞的形态结构与血液中的相同，它们受到抗原刺激后发生反应，参与细胞免疫（T 淋巴细胞）或体液免疫（B 淋巴细胞）。结缔组织内淋巴细胞的寿命长短不一，去向不同，有的经过淋巴循环返回血液，有些经过肠、扁桃体和呼吸道上皮进入消化道或呼吸道的管腔内发挥免疫功能并最终死亡，而有些淋巴细胞就地解体后被巨噬细胞吞噬而清除。

4．浆细胞　浆细胞（plasma cell）又称效应 B 细胞，是机体的免疫细胞之一，是机体产生抗体的细胞。正常情况下，浆细胞主要分布于机体各处的淋巴组织内，一般疏松结缔组织内很少见浆细胞，但在病原菌和异源性蛋白易于侵入的部位，如消化道、呼吸道黏膜固有层结缔组织内则常见浆细胞。在慢性炎症病灶或肉芽组织内浆细胞增多。浆细胞的直径为 8～20μm，圆形或卵圆形，核圆并偏于细胞一侧，核染色质较粗，沿核膜呈辐射状排列，细胞质嗜碱性。近细胞核处有一色浅而透明的区域。电镜下，浆细胞表面平滑，仅见有很少的微绒毛状突起。成熟浆细胞的特点是细胞质内含大量密集的粗面内质网。浆细胞是 B 细胞受到抗原刺激后，经过一系列的转化过程而来的，即免疫母细胞→淋巴浆细胞→幼浆细胞→过渡型浆细胞→浆细胞。浆细胞一般无吞噬能力，参与免疫反应，产生抗体，可与相应的抗原结合。

5．肥大细胞　肥大细胞（mast cell）是疏松结缔组织内一种常见的细胞。肥大细胞通常出现在小血管和淋巴管附近，也见于某些器官的被膜（包括脑膜）和脉络丛、周围神经的神经外膜和神经束膜内。在身体易于接触抗原的部位，如皮肤、呼吸道及消化道上皮下的结缔组织内，肥大细胞较丰富。在正常人的皮肤结缔组织内，每立方毫米含有 7000～12 000 个肥大细胞。肥大细胞含有许多异染颗粒，其中含有组胺和肝素成分。肥大细胞还释放嗜酸性粒细胞趋化因子和白三烯。肥大细胞的细胞膜外表面存在免疫球蛋白，在敏感的个体，这些细胞可以脱颗粒，释放出颗粒内容物，导致过敏反应。在有些急性炎症反应的局部，肥大细胞明显增多。电镜下肥大细胞为圆形或卵圆形，体积较大，直径为 20～30μm，细胞表面有大量类似于嵴状的微绒毛样突起和小皱襞。细胞质内有很多圆形或卵圆形、大小不一的分泌颗粒，其表面由单位膜包裹，高尔基体发达，游离核糖体和粗面内质网较少，细胞质中线粒体也不发达（图 1-2-31）。

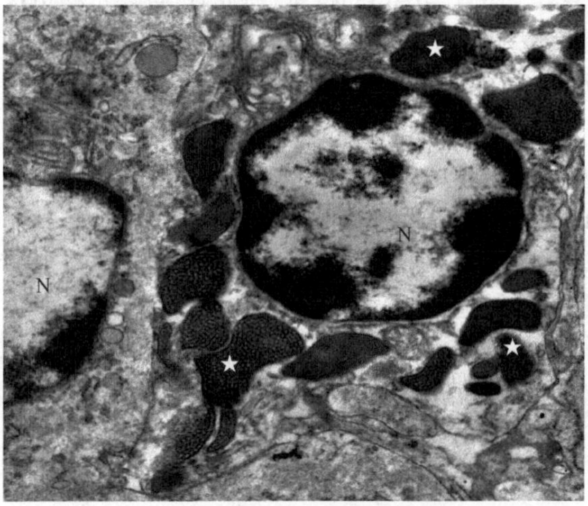

图 1-2-31　鸡小肠黏膜固有层内肥大细胞（TEM）

细胞核（N）呈圆形，细胞质中有大量分泌颗粒（☆），呈圆形或卵圆形，大小不一，表面由单位膜包裹

6. 中性粒细胞 中性粒细胞（neutrophilic granulocyte；neutrophil）又称小吞噬细胞，是炎症反应中最活跃的一种细胞，细胞直径 10～12μm。细胞核呈肾状、杆状或分叶状，越老分叶越多。细胞质微嗜碱性，核染色质呈块状，着色深。细胞质内含有丰富的嗜中性颗粒。电镜下，细胞质内有两种形态不同的颗粒，一类是大而圆的中性颗粒（嗜天青颗粒），含有多种酸性水解酶、中性蛋白酶、髓过氧化物酶（myeloperoxidase，MPO）、阳离子蛋白、溶菌酶和磷脂酶A2、溶菌酶、胶原酶、明胶酶、乳铁蛋白、纤维蛋白酶原激活因子、组胺酶及碱性磷酸酶等；另一类是椭圆形的特殊颗粒，数量较多，颗粒内容稀薄，常呈结晶状。细胞质内线粒体不多，可见到高尔基体。中性粒细胞具有活跃游走和吞噬功能，当其进入炎灶后出现脱颗粒现象，所以在发炎区的中性粒细胞常常只见其核。中性粒细胞是机体清除和杀灭病原微生物的主要细胞，是急性炎症、化脓性炎症及炎症早期最常见的炎症细胞，故又称急性炎症细胞。正常情况下疏松结缔组织中的中性粒细胞并不多见，只有在受到趋化因子的诱导作用之后，中性粒细胞通过其变形运动，从毛细血管和微静脉的内皮细胞之间穿过血管壁，迁移到结缔组织内。局部组织发生炎症时，尤其是化脓菌感染引起的炎症时，大量中性粒细胞从血管内迁出，进入局部疏松结缔组织内，参与化脓性炎症反应。中性粒细胞具有活跃的游走和吞噬功能，在非酸性环境中能吞噬大多数病原微生物和细小的组织崩解产物，其中性蛋白酶能引起组织损伤并促进脓肿形成。中性粒细胞还可释放致热原引起发热。其溶酶体中的阳离子蛋白可促使血管壁的通透性增加，并对单核细胞有趋化作用，可使单核细胞从血管内游出至炎灶的结缔组织中，并分化发育成为活化的巨噬细胞。

7. 嗜酸性粒细胞 结缔组织中的嗜酸性粒细胞（eosinophilic granulocyte）从血液迁出后，定居于组织中，一般不再返回血液。它们在呼吸道、皮肤和肠道固有层结缔组织内的数量比其他部位多。结缔组织内嗜酸性粒细胞的核多分为两叶，呈八字叶状，直径 12～17μm，细胞膜表面有 Fc 受体和 C_3 受体。细胞质内充满丰富而粗大的强嗜酸性溶酶体，颗粒内含多种水解酶（如组胺酶、芳基硫酸酯酶、组织蛋白酶、过氧化物酶、主要碱性蛋白、阴离子蛋白等）。与中性粒细胞的嗜天青颗粒相似，但比中性粒细胞含有更多的过氧化物酶，也缺少溶菌酶和吞噬素。当其颗粒释放时，可水解组胺等，对抑制Ⅰ型过敏反应有重要意义。嗜酸性粒细胞常见于寄生虫感染和过敏反应性炎症的局部。在寄生虫引起的炎灶内，其颗粒释放物可吸附于虫体表面，其中的主要碱性蛋白、阴离子蛋白和过氧化物酶可直接杀伤虫体。嗜酸性粒细胞具有一定的吞噬能力，但其运动和吞噬作用较弱，不能吞噬细胞和异物颗粒，但能吞噬变态反应时的抗原-抗体复合物，调整限制速发型变态反应。

8. 树突状细胞 树突状细胞（dendritic cell，DC 细胞）是功能最强的抗原呈递细胞，因其成熟时伸出许多树突样或伪足样突起而得名，包括一群以具有树枝状细胞质突起及大量表面Ⅱ型组织相容性抗原（histocompatibility antigen D/DR，HLA-D/DR）为特点的细胞。它们位于淋巴样组织内，与表皮中朗格汉斯细胞（Langerhans cell，LC）相似。由于细胞表面存在HLA-D/DR 抗原，因此树突状细胞与 Langerhans 细胞具有有效传递抗原的功能，但吞噬能力很弱，而 Langerhans 细胞甚至完全缺乏，目前仍然认为它们属于单核巨噬细胞系统。

9. 红细胞 红细胞（erythrocyte；red blood cell）是数量最多的血细胞。在扫描电镜下，哺乳动物的红细胞表面平滑，呈两面微凹的圆盘状，骆驼和鹿的红细胞呈卵圆形，直径为 5～10μm。哺乳动物的红细胞成熟后失去细胞核。透射电镜下，红细胞呈中等或电子致密度偏高的均质状，禽类及鱼类的红细胞为卵圆形。禽类及鱼类的红细胞有核，细胞质中无其他细胞器。

（二）间质纤维成分

1. 胶原纤维（collagenous fiber） 胶原纤维大量存在于纤维结缔组织中。胶原纤维直径为1～20μm，其超微结构单位为胶原原纤维（collagen fibril），原纤维间有微量黏合质集合而成为胶原纤维。电镜下，胶原原纤维具有67nm的周期性横纹。构成原纤维的基本成分是胶原蛋白分子，简称胶原。胶原原纤维直径与胶原原纤维聚合程度相关，一般为20～200nm（图1-2-32）。

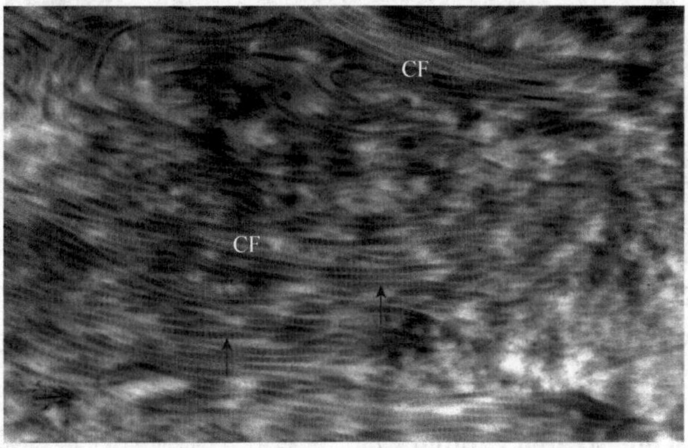

图1-2-32 病死熊猫子宫黏膜下结缔组织中的胶原纤维（TEM）

构成胶原纤维的胶原原纤维（CF）平行排列，周期性横纹清晰可见（↑）

2. 网状纤维（reticular fiber） 主要由Ⅲ型胶原蛋白组成，并常伴有其他类型胶原蛋白、蛋白多糖和糖蛋白，比胶原纤维更细，直径0.2～1.0μm。网状纤维由直径约35nm的细原纤维组成，细原纤维由蛋白多糖和糖蛋白构成的桥状结构相连接。疏松结缔组织内网状纤维较少。

3. 弹性纤维（elastic fiber） 由中央无定形的核心部分和周围环绕的微原纤维组成，呈不规则的毛刺棒状体，核心部分电子致密度低。弹性纤维直径为1～10μm，微原纤维由原纤维蛋白构成，微原纤维直径10～12nm，呈串珠状链，串珠直径25nm。

（三）毛细血管

毛细血管（capillary）是结缔组织中的重要结构，其管径一般为6～8μm，血窦较大，直径可达40μm。毛细血管管壁主要由一层内皮细胞和基膜组成。电镜下，根据内皮细胞的结构特点，可将毛细血管分为连续毛细血管、有孔毛细血管及血窦三种类型。

1. 连续毛细血管（continuous capillary） 连续毛细血管的特点是有一层完整的相互连续的内皮细胞，细胞间有紧密连接等连接结构，内皮外围有完整的基膜包绕。根据内皮细胞的厚薄和细胞连接的不同，连续性毛细血管又可分为以下两种。

（1）连续性厚内皮毛细血管 分布于结缔组织、心肌、外分泌腺和性腺等组织和器官内，内皮平均厚0.2μm，内皮细胞质中有许多吞饮小泡是此种毛细血管的最大特点。细胞间隙宽10～20nm，其间以紧密连接相连。内皮外有连续的厚20～50nm的薄层基膜，在周细胞存在处基膜包裹细胞及其突起。

（2）连续性薄内皮毛细血管 分布于中枢神经系统、肺、真皮、肾小管、脾、胸腺、淋巴管等器官内，内皮平均厚0.1μm，含少量吞饮小泡和细胞质微丝，内皮细胞间以紧密连接为主，偶见桥粒。在中枢神经系统、肺、真皮的毛细血管内皮细胞外有连续的基膜，此种毛细血管外的周细胞很分散。

病理状态下，毛细血管可出现内皮断裂、连接松散、基膜增生等异常变化（图 1-2-33）。

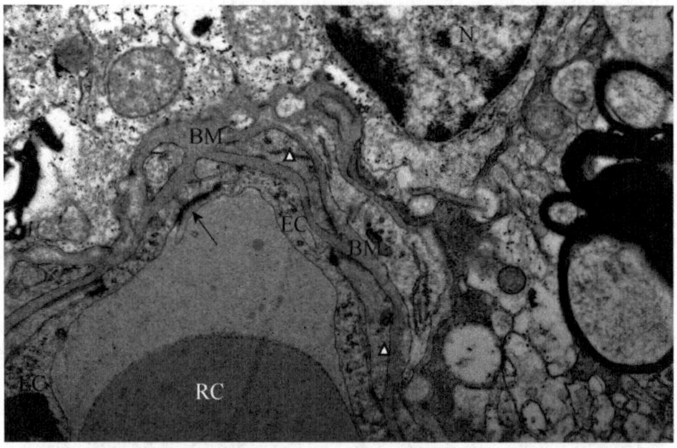

图 1-2-33　感染戊型肝炎病毒（HEV）的沙鼠脑毛细血管（TEM）

内皮外包绕着周细胞突（△），血管内皮基膜（BM）增生、增厚，形成分支交互成网；内皮细胞连接复合体（↑）清晰可见。EC．血管内皮细胞；RC．红细胞；N．细胞核

2．有孔毛细血管（fenestrated capillary）　有孔毛细血管的特点是内皮细胞不含核的部分很薄，厚 0.06～0.1μm，在内皮细胞菲薄处有贯穿细胞的孔，孔的直径一般为 60～80nm。许多器官的毛细血管的孔外有隔膜封闭，隔膜厚 4～6nm，较一般的细胞膜薄，内皮细胞基底面有连续的基板，此型血管主要存在于脉络膜、胃肠道黏膜、胰腺、肝脏和肾血管球等处。肾血管球内皮细胞的孔没有隔膜。

3．血窦（sinusoid）　血窦或称窦状毛细血管（sinusoid capillary），其管腔较大，形状不规则，又称不连续毛细血管（discontinuous capillary）。不同器官内的血窦结构差别较大，某些内分泌腺的血窦内皮细胞有孔，有连续的基板，而有些器官如肝血窦的内皮细胞有孔，细胞间隙较宽，基板不连续或不存在。脾血窦不同于一般血窦，其内皮细胞呈杆状，细胞间的间隙也较大。

四、神经组织

神经组织主要由神经细胞（神经元）和神经胶质细胞组成，两种细胞的形态和功能虽有差别，但它们是密切相关的统一体。神经元是高度分化、具有接受刺激和传导信息作用的细胞，可分为胞体、突起和突触三部分。胞体是神经元功能活动的中心，细胞核位于胞体内，胞体细胞质称核周质，内含各种细胞器、内含物及参与传递信号的物质；突起自胞体伸出，分为树突和轴突，长突起组成神经纤维，短突起参与组成中枢神经毡（neuropil）和外周神经丛；突触是神经元之间或神经元与非神经元效应器之间的连接，具有传递信息和分析整合作用。神经元之间的相互联系，构成机体复杂的神经网络，以实现神经系统的各种功能包括高级神经活动。神经胶质细胞遍布于神经元胞体之间和突起之间，参与构成神经元生长分化和功能活动的微环境。

（一）神经元的结构及特性

神经元形态多样，一般一个神经元只有一个轴突，而不同神经元的树突数目和形态有很大差异，接受刺激多或与其他神经元联系较多的神经元，树突分支也较多。神经元胞体是细胞代谢的中心，其体积差异很大并与代谢强度有关，如小脑颗粒细胞的胞体直径为 5～8μm，而大脑皮质大锥体细胞的直径可达 120μm。神经元胞体内含有细胞核，核周质内含有各种细胞器和内含物（图 1-2-34）。

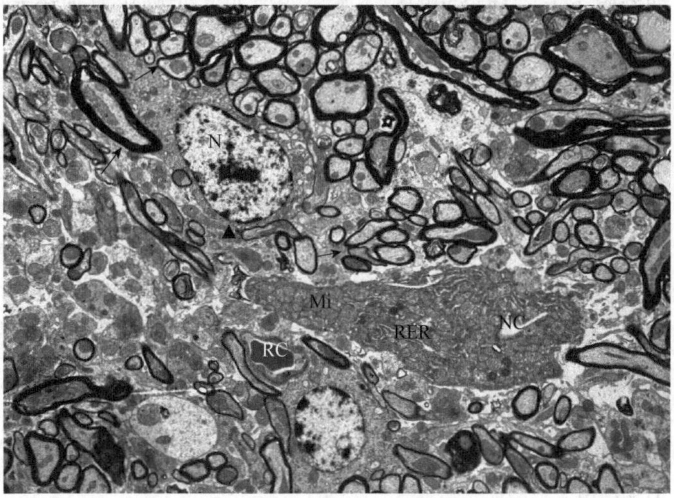

图 1-2-34　健康沙鼠大脑（TEM）

有髓神经纤维（↑）髓鞘结构紧密，围绕少突胶质细胞（▲）排列。
神经细胞（NC）质中线粒体（Mi）及粗面内质网（RER）丰富。N. 细胞核；RC. 红细胞

1．细胞膜　神经元的细胞膜为镶嵌有蛋白质的脂质双层膜性结构。膜蛋白分为整合膜蛋白、周围膜蛋白和固定在脂质上的膜蛋白三大类。膜蛋白构成通道、载体和受体，它们在感受刺激和兴奋传递中起重要作用。

2．细胞核　大多数神经元只有一个大而圆的细胞核，少数神经元有两个核。有的细胞核有凹陷，如小脑的浦肯野细胞的核常有很大的凹陷朝向主树突根部。核的大小与细胞体积无固定比例。神经元细胞核的染色质颗粒较少，常染色质丰富，因此典型的神经元细胞核常呈空泡状，但这种核只常见于较大的神经元中。神经元的核仁明显，大而圆。通常一个细胞核里只有一个核仁，但也有一个核内有 2～3 个核仁的现象。

3．核周质（perikaryon）　神经元核周质与树突和轴突内的细胞质有所不同。核周质内富含尼氏体、滑面内质网、高尔基体、线粒体、溶酶体、多泡体、脂褐素颗粒、微管、神经丝、微丝和中心粒及其他内含物。

（1）尼氏体　光镜下呈嗜碱性小体或颗粒。不同神经元尼氏体的形态和大小不一，但在正常状态下尼氏体都有比较固定的形态。当神经元损伤或代谢功能发生障碍时，尼氏体即出现形态变化，甚至溶解。电镜下尼氏体是由许多平行排列的粗面内质网及其间的游离核糖体组成。规则排列的管泡间距为 0.2～0.5μm，多核糖体排列成行，呈环形或螺旋形。组成多核糖体的核糖体数一般为 5～6 个，有时可达 30 多个，这是神经元结构的特征之一。尼氏体的主要功能是合成蛋白质，包括复制细胞器及与产生神经递质有关的蛋白质和酶。轴突末端的蛋白质有 98% 来自核周质，通过快速的轴突运输把合成的蛋白质运送至神经终末。神经元内的蛋白质每天约更新 1/3。

（2）滑面内质网　滑面内质网常与粗面内质网相连续，神经元内的滑面内质网也很发达，如小脑浦肯野细胞的滑面内质网几乎充满尼氏体。内质网的囊泡有时很宽大，膜上有小孔可容

微管通过。滑面内质网从胞体延伸至树突和轴突，纵行于突起内，并随突起而分支。还可见滑面内质网分布于细胞膜下方，常呈宽而扁的有孔膜囊与细胞膜紧贴，称膜下囊泡（submembrane vesicles），这也是神经元特征之一。因此神经元的滑面内质网分布较粗面内质网广泛，且粗面内质网也很少位于细胞膜下方。神经元的膜下囊泡很常见。大脑皮质神经元的树突棘内，还常见滑面内质网囊泡呈平行层状排列，形成树突棘器。

（3）高尔基体　神经元的高尔基体位于核周质中部，它们环核排列，并可伸至一级树突分支内，而轴突内则缺乏高尔基体。神经元内高尔基体的结构与一般细胞相似，但它们的成熟面与形成面的方向不很明显，其外层囊泡有许多排列整齐的易于被酸着色的圆孔。在高尔基体附近广泛分布有许多直径为120～200nm的大颗粒囊泡，其内含有神经分泌物，而直径为80～120nm的小颗粒囊泡可能是只含有酸性磷酸酶的未成熟的溶酶体。高尔基体参与生成含肽类或其他递质的神经分泌颗粒，将生成的递质和某些特异性的酶，连同载体蛋白，以囊泡的形式运送至轴突。神经元的某些递质，如乙酰胆碱合成酶是在高尔基体的囊泡中集聚修饰后输送至神经终末的。

（4）多泡体与溶酶体　神经元内多泡体是有膜包裹的小体，体积较大，直径约为0.5μm，在胞体和树突、轴突内均可见。神经元内均有溶酶体分布，直径为0.3～0.5μm，有的神经元内的溶酶体直径可达1～2μm。

（5）线粒体　线粒体呈杆状或细线状，直径0.1～0.5μm。某些核群的神经元内可见较多的分支状线粒体，在胞体内随机分布。体外培养的神经元内可见线粒体经常处于动态中，形状和大小不时改变，并在细胞质中缓慢地翻转或做快速跳跃运动，大多数是顺着尼氏体、神经丝或微管排列方向，从一个区域移向另一个区域的。

（6）微丝、神经丝和微管　它们在神经元内构成支架，与细胞运动和信号转导有关。光镜下所见的神经原纤维（neurofibril）就是微丝、微管和中间丝在核周质成束分布而成，接近胞突处，分别集中伸入突起，渐呈平行排列。微丝的直径约7nm，是肌动蛋白聚合而成的细丝，也可见较短而分散的微丝。神经丝（neurofilament）是神经元内的中间丝，直径约10nm，介于微丝和微管之间。微管的结构与一般细胞内的微管结构相同，直径25nm，壁厚6nm，它们构成细胞骨架，参与细胞内的物质运输。在神经元的核周质中还含有单个的纤毛和中心粒，并且还有板层体、包涵体及脂褐素等内含物。

4．树突（dendrite）　一个神经元可以有一个或多个树突，自胞体发出后即反复分支，逐渐变细，分支上常有多种形状的小突起，称为树突棘（dendritic spine）。棘长短不一，形态可呈小毛样、叶片状或小球状。不同神经元的树突分支状况各异，如小脑浦肯野细胞的主树突的几级分支扁平排列呈扇形，伸向皮质表面，各级分支上布满上万个小芽样树突棘；大脑锥体细胞向皮质表面伸出一条粗大的顶树突，基部放射状伸出多条基树突，形成了锥体细胞的特殊形态。一般来说，树突分支多且树突棘多的神经元接受冲动的信息多。与核周质相同，在树突内的细胞质中也含有尼氏体、线粒体、滑面内质网、微丝、神经丝和微管等。光镜下，主树突和树突的一级分支内的尼氏体呈长条形，随树突分支而逐渐变小，至细小的分支内则消失。电镜下，很小的树突内也可见粗面内质网及多核糖体。线粒体也多为长条形，有的长达9μm，也有呈短杆状、圆形或分支形状的。滑面内质网纵行于树突内，偶见环形囊泡，也见形成膜下囊泡。

5．轴突（axon）　除视网膜的无长突细胞等特殊神经元外，所有神经元都有一个轴突。轴突细而长，表面光滑无棘，直径较恒定。轴突通常在距胞体较远或近终末处才形成分支，多呈直角分出，直径一般与主干相同。光镜下，轴突内无尼氏体，可借此与树突鉴别。位于中枢和外周的神经元轴突，有的有髓鞘包裹，有的无髓鞘。胞体发出轴突的部分称为轴丘（axon hillock），光镜下该区为一半圆形无尼氏体的浅染区，用特殊染色可见神经原纤维在此聚集走向轴突。电镜下轴丘内有少量粗面内质网及多核糖体，随着轴突的延伸，粗面内质网和多核糖体逐渐减少，直至消失。轴突起始段长为 15～25μm，在不同神经元中其长度各异，此处的细胞膜上有一些特殊结构，电镜下可见细胞膜增厚，膜下有一层颗粒状的厚 15～20nm 的致密层（膜下致密层），并似与环形的微丝相连。膜上常附有对称性突触，当神经元胞体出现兴奋性电位变化时，该起始段出现外向电流，且密度较大，故在此处爆发第一个动作电位。

轴突的细胞质称轴质（axoplasm），蛋白质含量约占轴质干重的 80%，其中 20%是微丝、神经丝和微管。轴突中的微丝、神经丝和微管皆以横桥连接，形成轴质中的网架结构。

（二）突触的结构和功能

突触（synapse）是指一个神经元与另一个神经元或非神经细胞之间的一种特化连接，是传递信息的功能部位，突触传递神经信息通常是有一定方向的。构成突触的相邻细胞膜特化结构，可对信息进行收集、调整和传递，各种神经活动包括低等动物对外界的刺激反应和高等动物的认知活动都有突触参加，故突触的结构和功能一直是神经生物学研究的热点。

根据突触传导信息的方式不同，可将突触分为三大类型：①释放神经递质传导冲动的化学性突触（chemical synapse）；②通过缝隙连接的低电阻传导冲动的电突触（electrical synapse）；③一个突触内同时存在以上两种类型的混合性突触（mixed synapse）。其中以化学性突触最为多见，分布也最为广泛，它们的形态结构也是多种多样的。化学性突触是神经系统中最常见的细胞连接，它由突触间隙、突触前（细胞）成分与突触后（细胞）成分组成。突触前成分释放神经递质，使突触后成分发生兴奋或抑制，以调整神经冲动的传导。神经递质的种类很多，目前在中枢及周围神经系统中发现的肽类递质有数百种，在突触前、突触后成分中有多种神经递质的受体。在病理状态下，突触结构可发生异常改变。

（三）神经纤维的结构和功能

神经纤维是由神经元的长突起和包在它外面的神经胶质细胞组成的。它们在中枢神经系统内构成各种上行、下行或联系各脑区的传导束和联合纤维，在周围神经系统则构成分布于各器官和组织的脑神经、脊神经和自主神经。根据神经元突起是否有髓鞘物质包裹，神经纤维可分为有髓神经纤维（myelinated nerve fiber）和无髓神经纤维（unmyelinated nerve fiber）两大类。

1．有髓神经纤维　在胚胎发生过程中，神经管分化形成的少突胶质细胞沿神经元的长突起排列，参与形成中枢神经系统神经纤维的髓鞘。神经嵴细胞分化形成的神经膜细胞（neurolemmal cell）又称施万细胞（Schwann cell）或鞘细胞（sheath cell），沿进出中枢的神经元长突起排列，参与形成周围神经系统神经纤维的髓鞘。构成神经纤维的神经元长突起统称轴突。

（1）髓鞘的结构　光镜下髓鞘紧贴轴突表面，用脂肪染色法可显示髓鞘。固定后的有髓神经纤维，其髓鞘内的蛋白质成分常呈网状，称神经角蛋白（neurokeratin）。髓鞘主要是蛋白质和类脂质呈同心圆板层构成。电镜下，髓鞘是由细胞膜为明暗相间的主致密线和周期内线组成的，中枢神经系统髓鞘干重的 70%为类脂质，包括胆固醇、磷脂和糖脂。髓鞘含有两种特殊的蛋白质，即髓鞘碱性蛋白（myelin basic protein，MBP）和蛋白类脂蛋白（proteolipid protein）。髓鞘碱性蛋白约占髓鞘蛋白总量的 1/3，与髓鞘的主致密线形成有关。脂蛋白也占髓鞘蛋白的

1/3，它大部分埋在类脂双分子层中，有利于稳定类脂双分子层的结构。此外，髓鞘中还含有髓鞘糖蛋白（myelin glycoprotein）和酶，后者可能与髓鞘类脂的合成和降解有关。在周围神经系统中，类脂约占髓鞘成分的80%，蛋白质含量较低。施万细胞分段连续包绕轴突，使有髓神经纤维似由成串的节间体组成。因此，节间体是有髓神经纤维的基本结构单位。节间体的长短和粗细与施万细胞有关。

（2）郎飞结的结构　一条周围神经纤维上相邻施万细胞之间并不是紧密相接的，细胞间有小段轴突裸露并与施万细胞间隙相通，此处较狭窄的环形区称郎飞结（Ranvier node）。中枢有髓神经纤维由少突胶质细胞参与组成，其郎飞结的结构与周围神经稍有差异。施万细胞除在髓鞘板层内、外侧及髓鞘切迹内有较多细胞质并互相连通外，在细胞两端近郎飞结处也保留较多细胞质，此处的细胞质不参与形成轴突系膜，构成主致密线的两层单位膜在此因细胞质较多而分开，在郎飞结旁形成环形的胞质索。

2．无髓神经纤维　通常直径1μm以下的神经纤维都是没有髓鞘的。许多施万细胞纵向衔接，包裹轴突。每个细胞可包裹5～15条轴突，多的可达21条。这些轴突不同程度地被包埋在施万细胞表面凹陷所形成的纵沟内。施万细胞长200～500μm，核多位于中段的细胞质中。包裹纤维的方式既可以陷在沟内，也可以深埋在沟中形成短的轴突系膜，但系膜不形成髓鞘板层。在自主神经中还可出现几条纤维同时被包在一条纵沟内，至近终末处，施万细胞消失而成为裸露的轴突。中枢的无髓神经纤维没有明显的鞘膜，常与有髓神经纤维混合在一起。下丘脑的无髓神经纤维常被星形胶质细胞的突起分隔成束。

（四）神经胶质细胞

神经胶质细胞（neuroglial cell）简称胶质细胞，是神经组织内除神经元以外的另一大类细胞。胶质细胞分布于神经元胞体和其突起之间或神经纤维束内，其数量比神经元的数量多，胶质细胞与神经元的数目之比为（10～50）∶1。胶质细胞也是具有突起的细胞，胞体体积一般比神经元小，虽然胶质细胞也有突起，但其胞突没有树突、轴突之分，也没有传导神经冲动的功能。中枢神经系统的胶质细胞可分为两大类：一类为大胶质细胞（macroglia），是中枢神经系统主要的胶质细胞成分，包括星形胶质细胞（astrocyte）和少突胶质细胞（oligodendrocyte）；另一类包括小胶质细胞（microglia）、室管膜细胞（ependymal cell）和脉络丛上皮细胞。周围神经系统的胶质细胞主要有周围神经内的施万细胞和神经节内的被囊细胞（capsular cell）。

1．星形胶质细胞　星形胶质细胞呈星形，从胞体分出许多长而分支的突起，分布在神经元胞体及其突起之间。胶质细胞的末端常膨大形成脚板（foot plate）或称终足（end foot），贴附于附近的毛细血管管壁上，毛细血管表面85%～99%的面积被星形胶质细胞的脚板所覆盖，故这些脚板又有血管足（vascular foot）、血管周足（perivascular foot）、吸盘足（sucker foot）等称谓。星形胶质细胞是最大的胶质细胞，光镜下其细胞核也比其他胶质细胞的细胞核大，呈圆形或卵圆形，染色质细小分散，染色较淡，核仁不明显。细胞质中不含尼氏体，但具有一般的细胞器，其中最突出的是含有许多微细交错排列的胶质原纤维，其伸入胞突中平行走向。根据原纤维的含量及胞突的形状可分为纤维性星形胶质细胞和原浆性星形胶质细胞两种类型。原纤维的超微结构是一种直径为8～10nm的中间丝，即胶质丝（glial filament），组成胶质丝的蛋白质是分子量为55 000的胶质纤维酸性蛋白（glial fibrillary acidic protein，GFAP）。GFAP是鉴别星形胶质细胞的一种标志蛋白质。

电镜下，星形胶质细胞的结构特点是其细胞质内含有大量胶质丝，细胞核内常染色质较多，染色较淡。细胞质内也富含糖原颗粒。纤维性星形胶质细胞的突起呈长圆柱形，而原浆性星形胶质细胞的突起呈薄片状，并常包裹着神经元及其突触。星形胶质细胞的脚板与血管内皮细胞之间相隔一层基板，脚板细胞膜与基板接触处有半桥粒结构。在脑和脊髓表面的胶质界膜与基板接触处也有半桥粒结构。相邻星形胶质细胞之间存在缝隙连接和紧密连接，相邻脚板之间也有缝隙连接。

2．少突胶质细胞　此类细胞的突起比星形胶质细胞的小且少，故称为少突胶质细胞。用特异性免疫细胞化学染色显示，少突胶质细胞的突起并不很少，而且分支很多。

根据少突胶质细胞分布的位置不同，可将其分为束间少突胶质细胞（interfascicular oligodendrocyte）、神经元周少突胶质细胞和血管周少突胶质细胞三种。血管周少突胶质细胞成群位于血管附近；神经元周少突胶质细胞分布于灰质区，细胞呈星形，常位于神经元周围，与神经元的胞体密切连接，特别是与较大的神经元联系，因此，此类细胞又称神经元周卫星细胞（perineuronal satellite cell）。束间少突胶质细胞分布于脑和脊髓白质的神经纤维束之间，排列成行，细胞体为长形。电镜下，少突胶质细胞染色较星形胶质细胞深，核呈圆形或卵圆或不规则形，异染色质多，大多密集于近核膜处。细胞质较少，但细胞器丰富，有大量游离核糖体及粗面内质网，高尔基体明显，线粒体也较多。少突胶质细胞所含胶质丝和糖原比星形胶质细胞少，但在核周及突起内有大量的微管。星形胶质细胞有大量胶质丝而少突胶质细胞有大量微管，这是电镜下区别这两种细胞的主要根据。

3．小胶质细胞　小胶质细胞比大胶质细胞小，细胞核呈长形或三角形或逗号形，核染色较少突胶质细胞深，细胞质很少，突起细长有分支，分支上有许多棘状突起。小胶质细胞分布于灰质和白质内，但以灰质内更多，常位于胶质界膜及血管近旁。大脑皮质5%～10%的胶质细胞为小胶质细胞。小胶质细胞具有吞噬能力，中枢神经系统损伤时出现的巨噬细胞大部分来源于小胶质细胞。电镜下，小胶质细胞染色深，核扁平或呈锯齿状，异染色质多，细胞质内溶酶体也较多。小胶质细胞也是构成血脑屏障的重要结构（图1-2-35）。

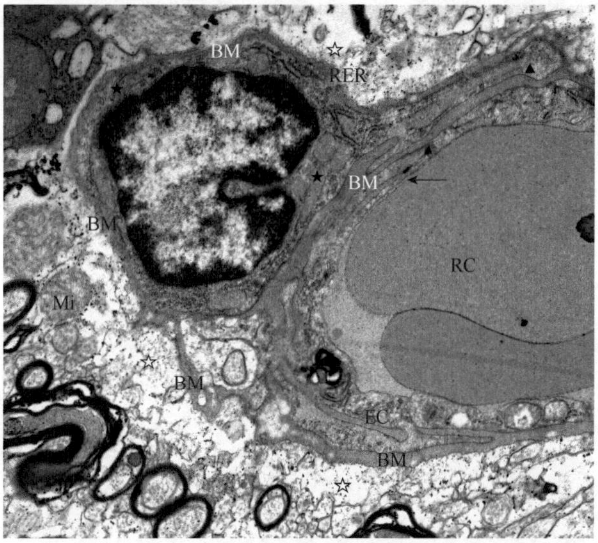

图1-2-35　感染HEV的沙鼠血脑屏障结构（TEM）

EC．血管内皮细胞；★为小胶质细胞；▲为小胶质细胞突起紧贴于血管内皮的基膜外，参与血脑屏障的构建。RC．红细胞；↑为内皮细胞膜间连接；BM．基膜；Mi．线粒体；周细胞胞质电子致密度高，在细胞质内可明显地观察到粗面内质网（RER）；包绕在血管外的星形胶质细胞脚板（☆）结构异常，基质发生溶解

中枢神经系统受损时，均可出现反应性小胶质细胞增生。反应性小胶质细胞能释放许多中枢神经系统之外的巨噬细胞所产生的相同化学物质，其中有一些对细胞是有危害作用的，能引起或加重诸如脑卒中（中风）、阿尔茨海默病（AD，老年性痴呆）、多发性硬化症（multiple sclerosis）和其他可使人致残的神经溃变性疾病等。引起艾滋病的人类免疫缺陷病毒（human immunodeficiency virus，HIV）不攻击神经元，但可感染小胶质细胞，刺激小胶质细胞产生炎症因子和神经毒性因子。

（余锐萍）

第三章　免疫病理学基础

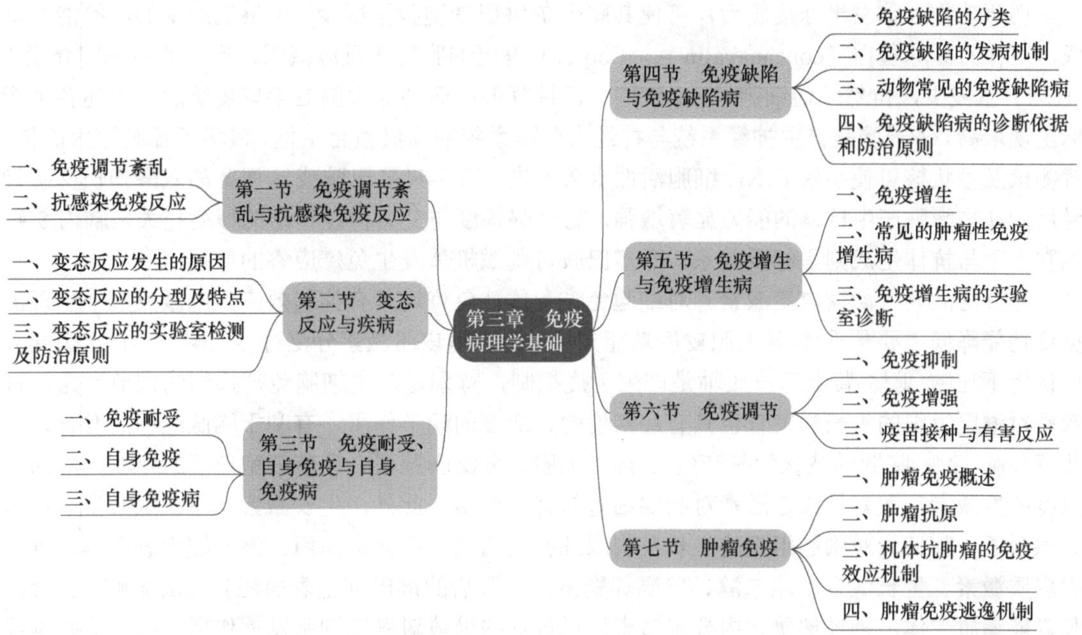

第一节　免疫调节紊乱与抗感染免疫反应

自20世纪初发现重复使用抗原物质可以造成机体产生过敏反应（anaphylaxis）以来，人们不再单纯认为免疫反应是机体传统抗感染免疫的一种生理防御机制，因为异常的免疫反应不仅可以造成机体器官组织的免疫损伤，甚至可以引起疾病或成为某些疾病发生的重要原因。现代免疫学的迅速发展，使免疫病理学成为免疫学和病理学的一个重要分支，免疫病理学所涉及的内容十分广泛，已经成为研究机体各种异常免疫反应发生的原因和机制、免疫损伤功能异常特征和表现及应用免疫学理论探索免疫异常或与免疫相关疾病的诊断和防治的重要学科。

一、免疫调节紊乱

传统观念认为免疫对机体而言是有益的，但机体正常的免疫反应有时可能由于先天或后天因素的影响而出现异常，即发生变态反应（allergy）或过敏反应，这使人们认识到免疫也有可能对机体不利。目前认为，免疫调节紊乱所造成的免疫功能低下可引起机体免疫缺陷病，而由免疫调节紊乱所造成的免疫功能增强则可引起机体免疫增生病；免疫反应异常还可引起机体的过敏反应、免疫耐受、自身免疫病及免疫复合物病等。

（一）神经-内分泌-免疫系统调节及紊乱

1. 神经系统及其递质对免疫系统的调节及紊乱　大脑皮层是中枢神经系统的最高级中枢。孤独、焦虑、恐惧等不良心理作用可造成免疫功能低下，而动物在应激反应过程中，免疫功能特别是细胞免疫功能受到抑制，常导致病毒病的发生和流行，这均与神经-内分泌-免疫系统调节及紊乱相关。

切除动物大脑左半球皮质后，可使其脾中T淋巴细胞数量减少，T淋巴细胞的应答能力降低，对伴刀豆球蛋白（concanavalin A，Con A）淋巴细胞转化反应减弱，产生的白细胞介素-2（IL-2）量减少，自然杀伤细胞（NK细胞）活性降低；而切除大脑右半球皮质后，上述各项指标出现增高。下丘脑是自主神经系统与神经内分泌系统的高级整合中枢，破坏下丘脑腹内侧核、背侧核及弓状核可使小鼠的NK细胞活性永久消失。用6-羟多巴胺或α-甲基酪氨酸损伤交感神经后，动物脾脏产生抗体的能力显著增强，且增强幅度与交感神经损伤的程度相关。脑内5-羟色胺水平与抗体生成则呈相反关系，即多巴胺可刺激机体发生免疫应答的增强。

内分泌激素（如糖皮质激素）对细胞免疫和体液免疫均具有抑制效应。应激反应中出现的免疫功能降低主要是垂体-肾上腺皮质功能亢进，造成糖皮质激素分泌过多（图1-3-1），因此人们认为下丘脑-垂体-肾上腺皮质轴是产生免疫抑制，特别是产生细胞免疫抑制的调节环路。性激素对淋巴组织的生长和发育也具有经常性的、适度的调节作用，有利于胸腺组织的发育，因此下丘脑-性腺-胸腺轴被认为是产生T淋巴细胞、分泌胸腺素、调节细胞免疫的中枢。然而高浓度的性激素，尤其是雄性激素对胸腺细胞起抑制作用。此外，生长激素、甲状腺激素、甲状旁腺激素、胰岛素对胸腺组织的生长及胸腺细胞的增殖具有促进作用。淋巴细胞表面具有肾上腺皮质激素、生长激素、雌二醇、睾酮等受体；在激活的淋巴细胞表面还有乙酰胆碱、β-肾上腺素能递质受体。神经递质、内分泌激素可通过这些受体对淋巴细胞发挥作用。如果这些神经递质或内分泌激素缺乏或产生过多，则可引起机体的免疫功能缺陷。例如，糖尿病患者的T淋巴细胞功能低下可通过注射胰岛素而使其免疫功能得以重建。

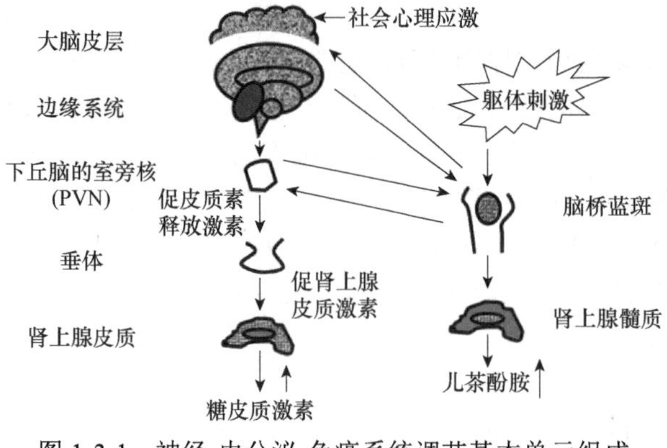

图1-3-1　神经-内分泌-免疫系统调节基本单元组成

2. 免疫产物对中枢神经系统的作用　免疫系统可通过许多免疫活性物质（如淋巴因子）影响神经系统的功能。

将在体外受病毒感染后的淋巴细胞注入机体后可直接产生免疫活性神经肽和激素，即内啡肽（End）和促肾上腺皮质激素（ACTH），也将其称为免疫反应性内啡肽（Ir-End）和免疫反应性促肾上腺皮质激素（Ir-ACTH）。若先行切除动物的垂体，然后再感染动物，被感染动物也能合成 Ir-End 和 Ir-ACTH，与正常动物无异，这说明机体内产生的 Ir-End 和 Ir-ACTH 是不受垂体控制的。从结构和功能上来看，淋巴细胞合成的 Ir-End 和 ACTH 与神经元和垂体产物相似，理化性质基本一致。这两种物质被认为是“前阿黑皮质原”基因的产物，在抗原或有害因子刺激下，该基因被活化，从而产生 Ir-End 和 Ir-ACTH。该免疫产物是神经-内分泌-免疫网络上上行通路的物质基础，可向神经内分泌系统传递信号。另外，巨噬细胞被激活后能分泌低水平的β-内啡肽，外周血淋巴细胞受抗原刺激后能产生多种激素，除 Ir-End、Ir-ACTH 外，还有促黑素细胞激素（melanocyte stimulating hormone，MSH）、促甲状腺激素（TSH）、人绒毛膜促性腺激素（HCG）及催乳素（PRL）等，它们的生物学活性及抗原性与神经内分泌系统分泌的各种激素极为相似，它们能反馈地作用于神经内分泌系统，与后者产生的各种激素具有同样的效应。

此外，免疫系统产生的许多免疫活性物质，如干扰素（IFN）、胸腺素、免疫活性肽、IL-2、IL-1 等对神经内分泌系统也均有一定的作用。例如，作为广谱抗病毒物质的干扰素，同样具有激素和递质样活性。用抗 Ir-ACTH 或 Ir-End 抗体可消除人干扰素的抗病毒作用。当在这一抗原-抗体反应系统中加入 Ir-ACTH 或 Ir-End 后，则可逆转上述中和作用，恢复 IFN 的抗病毒活性；另外，抗 IFN 抗体也可中和 Ir-ACTH 的活性。这些结果说明，IFN、Ir-ACTH 和 Ir-End 均具有相同的抗原结构，可与相应的受体结合。

再如，胸腺素组分 5（TF_5）能阻挡皮质激素的免疫抑制效应，因此设想 TF_5 能干扰皮质固醇激素与脑内受体结合，从而使血清皮质激素不能起反馈抑制作用。处于反复应激状态下的动物，其血清皮质激素含量升高，胸腺萎缩，若给予外源性 TF_5，可消除免疫抑制的发生。

总之，由于神经系统和免疫系统都能产生 Ir-ACTH 和 Ir-End，又同时都有这两种多肽的受体，因此 Ir-ACTH 和 Ir-End 是神经-内分泌-免疫三个系统互相联系的信使和渠道。免疫系统的淋巴细胞犹如“巡逻”中的神经细胞，感受进入体内的细菌、病毒及其他抗原性物质的刺激，一方面引起免疫应答反应，另一方面也通过释放多肽因子向神经系统发出信息，再由神经内分泌系统产生相应的生理或病理反应。同时神经内分泌系统又可反过来通过共同的多肽因子将信息反馈给免疫系统，引起正常或异常的免疫应答反应。

（二）免疫系统自身调节紊乱

免疫系统的自身调节包括遗传基因调节、T 淋巴细胞免疫调节、细胞因子和免疫调节、独特型-抗独特型网络调节、抗体与补体片段的免疫调节等。免疫系统如无自身调节或出现自身调节紊乱，会引发严重后果。

1．遗传基因调节 免疫应答过程的基因调控涉及主要组织相容性复合体（MHC）的调控、免疫球蛋白合成的基因调控、补体合成的遗传调控及 B 细胞分化的基因调控等。

（1）MHC 的调控与疾病 *MHC* 基因座位上有为移植抗原编码的Ⅰ类基因座位、为免疫应答调控和免疫应答抗原编码的Ⅰ类基因座位，还有为补体编码的Ⅱ类基因座位。由于 MHC 的整个功能与调节免疫应答有关，因此推定这些基因也会影响免疫应答起主要作用的疾病的易感性。例如，在小鼠 H-2 系统中带有的基因可控制 Gross 氏白血病病毒诱发的白血病，而人体与小鼠 H-2 相当的 HLA 也与许多疾病（风湿病、皮肤病、内分泌病、肿瘤、胃肠道病、变态反应病、补体缺陷病等）有关。鸡的组织相容性抗原 B21 与鸡对马立克病（MD）的抵抗力有关。B1 纯合子鸡通常对马立克病极易感，成鸡的死亡率很高，但对雏鸡白痢沙门菌或人血清白蛋白之类的抗原则缺乏应答。在OS系（obese strain）鸡中，B1纯合子鸡比B4纯合子鸡对自身免疫性甲状腺炎更为易感。

（2）免疫球蛋白合成的基因调控与疾病　在人和小鼠中发现的免疫球蛋白疾病中，主要是免疫球蛋白发生了结构上的异常改变，从而出现了异常免疫球蛋白（重链病）。这些异常免疫球蛋白就是免疫球蛋白合成基因发生突变的结果。

（3）补体合成的遗传调控与疾病　小鼠MHC内的*Ir*基因座位有补体生成调控基因，Ⅱ类基因座位内有补体合成编码基因，当其调控失常或编码错误时可引起遗传性补体缺陷性疾病，如C_1脂酶抑制物（C_1INH）遗传性缺乏所引起的遗传性血管神经性水肿（hereditary angioneurotic edema，HANE）。HANE是常染色体显性遗传病，一般认为C_1INH缺乏是其合成发生障碍，这可能是C_1INH调节基因发生突变的结果。另外，C_2缺乏、C_3缺乏、C_4缺乏、C_5缺乏等均属于遗传性疾病，这与其结构基因改变或表达抑制相关。

（4）B细胞分化的基因调控与疾病　人和小鼠中发现的几种B细胞免疫缺陷综合征与X性连锁遗传相关。在X染色体上存在某些基因组分，这些基因组分编码对B细胞分化的不同阶段有重要作用的蛋白质。

2. T淋巴细胞免疫调节　T淋巴细胞在免疫调节中具有重要作用。辅助性T细胞（Th细胞）受刺激增殖后可直接或间接通过分泌可溶性因子引起其他细胞（B细胞、K细胞、NK细胞等）活化，故称Th细胞为正反馈调节细胞；而抑制性T细胞（Ts细胞）则抑制免疫反应，因此是免疫反应的负反馈调节细胞。

（1）Th细胞功能低下　Th细胞的活化需要两种信号，第一种信号是由T淋巴细胞识别抗原的受体提供的；第二种信号是由巨噬细胞或淋巴细胞生成的可溶性白细胞介素1（IL-1）提供的。例如，新生儿暂时性低丙种球蛋白血症就是Th细胞调节紊乱所致，是Th细胞表面缺乏IL-1受体，不能吸收IL-1而激活，以致新生儿呈现暂时性低丙种球蛋白血症，这常发生在细菌和病毒感染、慢性支气管扩张及皮疹等时。IgA、IgG和IgE的产生都需要Th细胞的辅助，因而Th细胞功能低下时，可出现IgA、IgG或IgE的生成不足。此外，Th细胞还有辅助细胞免疫的功能，故Th细胞功能的低下也可影响K细胞、NK细胞的杀伤活性。

（2）Th细胞功能亢进　在类风湿性关节炎、系统性红斑狼疮等自身免疫病患者中，可见活化的Th细胞功能亢进，形成以IgM和IgG为主的高丙种球蛋白血症。由于对B细胞系统的调控失常，系统性红斑狼疮患者体内可产生许多针对正常组织和器官的自身抗体，如抗红细胞、抗核、抗血小板、抗肌肉、抗皮肤等自身抗体。自身抗原或外来抗原可激活Th细胞，这可能与遗传因素有关，因为Th细胞调节是受遗传基因控制的，即辅助因子（co-factor）是受免疫基因IC区调节的。

（3）Ts细胞功能亢进　人低丙种球蛋白血症患者时常出现反复化脓感染，主要是由于Ts细胞过剩，抑制由抗原和丝裂原诱发的淋巴细胞增生作用，并抑制正常淋巴细胞在丝裂原刺激下的免疫球蛋白合成过程，故出现不同程度的低丙种球蛋白血症。如果去除Ts细胞，病症则可以逆转。传染性单核细胞增多症也有暂时性Ts细胞过剩，但能自然恢复。

（4）Ts细胞缺乏　在骨髓移植的抗宿主反应中，可发生Ts细胞缺乏，不能抑制免疫活性细胞，因而出现IgE极度升高现象。但移植两个月后，能被正常的OKT_5^+细胞所抑制而恢复正常。

（5）Th细胞与Ts细胞比例失调　艾滋病（AIDS）患者的OKT_4^+及OKT_8^+细胞出现的比例倒置，即Th/Ts值降低，一般小于1（正常比值为2），严重时还可降至0.2。这是OKT_4^+细胞被病毒破坏所致。

3. 细胞因子和免疫调节　细胞因子（cytokine，CK）依其功能和作用可分为效应作用和调节作用两类，后者又可分为刺激作用和抑制作用两类。属于刺激作用的细胞因子有T辅助因子（ThF）、集落刺激因子（CSF）、促分裂因子（MF）、转移因子（TF）、白细胞介素1（IL-1）、白细胞介素2（IL-2）、白细胞介素3（IL-3）、白细胞介素4（IL-4）、白细胞介素5/T细胞替代因子（IL-5/TRF）、白细胞介素6（IL-6）、γ-干扰素（IFN-γ）等；属于抑制作用的有T抑制因子（TsF）、可溶性抑制物（SIRS）、DNA合成抑制物（IDS）等。CKs的刺激作用，特别是ILs与细胞的相互作用可以刺激、活化、增殖免疫活性细胞，扩大免疫反应；相反CKs抑制作用可使免疫反应受到抑制。

（1）白细胞介素1（IL-1）　IL-1主要是由单核-巨噬细胞产生的一种糖蛋白，IL-1有IL-1α和IL-1β两种形式，分子质量均为17kDa，是活化T细胞的信号，使T细胞分泌IL-2、CSF、INF-γ、IL-4、IL-5等并活化B细胞而发挥免疫扩大作用。

IL-1还是一种内生性热源物质，将纯化的IL-1注入体内可引起发热。出现发热、脓毒败血症、类风湿性关节炎等时，尿中IL-1增多；而出现系统性红斑狼疮、营养不良、实体瘤时，IL-1减少。IL-1在抗感染和抗肿瘤中起重要作用：①增强杀伤细胞的杀伤功能；②增加具有抗肿瘤作用的白细胞杀伤因子（IL-2、IFN-γ等）的产生；③与IL-2、IFN-γ协同作用，增强细胞毒性T细胞（Tc细胞）和NK细胞的杀伤活性；④直接抑制肿瘤细胞的生长。

（2）白细胞介素2（IL-2）　T细胞受抗原或多克隆刺激剂［ConA、植物血凝素（phytohemagglutinin，PHA）］刺激后可合成和分泌IL-2。B细胞和巨噬细胞不产生IL-2。

IL-2在体外能维持T细胞的生长，促进Tc细胞成熟和扩增，也支持Th细胞生长，活化NK细胞、巨噬细胞和B细胞。免疫耐受和免疫抑制的形成和产生与IL-2功能缺陷或不全有关。

（3）白细胞介素3（IL-3）　IL-3是活化的Th细胞产物，在促进多种淋巴细胞的分化与增殖方面与IL-2有许多相似之处。其不同点在于IL-3主要促使未成熟的淋巴细胞发生分化，对嗜碱性粒细胞和肥大细胞的生长也具有调节作用。

（4）白细胞介素4（IL-4）　IL-4既能直接刺激B细胞活化，又能作用于B细胞而增强免疫应答和调节B细胞向抗体生成细胞分化，直接诱导B细胞产生IgE。IFN-γ对IL-4作用于B细胞的生物活性有拮抗作用，能抑制B细胞增殖、IgE和IgG_1的产生。IL-4还有活化巨噬细胞，增加其表达MHC Ⅰ、MHC Ⅱ类抗原及增强呈递抗原的能力和杀菌杀瘤能力。

（5）白细胞介素5（IL-5）　IL-5对B细胞、嗜酸性粒细胞和胸腺细胞都有作用，其对B细胞的主要作用为：①增强B细胞CD_{23}抗原的表达和释放；②促进活化的B细胞分化为IgM、IgG_1、IgA分泌细胞；③诱导B细胞表达IL-2受体等。

（6）白细胞介素6（IL-6）　IL-6有多种生物活性，主要是增强B杂交瘤细胞和浆细胞的增殖。

总之，除IL-3以外，IL-1～IL-6都对B细胞有作用，但处在细胞生长、分化不同阶段的B细胞株对各种CKs的反应能力不同。IL-1能活化T细胞、B细胞；IL-2支持B细胞活化；IL-4可能对休止状态和活化早期的B细胞起反应；IL-5可能对记忆B细胞和活化后期B细胞起反应；IL-4、IL-5、IL-6刺激活化B细胞分化为Ig生成细胞，但IL-4和IL-5单独刺激纯化的正常B细胞时，B细胞仅分泌极少数的IgG_1、IgG_3、IgM和IgA。一旦IL-4和IL-5协同作用，可极大地增强各类Ig的分泌。利用脂多糖（LPS）刺激正常B细胞活化时，IL-4、IL-5和IFN-γ都参与调节，既有增强作用又有抑制作用。

4. 独特型-抗独特型网络调节　免疫网络学说指出，当机体受到特异性抗原刺激后，在产生免疫应答时除产生抗体与抗原作用外，抗体分子可变区（V 区）的独特型（idiotype，Id）结构可被另一相应的细胞克隆所识别，并产生抗 Id 抗体。这种自身免疫反应，即 Id 与抗 Id 的网络作用，在免疫应答过程中发挥着重要的调节作用。

在免疫网络学说的基础上，学者又提出独特型-抗独特型网络学说，即抗原刺激 B 细胞产生特异性抗体 Ab_1 后，Ab_1 的 Id 将被另一 B 细胞克隆识别，产生抗 Id 抗体（Ab_2），继而 Ab_2 的 Id 又可活化另一 B 细胞克隆，产生 Ab_3，以此类推，将发生一系列的连锁反应，产生 Ab_4 等。由此产生的抗 Id 抗体的功能可分为两大类；一类是针对抗原产生的相应抗体，如 Ab_1、Ab_3、Ab_5 等；另一类是对抗体起抑制作用的抗体，如 Ab_2、Ab_4 等。这两种不同的作用，通过相互平衡，使免疫状态趋向于抑制状态，以恢复原有的免疫稳定状态。研究证实，抗 Id 抗体确有抑制抗体产生的作用，但也有学者认为抗 Id 抗体可促进抗体形成。

（1）抗 Id 抗体的抑制作用　异种、同种异体或自身的抗 Id 抗体均可诱发免疫抑制，如小鼠对链球菌 A 抗原刺激产生抗体的免疫应答，可因与抗原同时注入抗 Id 抗体而受到抑制，其原因可能是小鼠 B 细胞上的抗原识别受体的 Id 被抗 Id 抗体结合，因而阻断了与抗原结合的部位，使抗体不能形成。抗 Id 抗体大量存在时还可激活 Ts 细胞，因某些 Ts 细胞亚群带有与 B 细胞受体相同的 Id，使正在进行的免疫应答受到抑制。

（2）抗 Id 抗体对免疫应答的促进作用　利用外源性的抗 Id 抗体免疫小鼠，结果使小鼠产生抗该抗原的血清抗体。因此人们认为，抗 Id 抗体有模拟抗原的作用。因为抗 Id 抗体与起反应的抗原决定簇在空间构象上相似，故抗 Id 抗体可替代抗原激活淋巴细胞，产生特异性抗体。目前人们已根据这一原理研究和生产抗病毒、细菌和肿瘤的抗独特型疫苗。

（3）独特型网络调节失常　类风湿性关节炎患者体内存在的类风湿因子（RF），是一类针对 IgG F_C 的 IgM 抗体，也被认为是独特型抗体（Id），并已检出 RF 的抗独特型抗体（anti-idiotype antibody，AId）。AId 在体外能抑制 RF 阳性患者的淋巴细胞产生 RF，提示 AId 对 RF 有调节作用。系统性红斑狼疮病患者的抗核抗体上存在交叉的 Id，在稳定期患者血清中发现存在有抗 DNA 抗体的 AId。

（4）抗独特型抗体与受体病　有些抗受体抗体的本质可能也是 AId。甲状腺功能亢进患者体内的抗 TSH 受体抗体、重症肌无力患者体内的抗 Ach 受体抗体就是引起这些受体病的主要原因。利用 TSH 免疫动物得到 TSH 抗体，用 TSH 抗体再免疫动物可得到 AId，这种 AId 能与抗受体抗体作用并能与 TSH 结合。再比如利用 BisQ（一种合成的 Ach 受体激动剂）免疫动物，获得抗 BisQ 抗体后再用其免疫动物，可获得 BisQ 的抗抗体即 AId，该 AId 能与 Ach 受体结合。在产生 AId 即抗受体抗体的家兔中有些表现出重症肌无力的症状，其程度和抗受体抗体的效价相关。总之，动物实验已把抗原（或配体）-Ab_1（Id）-Ab_2（AId）-抗受体抗体连接在一起，它一方面为受体病的发病原因提供了实验依据，另一方面也为制备抗受体抗体提供了一条有价值的途径，因此这是一个不必经过提纯受体就可获得受体抗体的方法。

5. 抗体与补体片段的免疫调节

（1）封闭抗体（blocking antibody）　又称阻断性抗体。抗体与抗原结合形成抗原-抗体复合物，被巨噬细胞系统吞噬进而清除抗原，这在一般疾病中是有利于病原清除的。在过敏性疾病清除过敏原上也是如此。但封闭抗体的形成可封闭肿瘤细胞膜上的抗原或封闭病毒感染细胞上的抗原，可导致相应的免疫杀伤性细胞不能识别肿瘤细胞或病毒感染靶细胞而发挥其杀伤作用，最终使得肿瘤细胞和病毒感染细胞得以逃脱而持续存在，这对机体是不利的。

（2）C_{3a} 的作用　C_{3a} 具有免疫抑制作用，能抑制绵羊红细胞（SRBC）诱生特异性抗体，也可抑制破伤风类毒素诱导 T 细胞增殖及 T 细胞介导的细胞毒作用；而 C_{5a} 则是一种强的细胞和体液免疫增强剂。

二、抗感染免疫反应

动物感染过程中，体内的非特异性免疫和特异性免疫相辅相成，相互影响，共同发挥抗感染作用。

（一）抗细菌感染免疫

病原菌侵入机体后，由于其生物学特征不同，可分为胞外菌感染和胞内菌感染两类，机体对这两类感染的免疫反应是有差别的。

1. 胞外菌的抗感染免疫

（1）抗体对细菌繁殖的抑制作用　侵入机体的病原菌诱导产生的特异性抗体与细菌抗原发生结合，可以出现凝集和鞭毛制动现象。如果抗体的结合能抑制细菌的重要酶系统或代谢途径，则可能抑制侵入细菌的生长，如某些细菌（如败血巴氏杆菌）从血清转铁蛋白摄取铁的能力可被特异性抗体所封闭，从而导致细菌生长受到抑制。

（2）抗体对细菌吸附的抑制作用　侵入机体的病原菌吸附到黏膜上皮细胞是感染的先决条件。黏膜表面的抗体在防止病原菌对黏膜的侵犯中具有非常重要的作用。在黏膜表面发挥作用的这种抗体主要是分泌型 IgA（sIgA），它是局部免疫的主要因素。sIgA 抗细菌感染有以下几种方式：在补体和溶菌酶的参与下溶解某些细菌；在肠道局部增强吞噬作用；防止细菌对黏膜上皮细胞的吸附。例如，sIgA 能阻止链球菌、致病性大肠杆菌、霍乱弧菌等对黏膜表面的吸附。sIgA 阻断细菌与细胞吸附的主要原因可能是其阻断了细菌表面起吸附作用的特定部位与宿主细胞相应受体之间的相互作用。

（3）抗体和补体对细菌的溶解作用　在许多感染过程中，机体能产生针对病原菌的相应抗体（IgG、IgM、IgA）。一旦细菌表面抗原和 IgG、IgM 结合形成的免疫复合物通过经典途径使补体活化或由 sIgA 或聚合的血清 IgA 通过替代途径活化补体后，即可引起细胞膜的损伤，最终发生溶菌反应。研究证实，补体的溶菌作用仅对革兰氏阴性菌（霍乱弧菌、大肠杆菌、痢疾杆菌、伤寒杆菌等）发挥作用。但这种作用往往并不彻底，仅使杆菌菌体膨大或变为球形，不引起溶解。但若于试验系统中加入适量的溶菌酶，则可出现溶菌现象。

（4）抗体和补体对吞噬作用的调理　抗体和补体可单独对适当的靶细胞起调理吞噬作用，但若两者联合则效应更加强大。中性粒细胞和单核巨噬细胞表面具有 IgG 的 Fc 受体，当 IgG 通过其特异性抗原结合部位（Fab）与细菌表面相应抗原发生结合后，其 Fc 片段可与巨噬细胞表面的相应 Fc 受体结合，即可在细菌与巨噬细胞间形成抗体“桥梁”，这不仅能促进巨噬细胞对细菌的吞噬，而且还有助于强化细胞内的杀菌作用。中性粒细胞和单核巨噬细胞表面还有 C_{3b} 受体。因此，细菌与所有能结合补体的抗体（IgG、IgM）形成的复合物，均可激活补体而形成活化产物 C_{3b}，从而发挥调理吞噬作用。尤以 IgM 的作用更强，此作用在感染的早期特别重要，因为此时 IgM 抗体占优势。

2. 胞内菌的抗感染免疫　胞内感染时，抗体不能进入宿主细胞内，导致体液免疫作用受到限制而削弱，其免疫防御功能主要依靠细胞免疫实现。例如，机体初次感染结核分枝杆菌时，机体的细胞免疫尚未建立，吞噬细胞虽可将侵入机体的结核分枝杆菌吞噬，但却不能有效地将其消化杀灭，因此病原菌很容易随着吞噬细胞在体内扩散、蔓延，从而造成结核分枝杆菌的全身感染。但在此感染过程中，机体在病原菌的刺激下逐渐形成细胞免疫，通过致敏淋巴细胞释放的各种淋巴因子等激活吞噬细胞，可大大增强其吞噬和消化能力，抑制侵入细胞内的病原菌在吞噬细胞内生存，从而获得防御同种病原菌再度感染的免疫力。

（二）抗病毒感染免疫

机体抗病毒感染免疫应答主要包括非特异性免疫与特异性免疫两种。前者是指在获得性免疫力产生之前，机体对病毒初次感染的天然抵抗力，主要依靠单核巨噬细胞、自然杀伤细胞及干扰素等的作用；后者则是指抗体依赖性细胞介导的细胞毒作用（ADCC）和（或）细胞介导的抗病毒作用。

1．抗体介导的抗病毒作用　中和抗体与病毒表面抗原结合，可导致病毒表面的蛋白质构型发生改变，阻止病毒吸附于敏感细胞表面，是机体灭活游离病毒的主要方式。病毒表面抗原（如流感病毒的血凝素和神经氨酸酶）与相应的抗体（中和抗体或非中和抗体）结合时，易被巨噬细胞吞噬而清除；病毒表面抗原和相应的抗体结合后，可以激活补体，导致有囊膜的病毒发生裂解；感染细胞表面表达的病毒抗原与相应抗体结合后，通过 ADCC 或通过激活补体，使靶细胞发生溶解。

2．细胞介导的抗病毒作用

（1）细胞毒性 T 淋巴细胞（CTL）的抗病毒作用　虽然 NK 细胞和活化的巨噬细胞有杀伤靶细胞的作用，但破坏病毒感染的靶细胞主要依靠 CTL 的抗病毒作用，CTL 由 CD_8^+和 CD_4^+杀伤细胞组成。CTL 杀伤靶细胞的机制可能是通过释放胰蛋白酶样的丝氨酸蛋白酶和细胞毒性淋巴因子［如穿孔素（perforin）］等，导致靶细胞发生溶解。

（2）细胞因子的抗病毒作用　细胞毒效应细胞（CTL、NK 细胞及活化的巨噬细胞）与靶细胞结合后，通过释放出的细胞毒性物质杀伤病毒感染靶细胞。因此，它们在机体抗病毒免疫中是极为重要的效应分子。

（三）抗寄生虫感染免疫

寄生虫抗原致敏宿主免疫系统所诱发的免疫应答，对体内寄生虫产生的免疫效应一方面表现为对寄生虫再感染的抵抗力，另一方面是发生对宿主有害的变态反应。

1．抗体直接或介导作用　有些抗体可单独作用于寄生虫，使其丧失侵入细胞的能力；而有些抗体则结合于寄生虫的相应抗原部位，在补体的参与下，通过传统途径激活补体系统，使寄生虫发生溶解。例如，血液中疟原虫和裂殖子或感染疟原虫的红细胞与抗体结合以后，可被巨噬细胞捕获或吞噬，此为抗体介导发生的免疫效应。寄生虫感染早期，血液中 IgM 水平上升，随着感染时间的延长 IgG 水平也逐渐升高。在蠕虫感染时，一般以 IgE 水平升高为特征，而肠道寄生虫感染时则以 IgA 分泌增多为特征。

2. 效应细胞或其产物介导作用　此为淋巴细胞和巨噬细胞或其他炎症细胞介导的免疫效应。当致敏 T 细胞再次接触相应抗原后，可释放多种淋巴因子，如巨噬细胞趋化因子（MCF），可促使巨噬细胞移动到局部，聚集于病原体周围；巨噬细胞活化因子（MAF）则可激活巨噬细胞，增强巨噬细胞的吞噬能力和杀伤作用，如激活的巨噬细胞可杀伤在其胞内寄生的利什曼原虫。

3．体液和细胞协同作用　在寄生虫感染中，常见有抗体依赖性细胞介导的细胞毒作用（ADCC）产生的免疫效应。ADCC 对寄生虫的作用需要特异性抗体如 IgG 或 IgE 结合于虫体，然后由效应细胞（巨噬细胞、嗜酸性粒细胞或嗜中性粒细胞）通过Fc受体附着于抗体，通过协同作用发挥对寄生虫体的杀伤作用。

（鲍恩东　涂　健）

第二节　变态反应与疾病

免疫反应在引发免疫应答时也可对机体本身造成病理性损害。例如，给犬首次注射海葵提取液时并未发现其所呈现的毒性反应，但当几周后重复注射海葵提取液时，发现该提取液可使动物迅速发生休克，并多以死亡告终，当时将此现象称为过敏症（anaphylaxis）。随后利用动物异种抗血清的研究中也发现了类似的现象，即当再次使用同一种血清进行注射时可引起动物发生迟发的或速发的超敏反应（hypersensitivity reaction）。机体经抗原物质初次作用后，当再次接触相应抗原时其所表现的外在反应与初次接触的反应不同，或者呈现出反应降低，对病原体呈现防御或抵抗，称为免疫反应（immunology response），或者呈现出反应增强，对抗原物质呈现出强烈反应的同时机体本身也遭受损害，称为过敏反应（anaphylaxis）或超敏反应。变态反应的原意兼指免疫反应和过敏反应（超敏反应）两种情况，但人们普遍认为，变态反应是指机体对某种特定抗原物质的反应性增强，即宿主被某一抗原物质致敏后当再次接触相同抗原物质时表现出各种形式的病理性免疫反应，造成相应靶器官（或细胞）的形态结构或（和）功能的损害，甚至导致疾病。目前在各类文献资料中有关变态反应、过敏反应、超敏反应、免疫损伤（immune injury）等术语的使用依然比较混乱，实质上都是指同一类的异常免疫反应或病理性的免疫反应。

一、变态反应发生的原因

变态反应的发生，一方面取决于抗原物质的刺激，另一方面取决于机体的反应特性，这是同一抗原物质引起不同个体不同反应的主要因素。

（一）抗原物质的刺激

能引起变态反应的物质称为变应原（allergen）或过敏原（anaphylactogen）。变应原包括完全抗原和半抗原。完全抗原同时具有致敏原性（使宿主致敏）和反应原性（宿主再次接触同一抗原时产生特异性超敏反应），如异种蛋白、异种组织细胞、微生物等；半抗原本身一般无致敏原性，当其进入体内与组织蛋白结合后可获得致敏原性，如某些化学物质、药物及其代谢产物等低分子物质。

1．异种变应原　异种变应原主要包括各种微生物、寄生虫、异种动物血清、异种组织蛋白、疫苗制剂、皮毛、花粉、饲料蛋白、各种药物、工农业粉尘等。此类变应原的化学组成主要是高分子蛋白质、糖蛋白、脂蛋白、核酸和多种小分子的化学物质。某些微生物引起机体产生变态反应的抗原物质是一些与组织发生交叉反应的抗原成分，如溶血性链球菌的细胞膜糖蛋白、细胞壁多糖体、细胞壁M蛋白分别与肾小球基膜、心瓣膜和关节滑液膜及心肌的抗原出现交叉反应，从而导致相应的变态反应性疾病，即肾小球肾炎、心肌炎、心瓣膜炎和关节炎。药物引起的变态反应并不都是完整分子参与的，如青霉素引起的过敏反应主要是其在体内的分解产物青霉烯酸和青霉素噻唑所致。

2．同种异体变应原　除同卵双生外，同种动物不同个体之间均具有不同的抗原特性，并由遗传基因控制。人们熟知的同种异体变应原主要有红细胞抗原系统和白细胞抗原系统两大类。动物由于种类不同，上述两类抗原系统也均各不相同。例如，动物的红细胞抗原系统中，猪有A、B、C等15个系，牛有A、B、C、Z等12个系，马有A、C、D、Q等7个系，绵羊有R-O、A、B等7个系，鸡除有广为应用的A-E、B、C、D、L外，另外还有5个系。在动物的白细胞抗原系统中，各种动物的抗原名称不同，马为ELA、牛为BOLA、绵羊为OLA、山羊为GLA、猪为SLA、犬为DLA、兔为RLA、猩猩为ChLA、恒河猴为RhLA、鸡为B、小鼠为H-2，它们均有高度的多态性，主要与同种异体移植排斥反应、免疫反应和变态反应密切相关。

3．自身变应原　自身变应原是指引起自身免疫病的抗原，属内源性变应原。

外源性变应原（异种变应原和同种异体变应原）可通过呼吸道、消化道、皮肤、黏膜、肌肉等不同途径进入动物体内，引起变态反应。据此，变应原又可分为接触性变应原、吸入性变应原、经口变应原和非经口变应原等。

变应原的剂量、理化特性、侵入机体途径及机体的个体反应性等，对变态反应的发生与否、发生程度和类型均具有重要影响。例如，二硝基氯苯需与皮肤角蛋白结合才能致敏，而经消化道或静脉注射则不引起过敏反应；又如，青霉素引起的不同类型变态反应与其在体内的代谢产物有关，其分解产物青霉素噻唑（占95%）为主要的半抗原，能刺激IgE，特别是IgG（封闭抗体）的产生，与Ⅱ型、Ⅲ型变态反应相关，而另一产物青霉噻唑醛酸（占5%）则为次要半抗原，只能刺激机体产生IgE，与Ⅰ型变态反应相关。

（二）机体的反应特性

对同一变应原的刺激，不同的个体可呈现出完全不同的反应，从无反应、轻微反应到严重反应，甚至死亡，说明个体反应性在变态反应发生中具有重要作用。个体反应性是由遗传和后天的获得所决定的。一般认为在免疫性疾病中，遗传因素起主要作用，如有些个体具有由遗传因素决定的易患某些变态反应性疾病的过敏性素质（过敏体质），说明遗传因素在过敏性疾病发生中发挥着重要作用。影响机体免疫反应性的因素主要有以下几个方面。

1．主要组织相容性抗原（major histocompatibility antigen，MHA）　MHA是由主要组织相容性复合体（major histocompatibility complex，MHC）基因群所编码的一类复杂的抗原系统，它与移植排斥反应有关，又称移植抗原或组织相容性抗原。除小鼠和人类以外，很多脊椎动物和两栖动物均具有MHC，但在不同种属的动物中命名有所不同，而其结构和所编码的各系列的抗原功能都十分相似。这组基因编码的抗原有高度的多态性，除与移植排斥反应有关外，其生物学作用还在于机体对免疫应答的调节、机体对疾病的敏感或耐受等方面。例如，鸡的主要组织相容性复合体B中的B3、B5、B12、B13和B27，抗原基因与某些品系鸡对马立克病的高度敏感相关，而其B21抗原基因与对该病的抗性相关。

2．免疫调节功能失调　已知T细胞，尤其是Ts细胞功能紊乱常导致免疫性疾病的发生。例如，新西兰小鼠（NZB）好发系统性红斑狼疮，这与Ts细胞功能低下、不能抑制自身抗体生成有关。Ts细胞功能亢进，可抑制细胞免疫和体液免疫功能，这也常是免疫缺陷性疾病发生的原因之一。

3．抗体生成数量和质量对免疫性疾病的影响　过敏体质个体的血液及分泌液中的IgE含量明显高于正常个体，故易患Ⅰ型变态反应。选择性IgA缺陷的个体，因其黏膜对微生物防御作用减弱，变应原容易侵入，故易患传染性疾病、饲料蛋白过敏、吸入性哮喘等。

4. 缺乏某些酶类　缺乏组胺酶或胆碱酯酶的个体，因不能及时灭活组胺或乙酰胆碱，容易发生Ⅰ型变态反应。胰消化酶因慢性胰腺炎而明显减少时，异源性蛋白质因不能被消化而在肠道内的吸收增多，容易引起变态反应。

5. 神经内分泌系统功能改变　副交感神经兴奋性增高的个体，因乙酰胆碱介质含量增高，容易发生过敏反应；甲状腺功能亢进、肾上腺切除易促进过敏反应的发生；雌性激素能促进红斑狼疮的发生，而雄性激素则呈相反作用。

二、变态反应的分型及特点

变态反应性疾病在临床上有不同的表现特点，有些表现为全身性的，如过敏性休克、免疫性白细胞减少、急性血清病等；有些表现为局部性的，如过敏性肺炎、肠炎、皮炎、荨麻疹等；有些表现为具有传染性的变态反应，如结核病、鼻疽、流行性淋巴管炎等；有些表现为自身免疫性变态反应，如系统性红斑狼疮、自身免疫性溶血性贫血、肾小球肾炎等。然而，具有各种不同表现形式的变态反应均通过以下三个共同的发生发展机制实现：①特异性反应，即通过产生特异的抗体或致敏淋巴细胞与靶抗原结合，启动免疫应答反应；②非特异中间环节，通过各种生物活性物质的动员和释放，放大免疫反应效应；③生物效应，导致病理性损伤并呈现临床症状。

根据变态反应发生的机制和临床表现，人们习惯上将变态反应分为4个类型：Ⅰ型变态反应，又称IgE型、反应素型或过敏反应型；Ⅱ型变态反应，又称细胞溶解型或细胞毒型；Ⅲ型变态反应，又称免疫复合物型或血管炎型；Ⅳ型变态反应，又称迟发型或细胞介导型。其中Ⅰ、Ⅱ、Ⅲ型变态反应均由抗体所介导，而Ⅳ型变态反应则由T细胞所介导。

（一）Ⅰ型变态反应

当机体再次接触抗原（变应原）时，抗原与已被致敏的肥大细胞或嗜碱性粒细胞表面的IgE相互作用，从而引起一种以血管扩张、毛细血管通透性增强及平滑肌收缩为特点的免疫病理损伤过程。因Ⅰ型变态反应发生速度很快，一般在第二次接触抗原后的数分钟内即可出现反应，故又称其为速发型超敏反应（immediate hypersensitivity）。

Ⅰ型变态反应是临床最常见的一种超敏反应，该型反应的变应原比较广泛，如异种动物血清、疫苗、花粉、真菌产物等全抗原或小分子化合物如药物等半抗原。抗体以IgE为主，其次为IgG。IgE由变应原入侵部位黏膜固有层中的浆细胞产生。Ⅰ型变态反应可发生于局部或全身。其主要特征是：①再次接触变应原后反应迅速，消退也快。②具有明显个体差异和遗传倾向。

1. 参与Ⅰ型变态反应的主要成分

（1）抗体　Ⅰ型变态反应主要是IgE抗体介导的一种过敏反应。除IgE外，在不同种属动物中还有其他免疫球蛋白的参与，如犬、兔、豚鼠的IgG_1，以及大白鼠的IgA和人类的IgG。

IgE是血清中含量最少、个体差异极大和半衰期最短的一种免疫球蛋白。体内仅有很少一部分浆细胞合成IgE，它主要由呼吸道和消化道的淋巴组织如鼻咽、扁桃体、支气管、纵隔和肺门淋巴结、胃肠黏膜固有层的淋巴组织及肠系膜淋巴结中的浆细胞产生。这些部位也正是变应原侵入和引起过敏反应的好发部位。IgE的重要生物学特性之一是具有与同种动物细胞的高度亲和力，故又称嗜同种细胞抗体。IgE通过Fc片段与自身或同种动物的靶细胞（肥大细胞和嗜碱性粒细胞）结合，从而导致靶细胞致敏。

（2）靶细胞　参与Ⅰ型变态反应的靶细胞主要是结缔组织中的肥大细胞和血液中的嗜碱性粒细胞，这些细胞表面有 IgE Fc 受体。

肥大细胞分布于全身各器官的结缔组织中，尤以肺、皮肤、胃肠道和泌尿生殖道中最丰富。肥大细胞的嗜碱性颗粒中含有强烈药理作用的活性物质，如组胺、5-羟色胺、肝素、嗜酸性粒细胞趋化因子等。不同种属动物的肥大细胞形态各异，即使在同种动物中其结缔组织肥大细胞与黏膜肥大细胞也存在形态和功能上的区别，主要表现在对促分泌剂的反应不同，如色甘酸二钠和茶碱可抑制啮齿动物结缔组织肥大细胞释放组胺，但对黏膜肥大细胞无作用。肥大细胞具有大量 IgE Fc 受体，每个细胞表面可结合多个 IgE 分子。

嗜碱性粒细胞在血液细胞中所占的比例很小，其形态结构与肥大细胞极为相似，光学显微镜下不易区分。

2．组织损伤机制

（1）致敏阶段　变应原通常经呼吸道、消化道黏膜和皮肤入侵机体，刺激局部组织的浆细胞产生 IgE 抗体，IgE 抗体的 Fc 片段与组织中的肥大细胞和循环血液中的嗜碱性粒细胞表面的 Fc 受体结合，导致靶细胞致敏（图 1-3-2）。致敏阶段实际上是指从抗原进入机体后诱发机体产生 IgE 并结合到靶细胞上所需要的时间，一般需要 10～14d。致敏状态的持续时间取决于致敏原种类与个体差异，此致敏状态可维持半年至数年。

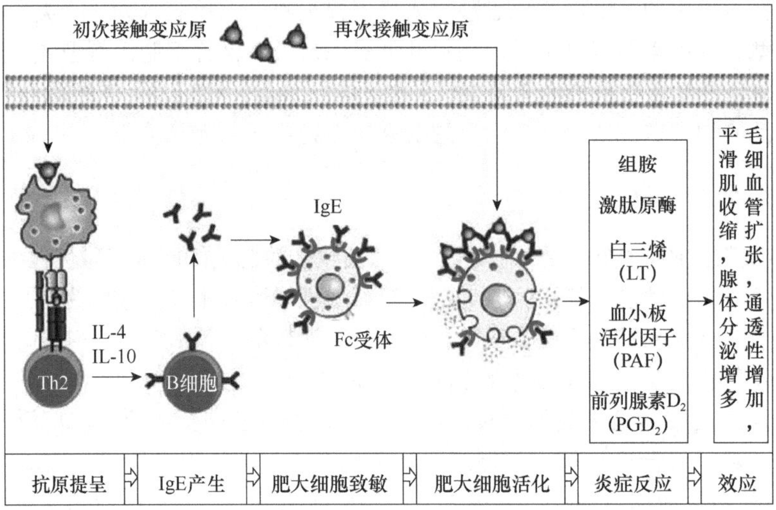

图 1-3-2　Ⅰ型变态反应发生过程示意图

（2）发敏阶段　当致敏机体再次接触同一变应原时，即与附着于致敏肥大细胞或嗜碱性粒细胞表面的 IgE 抗体结合，使细胞膜发生一系列生化反应，致敏细胞脱颗粒，释放原发性介质，如组胺、类胰蛋白酶等，同时合成继发性介质，如白三烯、前列腺素、促炎性细胞因子等。发敏阶段主要包括两个环节。

1）桥联反应与启动：特异性双价或多价抗原分子与两个以上结合在靶细胞上的 IgE 分子发生特异结合形成“抗原桥”，使靶细胞表面密集相邻的 IgE 分子相互交联并引起液态镶嵌的细胞膜发生改变，从而使靶细胞活化和发生一系列生化反应，这是启动过敏反应的关键。实验证明，凡能使靶细胞表面 IgE 受体桥联的各种刺激物，均能成为启动靶细胞生化代谢反应和触发生物活性介质释放的信号，可导致Ⅰ型变态反应的发生。

2）酶促反应与生物活性介质释放：靶细胞膜上 IgE 受体桥联导致生物活性介质释放是一系列复杂生化反应过程的结果，详细机制尚不明了。变应原在靶细胞表面相邻 IgE 分子间形成桥联，可引起膜磷脂代谢相关酶类（包括蛋白酶、磷脂酶、腺苷酸环化酶等）的活化，促使膜磷脂降解和细胞膜通透性增强，钙离子易于进入细胞内，影响或改变膜电位和胞质的理化状态，促进分泌颗粒与靶细胞膜接近和黏附；可促进钙离子依赖性 ATP 酶分解 ATP，为脱颗粒过程提供能量；钙离子激活磷脂酶 A_2，可促使膜磷脂降解生成溶血磷脂和花生四烯酸，可促进生成白三烯、前列腺素、血小板激活因子等，这是参与过敏反应的重要生物活性介质。

（3）效应阶段　致敏细胞脱颗粒释放的生物活性介质作用于抗原入侵部位的组织器官，可使毛细血管通透性增加，平滑肌痉挛收缩，腺体分泌增加，并产生一系列病理变化。例如，呼吸道过敏反应可表现为过敏性哮喘、过敏性鼻炎；消化道过敏反应表现为呕吐、腹痛、腹泻；皮肤过敏反应可表现为荨麻疹、血管性水肿。如全身毛细血管扩张，引起血压下降，则表现为急性的过敏性休克，如不及时抢救则有生命危险。

3. 参与Ⅰ型变态反应的生物活性介质种类及生物效应

（1）组胺（histamine）　组胺存在于肥大细胞和嗜碱性粒细胞的颗粒中，具有多种生物学效应，其主要作用有：①扩张小血管和增强毛细血管通透性，但其对不同种类动物的不同部位血管作用程度不同，如对牛、羊、鸡的肺血管，马、猪、猫的肺与肠道血管的作用最为显著，因而不同种类动物的病理变化常发部位也不一样；②可引起平滑肌收缩，尤以支气管、胃肠道、子宫和膀胱等处的平滑肌收缩作用更为强烈；③致痛、致痒；④促进呼吸道和消化道等部位腺体分泌增加；⑤诱发外周血液和局部组织嗜酸性粒细胞增多。组胺在体内的作用时间十分短暂，释放后可迅速被血浆内和嗜酸性粒细胞释放出的组胺酶破坏。

（2）5-羟色胺（5-hydroxytryptamin，5-HT）　又称血清素（serotonin），主要存在于肥大细胞、血小板中。5-HT 的主要作用是引起毛细血管通透性增强。其对血管扩张或收缩的影响，主要取决于动物的种属、血管平滑肌的受体类型及分布的差异，已发现外周血管存在 5-HT（S_1）和 5-HT（S_2）两种受体，S_1 与血管平滑肌舒张有关，S_2 影响平滑肌收缩。

（3）白三烯（leukotriene，LT）　LT 是细胞膜磷脂代谢过程中花生四烯酸经脂氧化酶途径生成的一组衍生物，包括 LTA_4、LTB_4、LTC_4、LTD_4 和 LTE_4，其中 LTC_4、LTD_4 和 LTE_4 为过敏性慢反应物质（slow reaction substance of anaphylaxis，SRS-A）的主要成分。LT 最重要的生物活性是对支气管平滑肌有强烈的收缩作用，可比组胺强 30～200 倍。此外，LT 还有刺激黏膜腺体分泌、增强微静脉和毛细血管通透性、收缩小动脉、白细胞趋化作用等。

（4）嗜酸性粒细胞趋化因子 A（eosinophil chemotactic factor A，ECF-A）　ECF-A 是分子量为 400 左右的酸性四肽，具有选择性吸引嗜酸性粒细胞在局部聚集的作用。嗜酸性粒细胞有吞噬变应原、IgE 形成的免疫复合物、肥大细胞释放的颗粒等作用。此外还能释放组胺酶使组胺灭活，释放芳基硫酸酯酶灭活白三烯，释放磷脂酶使血小板激活因子灭活，从而反馈性抑制变态反应的加剧。

（5）中性粒细胞趋化因子（neutrophil chemotactic factor，NCF）　NCF 为一种高分子质量（约 75kDa）、不易透析的物质，具有吸引中性粒细胞在局部聚集的作用。

（6）血小板活化因子（platelet activating factor，PAF）　PAF 是细胞膜磷脂在磷脂酶和乙酰转移酶作用后生成的脂质介质，其化学结构为乙酰甘油醚磷酸胆碱，是强烈的诱发血小板发生聚集的因子。除由肥大细胞和嗜碱性粒细胞合成以外，巨噬细胞、血管内皮细胞、中性粒细胞也能合成 PAF。PAF 除能增强血小板聚集、脱颗粒释放血管活性物质外，还能引起血管通透性增强、小血管扩张、血压下降、支气管收缩等变化。

（7）激肽释放酶与缓激肽　变应原激发致敏豚鼠肺组织或嗜碱性粒细胞可释放带有脂酶性质的激肽释放酶，激肽释放酶可作用于血浆中 α 球蛋白的激肽原，使其成为具有活性的激肽（九肽、十肽、十一肽），其中含量最多和作用最强的是九肽即缓激肽。其主要作用为扩张血管、降低血压、增强毛细血管通透性、吸引白细胞渗出、刺激感觉神经末梢引起疼痛及诱发前列腺素释放等。激肽形成后，可迅速被激肽酶灭活。

（8）前列腺素（prostaglandin，PG）　PG 是细胞膜磷脂代谢过程中花生四烯酸经环氧化酶途径合成的一组衍生物，包括 PGD_2、PGE_2、PGF_2 和 PGI_2。肥大细胞经抗原刺激后主要释放 PGD_2，但嗜碱性粒细胞不能释放 PGD_2。PGD_2 具有很强的扩血管作用。其他前列腺素（PGE_2、PGF_2、PGI_2）几乎在所有组织细胞中均能合成与释放，它们均有很强的生物活性，如 PGE_2 对支气管和血管有扩张作用，而 PGF_2 则具有相反作用，PGI_2 可使小血管扩张和血小板解聚。

由此可见，Ⅰ型变态反应中不仅释放的介质种类繁多，而且其作用也错综复杂，各种介质既相互协同和相互促进，又相互拮抗和相互制约，从而使Ⅰ型变态反应加剧或通过自动调节而缓解（图 1-3-3）。

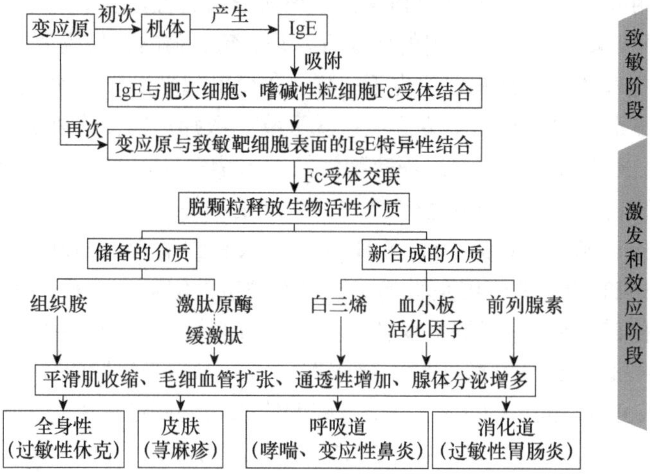

图 1-3-3　Ⅰ型变态反应的发生机制

4. Ⅰ型变态反应常见的类型与临床病理变化　Ⅰ型变态反应可以是全身性的，也可能为局部性反应，其表现形式和轻重程度主要取决于变应原进入机体的途径和数量、致敏效应细胞的分布和数量及个体的敏感性。例如，变应原经静脉注射进入体内，大量的抗原与效应细胞表面的 IgE 抗体迅速结合，导致效应细胞大量释放生物活性介质，可引起全身性变态反应；如小剂量抗原从局部或缓慢地进入体内，因机体本身的代偿适应反应，其临床症状和反应一般不严重或仅表现为局部过敏反应。

（1）全身性过敏反应　全身性过敏反应发生迅速，在接触变应原后的几秒钟至几十分钟内即可发作，其临床病理变化特点是机体多个系统、器官和组织可同时发生Ⅰ型变态反应，主要累及心血管系统、呼吸系统和消化系统，表现为血压下降、脉搏微弱、呼吸困难、抽搐痉挛、全身冷汗、皮肤瘙痒及水肿等变化，严重时可导致动物死亡，此即临床上统称的过敏性休克（anaphylactic shock）。不同种属动物的过敏性休克，其主要症状和病理变化不完全相同（表 1-3-1）。

表 1-3-1　不同种属动物过敏性休克主要症状和病理变化的比较

动物	休克器官	主要症状和病理变化	主要介质
牛、羊	呼吸道	咳嗽、呼吸困难、肺水肿、肺气肿、出血	白三烯、激肽、组胺
马	呼吸道、肠道	咳嗽、呼吸困难、腹泻、肺气肿、肠出血	组胺、5-羟色胺、激肽
猪	呼吸道、肠道	呼吸困难、全身低血压、肺动脉高血压	组胺
犬	肝	呕吐、下痢、虚脱、呼吸困难、肝、肠瘀血	组胺、白三烯
猫	呼吸道、肠道	痒、呕吐、呼吸困难、肺气肿	组胺、白三烯
鸡	呼吸道	呼吸困难、肺动脉高压、肺水肿	组胺、5-羟色胺、白三烯
人	呼吸道	呼吸困难、肺水肿、气肿	组胺、白三烯

（2）*局部过敏反应*　Ⅰ型变态反应的局部过敏反应更为常见，这与变应原进入机体的途径和部位密切相关。吸入性变应原多导致呼吸道的过敏反应，常引起鼻液渗出（过敏性鼻炎）、支气管平滑肌收缩和呼吸困难（哮喘）等症状。从食物或饲料摄入的变应原多引起胃肠道过敏反应，呈现呕吐、下痢和腹痛；刺激皮肤的变应原可引起皮肤过敏反应，发生荨麻疹、湿疹或血管性水肿等。

1）乳汁过敏反应：是自身乳汁酪蛋白引起的一种以皮肤、呼吸道和消化道症状为主要特征的过敏反应。奶牛多是延迟挤乳或泌乳末期断乳过急，乳汁在乳腺内过度潴留，致使乳蛋白逆流入血，从而导致有过敏体质的奶牛发生过敏反应。患牛皮肤出现局灶性或全身性荨麻疹或红斑；呼吸道见有浆液性鼻液、咳嗽，严重时出现呼吸困难和发生肺水肿；消化道症状可见流涎、下痢、腹部紧缩、粪便带有泡沫。

2）食物或饲料引起的过敏反应：食物或饲料引起的过敏症状不仅见于消化道，还可见于皮肤。消化道症状轻者仅表现为粪便黏稠度改变，重者出现呕吐、肠痉挛、腹痛和下痢；皮肤症状多发生在四肢、眼、耳、腋下和肛门周围，表现为荨麻疹或红斑，动物呈现瘙痒不安。富含蛋白质性食物如牛奶、麦粉、鱼、肉、蛋类容易引起犬食物过敏。

3）吸入性变应原引起的过敏反应：吸入性变应原主要有霉菌、花粉、草屑、动物皮屑、毛垢、灰尘、石棉纤维等。犬和猫吸入性过敏反应常出现以瘙痒为特征的变应性皮炎，临床上表现为急性红斑、水肿或继发硬皮、疤痕、色素过度沉着等。

4）疫苗和药物引起的过敏反应：任何疫苗接种均有可能诱生 IgE 而引起过敏反应。药物引起的过敏反应以抗生素中的青霉素等引起的最多，青霉素不具抗原性，其降解产物青霉烯酸和青霉噻唑为半抗原，能与体内蛋白质结合而发挥完全抗原的作用。注射青霉素可能发生急性全身性过敏反应，食入含青霉素的牛奶则可能引起腹泻。

5）寄生虫引起的过敏反应：蠕虫感染后容易诱生 IgE 而引起过敏反应。例如，绦虫感染后可引起呼吸道或皮肤的过敏反应，动物呈现呼吸困难或荨麻疹；昆虫叮咬可引起动物过敏性皮炎，如黄蜂、蜜蜂和跳蚤叮刺动物时其唾液中含有的变应原（磷脂酶、透明质酸酶和小分子肽类）可引起动物皮肤的过敏性皮炎。

（二）Ⅱ型变态反应

Ⅱ型变态反应是自身组织细胞的表面抗原与相应抗体 IgG、IgM 结合后，在补体、巨噬细胞和 NK 细胞参与下，引起以细胞溶解和组织损伤为主的病理性免疫应答。Ⅱ型变态反应又称细胞毒型（cytotoxic type）变态反应或细胞溶解型（cytolytic type）变态反应。此型变态反应的特点是致敏产生的抗体与位于细胞膜上的靶抗原发生免疫反应，从而导致细胞损伤，故又称膜型变态反应。

1．参与Ⅱ型变态反应的主要成分

（1）抗原

1）机体组织细胞本身的抗原成分主要是同种抗原或自身组织抗原。同种抗原中常见的有血细胞的血型抗原，在血型不相容输血时起主导作用。自身细胞的某些成分或抗原物质，在各种理化或生物性因素作用下发生构象改变或变性，可被自身免疫系统视为“非己”而产生相应抗体，引起Ⅱ型变态反应。

2）外来抗原或半抗原吸附或结合在组织细胞上。进入机体的某些化学制剂或病原微生物可作为抗原或半抗原，以机体细胞的某些成分作为载体，构成完全抗原，可导致机体致敏，产生相应抗体，引起Ⅱ型变态反应。

（2）抗体　参与Ⅱ型变态反应的抗原种类不同，其抗体产生的方式也不一样。外来抗原（如药物、微生物成分）进入机体后，与体内易感细胞的蛋白质结合而成为完全抗原，刺激机体产生抗该细胞的抗体；某些与机体某种组织有交叉反应的异种抗原（如链球菌抗原），刺激机体可产生与该组织发生交叉反应的抗体，引起Ⅱ型变态反应；机体自身细胞表面抗原物质，在理化或生物性因素的影响下，其结构发生改变进而成为具有免疫原性的物质，可刺激机体产生自身抗体，导致自身免疫病。

2．组织损伤机制　Ⅱ型变态反应的发生机制如图 1-3-4 所示。

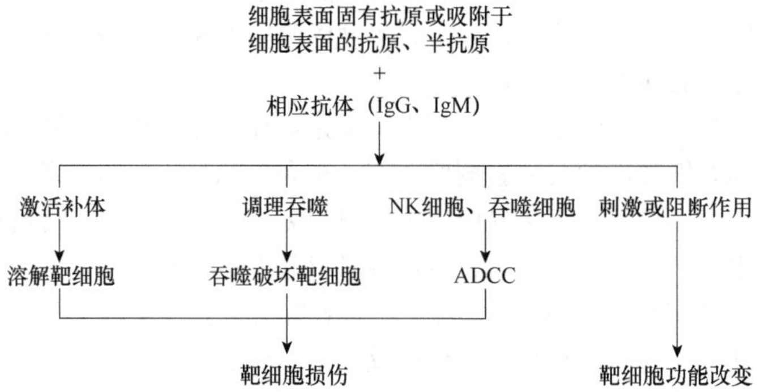

图 1-3-4　Ⅱ型变态反应的发生机制

（1）补体介导的细胞毒反应（complement-mediated cytotoxic response，CMC）

1）激活补体：靶细胞上的抗原和相应抗体 IgG、IgM 结合后，通过经典途径激活补体，最终在靶细胞膜表面形成膜攻击复合物，造成靶细胞因膜损伤而裂解。此反应常累及血细胞和细胞外组织如肾小球基膜，引起细胞和组织损伤。

2）调理吞噬作用：通过免疫调理作用使靶细胞黏附于大、小吞噬细胞表面，然后被吞噬细胞吞噬、裂解，如抗体 IgG 结合到靶细胞表面抗原后，其 Fc 片段与巨噬细胞、NK 细胞、中性粒细胞表面的 Fc 受体结合，增强它们的吞噬作用；IgM 与靶抗原结合后可通过激活补体，再以补体 C_{3b} 与巨噬细胞表面 C_{3b} 受体结合发挥调理作用（图 1-3-5）。

（2）抗体依赖性细胞介导的细胞毒作用（antibody dependent cell mediated cytotoxicity，ADCC）　固定的组织细胞，在抗体 IgG 和 IgM 的介导下，与具有 IgG Fc 受体和补体 C_{3b} 受体的细胞（巨噬细胞、NK 细胞、中性粒细胞、嗜酸性粒细胞、单核细胞等）接触，释放蛋白酶等溶酶体酶，使固定组织的靶细胞溶解破坏（图 1-3-6）。ADCC 反应主要与寄生虫或肿瘤细胞的消灭及移植排斥有关。

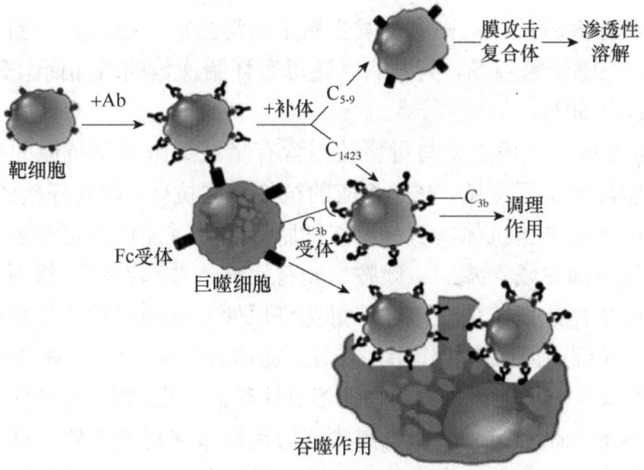

图 1-3-5　补体介导的细胞毒反应

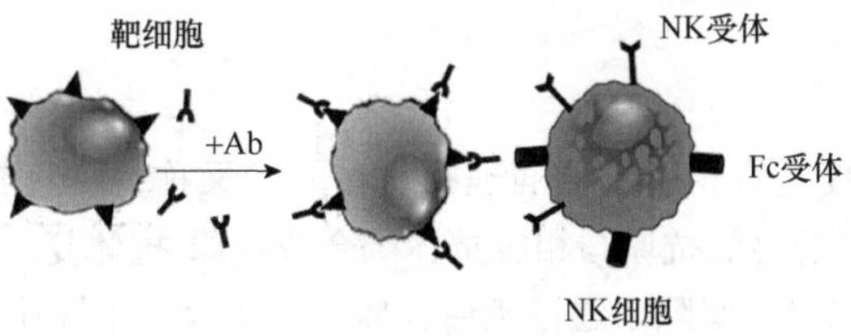

图 1-3-6　依赖抗体介导的细胞毒反应

3．Ⅱ型变态反应常见的类型与临床病理变化　根据抗原的来源和性质不同及参与反应的成分和发生机制不同，Ⅱ型变态反应的类型与临床病理变化也不同。

（1）*输血反应*　不同种属动物均有其各自不同的血型抗原系统，血型相同的同种动物可以输血。但如果输入血液的血型不同，则会引起输血反应，严重者可导致死亡。这是因为红细胞膜上存在着各种抗原（凝集原），而在不同血型的个体血清中有相应的抗体（凝集素），这些同族血细胞凝集素一般为IgM类抗体，供血者和受血者间如果血型不符，则红细胞与同族血细胞凝集素结合，补体被激活，导致红细胞被破坏，出现溶血、血红蛋白尿等现象。

（2）*新生动物溶血反应*　由于母子间血型不合，初生仔畜从母畜食入大量含有特异性血型抗体的初乳，这些抗体进入血液后，就和幼畜的红细胞起反应，在短时间内发生大量溶血，从而引起溶血性黄疸。母子间血型不合是交配的双亲之间血型不合所造成的。母畜产生抗体的原因，在马和猪，因其血型物质不能通过胎盘，仔畜的血型物质主要通过分娩时胎盘剥离、子宫壁受伤等进入母体，因此，初生动物溶血一般都发生在2～3胎以后，母畜对胎儿血型抗原产生的抗体常是IgG或IgA。

1）新生驹溶血病：骡驹和马驹均可发生。父母代马或驴的血型不同，当父代（马或驴）血型遗传给子代（骡）时，则出现胎儿（骡）与母体（马或驴）的血型不同，胎儿红细胞的异型抗原对其母体具有免疫原性。在妊娠后期或分娩时，某种原因（如胎盘损伤）使胎儿红细胞异常地进入母体循环，则可刺激母体产生抗胎儿红细胞的抗体（凝集素），并在初乳中浓集。这种抗体不能通过胎盘进入胎儿血液，而是通过初乳被新生驹摄入体内，在血液内与红细胞发生免疫作用，引起红细胞溶解，出现相应的溶血症状和变化。通常初次妊娠母畜的致敏程度较轻，第一胎新生驹较少发生溶血病。但在连续用同一匹或相同异型血的种公畜配种时，由于母畜的免疫回忆反应，可产生大量抗体，则容易发生新生驹溶血病。据统计，新生骡驹溶血病的发病率一般为3%～8%。在骡子繁殖场，其发病率随母畜怀胎次数的增加而上升，如连怀3～6胎时其发病率可高达30%～50%。

2）新生仔猪溶血病：该病主要与母猪使用含有猪红细胞异型抗原的疫苗有关。母猪通过疫苗注射被其红细胞异型抗原致敏，产生相应的抗红细胞抗体，如其仔猪的血型为该异型抗原，则可通过摄入初乳中抗红细胞抗体，引起其红细胞溶解，重症病例可导致死亡。

（3）药物过敏性血细胞减少症　磺胺、安替比林、非那西汀、氯丙嗪和青霉素等药物抗原表位能与血细胞膜蛋白或血浆蛋白结合获得免疫原性，刺激机体产生相应抗体。该抗体与已结合药物的红细胞、粒细胞或血小板作用，或与药物结合形成抗原-抗体复合物，通过Fc受体吸附于红细胞、粒细胞或血小板上，引起药物性溶血性贫血、粒细胞减少症或血小板减少性紫癜。

（4）自身免疫性溶血性贫血　病毒感染或服用甲基多巴类药物，能使红细胞膜表面成分发生改变，刺激机体产生抗红细胞自身抗体。这种抗体与自身改变的红细胞特异性结合，可引起自身免疫性溶血性贫血。

（三）Ⅲ型变态反应

Ⅲ型变态反应是免疫复合物引起的病理损伤过程，又称免疫复合物型或血管类型变态反应。其主要特点是细胞外游离的抗原与相应抗体结合成抗原-抗体复合物，在一定条件下沉积于全身或局部血管壁基膜或组织间隙，通过激活补体、血小板、中性粒细胞及其他细胞，引起免疫复合物沉积部位的一系列病理损伤性变化。由免疫复合物引起的疾病称为免疫复合物病（immune complex disease）。

1．参与Ⅲ型变态反应的主要成分

（1）抗原　引起Ⅲ型变态反应的抗原种类很多，主要是病原微生物、一些可溶性蛋白、半抗原与载体蛋白结合的复合抗原。

（2）抗体　参与Ⅲ型变态反应的抗体主要是IgG和IgM，有时IgA也可与抗原形成免疫复合物。

2．组织损伤机制

（1）中等大小可溶性免疫复合物的形成　体内持续存在的可溶性抗原与相应抗体（IgG、IgM或IgA）结合后可形成抗原-抗体复合物，即免疫复合物（immune complex，IC）。免疫复合物形成的大小与其致病性有关。

1）抗原物质的持续存在：抗原的持续存在是形成IC的先决条件。某些情况下，病原微生物（细菌、病毒）不断或反复感染、外源性抗原（如药物）不断进入体内或不断吸入环境中的抗原（如霉菌孢子、粉尘等）、自身免疫性抗原的出现、恶性肿瘤细胞抗原的不断释放或脱落等，均可持续地刺激机体产生抗体，并不断地形成IC。

2）抗原和抗体的比例：IC的形成及大小与抗原和抗体的比例密切相关（表1-3-2）。抗原大量过剩时，将形成小于19S的可溶性IC，可长时间在血流中循环，通常无致病作用或形成过小的IC，可通过肾小球基膜而随尿液排出体外；抗体分子超过抗原时，则易于形成大于19S或更大的沉淀性IC，容易被吞噬细胞所捕获、吞噬并清除，通常也不致病；而当抗原分子数量稍微超过抗体时，则形成中等大小约19S的可溶性IC，既不易被吞噬细胞捕获和吞噬清除，又容易沉积或嵌入血管壁间隙，创造致病的可能。

表 1-3-2　不同大小免疫复合物的特性

特征	小分子免疫复合物	中等分子免疫复合物	大分子免疫复合物
抗原、抗体比例	抗原过多	抗原略多	比例合适
免疫复合物大小	＜19S	19S	＞19S
固定补体能力	—	＋＋＋	＋＋＋
被清除途径	肾小球滤过排出	沉积局部不易清除	吞噬细胞吞噬、降解
体内清除速度	慢	中等	快
危害性	一般无	引起免疫复合物疾病	一般无

3）抗原和抗体的性质：颗粒性抗原（如细菌、真菌孢子、有机粉尘等）所形成的 IC 比较大，容易被单核巨噬细胞捕获、吞噬并清除，而可溶性抗原（如异种血清、微生物降解产物或代谢产物、自身抗原等）则易于形成中等或较小的 IC，不易被吞噬清除，可在血液循环中持续滞留，在适当条件下可沉积于血管壁而致病。IC 的大小，还与抗体种类和亲和力有关。IgG 抗体为双价，而 IgM 抗体为五聚体，其分子量和结合价均 5 倍于 IgG，可更多地结合相应的抗原，易于形成较大的 IC。亲和力强的抗体，多形成体积大而稳定的 IC，易被吞噬清除；亲和力弱的抗体，形成较小的可溶性 IC；而中等亲和力抗体所形成的 IC，则易于沉积和致病。

（2）中等大小可溶性 IC 的沉积　IC 的沉积是其致病作用的前提，影响 IC 沉积的主要因素如下。

1）血管壁通透性增高。血管壁通透性增高是 IC 沉积的一个重要条件。主要与 IC 激活补体释放过敏毒素（C_{3a}、C_{5a}）或激活血小板释放血管活性胺类物质有关。过敏毒素可使肥大细胞或嗜碱性粒细胞释放组胺，或使中性粒细胞释放血小板激活因子及阳离子蛋白等，均可引起血管通透性增强，促进 IC 沉积。

2）IC 的数量过多。当 IC 形成过多并超过机体对其的吞噬清除能力或伴有单核巨噬细胞系统功能降低时，IC 积聚增多，易于沉积并致病。

3）IC 的性质。沉淀性 IC 的分子较大，多沉积于抗原进入的局部组织，而可溶性 IC 随血液运行，多沉积于肾小球、关节、心肌和其他部位血管。可溶性 IC 的沉积，可能与沉积部位的解剖学和血流动力学有关，IC 容易沉积于血压较高的毛细血管迂回处，如肾小球基膜和关节滑液膜等处，此处的毛细血管迂回曲折、血流缓慢、血压较高且易产生涡流，因此可促进中等大小可溶性 IC 沉积并嵌于血管内皮细胞间。

（3）IC 沉积后引起的组织损伤

1）补体的作用：IC 可经传统途径激活补体系统产生过敏毒素（C_{3a}、C_{5a}），使嗜碱性粒细胞和肥大细胞脱颗粒，释放组胺等炎症介质，引起局部水肿，同时吸引中性粒细胞聚集在 IC 沉积的部位，造成中性粒细胞浸润。在吞噬 IC 过程中，可通过释放蛋白酶、胶原酶、碱性蛋白等溶酶体酶，造成血管和周围组织的损伤。

2）血小板的作用：IC 和 C_{3b} 可使血小板活化，产生 5-羟色胺等血管活性胺类物质，导致血管扩张，通透性增强，引起充血和水肿。同时可使血小板聚集并通过激活凝血机制形成微血栓，造成局部组织缺血并进而出血，从而加重局部组织细胞的损伤（图 1-3-7）。

3．Ⅲ型变态反应常见的类型与临床病理变化

（1）局部免疫复合物病　为局限性免疫复合物沉积引起的急性免疫复合物性血管炎所致

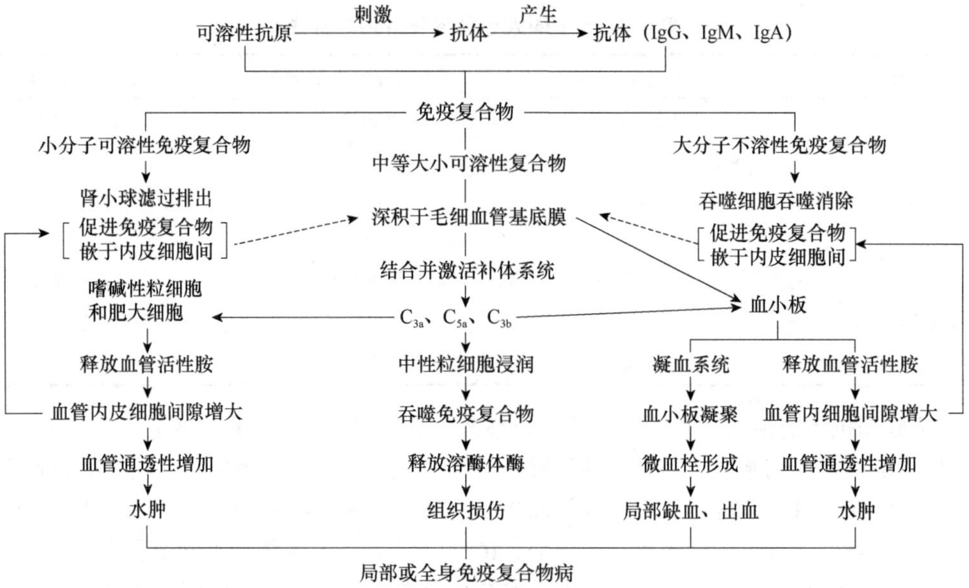

图 1-3-7　Ⅲ型变态反应组织损伤机制

的局部组织坏死，常发生在皮肤。病理特征为局部水肿、出血和坏死，血管壁纤维素样坏死，常伴有血栓形成，局部的缺血更加重了组织的损害。

用马血清经皮下反复免疫家兔数周后，当再次注射马血清时，可在注射局部出现红肿、出血和坏死等剧烈炎症反应，此种现象被称为阿蒂斯反应（Arthus 反应）。这是抗原在注射局部与相应抗体结合，形成 IC 引起的炎症反应。在临床上局部反复注射胰岛素后可刺激机体产生相应的 IgG 类抗体，若此时再次注射胰岛素，即可在注射局部出现红肿、出血和坏死等与 Arthus 反应类似的局部炎症反应，称为类 Arthus 反应。此外，多次注射狂犬病疫苗或使用动物来源的抗毒素，也可出现此类反应。

（2）全身性免疫复合物病

1）血清病：因抗原-抗体在循环血液中形成的可溶性 IC 在组织中沉积而致病，此为全身性免疫复合物病。一次性形成大量的免疫复合物并在多器官组织中沉积，可引起急性血清病，而反复持续 IC 沉积则引起慢性血清病。

血清病常累及的部位是肾、心血管、关节滑液膜、皮肤等血管丰富的组织。例如，治疗破伤风时，初次大量注射抗毒素（马血清）1～2 周后，在注射局部出现红肿、淋巴结肿大、关节肿痛、发热、皮疹和一过性蛋白尿等症状，这是体内抗毒素抗体已经产生而抗毒素尚未完全排除，二者结合形成中等大小的可溶性循环 IC 所致。血清病具有自限性，停止注射抗毒素后症状可自行消退。

2）链球菌感染后肾小球肾炎：80%以上的链球菌感染引起的肾小球肾炎属Ⅲ型变态反应，是链球菌细胞壁抗原与相应抗体结合形成循环 IC，沉积于肾小球基膜上所致。其他病原微生物如葡萄球菌、肺炎双球菌、乙型肝炎病毒或疟原虫等感染也可引起 IC 型肾炎。

3）系统性红斑狼疮（SLE）：SLE 是一种自身免疫病，可能是病毒感染或使用某些药物使机体组织细胞抗原结构发生改变，刺激机体产生多种自身抗体，形成免疫复合物（如 DNA-抗 DNA 复合物）并沉积在肾小球、关节、皮肤及其他多种器官的毛细血管壁，引起肾小球肾炎、关节炎和脉管炎等炎性损伤。

4）类风湿性关节炎：类风湿性关节炎也是一种自身免疫病，可能是病毒或支原体等病原微生物的持续感染，使体内 IgG 分子发生变性，从而刺激机体产生抗变性 IgG 的自身抗体。这种自身抗体以 IgM 为主，也可以是 IgG 或 IgA 类抗体，临床称其为类风湿因子（rheumatoid factor，RF）。自身变性 IgG 与类风湿因子结合形成的 IC 沉积于小关节滑液膜从而导致进行性关节炎。

（四）Ⅳ型变态反应

Ⅳ型变态反应与前述三型变态反应不同，参与其反应的不是抗体，而是致敏的 T 细胞。其特点是在抗原刺激下体内生成致敏 T 细胞，当机体再次与相同抗原相遇时即被活化，释放一系列淋巴因子，吸引多种免疫细胞（主要是单个核细胞），在局部引起炎症反应，以达到清除抗原的目的。由于致敏机体再次接触相应抗原后所出现的免疫反应较迟缓，一般在 48～72h 才达高峰，故又称其为迟发型变态反应（delayed type hypersensitivity，DTH），这属于细胞介导免疫的一种类型。

1．参与Ⅳ型变态反应的主要成分

（1）抗原　引起Ⅳ型变态反应的抗原主要为细胞内寄生感染的微生物［如结核分枝杆菌、布鲁氏菌、副结核分枝杆菌，病毒，某些真菌（如荚膜组织胞质菌、新型隐球菌等）］、寄生虫（如旋毛虫、弓形虫等）、一些异种蛋白质及与宿主主要组织相容性抗原不同的移植细胞或肿瘤细胞抗原等。

（2）T 细胞　参与Ⅳ型变态反应的效应细胞主要是 CD_4^+ T 细胞和 CD_8^+ T 细胞，T 细胞虽在Ⅳ型变态反应中起主导作用，但能引起组织发生免疫损伤的细胞除 T 细胞以外，还有活化的巨噬细胞和中性粒细胞。Ⅳ型变态反应中无抗体和补体参与。

2．组织损伤机制

（1）T 细胞致敏阶段　引起Ⅳ型变态反应的抗原性物质经抗原呈递细胞（APC）加工处理后，能以抗原肽-MHC Ⅱ/Ⅰ类分子复合物的形式表达于 APC 表面，使具有相应抗原受体的 CD_4^+ T 细胞和 CD_8^+ T 细胞活化。这些活化的 T 细胞在 IL-2 和 IFN-γ等细胞因子的作用下，有些增殖分化为效应 T 细胞，即 CD_4^+效应 T 细胞和 CD_8^+效应 T 细胞；有些则成为静止的记忆 T 细胞。这一阶段需 1～2 周时间。

（2）致敏 T 细胞的效应阶段　当抗原特异性记忆 T 细胞再次与相应抗原接触时，可迅速增殖分化为效应 T 细胞，通过介导炎症反应和细胞毒作用，造成组织病理性损伤。

1）CD_4^+ T 细胞介导的炎症反应和组织病理性损伤：CD_4^+ T 细胞再次与 APC 表面的相应抗原作用后，可通过释放趋化因子、IFN-γ、TNF-β、IL-2、IL-3 和 GM-CSF 等淋巴细胞因子（表 1-3-3），产生以单核巨噬细胞及淋巴细胞浸润为主的免疫损伤效应。

表 1-3-3　T 细胞产生的淋巴细胞因子

淋巴细胞因子	作用
炎症因子（皮肤反应因子）	增强血管通透性、引起水肿、促进细胞浸润
趋化因子	吸引粒细胞、单核细胞或淋巴细胞
巨噬细胞趋化因子	吸引巨噬细胞
巨噬细胞活化因子	活化巨噬细胞
巨噬细胞移动抑制因子	抑制巨噬细胞移动
促分裂因子	促进淋巴细胞分裂增殖
转移因子	促进淋巴细胞转化
白细胞介素 2	促进淋巴细胞分化增殖
淋巴毒素	破坏局部组织细胞或靶细胞

趋化性细胞因子可促使单核巨噬细胞向局部聚集，在 IFN-γ作用下，激活其吞噬功能，通过释放溶酶体酶等炎症介质而引起组织的病理性损伤；TNF-β和活化的巨噬细胞产生的 TNF-α可直接对靶细胞及其周围组织细胞产生细胞毒作用，引起组织损伤；IL-2 能增强效应 T 细胞的自分泌和旁分泌作用，还能放大 CD_4^+ T 细胞合成细胞因子的作用。

2）CD_8^+ T 细胞介导的细胞毒作用：CD_8^+效应 T 细胞与靶细胞表面的相应抗原结合后，通过脱颗粒释放穿孔素和颗粒酶等介质，可直接导致靶细胞溶解破坏或诱导靶细胞表达凋亡分子（Fas），后者与 CD_8^+效应 T 细胞表面的 FasL（配体）结合，导致靶细胞凋亡。CD_8^+ T 细胞可连续杀伤靶细胞，自身不发生损伤，可发挥高效率杀伤作用（图 1-3-8）。

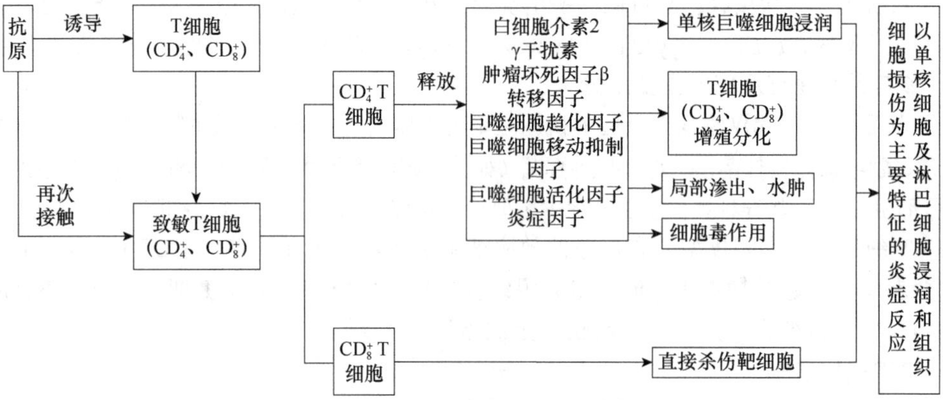

图 1-3-8　Ⅳ型变态反应损伤机制

总之，Ⅳ型变态反应的损伤机制是由 T 细胞介导，活化 T 细胞释放淋巴因子、活化巨噬细胞释放溶酶体酶及细胞毒性 T 细胞的联合作用，引起以单个核细胞及淋巴细胞浸润和组织细胞损伤为主要特征的炎症反应。

3．Ⅳ型变态反应常见的类型与临床病理变化

（1）传染性变态反应　胞内寄生细菌（结核分枝杆菌、麻风分枝杆菌、布鲁氏菌等）、病毒和某些真菌感染可使机体发生Ⅳ型变态反应。由于该种变态反应是在感染过程中发生的，故称传染性变态反应。例如，以牛的结核菌素作为抗原，给感染结核分枝杆菌的牛皮内注射后，经过 12～18h，在注射部位出现红肿和硬结，48～72h 达到高峰，以后逐渐消退。这种局部反应又称迟发型变态反应，在健康动物中不会出现。

（2）接触性皮炎　是机体经皮肤接受抗原刺激后，当再次接触相同抗原时发生的以皮肤损伤为主要特征的Ⅳ型变态反应。致敏原往往是小分子化学物质如油漆、染料、塑料、农药、化妆品及药物（如磺胺、青霉素）和某些化学物质等。这些小分子半抗原与皮肤接触时，容易扩散到表皮，能与角质蛋白结合而成为完全抗原，被郎格罕细胞吸附，转至真皮和经淋巴管流入淋巴结，使 T 细胞致敏。当机体再次接触相同抗原后 24h 即可发生变态反应性皮炎，48～96h 达到高峰，局部皮肤出现红肿、硬结、水疱，严重者可出现剥脱性皮炎。动物的接触性皮炎多发生在无毛或少毛部位，如犬的鼻突、足掌和腹部。过敏皮肤由于瘙痒，易被动物抓擦进而使表皮脱落，出现溃疡或继发化脓性皮炎。慢性接触性皮炎可导致皮肤角化和棘皮症。

注意，昆虫叮咬所致的虫咬性皮炎包括速发型变态反应和迟发型变态反应两种。速发型是因动物被昆虫叮咬后，昆虫毒液中的组胺、激肽、乙酰胆碱等物质或因机体产生反应素（IgE）而引发Ⅰ型变态反应。而迟发型变态反应则是昆虫毒液中的抗原性物质使 T 细胞致敏所致。

（3）移植排斥反应　引起移植排斥反应的抗原称为移植抗原、主要组织相容性抗原或人类白细胞抗原（HLA），它存在于机体有核细胞表面，由遗传基因控制表达。除同卵双生个体间 HLA 完全相同外，不同个体细胞表面的 HLA 均不相同。不同个体间进行器官移植后，通过对移植物抗原的特异性识别，受者 CD_4^+ T 细胞被激活，释放细胞因子和活化 CD_8^+ T 细胞，导致炎症反应和细胞毒效应，引发急性和慢性排斥反应。

三、变态反应的实验室检测及防治原则

（一）变态反应的实验室检测方法

变态反应是特异性抗体或致敏淋巴细胞与相应抗原相互作用而引起的免疫病理损伤过程，其检测方法也是根据其发生机制和反应特点而设计的，常用的实验室检测方法如下。

1．皮肤试验

（1）直接皮肤、黏膜试验　常用于Ⅰ型和Ⅳ型变态反应。将可疑或待检过敏原注入动物皮内或滴入眼内，观察局部变化及出现异常表现的时间，检查与鉴别速发型或迟发型变态反应。阳性反应可帮助诊断或提防药物治疗过敏，如结核菌素试验。当感染动物用少量结核菌素皮内注射时，可在 48～72h 后于注射部位观察到局部发生红肿和硬结，而未感染动物则不发生。

（2）被动皮肤试验　用实验动物检测血清 IgE 抗体。将待检血清注入实验动物（如豚鼠、小鼠、兔等）皮内，24～48h 后再次经过静脉注入相应的变应原和伊文思蓝（Evans blue），经 5～10min 后，如在待检血清部位出现蓝色区，则判为阳性反应。

2．血清抗体测定　IgE 是Ⅰ型变态反应的抗体，常用放射免疫分析（RIA）或酶联免疫吸附分析（ELISA）测定待检血清中的 IgE 含量。但由于血清内 IgE 含量的个体差异较大，且与组织中的含量不一定平行，因此在变态反应诊断时只具有参考意义，如测定抗原特异性的 IgE 含量则更有意义。

细胞毒抗体常用细胞凝集法或补体依赖的细胞毒性（CDC）测定。有的细胞毒抗体在 37℃时血细胞凝集最好，称为温抗体，多为 IgG 型抗体；有的在 0～4℃时血细胞凝集最好，称为冷抗体，主要是 IgM。细胞毒抗体又分完全抗体和不完全抗体。完全抗体可在生理溶液中引起细胞凝集，而不完全抗体需在胶质溶液中或加入抗球蛋白抗体（Coombs）才引起凝集。

自身抗体大致可分为两类：一类是抗细胞核或细胞质抗原的抗体，无组织特异性；另一类是抗组织器官抗原的抗体。常用 RIA、ELISA、乳胶凝集试验、血凝试验等方法检测血清中的自身抗体。

3．补体和免疫复合物测定　用于检测Ⅲ型变态反应。补体总水平常用溶血法（CH_{50}）测定，补体的不同组分可用放射免疫扩散法测定。

免疫复合物的测定方法较多，一般多用非特异性方法。测定原理是基于免疫复合物的分子量变大及理化特性不同于正常球蛋白而采用的检测方法，有超速离心法、聚乙二醇沉淀法、4℃沉淀法等；与免疫复合物 IgG 的 Fc 片段和免疫复合物结合 C_{1q} 补体及 C_{3b} 受体的特性有关的方法有放射标记的 C_{1q} 沉淀法、K 细胞功能抑制法、类风湿因子结合法等。

4．嗜碱性粒细胞脱颗粒试验和组胺试验　将从待检动物血液分离的嗜碱性粒细胞与可凝抗原共同孵育，观察嗜碱性粒细胞的脱颗粒变化，测定其环境中的组胺含量。这是检测Ⅰ型变态反应的一种简便、灵敏的方法，有助于变应原的筛选。

5．致敏淋巴细胞测定　用于检测Ⅳ型变态反应。根据致敏淋巴细胞与特异抗原相互作

用可诱发淋巴细胞转化、增生、释放淋巴因子和杀伤靶细胞的原理而设计的体外试验，如特异性抗原诱发淋巴细胞转化试验、巨噬细胞或白细胞移动抑制试验、淋巴细胞介导的细胞毒试验等，可测定被检动物的致敏状态和细胞免疫功能水平。

（二）变态反应的防治原则

变态反应的防治原则可分为以下几点。

1．避免与变应原接触　通过临床检查和实验室检测尽力查明引发变态反应的变应原，避免与其接触是最为有效的预防措施。

2．脱敏疗法　脱敏疗法通常有急性脱敏和慢性脱敏两种方法。

（1）*急性脱敏疗法*　当对异种血清过敏，但又确需用其进行治疗时，可采用少量多次的方法进行脱敏，最后注完全量。其机制是小剂量抗原进入机体后，与吸附在肥大细胞或嗜碱性粒细胞膜上的 IgE 结合，使细胞释放少量的生物活性物质，不至于引起临床症状，经过多次少量的释放，IgE 或细胞的生物活性物质被大量消耗或被耗尽，从而出现暂时性脱敏状态。

（2）*慢性脱敏疗法*　每周皮下注射 1～2 次抗原进行脱敏，从低剂量开始，逐次增加，持续整个发病季节或更长时间。其机制是体内产生能与过敏原相结合的封闭抗体 IgG，可阻断过敏原与 IgE 结合，使抑制性 T 细胞功能增强，血清中和肥大细胞上的 IgE 含量明显降低。

3．免疫刺激剂的应用　淋巴细胞亚群间的平衡失调，尤其是抑制性 T 细胞功能性降低，可导致抗体生成过度。因而可以试图应用免疫增强剂以提高抑制性 T 细胞的免疫功能，减少参与变态反应抗体的生成，该法已试用于自身免疫病的治疗。

4．免疫抑制剂的应用　肾上腺皮质激素及抗代谢药物如 6-巯基嘌呤、环磷酰胺等免疫抑制剂对Ⅲ型和Ⅳ型变态反应性疾病有较好的疗效。

作为一种免疫抑制剂，环孢素能选择性地作用于辅助性 T 细胞亚群，但对其他淋巴细胞则无明显影响。一般剂量的肾上腺皮质激素有稳定嗜中性粒细胞、嗜碱性粒细胞及肥大细胞的细胞膜作用，可抑制组氨酸脱羧酶使组胺生成减少，降低血管通透性；而较大剂量的肾上腺皮质激素则能抑制初次免疫反应，抑制巨噬细胞对抗原的处理和抗体的生成；特大剂量使用肾上腺皮质激素能迅速破坏淋巴细胞。

5．阻止生物活性物质的释放　凡能提高细胞内 cAMP 水平的药物如色甘酸二钠等，均有稳定肥大细胞膜、防止脱颗粒的作用。

第三节　免疫耐受、自身免疫与自身免疫病

一、免疫耐受

高等动物的免疫系统发育相对完善，具有识别“自己”和“非己”抗原物质的能力。抗原刺激机体引起免疫应答，产生特异性抗体和（或）致敏淋巴细胞。但在某些情况下，机体受某种抗原刺激后，不产生上述免疫应答，这种状态称为免疫无应答性（immunological unresponsiveness），也叫免疫耐受。免疫无应答性可分为非特异性和特异性两大类。

（一）免疫耐受的概念

1．非特异性免疫无应答性　指机体对任何抗原的刺激均不起应答，主要原因：①免疫

缺陷，遗传或个体发育过程中所致的免疫系统的先天性缺陷或免疫功能障碍；②免疫抑制（immunosuppression），后天免疫系统受免疫抑制药物、射线或恶性肿瘤等因素的影响，从而对任何抗原的应答均消失或减弱。

2．特异性免疫无应答性（免疫耐受）　免疫耐受（immune tolerance）是指机体经某种特定抗原诱导后形成的特异性免疫无应答状态，这些对某种抗原产生免疫耐受性的个体，再次接受相同的抗原刺激后，不能产生用常规方法可检测到的抗体和（或）细胞免疫应答，但对其他抗原仍具有正常的免疫应答能力。

免疫耐受是机体对自身组织成分不产生免疫应答的基础，对维持机体自身稳定和进行免疫调节具有重要作用。免疫耐受不是一个单纯的免疫无应答性，而是一种特殊形式的免疫应答，免疫耐受的形成是免疫系统对抗原刺激所产生的一种积极的免疫应答过程（表1-3-4）。一旦该种机制失调或受阻，将发生自身免疫甚至引起自身免疫病，因此免疫耐受与自身免疫密切相关。

表1-3-4　免疫耐受与免疫抑制、免疫缺陷的区别

	免疫耐受	免疫抑制	免疫缺陷
形成原因	免疫系统未发育成熟，受抗原刺激形成	免疫抑制剂抑制了免疫系统的功能	免疫系统有先天遗传缺陷或后天损害
特异性	有抗原特异性，只对诱发免疫耐受的抗原无应答，对无关抗原仍有应答	无抗原特异性，对各种抗原刺激均无反应	无抗原特异性，但表现类型不同，可为体液免疫或细胞免疫缺陷，或者联合免疫缺陷
恢复正常	困难	除去免疫抑制剂可使免疫应答恢复正常	困难
临床表现	可无临床症状	反复感染，以条件致病菌感染最常见	反复感染，以条件致病菌感染最常见

（二）免疫耐受性

1．天然免疫耐受性　机体对自身组织成分一般不发生免疫应答，是最常见的天然免疫耐受状态，即自身耐受（self tolerance）。

1945年，Owen发现异卵双生的胎牛在胚胎期由于胎盘血管融合而发生血液交流，在它们的血液中均存在两种不同血型抗原的红细胞，但不产生相应的血型抗体，称该小牛为血型嵌合体（chimera）。这种血型嵌合体不但能容许对方的血细胞在体内长期存在，而且还能接受对方的皮肤移植物而不发生排斥反应。但当移植其他无关牛的皮肤时，仍能发生排斥反应，Owen将此称为天然免疫耐受性。有人据此模型来研究机体如何区别“自己”与“非己”，并提出一个假设，即异卵双生小牛对异型红细胞产生耐受性是由于在胚胎期机体的免疫功能尚未成熟，此时异型红细胞进入体内，不仅不产生免疫应答，反而使具有相应抗原识别受体的免疫细胞克隆受到抑制或消灭，因而小牛出生后，对胚胎期接触过的异型红细胞抗原便不再发生免疫应答。

2．人工诱导的免疫耐受性　根据上述理论，人们通过人工诱导免疫耐受实验（图1-3-9）建立了胚胎期诱导耐受的动物模型，为解释自身耐受提供了重要的实验依据。将纯系CBA系黑鼠的脾细胞悬液（内含大量淋巴细胞）注入妊娠15～16日龄的A系白鼠的胚胎内，待A系胎鼠出生6周后，再将CBA系黑鼠的皮肤移植于该A系子代白鼠。结果发现，黑鼠的皮片可长期存活，不再发生排斥。从而证实了 Burnet 的学说，即胚胎期接触某种抗原物质可导致机体对该种抗原产生免疫耐受性。在一定条件下，用去凝集的可溶性蛋白也可诱导成年动物产生耐受性，如家兔出生时注射牛血清白蛋白，则家兔成年后对牛血清白蛋白不产生抗体。

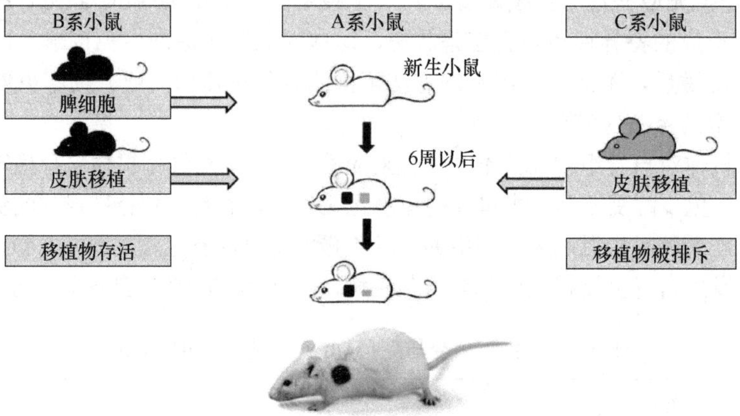

图 1-3-9　人工诱导免疫耐受实验

（三）免疫耐受的机制

1．固有性免疫耐受

（1）吞噬细胞对自身抗原的耐受　吞噬细胞所具备的甘露糖受体能够特异性识别微生物（甘露糖），从而杀伤微生物，而由于正常细胞表面没有相应的甘露糖或其被遮盖，因此不杀伤正常细胞。

杀伤异常细胞：①衰老死亡的红细胞由于其表面唾液酸结构消失，暴露出 *N*-乙酰葡糖胺而容易被吞噬细胞所识别和吞噬；②理化因素（如射线、药物等）可造成自身细胞的结构发生改变，因而容易被吞噬细胞识别，并由此杀伤发生变性的自身细胞。

（2）NK 细胞对自身抗原的耐受　NK 细胞具有杀伤细胞激活性受体（KAR）和杀伤细胞抑制性受体（KIR），只杀伤病毒感染细胞和肿瘤细胞，不杀伤正常细胞。病毒感染细胞后，细胞膜 KIR 识别分子（如 MHC Ⅰ类分子）的表达量降低，由于抑制性信号产生不足进而被 NK 细胞杀伤（图 1-3-10）。NK 细胞的 KIR 表达量降低时易引发自身免疫病。

2．中枢免疫耐受

（1）细胞克隆排除学说　细胞克隆排除学说（clone exclusion theory）是由 Burnet 和 Fenner 首先提出的，其主要内容为：在胚胎时期，机体的免疫活性细胞正处于发育阶段，此时淋巴细胞克隆与相应抗原接触后，淋巴细胞克隆被排除，并形成终身的、牢固的免疫耐受性。

在胚胎期，机体的体细胞突变频繁，可产生多种具有不同抗原识别特性的细胞克隆。此阶段淋巴细胞的反应性很低，如果某些淋巴细胞克隆与相应的特异性抗原（如自身抗原）接触，则该淋巴细胞克隆反而被破坏或抑制，成为禁忌克隆（forbidden clone）。细胞克隆排除学说阐明了自身耐受性形成的机制，解释了人工诱导免疫耐受性的实验，同时也说明了机体区分“自己”与“非己”的原因。不过该学说仍难以解释成年期产生免疫耐受的原因。

（2）细胞克隆流产学说　在 B 细胞发育早期（前 B 细胞分化为 B 细胞），前 B 细胞反应能力很弱。此时如果过早接触抗原，则前 B 细胞夭折，不能继续分化成熟为对相应抗原起反应的细胞。而未与抗原接触的其他前 B 细胞则可进一步发育成有免疫应答能力的 B 细胞克隆，此

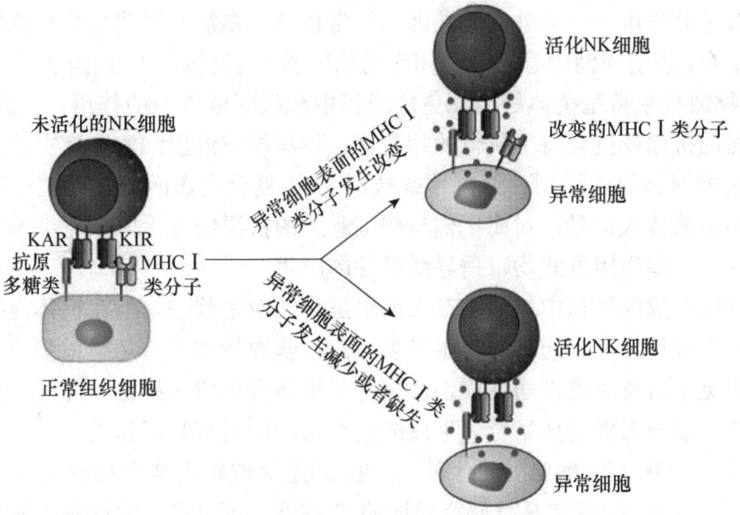

图 1-3-10　NK 细胞的 KIR 和 KAR 作用

1．杀伤细胞激活性受体（KAR）与自身细胞上的多糖类抗原结合产生活化信号，同时杀伤细胞抑制性受体（KIR）与 MHC Ⅰ类分子结合，产生抑制信号且占主导地位，NK 细胞不能被激活，自身组织细胞不被破坏；2．某些异常细胞表面的 MHC Ⅰ类分子发生改变，KIR 不能与其结合产生抑制信号，结果 KAR 的作用占主导地位，从而使 NK 细胞活化产生杀伤效应；3．某些异常细胞表面 MHC Ⅰ类分子减少或缺失，也影响 KIR 与其结合，因而不能产生抑制信号，从而表现为 NK 细胞活化，产生杀伤效应

即细胞克隆流产学说（clonal abortion theory）。

在细胞的不同发育阶段，受抗原刺激后可引起不同的应答状态。在 B 细胞发育早期，幼稚 B 细胞的表面只带有膜表面免疫球蛋白 M（SmIgM）受体，对低浓度多价抗原非常敏感，若此时与相应抗原接触，则 B 细胞的发育受阻，不能继续成熟而产生免疫耐受性。此时，该种 B 细胞膜表面抗原（识别）受体 SmIgD 不能进一步表达，因而丧失对相应抗原的应答能力。这种耐受性易于诱导产生，且持续时间持久。而那些未与特异性抗原接触的 B 细胞则可继续发育成熟，其表面同时带有 SmIgM 和 SmIgD 两种抗原识别受体，接触抗原后可产生 IgM 类抗体；当发育成熟时，细胞表面带有 SmIgD，此时如果接触抗原，B 细胞可分化为浆细胞并产生多种类型的抗体，如 IgG、IgD、IgE 等抗体。

未成熟 T 细胞的免疫耐受机制与未成熟 B 细胞的大致相同，当它们与低剂量多价抗原接触后，也可因发育受阻而不能进一步分化成熟。因此，当再次与相应抗原接触时，机体不能产生正常的免疫应答，即发生免疫耐受性。

3．外周免疫耐受

（1）*B 细胞抗原受体的交联作用*　B 细胞表面约有 10^5 个抗原受体，这些受体与适量抗原结合，发生有限交联，B 细胞即被活化，产生免疫应答；但大剂量决定簇重复排列的 TI 抗原（不依赖辅助性 T 细胞就可产生抗体的抗原）很容易与 B 细胞表面的抗原受体结合而发生广泛交联，使 B 细胞表面抗原识别受体完全被抗原封闭，细胞膜的液态镶嵌结构不能流动，从而使 B 细胞处于“冻结”状态。这是 TI 抗原诱导 B 细胞发生免疫耐受性的原因。

在成年动物，T 细胞比 B 细胞更易发生耐受，两者的作用机制也有所不同，如成年动物 B 细胞发生耐受通常需要大剂量多价抗原诱导，而 T 细胞只需小剂量或单体形式的蛋白质抗原进行诱导即可发生耐受，这说明成年动物 T 细胞功能排除不是通过抗原识别受体“广泛交联”产生的，而可能是在某种信号诱导下产生的。

（2）封闭因子的作用　体外实验发现，正常体液（血清）可阻止自身抗原与免疫活性细胞的抗原受体结合，表明血清中存在有封闭作用的物质（封闭因子）。该因子可以是抗原、抗体、抗原-抗体复合物或抗独特型抗体等，在免疫应答中起阻断或调节的作用。大量的抗原、抗原-抗体复合物表面的抗原或抗独特型抗体的超变区，可与相应淋巴细胞克隆上的抗原受体结合，从而阻断淋巴细胞对抗原的识别；而抗体或抗原-抗体复合物表面过剩的抗体可与外来抗原结合，切断抗原刺激的传入信号；封闭抗体与靶细胞上的抗原结合，降低靶细胞对免疫分子或效应细胞的敏感性。这些作用方式均可诱导耐受性的产生。

在免疫耐受性形成的过程中，虽然在表面上呈现无应答状态，但在机体内部却进行着一系列激烈的免疫应答过程，如封闭抗体产生增多，T 细胞数量增多、功能增强等。这种积极的生理功能调整，避免了自身免疫性病理损伤，保持了机体内环境的稳定。此外，更新的细胞膜成分和脱落的抗原，或与天然抗体结合后形成的复合物，均具有封闭作用。

（3）抑制性 T 细胞（Ts 细胞）的作用　Ts 细胞对成年动物免疫耐受性的形成和维持具有很重要的意义。这种 Ts 细胞是抗原特异性的 T 细胞，可以在实验动物中诱导产生。给小鼠大量反复注射绵羊红细胞抗原使其产生耐受，然后将耐受小鼠的淋巴细胞转移至另一个正常同系小鼠体内。结果发现，该受体小鼠对绵羊红细胞抗原也出现同样的免疫耐受状态。但将耐受小鼠的淋巴细胞先用抗血清和补体处理，去除小鼠原先存在的 T 细胞，再转移给正常同系小鼠，则受体小鼠对绵羊红细胞抗原的刺激能够产生抗体应答。这表明小鼠的免疫耐受性与 T 细胞有关。后经细胞鉴定证实，这种与免疫耐受性形成有关的 T 细胞为 Ts 细胞。

Ts 细胞对免疫耐受性形成的作用，可能是通过抑制 Th 细胞这一途径、活化 Ts 细胞产生多种可溶性抑制因子后所致。正常机体内 Th 细胞和 B 细胞克隆识别自身组织抗原成分的功能均正常，它们不能对自身组织抗原产生免疫应答是 Ts 细胞对它们持续施加抑制作用所致。一旦 Ts 细胞功能丧失，机体对自身组织抗原的耐受性也随之消失。然而，正常机体内自身耐受性的维持并非通过单一的机制起作用，而是通过多种机制参与的复杂调节活动来完成的。

（四）自身耐受和自身免疫

免疫系统对自身成分不产生免疫应答或只产生极微弱的免疫应答，这种现象称为自身耐受。自身耐受是机体对自身组织成分不产生免疫应答的基础，是维持自身稳定的重要机制之一。一旦此机制遭受破坏或丧失时，免疫系统就会对自身成分产生免疫应答，产生针对自身组织成分的抗体和致敏淋巴细胞，这种现象称为自身免疫（autoimmunity，AI）。因此，免疫耐受性和自身免疫是密切相关的。

正常动物或人血清中存在着各种微量的自身抗体、能识别自身成分并与其相结合的淋巴细胞。虽然某些自身抗体的出现可介导不同组织和器官的损伤，但大部分自身抗体是非特异性地参与疾病的病程，并不造成机体的损害，相反可对免疫调节起一定的平衡作用。例如，天然存在的自身抗体有利于清除体内衰老或损伤的自身细胞，防止过度的自身免疫反应，起到免除隐患的作用，故称为生理性自身抗体，其检出率随年龄的增长而增加。

1．免疫耐受状态的消除与自身免疫　免疫系统对自身抗原有天然免疫耐受性，该天然免疫耐受性一旦消除，即产生自身免疫而引起疾病。

带多种抗原决定簇的异种抗原（如链球菌、丹毒杆菌），如果带有与机体共同的抗原决定簇，其一旦进入机体便导致对共同抗原的耐受性终止，这与自身免疫病的发生有关。免疫细胞识别自身成分的能力丧失，免疫耐受性也会消失。

2．研究免疫耐受性的意义　免疫耐受性是一种积极的免疫过程，是机体免疫系统对自身抗原不发生病理性免疫应答的基础，是维持机体自身稳定必不可少的生理功能。免疫耐受性的重要意义在于以下几方面。

（1）维持机体的自身稳定　正常机体对自身组织成分耐受，对“非己”成分发生排斥，以维持自身的内环境稳定，使个体得以生存。

（2）阐明自身免疫病的发病机制　自身组织成分抗原性的改变或病原微生物的交叉抗原可导致自身耐受性的终止，进而产生自身免疫应答，造成自身组织损伤，引起自身免疫病。

（3）人工诱导耐受性用于治疗疾病　提高机体的自身免疫耐受性是防治自身免疫病的根本方法。诱导机体对移植物产生耐受性，可从根本上消除或缓解超敏反应的发生。

如采用微量（单位为μg、ng）、长时间反复多次皮下注射的脱敏疗法治疗Ⅰ型超敏反应及给移植前受体静脉注射单体抗原或免疫抑制剂，可使受体对器官移植物产生一定程度的耐受。

异种移植过程中的超急排斥反应（HAR）是异种移植的首要障碍，是人体内一些天然抗体（natural antibody）所介导的。这些天然抗体识别猪组织细胞表面的异种抗原（xenoantigen），尤其是表达于血管内皮细胞表面的半乳糖成分——α-1,3-半乳糖苷。天然抗体与血管内皮细胞结合后激活补体，手术后几分钟至数小时就可导致移植器官的血管栓塞、坏死。因此利用含有蔗糖转移酶的缓冲液在手术前对器官进行灌流；对α-1,3-半乳糖苷转移酶加以修饰，使其在结构上与人的糖基十分类似，不再被人天然抗体所识别；在手术前用带有α-1,3-半乳糖苷转移酶糖基的微球柱吸附清除宿主血清中的天然抗体；抑制补体在被移植组织细胞表面的活化；将猪的α-1,3-半乳糖苷转移酶基因敲除等手段，均能够有效地抑制人补体的活化，从而阻断HAR的发生。

（4）探索去除免疫耐受的条件，为肿瘤防治寻找新方法　设法终止机体对突变细胞的免疫耐受性，可恢复机体对肿瘤的免疫应答能力，增强机体的免疫监视功能。

二、自身免疫

自身免疫（autoimmunity）是指机体免疫系统对自身抗原发生免疫应答，产生自身抗体或针对自身抗原的致敏淋巴细胞的现象。自身免疫的发生一方面是自身组织成分的抗原性发生改变，引发机体免疫系统对其识别而产生免疫反应，另一方面是机体维持自身耐受的免疫调节机制遭受破坏，从而针对自身抗原发生异常的免疫应答，造成自身组织的损伤和引起自身免疫病（autoimmune disease，AID）。

实际上，正常动物体内存在着微量的能与自身抗原起反应的自身抗体、T细胞与B细胞克隆，只是这种微弱的自身免疫应答并不会引起自身组织损伤和功能异常，甚至它们还具有某些生理自稳作用。例如，天然存在的自身抗体有利于清除衰老、变性或损伤的自身细胞，阻断自身反应的淋巴细胞对自身抗原的识别，防止过度的自身反应。另外，体内不同淋巴细胞间的相互识别，在体内可构成独特型免疫网络，实际上也属于自身免疫现象，它在正常情况下起着生理性免疫调节作用，使机体对外来抗原的免疫应答有一定的自限性。当机体正常自身免疫发生质和量的异常，自身抗体或自身致敏淋巴细胞攻击自身靶抗原细胞和组织，使其发生病理改变和功能障碍时，就可引起自身免疫病。

（一）自身免疫发生的原因

1．自身抗原的产生

（1）隐蔽抗原的释放　体内某些器官或组织（如脑、眼球晶状体、睾丸、精子等）成分，从胚胎形成开始，在解剖位置上就与免疫系统隔绝，称为隐蔽抗原。按照 Burnet 细胞克隆排除学说，由于这些隐蔽抗原从胚胎期开始从未与免疫系统接触，因此免疫系统中相对应的淋巴细胞克隆依然存在并具有免疫活性。在手术、外伤或感染等情况下，如果这些隐蔽抗原释放入血液或淋巴系统，激活特异性淋巴细胞，将导致针对该隐蔽抗原的自身免疫病。例如，眼球在外伤情况下造成眼球内容物（晶状体）释放，可激发机体产生针对晶状体的抗体或激活特异性淋巴细胞，引起健侧眼球发生交感性眼炎。再比如精子，雄性个体在幼年时期尚未产生精子，机体的免疫系统也从未接触过精子这个异物，如果睾丸在青壮年及以后因外伤等情况造成损伤时，睾丸中的精子就有可能释放进入血液和机体内，机体产生针对精子的抗体或淋巴细胞，可引起针对精子的自身免疫反应。此外，像眼色素层、神经髓鞘磷脂碱蛋白、某些器官、细胞（如甲状腺、胃壁等）特异的微粒体抗原等也属于隐蔽抗原。

然而，隐蔽抗原的释放只能解释某些少数自身免疫的发生机制。有资料显示，有些隐蔽抗原并不与血液或淋巴隔绝，如被认为是隐蔽抗原的甲状腺球蛋白就有与淋巴细胞发生结合的现象，这种自身抗原之所以未引起自身免疫反应，可能是因为其浓度太低，不足以刺激机体产生免疫应答，或者这种低浓度的自身抗原只引起相应辅助性 T 细胞的免疫耐受，不能发出辅助信号使 B 细胞产生自身抗体。

（2）*自身组织成分的改变*　一些理化和生物因素可通过多种方式改变自身组织、细胞的抗原性质，包括直接使组织抗原物质变性，或者通过与组织或细胞蛋白质载体结合而改变自身抗原结构，或者改变细胞膜上抗原的表达而影响自身组织抗原的性质，从而引起自身免疫病。例如，肺炎支原体感染可改变红细胞表面的抗原性，刺激机体产生抗红细胞抗体，此抗体结合红细胞后可引起红细胞的破坏。此外，多种药物都可改变血细胞或其他组织细胞的抗原性，从而引发自身免疫病。

（3）*交叉免疫反应*　某些外来抗原或微生物（细菌、病毒）与动物机体的某些组织抗原具有相同或相似的抗原决定簇。当这些有交叉反应的抗原进入机体后，可被免疫系统识别而产生免疫应答，所产生的抗体或致敏淋巴细胞既针对外来抗原，又针对某些组织的自身抗原产生免疫损伤作用。例如，某些链球菌含有与哺乳动物的心肌、肾小球基膜和滑液膜等组织起交叉反应的抗原，当机体感染链球菌后所产生的抗链球菌抗体，既可能针对入侵的链球菌产生免疫应答，又可能作用于心肌、肾小球基膜和滑液膜等而发生交叉免疫反应，导致相应组织的自身免疫性损伤。

2．机体自身因素　正常机体具有非常缜密和严格控制的免疫调节系统，因此，体内虽存在针对自身成分的 T 细胞、B 细胞，但并不引起组织损伤及发生 AID。若免疫调控系统功能发生紊乱，则可能发生 AID。

（1）*禁忌细胞株发生突变*　一部分免疫活性细胞在胚胎发育过程中曾与强大的自身抗原成分接触而失去与其发生反应的能力，从而成为一种无功能活性的禁忌细胞株。这种禁忌细胞株受机体免疫稳定功能的控制，当某些原因使这种免疫稳定功能发生障碍时，禁忌细胞株因失去控制而发生突变，重新获得与相应自身抗原产生免疫应答的能力。

机体的免疫稳定能力与胸腺密切相关，因此胸腺功能改变与多种自身免疫病有关。然而禁忌细胞株的突变是一种随机现象，并不能解释许多特定抗原能诱发相应组织器官的自身免疫反应。

（2）*淋巴细胞旁路活化*　在正常情况下，机体存在针对自身抗原的 T/B 细胞克隆，由于 Th 细胞易产生免疫耐受，因此不出现自身免疫应答。某些外来抗原进入机体可激活相应的 Th

细胞，绕过原已产生耐受的 Th 细胞，使因缺乏 Th 细胞辅助信号而处于静止状态的自身反应性 B 细胞克隆被激活，产生自身免疫应答。

（3）MHC Ⅱ类抗原的异常表达 在正常动物中，只有 B 细胞、抗原呈递细胞、胸腺上皮细胞和血管内皮细胞表面有 MHC Ⅱ类抗原，大多数组织器官和静止的 T 细胞不表达 MHC Ⅱ类抗原。在某些因素（如 IFN-γ）作用下，组织细胞表面可异常表达 MHC Ⅱ类抗原，可将自身抗原呈递给 Th 细胞，引发自身免疫病。病毒感染和同种免疫所导致的自身免疫可能与 MHC Ⅱ类抗原的异常表达有关。

（4）细胞因子产生失调 细胞因子可能通过诱导 MHC Ⅱ类抗原的异常表达，诱导黏附分子表达量增加，使抗原呈递细胞（APC）与 T 细胞的亲和力增强，以促进自身免疫应答的发生，引起自身免疫病。在自身免疫过程中，相关的细胞因子基因表达出现异常，血液淋巴细胞及免疫损伤组织细胞中的细胞因子如 IL-1、IL-2、IFN-γ、TNF、TGF-β、GM-CSF 等异常增多。细胞因子作为免疫调节因子和炎症介质参与自身免疫发生发展的全过程。

（5）T 细胞亚群比例失调或功能异常 T 细胞、B 细胞及其亚群是免疫系统的主要免疫活性细胞，它们在免疫调节中具有相辅相成和相互制约的作用，尤其 Th 细胞和 Ts 细胞之间免疫调节功能的相对平衡是维持自身耐受和正常免疫应答的重要保证。现已确认，T 细胞亚群比例失调或功能异常在自身免疫发展中具有重要作用。

Ts 细胞能抑制自身反应细胞的激活，当 Ts 细胞数量或功能降低、Th 细胞和反抑制性 T 细胞（contrasuppressor T lymphocyte）细胞增多或活跃时，可使自身反应细胞发生脱抑制而功能亢进，导致自身免疫的发生。胸腺是 T 细胞及其亚群分化发育的主要器官，因而胸腺发育和功能不全，往往可导致 T 细胞亚群发生异常，这多与自身免疫发生有关。

（6）遗传与内分泌因素 多种自身免疫病的发生与个体的 MHC 基因型有关。一些动物品系如 NZB、来航鸡等能自然发生自身免疫病；小鼠与 H-2 连锁的免疫反应基因（*Ir* 基因）能直接影响自身免疫性甲状腺炎的发生发展，这说明遗传因素与自身免疫病的发生有一定关系。

动物性别和性激素对自身免疫病的发生也有影响。$NZB/NZWF_1$ 是一种自发系统性红斑狼疮（SLE）样综合征的小鼠，在雌性动物中发病早，病情严重，存活期也短。如果雄性小鼠在青春期摘除性腺，则出现与雌鼠相似的变化。若给雌性发病鼠注射雄性激素，则自身抗体生成减少，病情减轻，存活期延长。雌性激素不仅可促进抗 DNA 抗体的产生，而且可作用于胸腺，延缓 T 细胞在胸腺内的发育和 T 细胞数量的减少。

总之，自身免疫发生的原因和机制比较复杂，涉及多种因素和不同作用机制，情况不同其作用机制不尽相同，有时可能由几种机制同时或先后发生作用。

（二）自身免疫反应引起组织损伤的机制

在自身免疫过程中，除Ⅰ型变态反应外，其他各型变态反应导致组织损伤的方式均参与自身免疫反应。自身免疫病的发病原因和机制不同，其所造成组织损伤的机制也不同，有些自身免疫病的组织损伤与多种发病机制有关。

1. 自身抗体的损伤作用

（1）自身抗体的细胞毒作用 自身抗体（主要是 IgG 类）与靶细胞膜表面相应的抗原结合，可通过不同的途径破坏靶细胞，包括：①固定补体并激活补体，C_{1q} 是可溶性的 Fc 受体，能与自身抗体的 Fc 片段结合，激活补体系统，导致靶细胞破坏或溶解；②自身抗体的 Fab 片段与靶细胞表面抗原结合，其 Fc 片段与效应细胞表面 Fc 受体结合，通过自身抗体的桥联，促使效应细胞杀伤靶细胞，此即抗体依赖性细胞介导的细胞毒作用（ADCC）；③自身抗体的免疫调理，使细胞黏附于吞噬细胞表面，易于被吞噬细胞所吞噬、裂解。

（2）抗体刺激靶细胞　自身抗体与靶细胞结合后，靶细胞不受损害，而是刺激靶细胞功能亢进，如包括人在内的动物的自身免疫性甲状腺功能亢进，即与这种机制有关。

（3）抗体中和作用　自身抗体与具有重要生理功能或活性的相应抗原物质或受体结合，使其功能或活性丧失，从而导致相应的功能改变或引发疾病。例如，包括人在内的动物患重症肌无力时，自身抗体为乙酰胆碱受体的抗体，该抗体与神经突触后膜上的乙酰胆碱受体结合后，可阻断乙酰胆碱的肌肉兴奋效应。

（4）免疫复合物的损伤作用　自身抗体与游离于细胞外的抗原结合形成抗原-抗体免疫复合物，特别是在抗原、抗体含量适中时形成中等大小（19S）的可溶性免疫复合物，该免疫复合物随血液循环沉积在全身小血管基膜或滑液囊及组织间隙处，在免疫复合物沉积局部激活补体系统，释放趋化因子，吸引中性粒细胞，引起局部组织分解坏死；趋化因子同时可以激活内源性凝血系统，导致微血栓形成，局部缺血及出血，加重局部组织的变性坏死。趋化因子还可使嗜碱性粒细胞、肥大细胞脱颗粒及血小板活化而释放血管活性物质，引起毛细血管通透性增强和局部水肿。包括人在内的动物患系统性红斑狼疮时所表现出的肾小球肾炎、类风湿性关节炎、血管炎等的发生均与此作用机制有关。

2. 致敏 T 淋巴细胞对组织的损伤作用　在自身免疫性损伤中起主要作用的是 CD_8^+ T 细胞，还有 Th 细胞和 K 细胞等。

（1）自身致敏 T 淋巴细胞介导的细胞毒作用　自身致敏 T 淋巴细胞能针对自身抗原特异的靶细胞起直接或间接的杀伤作用。CD_8^+ T 细胞通过对靶细胞自身抗原和 MHC Ⅰ类分子的识别而活化，与靶细胞结合后向靶细胞释放颗粒毒性物质，直接攻击靶细胞。释放在靶细胞膜上的穿孔素聚合为多聚穿孔素，导致靶细胞膜出现孔洞、离子外流和水分进入细胞内，引起细胞破裂，或者毒性物质引起靶细胞膜的离子泵损坏，细胞内钙离子积聚过多，内质网膨胀，染色质浓缩和降解，致使细胞崩解。间接杀伤作用主要是通过自身致敏 T 淋巴细胞接触靶细胞后释放一系列淋巴因子如多种细胞趋化因子、转移因子、促分裂因子、巨噬细胞活化因子、巨噬细胞移动抑制因子、淋巴毒素、炎症因子等，引起以单个核细胞为主的局部炎症反应，导致组织损伤。动物的慢性甲状腺炎、结节性多动脉炎、类风湿性关节炎及其他一些病毒诱发的自身免疫病的组织损伤，可能与自身致敏 T 淋巴细胞的参与有关。

（2）自身致敏 T 淋巴细胞介导的刺激作用　有研究发现，自身致敏 T 淋巴细胞培养上清液有刺激胶原合成的作用，推测进行性全身性硬化症的病变与此有关。

三、自身免疫病

自身免疫病（autoimmune disease，AID）是指自身免疫反应导致组织损伤和功能异常的一类疾病。

（一）自身免疫病的基本特征

自身免疫病是自身免疫反应在疾病发生发展过程中起主导作用的一类疾病。在某些疾病发病过程中往往可能伴有自身免疫反应，如严重烧伤过程中可出现抗皮肤的自身抗体，这种疾病过程中有自身免疫反应相伴随的现象，可随疾病的康复而消失，故一般不将其列为自身免疫病的范畴。

自身免疫病往往具有下列基本特征：①能检出高滴度的自身抗体或与自身组织成分发生反应的致敏淋巴细胞；②特定组织器官的病理性损伤和功能障碍，与自身抗体或致敏淋巴细胞针对的抗原所在部位密切相关；③除少数继发性自身免疫病可找到致病原因外，多数自身免疫病的发病原因尚不清楚；④自身免疫病常呈反复发作和慢性迁延过程；⑤将患病动物的血清或致敏淋巴细胞转移给正常动物，可引发相同的自身免疫病；⑥疾病的发生有一定的遗传倾向。

需要指出的是，并非每一种自身免疫病均同时具备上述所有的基本特征，其中①、②最为重要，其他各项可作为诊断的重要参考指标。

（二）自身免疫病的分类

自身免疫病的分类主要有两种：一种是按疾病累及的系统而分为不同系统的自身免疫病；另一种是按自身抗原的分布进行分类，可分为器官特异性自身免疫病和非器官特异性自身免疫病。

器官特异性自身免疫病是指自身抗原为某一器官的特定成分，病变也局限于该器官，典型的疾病有胰岛素依赖型糖尿病、慢性淋巴细胞性甲状腺炎和重症肌无力等；非器官特异性自身免疫病是指自身抗原并非某一器官所特有的。非器官特异性自身免疫病又称全身性或系统性自身免疫病，患者的病变可见于多种器官及结缔组织，故这类疾病又称结缔组织病或胶原性疾病，典型的疾病有系统性红斑狼疮、类风湿性关节炎和硬皮病等。

在自身免疫病中，有些与某些外因作用关系密切或继发于其他疾病，称为继发性自身免疫病；大多数自身免疫病的发生与外因无关或原因不明，称为原发性自身免疫病。

（三）动物常见的自身免疫病

1. 全身性的自身免疫病

（1）系统性红斑狼疮　系统性红斑狼疮（systemic lupus erythematosus，SLE）多发生于犬、猫、新西兰黑鼠和人。此病所呈现的病变范围较广，往往累及多种组织和多个器官，如皮肤、心血管、肾、关节、肌肉、神经系统、血细胞等均可发生损伤性变化。患病动物或人的病程可呈现发作与缓解交替，患者的血清中会出现多种自身抗体，能针对许多自身组织成分如细胞核成分（DNA、核蛋白）、细胞质成分（线粒体、微粒体）、血细胞、凝血因子、心血管结缔组织、肾小球基膜、关节滑液膜等发生免疫反应，引起相应自身成分的损伤。

一般认为，除血细胞的破坏是由Ⅱ型变态反应引起之外，大部分其他病理的变化是Ⅲ型变态反应即免疫复合物的沉积所致。该病出现的抗核抗体又称狼疮因子，是一组抗细胞核抗体的总称，包括抗 DNA、组蛋白、非组蛋白。RNA-蛋白质复合物及其他核抗原的抗体，可通过形成免疫复合物的沉积，引起血管炎、肾小球肾炎、类风湿性关节炎。免疫复合物在肾小球基膜呈“线环”状沉积，可在小动脉壁引起局部纤维素样坏死和纤维化。抗核抗体还能与变性细胞的细胞核或 DNA 呈团块状结合，形成圆形或椭圆形苏木精着色的苏木精小体（苏木精-伊红染色，HE 染色），常见于皮肤、肾、肺、淋巴结、脾、心脏等组织中。这些小体被吞噬细胞吞噬后形成所谓的狼疮细胞，主要见于骨髓及淋巴结和坏死组织中。此外，抗红细胞抗体、抗粒细胞抗体、抗血小板抗体通过Ⅱ型变态反应引起自身免疫性溶血性贫血、粒细胞减少症和血小板减少症；抗肌肉抗体可引起肌炎；抗皮肤成分抗体可引起特征性的两侧对称性皮炎；抗淋巴细胞抗体选择性地破坏 Ts 细胞，可使免疫反应过强，而免疫反应过强的结果则可导致伴有髓质破坏的淋巴结肿大和具有生发中心形成的胸腺肿大及多克隆免疫球蛋白血症等。

系统性红斑狼疮的发生原因和机制尚不完全清楚，一般认为其发生与遗传、性激素、病毒感染等有关。多种纯系小鼠（NZB、NZB/NZWF_1、BXSB）世代相传均发生系统性红斑狼疮，而且其后代的发病率相对增高，提示有遗传因素参与。该病在雌性动物中的发病率高于雄性动物。NZB 雄性鼠阉割后可使病情恶化，雌性鼠注射雄性激素后会出现病情好转的情况，说明该病与性激素有关。也有研究认为，该病的发生机制主要是 Ts 细胞功能降低、Th 细胞功能亢进所致。

（2）类风湿性关节炎　类风湿性关节炎（rheumatoid arthritis）是以侵害关节及关节周围组织为主并累及其他器官系统的一种自身免疫病。该病在奶牛中比较多发，其次是犬、马、猪、羊、猫中，也是人类常见的自身免疫病。

该病的确切病因不明。在不同患病动物的关节液中曾分离出不同的病原微生物，如猪鼻炎支原体、山羊关节炎-脑炎病毒、猪红斑丹毒丝菌等，故认为该病与微生物感染有关。患病动物的关节滑液膜在微生物持续感染作用下发生变性，刺激免疫系统生成致敏 T 淋巴细胞及自身抗体 IgG。自身抗体在感染微生物的影响下免疫原性发生改变，刺激机体生成抗 IgG 抗体，称此为类风湿因子。类风湿因子主要是 IgM，也有 IgG，它们均能识别自身抗体即变性的 IgG 并与其形成复合物，随血液循环沉积在关节、心脏、皮下组织的毛细血管壁，通过激活补体，引起局部炎症变化，并有致敏 T 淋巴细胞的细胞毒作用，可造成类风湿性关节炎、类风湿性心肌炎、皮下脉管炎及其他病理损害。

类风湿性关节炎一般同时累及多个关节。急性发作时，关节滑液膜呈现充血、肿胀，关节滑液增多，呈淡红色或混浊，在病程后期关节软骨表面粗糙、变黄。关节周围组织见有充血、出血及胶样浸润，呈现关节周围炎。慢性病例的关节滑液膜高度增厚，关节内面见有富含血管的结缔组织，关节软骨碎裂和脱落，形成溃疡。该病多呈慢性经过，很难治愈。

类风湿性心肌炎通常累及心瓣膜、心内膜及心肌，也可累及心外膜。典型的病变是在心肌形成肉芽肿。类风湿性心肌炎多与甲型溶血性链球菌感染有关。甲型溶血性链球菌细胞壁抗原与动物心肌、心瓣膜、肾基膜、小动脉平滑肌成分有共同的抗原性，该菌感染后所诱生的抗体和致敏淋巴细胞可致心肌组织产生免疫反应。

皮下风湿小结是由皮下小血管炎演变形成的风湿结节。在皮下小血管炎部位出现淋巴细胞、浆细胞和中性粒细胞浸润，导致局部坏死，在其周围形成成纤维细胞肉芽肿，其中仍含有淋巴细胞及浆细胞。

（3）干燥综合征　干燥综合征（Sjogren syndrome）又称泪腺、唾液腺干燥病和干性角膜结膜炎，见于犬和人。该病的免疫病理学特点是体内产生针对泪腺、唾液腺的自身抗体，引起相应腺体的免疫损伤和分泌功能障碍。患病动物表现为干性结膜角膜炎和口腔干燥，继发齿龈炎和高度口渴。病变腺体有大量淋巴细胞浸润，可检出自身抗体。患病动物除有器官特异抗体外，有时可检出抗核抗体和类风湿因子，出现 γ 球蛋白血症。

2．器官特异性的自身免疫病

（1）自身免疫性甲状腺炎　犬、鸡有自然病例发生，家兔有实验性甲状腺炎。患病动物的甲状腺肿大变硬，甲状腺滤泡变小，腺泡内胶质含量减少，有广泛的淋巴细胞浸润，有的形成淋巴样滤泡，病变晚期见有大量结缔组织增生及纤维化，腺体受压萎缩变小，质地变硬。血清中出现抗甲状腺球蛋白的 IgG，少数犬血清中出现抗原-抗体复合物。临床症状主要表现为甲状腺功能减退，病犬体胖，缺乏活力，生育力降低，出现斑状脱毛；病鸡体脂增多，骨骼较小，产蛋率降低，对环境温度降低非常敏感。

用家兔甲状腺浸出液与弗氏完全佐剂混合后给家兔注射，可复制出典型的自身免疫性甲状腺炎，血液中可检出相应的自身抗体及致敏淋巴细胞。该病在动物实验中不能通过血清转移给其他动物，但可通过淋巴细胞转移引起甲状腺炎。用甲状腺提取物给患病动物皮下注射，可出现迟发型变态反应。说明患病动物有致敏的T淋巴细胞和在自身免疫反应中有Ⅳ型变态反应参与。该病的确切病因尚不清楚，但有明显遗传倾向，如该病在OS品系来航鸡和短腿猎兔犬（Beagle）中多发。

（2）自身免疫性脑炎和神经炎

1）实验性自身免疫性脑炎和神经炎：给动物接种加有弗氏完全佐剂的脑组织乳剂后可引起变态反应性脑脊髓炎。由于脑组织乳剂中含有髓鞘蛋白、髓磷脂等抗原物质，因此给犬、猫、鸡等动物注射后2～3周即可出现不定位的灶状脑脊髓炎，病变部位可见淋巴细胞浸润和血管炎变化，并伴有脱髓鞘和神经轴索损伤，在动物血清中可检出抗脑组织的相应抗体。如果用神经组织（坐骨神经）免疫动物，则可引起变态反应性神经炎，其脊神经根和外周神经可发生脱髓鞘变化，出现麻痹症状。

2）犬瘟热性脑炎：犬患犬瘟热后，少数动物可发生自身免疫性脑膜脑炎，其病理变化与实验性变态反应性脑炎相似。犬瘟热病毒一般是在急性病毒血症时侵入脑内，并潜伏于神经胶质细胞中，但病毒本身并不直接损害脑组织。脑炎的神经脱髓鞘等病变的发生，可能是致敏的T细胞和自身抗体作用于髓鞘组织上的病毒抗原或被病毒改变的髓鞘组织所致。

3）多发性神经炎：多发性神经炎主要见于被野兽伤害的猎犬。一般在受伤后7～14d，患犬开始出现四肢无力和进行性麻痹，体温正常，脊髓腹侧神经根和外周神经呈节段性脱髓鞘，血管周围出现淋巴细胞性管套现象。马尾神经炎表现为尾、膀胱和肠管括约肌麻痹，其病理变化和发病机制与实验性变态反应性神经炎相似。

（3）自身免疫性眼病　周期性眼色素层炎（葡萄膜炎）多见于马，其发生率可高达10%，是导致马失明的重要原因。在犬、猫和山羊中也有发病报道。该病呈周期性发作，缓解与再发时常交替出现，俗称“月盲症”。患病动物出现结膜和睫状体充血、角膜水肿、眼房液增多、虹膜粘连等症状，再发后出现脉络膜视网膜炎，这是最常见的病变，通过反复发作可导致视网膜分离、玻璃体混浊、白内障、青光眼。病理组织学检查，急性病例时在眼色素层见有淋巴细胞浸润，而慢性病例在虹膜、脉络膜、睫状体及视神经见有淋巴细胞、少量嗜酸性粒细胞、浆细胞浸润。

（4）自身免疫性不育症　该病多是动物体内产生抗精子抗体而导致不育。常在雄性动物睾丸损伤或输精管阻塞时，在其血清中可检出抗精子抗体。例如，公犬、公牛感染布鲁氏菌病时，动物发生慢性附睾炎，精子抗原被巨噬细胞吞噬，致敏机体产生IgG类抗精子抗原的抗体，可使精子发生凝集反应和丧失运动能力，从而引起不孕。

（5）自身免疫性重症肌无力　该病的特征是神经肌肉传递功能异常，致使受损骨骼肌的肌力与收缩力减退，见于犬、猫、猪和人。患病动物在轻微活动后出现异常疲劳和肌肉无力症状，随活动加剧表现出症状加重，经休息或使用胆碱酯酶抑制剂后症状可减轻。重症肌无力时，血清中可检出抗乙酰胆碱受体抗体、抗胸腺上皮细胞抗体、抗骨骼肌等自身抗体，还有针对乙酰胆碱受体和肌肉抗原的致敏淋巴细胞。此外，患病动物还常见有胸腺病变，表现为细胞增生和出现生发中心。切除胸腺能使病情缓解或好转。给家兔或大鼠注射乙酰胆碱受体蛋白，可发生实验性重症肌无力；将其血清转注给同种正常动物，能引起相同的病症。该病的发生机制主要与乙酰胆碱受体抗体阻断神经肌肉接头处乙酰胆碱的功能有关。研究发现，胸腺上皮细胞也有乙酰胆碱受体和与骨骼肌含有交叉反应的共同抗原。故当胸腺因某种原因如病毒感染而发生病变时，它所诱生的自身抗体也可与骨骼肌发生自身免疫反应。该病的确切原因尚不明了，但该病有一定的遗传倾向。

（6）结节性多动脉炎　结节性多动脉炎（polyarteritis nodosa）又称结节性动脉周围炎，可自然发生于牛、猪、犬、马、绵羊和鹿，也可继发于牛卡他热、马传染性贫血、牛传染性脑膜脑炎、貂阿留申病等一些传染病。病变主要见于全身各器官如脑脊膜、心脏、肾、肝、乳房、舌、横纹肌等处的中小动脉。发病早期动脉中膜和外膜水肿，相继出现中膜平滑肌与弹力纤维崩解和纤维素样坏死，并往往扩展到内膜和整个血管壁，随着病变的发展，血管壁坏死组织逐渐被增生的成纤维细胞和毛细血管组成的肉芽组织所置换，其中浸润有嗜酸性粒细胞和淋巴细胞。受损动脉呈结节状或索状肥厚，管壁增厚，管腔变窄或闭塞。动脉闭塞或血栓形成，可导致相应器官的梗死和功能障碍。皮肤部位的血管炎在局部呈现红斑、血管性水肿、溃疡、痂皮形成或脱落及秃毛等症状，在皮肤表皮交界处可检出自身抗体 IgG 和补体 C_3 沉着。该病的原因尚不清楚，其急性病变常由免疫复合物诱发，并在某些传染病时出现，因而认为该病可能与微生物感染或药物诱发的变态反应有关。

（7）自身免疫性血液病

1）自身免疫性溶血性贫血。红细胞自身抗体引起红细胞破坏所致的贫血，称为自身免疫性溶血性贫血（autoimmune hemolytic anemia，AIHA）。该病在犬、猫、马、牛等动物中均有报道。红细胞自身抗体根据其最适的作用温度，可分为温抗体和冷抗体两大类。温抗体主要是 IgG 类抗体，一般通过吞噬细胞而使红细胞破坏。IgG 类抗体与红细胞膜上相应抗原结合，IgG 抗体的 Fc 片段再与吞噬细胞（巨噬细胞）的 Fc 受体结合，红细胞被吞噬或通过 ADCC 机制被破坏，或在多数情况下，红细胞丧失部分细胞膜与磷脂，致使红细胞的表面积与内容物的比例减少而变成球形。细胞膜变硬，易于在网状内皮细胞系统（尤其是脾）内被破坏而发生溶血，故称此为血管外溶血。发病隐蔽，逐渐出现黄疸，无血红蛋白血症。单核细胞、K 细胞及部分粒细胞上也有 Fc 受体，也可部分参与溶血。若抗体量过多，在红细胞表面与抗原结合的两个抗体十分邻近，则可激活补体，通过补体系统使红细胞在血管内溶解破坏，即发生血管内溶血。一些 IgM 类抗体也能在 37℃时激活补体，引起血管内溶血。

冷抗体为 IgM 类完全抗体，常与红细胞膜上的相应抗原结合，激活补体，导致血管内溶血，发病急剧，出现血红蛋白血症和血红蛋白尿症。补体激活后 C_3 可裂解为 C_{3a} 和 C_{3b}，C_{3b} 结合于红细胞膜上，这种红细胞又可在肝内阻留，被吞噬细胞破坏。冷抗体能在 4℃凝集红细胞，通过补体引起红细胞破坏，当其随血液循环流经动物肢端（尾、趾、耳等）时，血液温度显著降低，可使红细胞在毛细血管内凝集和发生溶血，也可导致局部血液循环障碍，出现肢端发绀、红斑、坏死等症状。

犬的原发性自身免疫性贫血，其红细胞的直接抗球蛋白试验呈现阳性，红细胞大量破坏，脾功能亢进，全身贫血并伴发黄疸。从患犬的致敏红细胞表面，可抽提出使其他正常犬红细胞致敏的抗体，主要是 IgG 类抗体。

2）自身免疫性血小板减少症。该病由针对血小板的自身抗体引起，在马、牛、犬、猫中均有报道。临床上主要表现为突然发生紫癜，皮肤、黏膜出现出血点和出血斑，严重时出现血尿，排黑色粪便。该病常伴发自身免疫性溶血性贫血、系统性红斑狼疮等疾病。

第四节 免疫缺陷与免疫缺陷病

动物机体因免疫系统先天发育不全或后天遭受损害而造成免疫功能缺乏或低下，称为免疫缺陷（immunodeficiency）。由免疫缺陷引起的疾病称为免疫缺陷病（immunodeficiency disease）。免疫缺陷时，由于免疫系统的受累部位、范围和程度各不相同，因此免疫功能障碍的表现形式也各有特点，主要表现为机体的抗感染能力降低，容易发生反复的严重感染，伴随自身免疫病、变态反应性疾病和肿瘤的发生。

一、免疫缺陷的分类

（一）根据发生的原因分类

依据发生的原因，可将免疫缺陷分为原发性免疫缺陷（primary immunodeficiency）和继发性免疫缺陷（secondary immunodeficiency）两类。

1．原发性免疫缺陷　是在遗传因素或先天性因素作用下，免疫系统不同部分由于受到损伤而引起的免疫缺陷。大部分是遗传学异常所致，其中约 1/3 为常染色体遗传，约 1/5 为性染色体遗传。部分患畜是染色体的部分遗传物质遗失或重组，从而表现出生物化学或代谢异常，如某些酶缺陷、膜糖蛋白缺陷可导致某些维生素、矿物质的吸收障碍等；部分患畜是免疫组织器官在胚胎发育期出现异常所致。原发性免疫缺陷多发生于幼畜，除表现有免疫功能缺损外，有时还伴有其他组织器官的发育不全或畸形。

2．继发性免疫缺陷　是指动物出生后免疫系统受到其他疾病或致病因素的损害后而引起的免疫功能低下或缺乏，大多数免疫缺陷属于此类。继发性免疫缺陷较原发性者更为常见，可发生于任何年龄的畜禽，但无特征性的病理变化。

（二）根据免疫功能缺陷的性质分类

依据免疫功能缺陷，可将免疫缺陷分为非特异性免疫缺陷和特异性免疫缺陷两类。

1．非特异性免疫缺陷　非特异性免疫缺陷包括机体防御、屏障、吞噬和炎症反应等多方面的缺陷，其中主要是吞噬细胞和补体缺陷，影响吞噬和杀菌能力。

2．特异性免疫缺陷

（1）*体液免疫缺陷或免疫球蛋白缺陷*　可累及全部或某一类免疫球蛋白，患病动物主要表现为多次反复的细菌性感染，并对各种细菌抗原产生抗体的能力低下，淋巴组织中缺少浆细胞，淋巴滤泡和生发中心不完整。

（2）*细胞免疫缺陷*　主要是 T 细胞缺乏或功能障碍所致，往往表现为严重的病毒、真菌、胞内细菌和原虫感染，患病动物外周血液中淋巴细胞数量显著减少，不出现迟发型变态反应，免疫器官和组织的胸腺依赖区中缺少淋巴细胞。

（3）*联合免疫缺陷*　兼有体液免疫和细胞免疫缺陷，患病动物血液中淋巴细胞和免疫球蛋白含量均显著减少，体液免疫和细胞免疫应答水平均降低，容易发生微生物感染。

除此以外，免疫缺陷还可按照发病环节和临床病理进行分类。如果按照发病环节，可将免疫缺陷分为干细胞缺陷、胸腺缺陷、类囊器官缺陷、胸腺和类囊器官外缺陷及酶缺陷等；如果按照临床病理分类，可将免疫缺陷分为干细胞缺陷、T 细胞数量与功能异常、B 细胞与质量异常、T 细胞和 B 细胞间协同异常及具有特殊表现的免疫缺陷等。

二、免疫缺陷的发病机制

在免疫系统中参与免疫应答的各种细胞在其产生、分化、代谢及细胞间相互作用的任何一个环节发生异常，均可引起免疫功能的缺陷。目前对原发性免疫缺陷的确切发病机制和部位虽然尚不完全清楚，但可概括为以下几个方面。

（一）中枢免疫器官异常

当骨髓造血干细胞或淋巴干细胞缺乏或发育不全，不能分化为 T 细胞和 B 细胞时，可引起严重的联合免疫缺陷、粒细胞减少症和网状细胞发育不全；第三、第四对咽囊（胸腺原基）不发育或发育不全，可造成先天性胸腺发育不全；胸腺功能不全，T 细胞增殖、分化发生障碍，可导致 T 细胞数量与质量异常；类囊器官或腔上囊发育不全或受损，则 B 细胞的增殖、分化发生障碍，可导致体液免疫缺陷；胚胎期病毒侵染胎儿淋巴组织，抑制免疫细胞的 DNA 复制，可导致淋巴细胞增殖、分化障碍及数量与质量异常。

（二）免疫活性细胞内在缺陷

免疫活性细胞的某些先天性酶类缺乏或不足所引起的细胞生化代谢障碍，与免疫活性细胞增殖、分化和功能改变密切相关。例如，腺苷脱氨酶缺乏使 T 细胞、B 细胞功能降低；核苷酸磷酸化酶缺乏使 T 细胞功能降低而 B 细胞正常；次黄嘌呤鸟嘌呤磷酸核糖基转移酶缺乏使 B 细胞功能降低而 T 细胞正常；髓过氧化物酶和葡萄糖-6-磷酸脱氢酶缺乏可导致中性粒细胞和巨噬细胞杀菌吞噬能力降低等。

（三）免疫活性细胞间调控机制异常

免疫应答过程中免疫活性细胞及其亚群、抗原、抗体、补体、细胞因子、神经内分泌之间的相互刺激和调节出现异常，常与某些免疫缺陷的发生密切相关。某些选择性免疫缺陷和不完全免疫缺乏的发生可能与抑制细胞作用有关。例如，Th 细胞缺陷可导致免疫球蛋白过低症；Ts 细胞缺陷可引起自身免疫病；血清中出现抗 T 细胞或抗 B 细胞抗体或其他抑制因子，可导致淋巴细胞减少症。

（四）环核苷酸和前列腺素 E 对淋巴细胞增殖分化功能的影响

淋巴细胞膜上的受体在激素或细胞因子的作用下，细胞内腺苷酸环化酶活性改变，使细胞内腺苷酸环化酶（cAMP）和鸟苷酸环化酶（cGMP）的含量和比值发生改变，可影响细胞增殖过程，其中 cAMP 对细胞克隆的增殖有抑制作用，而 cGMP 则有诱导和促进细胞克隆增殖的作用。前列腺素 E 和胸腺素均能通过调节 cAMP/cGMP 的值而影响淋巴细胞的增殖分化。某些免疫缺陷病的发生可能与此机制有关。

（五）神经-内分泌免疫系统调节失常

下丘脑接受抗原信号刺激后，通过神经-内分泌轴将信号刺激传递给有关内分泌器官，再作用于免疫系统，如肾上腺皮质激素可抑制细胞免疫和抗体生成；摘除甲状腺或甲状腺素分泌减少可使实验动物的细胞免疫和体液免疫功能均降低。这在应激因素引起的继发性免疫缺陷的发生上具有重要作用。

（六）遗传因素

DNA 和 mRNA 是遗传信息的物质基础，遗传信息储存在 DNA 分子中传递给子代，mRNA 在蛋白质生物合成中起模板和转录作用，将遗传密码传递给新合成的蛋白质或酶分子。免疫系统的蛋白质和酶类的合成受遗传基因控制，DNA 或 mRNA 分子出现先天性或后天性异常，蛋白质和酶的结构和功能也随之发生改变，从而引起各种免疫功能异常。这可能是某些免疫缺陷病时免疫活性细胞增殖分化和功能障碍的重要发病因素，因为有研究发现，很多动物的原发性免疫缺陷都伴有不同程度的染色体异常。

三、动物常见的免疫缺陷病

（一）动物原发性免疫缺陷病

1. B 细胞免疫缺陷病　B 细胞先天性发育不全和功能异常可导致抗体产生缺陷。由于血清抗体容易检测，因此人们对此类免疫缺陷病的认识较早，其发病率约占原发性免疫缺陷病（PID）的 50%。免疫缺陷可以出现在 B 细胞成熟的不同阶段或出现在成熟 B 细胞对抗原刺激的应答中。另外，Th 细胞功能异常也可以引起抗体产生缺陷。

（1）低丙种球蛋白血症　最初称为先天性无丙种球蛋白血症，后来有人提出许多患者血清中并非完全不存在免疫球蛋白，而是含量显著降低，故改称为低丙种球蛋白血症。B 细胞免疫缺陷主要以患畜的低丙种球蛋白血症为特征。

低丙种球蛋白血症的免疫学特点表现为：①缺少 B 细胞和浆细胞；②血清中查不到 IgM、IgA、IgD 或 IgE。IgG 的含量不及正常人或畜的 10%，特异性抗体低下。③T 细胞数量和功能基本正常。

低丙种球蛋白血症的临床表现特征为：自出生后 5～6 个月开始出现反复的急性化脓菌感染，常伴有营养不良、发育迟缓，部分患畜生长激素缺乏，可伴有变态反应性疾病。动物常见的低丙种球蛋白血症有以下几种。

1）马驹无丙种球蛋白血症：该病主要见于马驹，在牛也有报道，只发生于雄性幼畜，是一种性连锁阴性（XL）遗传性疾病，主要特征是频发呼吸道感染。幼畜出生时血清 IgM 缺乏，IgA 和 IgG 含量取决于初乳相应抗体的转移，对抗原刺激不呈现抗体反应，淋巴器官无淋巴滤泡和生发中心，并缺乏浆细胞，T 细胞正常。病驹反复发生细菌性感染，一般可存活 18 个月左右。

2）一过性低丙种球蛋白血症：该病发生于 3～4 月龄的阿拉伯马驹，因体内免疫球蛋白生成延迟和来自初乳的母源抗体减少，血清内免疫球蛋白含量极少，易遭细菌反复感染。度过这一时期后体内免疫球蛋白生成和含量逐渐恢复正常。

3）选择性 IgM 缺乏症：见于阿拉伯马，其血清 IgM 缺失，其他免疫球蛋白和细胞免疫均正常。患病动物容易反复发生呼吸道感染，多在一年内死亡。该病症也见于 Doberman Pinschen 犬，患犬的血清中 IgM 含量极少，IgG 略减，IgA 含量升高。病犬容易发生慢性鼻卡他性炎。

4）选择性 IgG 缺乏症：患牛（见于丹麦红色奶牛）的血清中 IgG_2 缺失或明显减少，其他免疫功能均正常。患牛对化脓性细菌的易感性增高，容易发生坏死性乳腺炎和支气管肺炎。患马的血清中 IgG 含量极低，IgM、IgA 含量及 T 细胞功能均正常，容易发生大肠杆菌感染。

5）选择性 IgA 缺乏症：小型猎犬患病后其血清中 IgA 含量极低，而 IgG 和 IgM 含量及 T

细胞、B 细胞数量均正常，对丝裂原及破伤风类毒素免疫均能产生反应。患犬体内可检出抗 IgA 的循环抗体，时常感染支气管败血杆菌和副流感病毒，反复发生呼吸道疾病，有的还发生皮炎、耳炎、胃肠道感染及周期性癫痫。该病为常染色体遗传缺陷。德国牧羊犬患病后其血清 IgA 含量显著降低，而 IgG 和 IgM 含量正常，十二指肠液中免疫球蛋白也呈现同样变化。病犬胃肠道相关淋巴组织 IgA 生成细胞数量正常，但其生成和分泌 IgA 的功能显著降低。病犬反复发生消化道感染，可引起肠炎、消化不良和消瘦，并易发生呼吸道感染、化脓性毛囊炎等。

（2）普通变异型免疫缺陷病（common variable immunodeficiency，CVI）　又称获得性低丙种球蛋白血症、成人型低丙种球蛋白血症或迟发性低丙种球蛋白血症。实质上该病并非单纯体液免疫缺陷，部分患者还伴有不同程度的 T 细胞功能异常，而且自身免疫病和恶性肿瘤高发。病因可能是 B 细胞的发生、分化或功能缺陷，导致不能合成正常的免疫球蛋白。

普通多变型免疫缺陷病的免疫学特点是患者多种血清免疫球蛋白减少，B 细胞数正常或减少，但血液循环中至少有可测到的 B 细胞，这是与先天低丙种球蛋白血症的区别要点。该病可有不同程度的 T 细胞功能异常。该病的临床表现为多在 10 岁前后或 20 岁后开始反复发生化脓菌感染。常发生口炎性腹泻样吸收不良综合征，而且常伴有消化道淋巴组织增生。肺出现淋巴组织增生的间质性肺炎。自身免疫病和恶性肿瘤发生率高。

2．T 细胞免疫缺陷病　单纯 T 细胞缺陷比较少见，仅占 PID 的 7%～10%。因为 B 细胞对大多数抗原刺激的应答需要 T 细胞辅助，故 T 细胞功能缺陷往往伴有体液免疫水平下降。

（1）先天性胸腺发育不全（congenital thymus hypoplasia）　先天性胸腺发育不全为非遗传性疾病，是胚胎发育期间内咽囊发育障碍，从而不仅涉及咽囊，而且使胸腺、甲状旁腺也发育不全，常伴有唇、耳的发育不全及心血管畸形。

先天性胸腺发育不全患畜的免疫学特点表现为 T 细胞数量减少，B 细胞正常，血清免疫球蛋白正常或降低。胸部 X 线检查缺乏胸腺的阴影，淋巴结活检胸腺依赖区发育不良。该病的临床特点为多数患畜伴有特殊面容及心血管畸形。出生后 24h 内反复发生低钙性抽搐，多因顽固性抽搐而于 1 周内死亡，存活者发生各种严重的病毒、真菌、原虫感染。患畜易发生恶性淋巴瘤（淋巴肉瘤）、变态反应性疾病和自身免疫病。

1）牛胸腺发育不全症：是一种胸腺和淋巴细胞发育不全的常染色体隐性遗传病，发生于某些丹麦牛（如丹麦黑斑牛）。犊牛出生时正常，4～8 周龄时出现严重的皮肤感染，在口、眼周围及颈部的皮肤发生丘疹、脱毛、角化不全等病变，如不及时治疗可在数周内死亡，最长存活时间不超过 4 个月。该病的病理变化以淋巴组织最明显，胸腺、脾、淋巴结发育不全，胸腺依赖区缺乏淋巴细胞。患牛呈现细胞免疫抑制，T 细胞缺乏，不能诱发迟发型变态反应，但患牛血清中各种免疫球蛋白含量和对抗原的抗体反应均正常。给患牛服用锌制剂可使病情好转，因此认为该病的发生可能与体内缺锌有关。已知锌是胸腺素的必需成分，胸腺素对胸腺内 T 细胞的分化发育有重要作用。

2）犬胸腺萎缩和生长素缺乏症：该病见于德国近亲繁殖的 Weimaraner 犬。犬在初生时表现正常，断奶后出现生长停滞，呈现侏儒症，并很快出现严重的反复感染，往往在数周或几个月内死亡。患犬的胸腺明显萎缩，皮质消失，其他淋巴组织器官的胸腺依赖区内淋巴细胞缺失，T 细胞对丝裂原的应答反应降低，但免疫球蛋白含量正常。用牛生长激素治疗可使胸腺皮质再生和临床症状改善，提示分泌生长激素的垂体可能与细胞免疫缺陷的发生有关。

（2）慢性黏膜皮肤念珠菌病（chronic mucocutaneous candidiasis）　其病因不清楚。该病的免疫学特点主要表现为部分细胞免疫功能缺陷，患者的 B 细胞功能正常，对念珠菌的细胞免疫缺陷，但对其他抗原的反应正常，而且常伴有内分泌异常。该病的临床表现差异较大，发病年龄各异。多数患者先出现持续的皮肤、黏膜的念珠菌感染，继而出现内分泌异常或不伴有内分泌异常。部分患者先表现内分泌障碍，若干年后出现念珠菌感染。常见的内分泌异常为甲状旁腺功能低下和肾上腺功能低下，也可以出现甲状腺功能低下、恶性贫血和糖尿病等。

3. 联合免疫缺陷病　联合免疫缺陷病是T细胞和B细胞同时受损所表现出的免疫缺陷，其疾病种类较多，发病率占PID的20%～30%，临床表现的轻重程度差异较大。完全型联合免疫缺陷患畜往往发病早、感染重，多数于1岁前后死亡；部分联合免疫缺陷病可能表现不十分严重，发病稍晚，但多合并其他系统的先天异常，且自身免疫病和恶性病高发。联合免疫缺陷病的患畜对各种微生物均易感，包括条件致病菌和各种减毒活疫苗，而且免疫疗法对多数病种难以奏效。T细胞缺陷和联合免疫缺陷病患畜输血或血液制品可发生移植物抗宿主反应。

1）马联合免疫缺陷病：该病见于阿拉伯马驹，是一种常染色体隐性遗传病，其发生率为2%～3%。马驹出生时表现正常，但随着母源抗体的消失而在2月龄时开始发病，相继发生腺病毒、卡氏肺囊虫、隐孢子虫及其他微生物的广泛感染，出现肺炎、腹泻、口炎、舌炎、溃疡性皮炎等一系列病变，多在4～6月龄时因严重的呼吸道感染而死亡。免疫病理学检查，可见患驹血液的淋巴细胞减少，缺乏IgM，有的还缺乏IgG、IgA，主要取决于母源抗体IgG、IgA的含量，缺少表面带有免疫球蛋白与补体受体的B细胞，淋巴细胞对丝裂原无反应，不出现迟发型变态反应。全身淋巴组织发育不全，胸腺皮髓质界限不清，脾脏和淋巴结缺少生发中心。淋巴细胞和浆细胞减少。

2）犬联合免疫缺陷病：该病见于小型猎犬，是一种X性连锁遗传病。患病犬只常发生脓疱性皮炎、耳炎、齿龈炎、卡氏肺虫病、传染性肝炎、犬瘟热等，多在几个月内死亡。病犬缺乏IgM，淋巴细胞减少，T细胞功能障碍，对丝裂原不出现反应。

3）猪联合免疫缺陷病：该病在新生仔猪和小猪见有报道。仔猪多在1～4周发病，血清免疫球蛋白含量减少，淋巴细胞对T细胞依赖性抗原及丝裂原的应答反应低下。

4）牛联合免疫缺陷病：该病有在安格斯牛上发生的报道。患牛血液中淋巴细胞减少，免疫球蛋白含量主要取决于母源抗体的水平，出生6周后显著降低，常发生细菌和病毒感染，出现肺炎、腹泻、黏膜溃疡、皮肤坏疽等病变，最后多死于菌血症和念珠菌病。患牛的淋巴组织发育不全，胸腺、脾、淋巴结的淋巴细胞显著减少，缺少生发中心，骨髓中淋巴细胞和干细胞数量极少。

4. 吞噬系统功能缺陷病　分外源性吞噬系统功能缺陷和内源性吞噬系统功能缺陷两种。外源性吞噬系统功能缺陷包括免疫抑制剂引起的巨噬细胞总数减少、可的松类药物引起的吞噬功能障碍、自身抗体引起的血液循环嗜中性粒细胞减少等；内源性吞噬系统功能缺陷是杀菌过程必需的酶类缺陷，如慢性肉芽肿病等。

慢性肉芽肿病（chronic granulomatous disease，CGD）绝大多数是性连锁遗传病。吞噬细胞内缺乏NADPH氧化酶系统，导致糖的利用能力下降，不能在葡萄糖氧化过程中生成足量的H_2O_2及其他超氧化物协同杀菌，细胞内杀菌能力低下，吞入细胞内的细菌如葡萄球菌、大肠杆菌、白色念珠菌等不能被杀死从而在细胞内繁殖。趋化和吞噬功能正常，致使杀菌能力低下的吞噬细胞在局部大量聚集，形成脓灶和肉芽肿。该病的临床特点表现为患畜自1～2岁时开始反复发生严重的细菌感染，淋巴结、肝、脾、肺、骨髓等处形成多发性脓性肉芽肿。患畜需要长期持续应用抗葡萄球菌抗生素，重症感染时输入白细胞可降低病死率。

5. 补体缺陷病　补体缺陷会导致反复的化脓菌感染或自身免疫病及其他病理损害。但由于大部分血清补体成分含量极微，因此在临床上很难进行检测。在各类免疫缺陷病中补体缺陷最为少见，占 PID 的 0.8%～4%。

人类的遗传性血管神经性水肿（hereditary angioneurotic edema）是一种较常见的补体缺陷病。该病的免疫学特点表现为约有 85%的患者缺乏 C_1 抑制剂，C_1 的活化受不到应有的控制，C_4 和 C_2 消耗增多，C_2 裂解产物——C_{2a} 具有激肽样活性，能使血管扩张，毛细血管通透性增高，引起皮肤和黏膜水肿。该病在临床上表现为自儿童期开始就在身体任何部位出现反复发生的皮下水肿，一般 1～4d 自然消退，或发生肠管肿胀而出现绞痛、恶心、呕吐或水样便。该病虽然经常发生，但一般不出现明显的损害。极个别患者因喉头水肿而导致窒息死亡。

（二）动物继发性免疫缺陷

动物继发性免疫缺陷是在动物出生后，各种致病因素或疾病而引起的免疫功能低下或缺乏。这种继发性免疫缺陷状态，现在称为免疫抑制，其发生率明显高于原发性免疫缺陷。继发性免疫缺陷的表现形式多种多样，有的是细胞免疫降低，有的是抗体生成减少；有的是一时性的，有的则是持久性的。继发性免疫缺陷在动物生产和疾病防治过程中最为常见，它不仅使动物的免疫防御能力降低，容易发生各种感染，而且严重影响动物疫病的疫苗免疫防治，致使许多疾病难以控制，对动物健康和生产造成了严重危害。近些年来，随着动物生产的集约化、大量饲料添加剂和化学药品的广泛应用及环境污染日益严重，动物继发性免疫缺陷的发生日趋增多，对动物的危害也越来越大。引起继发性免疫缺陷的因素种类繁多，大致可分为感染性因素和非感染性因素两大类。

1. 感染性因素引起的免疫缺陷　感染是最常见的临床表现，具有以下特点：①自幼出现反复的急、慢性或迁延性感染。②感染具有难治性，通常的抗感染措施常不易奏效。③易发生低致病力的病原体感染（机会感染）。由于这些微生物的大多数对抗生素不敏感，各种抗生素均难奏效，因此机会感染的死亡率很高。④呼吸道感染最常见。⑤常有多部位感染并存或相继出现。⑥可发生预防接种感染并发症。细胞免疫或联合免疫缺陷患畜接种活疫苗后可发生严重的全身感染。

（1）病毒感染　尽管引起免疫抑制的机制并不清楚，但许多病毒均具有免疫抑制作用，如牛白血病病毒感染后，可使淋巴组织 B 细胞转化增生形成肿瘤，循环淋巴细胞减少，T 细胞功能降低，血清 IgM 含量减少。牛疱疹病毒感染后发生传染性鼻气管炎，T 淋巴细胞生成 IL-2 减少，对丝裂原的反应降低，巨噬细胞和中性粒细胞趋化性减弱、吞噬能力降低。牛腹泻病毒感染后，胸腺、淋巴结、肠黏膜淋巴组织遭受损害，淋巴细胞锐减，细胞免疫和体液免疫功能降低，中性粒细胞吞噬能力减弱。非洲猪瘟病毒感染后，病毒在淋巴细胞和巨噬细胞内生长繁殖，致使淋巴细胞和巨噬细胞功能受损和数量减少，细胞免疫和体液免疫呈现抑制。猪流感病毒感染后，病毒对淋巴器官组织有损害作用，血液淋巴细胞对 PHA 反应降低，中性粒细胞的杀菌能力减弱。鸡感染白血病病毒后，病毒以 B 细胞为主要靶细胞。病毒启动子插入 B 细胞 *c-myc* 原癌基因，使 B 细胞转化恶变和侵害淋巴组织及其他器官组织，并引起体液免疫抑制。鸡马立克病毒感染后，病毒先后在 B 细胞和 T 细胞内复制增殖，细胞转化增殖并形成肿瘤，致使淋巴组织遭受损害，T 细胞对丝裂原反应降低、IL-2 生成与 IL-2 受体表达减少，B 细胞抗体生成反应减弱，呈现以细胞免疫为主的免疫抑制。鸡传染性法氏囊病病毒感染后，病毒以法氏囊和 B 细胞为主要靶器官、靶细胞，引起中枢与外周免疫器官组织损伤，淋巴细胞数量减少，B 细胞抗体生成明显降低，T 细胞对丝裂原及移植物排斥反应减弱，呈现以体液免疫为主的免疫抑制。

鸡传染性贫血病毒感染后，病毒主要侵害淋巴组织和骨髓造血组织，胸腺、法氏囊等淋巴器官的淋巴细胞数量减少，T 细胞生成 IL-2 和 IFN-γ 减少，T 细胞、B 细胞对丝裂原反应降低，呈现细胞免疫和体液免疫抑制。犬瘟热病毒感染犬后，病毒在淋巴细胞、巨噬细胞、上皮细胞和神经细胞内增殖，引起骨髓、胸腺、脾等淋巴组织的损伤。B 细胞抗体生成功能与 T 细胞对丝裂原的反应均显著降低，呈现免疫抑制。猫白血病病毒感染猫后，病毒在 T 细胞、B 细胞、粒细胞等多种细胞内复制，引起淋巴细胞瘤并对胸腺、脾、淋巴结等淋巴组织造成损害，TH 数量及 IL-2、IFN-γ 生成量减少，对 PHA 反应降低，T 细胞和 NK 细胞功能减弱，嗜中性粒细胞吞噬功能降低等。

（2）细菌感染　细菌感染动物后，除细菌本身及其毒素可直接损害免疫系统的淋巴细胞、巨噬细胞和嗜中性粒细胞外，还能分泌一些免疫抑制物质，干扰和抑制机体的免疫反应。例如，大肠杆菌、结核分枝杆菌、绿脓杆菌等分泌的黏液性物质具有抑制吞噬细胞的吞噬作用；溶血性巴氏杆菌可分泌对牛、绵羊、山羊肺泡吞噬细胞具有破坏作用的因子，引起急性脾炎、淋巴细胞坏死和淋巴组织萎缩，从而导致免疫抑制。

（3）支原体感染　支原体引起牛传染性胸膜肺炎时，它产生的分泌物可导致 T 细胞和嗜中性粒细胞减少和免疫抑制；火鸡支原体能抑制其体液免疫，使火鸡对新城疫疫苗的抗体应答能力降低；羊支原体可使 Ts 细胞活性增强和 Th 细胞活性降低，引起绵羊的细胞免疫抑制。

（4）寄生虫感染　许多原虫和蠕虫可引起动物免疫抑制，如锥虫、利什曼原虫、弓形虫、疟原虫、巴贝斯虫、肝片吸虫、旋毛虫、绵羊捻转血矛线虫等均可通过不同途径抑制宿主的免疫应答，以保护自身在宿主体内的生存与繁殖。

寄生虫引起宿主免疫抑制的主要途径有：①寄生虫作为异种抗原诱发 B 细胞多克隆激活，大量产生与虫体抗原无关的抗体，用以消耗致敏的淋巴细胞，使其对入侵的寄生虫不能产生有效的免疫应答，见于锥虫、疟原虫感染等。②寄生虫产生淋巴细胞毒性因子，使淋巴细胞失活或使抗体破坏，如锥虫产生蛋白酶样物质可与抗体结合，使其失去 Fc 片段而丧失免疫作用；非特异性激活补体，使其含量减少，见于绦虫、血吸虫感染等。③寄生虫产生、分泌或脱落大量抗原并与免疫细胞如巨噬细胞、T 细胞和 B 细胞结合，以阻碍免疫细胞对虫体抗原的识别，从而抑制宿主的免疫应答。④寄生虫诱导抑制性 T 细胞、B 细胞和巨噬细胞增多，使免疫调节失衡和呈现免疫抑制。

2. 非感染性因素引起的免疫缺陷

（1）免疫抑制性药物　长期或大量使用免疫抑制剂如硫唑嘌呤（azathioprine）、环磷酰胺、皮质类固醇，杀虫药如抗球虫药、灭蚁灵，抗生素类药物如氯霉素、四环素、土霉素、庆大霉素等，均可直接或通过不同途径引起动物免疫抑制。

（2）霉菌毒素　动物摄入霉菌污染的饲料后，其中所含的霉菌毒素可损害免疫系统，引起免疫抑制。例如，黄曲霉毒素可引起鸡法氏囊和胸腺萎缩，对新城疫疫苗免疫的抗体应答反应降低，迟发型变态反应减弱，使火鸡和牛的 T 细胞、B 细胞对丝裂原的反应减弱，嗜中性粒细胞和巨噬细胞的趋化性及吞噬杀菌能力降低。

（3）恶性肿瘤　恶性肿瘤特别是淋巴样组织的恶性肿瘤，由于免疫组织的细胞发生恶变可导致免疫抑制。免疫抑制的性质多与恶变的淋巴细胞种类相关，即 T 细胞肿瘤主要干扰细胞免疫，B 细胞肿瘤主要影响体液免疫。例如，猫白血病的肿瘤细胞主要是 T 细胞，因而该病伴有细胞免疫缺陷；鸡淋巴细胞性白血病的肿瘤细胞主要是 B 细胞，所以其与体液免疫缺陷有关。

（4）营养缺乏　动物营养不良对免疫功能具有重要的影响作用，如饥饿或蛋白质、维生素、微量元素不足及应激可使免疫功能降低。

1）饥饿：长期处于饥饿状态的动物，其胸腺明显萎缩，淋巴器官组织的胸腺依赖区淋巴细胞锐减，迟发型变态反应和移植物排斥反应均减弱，细胞免疫呈现抑制，体液免疫变化相对较轻微，补体含量减少，嗜中性粒细胞和巨噬细胞的趋化性、吞噬杀菌能力降低。

2）蛋白质不足：饲料中缺乏蛋白质，可引起家兔对丝裂原的反应降低，Ts 细胞增多；缬氨酸、赖氨酸、蛋氨酸缺乏时，鸡对新城疫疫苗免疫的抗体生成反应降低，对大肠杆菌、沙门菌的敏感性增强。

3）维生素缺乏：维生素 A 缺乏时，鸡法氏囊和胸腺皮质淋巴细胞稀少，T 细胞、B 细胞对丝裂原的反应降低，迟发型变态反应减弱，抗体生成量减少，补体含量下降；维生素 C 不足时，鸡的胸腺、法氏囊、脾萎缩，细胞免疫和体液免疫呈现抑制；维生素 B_1 不足时，大鼠和小鼠的抗体生成细胞减少，体液免疫和细胞免疫应答水平降低，对沙门菌的敏感性增强；维生素 B_6 不足时，鸡的淋巴细胞、嗜中性粒细胞、巨噬细胞数量均减少，抗体生成水平降低；维生素 B_{12} 不足时，小鼠脾的抗体生成细胞减少，免疫球蛋白生成不足，对寄生虫的抵抗力明显下降；叶酸不足时，鸡的淋巴细胞对 PHA 的反应降低，对绵羊红细胞的抗体生成减少。

4）微量元素不足：铜缺乏时，牛的超氧化物歧化酶活性降低，脾抗体生成细胞减少，细胞免疫反应降低，嗜中性粒细胞对白色念珠菌的杀伤能力减弱；缺铁时，大鼠嗜中性粒细胞的吞噬杀菌能力降低，免疫细胞分泌 IL-1 减少，脾 NK 细胞的杀伤能力减弱，消化道黏膜的免疫水平降低；缺锌时，鸡的抗体生成功能、细胞免疫反应和吞噬细胞的吞噬能力均降低，胸腺和法氏囊发育受阻，淋巴细胞对 ConA 反应低下。

（5）应激　动物因环境因素改变或受强烈刺激而发生应激时，通过自主神经系统、下丘脑-垂体-肾上腺轴、神经肽和神经介质及神经免疫介质等途径，引起免疫系统的功能发生改变。

在应激反应过程中，由于动物的种类及应激的持续时间与强度不同，可出现不同的免疫功能变化。例如，运输应激时，牛、绵羊的淋巴细胞对 ConA、PHA 反应降低，容易发生病毒性感染；热应激时，仔猪、母猪和鸡的抗体生成减少；冷应激时，猪、牛的抗体生成和迟发型变态反应降低；断奶应激时，仔猪体内抗体生成细胞和淋巴细胞减少，迟发型变态反应低下，白细胞吞噬活性降低；绵羊妊娠应激时，对特异抗原的迟发型变态反应减弱等。

四、免疫缺陷病的诊断依据和防治原则

（一）免疫缺陷病的诊断依据

对免疫缺陷病的诊断，首先要鉴别频发感染是免疫缺陷引起，还是其他原因所致。如果属于免疫缺陷病，则应区分原发与继发、特异与非特异、细胞免疫缺陷与体液免疫缺陷。

1．细胞免疫缺陷的诊断依据　严重的病毒、真菌或细胞内寄生菌感染时，患畜会呈现出外周血液中 T 淋巴细胞数量明显减少；迟发型变态反应试验呈阴性；淋巴细胞转化试验的转化率降低；胸腺明显较同龄动物的小等。

2．体液免疫缺陷的诊断依据　反复严重的细菌感染时，患畜体内免疫球蛋白含量明显减少；疫苗接种后抗体反应微弱或呈阴性；二次抗原刺激后淋巴结或骨髓活体检查标本中缺乏浆细胞等。

3．非特异性免疫缺陷的诊断依据　吞噬细胞缺陷时，吞噬细胞的吞噬、游走或杀菌功能降低或缺乏；补体缺陷时，补体含量或功能降低。

（二）免疫缺陷病的防治原则

（1）遗传学预防　由于原发性免疫缺陷病多与常染色体或性连锁隐性遗传有关，因此在动物育种上通过遗传学检测并淘汰带有病理基因或异常染色体的动物，是最重要的预防措施之一。

（2）防止胚胎期感染　防止动物在胚胎或胎儿发育阶段发生微生物感染，是预防免疫缺陷病的重要环节。

（3）合理饲养、加强卫生管理　按全价饲养标准喂饲动物，加强卫生管理和预防免疫，防止或减少出生后感染，是预防免疫缺陷病的重要措施。

（4）免疫学治疗　免疫缺陷病的治疗原则在于恢复患畜的免疫功能。继发性免疫缺陷病在免疫系统未被彻底破坏之前，如能去除原始病因，多数患病动物可以恢复。原发性免疫缺陷病常为先天性发育异常，通过输入丙种球蛋白、新鲜血浆、免疫核糖核酸、胸腺素等免疫成分或免疫调节剂，可获得暂时性改善；采用骨髓或干细胞移植，可促进 T 细胞、B 细胞免疫功能的重建，也有望获得较好的治疗效果。

第五节　免疫增生与免疫增生病

免疫增生通常是指机体免疫细胞群的异常增生，包括免疫器官、组织和细胞的非肿瘤性增生和肿瘤性增生，由此引发的疾病统称为免疫增生病或免疫增生综合征。免疫细胞群主要包括浆细胞、淋巴细胞、巨噬细胞和网状细胞。

一、免疫增生

免疫细胞群增生是机体对抗原刺激发生的生理反应过程。但是在外来致病因素或自身抗原刺激下，机体免疫调节功能紊乱时可出现异常增生现象，甚至出现恶性增生或功能过强，当机体免疫系统无法对其进行调节与控制时，便可出现免疫增生病。因此，免疫增生可分为生理反应性增生、中间状态增生或非肿瘤性增生和恶性增生或肿瘤性增生三类。

（一）生理反应性增生

生理反应性增生是指免疫器官、免疫组织，尤其是淋巴结皮质区 B 细胞或副皮质区 T 细胞对抗原刺激的生理反应性增生过程。这种反应性增生可分为 4 种基本类型。

1. 体液免疫增生性反应（滤泡型）　凡是能引起淋巴结肿大的抗原均可刺激淋巴结淋巴滤泡内的 B 细胞发生分化增殖过程，使淋巴滤泡由静止状态转变为形成生发中心和 B 细胞分化增殖的组织学变化。这种情况可见于慢性炎症和传染病。

新生动物或正常机体的淋巴结、脾淋巴滤泡或肠黏膜淋巴集结（集合淋巴滤泡）内没有生发中心，组织学上为密集的小淋巴细胞所形成的圆形区。当受到抗原信息刺激时，上述淋巴组织才出现生发中心（称为次级淋巴滤泡），生发中心为一个具有两极的卵圆形结构，可分为深浅不同的两个半球，分别称为深极和浅极，其中深极中有 1～2 个小血管（滤泡小动脉），周围为密集深染的嗜碱性单核圆形细胞，内有巨噬细胞、网状细胞、树突状细胞等；浅极常趋向于边缘窦或红髓，即抗原信息来源之处，由细胞质丰富的嗜酸性单核圆形细胞、网状细胞和淋巴母细胞等组成。当受到抗原刺激后，初级淋巴滤泡的嗜碱性单核圆形细胞（即深极的小淋巴细胞）逐渐转变为细胞质丰富的嗜酸性单核圆形细胞（B 细胞前驱细胞），以后嗜酸性单核圆形细胞向边缘窦或红髓内排出，又逐渐由生发中心（次级淋巴滤泡）恢复为初级淋巴滤泡。

生发中心的活动与抗原刺激的强度和抗体的滴度成正比。低浓度抗原刺激仅刺激生发中心形成；高浓度抗原刺激不仅刺激生发中心形成，而且可使生发中心因嗜酸性单核圆形细胞排出而解体。生发中心的解体与脾红髓或淋巴结髓窦中的大量嗜派洛宁细胞（浆母细胞或 B 细胞或 B 细胞前身细胞）的出现相一致；生发中心解体后紧接着将重建自身。因此，体液免疫在免疫病理组织学上表现为：①相应淋巴结和脾出现生发中心反应；②淋巴结髓质和脾红髓内嗜派洛宁细胞和浆细胞增加；③病变组织出现浆细胞浸润。

2．细胞免疫增生性反应（弥漫型）　淋巴结副皮质区又称深皮质层，是位于滤泡与滤泡之间到髓质边缘的一片弥散的淋巴细胞区域，其中有许多毛细血管后静脉和极不易分辨的副皮质窦。毛细血管后静脉的内皮细胞类似立方上皮。致敏 T 淋巴细胞可不断通过毛细血管后静脉进入副皮质区和副皮质窦内，并在此不断增殖，形成大量嗜派洛宁的淋巴样细胞。

抗原可引起淋巴细胞弥漫性增生，皮质和副皮质区淋巴母细胞大量出现，以致滤泡和淋巴窦的结构不清。这些反应常由病毒感染、疫苗注射和药物过敏所引起。弥漫型实际上是 T 细胞的免疫增生反应，当受到抗原刺激后，淋巴结副皮质区扩大，淋巴样细胞（T 淋巴细胞或其前身）及淋巴细胞密集，压迫髓质而缩小。脾中央动脉周围及鞘动脉周围淋巴细胞大量增殖，使副皮质区扩大和脾中央动脉及鞘动脉周围淋巴细胞密集；大量淋巴细胞（T 细胞）向病原入侵部位浸润，形成灶状聚集或包围靶细胞的细胞免疫反应。当大量特异性致敏 T 淋巴细胞排出后，副皮质区即渐渐恢复正常。

3．非特异性免疫或混合型免疫增生性反应（窦型）　主要是淋巴窦扩张，其中充满各型反应细胞。病理组织学检查可见淋巴窦内充满嗜酸性单核圆形细胞、淋巴细胞等。窦型反应可能是淋巴滤泡型反应的持续，即大量嗜酸性单核圆形细胞由生发中心向边缘窦排放的结果。这时淋巴结肿大，湿润如髓样。

4．混合型免疫增生性反应（混合型）　淋巴结也呈弥漫性细胞增生，但结构完整。这种类型主要见于某些传染病，如弓形虫病、传染性单核细胞增多症。

（二）中间状态增生或非肿瘤性增生

在某些传染病及药物过敏的过程中常可见到限制性的免疫细胞过度增生性反应，但一般不发展为肿瘤。在免疫病理组织学上多表现为具有明显的免疫细胞增生，如人的 5,5-二苯基乙内酰脲（5,5-diphenylhydantoin）过敏，可引起淋巴结肿大，类似霍奇金病，有大量不同的淋巴细胞增生。

1．马传染性贫血　该病为一种淋巴细胞增生病，与人的传染性单核细胞增多症、巨球蛋白血症相似。在病理组织学上，马传染性贫血发生的广泛性的淋巴细胞增生如同肿瘤性生长，但能自身限制而不发展成肿瘤。同时患畜血液中出现大量的嗜碱性单核圆形细胞，这些细胞既有 B 细胞源性的，又有 T 细胞源性的。随着这些细胞的出现，血液中出现高球蛋白血症和多种自身抗体。淋巴细胞样细胞除在淋巴结、脾、骨髓内大量增生外，还可侵及肝、肺、肾、脑等器官组织，属于典型的自限性生长的免疫淋巴细胞增生症。当然除此之外，患畜还呈现其他马传染性贫血病所特有的特征性病理变化。

2．传染性单核细胞增多症　该病是人、畜、禽及啮齿动物共有的一种散发性传染病，特征性病变表现在软脑膜、脑干后部，特别是脑桥、延髓、脊髓的血管周围出现以单核细胞为主的细胞浸润，血液中单核细胞数量明显增多。啮齿动物的淋巴结和脾肿大，淋巴细胞样细胞增生显著。

3．阿留申（Aleutian）病　该病主要感染水貂、雪貂、黄鼬，也可感染人，特征性病变表现为淋巴结、骨髓、脾、肝、肾、生殖等器官出现明显的淋巴细胞、浆细胞增生与浸润，而且随着浆细胞数量的增多，伴发高丙种球蛋白血症（以 IgG 为主）。该病所呈现的淋巴细胞-浆细胞增生在形态结构上分化良好，与一般肿瘤的性质不同，也不对正常组织产生侵蚀和取代，有学者认为这种增生应属于可逆性中间状态增生，即属于非肿瘤性的增生。

总之，在免疫增生中，反应性免疫增生是生理性的，而中间状态的非肿瘤性免疫增生应该属于病理性的，是属于某些药物过敏及传染性疾病的特征性病理变化。

（三）恶性增生或肿瘤性增生

免疫细胞恶性增生与机体免疫调节紊乱、免疫抑制或免疫监视功能异常相关。免疫抑制物出现或免疫监视功能异常，往往可导致免疫细胞在其分化的不同阶段或因某类细胞分化功能发生亢进而形成恶性增生。特别是 Ts 细胞功能的丧失或体液反馈机制失常，可致淋巴细胞在抗原慢性刺激影响下过度增生，自发突变，使恶性细胞株迅速繁殖而引起恶性淋巴瘤。

由于淋巴细胞的种类、分化和发育十分复杂，各种类型的细胞及在其分化的各阶段均可发生恶性病变，因此免疫增生病的分类与肿瘤存在较多的争议。

1．浆细胞恶病质　为 B 细胞增生性疾病，常表现有过多的和异常的免疫球蛋白，故也称丙种球蛋白病（gammopathy）。其表现主要是 B 细胞出现恶性增生，如骨髓瘤、B 细胞慢性淋巴细胞白血病、单纯性丙种球蛋白增多症等。此外还有巨球蛋白血症、重链病、淀粉样变等。

2．淋巴细胞白血病　为淋巴细胞恶性增生性疾病，在人可分为急性淋巴细胞白血病和慢性淋巴细胞白血病，在动物有猫白血病、鸡白血病、犊牛淋巴细胞白血病、小鼠髓细胞样白血病、小鼠淋巴（T 细胞）样白血病等。

白血病的表型可以属于 T 细胞或 B 细胞，并可在任何发育阶段出现分化停滞和恶性增生。B 细胞的主要识别标志是 SmIg，而 T 细胞标志常采用单克隆抗体系列检查分化抗原（cluster of differentiation）且可辨析 T 细胞亚群。目前人和小鼠有系列化的商用单克隆抗体，而畜禽的商用系列化抗体依然不健全。由于早期分化阶段的淋巴细胞缺乏表面标志（尚未形成），人们习惯上将其统称为非 T 非 B 淋巴细胞。

3．淋巴瘤　人们习惯上将全身性淋巴细胞恶性增生统称为白血病，而将局部性淋巴细胞恶性增生称为淋巴瘤，因此淋巴瘤（lymphoma）为淋巴细胞样细胞的恶性病变，包括一大群分化各异的淋巴细胞组成的实体瘤。尽管存在多种不同的疾病状态和不同的分类，但淋巴瘤大致分为 T 细胞型和 B 细胞型两大类。与淋巴细胞白血病一样，主要依靠 T 细胞、B 细胞表面标志来确定其分类和所处的分化阶段。

淋巴瘤在发病初期仅表现为局部淋巴结的无痛性肿大，随着肿瘤组织的不断增生，逐渐呈现出其对周围组织和器官的压迫症状。恶性瘤变的淋巴细胞有时可进入血流，呈现出类似淋巴细胞白血病的血象表现。淋巴瘤时常伴有免疫学异常，如某些 B 细胞型淋巴瘤可能出现单克隆免疫球蛋白尤其是 IgM 含量升高。淋巴瘤发展到后期可能出现免疫缺陷、自身免疫病等，如果出现低丙种球蛋白血症时往往提示预后不良。

4．网状细胞增生症　网状干细胞恶性增生既可自发形成，也可在良性增生的基础上发展而来。时常受到高负荷外来抗原的刺激容易发生淋巴网状组织的恶性增生。网状干细胞增生，有的属于组织细胞型，有的属于淋巴细胞型，或者二者兼有的混合型，典型病例为人的霍奇金（Hodgkin）病。

该病表现为局部淋巴结肿大和细胞增生。在人常先见颈部淋巴结肿大，后经淋巴系统侵入肠道、腹腔，具有恶性肿瘤的特征，肿大的淋巴结中出现一种特征性的里德-斯腾伯格（Reed sternberg，R-S）细胞（直径20～40μm的巨大网状细胞，常有1～3个核或一核分为数叶，具有1～2个清晰核仁）。此外可见极度增生的淋巴样细胞，多为T细胞，伴有少量B细胞。R-S细胞增多者，预后不良。患者的淋巴细胞对PHA反应减弱，细胞介导免疫功能降低，抗感染能力减弱，尤其易患真菌感染。

二、常见的肿瘤性免疫增生病

（一）骨髓瘤

骨髓瘤可发生于人、小鼠、犬、猫、兔、猪、牛、马等动物。浆细胞恶性增生可发展成为骨髓瘤（myeloma），但也有未发展成为肿瘤的浆细胞恶性增生，如貂阿留申病。肿瘤性浆细胞恶性增生如发生于身体多处，称为多发性骨髓瘤（multiple myeloma），但如仅发生于某一处，则称骨孤立性浆细胞瘤（solitary plasmacytoma of the bone），但有发展成多发性骨髓瘤的倾向。

骨髓瘤起源于单一的前身细胞，其产生的单一免疫球蛋白叫骨髓瘤蛋白（myeloma protein，M 蛋白），也称副蛋白（paraprotein）。虽然骨髓瘤的浆细胞起源于单一前身细胞并产生单一的M 蛋白，但这单一的浆细胞前身可演化成不同的单克隆细胞系，产生不同的M 蛋白。如同免疫球蛋白（Ig）一样，M蛋白也可分为IgG M蛋白、IgA M蛋白、IgM M蛋白等不同类型。骨髓瘤也可能有多克隆细胞系及多克隆细胞系M蛋白，其他类似骨髓瘤的浆细胞恶性增生病，也可能有多克隆细胞系M蛋白或单克隆细胞系M蛋白。不论是多发性骨髓瘤或孤立性浆细胞瘤，在骨髓肿瘤结节内都可明显地辨认出浆细胞的形态特征，或可检出浆细胞产生的Ig或B细胞膜表面的标志SmIg。

在多数骨髓瘤患者的尿中有一种本周蛋白（Bence-Jones protein），首先，该蛋白质具有对热的沉淀反应特异性，即尿液处于pH 5时，加热至48～50℃可出沉淀，但继续加热至80～100℃时，沉淀可重新溶解，而将其冷却后又可出现沉淀；其次本周蛋白有单体及多聚体之分，其沉淀系数为1.8S～5.5S。1.5S者为单体，分子质量为22kDa；3.6S者为双体，分子质量为45kDa；5.5S者为多聚体（四体），分子质量为90kDa。一般呈双体者多见。本周蛋白为过量合成的单克隆轻链，即κ链或λ链。

由此可见，骨髓瘤或其他疾病中伴发浆细胞恶性增生时，可以出现多种伴发症，如单克隆丙种球蛋白血症、多克隆丙种球蛋白血症、巨球蛋白血症、重链病等。

1. 单克隆丙种球蛋白（monoclonal gammopathy）血症　单克隆丙种球蛋白血症是指血清或尿中出现单一类型的M蛋白，或出现单一的特异性电泳条带或峰，或IgG、IgA、IgM，或在尿中只出现一种κ链或λ链。犬IgM骨髓瘤血清电泳中出现一种特异的IgM沉淀反应带，与此同时还可检出本周蛋白，表示有轻链从尿中排出。轻链对肾小管上皮细胞具有毒性，可引起肾功能衰竭。

2. 多克隆丙种球蛋白（polyclonal gammopathy）血症　多克隆丙种球蛋白血症是指血清中同时出现两个或两个克隆以上的浆细胞增生，体内多种免疫球蛋白异常增多或尿中出现游离轻链或重链的病理现象，主要涉及IgG、IgA、IgM。与单克隆丙种球蛋白血症相比，多克隆丙种球蛋白血症在临床上更为常见，多继发于与免疫球蛋白产生有关的疾病，是机体受到某些抗原物质长期的慢性刺激而出现的一种免疫应答状态。

骨髓瘤一般出现单克隆丙种球蛋白血症，但犬也有多克隆丙种球蛋白血症。与骨髓瘤类似的貂阿留申病、系统性红斑狼疮、猫传染性腹膜炎、非洲猪瘟、非洲锥虫病等都可发生多克隆丙种球蛋白血症，即可出现 IgG、IgM 两种类型以上的 M 蛋白，如貂阿留申病时骨髓浆细胞增生，血清中丙种球蛋白以 IgG 为主的 Ig 含量增高，可高达 3.5～11.0g/100mL（正常为 0.74g/100mL）。

3. 巨球蛋白血症（macroglobulinemia）　原发性巨球蛋白血症（primary macroglobulinemia）是一种伴有血清 IgM 增加的 B 细胞增殖病。

犬骨髓瘤时有 IgG 巨球蛋白血症。患犬在临床上表现出血液黏稠度过高所致的出血，血液黏稠度过高是 IgG 含量过多的缘故。

人的巨球蛋白血症在其临床和病理学表现上与多发性骨髓瘤有所不同，骨骼损害不明显，疾病发展类似淋巴瘤。患者除有体重减轻、乏力、贫血，以及肝、脾、淋巴结肿大，反复感染等一般症状外，主要表现为 IgM 过多所致的高黏滞综合征（hyperviscosity syndrome），如黏膜出血、视力模糊、充血性心力衰竭和一些神经症状。

4. 重链病（heavy chain disease，HCD）　合成免疫球蛋白的浆细胞异常增殖，合成功能发生障碍，只产生免疫球蛋白的重链或产生有缺陷的重链，不能与轻链组成完整的免疫球蛋白分子，致使患者血清中出现大量游离的无免疫功能的重链，这种免疫球蛋白重链出现于患者血清或尿中的疾病称为重链病。

已发现的重链有 γ、α 和 μ 三种类型。该病以侵犯内脏淋巴组织为主，腹腔淋巴结及肝、脾肿大，属浆细胞恶性增生病。

（二）牛白血病

牛白血病（bovine leukaemia，BL）是牛白血病病毒（BLV）引起的一种以造白血组织增生为特征的传染病，故又将其称为牛造白血组织增生病。由于造白血组织增生表现为持续性淋巴细胞增生并形成肿瘤，故牛白血病又称肿瘤性疾病。但其本质是免疫淋巴细胞群发生的恶性增生，所以应属于免疫增生病。

BLV 属于 C 型致瘤病毒群反转录病毒科的 RNA 病毒，但 BLV 本身不含致瘤基因，是 BLV 的前病毒整合入感染细胞的 DNA 后，才具有癌基因性质，可引起感染细胞癌变。

（1）成牛多中心型（adult bovine multicentric type）　又称地方流行性白细胞增多症（local epidemic form of leukocytosis，EBL），一般在 2 岁以上的成年牛中发病，因为 BLV 感染后至 2～3 岁才能查出阳性血清学改变。开始出现血液学改变的时候称为造白血组织增生前期，以血液中白细胞象轻度或中度增生为特征。

造白血组织增生前期仅是血液中淋巴细胞绝对数增加或相对增加，并出现不成熟的淋巴细胞，后期才出现异常的淋巴细胞，并可在体表、体内淋巴结和脏器形成淋巴肉瘤（lymphosarcoma）。一般从感染到出现肿瘤变化需要数月到数年或更久。这时患牛外周血液淋巴细胞绝对数增加，并符合诊断标准或更高，增生的淋巴瘤细胞主要为淋巴细胞样细胞和原淋巴细胞样细胞，淋巴结、脾及其他脏器出现淋巴瘤。淋巴瘤发生的部位，以真胃最多见，其次为子宫、网膜，再次为心脏、脾、骨盆腔、膀胱、直肠、肺和瘤胃，此外还可见于肝、肾、网胃、小肠、主动脉弓、齿龈和眼底等处。淋巴瘤大小不等，在一个部位有单发的，也有多个发生的。

这些淋巴瘤的淋巴细胞样细胞多为B细胞型瘤细胞，但也可能有T细胞型瘤细胞。

（2）犊牛多中心型（calf multicentric type）　该型以患牛的血象发生改变和骨髓受害为特征。

（3）胸腺型（thymic type）　该型以患牛胸腺肿瘤性生长为特征。

（4）皮肤白血病（leukemia cutis）　该型以患牛皮肤出现肿瘤性增生为特征。

上述犊牛多中心型、胸腺型、皮肤白血病三型又称散发型牛白血病（sporadic bovine leukemia，SBL），较为少见。胸腺型牛白血病的瘤细胞为T细胞型淋巴细胞，在外周血、淋巴结、脾等处的T细胞可达79.0%～97.6%，而B细胞则仅占2.6%～15.3%。

（三）禽白血病

禽白血病（avian leukemia）是由禽白血病病毒引起的禽类多种具有传染性的良性或恶性造血系统细胞增生病，以鸡淋巴细胞白血病为多见，其次为成髓细胞性白血病、骨髓细胞瘤病及成红细胞白血病等。该病在世界各国都有发生，给养鸡业造成很大的威胁。

（1）鸡淋巴细胞白血病（lymphocytic leukemia）　是腔上囊细胞（B细胞）肿瘤性增生病，病原属于C型致瘤病毒群反转录病毒科的鸡淋巴细胞白血病病毒（LLV），至少有RPL12、BAI-A、R、MC29等4个毒株。

鸡淋巴细胞白血病病毒主要侵害腔上囊细胞，这些细胞在病毒刺激下发生肿瘤性恶性增生。随着年龄的增长，肿瘤细胞脱离腔上囊而转移到其他组织脏器中，主要在肝、脾，其次在肾、肺、性腺、心脏、骨髓、肠系膜等处可见形成的肿瘤块，大小不一。瘤细胞主要为B细胞，由原B淋巴细胞、B淋巴细胞、网状细胞等构成瘤块，形状有结节型、粟粒型、弥漫型和混合型4种。

（2）成髓细胞白血病（myeloblast leukaemia）　以原髓细胞和早幼髓细胞增生为特点，属于禽白血病而不属于免疫增生病。其他如原成红细胞白血病、骨髓细胞瘤似乎与免疫增生相差更远，所以免疫增生性禽白血病仅对淋巴细胞白血病而言。

（四）鸡马立克病

鸡马立克病（Marek’s disease，MD）是马立克病毒（MDV）引起的一种淋巴细胞增生病。MDV感染后主要在淋巴系统，特别是在胸腺、法氏囊、脾中繁殖，于5～7d时达到高峰。胸腺、法氏囊免疫中枢受到病毒侵害而变性坏死，常导致鸡免疫力的抑制。MDV感染后8～14d形成病毒血症，使病毒扩散到各脏器和皮肤中去，形成神经型、内脏型、皮肤型和眼型MD淋巴细胞增生性病变，其中增生的淋巴细胞有小型和中型淋巴细胞、成淋巴细胞、原始网状细胞及马立克细胞，其中又以T淋巴细胞为多，占71%～90%。所以MD淋巴细胞是T细胞源性的。

（1）神经型　病变主要发生在外周神经，最常受害的神经有腹腔神经丛、坐骨神经、臂神经丛和内脏大神经。受害神经肿大，主要是大量淋巴细胞样细胞浸润所致。

（2）内脏型　病变主要发生在卵巢、法氏囊、肝、肾、心脏、脾、肺、肾上腺、肠系膜、肠管、骨骼肌等处，形成大小不一的肿瘤块，小的只有粟粒大，大的至鸡卵大。法氏囊被病毒侵害后由于变性坏死而发生萎缩，偶尔在滤泡之间的间质内有淋巴细胞浸润而增厚，与禽白血病所致的结节状肿瘤明显不同。胸腺皮质和髓质萎缩，血管周围间质可见淋巴细胞浸润。病鸡各组织中多出现淋巴细胞性肿瘤病灶。

（3）皮肤型　羽毛囊周围见有大量单核细胞聚集，真皮内血管周围常见增生的淋巴细胞致密聚集。病变轻者皮肤完整，重者真皮剥脱，形成溃疡。

（4）眼型　视神经无变化，但神经纤维之间有淋巴细胞增生，睫状肌、巩膜、脉络膜等处可见大、中、小淋巴细胞及浆细胞浸润，虹膜见有单核细胞浸润。

三、免疫增生病的实验室诊断

免疫增生病的实验室诊断主要依靠血液学和免疫学检测手段，以免疫学检测尤为重要。免疫球蛋白的多数分析测定技术都可用于丙种球蛋白病的检测。

当临床上考虑为多发性骨髓瘤、巨球蛋白血症或其他浆细胞恶变疾病时，首先应该做血清蛋白区带电泳，如果发现有异常球蛋白区带，则进行免疫球蛋白测定和免疫电泳，以进一步定量分析和免疫球蛋白分类鉴定。注意进行追踪观察，这有助于病情、疗效的了解和预后的推断。良性或继发患者往往是在体检或其他检查中进行血清区带电泳时被发现和诊断的。当疑为轻链病时，还应进行本周蛋白测定加以证实。

（一）血清蛋白区带电泳

蛋白质区带电泳是血清蛋白的经典分析方法，血清（或尿液）标本中不同性质的蛋白质可明显分开形成不同的区带，通过正常的电泳图谱进行比较分析，很容易发现异常的区带（图 1-3-11）。如果将这些区带电泳图谱扫描，还可计算出异常蛋白质的含量和百分比。但是区带电泳不能完全确定免疫球蛋白的类型。

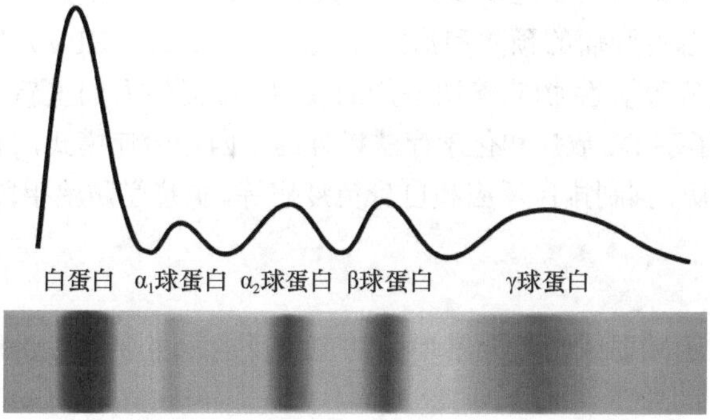

图 1-3-11　免疫球蛋白电泳图谱

（二）免疫球蛋白定量测定

免疫球蛋白定量测定较常用的方法有单相琼脂扩散法与散射比浊法，前者较为简便。一般而言，M 蛋白含量的多少常可反应病情的轻重，尤其对同一患者，M 蛋白含量明显增高常提示病情恶化；经有效治疗后，M 蛋白含量逐渐下降，而正常免疫球蛋白的含量则由降低趋向正常。

进行免疫球蛋白定量测定不仅有助于丙种球蛋白病的诊断，而且对该病良、恶性的鉴别也有一定的帮助。如果做动态观察，对丙种球蛋白病的病情和疗效的判断也有一定的价值。

（三）免疫球蛋白的分类鉴定

疑为丙种球蛋白病的患者，经血清蛋白区带电泳和免疫球蛋白测定，已基本证实是否有免疫球蛋白的异常增高和其含量的多少，但是增高的 M 蛋白究竟是哪一类免疫球蛋白，仍需进一步分类鉴定，常应用不同类型的特异性抗血清做不同形式的电泳或凝胶扩散。

（四）本周蛋白的检测

检测本周蛋白（即尿液中游离的免疫球蛋白轻链）对轻链病的诊断来说是必不可少的项目，对浆细胞骨髓瘤、原发性巨球蛋白血症、重链病等疾病的诊断、鉴别和预后判断均有一定的帮助。

本周蛋白在 pH 5.0 的条件下，加热至 50～60℃出现沉淀，继续加热至 90℃后又重新溶解。根据这种理化性质，又将其称为凝溶蛋白。这种加热沉淀法简便易行，但敏感度较低，也不能确定轻链的类别。

轻链病患者尿液中可测得本周蛋白，但由于其分子量较小，易迅速自肾排出，故血液中反而呈阴性，检测时应该注意。

第六节　免 疫 调 节

免疫调节（immunomodulation）是指应用免疫制剂或方法人工调整机体的免疫功能，从而对疾病进行免疫学预防和治疗。早期的免疫学主要是研究传染病的特异性预防、诊断和治疗。在人群中普遍进行预防接种，使人类摆脱了多种烈性传染病的威胁。例如，天花在全球范围内的消灭，牛肺疫和牛瘟在中国的消灭，霍乱和鼠疫等得到基本控制或消灭，这都归功于免疫学预防的巨大作用。

随着免疫学理论和技术的不断进步及人工免疫调节方法的不断建立，免疫学防治的应用范围也日益扩大。例如，恶性肿瘤的预防和治疗［人乳头瘤病毒（HPV）疫苗预防宫颈癌、鸡马立克病毒预防鸡马立克病等］、生物应答调整剂的使用，都促使人们重新认识到传统肿瘤免疫治疗的理论和实践，建立了手术、放疗和化学疗法以外的第四种治疗模式，即肿瘤的免疫生物治疗。还有对于超敏反应性疾病、抑制排斥反应和自身免疫病等，免疫学防治手段都起到了关键性作用。

一、免疫抑制

免疫抑制的目的在于减弱或消除异常增强的免疫反应，主要用以治疗自身免疫病、预防器官移植的排斥反应等。

（一）免疫抑制疗法的途径

1. 作用于抗原

（1）注入抗原　给宿主注入某种特定抗原或同时使用免疫抑制剂，使宿主对该抗原产生抗体，造成免疫耐受状态，当宿主再次接触该抗原时，可使免疫反应减弱或不发生免疫反应。

（2）注入特异抗体　给宿主注入相关抗原的特异抗体，使宿主接触该抗原时不发生反应。

2. 作用于免疫活性细胞

（1）应用生物制剂抑制免疫细胞　采用抗淋巴细胞或胸腺细胞的血清或免疫球蛋白（如抗独特型抗体、抗 MHC Ⅰ类或 MHC Ⅱ类抗原的抗体）来抑制免疫反应中的淋巴细胞，可治疗和预防同种异体移植排斥反应。

（2）细胞毒药物　这类药物主要作用于对抗原敏感的免疫细胞及其前体细胞，用以阻断免疫细胞的增殖或使免疫细胞受损，达到抑制免疫的目的。

（3）放射线照射　包括全身照射和局部照射。全身照射多在宿主接触抗原前 24～48h 进行，在接触抗原后 24～96h 再进行照射。局部照射多应用于器官移植免疫时，使移植中的致敏淋巴细胞受到放射线的杀伤作用而减少，从而使排斥反应减弱或消失。

（二）免疫抑制剂的种类及其作用机制与应用

1. 烷化剂　环磷酰胺（cyclophosphamide，Cy）是烷化剂类免疫抑制药的代表，其作用机制是：①能与细胞内的功能基团发生烷化作用，通过与DNA双链的交联作用而破坏DNA，也可影响蛋白质和酶的结构与活性，使细胞失去复制能力而阻断细胞的增殖，最后导致细胞死亡，对处于静止期或增殖期的T细胞、B细胞均有作用；②在绝大多数种属动物中，环磷酰胺可抑制抗体的生成，使B细胞产生膜免疫球蛋白的能力减弱和不能表达膜受体，对体液免疫有明显的抑制作用；③对NK细胞及巨噬细胞的活性也有一定的抑制作用。重复应用环磷酰胺的动物，其外周血液中的单核细胞及肺内巨噬细胞介导的抗体依赖性细胞毒效应呈现明显抑制。环磷酰胺一般在抗原刺激前后48h给药所起的作用最大，延长给药或在免疫间隔给药，其效果明显下降。环磷酰胺可用于自身免疫病的治疗，与其他免疫抑制剂联合应用可预防移植物的排斥反应。

2. 抗代谢药　这一类化学药物的结构与核酸中的嘌呤基或嘧啶基相似，因而对DNA及RNA的合成具有竞争性的抑制作用。此类药物主要作用于细胞增殖的S期，有的还作用于G_1期。在嘌呤拮抗剂中，硫唑嘌呤最为常用。硫唑嘌呤具有以下几方面作用。①抑制DNA合成，阻断淋巴细胞的转化和增殖。②抑制细胞免疫与体液免疫。它对初次免疫反应的抑制作用强于再次反应，对胸腺依赖性抗原免疫反应的抑制效应大于对非胸腺依赖性抗原的反应。通常认为硫唑嘌呤对T细胞的抑制作用大于对B细胞的抑制作用。③能降低NK细胞的活力，减少NK细胞数量。大剂量使用时可抑制巨噬细胞功能，减弱抗体依赖性细胞毒效应。④抑制血液中单核细胞及中性粒细胞。硫唑嘌呤可用于自身免疫病的治疗，与皮质类固醇制剂联合应用可抑制家兔、犬及人类的移植物排斥反应。

3. 肾上腺皮质激素　肾上腺皮质激素是最常用的免疫抑制剂，其作用机制是：①对淋巴细胞有溶解作用，可使胸腺、脾、淋巴结等淋巴组织的淋巴细胞减少，体积缩小，外周血液及骨髓中淋巴细胞也减少；②影响淋巴细胞的分布，可使小鼠骨中T细胞增多，骨髓细胞对PHA的反应增强，而脾细胞对PHA的应答强度降低，表明脾细胞向骨髓转移；③抑制细胞免疫，可使淋巴细胞对ConA、PHA和抗原的反应及混合淋巴细胞的反应均减弱；④通过淋巴细胞溶解、转移及功能减弱而使抗体生成减少，以对体液免疫产生影响；⑤巨噬细胞对糖皮质激素的作用较敏感，表现为外周单核细胞减少，趋化性和对颗粒抗原的处理能力降低，单核细胞分泌IL-1和纤维蛋白溶酶原激活因子（profibrinolysin activator）的能力降低；⑥具有很强的抗炎作用，能使白细胞趋化性和单核细胞活性降低，稳定细胞内膜系统，减少炎症介质的释放，抑制花生四烯酸代谢产物——前列腺素及白三烯的产生。

4. 环孢素　环孢素A（cyclosporin A，CsA）是一种环状多肽，含11个氨基酸，可从一种多孢子木霉的菌丝中分离得到，具有很强的免疫抑制作用。其特点是：①对淋巴细胞不具有细胞毒性，也无抗分裂作用；②其作用具有高度的选择性，可选择性地针对Th细胞；③在器官移植中可以明显延长移植物的存活期，它抑制排异反应的作用是可逆的，移植物在停药后不久即被排斥。

环孢素的抑制作用机制是：①具有免疫调节作用，主要影响T细胞系统，不影响造血干细胞；在作用环节上主要影响淋巴细胞的早期激活阶段，主要的靶细胞是Th、Tc细胞，而Ts细胞不受影响。环孢素可以封闭淋巴细胞的IL-2受体，从而抑制致敏淋巴细胞的增殖。高剂量使用时，能抑制IL-2的生成和分泌。②对抗体反应影响较小。③能诱导特异性的T抑制细胞和抑制 IL-1、IL-2、IL-3 的合成。环孢素是唯一可单独使用的抑制器官移植排斥反应的免疫抑制剂，也可用于自身免疫病的治疗。

（三）免疫抑制剂的毒性反应

免疫抑制剂的毒性反应依所用的免疫抑制剂的种类及方法而异，可归纳如下。

（1）对生长增殖较快细胞的毒性作用　骨髓造血细胞、胃肠道黏膜上皮细胞及皮肤基层细胞、网状内皮细胞都是生长活跃的细胞，多数免疫抑制剂对这些细胞均有不同程度的毒性作用，表现为影响其增殖发育，可引起个体骨髓造血抑制、口腔溃疡、胃肠道反应、脱毛、精子及卵子生成受阻等变化，如环磷酰胺可引起脱毛、精子缺乏、排卵停止。

（2）过敏反应　生物性免疫抑制剂如抗淋巴细胞或抗胸腺细胞血清可引起血清病，抗生素类免疫抑制剂常可引起皮肤过敏反应，硫唑嘌呤、氨甲蝶呤、环磷酰胺等有时也能诱发过敏反应。

（3）免疫功能变化　受到抑制后，机体对感染的易感性增强。

（4）免疫监视功能降低　长期使用免疫抑制剂可提高肿瘤的发生率。

（5）其他毒性反应　多种免疫抑制剂均具有肝损害作用；环磷酰胺可造成出血性膀胱炎；长期使用皮质类固醇可导致机体出现骨质疏松、胃肠道溃疡、无菌性骨坏死等。

二、免疫增强

免疫增强的主要目的在于增强或重建免疫功能，调整免疫功能失调，如增强 Ts 细胞功能可治疗自身免疫病，或增强 Th、Tc 细胞功能可治疗免疫性缺陷，增强吞噬细胞或 T 细胞对非己及肿瘤细胞的杀伤功能，可用于提高肿瘤的治疗效果。

（一）免疫增强剂的作用机制与应用

1．左旋咪唑　左旋咪唑（levamisole，LMS）可增强小鼠对布鲁氏菌病疫苗的免疫应答效应；促进免疫功能低下动物恢复免疫功能，使外周血液 T 细胞增多；促进淋巴细胞蛋白质合成，增强杀伤细胞活力；促进淋巴细胞释放巨噬细胞活化因子（MAF）和移动抑制因子（MIF），增强巨噬细胞的趋化、吞噬、杀菌能力。

左旋咪唑可用于治疗免疫缺陷及感染性疾病，如原发性 T 细胞、B 细胞和巨噬细胞免疫缺陷及对细菌、病毒、真菌等易感性强的动物。

2．合成的多聚核苷酸　合成的多聚核苷酸（如多聚尿苷酸）具有以下几个功能：①促进 T 细胞增殖，增强迟发型变态反应及 T 细胞介导的免疫反应；②直接作用于 B 细胞，促进抗体的生成；③促进前 T 细胞分化，还能使老龄小鼠恢复免疫功能。多聚核苷酸可用于免疫性血液病及肿瘤的治疗。

3．胞壁酰肽类　胞壁酰肽类物质主要活性成分胞壁酰二肽具有的免疫作用包括：①佐剂作用，可提高抗体的滴度；②增强非特异性抗感染的能力，如抗病毒感染；③使免疫功能抑制的小鼠恢复非特异性免疫能力；④抗肿瘤作用，对纤维瘤、骨髓瘤有一定的抑制作用；⑤促进成纤维细胞产生胸腺细胞激活因子。

4．胸腺因子　主要有 4 种胸腺因子，即胸腺素（thymosin，TM）、胸腺生成素（thymopoietin，TP）、胸腺体液因子（thymic humoral factor，THF）及血清胸腺因子（serum thymic factor，STF）。其中胸腺素还包含胸腺素 α1、胸腺素 β4、胸腺素 β8、胸腺素 β9、胸腺素 α7

等多种因子，它们具有不同的免疫作用。胸腺因子的免疫作用主要包括以下几方面：①胸腺因子中的胸腺素β4、胸腺素β3能促进骨髓干细胞分化为前胸腺细胞；胸腺素α1能促进早期与晚期干细胞分化；胸腺素α1与Th细胞成熟有关，胸腺素α7与Ts细胞成熟有关。②胸腺素可增强包括人在内的动物的免疫功能，促进促肾上腺皮质激素（ACTH）、β-内啡肽及糖皮质激素的释放，促进γ-干扰素、T细胞生长因子（TCGF）及淋巴细胞毒素的生成。③胸腺因子可增强T细胞功能，调节参与迟发型变态反应的T细胞。④胸腺因子可使免疫抑制的小鼠恢复免疫功能。

胸腺因子可用于治疗原发性和继发性免疫缺陷、自身免疫病及肿瘤性疾病。

5. 转移因子　转移因子（transfer factor，TF）是从致敏白细胞中提取的一种低分子物质，具有转移细胞免疫反应的作用，能把供体动物的特异性免疫反应能力转移给受体动物，从而提高受体的细胞免疫功能。转移因子的主要作用机制有以下几点：①可能是细胞免疫的触发剂。②它可能与T细胞的受体有关。T细胞经45℃ 1h作用后，其细胞表面的绵羊红细胞（SRBC）受体减少，不能形成玫瑰花环，而与转移因子混合1h后，T细胞又能与SRBC形成玫瑰花环。③它可把供体T细胞内的免疫信息转移给受体。④它能增加单核细胞内的cGMP含量（可高达4～10倍），而不减少cAMP。

转移因子可用于治疗肿瘤、免疫缺陷病及感染性疾病。

6. 免疫核糖核酸　免疫核糖核酸（immune ribonucleic acid，iRNA）是从致敏动物的淋巴细胞或巨噬细胞细胞质中提取的一种核酸，它能直接作用于宿主的淋巴细胞使其变为效应细胞，从而增强宿主的免疫力。它可分为特异性与非特异性两大类，特异性iRNA是用抗原事先免疫处理过的，而非特异性iRNA则不用抗原事先进行免疫。iRNA的优点是无移植物抗宿主反应和排斥反应。

iRNA可用于治疗肿瘤及病毒性感染。

7. 干扰素　干扰素（interferon，IFN）有三种，包括来源于白细胞的IFN-α、来源于原纤维细胞的IFN-β和IFN-γ（为免疫特异干扰素或T细胞干扰素）。干扰素的主要作用有：①抗病毒作用。作用机制是通过腺苷酸聚合酶及激活蛋白激酶，抑制蛋白质合成和病毒复制。②免疫调节作用。干扰素能增强Tc细胞及NK细胞的细胞毒作用；增强巨噬细胞的吞噬功能，诱导释放溶酶体酶。大剂量干扰素可抑制体液免疫和细胞免疫反应，而小剂量则可促进淋巴细胞向母细胞转化。干扰素在免疫调节过程中与有丝分裂因子、巨噬细胞激活因子、IL-2等一起参与免疫增强反应。

8. 白细胞介素2　白细胞介素2（interleukin-2，IL-2）能促进T效应细胞特别是Tc细胞分化成熟，增强Tc细胞和NK细胞的增殖和杀伤能力；活化B细胞和巨噬细胞，促进B细胞的增殖和抗体生成，增强巨噬细胞的杀伤活性。IL-2可用于某些免疫缺陷性疾病的治疗，还可增强动物T细胞的抗病毒活性。

9. 水-油混悬剂　矿物油具有增强免疫反应的作用，兽用生物制剂中利用在矿物油内加入经过灭活处理的结核菌素或其衍生物，制成弗氏完全佐剂，接种动物可产生良好的免疫增强作用。因抗原成分被油脂包裹而延长其释放时间，有利于持续性地刺激T细胞增殖反应，激活巨噬细胞，其弗氏完全佐剂中所含的结核菌素及其代谢产物中的脂质成分、多糖及RNA本身也具有免疫增强作用。除此以外，有些无机物（如硫酸钾铝、氢化铝、磷酸钙等）也具有佐剂作用。铝沉淀的抗原制剂可用于过敏体质的脱敏，可能是诱导产生高滴度的循环抗体，抑制了IgE介导的过敏反应。

10．新合成的疫苗 胞壁酰二肽（MDP）可替代全分枝杆菌加弗氏完全佐剂，同样可以提高疫苗的免疫作用，还如细菌或病毒抗原加载体（合成肽），或以抗原加载体及 MDP 制备成的各种疫苗也呈现出较好的临床效果。

11．维生素 多种维生素包括脂溶性维生素 A、维生素 D、维生素 E 和水溶性维生素 B 族及维生素 C 对免疫功能也有重要影响。

12．微量元素 硒是谷胱甘肽过氧化物酶的重要组分，具有较强的抗氧化作用，可使机体组织和中性粒细胞免遭过氧化物或活性氧的损害，硒在多种动物体内具有免疫调节作用。动物缺硒可引起免疫抑制，适量补硒可提高免疫力；铁缺乏或过多对动物的抵抗力均有影响，仔猪适量补铁，可提高其免疫力和预防贫血，而大剂量补铁则可提高其感染大肠杆菌病的死亡率和下痢的发生率。鸡缺铁，对沙门菌感染的敏感性增强，补铁可提高感染鸡的存活率；锌对包括人在内的动物的免疫系统具有重要影响。动物缺锌，胸腺和淋巴结萎缩且淋巴细胞减少，植物血凝素诱导的淋巴细胞转化率和迟发型变态反应减弱，胸腺淋巴细胞成熟减慢，而补锌则可使其免疫功能恢复；铜是多种代谢酶和超氧化物歧化酶的组分及辅助因子，超氧化物歧化酶对防止脂质过氧化和氧自由基损害具有关键作用。动物（牛、羊）缺铜，其淋巴细胞对丝裂原诱发的增殖反应明显减弱，中性粒细胞的吞噬杀伤活性明显降低，而补铜后可使其恢复。

（二）免疫增强疗法的途径

1．人工主动免疫 人工主动免疫（artificial active immunity）是用人工接种的方法给机体输入抗原性物质，刺激机体免疫系统发生免疫应答，从而产生预防疾病的能力。例如，给鸡接种新城疫病毒（NDV）以预防新城疫，注射致弱的猪瘟弱毒疫苗以预防猪瘟等。这种人工主动免疫方式所致免疫力的出现是机体自身免疫系统受抗原刺激后建立特异性免疫功能的结果，其产生免疫保护作用的时间相对较慢，常需 1～4 周的诱导期，但免疫力维持时间较长（半年至数年），多用于疾病的预防。

2．人工被动免疫 人工被动免疫（artificial passive immunity）是指给机体输入由他人或动物产生的免疫效应物质，即把现成的免疫力转移给机体的方法。例如，输注抗毒素、丙种球蛋白、免疫核糖核酸、转移因子等。

3．人工被动免疫和人工主动免疫的比较 人工被动免疫和人工主动免疫均可使机体增强抗病能力，但人工被动免疫输注的是免疫效应物质，易被清除，持续时间较短，输入后发挥作用较快，故主要用于治疗和紧急预防。二者的比较如表 1-3-5 所示。

表 1-3-5 人工被动免疫和人工主动免疫的比较

	人工被动免疫	人工主动免疫
接种物	抗体、免疫效应物质	抗原（疫苗、类毒素等）
开始有效时间	立即生效	较慢，1～4 周生效
免疫力维持时间	较短，2 周～数月	较长，6 个月～数月
用途	多用于治疗和紧急预防	主要用于预防

（三）免疫增强剂的种类

凡能使免疫反应速度加快、反应强度与水平升高、反应持续时间延长的药物均属于免疫增强剂，大致可分为三大类。

1. 化学和维生素免疫增强剂 如合成的多聚核苷酸、左旋咪唑、嘌呤类似物、维生素 A、维生素 C 等。

2. 生物源性免疫增强剂 如免疫组织产物（胸腺素、转移因子、免疫核糖核酸、干扰素等）、微生物及其产物（卡介苗、厌氧棒状杆菌、脂多糖等）、多糖类（香菇多糖、酵母多糖的葡聚糖、某些糖肽）、中草药（黄芪、刺五加）等。

3. 微量元素 如硒、锌、铁、铜、钴等。

三、疫苗接种与有害反应

理想的疫苗应该具有注射以后使动物产生持久和强大免疫力的作用，不仅被接种的动物本身，而且被接种动物所怀的胎儿也能获得这种免疫力，同时要求在获得强大免疫力的同时，疫苗不应对机体产生有害的反应和影响。但实际情况下，理想疫苗的上述必要条件，即高免疫原性和无有害副作用，从疫苗研制以来就存在着不可避免的相互矛盾。因为活疫（菌）苗能刺激机体产生最佳的免疫应答和获得强大的免疫力，但可能存在有残毒的危险；而“死”疫（菌）苗或亚单位疫苗虽然具有较好的安全性，但其免疫原性相对较差。人们一直在追求开发理想的疫苗，以获得既具有高免疫原性又无有害副作用的疫苗。

（一）机体对疫苗中非微生物成分的反应

1. 佐剂 添加佐剂的目的在于通过给予最少的抗原量，以产生最大量的抗体。有些佐剂在激发抗体产生的过程中也同时刺激组织进而造成损伤。有些佐剂高度的刺激性可引起组织的脓肿、肉芽肿病变，甚至引起危及生命的过敏性休克。

2. 防腐剂反应 甲醛在兽用疫苗中常用作灭活病原。灭活疫苗制备完成后，其中过量的甲醛可能或不能被完全自身代谢，疫苗注射局部的甲醛含量超过 1800μg/mL 时即可引起严重不适、疼痛、局部高热等“螫伤”反应。

3. 组织成分 当疫苗注入动物体内后，微生物抗原可刺激机体引起抗体滴度升高，然而有些粗制疫苗或未精制纯化疫苗中的非微生物成分也可在引起抗体反应时伴随出现超敏反应。

（二）机体对疫苗中微生物抗原的超敏反应

牛肺炎巴氏杆菌病是北美洲养牛业牛群致死的主要疾病。通常应用某些死杆菌苗以在牛体内抵抗多杀性巴氏杆菌和出血性巴氏杆菌，然而注射疫苗后牛常伴发严重的呼吸道疾病，其引起的呼吸道疾病甚至比未接种动物患此病时还要严重。

分枝杆菌局限在牛和山羊的肠壁内复制时可引起慢性副结核性肠炎。感染分枝杆菌的成牛在接种含有大量死菌成分的油乳剂疫苗后不久，可发生严重的进行性腹泻，这与疫苗抗原在肠道内诱发过敏反应有关。

布鲁氏菌为一种兼性细胞内寄生菌，所以活苗比死菌更能激发细胞免疫反应。A19 菌苗虽然能使牛产生优异的终身免疫从而防止流产，但可引起有些品系牛的全身反应，如注射疫苗后引起局部肿胀、高热、食欲减退、倦息和产奶量下降，甚至还会引起母牛流产，公牛出现睾丸炎等。

接种呼吸道病毒疫苗的动物接触自然界同一呼吸道病毒时，往往会出现严重的呼吸道症状（肺炎），如给儿童注射福尔马林灭活的抗人呼吸道合胞体病毒疫苗后，在自然界呼吸道合胞体病毒流行时，注射疫苗的儿童较未注射疫苗的儿童出现更为严重的症状。

（三）污染的疫苗

疫苗的可靠性依靠制造厂方的质量控制和政府力量的监督。轻视这一点，被污染的疫苗可能被生产出来并运用到实际防疫工作中去，从而造成有害的反应和经济损失。例如，牛冠状病毒疫苗生产过程中可被牛病毒性腹泻病毒所污染；雏鸡注射马立克病疫苗中容易出现疫苗被禽网状内皮组织增生症病毒污染，导致出现生长阻滞、羽毛异常、贫血和腿麻痹等症状；疫苗在长期贮存过程中很可能污染细菌，或者菌苗被噬菌体污染等。

（四）有毒的疫苗

弱毒疫苗生产的普遍问题之一是微生物抗原的致弱不足，尤其是病毒疫苗，毒力致弱的病毒必须有一定的活力并能在宿主体内复制才能产生良好的免疫力，然而在某种条件下，低毒力的致弱病毒又有可能引起轻重程度不同的疾病。

牛注射牛病毒性腹泻病毒（bovine viral diarrhea virus，BVDV）疫苗后常见的临床症状是腹泻、跛行和口鼻流出浆液性黏液，这些症状近似自然感染的慢性黏膜病；鸡新城疫病毒的一些毒株能在鸡上呼吸道复制并破坏上皮细胞；鸡传染性支气管炎病毒疫苗可以引起轻度的支气管黏膜上皮损伤。

（五）宿主动物的免疫抑制

处于免疫抑制或亚健康状态动物的疫苗反应，与动物注射疫苗前的免疫功能状态有密切关系。当疾病进行性发展时，其病原微生物的毒性作用更加明显。例如，正常猴通过划痕（划破皮肤）接种牛痘疫苗时，于接种后几天内可出现接种部位的红斑、丘疹、小疱和脓疱，但处于免疫抑制状态的猴，接种牛痘疫苗后，围绕划痕区出现卫星病变，而后发生组织坏死，甚至青年猴还可在脾、肝和其他内脏发生局部坏死等全身性病变。处于免疫抑制状态的雏鸡和火鸡接种鸡痘疫苗以后，也会出现鸡痘疫苗病毒的全身性扩散，产生强烈的疫苗反应。犬用免疫抑制药物治疗后，可因犬瘟热疫苗接种而发生病毒性脑炎，甚至引起死亡。

（六）疫苗使用不当

1．疫苗使用的种类错误　对不同种属动物用错疫苗可引起灾难性的后果，这不应是疫苗预防注射计划的错误，而通常是人为因素造成的偶然性错误。例如，大多数狂犬病疫苗病毒株能在小的啮齿类动物体内复制，因而这种疫苗不能用于这些动物。将猪伪狂犬病疫苗注射给羔羊后可导致羔羊的致死性伪狂犬病发作。将犬用犬瘟热疫苗注射给野生动物，尤其是圈养的动物，通常可发生疫苗导致的犬瘟热，因为肉食动物成员都对犬瘟热敏感，特别是浣熊、小熊猫、雪貂（白鼬）和狐狸对犬瘟热的敏感性更高。

2．疫苗使用的时间错误

（1）*动物太小*　新生动物因感染而死亡是一个很重要的问题，在其出生后及时接种疫苗可防止传染性疾病的发生。但是如果新生动物从初乳获得被动免疫，则母源抗体可干扰疫苗的混合免疫反应。

（2）*怀孕动物*　某些疫苗对幼小动物是安全的，而对怀孕母畜则有可能引起流产，尤其是用弱毒活病毒疫苗免疫母畜时。早期利用弱毒活病毒疫苗预防传染性牛鼻气管炎（IBR）是有效的。但于怀孕5～6个月时注射疫苗后则可引起胎儿流产死亡，并且在肝、脾和肾上腺发现有疱疹病毒的包涵体。

（七）疫苗造成的长期后遗症

1．特发性多神经炎　美国出现使用猪流感病毒疫苗时发生 Guillain-Barré 综合征，发生率约为 1/100 000。该型特发性多神经炎在狂犬病疫苗接种中也有过报道。

2．肿瘤形成　候选疫苗病毒需要利用啮齿类动物进行致瘤性验证，以证明该病毒用于疫苗不致发生肿瘤。仓鼠对致瘤病毒特别敏感，因此通常被用作致瘤试验的敏感动物。慢性抗原刺激有可能是形成肿瘤的原因之一。尽管在疫苗注射部位发生肿瘤病变的报道很少，但确有灵长目在痘病毒疫苗注射部位的瘢痕内发现有癌变的报道，以及在乳头状瘤疫苗注射部位有可能发展成为皮肤鳞状细胞癌的报告。

第七节　肿瘤免疫

肿瘤（tumor）是机体在致瘤病因（如致瘤性病毒、化学及物理性致瘤因子、其他致瘤因素等）的影响下，通过原癌基因被激活而诱发的异常增生的新生细胞群。随着免疫学，尤其是分子免疫学的发展，肿瘤免疫学（tumor immunology）已逐渐成为肿瘤学中的重要分支，该学科涉及肿瘤抗原、机体对肿瘤的免疫应答、机体对抗肿瘤的免疫效应机制及肿瘤的免疫诊断、治疗等方面，在肿瘤诊治中发挥着越来越重要的作用。畜禽及其他动物肿瘤的实验研究不仅为人类肿瘤研究提供了动物模型，而且为肿瘤的病因学、肿瘤抗原、宿主与肿瘤的相互关系，特别是为机体抗肿瘤的各种免疫因子的相互关系等研究提供了坚实基础。

一、肿瘤免疫概述

机体的免疫功能与肿瘤的发生发展具有密切的关系。机体的免疫反应也具有抗肿瘤作用，当机体免疫功能低下或受抑制时，肿瘤的发生率显著增高。在肿瘤的生长过程中，患瘤宿主的免疫功能会受到抑制，细胞免疫可能代表了机体防御肿瘤的机制。宿主的免疫功能状态与肿瘤的发生发展不断相互影响，双方各种因素的消长对症状和预后起重要的作用。

免疫监视（immune surveillance）学说认为，机体免疫系统的生理功能之一是监视机体有无产生异常细胞，在形成肿瘤以前，识别和摧毁转化为肿瘤细胞的克隆，而在肿瘤形成后杀死它们。然而，该学说在肿瘤免疫的争议焦点依然集中在以下几个问题上：①肿瘤是由自身细胞转化而来，是否有其特异抗原？其抗原性强弱程度如何？能否引起机体充分的免疫反应？②机体免疫系统通过什么途径作用于肿瘤细胞？有多大的作用？③肿瘤细胞是如何逃避机体免疫监视的？④如何加强机体免疫，达到治疗肿瘤的目的？

免疫监视学说的提出是建立在许多临床和实验研究的基础之上的。例如，人们观察到免疫缺陷病（特别是细胞免疫功能缺陷）或长期使用免疫抑制剂时，肿瘤的发病率显著增高；免疫系统发育不成熟和功能衰退的状态下，幼年和老年期肿瘤的发病率增高。临床上曾观察到肿瘤有自然消退的现象或偶尔发现切除原发肿瘤病灶后残存的转移肿瘤病灶也可自发消退的现象；给先天性无胸腺裸鼠移植肿瘤细胞，或在抗淋巴细胞血清处理过的小鼠和在新生期摘除胸腺的小鼠诱发肿瘤时，其成功率都高于正常动物。上述结果均说明机体借助免疫监视功能，能够识别并通过细胞免疫机制破坏带有非己标记的自身细胞（如肿瘤细胞），可使新出现的恶变细胞或突变细胞在尚未形成肿瘤前即被清除。

然而肿瘤的抗原性较弱，肿瘤也存在逃避机体免疫反应攻击的可能机制，在此情况下肿瘤的发生率似乎是在增高而并不是降低。例如，先天性无胸腺裸鼠或长期应用抗淋巴细胞血清处理的小鼠，几乎不发生自发性肿瘤；免疫缺陷病或长期使用免疫抑制剂时，恶性肿瘤的发生率虽然很高，但所发生的肿瘤大多起源于淋巴组织，而根据免疫监视学说的观点，理应发生各种类型的肿瘤。某些疾病时免疫功能显著降低，但肿瘤发生率并不一定很高。体内一些淋巴细胞不能到达的部位如眼角膜、前房等，肿瘤的发生率也不很高。为此，人们对免疫监视学说的正确性产生疑问，促使人们对肿瘤逃避机体免疫反应攻击的可能机制、机体对抗肿瘤的免疫效应机制等展开研究。

二、肿瘤抗原

肿瘤抗原远较细菌、病毒抗原复杂，人们把只存在于肿瘤细胞中的抗原称为肿瘤特异性抗原（TSA），把既存在于肿瘤细胞又存在于正常细胞的抗原称为肿瘤相关抗原（tumor-associated antigen，TAA）。多数情况下，TAA 是正常细胞的组成成分，只是在肿瘤细胞中出现了异常表达。肿瘤抗原中易被免疫系统识别并成为免疫细胞攻击靶点的抗原称为肿瘤排斥抗原（tumor rejection antigen，TRA）。TRA 大部分是 TSA，也有少数是 TAA。

（一）肿瘤特异性抗原

1．肿瘤组织相容性抗原（histocompatibility antigen of tumor） 组织相容性抗原分布在所有有核细胞的表面。肿瘤细胞也存在这种组织相容性抗原，并可在肿瘤起源组织的正常细胞表面表达。由于小鼠决定组织相容性抗原的基因群位于 17 号染色体上的 H-2 区，因而也叫 H-2 抗原。H-2 抗原的分子结构为一条重链与一条轻链相连。重链是一条多肽链，分子质量为 45kDa，轻链为 β_2 微球蛋白，分子质量约为 12kDa。H-2 抗原在细胞表面的分布，以淋巴结、脾、胸腺及骨髓等处的淋巴细胞上的含量最高，其次是肝星状细胞、表皮细胞，肺、肾、肌肉组织等也含有少量 H-2 抗原。

H-2 抗原在 T 效应细胞对靶细胞产生细胞毒作用时具有限制功能，即 T 效应细胞与靶细胞（瘤细胞或感染细胞）接触时，必须在 H-2 抗原相同时才对靶细胞产生细胞毒作用。例如，小鼠脾 T 淋巴细胞能杀死被病毒感染的自身成纤维细胞，但不能杀死同一病毒感染的异种成纤维细胞。

2．肿瘤特异性移植抗原（tumor specific transplantation antigen，TSTA） 这类抗原类似病毒相关膜抗原，或称为化学/物理致癌剂诱发肿瘤的肿瘤特异性抗原（TSA）。这类抗原主要是通过近交系肿瘤移植排斥反应的实验得以证实的。在利用甲基胆蒽诱导近交系小鼠间的移植实验中观察到，当移植的肿瘤生长到一定时间后，或手术摘除肿瘤，或于肿瘤结节基部用线结扎以阻断血液供应而扼杀肿瘤时，该小鼠对其后移植同样的肿瘤具有免疫作用。如果给该鼠再次移植另一种肿瘤时，则该肿瘤的生长不被排斥，表明每一种肿瘤细胞都具有独特的肿瘤特异性抗原，故此把这类抗原称为肿瘤特异性移植抗原（TSTA）或称为肿瘤排斥抗原（TRA）。肿瘤特异性移植抗原属于糖蛋白，镶嵌于肿瘤细胞膜的双层类脂中，它既不含 β 微球蛋白，也不含病毒结构蛋白。

3．病毒直接抗原（virus-directed antigen） 在致瘤性 RNA 或 DNA 病毒引起的肿瘤细胞中，一般可找到病毒结构蛋白抗原和病毒非结构抗原两种。

（1）*病毒结构蛋白抗原*（virus-structural proteinous antigen） RNA 致瘤病毒在肿瘤细胞内可形成完整的病毒，因而在肿瘤细胞内能检出核心抗原，在肿瘤细胞膜上检出病毒衣壳抗原。例如，牛白血病致瘤 RNA 病毒含有 6 种主要结构蛋白，其中 4 种为病毒核心（芯髓）非糖基化蛋白，即P10kDa、P12kDa、P15kDa和P24kDa蛋白质；两种为病毒囊膜糖蛋白，即gp30kDa和gp51kDa糖蛋白，这些都是病毒结构抗原。

在DNA致瘤病毒中，有些在肿瘤细胞内不形成完整病毒，只能在肿瘤细胞内检出核心抗原，而有些在肿瘤细胞内形成完整病毒，可在肿瘤细胞表面检出病毒囊膜抗原。例如，DNA致瘤EB病毒中，含有P125kDa、P160kDa蛋白和gp85-90kDa、gp200-250kDa、gp300-350kDa糖蛋白5种病毒结构抗原，前3种为病毒衣壳抗原，存在于肿瘤细胞质和细胞核内；后两种为病毒囊膜抗原，可在肿瘤细胞膜上检出。鸡马立克病毒在鸡体内有两种存在形式，即裸体病毒（无囊膜）和完全病毒（有囊膜）。

（2）病毒非结构抗原（virus nonstructural antigen）　又称为病毒相关膜抗原（virus-associated membrane antigen），是病毒诱发的一种肿瘤细胞膜表面抗原。猫白血病病毒可诱发这种抗原，称为猫RNA肿瘤病毒相关细胞膜抗原（FOCMA）。禽白血病病毒相关膜抗原为gp100kDa，它可能是病毒被整合到宿主细胞DNA后产生的一种糖蛋白。

（二）肿瘤相关抗原

常见的有分化抗原（differentiation antigen），分化抗原主要为胚胎抗原，其次为器官特异性抗原。

1. 胚胎抗原（embryonic antigen）　胚胎抗原是在胎儿时期出现的一种抗原，待生长到青年或成年期时即消失或仅可查到极微含量。但在宿主罹患肿瘤时，肿瘤细胞由正常细胞癌变或者幼稚化后，体内再次出现胚胎抗原或含量增多。胚胎抗原往往缺乏肿瘤特异性，常见的有癌胚抗原和甲胎蛋白。

（1）癌胚抗原（carcinoembryonic antigen，CEA）　CEA是一种糖蛋白，分子质量为200kDa，早先是从人的结肠癌及直肠癌组织中检出的，后来发现在其他恶性肿瘤中也可检出这种抗原，如胰腺癌、肺癌、乳腺癌、膀胱癌中也呈现CEA阳性反应。CEA位于癌细胞内，也可释放进入血液循环，因而其所诱导的抗体可作为诊断这些癌的工具。

（2）甲胎蛋白（alpha-fetoprotein，AFP）　AFP也是一种糖蛋白，分子质量为70kDa，它可由胚胎期肝细胞及卵黄囊细胞合成，宿主成年后在体内的含量极微。AFP在肝癌发生时可重新出现，此外在睾丸或卵巢畸胎瘤及少数其他癌（如胃癌、肺癌等）中也可检出。

2. 器官特异性抗原（organ specific antigen）　是某一器官所特有的抗原成分，其特性可为某一动物的每一个器官所特有，也可以是不同动物的相同器官所特有的。器官特异性抗原在病变过程中可以逐步丢失，但在良性肿瘤中不丢失。已经证实丢失器官特异性抗原的肿瘤有胃癌、大肠癌、肾癌、皮肤鳞状上皮癌、基底细胞癌、宫颈癌、甲状腺癌等。

三、机体抗肿瘤的免疫效应机制

患瘤机体针对肿瘤抗原可激起免疫应答。大多数免疫原性较强的肿瘤以特异性免疫应答为主，而少数免疫原性较弱的肿瘤则侧重非特异性免疫应答。机体对肿瘤的免疫应答也可以分为体液免疫（抗体）和细胞免疫两个方面，前者对肿瘤的血清免疫学诊断具有重要意义，而后者对肿瘤细胞具有杀伤作用。

（一）抗体的抗肿瘤作用

肿瘤存在有多种抗原，自然会诱导出不同的抗体。在畜禽肿瘤中，牛白血病患牛体内可测出抗 p24、抗 gp45、抗 gp51、抗 gp55 等抗体（大多是抗 BLV 抗体）；在白血病患猫体内检出了抗 gp85 抗体、抗猫白血病病毒（feline leukemia virus，FLV）抗体；在禽白血病和鸡马立克病患禽体内可检出抗病毒抗体。上述抗体已应用于临床诊断，而且有些抗体还具有抑制肿瘤的作用。然而体液免疫反应并不与抗肿瘤的效应相一致，在许多情况下甚至有些抗体还可促进肿瘤细胞的生长。体液免疫在抗肿瘤作用上有下述几种机制。

1. 补体依赖细胞毒抗体（complement dependent cytotoxic antibody） 细胞毒抗体在补体参与下，与肿瘤细胞结合后可使肿瘤细胞穿孔，从而直接溶解杀伤肿瘤细胞。大多数细胞毒抗体属 IgG，也有属 IgM 的。IgM 只要一个抗体分子结合于肿瘤细胞膜，即可固定补体，它对肿瘤细胞表面的抗原密度要求低，溶解肿瘤的作用更大。而 IgG 需要有两个抗体分子在肿瘤细胞膜上紧密相邻结合才能固定补体。因此，要求肿瘤细胞膜上抗原密度大，一个肿瘤细胞表面结合 1000 个以上的 IgG 分子才能使肿瘤细胞溶解。这种补体依赖细胞毒抗体只能溶解分散状态下的悬浮肿瘤细胞或少量经体液转移的实体肿瘤细胞，对大多数实体肿瘤如黑色素瘤、神经母细胞瘤和各种肉瘤的肿瘤细胞不形成明显的破坏作用。

2. 依赖淋巴细胞抗体（lymphocyte dependent antibody） 抗肿瘤抗体通过与肿瘤细胞表面的抗原结合，可促进效应细胞与肿瘤细胞接触进而杀伤肿瘤细胞，这种细胞毒效应称为抗体依赖细胞介导的细胞毒作用（ADCC）。参与反应的效应细胞主要是 K 细胞，其次是巨噬细胞，抗体则主要为 IgG 型抗体。K 细胞、巨噬细胞等与 IgG 重链上的 Fc 片段结合，其 Fab 片段则与肿瘤细胞表面的抗原结合，以激活效应细胞，并最终使肿瘤细胞破坏。ADCC 杀伤肿瘤细胞的作用迅速，所需抗体分子较少，有 100 个 IgG 分子即可杀伤肿瘤细胞。

3. 免疫调理素（immune opsonin） 巨噬细胞在免疫血清或抗体存在的情况下，可通过调理黏附作用而增强吞噬细胞的细胞毒作用。此外，抗体封闭肿瘤细胞上的某些受体，如转铁蛋白受体，可使其功能阻碍，从而抑制肿瘤细胞的生长；抗体与肿瘤细胞膜上的抗原结合，干扰肿瘤细胞的黏附性，不利于肿瘤细胞向宿主正常细胞黏附，对肿瘤细胞的生长、转移等造成阻碍等，以此发挥抗肿瘤作用。

抗体虽具有以上多种抗肿瘤作用，但总体而言，抗体并不是抗肿瘤的重要因素。

（二）T 淋巴细胞的抗肿瘤作用

给免疫功能低下或正常的同品系小鼠注入经肿瘤免疫过的小鼠脾细胞或淋巴细胞，能使受体鼠抵抗随后注入的致死剂量的肿瘤细胞的攻击。这种过继转移呈现明显的特异性，即只能抵抗原来用于免疫的肿瘤细胞。如果事先用抗 T 细胞血清和补体处理转移的脾细胞或淋巴细胞，则受体鼠不能获得抗肿瘤能力，说明转移特异的抗肿瘤免疫效应是通过免疫致敏的 T 淋巴细胞发挥作用的。

1. 细胞毒性 T 淋巴细胞（CTL） CTL 是肿瘤免疫的主要途径之一。CTL 能有效识别肿瘤细胞表面和 MHC Ⅰ类分子结合的突变细胞蛋白或癌病毒蛋白，通过释放毒性物质或触发靶细胞上的“死亡”受体（如 Fas）而直接溶解靶细胞，或通过分泌 IFN-γ 间接杀伤肿瘤细胞，在机体发挥着免疫监视的作用。

CTL 释放的毒性物质主要是穿孔素（perforin）/颗粒酶，当 CTL 通过 MHC 分子-抗原复合物和肿瘤细胞连接后，在自身活化的同时，把毒性物质释放至两细胞结合处，经过胞吞作用，进入肿瘤细胞。穿孔素插入肿瘤细胞膜，在 Ca^{2+}协助下，形成管状通道，使大量的 Na^{+}和水进入肿瘤细胞，导致肿瘤细胞的肿胀、破坏；颗粒酶是一种丝氨酸蛋白酶，可引起 DNA 分解，加速细胞死亡。CTL 的另一作用是表达 FasL。FasL 能与肿瘤细胞膜上的 Fas 受体结合，诱导肿瘤细胞发生凋亡。由抗原肽-MHC 类分子复合物激活的 CTL 是肿瘤免疫中杀伤肿瘤细胞的主要途径。

2. CD_4^+ T 淋巴细胞　CD_4^+ T 淋巴细胞在肿瘤免疫中的作用尚未完全搞清。一般把 CD_4^+ T 细胞称为辅助性 T 细胞（Th）。Th 细胞在胸腺中即分为 Th1 和 Th2，其中和肿瘤免疫关系比较密切的是 Th1 细胞。

（1）*CD_4^+ T 细胞的激活*　肿瘤细胞的抗原脱落下来后，由抗原呈递细胞（APC）摄取，在 APC 内经胞内处理成多肽片段，并和 MHC Ⅱ类分子结合成 MHC Ⅱ类分子-抗原肽复合体。在 APC 的抗原呈递过程中，CD_4^+ T 细胞的 TCR 识别复合体使自身活化，其中以树突状细胞呈递抗原的能力最强，树突状细胞因其独特的形态特征而得名，它们不断伸展、卷曲以增加其表面积，增强其从周围组织中捕获抗原的能力。研究证明，树突状细胞与其他 APC 相比，更能有效地启动 T 细胞依赖性免疫应答，其表面具有高密度 MHC Ⅰ和 MHC Ⅱ类分子，这主要得益于对外源性抗原的处理过程。

（2）*CD_4^+ T 细胞的效应*　在肿瘤免疫应答中，CD_4^+ T 细胞（主要是 Th1）可以促进或协助其他细胞发挥如下效应：①通过释放细胞因子，如肿瘤坏死因子（TNF）和干扰素（IFN-γ）发挥抗肿瘤作用。这些细胞因子能促进 CTL 发育，TNF 增强 MHC 的表达和肿瘤细胞对溶解素的敏感性，IFN-γ 还能激活巨噬细胞杀伤肿瘤细胞。②Th 表面的 CD_{154} 分子可和 APC 表面的 CD_{40} 分子结合，促使 APC 释放 IL-12，IL-12 可上调 MHC 分子表达，促进 CTL 活化。③Th 和 APC 可以释放 ICAM-1、CD_{80} 和 CD_{86} 等共刺激信号分子，协助 CD_8^+ CTL 的分化和增殖。④CD_4^+ T 细胞可增强 B 细胞活化，引起抗体应答及 CD_8^+ CTL 的细胞毒作用。⑤CD_4^+辅助性 T 细胞可进一步分为 Th1 和 Th2 两个亚群，分泌不同类型的细胞因子。细胞因子的分泌影响了 T 细胞的功能。一些细胞因子主要促进细胞免疫应答，而另一些细胞因子促进体液免疫应答。小鼠动物模型中发现，Th1 主要分泌 IL-2、IFN-γ，它们促进迟发型超敏反应、细胞毒性免疫应答及吞噬细胞的活性。Th1 引起免疫应答，促进细胞的免疫炎症反应，加强宿主细胞对肿瘤的免疫防御功能。反之，Th2 细胞分泌 IL-4、IL-5、IL-6 和 IL-10，促进 B 淋巴细胞的应答和抗体的合成。

两种辅助性 T 细胞的应答分别受许多因素的不同影响，其中包括抗原的性质及其剂量、抗原呈递细胞的类型及其膜结合共刺激信号、各种药物。同体液免疫与细胞免疫之间的作用关系一样，两种类型辅助性 T 细胞的应答常相互调节，其中细胞免疫的影响至关重要。例如，在小鼠动物模型中发现，IFN-γ 和 IL-12 可促进 Th1 的活化，而 IL-4 和 IL-10 可促使 Th2 的活化。另外也可观察到某些细胞因子的相互作用，其中 IFN-γ 能直接抑制 Th2 细胞的增殖；IL-10 能抑制 Th1 产生细胞因子，从而间接抑制 Th1 引起的巨噬细胞活化。

（三）共刺激信号因子的抗肿瘤作用

研究者把肿瘤细胞细胞膜上除抗原以外的物质清除后注入小鼠，发现不引起机体的免疫应答反应。在 MHC 作用下重复这一试验，依然不产生免疫反应，人们由此认为要使静止的淋巴细胞激活必须有两个以上的刺激信号（双信号学说），并认为此两信号都应是抗原特异性的，但第二个信号并非一定来自抗原。

TCR-MHC Ⅰ类分子-抗原复合物的触发信号常常称为 T 细胞活化的第一信号。对于 CD_4^+、CD_8^+ T 细胞和一些记忆细胞，仅有第一信号往往不足以刺激 IL-2 的产生、细胞的增殖和分化。T 细胞表面的 CD_{28} 分子可以和 APC 表面的 B7 家族配体分子作用，提供关键的第二信号即共刺激信号分子。机体的免疫效应强弱建立在一定数量的基础上，有人认为 100 个 CTL 才能杀死一个肿瘤细胞，CTL 的激活识别确定了淋巴细胞毒作用的靶细胞，其增殖和分化决定了免疫应答的强度。缺乏 CD_{28} 分子的小鼠 T 细胞不能对病毒和肿瘤产生有效的应答，也不能产生 T 细胞依赖的抗体应答。CD_{28} 是一同源二聚体的跨膜糖蛋白，在人的大多数外周 T 细胞上表达，而小鼠淋巴器官或外周血液中几乎所有 T 细胞均可表达 CD_{28} 分子。人们认为 APC 表面的 B7 因子是一个高效的免疫启动分子，T 细胞和 B7 分子结合后，T 细胞的免疫能力可增强 20 倍。

现代免疫学认为共刺激信号分子有四大特点：①共刺激信号分子均以受体和配体形式成对，且出现在不同的靶细胞，只有互相结合，才可发挥效应；②在免疫反应的各个阶段，有不同的共刺激信号分子，起到程序性激活免疫细胞、全面调动主要免疫组分的作用；③共刺激信号分子之间相互调节和协同，共同影响免疫功能，如在 Th1/Th2 漂移中起作用；④共刺激信号分子中有些发挥正向作用，也有些发挥负向作用，使其动态平衡达到较佳的免疫效应。

（四）自然杀伤细胞（NK 细胞）的抗肿瘤作用

自然杀伤细胞（natural killer cell，NK 细胞）是细胞免疫中的非特异成分，它们是不同于 T 细胞、B 细胞的淋巴细胞群，在体内比例相对较小。NK 细胞是骨髓来源的大颗粒淋巴细胞，与 T 细胞共有同一祖细胞，在胸腺中存在 NK 细胞前体，但其成熟不依赖于胸腺，很可能是从早期分化的 T 细胞系中分离出来的。人们认为 NK 细胞比 T 细胞的抗肿瘤作用更重要，因为它不需要抗原的刺激，不依赖胸腺，也不依赖抗体或补体，只靠自己分泌的自然杀伤细胞因子即可溶解肿瘤细胞，而且先于 T 细胞发挥作用，故 NK 细胞处于机体抗肿瘤的第一线。虽然 NK 细胞无靶细胞特异性，但是在缺乏抗体和 ADCC 效应时，它们表现出靶细胞选择性。它们对肿瘤细胞和病毒感染细胞比对大多数正常细胞更具毒性作用。如同 CTL 一样，NK 细胞可以杀伤各种类型的肿瘤细胞，NK 细胞介导的细胞毒作用有颗粒外排、穿孔素和颗粒酶等因素参与，在细胞毒性免疫中起重要的辅助功能。NK 细胞还能分泌大量的细胞因子，如 IFN-γ、TNF-γ、粒细胞-巨噬细胞集落刺激因子（GM-CSF）等，调节机体免疫反应。

NK 细胞具有较广的抗瘤谱，能抗同系、同种或异种肿瘤细胞，对淋巴瘤和白血病细胞最为有效，对实体瘤作用较差，甚至不发挥作用。此外，NK 细胞只在较早期阶段或肿瘤细胞数量少时发挥作用较好，肿瘤晚期或有大量瘤细胞时难以奏效。

（五）巨噬细胞的抗肿瘤作用

巨噬细胞在抗肿瘤免疫中具有重要的意义，其抗肿瘤作用有特异性和非特异性两类，前者能杀伤肿瘤细胞，后者能抑制肿瘤细胞生长。

（1）巨噬细胞特异性细胞毒作用　经肿瘤免疫的动物，其巨噬细胞对相应肿瘤细胞具有特异性杀伤作用，而对无相应抗原的肿瘤细胞则无杀伤作用。其杀伤机制可能与 ADCC 相同，即巨噬细胞表面有 Fc 受体，在特异性抗瘤抗体 IgG 的介导下溶解瘤细胞；也可能是抗瘤效应细胞，即杀伤性 Tc 细胞释放的特异性巨噬细胞武装因子（SMAF），结合在巨噬细胞表面而发挥其识别肿瘤特异性抗原，从而达到抑制肿瘤细胞生长或破坏肿瘤细胞膜、溶解肿瘤细胞的作用。

（2）巨噬细胞非特异性细胞毒作用　动物一般经慢性感染、卡介苗（BCG）接种、免疫复合物刺激或注射细菌内毒素、酵母脂多糖、多肌胞苷酸（poly I:C）等均能非特异性激活巨噬细胞，从而对肿瘤细胞起抑制作用。其作用机制可能是分泌溶酶体，发挥水解作用或干扰瘤细胞 DNA 合成，抑制瘤细胞生长，而非吞噬瘤细胞。活化的巨噬细胞还能分泌巨噬细胞活化因子（MAF），以增强淋巴细胞分化，扩大其抗肿瘤作用。

（六）K细胞的抗肿瘤作用

K细胞是一类缺乏T细胞、B细胞标记的淋巴细胞。该细胞膜上存在有Fc受体和C_{3b}受体，而没有与肿瘤抗原结合的受体，所以它不能直接与肿瘤细胞结合，只有当抗肿瘤抗体IgG与肿瘤细胞表面的抗原结合后，暴露抗体分子的Fc片段，才能与K细胞上的Fc受体结合而激活K细胞，从而发挥对肿瘤细胞的细胞毒作用。这种杀伤是通过ADCC效应来实现的。K细胞发挥ADCC效应无须事先致敏，也不需要补体参加，但依赖特异性抗体的存在。

四、肿瘤免疫逃逸机制

肿瘤的发生有两个关键步骤，即各种因素导致癌基因突变和三个以上突变的癌基因使正常细胞转变为肿瘤细胞。肿瘤的发生根本而言在于癌基因突变和机体免疫功能下降，使肿瘤细胞逃避了机体的免疫监视。如果免疫功能正常，免疫系统可很快消灭新生的肿瘤细胞。然而，尽管机体具有一系列的免疫监视机制，但仍难以阻止肿瘤的发生和发展，因为肿瘤细胞可能通过多种机制逃避机体的免疫攻击。

（一）肿瘤细胞的逃逸与免疫刺激

在肿瘤生长早期，肿瘤细胞数量较少，不足以刺激机体的免疫系统产生足够强度的免疫应答。待肿瘤生长至一定程度并形成肿瘤细胞集团时，肿瘤抗原编码基因发生突变或缺失，可干扰免疫识别过程，使肿瘤细胞逃避免疫监视而增殖，这种现象称为肿瘤免疫逃逸（tumor immune escape）。

也有人认为，少量肿瘤细胞不能引起宿主足够的免疫应答，反而可能刺激肿瘤细胞不断生长，这种现象称为免疫刺激（immunostimulation）。研究证实，在某些肿瘤组织内存在的淋巴细胞能为肿瘤细胞提供某些营养物质并刺激肿瘤细胞生长，这种辅助肿瘤细胞生长的物质称为肿瘤营养因子。

（二）MHC分子异常表达

MHC是机体免疫应答的核心，在所有导致肿瘤免疫逃逸的机制中，肿瘤细胞表面的MHC分子不表达或异常表达是肿瘤免疫逃逸的主要原因。某些肿瘤细胞表面MHC Ⅰ类抗原表达降低或缺失可导致CTL对肿瘤细胞上的抗原不能识别，从而使肿瘤细胞得以逃避宿主的免疫攻击。若将MHC Ⅰ类基因转染肿瘤细胞株，则后者的成癌性及转移率可出现降低或消失。

（三）肿瘤抗原诱发免疫耐受

肿瘤细胞在宿主体内长期存在和不断增多的过程中，其肿瘤抗原可作用于处在不同分化阶段的抗原特异性淋巴细胞，其中处于幼稚阶段的淋巴细胞接触到肿瘤抗原后即可被诱发免疫耐受。小鼠乳腺癌病毒诱发的肿瘤即是一个典型的例子，即在新生期感染过乳腺癌病毒的小鼠，到成年期再感染该病毒时容易诱发乳腺癌，但如果将该肿瘤移植给新生期未经感染过的同系小鼠，则诱发宿主产生较强的抗肿瘤免疫应答。

（四）免疫选择

某些对免疫监视敏感的肿瘤细胞被消灭，而不敏感的肿瘤细胞则可以存活下来，这种现象称为免疫选择（immunoselection）。其可能的发生机制为：①肿瘤抗原发生调变；②某些肿瘤抗原的免疫原性很弱，不能诱发有效的抗肿瘤免疫应答；③肿瘤细胞发生突变，因而得以逃避机体的免疫监视而有选择地存活与增殖。

（五）抗原调变

通常抗原与自身物质的差异越大，其免疫原性越好。肿瘤特异性抗原（TSA）是由自身抗原变异而来的，其抗原性本来就很弱，特别是当肿瘤细胞经过宿主体内连续传代后，往往出现抗原丢失和没有抗原的肿瘤细胞，这一现象称为抗原调变（antigenic modulation）。抗原调变可因细胞内化作用或抗原-抗体复合物脱落所致。某些非补体固定的抗肿瘤抗体可保护肿瘤细胞免受补体激活抗体的溶瘤作用。被 CTL 识别的肿瘤抗原消失与肿瘤的生长和转移相关。

（六）封闭因子与免疫促进作用

用肿瘤组织主动免疫动物或给动物输入免疫血清，能促进宿主体内移植性肿瘤生长，这种现象称为免疫促进（immunological enhancement）。这是血清中存在一种保护癌细胞免受致敏淋巴细胞攻击的因子所致，这种因子称为封闭因子（blocking factor）。封闭因子的本质有三种可能：①封闭抗体（blocking antibody），它可附着于肿瘤细胞表面，遮盖肿瘤细胞抗原；②可溶性肿瘤抗原，它可封闭效应细胞的抗原受体；③肿瘤抗原-抗体复合物，它既可通过其抗原部分与效应细胞结合而封闭效应细胞，又可通过抗体与肿瘤细胞表面抗原结合而封闭肿瘤细胞。以上三种情况均可妨碍效应细胞对肿瘤细胞的识别和杀伤。

（七）肿瘤细胞表面抗原覆盖

所谓“抗原覆盖”是指肿瘤细胞表面的抗原可能被某些物质所覆盖，如肿瘤细胞可表达高水平的唾液糖胺聚糖或表达肿瘤激活的凝集素，该两种成分均可覆盖肿瘤抗原，致使后者不被宿主的淋巴细胞识别，因而不能发挥杀伤作用。

（八）黏附分子的作用

某些黏附分子表达异常可使肿瘤细胞逃避 T 细胞的免疫监视。例如，某些淋巴瘤细胞表面不表达或少表达淋巴细胞功能相关抗原（LFA-1）；某些淋巴瘤细胞不能表达细胞间黏附分子 1（ICAM-1）或 LFA-3，结果导致这些淋巴瘤细胞刺激自体或同种异体 T 细胞应答的能力降低，从而有助于肿瘤细胞逃避免疫监视。

（九）免疫抑制作用

采用新生期动物切除胸腺、化疗、放射线全身照射、应用肾上腺皮质激素或抗淋巴细胞球蛋白等措施，都会造成机体免疫功能抑制，使病毒诱癌或异种肿瘤移植容易成功。

肿瘤能直接侵犯免疫器官而起到免疫抑制作用，也可释放免疫抑制因子以降低宿主免疫力及诱导体内抑制性细胞增多。

（鲍恩东　唐　姝　周向梅）

第四章 毒理病理学

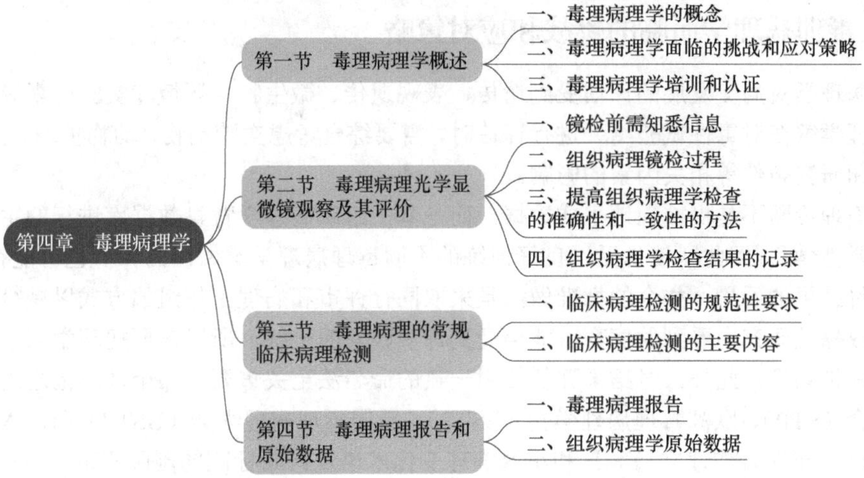

第一节 毒理病理学概述

毒理病理学的发展至今已有百余年。随着化学工业及制药工业的发展，在产品非临床试验中出现了欺诈等行为，这促使公众对安全性评估的呼声日益增高，发达国家也开始制定一系列相关法律，规定产品必须向有关政府机构提供安全评估后才能获得批准上市。这就使得毒理病理学逐渐受到各国政府的高度关注和重视。

此后，随着分子生物学、基因组学和生物信息学的兴起，生物标记和基因技术等在毒理病理研究中得到了验证和运用，促进了普通医学向个性化医学转变，给常规毒理病理学发展带来了巨大挑战和机遇。

一、毒理病理学的概念

毒理病理学（toxicological pathology）是病理学在毒理学科中的应用，是结合了病理学、毒理学及其他相关学科的交叉学科。其不仅研究各种受试物诱发机体（包括细胞、组织和器官等水平）结构和功能改变，还研究引起这些变化的机制，评估其发展风险及基于这些信息的风险控制措施等，是受试物安全评价体系中的一个关键学科。

毒理病理学的研究内容包括临床病理学和组织病理学。临床病理学主要借助自动化的仪器设备，如血凝仪、生化仪等检测受试动物的血常规、血生化、凝血及尿常规等指标，分析、探讨受试物对动物代谢功能和病理、生理反应的影响；组织病理学主要是通过肉眼和光学显微镜、电子显微镜等，观察组织脏器形态和结构的变化，以判定受试物造成的毒性损伤及转归。现代毒理病理学还包括分子生物学和毒理基因组学。

毒理病理学与其他病理学在研究内容上有明显的区别。传统病理学主要对疾病表现进行评估，包括人（医学）或动物（兽医），而毒理病理学则是在实验病理学和比较病理学解释基础上，将动物结果外推到人。另外，毒理病理学也不同于诊断病理学或法医病理学。诊断病理学是通过分析个人或群体的组织和体液来确定该个人或更广泛人群的疾病或死亡原因。法医病理学则专门研究非自然的或可疑的死亡或疾病。毒理病理学主要研究受试物引起的组织细胞形态、结构和功能的改变或体液成分的改变（生物标记），并确定改变的生物学意义。

二、毒理病理学面临的挑战和应对策略

毒理病理学对病变发展的评估受到遗传、表观遗传、微生物、环境和实验因素等影响，因此毒理病理学家在对毒性试验结果进行评估时，需要综合考虑实验动物、动物护理、使用程序、设施环境和研究条件等相关因素的影响。

毒理病理诊断不是机械性地生成数据，而是基于组织病理学背景数据库进行的主观评价，是一门解释性学科，因此即使是受过良好训练的不同毒理病理学家做出的评价也可能存在差异。为确保评价结果的质量，如今的标准做法是采取同行评审和病理工作组的方式以减少和消除差异，如在致癌性研究中看到的病变可能会受到许多因素的干扰，所以需要病理学家之间进行协商以获得评价共识。此外，对结果评价使用一致的命名法至关重要。在全球小范围内，美国毒理病理学会（STP）、欧洲毒理病理学会（ESTP）、英国毒理病理学会（BSTP）和日本毒理病理学会（JSTP）正在合作建立《大鼠和小鼠病理变化术语及诊断标准的国际规范》（*International Harmonization of Nomenclature and Diagnostic Criteria for Lesions in Rats and Mice*，INHAND），以此促进毒理病理学术语标准化。毒理学研究完成后，毒理病理学家将数据合成一份全面的研究报告，该报告不仅涵盖研究结果，而且要对病理结果进行解释和风险评估。

反复毒性试验和致癌试验的病理检查是毒理病理学至关重要的一部分，包括长期给予大鼠和小鼠若干剂量的受试物，然后进行病理评估。事实上，啮齿类动物因种属差异，其毒性试验结果外推到人最为困难。例如，在大鼠毒性试验中，受试物高剂量组的反应结果，是否与相同受试物在人低剂量组的作用结果相匹配？这种毒理学研究仅代表受试物在人体中暴露的最坏情况，而且常常不能准确地反映现实情况，结果往往模棱两可或难以解释。目前随着机制研究的深入，特殊技术、新动物模型和新技术方法的使用，以及一致的命名和报告的采用，这些问题开始逐步得到解决。目前转基因小鼠已应用于致癌性研究，有助于减少动物使用数量、缩短暴露时间，但还未被广泛接受。鉴于现有知识水平和经济状况，毒理病理学家仍然是鉴定和验证替代动物模型不可或缺的一部分。

毒理学数据的有效性取决于该数据的质量，为了科学评估在受控实验条件下的安全和风险管理，制定了良好实验室规范（good laboratory practice，GLP），其保证了安全评估过程中数据的一致性、可靠性和完整性。GLP 条件下有大量的毒理病理标准操作规程（standard operating procedure，SOP），包括组织标本处理，毒理病理学检查，毒理病理从业人员的培训和考核，毒理病理相关仪器设备管理、认证、使用和维护保养等，以减少数据变异，确保病理检测合理。GLP 法规会定期修订，以加强对毒理病理学评价质量的控制，确保用于预测潜在人类反应的动物数据具有较高的质量。目前，GLP 已成为工业毒理病理学工作的核心，广泛应用于制药、农用化学品、化学等领域。过去，由于每个国家对毒理病理学专业人员都有各自的法规要求，不能满足国际需求，因此必须在全球范围内采用统一法规，制定规范化病理术语，推行标准化专业培训。人用药品注册技术要求国际协调会（ICH）通过制定统一国际法规，

确保了人用药品的质量、功效和安全性。

三、毒理病理学培训和认证

毒理病理学家需要拥有优秀的沟通和工作能力，并接受广泛的临床训练和比较病理学方面的专业培训。世界各地的大多数毒理病理学家拥有兽医学博士（DVM）或同等学力，且须通过住院医师培训、病理学培训，才能获得专业的委员会认证。在美国，病理学培训的重点是解剖病理学或临床病理学，很少有针对毒理病理学的培训。目前只有日本和一些欧洲国家才有正式的毒理病理学认证制度。许多从事毒理病理研究的专家选择通过获得毒理学证书来证明他们在毒理学方面的专长，如美国毒理病理学会提供的文凭。对于更资深的毒理病理学家来说，获得国际毒理病理学专家学会（IATP）的认证更能展示其在该行业的专业能力。拥有实验病理学博士学位（或同等学力）的科学家只占毒理病理学家的小部分。

第二节　毒理病理光学显微镜观察及其评价

在食品、药物、化学品、生物制品和医疗器械的毒理学研究中，组织病理鉴定占有重要的地位。检查方法既要满足无偏见观察的法规要求，又要保证对大量微观信息进行敏感和有效的评估，同时必须要将自发性背景病变和受试物相关病变区分开。组织病理检查主要是利用光学显微镜判定组织结构变化，需要大量描述和说明。但显微镜检查应该以什么方式进行，仍然存在很多争议。本节内容旨在定义和确定在毒理病理学研究中，组织病理检查必备的基本要素、涉及的流程和程序，以最大限度地减少数据和信息的观察偏差，促进检查的规范化、过程的透明化，为监管机构评估提供更高的推论价值。

一、镜检前需知悉信息

1）受试物的性质及同类化合物的已知活性。

2）获知此前对该受试物进行的任何相关毒性研究的结果。了解是否为同一物种中的靶器官和组织，以及前期可能遇到的变化类型，有助于对组织的评估，并为术语的一致使用提供保障。制订方案时，应利用对靶组织的经验知识来确定是否应在样本的获取、固定、处理或染色中使用特殊的病理程序。

3）了解实验设计方案。包括实验方案（包括修正案），动物的品种、品系和年龄，给药途径、剂量和剂量持续时间等。

4）药代动力学或毒代动力学信息。有助于理解变化模式和解释物种反应差异。

5）动物的临床资料（即临床体征、体重变化、进食量等）。从动物体内提取的蛋白质可能对识别靶器官和了解毒性机制有很大帮助。

6）血液学、临床化学、尿液分析及骨髓涂片结果。大量信息为识别靶器官提供了必要的参考，有助于理解受试物的作用机制。另外，额外的检测结果，如激素浓度或酶诱导检测结果等，对形态学变化进行定位也同样重要。

7）单个动物的剖检（大体）结果。剖检数据是病理学家追踪病变及得出组织病理学结果的前期重要基础数据，如器官重量变化与组织形态学改变具有相关性。

如果有上述所有数据，应在初次切片评估时提供给病理学家。如果最初无法获得此信息，则可能需要重新评估选定的组织。这些信息的获得对随后的组织病理学阅片过程中靶器官的确定及未观察到有害效应的水平（no observed adverse effect level，NOAEL）的把握起到重要的提示性作用。

二、组织病理镜检过程

在亚慢性啮齿类动物研究中，除在研究过程中死亡或濒临死亡的动物之外，通常只对高剂量组和对照组动物的所有组织进行显微镜检查，一般只对低剂量组中被确定为受试物的可能靶器官或在尸检中被确定为有严重病变的器官进行显微镜检查，目的是明确组织病理学改变不再发生的剂量水平，建立 NOAEL。另外，无论组织是否需要作为初始审查的一个组成部分进行检查，都强烈建议对研究中所有动物的固定组织进行石蜡包埋处理，因为一旦在高剂量组确定了受试物相关作用，便能迅速开展中、低剂量组目标组织的切片和染色工作。在犬或非人灵长类动物的毒性研究中，除某些特殊情况外，通常需对所有剂量组的所有组织进行处理和组织病理学检查。

STP 推荐并制定了最基本的受检组织目录（表 1-4-1），目录适用于试验周期 2 周、1 月和 1 年的各种给药途径的 GLP 长期毒性试验和致癌试验。其他与给药途径相关的特定组织和与特殊种类受试物相关的靶器官没有包括在内，必要时应该添加到受检组织之列。目前我国执行的 2014 年 3 月颁布的《化学药物长期毒性试验技术指导原则》和《中药、天然药物长期毒性试验技术指导原则》中，涵盖了 STP 推荐的组织目录中的大部分组织和器官，但尚有少数未包含在我国的指导原则中。

表 1-4-1　STP 建议在长期毒性试验和致癌试验中应进行组织病理学检查的最基本的受检组织目录

长期毒性试验和致癌试验中需进行组织病理学检查的组织或器官		
脑（大脑、小脑、脑干）	唾液腺	前列腺
脊髓（颈、胸、腰段）	肝	精囊腺
垂体	胆囊	子宫
主动脉	胰腺	卵巢和输卵管
心脏	肾	乳腺
气管	膀胱	阴道
肺	脾	骨骼肌
食管	胸腺	坐骨神经
胃	肠系膜淋巴结	眼球和哈氏腺
十二指肠	给药局部淋巴结	视神经
空肠	甲状腺	骨（股骨）
回肠	甲状旁腺	骨髓（胸骨）
盲肠	肾上腺	皮肤
结肠	睾丸	给药局部
直肠	附睾	其他肉眼病变的组织和器官

待评估的切片上应确保有标准的组织和器官切片，减少不一致性。如果不能确保对组织进行适当的取样，应该在解释数据时考虑到，并要在病理叙述中进行讨论。如果组织缺失或部分

缺失（如肾上腺髓质、垂体远侧部、肠黏膜等），影响检测或评估受试物的相关作用时，需尽可能找到确定和解释受试物相关作用所需的缺失或不足的组织。

切片和（或）剂量组的检查顺序取决于病理学家的研究偏好。在缺乏已知受试物相关作用或靶器官的研究中，最常见的方法是首先检查对照组，然后是高剂量组。这种方法可接受的变化是先检查一部分对照动物（如啮齿类动物亚慢性研究中 3～5 只动物），以建立“正常”组织的形态学参数，然后检查几只（但不是全部）高剂量动物。检查中可以在对照组动物和高剂量组动物之间来回切换，直到检查完对照组动物的所有组织。使用这种方法，病理学家可以在整个显微镜检查过程中始终建立“正常”的界限，从而提高检测到细微受试物相关作用的可能性，并最大限度地减少“诊断漂移”。如果受试物效应和相关的靶器官是已知的，先检查受影响的靶器官可能更有效率，从对照组和给药组动物中挑出靶器官后，对受影响的组织进行初步调查，然后进行组织病理学检查。这种方法可以快速确定研究结果，缩短报告出具时间。

三、提高组织病理学检查的准确性和一致性的方法

（一）术语的标准化和一致性

1．INHAND 使用标准化术语有助于生成病变发生率的数据，每个器官系统诊断的标准术语将提高病理学家诊断的准确性和一致性。目前，ESTP、BSTP、JSTP 和 STP 联合开展了关于实验动物增生性和非增生性病变国际合作项目，即 INHAND，相应器官系统的诊断术语和诊断标准可在全球开放注册术语信息系统（global open registry nomenclature information system，goRENI）中查询。这将减少监管机构和科研机构之间的混淆，并提供一种共同语言，以增加和改善毒理学家、研究人员和病理学家之间的国际信息交流。

2．诊断与描述性术语 术语选择的重要性在于能清晰、准确地描述病变的特征，如果简单的术语无法准确描述复杂病变时，可以采用描述性语言进行文字说明。

毒理病理学的目的是通过将给药组和对照组进行比较来确定受试物是否引起动物组织器官变化。因此，显微镜观察结果以一致、客观的方式记录是十分重要的，这样可以方便地将组效应制成表格并进行比较。在这种情况下，首选使用描述性术语。在许多情况下，疾病诊断意味着基于已知自发性疾病的特定发病机制或对器官功能的影响，但这在毒性研究的实验环境中可能会产生误导。例如，一种药物可能引起骨小梁和皮质的增加，如果这种观察被记录为骨硬化，则可能会提示一种特定的疾病状态（骨硬化）、机制（破骨细胞功能下降）和病因（基因突变），而实际上这种影响是由药理学过程引起的。在毒理病理学中经常遇到的另一个问题是如何记录磷脂病过程中多个组织的空泡形成。在记录常规 HE 染色切片的观察结果时，病理学家应记录形态学诊断结果为细胞质空泡化。在报告中，附加的数据（超微结构或生化数据）可以用来解释空泡化是由磷脂病过程引起的。在一些研究中，病理学家面临新的治疗相关的改变，可能需要独特的术语，这些变化需要根据具体情况进行处理。在将解剖病理资料制成表格时，统一使用描述性而非诊断性术语以减少混淆和误解。对剖检过程中的额外描述和解释可以在病理学家的报告（叙述）中适当地提供。

虽然准确的病理报告意味着病理学家只能使用与其他病理学家一致的术语，但术语中仍然存在相当多的变体。尽管行业内特别鼓励使用标准化术语（如 INHAND），但仍然存在有几个不同术语用于描述同一损伤的现象。使用不同的诊断术语来描述同一病变，使得精确检索已有

的背景数据变得比较困难。

3．修饰词　为了提供更多的信息，除了严重程度分级，诊断结果中可能还包含额外的修饰词。当一个诊断术语使用相当广泛时，其修饰词就变得很重要。坏死就是一个例子，性状修饰词包括凋亡的、干酪样的、凝固的、单细胞的等。修饰词的使用通常取决于发生改变的器官（如单细胞坏死可能是肝的重要指标）。常用的修饰词包括器官特定的形状、分布、变化特征和持续时间等。

器官的局部解剖因器官结构的复杂性而不同，也可能随着给药相关的器官病变的发生而不同。比如肝，局部解剖结构包括腺泡、门管区、门管区周围、中间带、小叶中心、肝门、导管、导管周围、胆小管周围或包膜下，所有这些都可以用来显示器官内发生改变的具体位置。对于肾和胸腺，区分皮质和髓质改变通常是有用的，而在中枢神经系统，受影响的解剖位置往往是了解病变发病机制的关键。

分布性修饰词用于指示病变的分布模式。常用的分布描述包括灶性、多灶性和弥漫性。根据正式的定义，局灶性病变指的是一个特定的区域或病灶，而多灶性病变指的是多个病灶。然而，一些病理学家对局灶和多病灶都使用局灶性，指的是病灶的性质，而不是其实际分布，并使用分级来反映病灶的程度。弥漫性病变影响大部分的组织切片，而广泛局灶性病变可用于描述影响组织切片的大部分，但仍然局限于局灶性的大病变。

病程的修饰词用于在自然疾病过程和与治疗相关的变化中。病程常用的修饰词包括急性、亚急性、慢性和慢性活动性，用于鉴别慢性病程的病变也有持续的急性变化。这些修饰词通常与一种特定类型的炎症细胞有关：急性（中性粒细胞）、亚急性（中性粒细胞混合单核细胞、淋巴细胞）、慢性（淋巴细胞、浆细胞、单核细胞或巨噬细胞）和慢性活动性（单核细胞和中性粒细胞）。但对于常规的毒理学研究，建议放弃慢性修饰词，而依赖细胞形态或形态变化过程（纤维化、增生等），特别是因为毒理学研究持续一定天数，细胞形态代表一个时间点。对于自然疾病，一般对其作用的时间过程有更多的了解，所以急性、慢性等修饰词更有意义。

并非所有这些修饰词类型都被每个病理学家用于所有情况，但是在我们的描述中使用有修饰词的诊断术语将有助于生成清楚的表格和报告。

4．复合术语　对于一些常见的病理发现，可能涉及多个形态学反应的组合，因此使用复合诊断术语，以减少病理数据输入系统时选择术语的数量。例如，不同组织的退行性变可能同时伴随再生变化，因此这两个过程通常被病理学家合并为“退行性变/再生”的单一形态学诊断。另一种方法是使用“肾病”“心肌病”等术语来描述器官特异性变化，这些术语总结了一系列组织学特征。复合术语也适用于长期研究，包括致癌性研究，因为随着时间的推移，毒性作用可能会不断进展（即从变性，到坏死，最后修复）。这些复合术语通常也与修饰词一起使用。

（二）分级或评分

大多数毒理病理学家使用分级系统来记录病变的严重程度。一般来说，诊断的严重程度应反映病变进程（有多少附属成分存在）、分布（局灶到扩散）和实际情况的严重性。不同实验室的分级系统各不相同，通常基于计算机病理学数据采集系统的差异。这些系统在病变的分布、分期和程度方面可能有所不同。在一个给定的分级系统中，重要的是允许病理学家在分级方面拥有灵活性，能够准确地反映剂量反应和描述受试物的毒性。鉴于病变分级的复杂性和灵活性，目前仍难以实现一种普遍适用的评分制度。

分级可以用数值（0～4 或 0～5，0 表示没有变化，1～4 或 1～5 表示逐渐严重）、描述性的（最小到严重）或基于受影响组织的比例表示，这个评分可以根据所涉及器官的变化而变化。各种分级的每一级别都应当包括靶器官病变的相应描述，这对于解释病变严重性和分级数据是非常重要的。此外，根据研究时间的长短，病变的相对严重程度可能存在差异（一些变化在慢性研究中可能比在短期研究中更轻）。尽管使用评分系统生成的数据可以对结果和趋势进行统计分析，但不建议对严重程度级别进行常规统计分析，因为分级标准通常不是以线性方式划分，判定的数字仅是半定量结果，并且是基于可变标准的，所以确定受试物的效应和剂量反应最合适的方法是由病理学家完成，而不是通过统计学分析。

对于某些病变，因为无法获得额外的信息，病理学家可能不会给出严格的分级级别。这些变化通常仅记录为存在（P），而不会有严重级别，如肿瘤、囊肿、自溶和先天畸形。对于致癌性研究，病理学家的主要责任是区别增生、非典型性增生和肿瘤。如果需要，也要对肿瘤的良恶性及原发肿瘤或转移性肿瘤进行判断。

需要注意的是，对组织病理变化进行评分是研究组织改变和毒性效应的有用工具，但是也会出现诊断漂移、盲读和组织取样等因素对判读结果造成的干扰。

（三）阈值

在描述受试物相关的病理变化时，常常会遇到许多组织的人工假象和自发性背景病变。需要通过设定阈值来过滤这些背景变化。阈值设定将决定哪些形态变化会被记录，哪些变化低于某个阈值而不被记录。不一致的阈值设定会影响研究结果或影响与背景数据的准确比较。阈值设置过高时，可能会遗漏受试物相关的发现。阈值设置太低，会产生复杂和混乱的数据，导致在不存在差异的地方造成差异。在用术语进行描述时，若单一术语使用太多，也可能会导致与受试物相关的发现被掩盖，尤其是在长期性研究中，如果心肌病的一个组成部分（如心肌坏死）出现增加，则不会单独记录，因此给药组动物的心肌病可能会（也可能不会）随之增加，而与治疗相关的发现可能因此被遗漏。

（四）诊断漂移

诊断漂移主要指在一个实验中，病变术语的使用或病变的严重程度分级判定不一致。尤其在致癌性研究项目的阅片中，众多的动物组织切片需要在一个比较长的时间里完成时，最有可能出现诊断漂移。如果每天能及时检查不同测试组的相同组织，而不是在进行到下一个动物组之前对整个组的所有组织进行检查，诊断漂移就可以避免。当产生漂移时，需重新评价相关组织。适当的时候，采用“盲读”技术进行切片的再评价。

（五）盲读

盲读是镜检的常用方法，是病理人员在不知道切片信息条件下的镜检。初步镜检时，不建议盲读，因为这可能会增加检查时间，且可能会遗漏一些细微病变。在缺乏分组信息时也不建议盲读，尤其是在区别药物相关病变与正常生理现象时会更加困难，导致用药组和对照组之间重要的、微小的病变未能发现，严重影响病理学评价的准确性。在最初的非盲镜检之后，对有明显受试物相关变化的器官再进行以盲读方式的重新检查，以确保观察到的变化与对照组有所区别，适当情况下可在组间对结果进行评分或排序。

（六）同行评议

同行评议是试验方案的一部分，有助于明确最终诊断和解释，应该在研究报告完成前进行。同行评议通常会针对在初诊时已经明确的部分动物和组织的病变及解释进行复查，包括诊断术语使用及病变严重程度分级标准的一致性、受试物相关病变和背景性病变的区分情况、受试物相关病变记录的完整性，且通过复查所有的靶器官和靶组织确定 NOAEL 的合理性及报告解释的正确性。同行评议增加了组织病理学观察准确性的可信度。

四、组织病理学检查结果的记录

可使用多种方法记录、保存和发布病理结果。不管使用何种方法，都应确保数据的完整性和准确性。病理数据通常用描述性语言，病变严重程度分级根据秩次（整数）来设定，这个分级既没有连续性又不呈正态分布，不适合使用参数统计方法检验组内平均值。

病理报告依据组织病理学结果、单个动物数据和汇总数据表格出具，要包含对上述数据的解读，分析其是否有统计学意义、生物学意义和（或）毒理学意义。在病理讨论中，应注明与其他相关结果的联系、自发病变和受试物相关病变、NOAEL 的确定，如果可能，还应包括其他相关因素（如并发症、非正常的早期死亡等），并且要对相关组织变化做出最佳判断和解释。最后，病理学家需分别在数据、病理报告、整体研究报告上签字，明确是负责人或参与者。数据和（或）报告签字后，任何错误、误诊或修改均需要进行审核跟踪，才能进行修订。

第三节　毒理病理的常规临床病理检测

临床病理学是药物临床前安全性评价的重要组成部分，在验证毒性机制、指导药物剂量的设定方面具有重要的参考意义。临床病理学通过收集全血、血清、血浆和尿液等，检测临床病理生物标志物，研究药物对机体组织、器官的影响。临床病理学数据结合其他临床观察、体重和器官重量变化、毒代动力学和解剖病理学结果等，对药物毒性做出评价，识别靶器官，建立剂量-反应关系。

临床病理的检测项目、检测时间和次数的选择取决于很多因素，包括试验目的、试验周期、给药方案、受试物特性、临床病理检测要求及实验动物种属等。对临床病理的结果阐述需要结合检测的目的和局限性、影响检测的诸多因素、独特的种属差异及其他毒性终点的相关试验结果。本节主要介绍临床病理检测的规范性要求、临床病理检测的主要内容（包括数据解释）。

一、临床病理检测的规范性要求

（一）检测项目选择

临床病理检测项目的选择最终取决于试验目的，同时受相关监管机构要求的影响。如果试验是监管部门已经批准的非临床试验的一部分，那么在各监管机构发布的指导原则中会要求或建议一些检测项目，但不同指导原则的要求不统一。现在普遍遵循人用药品注册技术要求国际协调会（ICH）的法规要求。国家药品监督管理局（NMPA）在药物临床前安全性评价中的重复给药毒性试验技术指导原则中对要求检测的临床病理学指标做了明确规定（表 1-4-2）。

表 1-4-2　非临床毒性研究中建议检测的动物临床病理学指标（NMPA）

项目	指标名称	项目	指标名称
血液学	红细胞计数（RBC）	血生化	直接胆红素（DBIL）
	红细胞压积（HCT）		氯离子浓度（Cl^-）
	平均红细胞血红蛋白（MCH）		丙氨酸氨基转移酶（ALT）
	红细胞体积分布宽度（RDW）		肌酸激酶（CK）
	网织红细胞百分比（Ret/%）		肌酐（Cr）
	中性粒细胞百分比（NEUT/%）		白蛋白（ALB）
	单核细胞计数（MONO/%）		总胆红素（TBiL）
	嗜碱细胞百分比（BASO/%）		甘油三酯（TG）
	血小板计数（PLT）		乳酸脱氢酶（LDH）
	平均血小板体积（MPV）		钾离子（K^+）浓度
	平均红细胞血红蛋白含量（MCH）		钠离子（Na^+）浓度
	平均红细胞体积（MCV）	凝血	活化部分凝血活酶时间（APTT）
	平均红细胞血红蛋白浓度（MCHC）		凝血酶时间（TT）
	网织红细胞计数（Ret）		凝血酶原时间（PT）
	白细胞计数（WBC）		纤维蛋白原（Fbg）
	淋巴细胞百分比（LYMPH/%）	尿液	尿液外观
	嗜酸细胞百分比（EOS/%）		pH（pH）
	未染色大细胞百分比（LUC/%）		尿蛋白（PRO）
	血小板压积（PCT）		尿胆素原（URO）
	血小板体积分布宽度（PDW）		潜血（BLD）
血生化	天冬氨酸转氨酶（AST）		维生素 C（抗坏血酸）（VC）
	碱性磷酸酶（ALP）		比重（SG）
	尿素态氮（BUN）		尿糖（GLU）
	总蛋白（TP）		尿胆红素（BIL）
	血糖（GLU）		酮体（KET）
	总胆固醇（CHO）		白细胞（WBC）
	γ-谷氨酰转移酶（GGT）		亚硝酸盐（NIT）

（二）检测时间和检测次数

临床病理检测的时间和次数取决于多个因素，应根据动物种属、试验周期的长短和受试物的特点具体确定。

小鼠试验中只能在给药期结束或恢复期结束时进行临床病理学检测；大鼠试验中，给药前数据或基础数据不仅没有帮助，反而给药前采血对大鼠有害并使数据解释复杂化；在大动物（即家兔、犬和猴）试验中，给药前需先进行临床病理学检测，获得基础数据，以筛选和剔除有潜在健康问题的动物和造成数据解释复杂化的异常值。另外，基础数据对于解释给药后结果也至关重要，在犬或猴的试验中动物数少，个体差异相对较大，尤其是猴，基础数据能给对照组与给药组间数据差异的比较提供依据；啮齿类动物的所有试验至少要在试验末期做临床病理学检验，在亚慢性及慢性毒性试验中还需在试验中期做临床病理学检验；用非啮齿类动物（犬或非人灵长类）作为研究对象时，需要在给药前（1～2 次）和试验中期做临床病理学检验；在亚急性毒性试验中，是否需要在给药中期做临床病理学检验要看具体情况；在 7d 的亚急性毒性试验中，如果有背景资料或类似的药物试验结果做指导，可能需要针对性地对临床生化及血液学指标做检测；由于致癌性试验血样采取的局限性，因此指导原则中对相关临床病理学检测指标没有做详细的说明，仅建议在诊断结果可能是造血系统肿瘤时，需要在计划或非计划解剖时采集血液涂片并进行组织病理学评估。

二、临床病理检测的主要内容

毒理学研究中，临床病理检测的内容主要包括血液学检测、血液凝血酶检验、血生化检验和尿常规检验。

（一）血液学检测

血液学检测是临床病理检测中的常见项目，受试物的潜在血液学效应主要通过自动化血液分析仪检测，并通过评估外周血中红细胞（red blood cell，RBC）、白细胞（white blood cell，WBC）和血小板（platelet，PLT）数量等来确定。

1. 红细胞系检查 红细胞系通常包括红细胞参数［RBC、血红蛋白（hemoglobin，Hb）、红细胞压积（hematocrit，HCT）］和红细胞指数［平均红细胞体积（mean corpuscular volume，MCV）、平均红细胞血红蛋白含量（mean corpuscular hemoglobin，MCH）和平均红细胞血红蛋白浓度（mean corpuscular hemoglobin concentration，MCHC）、红细胞体积分布宽度（red cell volume distribution width，RDW）］。

RDW 是红细胞大小分布曲线的方差值，是反映红细胞大小不等程度的指标。网织红细胞是不成熟的无核红细胞，含有残留的 RNA 和线粒体，在瑞氏染色的血液涂片中观察，为嗜多染红细胞。循环血液中网织红细胞数量是反映骨髓红细胞生成活性和反应性的指标。网织红细胞计数、红细胞指标及其他检测结果有助于阐明在非临床试验中红细胞参数变化的原因。

2. 白细胞系检查及分类 白细胞系包括总白细胞计数、白细胞相对和绝对分类计数，包括中性粒细胞、淋巴细胞、单核细胞、嗜酸性粒细胞、嗜碱性粒细胞和未染色大细胞。中性粒细胞、嗜酸性粒细胞、嗜碱性粒细胞统称为粒细胞，这些细胞在迁移到组织之前，在循环血液中的半衰期很短。

中性粒细胞和淋巴细胞是数量最多的外周血白细胞，也是毒性导致白细胞计数发生变化时易受影响的细胞。不同动物种属血液中，白细胞类型的比例有显著差异。在啮齿类动物和小型猪中，循环血液中最常见的白细胞是淋巴细胞，分别约占细胞总数的 75%和 60%；而在犬中，中性粒细胞是主要的细胞类型；在非人灵长类动物中，中性粒细胞和淋巴细胞的比例变化较大。细胞分类计数只需报告和解释绝对计数（即细胞数/单位体积）。细胞相对计数（即总数的百分比）容易被误解。

3. 血小板系检查 PLT 是测定全血中血小板的浓度。血小板压积是指血小板占血容量的百分比，是对循环血液中血小板质量的评估。平均血小板体积（mean platelet volume，MPV）是指作为单个血小板计数的血液样本中所有血小板颗粒的平均表观体积。血小板体积分布宽度

（platelet distribution width，PDW）是反映血小板大小异质程度的测量值。

4. 标本要求　常规血液学检测需要完整的、未凝固的血液，选择的抗凝剂是 EDTA 钾盐，可使用 EDTA-K2 抗凝的真空采血管直接采集，根据血液分析仪对血液体积的要求，需达到 0.5mL 以上（包括必要的重复分析），最好是 1.2～2mL，采集后轻轻颠倒混匀抗凝。传输到采血管中的血液体积应达到抗凝剂的最佳水平；采血管填充不足或过量可能会导致结果受影响。采血应有规范的操作规程，以避免可能的红细胞碎裂和溶血。例如，采血过程中，压脉带捆扎时间过长，动物挣扎导致穿刺不顺，抗凝时过分振荡等都易引起溶血；大小鼠采血时死亡，采血过程时间过长也会导致凝血块产生。小鼠股动脉采血时因疼痛而剧烈挣扎，均易导致溶血和凝血产生。

建议对采集的血液样本进行及时处理，尽可能在所有实验动物标本采集后 1h 内进行检测，全血样本在室温放置时不得超过 6h，2～8℃可保存 8h，禁止冷冻。存储在 4℃的血液样本，如果延迟分析时，其平均红细胞体积（mean corpuscular volume，MCV）、平均血小板体积（mean platelet volume，MPV）的值将升高，单核细胞计数（monocyte count，MONO）和平均红细胞血红蛋白浓度（mean corpuscular hemoglobin，MCHC）将减少，变化结果在分析时是可以接受的，在临床上可以忽略不计。

（二）血液凝血酶检验

1. 概述　一般检测凝血酶原时间（prothrombin time，PT）、活化部分凝血活酶时间（activated partial thromboplastin time，APTT）、纤维蛋白原（fibrinogen，Fbg）和凝血酶时间（thrombin time，TT）4 个指标，也是反映凝血因子是否正常和筛检凝血功能常用的指标。其中 APTT 和 PT 在不同物种之间差别很大，分别评价内源性和外源性凝血途径，如犬和绒猴的正常 PT 比人类的要短得多。TT 用于评估功能性纤维蛋白原的存在。

2. 标本要求　柠檬酸钠是首选的用于凝血检测的抗凝剂，通过与钙离子形成复合物来防止凝血。使用柠檬酸三钠抗凝的真空采血管，应根据采血管标识采集，抗凝剂与血液体积通常为 1∶9 可达到最佳的抗凝水平；血液不足或过多都可能导致不良结果。轻轻颠倒混匀后离心，取上清血浆进行检测。

应及时分离血浆进行凝血分析（通常小于 2h）。标本应在 4h 内检测完成，不能完成的标本可在 2～8℃储存 8h。

（三）血生化检验

许多临床生化指标可以帮助判断受试物的靶器官的损害程度及可逆性。非临床毒理学研究中进行的常规临床生化检测，可用于评估肝细胞的完整性和功能、肾功能、肌肉的损伤、碳水化合物、脂质和蛋白质的代谢及矿物质和电解质的平衡，但对中枢神经系统（CNS）的毒性参考价值不大。血气分析可以是临床检查的一部分，但是非临床毒理实验中通常不包括血气分析。非临床毒理实验的血气结果可能会提供一些相对非特异性的信息，尤其是关于呼吸道和胃肠道的。

1. 肝细胞完整性和肝功能检测

（1）丙氨酸转氨酶（ALT）和天冬氨酸转氨酶（AST）　在非临床毒理学研究中，最常检测的与肝细胞完整性相关的酶是丙氨酸转氨酶（alanine transaminase，ALT）和天冬氨酸转氨酶（aspartate transaminase，AST）。这两种转氨酶在门静脉周围区域浓度最高。

在大多数实验动物中，ALT 通常是反映肝细胞损伤最普遍、最有用的酶，具有相对组织特异性，在许多组织中广泛分布，在肝中活性最强，主要存在于肝的门静脉周围区域的细胞胞质内，在线粒体中也发现有同工酶（ALT2）。肝细胞 ALT 活性大约是血清/血浆中 ALT 活性的 10 000 倍。肝细胞损伤引起的血清 ALT 活性升高的幅度取决于受影响组织的多少，不一定表明有可逆性。

AST 在组织中广泛分布，肝、骨骼肌和心脏是血清 AST 的主要来源，为非肝特异性指标，在肌肉、红细胞和其他组织中 AST 活性也比较高，而且血清 AST 活性在动物间的个体差异明显，尤其是采血较困难的啮齿类动物。作为肝细胞损伤的标志物，血清 AST 活性的敏感性和特异性不如血清 ALT，血清 AST 活性升高的幅度较小，且往往迅速恢复。

（2）碱性磷酸酶（ALP）　碱性磷酸酶（alkaline phosphatase，ALP）、胆红素和谷胱甘肽硫转移酶（glutathione *S*-transferase，GST）可以作为鉴别肝胆损伤的补充指标。在受试物引起胆汁流动障碍（胆汁淤积）后几小时内，这些酶的合成增加，并释放到循环中。

ALP 在体内分布较广，可反映小肠、肾、肝、骨等器官的功能活性，通常大量存在于细胞膜与微粒体中。

（3）γ-谷氨酰转移酶（GGT）　γ-谷氨酰转移酶（γ-glutamyl transferase，GGT）在肾、胰腺和肝中浓度最高，主要位于胆管上皮细胞内，结合 ALT、AST、ALP 变化对肝胆疾病诊断，非常有价值。血清 GGT 活性对肝胆系统的特异性比血清 ALP 更强，虽然这种膜定位的酶在肾和胰腺组织中浓度最高，但其血清活性增加通常只与肝胆病变有关，是胆汁淤积的重要指征。与 ALP 不同，GGT 活性不会随着骨毒性/疾病而增加，也不会受到骨生长的影响。

（4）总胆红素（TBiL）　胆红素是血红蛋白的降解产物，总胆红素（TBiL）是直接胆红素和游离胆红素的总和。

2．肾功能检测　尿素态氮（urea nitrogen，BUN）和肌酐（creatinine，Cr）浓度是非临床试验中评估肾功能的指标，但对轻微的肾变化相对不敏感，同时也受非肾性因素的影响。血清 BUN 浓度升高可分为肾前性、肾毒性或肾后性三种情况，取决于尿素生成率、肾小球滤过率和近端肾小管重吸收速率。血液中非蛋白含氮化合物增加时出现氮质血症，通常可检测到血清 BUN 和（或）Cr 增加。

3．肌肉检测指标　血清肌酸激酶（creatine kinase，CK）主要位于细胞质，有三种同工酶：CK1（BB）存在于大脑和脑脊液中，CK2（MB）主要存在于心肌中，CK3（MM）存在于骨骼肌、心肌中。CK 是横纹肌损伤的标志物，最常用来评估骨骼肌损伤。

4．蛋白质、碳水化合物和脂类

（1）血清总蛋白（TP）和白蛋白（ALB）　血清总蛋白（serum total protein，TP）＝白蛋白（albumin，ALB）＋球蛋白（globulin，GLB），90%以上的血清总蛋白和全部的白蛋白均由肝合成。ALB 是血浆中含量最高的蛋白质，是多种物质结合与运输的蛋白载体，是维持血浆渗透压的主要组分。

（2）葡萄糖（GLU）　葡萄糖（glucose，GLU）即血糖，是机体新陈代谢的重要物质，血糖浓度取决于葡萄糖的肠道吸收、肝生成和组织对葡萄糖的吸收。血糖浓度维持是通过肝糖原分解、糖酵解和糖异生作用实现的，胰岛素的降糖作用和胰高血糖素的升糖作用是保持血糖稳态最重要的两种激素。皮质类固醇、儿茶酚胺和生长激素为胰岛素拮抗剂，会干扰胰岛素发挥作用，影响血糖浓度。另外，许多器官也与血糖代谢密切相关。检测葡萄糖浓度变化能特异性反映胰腺疾病。葡萄糖浓度升高结合临床症状观察可诊断糖尿病。

（3）总胆固醇（CHO）和甘油三酯（TG）　胆固醇不仅参与细胞膜的结构形成，而且是合成类固醇激素、胆汁酸的必需原料。总胆固醇（total cholesterol，CHO）是游离胆固醇和胆固醇酯的合称。甘油三酯（triglyceride，TG）是一种重要的能量来源，禁食样本中几乎所有的甘油三酯都存在于肝细胞产生的脂蛋白中，脂蛋白将 TG 输送到肌肉中提供能量或输送到脂肪组织中储存。

血清 CHO 和 TG 的浓度受饮食摄入、内源性合成（主要是肝）和组织摄取影响。CHO 和 TG 作为乳糜微粒和脂蛋白颗粒［如高密度脂蛋白（high-density lipoprotein，HDL）、低密度脂蛋白（low-density lipoprotein，LDL）和极低密度脂蛋白（very low density lipoprotein，VLDL）］的组分参与脂质代谢。

脂质代谢复杂，胆固醇的运输途径在不同种属之间差异很大，如人血液循环中约 2/3 的胆固醇由 LDL 运输，而大多数种属实验动物的大部分胆固醇则由 HDL 运输。这种差异使得在非临床试验获得的血脂代谢结果，很难满意地外推到临床试验中。

5. 电解质检验指标　电解质是带正负电荷的离子，在维持体液平衡、pH、膜电位、肌肉功能和神经传导等方面发挥着重要作用，并且在许多酶促反应中充当辅助因子。

钠离子（Na^+）是血浆中主要的细胞外阳离子，与维持血浆的正常渗透压、保持细胞外液容量和神经肌肉兴奋性密切相关。

氯离子（Cl^-）是血浆中主要的细胞外阴离子，浓度受细胞外 Na^+和碳酸氢盐（HCO_3^-）浓度的影响。

钾离子（K^+）是细胞内主要的阳离子，其血浆浓度远低于细胞内浓度。细胞内 K^+的梯度是由 ATP 依赖的 Na^+主动排出来维持的，而 Na^+的主动排出是由 K^+和 H^+泵入细胞来平衡的。K^+在神经肌肉和心脏兴奋中起重要作用，浓度范围狭窄。由于 K^+在细胞内外之间的移动，因此血清钾水平不能很好地体现机体总钾水平。酸中毒时，细胞外的氢离子与细胞内的 K^+交换量大，导致血清钾升高。

6. 标本要求　临床化学分析通常选择血清或血浆，对于大多数参数，不同样本类型之间的检测结果几乎没有区别，但某些参数，如特定的酶和 K^+，会显示明显差异。如果怀疑与受试物相关的效应对数据产生影响，应考虑如何减少影响红细胞和血小板释放分析的因素。

除药物因素外，血清生化结果与人为因素密切相关，常见的有：标本采集不顺利、采集时间过长、样品采集针管堵塞、试剂间交叉污染、动物采样时情绪波动、剧烈运动挣扎等。标本因素也影响血清生化结果，其中溶血最为常见：溶血标本的 GLU 值比正常标本值低，ALT、AST、TBiL、LDH、CREA、K^+的值比正常标本值高。处理过程不规范也会对血清生化结果产生影响，如离心前放置时间及条件、离心条件、分析前放置时间及条件等。检测前的标本，在相同温度下存放时间愈长，血清生化结果变化愈大，其中 TP、ALB、CHO、Cr 变化最明显，通常室温情况下应在 8h 内检测完毕，如无法完成，可在 2～8℃保存 24h，长期保存应放在超低温－70℃以下。另外要注意：酶类稳定性最差，存放超过 4 周时其活性损失大于 50%，TBiL 需要避光保存，冷冻标本不可反复冻融。

（四）尿常规检验

在非临床毒理学研究中，尿常规检验可以为泌尿生殖道及有关全身变化的评估提供信息，该检验是定性或半定量的，通常使用尿液分析仪进行检验。

1. 概述　尿常规检验推荐指标包括：尿液外观（如颜色和透明度等）、尿密度、pH、尿蛋白总量、尿糖、酮体、潜血、白细胞、尿胆红素、尿胆素原及潜在的亚硝酸盐等。尿比重是尿液溶质浓度的近似值，最常用折光法测定，是判定肾浓缩能力的指标。动物出现脱水表征，如红细胞总量、血清蛋白浓度和尿素态氮浓度增加时，如果肾功能正常，不应出现尿比重下降。当受试物影响肾浓缩能力时，动物尿量增加，尿比重降低。尿液 pH 受饮食（肉类产生酸性尿液，谷物和蔬菜产生碱性尿液）、细菌污染和时间（pH 随时间增加）影响，不能客观反映动物的酸碱状态。受试物对尿液 pH 的影响很小，呈现相对微小的稳态变化时，不能判定为肾小管功能障碍。如果给药量足够大且受试物与溶酶对照物的 pH 明显不同时，受试物 pH 可能会影响尿液 pH。

2. 标本要求　尿液标本的采集、转运和处理必须合理规范，以保证检验结果可靠。

（1）*采集方法*　尿液收集过程中，对实验动物的压力应保持在最低限度，首选的收集方法是代谢笼收集法。在代谢笼中，动物尿液可从粪便中分离，并在指定的时间段内收集，采集一定时间和体积后，集尿瓶贴标签后送检。这个时间段可以是 0～8h，也可以在 12～16h 的夜间收集。在尿液收集量较低的情况下，如收集小鼠尿液，可以考虑将同一剂量组动物的尿液汇集，也可以在收集尿液之前延长在代谢笼中的适应期。收集犬尿液时，如果可以控制粪便污染，也可以通过代谢笼收集尿液。建议犬和其他较大的实验动物在预定的收集之前适应代谢笼，以最大限度地减少对动物的潜在压力。代谢笼收集法为非侵入式采尿方法，可以在较长一段时间内从动物身上收集尿液，并从尿液系统中获得更具代表性的样本。

采集动物尿液的其他方法有膀胱穿刺法、导尿管法和直接从膀胱取样等。应用膀胱穿刺法和导尿管法采集犬尿液时，需具备良好的无菌操作技术，避免细菌感染和程序性损伤，否则可能会影响尿液成分分析和对临床病理结果的解释。在剖检时直接从膀胱中取样，仅能显示当时的尿液成分，获得的信息有限，可能意义不大。导尿取样量的增加会提高程序损伤的可能性，不能表示为实际试验相关的肾损伤。为减小尿液生物标记物的浓度变化，如果是在湿冰上收集尿液，样本可以在很长一段时间内保持冷却，避免细菌生长或分析物降解，但也可能会出现尿液冷却的结晶沉淀。因此，更短、更有利于动物福利的采集方案不会影响大多数生物标记物数据的后续解释。

（2）*标本保存和处理*　尿样标本应在采集后 2h 内分析完毕。不能及时检验的标本要冷藏保存，一般可保存 6h，但要避光加盖，但该方法影响尿沉渣检验。因此，可以在 2h 内完成检测的尿液标本，不推荐进行冷藏。

临床病理学涉及对存活动物有关参数变化的描述、功能解释和相关性评价。必须要理解临床病理学参数的基本特征，以便科学地阐述结果。在实验情况下，组间比较分析对解释结果最重要。临床检验产生的数据结果应采用适当的统计学分析方法，以发现给药组和对照组的差异，但也不能片面地以统计差异为诊断依据，还应密切关联组织病理、临床观察症状，同时关注数据变化幅度、动物种属差异及其他关联的研究结果（如毒代动力学、安全药理等），得出一致的、综合的判断结果。

第四节　毒理病理报告和原始数据

毒理病理学家（包括解剖病理学家和临床病理学家）通过专业知识来评估和解释动物研究中的药物、生物制剂、人和动物食品添加剂、环境和工业化学品及医疗器械的毒性和安全性。毒理病理学家的发现和结论必须准确、完整地反映在研究报告中，形成一份清晰、简明的病理报告。

在病理报告中，首先要做到对大体观察和显微镜观察结果的描述必须有条理，以便在计算机中生成有意义的汇总关联表，被纳入报告正文。其次病理结果必须与其他研究数据相结合，全面讨论受试物的毒性和（或）药理作用及毒性与暴露剂量之间的关系。在大多数重复给药的毒性研究中，病理报告中的数据不仅用于确定毒性的靶器官和是否存在 NOAEL，还用来确定是否有足够的安全因素使受试物进入临床开发。

一、毒理病理报告

（一）病理报告的读者

病理报告至少有4类读者：第一类是研究负责人，负责把病理结果纳入研究的最终报告中；第二类是委托方，根据药理毒理试验中的病理和其他相关研究结果，决定是否推进或如何推进该受试物的进一步研究；第三类是监管审查人员（及其管理层），评估数据的完整性、准确性和结论的合理性，并根据这些数据得出监管结论；第四类是医生，负责把新药用于首次临床试验并监测其安全性和有效性。

这些读者都希望从病理报告中了解是否存在与受试物相关的毒性靶器官、靶器官中诱发的微观和临床病理变化、变化的严重程度、变化与给药剂量的关系，以及停止给药后变化是否可逆等。此外，读者还期望从病理结果中了解相关研究是否存在 NOAEL 及选择 NOAEL 的理由。

（二）病理报告的作者

根据 GLP 法规要求，生成和（或）解释解剖和（或）临床病理数据的病理学家或其他专业人员，必须具备执行任务的教育背景、资格和经验，并具有（或与研究主管合作）将病理结果与临床症状、暴露信息和其他研究信息相结合的水平，了解用于研究的动物种属的正常生物学特征、背景数据和各种类型损伤反应的机制。

（三）病理报告内容

对于符合 GLP 要求的一般毒理学研究，病理报告应包括以下内容。

1. 目录和（或）超链接　可快速、清晰地访问正文叙述部分和数据表格。这些可能会应用于最终研究报告的目录中。

2. 方法　包括对病理学家和其他参与科学家的职责描述。任何补充病理技术，如特殊切片或染色、免疫组织化学、人工或计算机形态测量、根据镜检结果进行的超微结构评估等都应予以记录。

3. 结果　需生成或评估的数据，包括动物个体数据和汇总数据表（通常作为附录），除非这些数据附在最终报告的其他部位。病理报告的正文叙述中可用补充表格或图形数据来阐述和总结特定的发现，以便更好地理解病理结果。

正文数据撰写应遵循“三 C”原则，即正确性（correctness）、清晰（clearness）、简洁性（conciseness）。按剂量和性别分别呈现器官重量、大体观察或显微镜检的重要发现。使用表格简化剖检数据中重大发现的口头描述，让读者快速掌握与受试物剂量相关的毒性信息。数据展示通常按先雄性、后雌性的顺序。

病理学家必须浏览所有数据并将重要发现总结至表格中，并简化为正文表格，添加至报告的结果部分。试验中的所有剂量组，在给药期结束、恢复期结束时处死的动物，其大体观察和显微观察结果通常也以汇总表形式呈现。汇总表应包含所有显微观察结果，并按严重程度分级进行细分（适用于根据严重程度评分的结果）。当严重程度分级对理解主要研究结果很重要时，应提供每种严重程度分级特征的描述。这些表格可以以附录形式放在病理学报告中，报告撰写者需要将重要发现总结成单独的表格，以帮助研究者确定哪些发现对研究结果的解释具有重要意义。

正文表格能有效地按剂量和性别，直观地呈现大体和显微镜观察结果。剂量相关镜检结果记录表（表 1-4-3）简明扼要地为审查人员总结了毒性的靶器官、损伤类型及每个靶器官损伤的严重程度，并展示了损伤与剂量和性别的相关性。病理报告中还可插入常规的大体或显微镜图像，但这不是必需的。

表 1-4-3　重复给药毒性试验镜检结果记录表（示例）

给药期结束-给药相关组织病理学改变								
组别	性别							
	雄性				雌性			
	0	1	2	3	0	1	2	3
剂量/（mg/kg）	0	0.3	1.5	10	0	0.3	1.5	10
动物总数/个	10	10	10	10	10	10	10	10
睾丸					NA	NA	NA	NA
双侧睾丸生精小管变性	（0）	（0）	（6）	（5）[b]				
±	0	0	1	0[a]				
2＋	0	0	4	4[a]				
3＋	0	0	1	1[a]				
双侧睾丸生精小管萎缩	（0）	（0）	（0）	（2）				
3＋	0	0	0	2				
双侧睾丸生精小管变性/萎缩	（0）	（0）	（0）	（3）				
3＋	0	0	0	3				
附睾					NA	NA	NA	NA
双侧附睾管腔精子减少	（0）	（0）	（6）	（10）				
1＋	0	0	1	0				
2＋	0	0	0	0				
3＋	0	0	5	10				
双侧附睾管腔生精上皮细胞碎片	（0）	（0）	（6）	（10）				
±	0	0	1	0				
1＋	0	0	1	4				
2＋	0	0	4	6				
前列腺					NA	NA	NA	NA
萎缩	（0）	（2）	（9）	（10）				
±	0	0	1	0				
1＋	0	2	5	7				
2＋	0	0	3	3				

注：0．阴性对照组；1．低剂量组；2．中剂量组；3．高剂量组。±．轻微；1＋．轻度；2＋．中度；3＋．重度；a．病变动物数；b＝a＋a＋a；NA．未采集或不存在

4. 讨论 在病理报告中，讨论部分是对研究中重要的大体和显微镜发现进行总结，并要与临床观察、体重、血液学、临床化学、尿液分析或器官重量中观察到的剂量相关和暴露相关的变化建立关联分析。

对某些病理改变的解释比较适合放在讨论部分，如与药物无关但被解释为与动物种属和年龄相关的自发性病变。

在讨论部分也可以阐明病理学发现是否与研究中包含的特定生物标志物相关。如果病理学家了解该受试物的已有研究结果，则可以和当前研究中的发现进行比较，但这种讨论需要适当标明参考研究的标题和报告编号。同时，应尽力确定观察到的变化是受试物的直接影响还是间接影响，如一个受试物诱发慢性肾损伤，是否会存在继发性甲状旁腺增生，这种讨论应该有适当的文献参考，并在可能的情况下，对特定结果的生理和（或）病理关系进行完整的机制或药理学解释。

5. 结论 病理报告的结论包括：靶器官、目标组织中化合物引起的变化、变化是否与剂量和（或）暴露相关、变化是否可逆或停止给药后逆转、NOAEL 及选择 NOAEL 的理由。如果没有 NOAEL，必须明确说明并证明该结论。因此，病理报告的结论不是观察结果的简单总结，而是对数据的评估结果和基于该评估的结论。

6. 参考文献 适当参考文献可支持讨论分析和结论。应尽可能提供能将特定发现与药理学或毒理学机制相关联的参考资料或支持发现 NOAEL 的结论。如果在报告中引用了背景数据，应该附在报告中。

7. 研究病理学家的签名 如果有多名研究病理学家对病理数据进行评估，则应明确每位研究者的贡献，并且必须在包含其贡献的报告上签字。同行评议的病理学家不需要在报告上签字，但应签署清楚描述所有复审材料的同行评议声明。

8. GLP 法规要求的其他文件 如质量保证声明、合规声明等，除非最终研究报告中提供了此信息。

（四）病理报告的形式

毒理学实验室出具的最终综合研究报告，通常由研究主管和病理学家共同签名。撰写者共享报告的讨论、结论和摘要，出具的单独病理报告由病理学家签名，但需附在最终研究报告后。无论采用哪种报告格式，报告的病理结果、报告过程必须保持对形态学和临床病理结果解释的完整性，参与研究人员都必须对包括临床结果、临床病理信息、器官重量数据、解剖病理结果和药代动力学数据在内的重要研究结果进行综合评估。报告应准确、全面，符合 GLP 要求。

许多毒理学实验室和委托方赞成使用综合研究报告，因为综合报告能对所有研究数据提供最全面、一致和准确的解释。报告的摘要和表格通常被委托方和监管机构单独使用，以便快速了解和总结研究结果。如果将病理报告整合到最终的研究报告中，且未单独编写病理报告，则必须将单独病理报告中可能存在的数据表、病理学家的解释和病理学家的结论纳入综合报告中。

二、组织病理学原始数据

组织病理学切片可长期保存，便于在研究期间和研究结束后重新评估。最初的组织病理学观察是基于对单个病理切片上组织的评估，代表“工作中期记录”，并不是原始数据，记录会随着病理学家改进诊断而经常变化，不能用于最终研究结果的评判。

病理学家在研究中会结合其他组织、其他动物的组织病理学观察结果及研究中其他类型的数据，作最终解释和诊断。只有在病理学家签署并注明日期的最后报告中才包含有关样本进行组织病理学评估的原始数据。

病理图像用于数据生成时，不管是拍照、胶片还是电子形式存储，都应作为原始数据。数据生成有两种方式：一是图像被病理学家用作诊断的基础（如电子显微照片），二是图像被用于测量特定结构的尺寸或数量（如形态计量学分析）。用于数据生成的任何病理图像，无论是来自胶片还是电子媒体，都必须经过认证，注释为原始数据，并存档。

与非临床研究中的其他数据一样，图像采集需要有标准操作程序和质量控制程序，以保护其作为原始数据的完整性。如捕获图像时，在视场内放置适当标签对图像标注，可以保证图像原始数据被正确识别。胶片图像拍照时需要有准确的日志记录，一旦图像被打印，标签信息应该被转录到图像印刷品上。但对于细胞学、组织病理学或电子显微镜标本的电子图像来说，就必须有相应的程序以确保适当的标签信息（如研究编号、动物编号、性别、剂量组或水平、标本标识、放大倍数、特殊染色和日期）可以链接到原始数据图像。

说明性图像仅展示已经观察到的特定大体或显微镜发现，不是原始数据。与用于数据生成（如形态学诊断或测量的基础）的病理学“原始数据”图像相比，仅传达关于特定诊断或发现的信息，不是该诊断或发现的基础，不用于数据生成，也不会影响研究数据的完整性或解释。但尽管如此，出于各种原因考虑，可以拍摄和使用说明性图像。

病理报告的目的是向研究主管、委托方负责人、监管审评人和临床试验医师描述靶器官、靶器官发生的变化、变化与剂量和（或）全身暴露水平的关系及变化的意义。因此，良好的病理报告，在正文表格撰写和排版时，应遵循“三 C”原则，能以直观易懂的方式，准确地呈现毒性研究中的病理数据及结果。为增加最终研究报告中对受试物所做的毒理学结论的可信度，完整的报告中还应包括同行评议的镜检数据。

中国毒理学会建议用于数据生成的任何图像（如诊断或形态测量分析的基础）都将作为原始数据，但必须通过专门注释来认证，同时注明数据生成人和生成时间。另外，图像原始数据必须被存档。

一般来说，说明性图像不必存档，除非是最终研究报告的一部分，或者根据协议要求需要存档。

（白文霞　金　毅　鲍恩东）

第二篇

动物传染性疾病病理

第五章　病毒性疾病

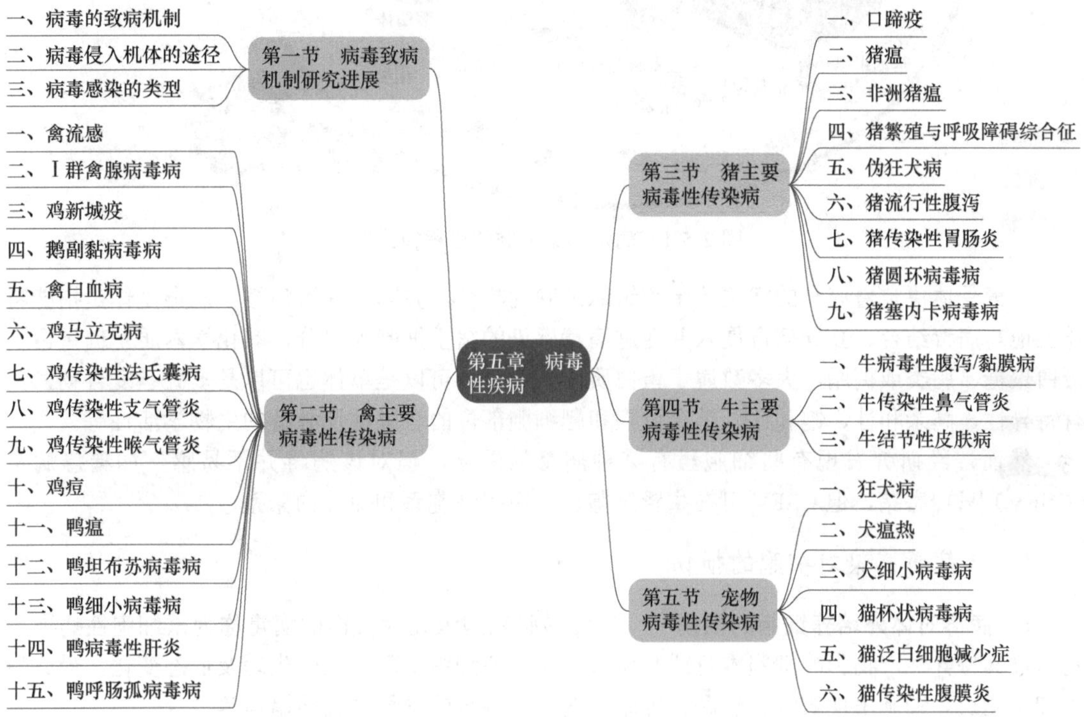

第一节　病毒致病机制研究进展

一、病毒的致病机制

病毒侵入机体是否引起发病，主要取决于病毒的毒力和宿主的抵抗力，包括特异性免疫和非特异性免疫。

（一）病毒感染细胞的过程

病毒侵入体内并在靶器官细胞中增殖的最大特点在于活细胞内寄生，基因水平感染。所有动物病毒的一个完整复制周期均包括如下过程：病毒借受体吸附到易感细胞表面，穿/侵入细胞内，脱去衣壳、暴露核酸，核酸生物合成，组装，成熟释放（图 2-5-1）。

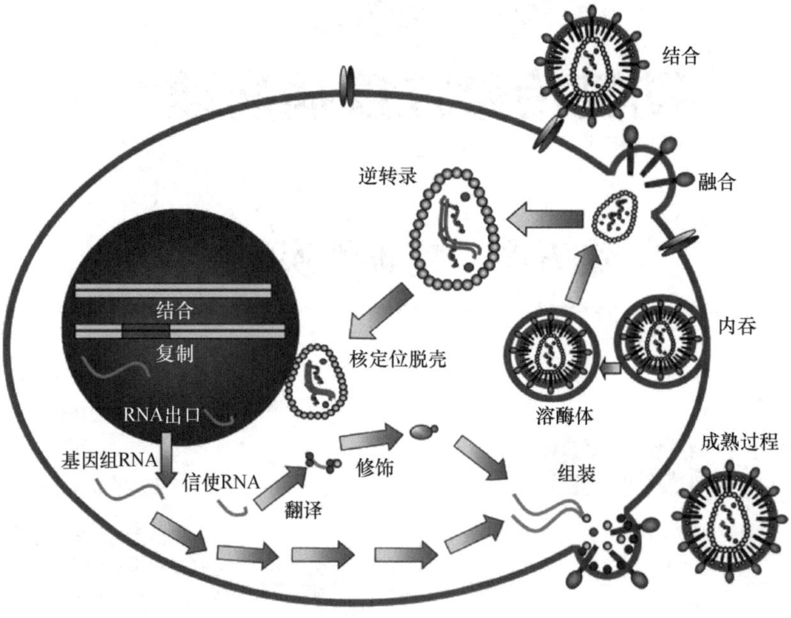

图 2-5-1　病毒感染细胞的过程模式图

病毒受体决定着病毒的宿主范围和组织细胞的嗜性，并影响其致病性。病毒受体是指能特异性地与病毒结合、介导病毒侵入并促进病毒感染的宿主细胞膜组分，其化学本质是糖蛋白、蛋白聚糖、脂类或糖脂，大多数属于蛋白质。病毒受体可以是单体也可以是多分子复合物，具有特异性、高亲和性、饱和性、结合位点和靶细胞部位的有限性及独特的生物学活性等。

然而，经研究发现有些细胞虽有某种病毒的受体，但对该病毒并不易感，如猪瘟病毒（CSFV）只侵害猪，但 CSFV 可在牛肾细胞、牛鼻甲细胞系和兔体内繁殖。

（二）病毒感染对细胞的损伤

1. 病毒对体外培养细胞的损伤　导致易感细胞致死性损伤的病毒称为杀细胞性病毒。它通过其特异性产物影响细胞本身或其调节功能，使细胞出现严重的生理及形态变化，最终导致细胞死亡。细胞出现皱缩、裂解、肿胀、变圆、融合或聚集成葡萄串样等。

（1）溶细胞型感染　多见于无包膜、杀伤性强的病毒，常引起急性感染致细胞溶解。

（2）阻止细胞大分子的合成　大多数杀伤性病毒所翻译的早期蛋白质能抑制细胞 RNA 和蛋白质的合成，随后 DNA 的合成受到影响。在小 RNA 病毒、疱疹病毒和痘病毒感染中，这种抑制作用特别迅速而且严重，都能在短时间内导致细胞产生病变。

（3）衣壳蛋白的毒性作用引起细胞病变　病毒衣壳蛋白的量较大时，常对细胞有毒性，这是细胞出现病变的主要原因之一。

（4）破坏细胞溶酶体，引起细胞自溶　这是病毒引起细胞损伤的一个重要机制。病毒感染后，细胞内溶酶体膜的通透性增高，如果继续发展，则可导致溶酶体膜破坏，释放溶酶体酶，并吸附到细胞核上，致使细胞变圆，最后引起细胞自溶，如某些肠道病毒和某些疱疹病毒的感染。

（5）导致细胞膜通透性升高　大多数感染病毒的细胞多表现为非特异性病变，常见细胞“混浊肿胀”，这主要与病毒感染造成的细胞膜透性的变化有关，细胞吸水肿胀，发生颗粒变性。

（6）改变细胞膜结构 ①细胞膜表面出现嵌合有病毒特异抗原的蛋白质成分，如流感病毒感染细胞膜上出现病毒血凝素和神经氨酸酶，使感染细胞成为免疫应答的靶细胞；②引起感染细胞与未感染细胞融合，使病毒从感染细胞进入邻近正常细胞，形成巨核细胞，此种变化有利于病毒扩散。麻疹病毒和副流感病毒能使感染的细胞膜发生改变，导致感染细胞与邻近未感染细胞发生融合。

（7）包涵体形成 包涵体的形成主要源于病毒合成的场所，是由大量病毒粒子堆积而成的，有些包涵体由病毒粒子的晶体排列组成，也有些包涵体是病毒的蛋白质晶体排列而成，是细胞对病毒感染的反应产物。包涵体具有一定程度的种属特异性。例如，腺病毒引起核内嗜碱性染色的包涵体，狂犬病病毒则引起胞质内嗜酸性染色的包涵体，麻疹病毒同时引起核内和胞质内嗜酸性染色的包涵体。

（8）细胞增生与细胞转化 ①细胞增生，病毒侵入细胞，细胞内 DNA 合成加快，细胞过度增生，有可能导致肿瘤性疾病的发生；②细胞转化，包括细胞形态变化、繁殖加快、成堆生长。

（9）病毒基因的整合 某些 DNA 病毒或某些 RNA 病毒经逆转录酶形成 cDNA（前病毒）整合于细胞基因组，并随着细胞的分裂而增殖，这种感染形式被称为整合感染。在整合感染的细胞中可发生一定的变化，如形态变化、代谢变化及膜表面新抗原的出现。在部分 DNA 病毒引起的转化细胞中，可以发现整合的病毒 DNA，如多瘤病毒基因以完整的形式整合，腺病毒整合的基因则呈现部分缺失。HIV 先将病毒基因组 RNA 逆转录成双链 DNA，并整合到宿主细胞基因组上，随后同宿主基因组一起复制。整合感染是引起细胞转化的主要因素之一。转化是一个细胞形态生物化学或生长特性的变化。细胞转化可以在实验动物体内诱导肿瘤的产生，但并不是所有转化细胞都会引起肿瘤。

（10）细胞凋亡 细胞凋亡是消除感染细胞的一种机制，细胞采用这种自杀行为来阻止病毒的复制。激活死亡基因引起细胞凋亡，凋亡细胞膜鼓泡，细胞核浓缩，染色体 DNA 降解，电泳时有阶梯式条带。对于宿主细胞的这种防护行为，许多病毒都携带有抑制细胞凋亡的基因，抑制凋亡可避免细胞的早亡及病毒 DNA 的片段化，有助于病毒的潜伏和持续性感染。另外，细胞凋亡的抑制也能钝化细胞因子的抗病毒效果，细胞因子在细胞凋亡中起着重要作用。

（11）蛋白质组学对病毒致病机制的研究 虽然许多病毒的基因组测序已经完成，但是由于受到病毒的影响而发生相应改变的宿主细胞的蛋白质组、宿主蛋白质翻译后的修饰及蛋白酶剪接过程还未完全阐明。病毒感染宿主的蛋白质组研究重点在于差异蛋白质的筛选和鉴定。通过比较蛋白质组学对病毒感染前后的蛋白质表达图谱进行鉴定，进一步对病毒感染引起的差异表达蛋白质进行功能分析和验证，探索其在病毒感染中的潜在作用以揭示病毒的分子致病机制。

2. 病毒对体内细胞的损伤 培养细胞被病毒感染后所产生的各种变化同样见于活体内。细胞的损伤和死亡是动物机体出现病理变化和临床症状的重要原因。

体内细胞损伤并不都是病毒的直接作用，如在某些病毒感染中，有些细胞病变可能是机体免疫反应的结果。

（1）直接损伤 病毒对亲嗜性免疫组织器官造成的免疫细胞损伤。不同的病毒损伤的免疫细胞不一，如猪瘟病毒损伤淋巴细胞，非洲猪瘟病毒主要损伤巨噬细胞。引起免疫抑制的程度也有差异。

（2）抗体介导的免疫病理损伤 存在于细胞表面的病毒抗原与抗体结合后，激活补体引起细胞溶解；免疫复合物引起的变态反应，如阿留申病病毒、马传染性贫血病病毒、圆环病毒等诱导产生的免疫复合物损伤。

（3）细胞免疫引起病理作用 细胞毒性 T 淋巴细胞（cytotoxic T lymphocyte，CTL）对病毒感染细胞的杀伤作用；病毒与机体成分有共同抗原，引起交叉反应。

（4）致炎细胞因子的病理作用　IFN-γ、TNF-α、IL-1 等的大量产生所引起的代谢紊乱、血管活化因子引起休克、弥散性血管内凝血（DIC）等严重病理过程引起的细胞损伤。

（5）分子模拟引起的自身免疫损伤　分子模拟是指宿主细胞成分与病毒蛋白质之间存在分子结构的同源性。如果病毒与宿主的抗原决定簇既相似又不相同，即二者的相似程度足以引起交叉反应，但差异的程度又能突破正常的免疫耐受，这样的分子模拟就会导致自身免疫病。

（6）病毒对免疫系统的致病作用　引起免疫抑制，对免疫活性细胞的杀伤，引起自身免疫病，抗体增强病毒感染作用，病毒感染可引起免疫应答的功能紊乱。

病毒体内感染可通过直接或间接损伤血管壁而导致局部血液循环障碍，从而对受到该血管供应的组织不可避免地产生一些病理变化，如出现水肿、缺氧、出血或梗死，甚至组织坏死等；通过缺氧、体液性状改变影响细胞的生命活动。

（三）病毒感染对宿主组织器官的损伤

1．病毒对组织器官的亲嗜性与组织器官的损伤　病毒侵入组织细胞的受体是其在细胞内复制的物质基础（条件）；组织器官的细胞表面有病毒识别的受体，组织器官的细胞是病毒感染的容纳性细胞。

2．对宿主组织器官的直接损伤　病毒对侵入或感染部位组织器官可造成损伤，如通过呼吸道和消化道感染而引起损伤。

（1）对呼吸道上皮细胞的损伤　病毒最早入侵呼吸道并损伤黏膜上皮细胞，逐步损坏呼吸道黏膜的保护层。感染后期当上皮细胞损伤时，纤毛摆动消失。呼吸道表面上皮细胞的退化性变化非常迅速，暴露上皮细胞下的组织并迅速侵入机体。

（2）对消化道黏膜上皮细胞的损伤　病毒的消化道感染多数潜伏期短，没有任何前驱症状。轮状病毒等感染后相邻肠绒毛有时发生融合，肠道吸收面积减少，导致肠腔内黏液蓄积并发生腹泻。细小病毒可感染损伤分化中的肠腺上皮细胞。

3．影响组织器官的功能　某些病毒感染引起的损伤不明显，感染细胞仍能低效地执行正常或低于正常细胞的功能，不表现临床症状，但此时丧失了系统间自身平衡必需的特定功能，导致机体功能紊乱。

4．导致细菌继发感染而引起组织器官损伤　某些病毒感染，还易使动物发生继发感染。发生流感时，支原体、巴氏杆菌和其他细菌侵入呼吸系统，引发呼吸道感染或肺炎症，而细菌分泌的蛋白酶又能裂解病毒的血凝素，激活病毒的感染。轮状病毒和冠状病毒感染易使肠道发生大肠杆菌的继发感染，导致更加严重的肠道炎症。

二、病毒侵入机体的途径

1．水平传播　病毒在不同动物个体之间主要通过以下途径传播。

（1）呼吸道感染　气溶胶、飞沫吸入。

（2）消化道感染　粪—口方式、食入。

（3）泌尿生殖道感染　性接触、黏膜损伤。

（4）眼结膜感染　密切接触、气溶胶、飞沫。

（5）虫媒感染　密切接触、叮咬。

（6）皮肤感染　皮肤破损。

（7）血液感染　输液、注射、针刺。

2. 垂直传播　主要通过胎盘、卵或产道内感染，常导致先天性病毒感染综合征、先天畸形、流产、死胎或早产。

三、病毒感染的类型

（一）隐性感染

隐性感染即病毒进入机体后不引起临床症状的感染，对组织和细胞的损伤不明显。这与病毒的性质、病毒的毒力较弱、机体防御能力强等关系密切。有的隐性感染属潜伏感染，除非激活，一般并不能发现感染性病毒，如牛传染性鼻气管炎。隐性感染虽不出现临床症状，但病毒仍可在体内增殖并向外界播散，成为重要的传染源。

（二）显性感染

某些病毒（如新城疫病毒、犬细小病毒等）进入机体后，可在宿主细胞内大量增殖，造成组织和细胞损伤，使机体出现明显的临床症状。

1. 急性感染　病毒侵入机体后在细胞内增殖，经数日以至数周的潜伏期后突然发病。其特点是潜伏期短、发病急、病程数日至数周。病后常获得特异性免疫能力。因此，检测特异性抗体可作为感染过的证据。

2. 持续性感染　病毒可长期持续存在于感染动物体内数月、数年甚至数十年，一般不显示临床症状，或存在于体外培养的细胞中而不显示细胞病变。持续性感染的机制比较复杂，大致为如下几方面原因。

（1）病毒特性方面　①产生各种突变株。病毒发生变异，病毒的基因组在其增殖过程中不是一成不变的，而是时时刻刻都自动地发生突变。除了突变，病毒间还存在基因重组和基因产物的相互作用。②病毒基因组整合到宿主细胞的DNA中，如肿瘤病毒等。③对各种免疫活性细胞的亲嗜性，使这些细胞的功能出现障碍或消失。④病毒本身无免疫原性（如朊病毒）。⑤在免疫因子不能到达的部位感染。⑥抗原结构复杂、病毒型多。⑦抑制细胞 MHC Ⅰ的表达。

（2）宿主免疫特性方面　①抗体改变了病毒表面或感染细胞的病毒抗原。②抗体诱导封闭因子。③补体系统的缺陷。④干扰素的产生障碍。⑤继发因素引起的免疫活性细胞的功能障碍。⑥免疫耐受。

第二节　禽主要病毒性传染病

一、禽流感

禽流感为禽流行性感冒的简称，是A型流感病毒引起的一种常见于世界范围的禽类疫病，在美洲、欧洲、亚洲、非洲等地区均有发生。我国1992年首次从鸡体内分离到H9N2亚型低致病性禽流感病毒。该病在我国广泛流行，且具有高度接触性传染的特点，对禽类的呼吸系统有很大的损害，病毒在呼吸道黏膜上皮细胞内复制并引起上皮细胞损伤及黏膜的炎症反应，能够引起禽类全身性败血症、急性上呼吸道炎症和发热症状。

（一）病原

流感病毒（influenza virus，IV）属正黏病毒科（*Orthomyxoviridae*），是分节段的负链单链RNA病毒，呈球形，有囊膜，囊膜表面有血凝素（HA）和神经氨酸酶（NA）组成的呈放射状排列的突起（图2-5-2）。流感病毒的核酸分为8个独立片段，可编码11种蛋白质，其中PB1、PB2和PA聚合酶蛋白对病毒复制和基因表达起重要作用，这三种蛋白质在胞质合成后能顺利进入细胞核，因此在感染细胞的核内可发现这三种蛋白质成分。HA和NA表面蛋白是流感病毒基因组转录、复制、表达的重要蛋白质，同时在病毒宿主特异性方面起决定作用。根据基质蛋白（M）和核蛋白（N）的不同，流感病毒可分为A、B、C三个类型，其中A型流感病毒广泛存在于禽类和哺乳动物中，B型和C型流感病毒主要存在于人类中，C型在猪中也可分离到。

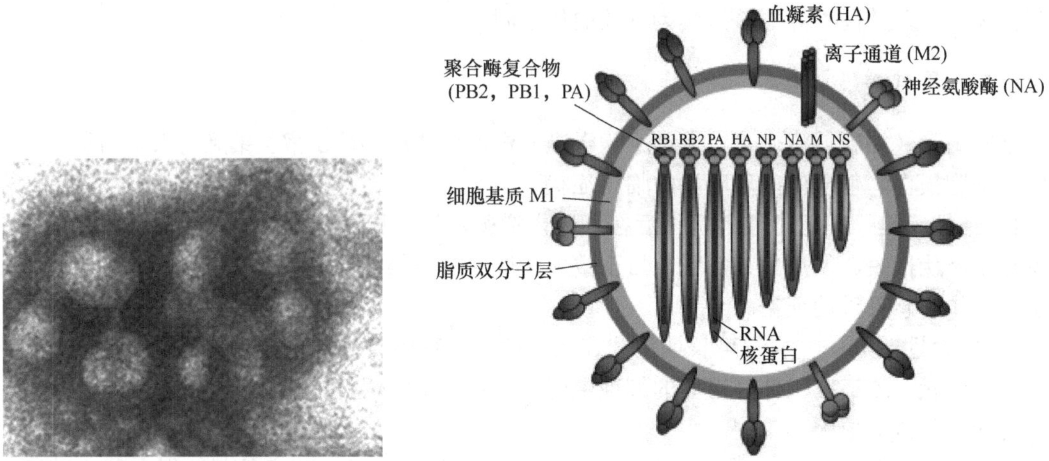

图2-5-2　禽流感病毒（Prel et al.，2008；Lee et al.，2009）

根据HA和NA的不同，可将流感病毒分为不同的亚型。现已知HA有18个亚型，NA有11个亚型，禽流感病毒HA有16个亚型，NA有9个亚型，其中高致病性禽流感病毒主要包括H5N1、H5N6、H5N8、H7N9，目前低致病性禽流感病毒有 H9N2、H3N8、H3N3 等。禽流感病毒感染宿主范围广泛，鸡、火鸡、鸭、鹅、野鸟等均有感染。

（二）致病机制

流感病毒感染宿主是一个严密复杂的过程。病毒首先识别宿主细胞的特异性受体而吸附于宿主细胞表面。流感病毒的受体结合位点位于HA头部顶端，宿主细胞受体位于细胞膜糖蛋白或糖脂链端的唾液酸结构中。吸附到宿主细胞后，病毒粒子经胞吞作用进入细胞质，与酸性溶酶体融合。在酸性条件下，HA的结构发生改变，HA2的氨基端游离出来并插入吞噬泡膜的脂质双分子层，促使病毒囊膜与吞噬泡膜融合并破裂，将病毒核衣壳释放到细胞质内。病毒核酸进入宿主细胞核后，以宿主细胞mRNA为模板进行初级转录，产生mRNA，然后进入细胞质翻译其他蛋白质。在整个感染过程中，HA主要负责识别和吸附宿主细胞受体，帮助病毒穿透宿主的细胞膜，改变宿主细胞膜的抗原性，逃脱宿主免疫系统的监视，因此HA在宿主特异性方面起决定作用。病毒成熟后，HA裂解位点是由多个碱性氨基酸组成的，HA0可裂解为HA1和HA2，使病毒粒子具有感染性。裂解碱性氨基酸的酶由于在动物体内广泛存在，因此可造成全身细胞及器官的损害。NA 作为另一个重要的表面抗原，在病毒的释放过程中起重要作用。它可去掉病毒囊膜上的神经氨酸，避免子代病毒在细胞膜上聚集，有利于病毒释放。NA 还可促进吸附于呼吸道黏膜上的流感病毒粒子的释放，有利于病毒的扩散。聚合酶（PB2、PB1 和 PA）主要是影响病毒的复制效率，NS1 对病毒生命周期的调控起关键作用，包括病毒 RNA 的复制及蛋白质的合成。

流感病毒核酸编码的 11 种蛋白质在病毒感染、复制、致细胞病变等过程中均发挥独特作用，尤其是禽流感病毒的表面蛋白 HA 和 NA 发挥的关键作用与毒株的类型、变异、感染宿主、侵害组织、致病力等密切相关。病毒侵入宿主机体引起疾病的严重程度，即病毒致病性或表现出的病毒毒力是病毒与宿主之间相互作用的结果，临床上所表现的上呼吸道炎症、急性肺损伤、呼吸窘迫综合征、肾损伤等临床症状或宿主死亡也是宿主过激的炎症反应和急性免疫损伤的结果。

值得注意的是，禽流感常与大肠杆菌感染、新城疫等疾病并发或继发感染，使症状加重，病情更为复杂，带来严重的经济损失。

（三）病理变化

1．剖检病变　根据致病力的不同，禽流感可分为高致病性禽流感和低致病性禽流感。

鸡高致病性禽流感发病急，潜伏期短，病程较短，呈急性死亡，死亡率高。病鸡精神沉郁，排白色稀粪，有呼吸道和神经症状，部分鸡头面部肿胀、流泪、尖叫，鸡冠、肉垂及颜面淤血呈紫红色肿胀。剖检可见胰腺边缘出血，表面密布针尖大坏死点；腺胃乳头及十二指肠黏膜斑点状出血；盲肠扁桃体肿大、出血；直肠及泄殖腔黏膜出血；鼻腔内充满黏液，气管黏膜充血、出血，在黏膜表面有大量黏液性分泌物；支气管栓塞，有气囊炎，肺暗红色实变；肾肿胀，发生尿酸盐沉积，形成“花斑肾”样病变；蛋鸡卵泡膜充血、出血，呈紫红或紫黑色，卵黄破裂后卵黄液流入腹腔，形成卵黄性腹膜炎；输卵管呈卡他性炎；继发病变包括纤维素性心包炎和肝包膜炎。

鸡低致病性禽流感潜伏期长，发病缓和，病程较长，发病率和死亡率较低。部分病鸡颜面肿胀，上呼吸道呈卡他性炎，鼻腔、气管内充满黏液，黏膜充血肿胀，气囊纤维素性炎，肺暗红色肿胀。产蛋鸡卵泡充血，部分鸡卵黄破裂引起卵黄性腹膜炎。

水禽高致病性禽流感主要引起精神不振、神经症状、呼吸困难、腹泻、体温升高等，有较高的死亡率。剖检可见各组织器官出血、坏死。心肌表面及切面有黄白色条纹状坏死；胰腺边缘出血，表面有大量针尖大小的坏死点，严重的可见液化性坏死灶；气管、支气管、肺出血或淤血；脾常见灶状坏死；肠道黏膜充血、出血。

2．镜检病变　禽流感的特征病变主要表现在心脏、肺、肝、脾、脑、气管和胰腺等，病变性质为病毒性脑炎、心肌出血性坏死性炎、间质性肺炎、淋巴组织坏死和胰腺坏死。脑的变化包括神经元变性、坏死，胶质细胞增生并有卫星现象、噬神经细胞现象，血管周围形成淋巴细胞“袖套”现象；肺组织充血，多伴有间质性肺炎及纤维素性炎，肺间质有淋巴细胞、巨噬细胞浸润，支气管黏膜充血、出血，有炎症细胞浸润；肾小管上皮细胞变性、坏死，间质淋巴细胞浸润；胰腺充血、出血，腺泡上皮细胞坏死；卵泡膜充血、出血、淋巴细胞浸润，输卵管黏膜呈卡他性炎；胃肠道黏膜呈急性出血性卡他性炎等病变。

二、Ⅰ群禽腺病毒病

Ⅰ群禽腺病毒（fowl adenovirus-Ⅰ，FAdV-Ⅰ）感染可以诱发禽类的多种疾病，包括包涵体肝炎（inclusion body hepatitis，IBH）、心包积液综合征（hydropericardium syndrome，HPS）。美国自1976年首次报道IBH的发生后，世界各地均报道了IBH的暴发和流行。该病可以由FAdV-Ⅰ的多个血清型感染引起，造成的主要病变是肝发生出血性坏死及病变肝细胞核内形成包涵体。巴基斯坦安卡拉于1987年首次报道HPS的发生，又称“安卡拉病”，该病由Ⅰ群的血清4型禽腺病毒（FAdV-4）引起，造成的主要病变是心包腔严重积液、肝出血性坏死及病变肝细胞核内形成包涵体。

（一）病原

禽腺病毒（fowl adenovirus，FAdV）是一种无囊膜的双链DNA病毒，直径为60～90nm，属于腺病毒科（*Adenoviridae*）禽腺病毒属（*Aviadenovirus*）。根据抗原性的差异分为三个群（FAdV-Ⅰ～FAdV-Ⅲ），其中Ⅰ群禽腺病毒（FAdV-Ⅰ）又分5个亚群（A～E）、12个血清型（FAdV-1～11，其中FAdV-8分为a和b两个亚型）。腺病毒的20面体对称结构中间包裹着直径为60～65nm的髓芯（病毒核酸），占整个病毒粒子的11.3%～13.5%，其余部分为蛋白质（图2-5-3）。基因组中G+C含量为33.6%～66.9%，中间核酸序列在整个腺病毒科中较为保守，而不同的腺病毒，其核酸两端的序列长度及编码的氨基酸序列差异性比较大。病毒表面由252个颗粒组成，其中不在顶点的颗粒有240个，为直径8～9.5nm的六邻体（hexon）；12个位于顶点的颗粒被称为五邻体（penton）；以五邻体为基底向表面伸出一根或两根刺突，由*fiber1*和*fiber2*两个基因编码，刺突的顶端形成头节区（knob）。五邻体和头节区能与细胞表面的病毒受体结合，这在病毒感染过程中起到非常重要的作用。

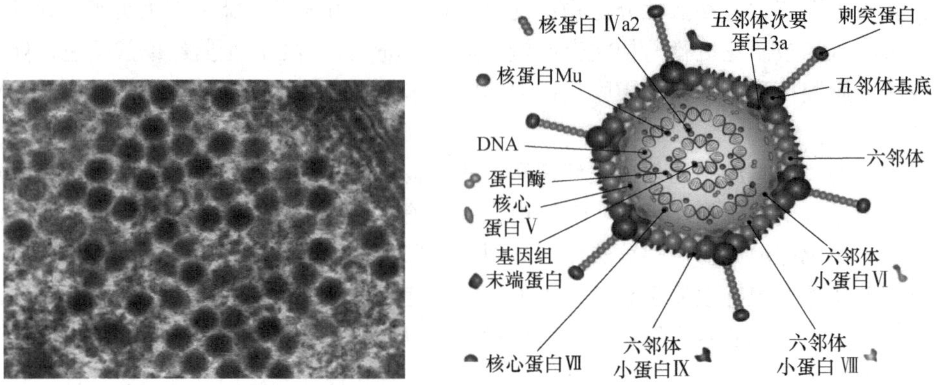

图2-5-3　Ⅰ群禽腺病毒（张真真，2017；张丹，2020）

（二）致病机制

禽腺病毒的复制一般分为两个完整的阶段。早期阶段涉及病毒入侵宿主细胞和病毒DNA转运入核，紧接着早期基因（*E*）转录和翻译。病毒蛋白在核内组装成完整的病毒颗粒，随后通过细胞核膜破裂、细胞膜结构的破坏而释出新的病毒。病毒的早期转录基因为*E1*、*E2*、*E3*和*E4*，编码主要结构的基因均排列在基因组的中间部分。早一区（*E1A*和*E1B*）表达的蛋白质参与病毒基因的表达调控和调节细胞代谢，保护受感染的细胞不发生凋亡，是病毒活动的起始因子，可让病毒更容易在细胞中复制；早二区（*E2A*和*E2B*）主要参与调节、启动病毒DNA的复制；早三区（*E3*）的基因产物主要参与调节病毒逃逸宿主的免疫，是复制的非必需区，缺失大部分或全部的*E3*区，病毒仍能够在组织培养细胞上增殖；早四区（*E4*）的产物参与病毒的复制、调控晚期基因的转录表达、转录子的拼接及宿主细胞的生物合成终止等活动。晚期区为L1～L5，主要编码病毒的毒力成分和病毒的包装蛋白。晚期转录区域存在一个共同的三联先导序列（TPL），由主要晚期的启动子（MLP）所启动，转录产物为多顺反子，可长达20kb，通过不同的剪接加工，产生不同的mRNA，再翻译成不同的病毒蛋白。

FAdV-Ⅰ作为原发病原的致病作用机制尚不十分清楚。不同的血清型，甚至相同血清型的不同毒株，其致病性也往往有所不同。研究表明，自然感染或通过直接接触感染腺病毒时，很多分离到的FAdV-Ⅰ毒株未能引发疾病，但是以非肠道途径注射，这些毒株就能表现出很强的致病性。这可能意味着很多FAdV-Ⅰ是潜在的病原，其致病作用需要其他因子的协同参与。已证实，共感染传染性法氏囊病病毒（IBDV）或传染性贫血病病毒（CIAV）可增强某些腺病毒的致病性，而CIAV或其他免疫抑制病毒感染是复制某些腺病毒所必需的，且机体在CIAV感染的不同时期对腺病毒的易感性不同。FAdV-4能导致严重淋巴组织损伤，从而引起免疫抑制，降低机体对其他病毒的免疫抵抗力。FAdV-4自然感染的潜伏期较短（24～48h）。病毒不管以何种途径侵入鸡体内，首先到达其亲嗜的肝，并在肝细胞核内进行快速复制，所以在肝细胞核内常可以见到较大的病毒包涵体及晶格状排列的病毒粒子。FAdV-4引起心包积液导致心力衰竭，毫无疑问这是该病急性死亡的主要原因，但心包积液的形成是病毒直接侵害心肌纤维或（和）心血管内皮细胞所致，还是肝损伤引起的血液理化性质改变进而发生的浆液渗出？其真正的机制目前尚不清楚。FAdV-4除引起机体发生明显可见的心包积液和肝变性肿胀外，还引起肺淤血水肿和肾淤血肿胀。这主要是心力衰竭，导致的肺、肾淤血水肿。而肾的淤血水肿，会导致肾小管上皮细胞变性坏死，进而血清中钾离子含量升高，也会导致急性心力衰竭。

（三）病理变化（心包积液综合征）

1. 剖检病变　自然死亡的典型病例中，绝大多数可见心包腔内充满淡黄色清亮或胶冻样液体，渗出液数量多少不等，有些可高达30mL，心脏在尸僵时不全呈柔软状态，心室扩张；肝肿大，质脆易碎，呈土黄色或红褐色，表面多见斑点状出血；肺淤血水肿；肾淤血肿胀，并伴有一定程度的尿酸盐沉积；胸腺、脾淤血肿胀；法氏囊肿大，黏膜皱襞胶冻样水肿；胰腺多见小坏死灶；肠黏膜呈弥漫性淤血或见出血。

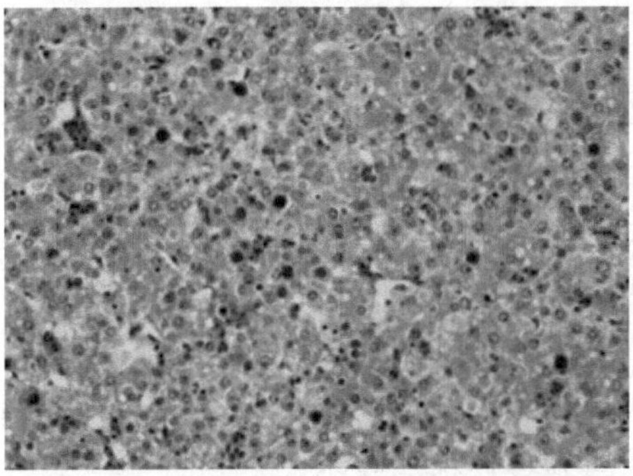
图 2-5-4　肝细胞核内蓝染包涵体（HE 染色）

2. 镜检病变　心肌纤维颗粒或空泡变性，间质充血或出血，浆液渗出，巨噬细胞浸润；肝细胞普遍发生颗粒与空泡变性，多见肝细胞灶状坏死，坏死灶内可见大量巨噬细胞及淋巴细胞浸润，在部分变性坏死的肝细胞核内出现大而圆的嗜碱性包涵体或局限于核内的嗜酸性包涵体（图 2-5-4）；肾小管上皮细胞变性、坏死，管腔内可见蛋白管型，肾间质淤血、出血及淋巴细胞浸润；肺静脉与肺泡壁毛细血管严重充血，小叶间质与肺泡壁内有浆液渗出；胸腺、脾及法氏囊的淋巴细胞可见不同程度的坏死，因水肿致淋巴细胞数量稀疏；胰腺上皮细胞变性、坏死，病变细胞核内偶可见嗜碱性包涵体；腺胃黏膜上皮细胞坏死脱落，固有层中腺体细胞可见核内包涵体；十二指肠黏膜上皮细胞变性、坏死，固有层充血、出血；脑组织血管严重充血，可见轻微的病毒性脑炎病变。

三、鸡新城疫

鸡新城疫（newcastle disease，ND）是新城疫病毒（newcastle disease virus，NDV）引起的鸡和多种禽类的急性接触性传染病，因NDV不同毒株的致病性有明显差异，ND可表现出严重程度不同的疾病症状和病理变化。强毒株感染鸡常呈败血症经过，主要呈现呼吸困难，腹泻，神经症状，内脏器官、黏膜和浆膜出血等剖检病变。我国于1946年首次分离到NDV，目前该病在我国广泛存在。该病具有传播快、流行广、死亡率高的特点，被世界动物卫生组织（OIE）列为法定报告疫病。

（一）病原

NDV属于副黏病毒科腮腺炎病毒属。完整的病毒粒子近圆形，直径为100～250nm，但也可呈细丝状或杆状，表面有囊膜，其外层有放射状排列的刺突（图2-5-5）。NDV基因组为负链单链不分节段的RNA，全长约15kb，病毒基因组结构为*3′-NP-P-M-F-HN-L-5′*，依次编码核衣壳蛋白（nucleocapsid protein，NP）、磷蛋白（phosphoprotein，P）、基质蛋白（matrix protein，M）、融合蛋白（fusion protein，F）、血凝素神经氨酸酶（hemagglutinin-neuraminidase，HN）和巨蛋白（large protein，L）。此外，在NDV转录过程中，通过RNA编辑作用，在*P*基因中插入非模板性碱基，改变阅读框，产生V或W两个蛋白质。

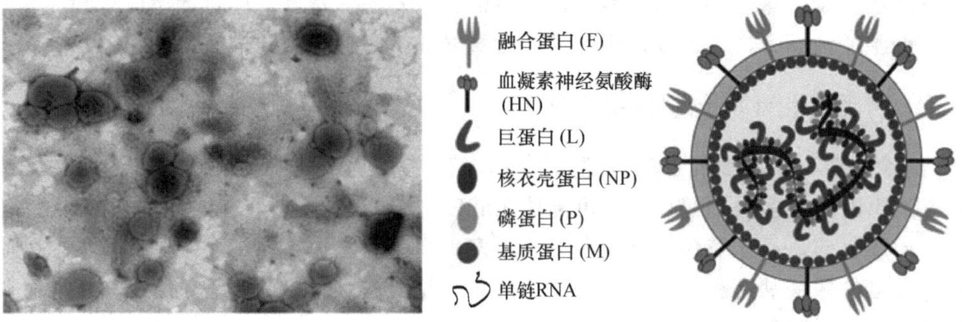

图2-5-5　鸡新城疫病毒（Ren et al.，2012；Ganar et al.，2014）

NDV只有一个血清型，但根据病毒基因组长度和核酸序列，可将其分为基因Ⅰ群（class Ⅰ）和基因Ⅱ群（class Ⅱ）两大类。基于病毒*F*基因的核苷酸差异，可将两类NDV进一步分为不同的基因型，class Ⅰ有1种基因型，而class Ⅱ有18种（Ⅰ～ⅩⅧ型），其中部分基因型又包含多种不同的基因亚型。我国鸡群中流行的NDV毒株呈现基因型多样性，但目前以基因Ⅶ型为主。不同遗传背景的NDV分离株，其致病性存在很大差异。国际上普遍以脑内接种致病指数（intracerebral pathogenicity index，ICPI）作为NDV分离株的毒力评价方法，根据该方法，低致病性甚至无致病性的NDV分离株的ICPI≤0.7，中等毒力毒株的ICPI在0.7～1.5，而强毒株的ICPI＞1.5。基因Ⅱ群毒株包含低致病性毒株、中等毒力毒株及强毒株。

（二）致病机制

一般认为该病的发生是NDV首先侵入易感家禽呼吸道或消化道黏膜上皮细胞内并大量复制，然后侵入血液引起病毒血症，随血液循环扩散到全身各组织器官，引起败血症。病毒在血液中损伤血管壁，引起出血、浆液渗出和坏死变化。消化道黏膜上皮细胞病变和黏膜固有层淋巴组织坏死，导致消化道出血性卡他性炎。上呼吸道黏膜炎症及同时发生的循环障碍可引起肺充血和呼吸中枢紊乱，导致呼吸困难。NDV 强毒株感染导致胸腺、脾、法氏囊和全身淋巴组织坏死，造成严重的免疫抑制并引起细菌的继发感染。

ND 的发病机制与病毒蛋白的分子致病基础密切相关。研究表明，病毒表面糖蛋白 HN 能与靶细胞的唾液酸受体结合，促进 NDV 吸附于细胞表面，并且这种吸附作用在细胞周期的 S/G_2 期更为显著。融合蛋白 F 是 NDV 的主要毒力蛋白质，其以前体蛋白 F0 的形式存在于细胞内，只有经特异性蛋白酶裂解、修饰后才能发挥生物学活性。F 蛋白裂解位点的氨基酸序列直接影响其裂解效率，对病毒毒力起主要作用。序列分析显示，所有强毒株的裂解区域 112～117 位氨基酸残基是 112K（R）RQR（K）RF117，而弱毒株的对应序列为 112GR（K）QGRL117。NDV 吸附于细胞表面后，F 蛋白介导病毒囊膜与宿主细胞膜之间的膜融合，使 NDV 完成侵入宿主细胞，进一步研究证实 F 蛋白结构域Ⅰ和Ⅲ连接区域的保守氨基酸对其膜融合功能至关重要，尤其是第 295 位亮氨酸，其单个突变能显著降低甚至废除蛋白质的融合功能。NDV 的其他蛋白在病毒致病过程中也发挥重要作用，如 HN 蛋白和 M 蛋白能促进 F 蛋白发挥融合作用，具有协同效应。

病毒与宿主免疫之间的相互作用也显著影响其致病性。NDV 强毒株感染鸡后，在脾和胸腺内诱导剧烈的炎症反应，加上病毒大量增殖，造成感染动物免疫器官的损伤，进而导致免疫抑制。此外，NDV 的 V 蛋白在协助病毒拮抗宿主干扰素、逃逸免疫反应中发挥重要作用。V 蛋白能靶向降解磷酸化的 STAT1 蛋白，阻断Ⅰ型 IFN 产生，同时该蛋白质还能通过 E3 泛素连接酶 RNF5 降解线粒体抗病毒蛋白 MAVS，抑制宿主Ⅰ型 IFN 的产生，尤其 V 蛋白的羧基端可降解转录因子阻断Ⅰ型 IFN，利于 NDV 逃逸宿主的抗病毒天然免疫反应。上述研究均提示，NDV 的致病机制与毒株本身毒力因子及其与宿主免疫反应之间的相互作用等多种因素有关。

（三）病理变化

1．剖检病变　NDV 强毒株感染引起的典型 ND 的剖检病变以消化道黏膜出血性卡他性或坏死性炎症病变为主。腺胃黏膜肿胀，表面附有黏液，腺胃乳头点状出血，腺胃两端黏膜出血或坏死溃疡；肌胃角质膜下常见条纹状出血；从小肠到直肠黏膜均有出血性卡他性炎，十二指肠末端、空肠卵黄遗迹后 3～5cm 处、回肠起始部和盲肠扁桃体局部肠黏膜（淋巴集结）肿胀、充血、出血或发生溃疡，直肠黏膜点状出血或小溃疡灶；鼻腔充满黏液；喉头、气管黏膜发生出血性卡他性炎，黏膜表面附有黏液，黏膜肿胀、充血、出血；肺可见淤血或水肿；心外膜出血；脑膜充血或出血；产蛋鸡卵泡膜充血、出血，常见卵泡破裂引起卵黄性腹膜炎，输卵管萎缩。

非典型性 ND 的病理变化主要表现在上呼吸道黏膜，呈现卡他性炎。鼻腔充满黏液，喉头、气管黏膜充血，附有黏液；偶见腺胃乳头出血，肠道淋巴集结处黏膜肿胀、充血、出血；产蛋鸡卵泡膜充血、出血，常见卵泡破裂引起卵黄性腹膜炎，输卵管萎缩。

2．镜检病变　具有证病意义的病变为病毒性脑炎、肠黏膜固有层淋巴滤泡坏死出血、脾淋巴组织坏死、上呼吸道黏膜卡他性或出血性卡他性炎。

四、鹅副黏病毒病

鹅副黏病毒病是禽副黏病毒（avian paramyxovirus，APMV）引起的鹅的一种以消化道病理变化为特征的急性传染病。对鹅的危害较大，常引起发病雏鹅的大批死亡，雏鹅死亡率可达 90% 以上，给养鹅业造成严重的经济损失。

（一）病原

APMV 目前可分为 14 个血清型，即血清型 1～14，其中鸡新城疫病毒（NDV）属于血清 1 型（APMV-1）。以前大家熟知的 APMV 只有 9 种血清型，包括血清型 1～9，但随着大量 APMV 毒株的分离鉴定和遗传演化分析，该病毒的血清类型也不断增多。目前 APMV 血清型 10～14 的毒株均是从野生鸟类中分离而鉴定的，其中 APMV-13 和 APMV-14 主要分离自野鹅（大雁）等野生鸟类。在 APMV 众多血清型病毒中，感染鹅的病毒血清型有 1 型、4 型、6 型、8 型、9 型、13 型和 14 型，但临床上以 APMV-1 引起的感染为主，所以在此主要叙述 APMV-1 引起的鹅副黏病毒病（图 2-5-6）。

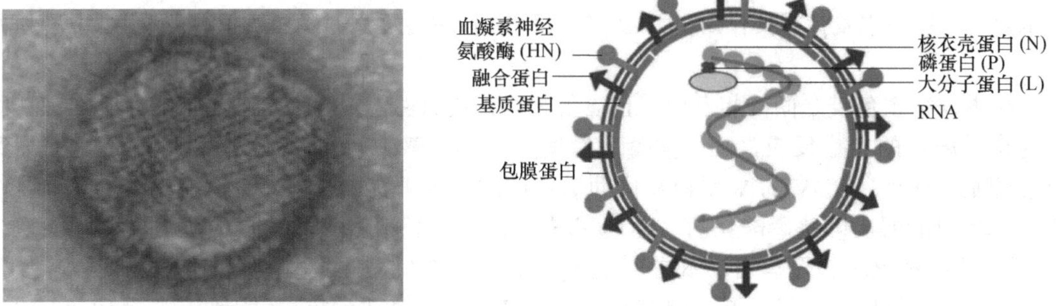

图 2-5-6　鹅副黏病毒（Lee et al.，2017；Samal et al.，2021）

水禽中流行的 APMV-1 呈现基因型的多样性，以基因Ⅶ型及其亚型为主，如Ⅶd 和Ⅶc 亚型。整体上，APMV-1 的形态、结构组成、理化特性及其致病机制与 NDV 类似，主要侵害脾、消化道黏膜固有层淋巴组织和脑组织。但需要注意的是，由于水禽中流行的 APMV-1 与鸡 NDV 的抗原性存在明显差异，因此常用于鸡 NDV 的疫苗一般不直接用于水禽副黏病毒病的防治。

（二）致病机制

鹅副黏病毒病患鹅的呼吸系统、消化系统和免疫系统的多种组织器官中均能检测到病毒抗原，其中尤以气管、胸腺、脾、腺胃、肠道、法氏囊的检出率较高。在胸腺、脾、法氏囊等淋巴器官中，病毒抗原多见于淋巴细胞及网状细胞内；在腺胃及肠道，病毒抗原则主要分布于黏膜及黏膜下腺体的上皮细胞、肠黏膜固有层淋巴滤泡。另外，患鹅的脑组织也能检测到病毒抗原。这说明鹅源 APMV 是一种泛嗜性病毒，胃肠黏膜上皮组织和淋巴组织可能是其主要侵噬部位。

鹅源 APMV 的感染是一个复杂的病理过程，与多种因素有关，但病毒的表面结构（如 HN、F 蛋白）与宿主细胞受体最初的结合和穿透是感染发生的关键，其中病毒表面结构起决定性作用。

（三）病理变化

1. 剖检病变　下段食道黏膜有散在的灰白色或淡黄色芝麻大小溃疡、结痂，剥离后局部留有斑痕及溃疡面；腺胃和肌胃黏膜充血及斑点状出血；肠黏膜有不同程度的充血、出血，十二指肠、空肠和回肠淋巴集结处黏膜有散在的淡黄色隆起的坏死性假膜，剥离后形成溃疡；盲肠扁桃体肿大，出血；直肠黏膜和泄殖腔黏膜有弥漫性大小不一、淡黄色或灰白色纤维性结痂。脾肿大，有斑点状灰白色坏死灶；胰腺肿大，散布有针尖大小灰白色坏死点；肝肿大，淤血，有芝麻或绿豆大坏死灶；心脏发生变质性炎症；脑膜充血、淤血，脑组织水肿；肾肿大、色淡，输尿管扩张，充满白色尿酸盐。产蛋鹅主要表现为卵泡膜充血、出血，常见卵泡破裂引起卵黄性腹膜炎，输卵管萎缩。

2. 镜检病变　脾淋巴组织坏死，坏死淋巴细胞核崩解、破碎，淋巴细胞数量减少；胰腺腺泡上皮细胞变性、坏死；肠黏膜上皮细胞坏死、脱落，黏膜固有层充血、出血，淋巴滤泡处淋巴细胞坏死崩解；肝细胞变性肿胀，局灶性坏死；脑组织呈典型的病毒性脑炎病变，可见血管充血及袖套现象，神经元变性坏死，形成胶质细胞组成的卫星现象、噬神经细胞现象及灶状或弥漫性增生（胶质细胞结节），脑膜充血、出血，淋巴细胞浸润。

五、禽白血病

禽白血病（avian leukemia）是禽白血病病毒（avian leukosis virus，ALV）/劳斯肉瘤病毒（avian sarcoma virus，ASV）引起的禽类的多种肿瘤性疾病的总称，早期以淋巴白血病最常见，但近年来髓细胞性白血病已成为主要的疾病类型。ALV 感染不仅诱发多种肿瘤性疾病，还可引起大多数感染鸡的亚临床症状，如产蛋下降、免疫抑制或生长迟缓。

（一）病原

ALV 为正链单链 RNA 病毒，属于逆转录病毒科（*Retroviridae*）逆转录病毒亚科（*Orthoretrovirinae*）α 逆转录病毒属（*Alpharetrovirus*），具有逆转录病毒科病毒的共同特征。病毒粒子近似圆球形，直径 80～125nm，衣壳呈二十面体对称。分为外、中、内三层，外层是源于宿主细胞膜的类脂质囊膜，由病毒囊膜糖蛋白形成，表面分布有特征性的放射刺突，中层是病毒内膜，最内层有致密的核心，核心直径为 35～45nm，位于病毒粒子中央，由二倍体 RNA、核衣壳、逆转录酶等组成（图 2-5-7）。病毒识别宿主细胞的特异性及中和反应主要与囊膜蛋白 gp85 相关。根据病毒中和反应形式、宿主范围、囊膜特性及其他标准，可将自然感染鸡群的 ALV 分为 A、B、C、D、E 和 J 6 个亚群，其中 A～D 亚群为外源性的，宿主为鸡。A、B 亚群主要感染商品蛋鸡，引起淋巴细胞白血病；C、D 亚群的致病力较弱；E 亚群包括低致病性或无致病性的内源性病毒；J 亚群是外源性白血病病毒与内源性 E 亚群病毒囊膜基因的重组体，可通过垂直和水平传播方式在鸡群中散播，主要引起鸡的髓细胞瘤。根据 gp85 的同源性比较，最近几年在我国地方品种鸡中分离到新的 ALV 亚群，命名为 K 亚群。

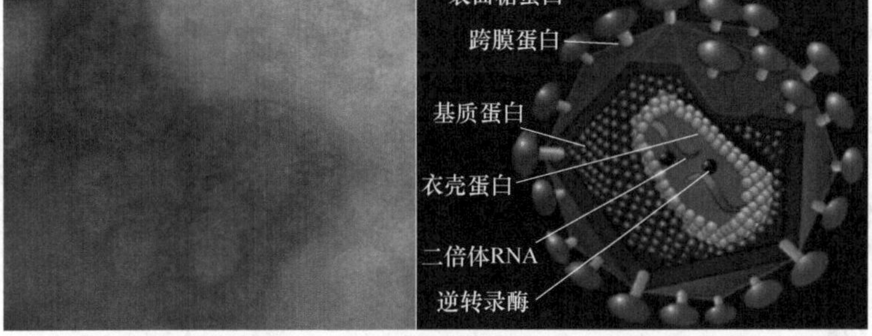

图 2-5-7　禽白血病病毒（王萌，2021；梁雄燕，2018）

ALV 感染可引起鸡淋巴细胞白血病（lymphocytic leukemia）、髓细胞性白血病（myelogenous leukemia）、血管瘤（hemangioma）、成红细胞增生症（erythroblastosis）、肾母细胞瘤（nephroblastoma）、石骨症（osteopetrosis）和肉瘤（sarcoma）等。

（二）致病机制

鸡感染 ALV 之后一般表现为隐性感染，不会对感染细胞造成损伤。但某些情况下 ALV 感染会导致细胞转化，发生肿瘤性疾病，引起免疫抑制。影响 ALV 感染后致病的主要因素包括 ALV 毒株、感染量、感染日龄、感染途径、鸡品种、免疫抑制性因素、内源性 ALV 的存在等。

ALV 致病主要包括癌基因转导和插入突变两种机制，二者均以启动癌基因的表达为基础。癌基因分为病毒癌基因和细胞癌基因，以启动病毒癌基因为基础的机制称为癌基因转导机制，病毒感染宿主细胞后，迅速导入癌基因，且不受正常调控过程的控制，在较短的时间内即可诱发肿瘤，又称为急性转化型。以启动细胞癌基因为基础的机制称为插入突变机制，病毒不带癌基因，将前病毒 DNA 整合到基因组中，通过 LTR 启动子或前病毒插入使细胞原癌基因激活或抑癌基因失活，需要较长的时间才能诱发肿瘤，因此称为慢转化型。大多数分离的 ALV 野毒株都属于慢转化型肿瘤病毒，即使是先天性感染，一般都要经过几个月的潜伏期才会产生肿瘤。

ALV 感染鸡后还会引起免疫抑制，与感染的年龄、感染毒株亚型与毒力、鸡的遗传背景直接相关，J 亚群 ALV 的免疫抑制作用比其他亚群强。一般来讲，越早期感染尤其是垂直感染，诱发的免疫抑制作用可能越强。ALV 诱发免疫抑制后，主要导致感染鸡免疫力下降，对其他疫苗的保护性免疫反应下降，进而导致对其他传染病的抵抗力下降。ALV-J 所侵袭的主要是髓细胞，导致正常的骨髓干细胞在感染 ALV-J 之后不断增生恶变，形成骨髓细胞瘤病。骨髓及淋巴器官病变会影响 T 淋巴细胞、B 淋巴细胞的分化成熟，从而导致机体免疫抑制。

（三）病理变化

1．淋巴细胞白血病（lymphocytic leukemia，LL）　是禽白血病中常见的一种，瘤细胞由骨髓成淋巴细胞前体细胞转化而来，潜伏期长，自然发病的鸡常在 16 周龄以后发病，性成熟时发病率达高峰。

（1）剖检病变　肿瘤多见于肝、脾及法氏囊，也可侵害肾、肺、心脏等器官组织。肿瘤的大小和数量差异较大，包括结节状、粟粒状和弥散性。结节状肿瘤从针尖大到鸡蛋大小，单个或散在，结节一般呈球形、椭圆形；粟粒状肿瘤以肝最常见，肿瘤直径通常不到 2mm，均匀分布在整个器官的实质中；弥散性肿瘤可使整个器官弥漫性肿大，如肝体积可比正常增大数倍，色泽灰白，质脆，有时几乎整个腹腔被肝充满，故又称大肝病。

（2）镜检病变　淋巴瘤呈多中心病灶的融合结节，瘤细胞向外增生呈膨胀性生长，而非呈浸润性生长，并挤压组织细胞。瘤细胞为恶变的淋巴母细胞，形态基本一致。细胞膜界限不清晰，细胞质嗜碱性，细胞核空泡状，染色质聚集并偏向核膜边缘，核内有明显的嗜酸性核仁。大多数肿瘤细胞的细胞质内含有大量的 RNA，具有 B 淋巴细胞的特征，为 B 淋巴细胞起源。

淋巴细胞白血病是法氏囊依赖的恶性淋巴细胞肿瘤。在感染病毒后的不同时期，可在法氏囊的一个或多个滤泡中出现淋巴样瘤细胞增生，皮质和髓质界限消失。因此，法氏囊淋巴滤泡由于大量成淋巴细胞增生而明显肿大，这是该病的特征性病变。这种肿瘤细胞是整合进基因组的 ALV 前病毒 DNA 对 *c-myc* 基因激活的结果。由于 *c-myc* 基因处于病毒 LTR 增强子的调控作用下，*c-myc* 过量表达引起细胞成熟过程中的分化停止，法氏囊干细胞增生。这类被转化的 B 细胞分化停止，会干扰法氏囊内免疫球蛋白从 IgM 到 IgG 的转换，因此此时产生的淋巴肉瘤细胞表面具有 IgM 的特征。

2．骨髓细胞瘤（myelocytomatosis，MCT）　骨髓细胞瘤病即髓细胞瘤病，又称髓细胞瘤、J 亚群白血病，瘤细胞由骨髓粒细胞前体细胞转化而来，流行初期主要见于肉种鸡尤其是肉种公鸡，后来蛋鸡群也广为发生，自然病例多散发于成年鸡。

（1）剖检变化　常发生在骨的表面、骨膜及软骨附近，体内其他器官组织也会发生相应的肿瘤病变。髓细胞瘤常出现在肋骨与软骨的结合处、胸骨后部、椎骨、下颌骨及鼻软骨，骨骼肿瘤通常为弥漫性或结节状分布，质地脆弱似奶酪样。肿瘤病灶也可见于肝、脾、肾、卵巢、睾丸、肌肉等器官组织，黄白色肿瘤结节散在或弥漫性分布。

（2）镜检变化　肿瘤组织由大量形态一致的分化完全的骨髓细胞样瘤细胞组成。细胞核大、呈多孔状，位于细胞一侧，有一个界限清晰的核仁。细胞质中有密集的圆形嗜酸性颗粒。在肝中的瘤细胞多聚集在血管周围和实质内。脾中的瘤细胞位于红髓区。在骨髓中，主要是由形态一致的肿瘤化髓细胞增生，组成了血窦外髓细胞样瘤细胞生成区。髓细胞样瘤细胞的主要特征是集结成堆，在实质器官中则呈浸润性生长。

3．成红细胞性白血病（erythroblast leukemia，EB）　成红细胞性白血病分为增生型和贫血型两种，瘤细胞由骨髓成红细胞前体细胞转化而来，自然病例少，一般呈散发，多见于成年鸡。

（1）剖检病变　病鸡常呈明显的贫血症状。血液检查时，红细胞减少，血红蛋白降低。但在早期，红细胞极度增多。病死鸡皮下、肌肉及内脏多见小出血点，肝和脾可见血栓形成、梗死或破裂。肺膜下水肿。心包腔积水，有腹水。增生型病例可见肝、脾肿大，肿大的器官呈樱桃红色至深红色，质地变软变脆。骨髓增生，质软、呈红色；贫血型病例的主要病变是内脏器官萎缩，脾最明显。骨髓灰白色、呈胶冻样，间隙增大。

（2）镜检病变　病变早期的骨髓切片中，血窦充满增生但未成熟的红细胞；晚期，骨髓中出现成片的形态均一的成红母细胞，还有一些具有髓细胞生成活性但几乎没有脂肪组织的细胞小岛。增生型病例的器官组织蓄积的成红细胞存在于血窦及毛细血管中，器官实质细胞萎缩，尤其是肝，围绕中央静脉的肝细胞因局部缺氧而发生坏死。贫血型病例的肝中常见小淋巴细胞及粒细胞聚集，有灶状成红细胞生成活动区。细胞形态不规则，常常有伪足样突起。细胞核体积大，染色质细密，有 1～2 个核仁，细胞核的周围常见晕环，胞质嗜碱性，细胞质中有空泡及染色颗粒。早期病例的骨髓见血窦充满迅速增生的成红细胞，而晚期病例的骨髓全由成红细胞组成。

4．成髓细胞性白血病（myeloblastosis，MB）　即成骨髓细胞性白血病，又称髓细胞性白血病，瘤细胞由骨髓成髓细胞转化而来，自然病例较少，散发于成年鸡，偶见于仔鸡。

（1）剖检病变　病鸡通常表现为贫血，外周血液中成髓细胞占血液细胞的 70%以上，离心血液时白细胞层明显增厚。剖检病死鸡各实质器官肿大，质地脆弱，在肝、脾和肾等器官见灰白色肿瘤病灶，或瘤细胞呈弥漫性浸润而使器官增大。骨髓常变坚硬，色灰红或灰白。

（2）镜检病变　实质器官特别是肝血管内外都积聚着大量的早幼髓细胞，瘤细胞个大，胞质略嗜碱性或见嗜碱性颗粒。肝小叶及门管区静脉血管外见成髓细胞广泛增生及浸润，实质细胞被瘤细胞取代。在骨髓中，这些早幼髓细胞仅限于血管窦外区域。

六、鸡马立克病

鸡马立克病（Marek's disease，MD）是马立克病毒（Marek's disease virus，MDV）引起的一种淋巴组织增生性肿瘤病，以淋巴样瘤细胞在全身各组织器官中广泛性浸润、增生为主要特征。该病至今尚不能根治，但却是可以利用疫苗进行防控的禽类肿瘤病。

（一）病原

MDV 属于疱疹病毒科 α 疱疹病毒亚科马立克病毒属。其分子结构和基因组成与 α 疱疹病毒亚科成员类似，属细胞依附性病毒。MDV 的基因组为双链线性 DNA，大小 175～180kb，通常以环状型或游离型两种结构模式存在，独立于宿主基因组。MDV 可分为三种血清型：血清Ⅰ型对鸡有致病性并能够导致鸡的肿瘤病变；血清Ⅱ型对鸡不致病也不能导致肿瘤病变；血清Ⅲ型是一株自火鸡分离得到的疱疹病毒株，对鸡并无致病性，但临床试验证明鸡接种此血清型后能够产生较好的免疫力。

临床上分离到的 MDV 多为血清Ⅰ型，根据毒力强弱又将其分为 4 种致病型，分别为温和型（mMDV）、强毒力型（vMDV）、超强毒力型（vvMDV）和特超强毒力型（vv＋MDV）。MDV 具有典型的疱疹病毒的形态，从结构上可分为两种类型，第一种是不带囊膜裸露的形态，呈二十面体立体对称的六角形不完全病毒粒子，是严格的细胞结合型；第二种是带囊膜的完全病毒粒子，主要存在于细胞膜附近及核空泡中，存活时间长。病毒粒子一般不存在于具有感染性的肿瘤细胞中，只有在羽毛囊上皮细胞中的带有囊膜的病毒粒子才能脱离细胞、感染组织（图 2-5-8）。

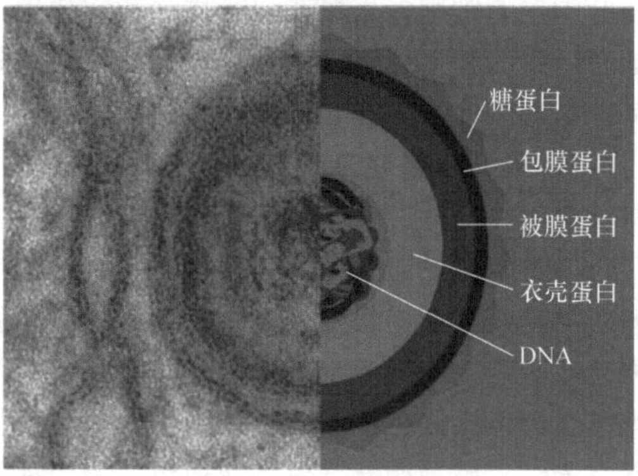

图 2-5-8　禽马立克病毒（石梦雅，2021）

（二）致病机制

1. MDV 侵袭感染过程　MDV 在体内的感染过程可人为划分为 4 个阶段，即早期溶细胞感染、潜伏感染、第二次溶细胞感染和基因组整合到宿主细胞并使其转化的转化期。

（1）早期溶细胞感染　病毒粒子从病鸡羽毛囊排出后经空气传播，通过呼吸道进入健康鸡体内，由气管逐步侵袭肺，经巨噬细胞吞噬后最终到达淋巴组织。病毒在 B 淋巴细胞中发生溶细胞感染，激活 T 淋巴细胞，且一小部分由 CD_4^+ T 细胞和 CD_8^+ T 细胞表达的细胞因子（包括 TCRαβ1、TCRαβ2、TCRαβ3）都能够发生溶细胞感染，造成胸腺、法氏囊免疫器官萎缩和严重的免疫抑制。溶细胞感染的严重程度取决于病毒毒力的大小，也受母源抗体、疫苗免疫的影响。

（2）潜伏感染　该时期一般发生在病毒入侵后的 7～8d。病毒的潜伏感染时期大多发生在 CD_4^+ T 细胞中，但也有一小部分发生在 CD_8^+ T 细胞和 B 细胞。此时病毒停止复制，但基因组持续停留在宿主体内。由于不表达抗原，因此能够逃避宿主的免疫防御系统。

（3）第二次溶细胞感染　抗病力强的鸡群，病毒感染会停留在潜伏期而不发病，但是易感鸡群在感染后 2～3 周会发生第二次（晚期）溶细胞感染。此时，宿主体内的 MDV 被重新激活，开始进行基因组的复制，且复制能力显著增强。

（4）转化期　主要发生在 CD_4^+ T 细胞中，以促使其转化为肿瘤细胞，随血液侵袭各器官组织及外周神经，造成弥漫性肿瘤病灶及神经病变。能够转化为肿瘤细胞的都是经过病毒潜伏感染的淋巴细胞，是肿瘤最终转化为淋巴瘤的重要条件。MDV 转化 T 淋巴细胞中含有病毒 DNA，DNA 高度甲基化，这是与非转化细胞中病毒 DNA 的最明显区别。与此同时，羽毛囊中的病毒粒子也在不断复制，并随羽毛屑排出体外，造成该病在鸡群中的广泛传播。

2．MDV 基因结构与病毒感染　在 MDV 基因组中，致瘤相关基因包括直接致瘤的 *meq* 和 *vTR*，间接致瘤的 *vIL-8*、*vLIP*、*pp38* 等，编码囊膜蛋白的 *gB*、*gC*、*gD*、*gE*、*gH*、*gI*、*gL*、*gK* 和 *GP82* 等。

（1）主要致癌基因　*meq* 基因是血清Ⅰ型 MDV 独有的、在 *Eco*RⅠ Q 片段内编码 339 个氨基酸长的蛋白质、MDV 的主要癌基因。*meq* 基因在所有 MD 肿瘤细胞和潜伏期感染细胞中都会表达，并且仅存在于血清Ⅰ型毒株中，而不存在于 MDV 的非致癌血清Ⅱ型和血清Ⅲ型中。如果敲除或突变 *meq* 基因，可以阻断其与其他蛋白质的相互作用，导致鸡 T 细胞转化的丧失，可有效降低淋巴肿瘤的形成，但对淋巴器官感染的早期溶细胞阶段没有影响。*meq* 基因能和其他细胞周期调控相关基因如 *SNF*、*CDK2* 相互作用，引起细胞发生肿瘤转化等。

端粒酶 RNA 亚基基因（*vTR*）是 MDV 编码的另一个重要癌基因，它与鸡的端粒酶 RNA（*chTR*）具有 88%的序列同一性。vTR 是端粒酶复合物的一部分，能够增强端粒酶活性，在病毒生命周期的所有阶段均高度表达。vTR 能在感染后的早期帮助快速分裂的转化细胞存活，对淋巴瘤的形成和转移至关重要。与它的宿主同源物 chTR 相比，它具有功能活性，并且在体外显示出更有效的诱导端粒酶活性。

（2）主要表面糖蛋白　gB 抗原是 MDV 非常重要的一种病毒中和抗原，具有非分泌特性，仅存在于细胞质，与保护性免疫应答密切相关；gC 蛋白最初被命名为 A 抗原，是机体产生体液反应的主要抗原之一；*gE* 基因是 MDV 在体外感染细胞并复制的必需基因，参与病毒在细胞间的传播，能诱导产生抗病毒感染的中和抗体，可以介导免疫逃逸，增强 MDV 的毒力。

（三）病理变化

MDV 的自然宿主是鸡，鹌鹑、孔雀、火鸡等禽类也可感染，但一般不发病。MDV 不能垂直传播，主要通过羽毛囊上皮脱落的细胞、皮屑、尘埃、排泄物和唾液传播，大部分为终身带毒，病毒不断从脱落的羽毛囊皮屑中排出，这也是该病广泛流行且难以控制的原因之一。该病毒可以感染各个年龄阶段的鸡群，刚出壳的雏鸡最易感染发病，母鸡的发病率比公鸡高，临床症状多见于 12～14 周龄。

1．剖检病变　根据瘤细胞的侵害部位不同，常分为 4 种类型。

（1）眼型　主要侵害病鸡的虹膜部位，瞳孔边缘不整齐，多呈锯齿状、环状或斑点状，虹膜色素消失呈灰白色，增厚，形如鱼眼样，严重者导致失明。

（2）皮肤型　该症状多在病鸡褪毛后发现，皮肤增厚，于羽毛囊处可见大小不一的肿瘤结节，该病变多见于颈部、翅膀及大腿外侧等部位。

（3）神经型　主要侵害坐骨神经、臂神经、迷走神经等外周神经。当坐骨神经受侵袭时，病鸡站立不稳，一侧或两侧后肢麻痹，两腿呈前后劈叉状；侵袭臂神经时，病鸡翅下垂，松弛无力；颈部神经受侵袭时，病鸡嗉囊积食，头颈歪斜，不受控制地后仰，呈“仰头观星”状。剖检可见神经肿胀，粗细不均，表面横纹消失，呈黄色或灰白色。

（4）内脏型　在临床上发病率最高，多呈急性型。剖检可见广泛性内脏器官肿瘤病灶，其中以肝、脾、性腺、肾、腺胃、心脏的肿瘤病灶最为明显，肿瘤侵害器官的体积显著增大，肿瘤病灶突出于脏器表面，大小不等，灰白色，结构致密，富有光泽；有时肿瘤组织呈弥漫性浸润，受侵害的器官颜色变淡，显著肿胀；腺胃极度肿胀，壁显著增厚，黏膜乳头消失或见肿瘤结节；肺组织多见弥漫性肿瘤组织增生；胰腺、肌胃、肠道、胸肌等均可被肿瘤组织侵害。

2．镜检病变　肿瘤组织多呈浸润性生长，瘤细胞为大小不等、形态不一的淋巴样细胞，有时还可见个大、细胞质蓝染且与核分界不清的马立克细胞，在肿瘤组织中可能还存在正常的淋巴细胞、浆细胞及巨噬细胞，受瘤细胞侵害的器官组织的实质细胞坏死消失；神经组织外周常见瘤细胞浸润，神经纤维脱髓鞘，神经纤维间瘤细胞浸润；法氏囊淋巴滤泡间瘤细胞弥漫性浸润，滤泡萎缩消失；脑组织常表现轻度病毒性脑炎病变。

七、鸡传染性法氏囊病

鸡传染性法氏囊病（infectious bursal disease，IBD）是传染性法氏囊病病毒（infectious cystic disease virus，IBDV）引起的鸡的一种急性高度接触性传染病。该病主要侵害 3～12 周龄的雏鸡和青年鸡，破坏鸡的主要免疫器官——法氏囊中的前 B 淋巴细胞，导致免疫抑制。世界动物卫生组织（OIE）将其列为必须上报的动物疫病。

（一）病原

IBDV 是双链 RNA 病毒科（*Birnaviridae*）禽双链 RNA 病毒属（*Avibirnavirus*）的成员之一。该病毒有两个血清型，血清Ⅰ型和血清Ⅱ型。血清Ⅰ型具有致病性，根据其毒力的差异分为经典株、变异株和超强株。

IBDV 成熟病毒粒子呈二十面体球形，无囊膜，无突起，直径为 65～70nm。在感染的细胞内，病毒粒子呈现晶格样规则排列。其基因组由两个双链 RNA 节段组成，分别为大片段的 A 节段和小片段的 B 片段（图 2-5-9）。A 片段决定病毒的毒力及细胞嗜性，片段较长，共 3200～3300bp，编码 VP2～VP5 蛋白，编码区包含两个部分重叠的开放阅读框 ORFⅠ和 ORFⅡ。ORFⅠ编码前体蛋白，共 1012 个氨基酸残基，3036bp，110kDa。编码的该多聚蛋白质自动切割并加工成成熟的 VP2、VP3 和 VP4 蛋白。其中 1～512bp 编码 VP2，513～755bp 编码 VP4，756～1012bp 编码 VP3 蛋白。在成熟的 IBDV 中发现了 4 种蛋白质，分别是 VP2、VP3、VP4 和 B 节段的 VP1 蛋白，其中 VP2 和 VP3 的含量相对较多，分别是 51%和 40%，其他两种蛋白质含量

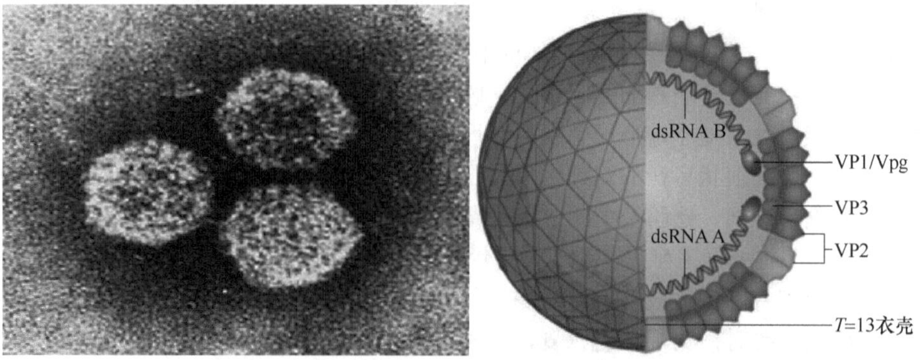

图 2-5-9　传染性法氏囊病病毒（Eterradossi et al.，2013；Azad et al.，1985）

较低，所以也可说明 VP2 和 VP3 对于 IBDV 的毒力起决定作用。B 片段编码的蛋白质与病毒的复制有关。B 片段较短，只有一个开放阅读框，全长 2800bp 左右，编码 878 个氨基酸，即 VP1 蛋白，是一种 RNA 聚合酶。

（二）致病机制

IBDV 的宿主细胞是法氏囊中的前 B 淋巴细胞，在病毒感染机体细胞 3～5d 时，细胞表达大量 Bcl-2、Bax，导致法氏囊前 B 淋巴细胞大批凋亡，进而引起抗体分泌受损，次级淋巴细胞如扁桃体、脾、盲肠等均受损伤，体液免疫几乎完全丧失。IBDV 还以持续的方式复制、入侵单核巨噬细胞，阻碍巨噬细胞的吞噬活性，促进病毒的传播。此外，病毒还可以感染鸡骨髓来源的树突状细胞。另外，IBDV 的成分除抑制 B 细胞凋亡外，还能抑制宿主的先天性免疫反应。细胞凋亡导致淋巴细胞耗竭，除法氏囊中 B 细胞大量凋亡外，IBDV 感染过程中雏鸡的外周血中淋巴细胞也出现大量凋亡现象。VP2 是 IBDV 感染中首先发现的凋亡诱导因子，VP2 既可以诱导 B 淋巴细胞凋亡，又可以诱导如鸡胚成纤维细胞之类的非 B 淋巴细胞凋亡。VP5 蛋白对凋亡也有一定的促进作用，帮助 VP2 蛋白提高诱导细胞凋亡的能力。VP2 蛋白和 VP5 蛋白都参与诱导宿主细胞的凋亡过程，尽管 VP2 蛋白可以造成 B 淋巴细胞的诱导凋亡，但不同毒力的毒株诱导细胞凋亡的能力是不同的，如 IBDV 的血清Ⅱ型 VP2 蛋白与血清Ⅰ型的 VP2 蛋白都可以诱导体外培养的 B 淋巴细胞系 DT40 凋亡。VP2 对细胞蛋白质合成的强阻断作用被证明位于 Bcl-2 的上游，并与双链 RNA 依赖性蛋白质激酶 R（PKR）通路激活相关。此外，在感染 IBDV 的细胞中发现活性氧（ROS）水平升高，细胞凋亡的胱天蛋白酶-3（caspase-3）激活。VP5 和 VP3 具有抗凋亡活性，VP5 与电压依赖性阴离子通道 2（VDAC2）和活化的蛋白激酶 C1 受体（RACK 1）受体相互作用；VP3 的表达可阻碍 PKR 和真核起始因子 2 的磷酸化，从而抑制 PKR 介导的细胞凋亡。

（三）病理变化

1．剖检病变　病毒感染鸡脱水严重，全身肌肉呈现暗红色。感染该病毒最有特征性的病变部位是法氏囊。感染早期法氏囊明显水肿充血，重量增加，法氏囊表面出现淡黄色水肿病变，如果出血则会呈现红色或暗红色病变，失去弹性，质地变硬变脆。法氏囊黏膜表面出现散在的点状出血，并且表面褶皱消失。之后法氏囊重量趋于正常并开始逐渐萎缩。严重感染时可见法氏囊呈现紫葡萄样及有粟粒大小的坏死灶，伴随着囊腔中出现大量米黄色奶油状或干酪样物质。病鸡的胸肌和腿肌会出现条纹状或斑点样出血；胸腺偶可见点状出血；腺胃和肌胃交界处由于出血而呈现暗红色；脾、肾出现不同程度的肿大；肾小管和输尿管中由于尿酸盐沉积而呈现出“花斑肾”外观；心脏外膜和泄殖腔黏膜表面出现大小不一的出血点。

经典毒株感染常以法氏囊水肿为特征，目前变异弱毒株感染法氏囊出血坏死不明显，主要表现为法氏囊萎缩，超强毒株感染后病变特征最为严重，法氏囊肿胀出血，颜色偏暗。

2．镜检病变　病鸡的法氏囊、胸腺、脾及盲肠扁桃体等淋巴组织病变明显。感染初期主要表现为法氏囊黏膜上皮细胞变性、坏死；淋巴滤泡内可见核浓缩为特征的变性、坏死，明显的异嗜性白细胞浸润，伴有大量网状细胞、巨噬细胞及结缔组织增生，滤泡间质出血。感染后期呈现严重的滤泡萎缩，滤泡内形成囊泡式腺管样结构，大量淋巴细胞坏死、崩解，甚至难以看到淋巴细胞，只能看到增生的网状细胞及大量的结缔组织。感染病鸡未出现死亡者，可根据感染病毒的毒力强弱进行修复，表现为淋巴滤泡皮质和髓质接合部的淋巴细胞明显增生。超强毒株感染还会引起骨髓的坏死，造血细胞大量减少，巨噬细胞和脂肪细胞增多；胸腺、脾及哈德腺内的淋巴细胞坏死崩解；肾小管上皮细胞变性、坏死，间质可见大量淋巴细胞浸润。

八、鸡传染性支气管炎

传染性支气管炎病毒（infectious bronchitis virus，IBV）主要存在于病鸡的呼吸道和肾。肾毒株主要引起雏鸡传染性支气管炎和肾炎综合征。鸡是其唯一的自然宿主，各种日龄鸡均可感染。

（一）病原

IBV 属于冠状病毒科（*Coronaviridae*）冠状病毒属（*Coronavirus*），病毒核酸是正链单链 RNA，其基因组包括编码构成病毒骨架的结构蛋白基因和具有特殊活性的非结构蛋白基因，同时还包括非编码区（non-coding region，UTR）。IBV 的基因具有 5′端帽子结构和 3′端 poly(A) 尾结构，其顺序为 5′UTR-1a/1b-S-3a-3b-E-M-5a-5b-N-3′UTR。病毒粒子呈类圆形，直径 80～120nm，外层有囊膜，囊膜上有棒状刺突（图 2-5-10）。组成病毒骨架的结构蛋白包括膜蛋白（membrane protein，M 蛋白）、刺突蛋白（spike protein，S 蛋白）、核衣壳蛋白（N 蛋白）、囊膜蛋白（envelope protein，E 蛋白）。其中 S 蛋白在宿主体内常被裂解为 N 端的 S1 亚基和 C 端的 S2 亚基。S1 亚基包含主要的宿主细胞结合受体，是主要的保护性抗原，且大部分都在 S1 的高变区，因此 IBV 血清型和基因型较多。S2 亚基在病毒体与细胞膜融合过程中起一定作用。S1 和 S2 之间的相互作用可能协同决定了病毒附着的亲和力和特异性。非结构蛋白为 nsp 2～16（IBV 非结构蛋白主要包括 16 个功能蛋白），在病毒感染、复制、释放等生命过程中都具有重要意义。

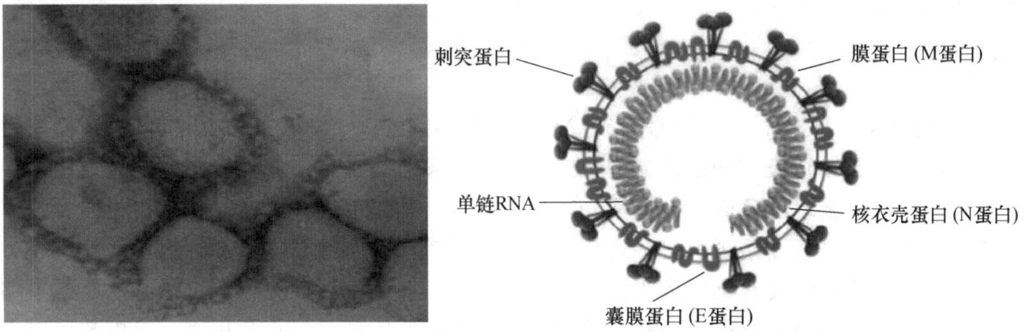

图 2-5-10　传染性支气管炎病毒（刘澜澜，2010；赵烨，2018）

（二）致病机制

IBV 具有上皮细胞嗜性，在宿主体内首先定位到上皮组织，最先感染的是上呼吸道，接着引发病毒血症并随宿主血液循环分布到其他组织和器官内。通常在感染后 48～72h 内病毒在气管纤毛上皮细胞内增殖达到高峰之后逐渐降低，同时也在支气管黏膜、肺泡和气囊上皮细胞内复制并达到一定滴度。不同类型的 IBV 对呼吸系统的损伤程度也不同，呼吸型 IBV 引起的呼吸症状较严重，但在不引起继发感染的情况下死亡率并不高。

IBV 除在上呼吸道的上皮组织内复制外，还会在肾、输卵管上皮细胞内大量复制，同时消化道的上皮也会有病毒复制发生，病毒增殖过程中对宿主可造成程度不等的损伤。肾是 IBV 分布最多、持续时间最长且能达到较高滴度的器官。IBV 可引起肾发生间质性肾炎，间质大量淋巴细胞浸润。病毒在肾小管上皮细胞内大量增殖，使肾小管上皮细胞变性、坏死，肾小管结构改变，水分和电解质代谢失衡，最终导致急性肾衰竭，甚至引起病鸡死亡。IBV 还可以损伤输卵管，其中生殖型的表现最为明显。管状腺分泌细胞也有 IBV 增殖，上皮细胞变短，腺泡发育不良，产蛋数量大幅减少。IBV 感染使膨大部和漏斗部肌层出现淋巴细胞浸润，同时可见纤毛受损。雏鸡感染 IBV 会出现输卵管发育不良，引发部分或完全功能受损，不能产蛋，出现“假母鸡”现象。在鸡的免疫器官中同样能检测到 IBV。IBV 在法氏囊中大量增殖，可使法氏囊的免疫功能受损，淋巴细胞发生变性、坏死，由此产生免疫抑制，使宿主免疫能力下降。

（三）病理变化

1. 剖检病变　病死鸡的鼻腔、气管中有浆液性、卡他性或干酪样渗出物，病死鸡常在支气管内形成干酪样栓子。较大的支气管周围可见小的肺炎病灶；气囊壁混浊或附有干酪样物；产蛋鸡的卵巢卵泡充血、变形；输卵管短缩，黏膜增厚，管腔呈局部性狭窄和膨大，有时因输卵管破裂或卵逆行进入腹腔，早期感染鸡常见输卵管不发育或形成积液的囊肿（水臌）；肾型毒株可引起肾肿大，呈灰褐色或苍白色，有光泽。濒死期或自然病亡鸡的肾和输尿管内有大量尿酸盐沉积。病程后期雏鸡肾整体或局部体积缩小；法氏囊、泄殖腔黏膜充血并充积胶样物质；肠黏膜充血，有卡他性炎；全身血液循环障碍致使肌肉发绀，皮下组织因脱水而干燥。

2. 镜检病变　呼吸道黏膜上皮细胞肿大、增生，细胞纤毛脱失，细胞质内形成空泡。黏膜固有层淋巴细胞浸润，黏膜下层轻度充血或出血。各级支气管腔内充斥着炎性渗出物，病变上皮细胞内可见病毒抗原（荧光染色）；输卵管黏膜上皮变成矮柱状，分泌细胞明显减少；肾型毒株感染主要表现为肾脏病变，呈现间质性肾炎。早期远曲肾小管和集合管扩张，间质有灶状淋巴细胞浸润。中期可在肾间质中有淋巴细胞、浆细胞和巨噬细胞的广泛浸润及少量成纤维细胞增生，肾小管上皮细胞变性脱落，管腔中尿酸盐沉积，可见由变性上皮细胞和异染细胞组成的管型。后期在肾间质中可见淋巴细胞小灶状浸润，部分肾组织萎缩。

九、鸡传染性喉气管炎

鸡传染性喉气管炎（avian infectious laryngotracheitis，AILT）是传染性喉气管炎病毒（infectious laryngotracheitis virus，ILTV）引起的鸡的一种急性接触性传染病。该病的主要特征是患鸡呼吸困难、咳嗽、气喘和咳出含有血液的渗出物，并以喉头和气管黏膜肿胀、糜烂和出血为病理学特征。该病在全世界很多国家均有流行。

（一）病原

传染性喉气管炎病毒（ILTV）属于疱疹病毒科（Herpesviridae）甲型疱疹病毒亚科（Alphaherpesvirinae）。病毒基因组为线性双链 DNA，约 155kb，由一个长独特区（UL，120kb）和一个短独特区（US，17kb）及 US 区和 UL 区两侧的重复序列组成。病毒粒子在感染细胞内呈散在或晶体状排列，无囊膜的核衣壳为十二面立体对称，直径约 100nm，由 162 个壳粒组成（图 2-5-11）。细胞质中成熟的带囊膜的病毒粒子直径 195～250nm，且囊膜表面的分界膜含有刺突。ILTV 仅有一个血清型，但有强毒株和弱毒株之分，不同毒株之间毒力和致病性差异较大。

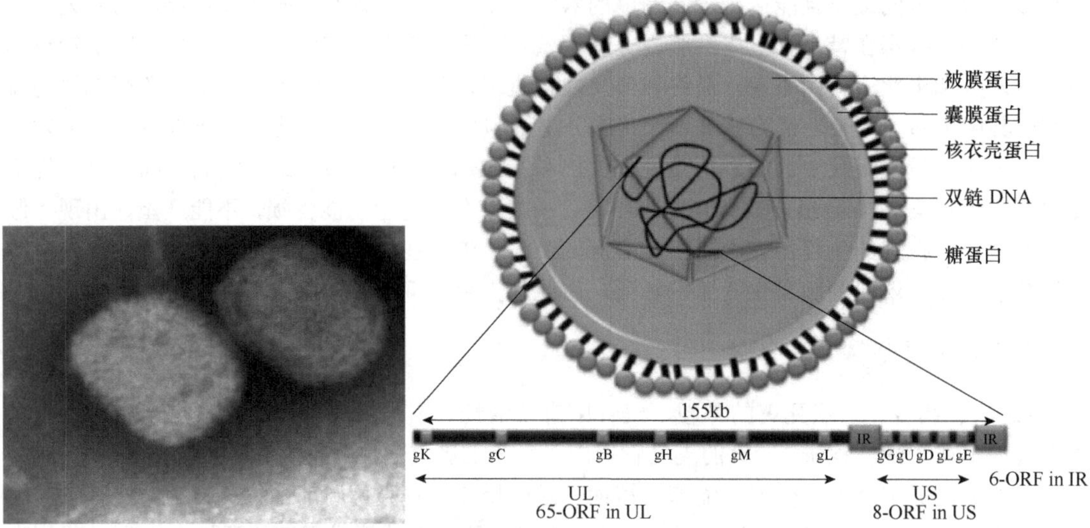

图 2-5-11　传染性喉气管炎病毒（Bányai et al.，2015；Gowthaman et al.，2020）

（二）致病机制

ILTV 的复制一般仅限于上呼吸道和眼部，同时也存在病毒血症。喉气管是 ILTV 的主要增殖部位。成年鸡感染病毒野毒株后 3～10d 即可发生轻度的上呼吸道症状，第 4 天从气管和鼻甲可分离出病毒。感染后 12～17d 病毒在鸡体内进入潜伏状态，检测呈阴性。在感染后 31d、46d 和 61d 采集上呼吸道、眼和头颈部神经节组织进行检测，可在三叉神经节中检出病毒核酸，而其他组织未检出，说明三叉神经节是 ILTV 的重要潜伏点。因此，潜伏感染鸡可成为传染源，在鸡群中散播病毒。

（三）病理变化

1. 剖检病变　由于病毒的毒力不同、侵害部位不同，ILT 在临床上可分为喉气管型和结膜型两种，病型不同所呈现的症状和病理变化也不完全一样。

（1）喉气管型（急性型）　病鸡喙的周围常附有带血的黏液，在喉和气管内有卡他性或卡他性出血性渗出物，渗出物呈血凝块状或乳酪状堵塞喉和气管，或在喉和气管内存有纤维素性干酪样物，呈灰黄色附着于喉头周围，很容易从黏膜剥脱，堵塞喉腔，特别是堵塞喉裂部，干酪样物从黏膜脱落后，黏膜充血，轻度增厚，散在点状或斑状出血，气管的上部气管环出血；鼻黏膜充血、肿胀，散布点状出血，偶见鼻腔渗出物中带血凝块或呈灰黄色纤维素性干酪样物；在舌根、口角、口盖裂隙及咽喉出口处见有易剥脱的白色薄膜，多为口黏膜卡他性、纤维素性炎的炎性渗出物；肠道黏膜呈现轻度出血性卡他性炎；心内外膜、肝被膜、胰腺及胸腺偶见点状出血，各实质器官变性；肺呈现支气管周围炎，偶见气囊出现白色混浊或肥厚；产蛋鸡卵巢见软卵泡或卵巢血肿。

（2）结膜型（温和型）　除在喉、气管可见不同程度的炎性病变外，有的患鸡眶下窦上皮水肿、充血，眼结膜呈浆液性结膜炎，结膜充血、水肿，偶见点状出血，或见下眼睑明显水肿，或出现纤维素性结膜炎。在结膜囊内沉积有纤维素性干酪样物，致使上下眼睑粘连，角膜混浊，严重者发生全眼炎。

2. 镜检病变　喉、气管呈现卡他性炎、纤维素性出血性炎。气管腔内见出血、黏液、坏死脱落的黏膜上皮细胞及合胞体，并见核内红染包涵体，残存的黏膜上皮细胞肿胀、增生，黏膜固有层裸露、充血、水肿，有大量异嗜性白细胞、淋巴细胞及巨噬细胞浸润。充血的毛细血管呈球状结构突出于喉、气管腔黏膜表面，血管内皮细胞肿胀、增生，管壁纤维素样变。严重者除喉、气管黏膜坏死外，有时气管软骨环也出现坏死。在残存的喉、气管黏膜上皮细胞内，特别是脱落的黏膜上皮细胞内，可见有核内嗜酸性或嗜碱性包涵体，一般在病鸡受感染后 2～4d 包涵体数量最多。包涵体呈圆形、卵圆形或棒状，周围有一亮圈。在支气管和气囊壁上皮细胞内也可见同样的包涵体。核内包涵体的出现是诊断该病的重要依据。

十、鸡痘

鸡痘（fowlpox）是禽痘病毒（fowlpox virus，FWPV）引起的一种急性、接触性传染病。其特征是在无毛或少毛的皮肤上发生痘疹，或在口腔、咽喉部黏膜形成纤维素性坏死性假膜，又名禽白喉。该病被 OIE 定为法定报告疫病，我国也将其列入二类动物疫病。

（一）病原

禽痘病毒（FWPV）属于痘病毒科（*Poxviridae*）禽痘病毒属（*Avipoxvirus*）。禽痘病毒是以鸟类为宿主的痘病毒的总称。目前认为禽痘病毒中包括鸡痘病毒、鸽痘病毒、火鸡痘病毒、金丝雀痘病毒、鹌鹑痘病毒、麻雀痘病毒等。

鸡痘病毒基因组为线性双链 DNA 分子，末端共价闭合，266～309kb，包括一个中央编码区及 9.5kb 的末端重复序列，包含 260 个开放阅读框（ORF），是目前所知最大的动物病毒基因组（图 2-5-12）。禽痘病毒属中不同病毒具有较强的种属特异性，但有些病毒对其他禽类也可表现出致病性，如孔雀对鸡痘病毒易感；有些病毒则表现出较弱的毒力，如鸽痘病毒对鸡和火鸡毒力较弱。禽痘病毒无血清型的区分。根据毒力大小，将禽痘病毒分为致病株和弱毒株，致病株多为分离的野毒株，而弱毒株则多为人工致弱毒株，以用于疫苗研制。例如，鸡痘病毒致病株以美国 FPVUS 为代表，弱毒株以英国 FP9 和我国 282E4 为代表。

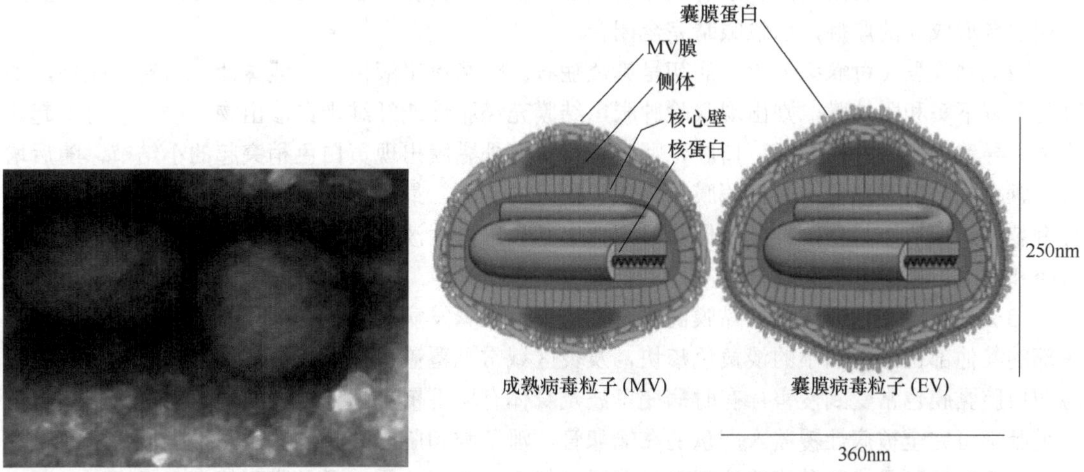

图 2-5-12　鸡痘病毒（张红云，2018）

（二）致病机制

FWPV 一般认为只能在禽类细胞内复制，其中最具代表性的是鸡胚成纤维细胞（CEF），还有鸡胚肾细胞、鸡胚真皮细胞及鹌鹑细胞系。病毒的种属特异性和致病机制限制了病毒只能感染特定的宿主。FWPV 进出细胞的过程较为复杂，需通过两种不同的病毒形式才能成功感染细胞，即胞内成熟病毒颗粒和胞外有膜病毒颗粒。病毒粒子在形成过程中，能诱导被感染细胞在胞质内形成包涵体。包涵体是病毒感染细胞后复制和组装的场所，能集合病毒加工过程中所必需的蛋白质、核酸及其他小分子。

有关 FWPV 致病机制和毒力蛋白的研究较少，主要是通过生物信息学方法进行分析，根据禽痘病毒基因组序列预测其编码的蛋白质，再将这些蛋白质与其他脊椎动物痘病毒或禽腺病毒等禽类病毒蛋白同源体进行比较，根据后者已知的生物学功能来推测禽痘病毒蛋白的功能及其在病毒感染中的作用。通过分析发现 FWPV 基因组编码许多可能与病毒致病性和宿主范围相关的蛋白质，包括：①与免疫逃避相关的蛋白质。FPVUS 编码 8 个 NK 细胞受体、4 个 CC 趋化因子、3 个 G 蛋白偶联受体、2 个 β 神经生长因子（NGF-β）、1 个生长转化因子 β（TGF-β）、1 个 IL-18 结合蛋白和 5 个丝氨酸蛋白酶抑制因子。②调控宿主细胞凋亡和生长的蛋白质，如 Bcl-2 蛋白、表皮生长因子（EGF）等。③与病毒宿主范围和组织嗜性相关的蛋白质，包括锚蛋白家族、N1R/p28 蛋白家族、鼠 T10 同源蛋白。FWPV 还编码环丁烷嘧啶二聚体光解酶，表明其可能存在光复活 DNA 修复机制。

（三）病理变化

1．剖检病变　根据侵犯部位的不同，患鸡可表现为皮肤型、黏膜型（白喉型）或两者的混合型。

（1）皮肤型　以头部皮肤，有时见于腿、脚、泄殖腔和翅的内侧等无毛或少毛的部位形成一种特殊的痘疹为特征，常见于冠、肉髯、喙角、眼皮和耳球上，在这些部位形成局灶性上皮组织增生。起初出现细薄的麸皮状覆盖物，后迅速长出结节，初呈灰色，后呈黄灰色，逐渐增大如豌豆大小，表面凹凸不平，呈干而硬的结节，内含有黄脂状糊块。有时结节数目很多，互相融合形成大的厚痂，以致眼睛完全闭合。

（2）黏膜型（白喉型）　病初呈鼻炎症状。病禽流浆液性、黏液鼻汁，后转为脓性，如蔓延至眶下窦和眼结膜，则出现眼睑肿胀，结膜充满脓性或纤维蛋白渗出物。严重的可引起角膜炎，导致失明。2～3d 后，口腔、咽喉、气管等处黏膜出现黄白色稍突起的小结节，随后增大、融合成一层黄白色干酪样假膜，覆盖于黏膜的表面，最后形成棕色痂块。痂块凹凸不平，且有裂缝。痂块不易剥落，撕下假膜，则露出红色出血性溃疡面。假膜扩大和增厚，可能阻塞口腔和喉头，引起呼吸和吞咽困难，甚至导致窒息而死。

（3）混合型　即皮肤和黏膜同时发生病变。火鸡发病时，病初可见在眼睑、冠、肉髯和头部的其他部位出现细小的淡黄色疹块，发炎区域常见覆盖着黏稠浆液性的渗出物。嘴角、眼睑和口腔黏膜也常受到侵害，有时病变可波及身体有羽毛覆盖的部位。幼龄火鸡的头部、腿部及足趾部可完全被病灶覆盖。严重的在输卵管、泄殖腔和肛门周围皮肤出现增生性病灶。

病鸡剖检可见口腔黏膜的病变有时蔓延到气管、食管和肠。肠黏膜可能有点状出血；肝、脾和肾常肿大。剖检时应注意黏膜型的伪膜与传染性喉气管炎伪膜的区分。黏膜型的伪膜形成时由黏膜表面隆起而逐渐演变成伪膜，伪膜与黏膜紧密相连，剥离困难，剥离后其下部出现溃疡面。传染性喉气管炎的伪膜是由黏膜的分泌物形成，同黏膜面没有紧密连接，容易剥离，剥离后的下部黏膜正常。

2. 镜检病变　病变部位的上皮细胞内呈典型的空泡化或水肿样变性，细胞质内有大型的嗜酸性包涵体。气管黏膜分泌黏液的细胞在病初多肥大、增生，继而含有嗜酸性包涵体的上皮细胞肿胀，常可见成堆的如乳头状瘤的上皮细胞。

十一、鸭瘟

鸭瘟（duck plague）又称鸭病毒性肠炎，是鸭瘟病毒（duck plague virus，DPV）引起的一种急性高度接触性传染病。该病主要感染鸭、鹅和天鹅等雁形目鸭科成员，主要临床特点表现为体温升高、腹泻、头颈部肿大，剖检可见脏器广泛出血和坏死。

（一）病原

DPV 属于疱疹病毒科 α 疱疹病毒亚科，具有典型的疱疹病毒形态结构。DPV 在宿主细胞内的位置不同，其粒子大小有所区别。在感染细胞的细胞核内，病毒粒子直径 91～93nm；在细胞质和细胞核周隙中，病毒粒子呈球形，直径 126～129nm；在细胞质内质网微管系统中成熟的病毒粒子直径可达 156～384nm，有囊膜（图 2-5-13）。DPV 核酸类型为 DNA，其基因组长度为 158 091～162 175bp，基因组结构从 5′端到 3′端依次由长独特区（UL）、倒置重复序列（IRS）、短独特区（US）和末端串联重复序列（TRS）组成。DPV 基因组至少包含 78 个开放阅读框。DPV 只有一个血清型，各毒株的免疫原性相似，但不同遗传背景的分离株的毒力存在一定差异。

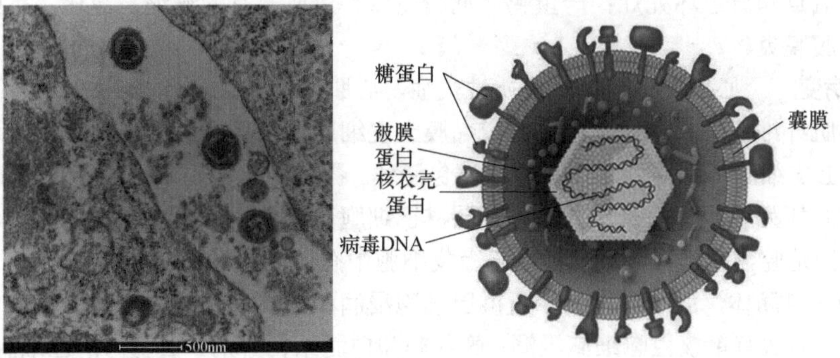

图 2-5-13　鸭瘟病毒（Huo et al.，2024；段素琴，2023）

（二）致病机制

该病的传播途径以消化道为主。DPV 首先在消化道黏膜，尤其是食道黏膜处感染上皮细胞，随后扩散到法氏囊、脾、胸腺和肝中，并在这些器官的巨噬细胞和上皮细胞内增殖。在易感动物体内，DPV 属于泛嗜性病毒，能在多种组织器官中快速、大量复制，造成严重的病理损害，引起全身感染。电镜下，可在感染细胞的细胞核中看到病毒核衣壳，通过核内膜出芽；在淋巴细胞中，核衣壳也在细胞核中，但在病毒成熟之前发生了核溶解和细胞溶解；有包膜的病毒颗粒存在于巨噬细胞、上皮细胞和纤维细胞的细胞质液泡中。

疱疹病毒通过囊膜表面的颗粒糖蛋白刺突附着在宿主细胞受体上。当 DPV 进入宿主细胞时，一些糖蛋白如 gB、gC、gD、gH 和 gL 参与其中。病毒与受体结合后，包膜与宿主细胞的质膜融合，核衣壳进入宿主细胞的细胞质。DNA 和蛋白质复合物从核衣壳中分离出来并进入细胞核，然后迅速切断宿主细胞大分子的合成。病毒 DNA 的复制发生在细胞核，然后通过核膜出芽进入细胞质，病毒 DNA 的成熟是通过包裹核衣壳和核膜内层实现的。成熟后，病毒颗粒在宿主细胞细胞质的液泡中积累，并通过细胞溶解或胞吐作用释放到细胞外。无论是在体内还是在体外细胞培养中，核内包涵体都是 DPV 感染的显著特征。

病毒糖蛋白 gC 在 DPV 吸附 CEF、增强传染性方面发挥了积极作用，因此阻断 gC 可能是防止病毒在宿主细胞中建立感染的关键策略。病毒糖蛋白 gB、gD、gH/gL 能调节宿主细胞因子水平、细胞毒性 T 淋巴细胞和 NK 细胞数量，诱导先天性和适应性免疫反应。

（三）病理变化

1. 剖检病变　鸭瘟典型病例，头颈部肿胀，切开时可见皮下有大量胶冻样渗出物；肝肿胀，表面和切面有大小不等的灰黄色或灰白色坏死点，少数坏死点中间有小出血点；肾肿大，有斑点状出血；心内外膜有斑点状出血；从口腔到泄殖腔的整个消化道黏膜有出血性坏死性炎症。口腔黏膜，特别是舌根、咽部和上腭黏膜表面有淡黄色假膜覆盖，刮落后露出鲜红色出血性溃疡。食道黏膜出血，有纵行排列呈条纹状的灰黄色假膜覆盖，假膜易剥离并留下溃疡。食道膨大部与腺胃交界处有一条灰黄色坏死带或出血带，肌胃角质膜下充血、出血。肠黏膜充血、出血，尤以十二指肠和直肠最为严重，可在肠黏膜淋巴集结处的浆膜面观察到明显的环状出血带，剪开此处肠管见黏膜环状肿胀、出血、坏死。泄殖腔黏膜病变与食道相似，即有出血斑点和不易剥离的假膜与溃疡；感染鸭的淋巴组织严重受损，脾肿大呈斑驳状坏死；法氏囊充血、出血，有针尖大黄色坏死点，后期则囊壁变薄，囊腔中充满白色、凝固的渗出物；胸腺表面及切面有大量出血点和黄色坏死灶；产蛋鸭卵泡膜充血、出血，有的皱缩、液化，有的发生破裂而引起卵黄性腹膜炎。

2. 镜检病变　心脏发生出血性变质性炎症，心肌纤维变性、坏死，细胞核碎裂或消失。间质充血，心肌纤维间有大量红细胞；食道黏膜上皮细胞局部坏死，腺上皮细胞中可见核内嗜酸性包涵体，上皮细胞细胞质内还可见嗜酸性包涵体。黏膜固有层由淋巴细胞、巨噬细胞浸润。肠黏膜上皮细胞坏死脱落，固有层和黏膜下层淋巴细胞变性坏死，呈现核浓缩深染、崩解破碎或溶解消失。泄殖腔黏膜出血坏死，肠黏膜上皮细胞中有核内包涵体；肝细胞肿胀，空泡变性，可见核内嗜酸性包涵体，肝小叶内有少量淋巴细胞浸润和不同程度的出血。肝组织内常见大小不等的坏死灶，周边有单核巨噬细胞浸润；脾红髓和白髓结构不清，白髓内淋巴细胞数量减少，分布有大小不等的坏死灶，细胞核破碎或消失。有的脾白髓出现淀粉样变；法氏囊严重萎缩，淋巴细胞坏死，淋巴细胞数量减少，淋巴小结皮质部出血及异嗜性粒细胞浸润，髓质部淋巴细胞坏死；胸腺中央髓质部网状细胞发生凝固性坏死，淋巴细胞数量减少。皮质和髓质出血、坏死，完全失去正常结构，由嗜酸性纤维素样物质混合而成；脑组织有不同程度的病毒性脑炎病变。

十二、鸭坦布苏病毒病

鸭坦布苏病毒病是鸭坦布苏病毒（duck tembusu virus，DTMUV）引起的一种以产蛋鸭产蛋量下降为主要症状的新型传染病。该病可感染包括北京鸭、樱桃谷鸭、麻鸭、白改鸭、金定鸭、番鸭和野鸭等在内的多个品系及各个日龄段的鸭子，引起病鸭体温升高、食欲不振、采食量下降等症状。

（一）病原

DTMUV 属于黄病毒科黄病毒属的恩塔亚病毒亚群，为一种正链单链 RNA 病毒，在逆转录过程中易发生碱基突变而导致变异。病毒粒子呈球形，大小约 50nm，主要存在于感染细胞的细胞质内（图 2-5-14）。DTMUV 的基因组全长约 11kb，5′端有帽子结构，3′端无 poly（A）尾，但有形成具有保守序列的发卡结构。该病毒仅有一个开放阅读框，编码约 3425 个氨基酸，这些氨基酸通过各种高级结构的盘曲折叠，共同组成一个多聚蛋白，然后在病毒和宿主蛋白酶的作用下裂解为 3 种结构蛋白（核衣壳蛋白 N、囊膜蛋白 E 和膜蛋白 M）和 7 种非结构蛋白（NS1、NS2A、NS2B、NS3、NS4A、NS4B 和 NS5）。结构蛋白是构成 DTMUV 的主体成分，可参与病毒与宿主细胞之间的吸附、入侵等多种过程，非结构蛋白与病毒基因的复制、病毒自身的组装释放、逃避免疫等过程有关。

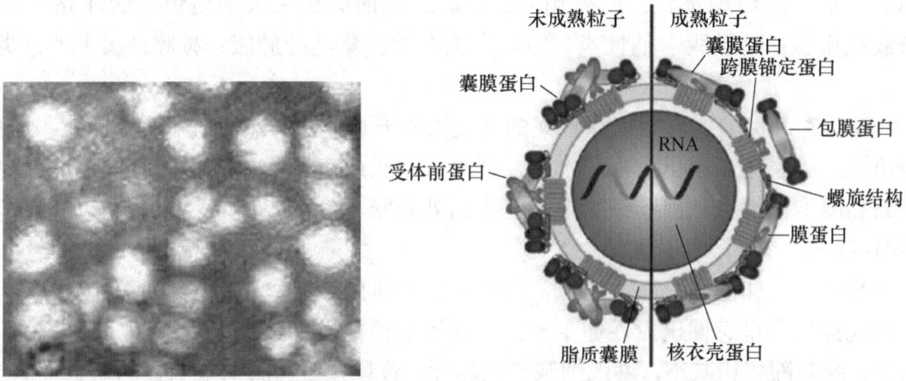

图 2-5-14 鸭坦布苏病毒（李泽君，2011；Heinz and Stiasny，2012）

（二）致病机制

DTMUV 主要通过消化道和呼吸道途径感染易感鸭，单核/巨噬细胞是该病毒的靶细胞，所以 DTMUV 感染鸭后，首先侵害脾，在其内大量增殖，引起脾肿大、坏死，在抵抗 DTMUV 感染过程中淋巴细胞可发生变性、坏死。病毒进入血液后，在外周血单核细胞内快速增殖，引起病毒血症，并随血液循环到达全身各处。DTMUV 可穿过血脑屏障，损害脑组织细胞，引起病毒性脑炎。病毒感染产蛋鸭后，诱导炎性细胞因子过量表达，使血管内皮细胞通透性增加，红细胞渗出导致出血性病变。DTMUV 在易感鸭体内具有广泛的组织嗜性，能引起机体的系统性感染。

在入侵宿主细胞过程中，DTMUV 首先与细胞表面受体结合，然后 E 蛋白介导病毒囊膜与宿主细胞膜融合，完成入侵过程。宿主细胞表面的热休克蛋白 A9（HspA9）和葡萄糖调节蛋白（Grp78）是 DTMUV 感染的重要受体。囊膜蛋白 E 是 DTMUV 的主要毒力蛋白，与病毒的组织嗜性和传播能力密切相关，其第 156 位氨基酸的单个突变就能显著降低 TMUV 强毒株在鸭群中的感染与传播。主要原因在于该位点氨基酸的突变破坏了第 154 位 *N* 连接的糖基化，进而改变 E 蛋白的构象，影响其致病性。

DTMUV 的抗原分布与 CD_8^+ T 细胞和被感染组织中 IFN-γ、促炎症因子高表达的位置一致，提示细胞免疫可能在该病感染中发挥重要作用。目前发现 DTMUV 主要通过 MDA5 和 TLR3 介导的信号通路激活Ⅰ型干扰素和细胞因子的表达，诱导宿主抗病毒免疫状态的建立。但DTMUV可采取多种策略逃避宿主的天然免疫，如DTMUV的非结构蛋白NS1能与线粒体抗病毒蛋白MAVS相互作用，抑制Ⅰ型IFN产生；DTMUV感染也能利用蛋白酶体通路促进IFN降解；DTMUV可诱导细胞自噬，增加p62的降解，减少TBK1的磷酸化，抑制抗病毒免疫应答的激活，促进DTMUV的复制；此外，DTMUV也可以通过抑制NAPDH氧化酶亚基转录和促进Nrf2介导的抗氧化反应，破坏宿主细胞的氧化还原反应，达到逃逸宿主免疫反应的目的。

（三）病理变化

1. 剖检病变

（1）产蛋鸭　初期表现为卵泡膜充血出血，卵泡变形，中后期卵泡严重出血、液化坏死、破裂，形成卵黄性腹膜炎，伴有恶臭，输卵管内卡他性炎；脾充血肿大、斑点状坏死；脑膜充血、出血，脑组织水肿；病死鸭的肝肿胀，表面有针尖大的白色点状坏死；心内外膜点状或条纹状出血；肠黏膜卡他性炎，回肠黏膜在淋巴集结处肿胀；鼻腔黏膜卡他性炎，鼻腔充满黏液。

（2）雏鸭及育成鸭　具有证病意义的病变为脾充血肿大、斑点状坏死。心包、胸腔积液，心内外膜出血；脑膜充血、出血，脑水肿；偶见肾肿胀或有尿酸盐沉积；肝呈土黄色肿胀；腺胃出血，肠黏膜卡他性炎，回肠黏膜在淋巴集结处肿胀。

2. 镜检病变

（1）产蛋鸭　卵泡膜充血、出血，卵泡中有大量红细胞，部分病鸭卵泡膜增厚，巨噬细胞和淋巴细胞浸润，呈急性出血性卵巢炎；输卵管卡他性炎，黏膜上皮细胞坏死、脱落，黏膜固有层水肿；脾白髓体积减小，淋巴细胞变性坏死，数量减少；病鸭呈明显的病毒性脑炎病变，脑外膜充血、出血，脑实质血管充血，血管周围间隙内呈现淋巴细胞、巨噬细胞性袖套现象，神经元变性坏死，可见噬神经细胞现象、卫星现象，胶质细胞结节状或弥漫性增生；肝细胞脂肪变性，毛细胆管扩张，血管周围炎症细胞浸润，门管区巨噬细胞和淋巴细胞浸润，出现间质性肝炎；心脏具有一定的出血性变质性心肌炎病变；肾小管上皮细胞出现不同程度的变性坏死；腺胃黏膜上皮细胞变性、坏死、脱落，腺腔内有大量脱落的腺上皮细胞和浸润的炎症细胞。肠黏膜上皮细胞坏死脱落，黏膜固有层充血、出血，淋巴细胞浸润。

（2）雏鸭及育成鸭　镜检有程度不同的病毒性脑炎病变，神经元变性坏死，出现噬神经细胞现象、卫星现象，胶质细胞结节状或弥漫性增生；脾白髓体积减小，淋巴细胞坏死，数量减少；心脏、肝、肾有不同程度的变质性炎病变。

十三、鸭细小病毒病

鸭细小病毒病是细小病毒引起的一种急性传染病，感染病鸭呈现以舌肿胀外伸、喙萎缩变形且质地变软和生长发育迟缓为特征的临床病理变化，故民间称该病为“大舌病”。

（一）病原

水禽细小病毒有鹅细小病毒（goose parvovirus，GPV）、番鸭细小病毒（muscovy duck parvovirus，MDPV）、鸭细小病毒（duck parvovirus，DPV）三个成员。鸭细小病毒呈晶格排列，形态结构较紧密，多呈球形或六角形，外层无囊膜，为正二十面体对称性结构，衣壳由32个管桩排列的壳粒构成，粒子直径约20nm，具有细小病毒科成员的共同特征（图2-5-15）。电镜下病毒粒子呈两种形态，一种是带有核酸结构的完整病毒粒子，另一种是缺少核酸结构的不完整病毒粒子或病毒空壳。粒子直径为20～25nm，核酸由单链DNA组成。

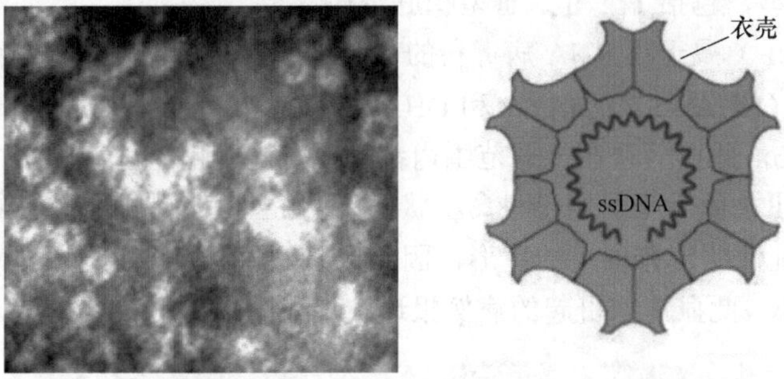

图2-5-15　鸭细小病毒（张彦鹏等，2006）

（二）致病机制

GPV的致病机制尚不明确，通过检测感染GPV的樱桃谷鸭的血液生化指标发现，GPV能使宿主的钙、磷代谢失衡，进而导致喙、腿骨、翅骨等发育不良。

此外，研究发现，禽类的喙部形状与喙部神经嵴细胞的发育有关，不同禽类神经嵴细胞基因表达的差异性决定了禽类不同的喙部形状，其中骨骼形态发育蛋白4、钙调蛋白及Wnt信号通路中的*Dkk2*、*Fzd1*、*Wnt1*基因起着重要作用。转录组学分析表明，GPV感染鸭与健康鸭的差异基因在多个信号通路都有富集，其中包括代谢途径、钙信号通路、Wnt信号通路等。据推测，GPV感染宿主后可能通过上述信号转导途径及相关蛋白质表达来影响宿主的骨骼发育，从而导致喙、腿骨、翅骨发育不良及生长发育受阻等。

（三）病理变化

1．剖检病变　　鸭细小病毒可引起“鸭短喙与侏儒综合征”（short beak and dwarfism syndrome，BADS），此外，其临床典型症状还包括跛行甚至瘫痪，羽毛和腿易发生骨折，双脚无力不能够支撑身体，有的雏鸭发病时还伴有腹泻症状。患鸭均呈现明显的喙短小、舌外伸等特征性症状。剖检可见舌短小、肿胀；胰腺充血、出血，表面有数量不等的针尖大灰白色坏死点；死亡樱桃谷鸭可见鸭胫骨短且易折断；肠黏膜出血；胸腺出血，肿胀；肺充血、肿胀，甚至出现出血；胰腺表面有针尖大小出血点，严重者呈弥漫性出血；脾肿大。

2．镜检病变　　患鸭舌呈间质性炎，结缔组织基质疏松、水肿：小肠黏膜卡他性炎，胰腺充血、出血，腺上皮细胞灶状坏死；胸腺髓质淋巴细胞与网状细胞呈散在性坏死，炎症细胞浸润，组织间质明显出血，胸腺组织水肿；肾小管间质出血，伴有大量炎症细胞浸润，肾小管上皮细胞崩解坏死，肾小管管腔狭小；心肌纤维轻度水肿，局部有炎症细胞浸润，间质充血、出血。

十四、鸭病毒性肝炎

鸭病毒性肝炎（duck viral hepatitis，DVH）简称鸭肝炎，是鸭肝炎病毒（duck hepatitis virus，DHV）引起的一种以雏鸭痉挛、角弓反张和肝肿胀出血为主要特征的急性传染病。该病多发生于3周龄内的雏鸭，以1周龄的雏鸭最易感，3～5周龄的雏鸭对该病的抵抗力逐渐增强，成年鸭即使在污染环境中也不会产生明显的临床症状。

（一）病原

DHV 有 3 种血清型，包括Ⅰ、Ⅱ、Ⅲ型鸭肝炎病毒。

血清Ⅰ型（DHV-Ⅰ）属于小 RNA 病毒科的禽肝炎病毒属，并重新将其命名为鸭甲型肝炎病毒（DHAV），包括（DHAV-1、DHAV-2 和 DHAV-3），大小为 20～40nm，无囊膜，为正链单链 RNA，大小约 7.5kb，此血清型在全球范围内都存在，对雏鸭的危害极大。

血清Ⅱ型（DHV-Ⅱ）属于星状病毒科禽星状病毒属 1 型鸭星状病毒（DAstV-1），病毒粒子呈球形，电镜下呈特征性的带有顶角的星形，因此得名，直径为 27～30nm，基因组为正链单链 RNA，大小约 6.8kb，此血清型引起的病例报道较少（图 2-5-16）。

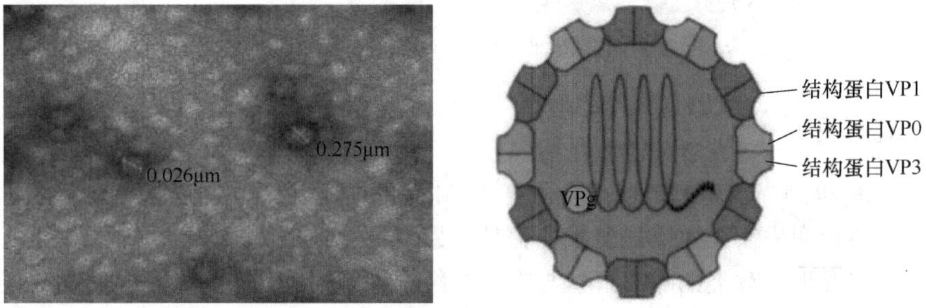

图 2-5-16　鸭肝炎病毒（黄军生，2020）

血清Ⅲ型（DHV-Ⅲ）也属于星状病毒科禽星状病毒属（DAstV-2），此血清型流行范围较窄，国内外感染发病的资料较少。

（二）致病机制

应用免疫酶组化法对人工感染 DHV-Ⅰ标准强毒株的雏鸭不同时间的肝、脾、脑、心脏、肺、肾、胰和小肠各组织石蜡切片的病毒抗原进行检测，结果检测到 DHV 全身广泛性存在，出现的顺序是肝、肾、脾、小肠、肺、胰、心脏、脑。鸭肝炎病毒侵入机体后主要侵害肝细胞，导致肝细胞变性、坏死，肝组织出血，肝组织主要超微结构变化为肝细胞线粒体肿胀、崩解，肝糖原减少，细胞核变形或核膜破裂，引起肝功能衰竭，进而导致死亡。另外，对其他组织器官的损伤，特别是对脑组织的损伤，加速了感染雏鸭的死亡。

（三）病理变化

1．剖检病变　剖检患鸭可见肝出现明显的病变，表现为肝肿大和出血，质地脆弱，外观呈灰红色或灰黄色，肝可见大小不等的出血点或出血斑，有些病例肝见明显的坏死灶。胆囊肿大，扩张呈长卵圆形，内充满胆汁，胆汁呈褐色、淡茶色或淡绿色；脾淤血、出血、肿大，表面因有坏死灶而呈斑驳状；脑膜见充血、出血和水肿；肾多数淤血肿大，点状出血；心脏外观呈煮肉样，年龄稍大的病鸭还出现心包炎和气囊炎，其中含有大量浅黄色液体和一些纤维素样物质沉积；胰腺常见散在灰白色坏死灶，偶见出血点；胸腺、法氏囊等免疫器官肿胀，严重者有坏死。

2．镜检病变　该病的主要组织学变化见于肝，肝细胞变性、坏死，细胞核破碎或固缩，细胞质溶解呈气球样变，有些区域的坏死肝细胞间散布有浸润的淋巴细胞、异嗜性粒细胞等炎症细胞，伴有不同程度的出血，胆管呈广泛性增生；脾呈坏死性脾炎，可见白髓结构模糊或消失，网状细胞变性、坏死，呈团块状均质红染，并伴有明显的淤血、出血；肾主要表现为肾小管上皮细胞的变性坏死，间质充血；脑可见病毒性脑炎病变，脑膜及脑实质充血，血管周围间隙水肿，淋巴细胞袖套样浸润，神经元变性并可见卫星现象、噬神经细胞现象，胶质细胞增生灶；心肌细胞颗粒变性；胰腺灶状坏死与出血；法氏囊淋巴滤泡髓质区淋巴细胞坏死，间质出血。

十五、鸭呼肠孤病毒病

鸭呼肠孤病毒病是鸭呼肠孤病毒（duck reovirus，DRV）引起的鸭病毒性传染病。

（一）病原

鸭呼肠孤病毒主要有新型鸭呼肠孤病毒（novel duck reovirus，NDRV）和经典番鸭呼肠孤病毒（classic muscovy duck reovirus，MDRV）等。鸭呼肠孤病毒属于呼肠孤病毒科正呼肠孤病毒属，病毒粒子呈球形，直径60～80nm，正二十面体对称，无囊膜，电镜下可见双层衣壳结构（图2-5-17）。鸭呼肠孤病毒是一种分节段的双链RNA病毒，NDRV在血清学上与之前流行的MDRV有所不同，且呼肠孤类病毒基因组为多节段的RNA，极易发生基因突变，导致新致病毒株出现的可能性增加。

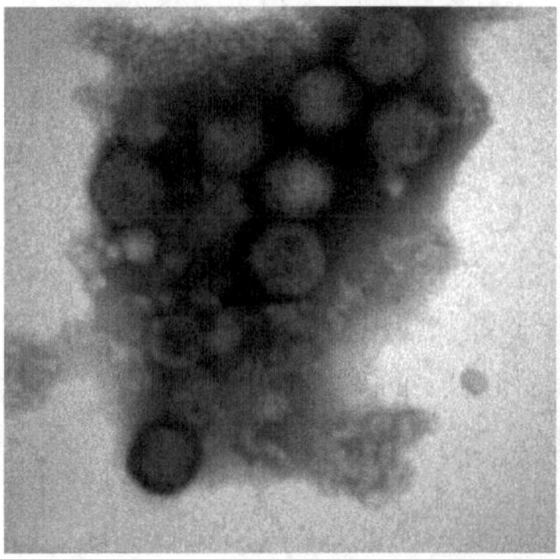

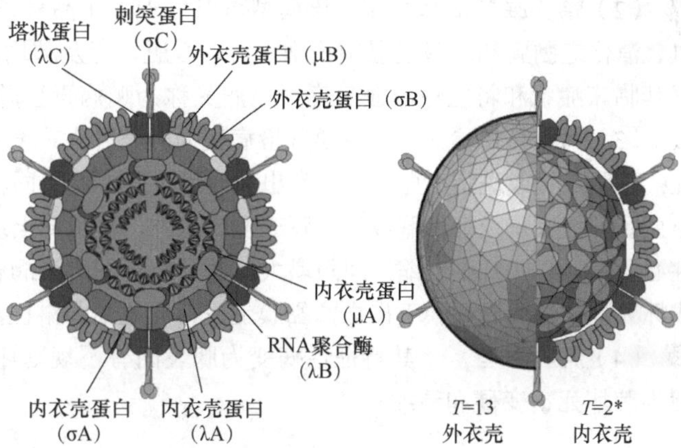

图2-5-17　鸭呼肠孤病毒（Yun et al.，2013；Benavente et al.，2007）

（二）致病机制

不同禽的呼肠孤病毒（avian reovirus，ARV）进入细胞的机制既相似又不同。ARV与宿主细胞的附着主要通过σC蛋白与细胞表面特异性受体相互作用，并通过Caveolin-1和Dynamin-2蛋白介导的内吞作用进入细胞，通过p38 MAPK和Src通路的激活介导病毒的复制。病毒侵入宿主细胞后，由内体介导的蛋白酶解途径负责脱去病毒外衣壳，将具备转录活性的核心颗粒释放到细胞质中，启动病毒基因组的转录，内体酸化和酶解是这一过程的核心步骤。

在ARV病毒编码的dsRNA依赖性RNA聚合酶的催化下，病毒基因组节段分别转录合成10个mRNA，具有RNA聚合酶活性的λB蛋白参与这一过程。合成的mRNA一部分在宿主细胞核糖体被翻译为病毒蛋白，另一部分则被招募至子代病毒核心中作为合成负链的模板，参与子代病毒基因组的合成。在转录过程中，ARV转录合成的各病毒蛋白mRNA的量应该是一致的，但蛋白质的表达量却不尽相同，λB、μA、σC等蛋白质的表达量明显低于σB、σNS蛋白，这一现象提示，ARV病毒蛋白表达的调控主要发生于翻译而非转录阶段。

ARV病毒粒子的组装在“病毒工厂”中完成，ARV病毒在“病毒工厂”内先后完成蛋白质成分合成、病毒核心组装、外衣壳包裹，最终形成成熟的、具备感染性的病毒粒子。作为唯一能够在单独表达时形成包涵体的病毒蛋白，ARV-μNS 蛋白在“病毒工厂”的形成中发挥重要作用，负责募集 λA、σNS 等蛋白质进入“病毒工厂”，但其他蛋白质进入的机制尚未明确。最后，成熟的病毒粒子离开所感染的宿主细胞，并导致宿主细胞裂解。在病毒感染后期，ARV 病毒蛋白诱导细胞膜通透性改变，p10 蛋白能够抑制细胞生长并增加细胞膜通透性，协助病毒扩散。

（三）病理变化

（1）鸭多脏器坏死症　该病型主要发生于雏番鸭和雏半番鸭。发生呼肠孤病毒感染的病死番鸭或半番鸭，剖检可见肝、脾、胰腺、肾、肠黏膜下层等组织局灶性坏死，其中以肝、脾遭到的破坏最为严重。肝肿大、出血，呈淡褐红色，质脆，表面及实质有大量肉眼可见的 0.5～1mm 灰白色、针尖大小的坏死点；脾肿大，呈暗红色，表面及实质有许多大小不等的灰白色坏死点，有时连成一片，形成花斑状；肾可见少量针尖大小的白色坏死点；胰腺表面有白色、细小的坏死点；心包有少许积液，部分病例伴有心包炎；肺部淤血、水肿；肠道出血，有不同程度的炎症；在雏半番鸭，还可见法氏囊的出血病变。

（2）鸭多脏器出血症　该病型可发生于多个品种鸭，其主要肉眼病变为全身皮肤广泛出血、消化道黏膜和呼吸道黏膜出血，肝、心脏、肾及肺均出血；产蛋鸭的卵巢严重充血、出血。据其临床症状和特征性出血病变，该病又称为鸭病毒性肿头出血症。

（3）鸭肝坏死症　其主要剖检病变为肝略肿大，表面有不同程度的点状、斑状出血和坏死灶；心肌点状或斑状出血；法氏囊出血。镜检肝细胞不同程度变性或局灶性坏死崩解，其间夹杂出血灶并见大量炎症细胞浸润；肾充血、水肿，肾小管上皮细胞变性并与基膜脱离；心脏呈间质性心肌炎，心肌纤维萎缩，间隙增大，并见炎症细胞浸润和出血灶；脾出血，淋巴细胞崩解并形成坏死灶；法氏囊黏膜下出血，黏膜上皮坏死脱落，淋巴滤泡和淋巴细胞数量均减少。

（4）脾坏死型　其特征性病变为脾表面有不规则坏死灶，偶见少量出血点，后期主要表现为脾坏死、变硬和萎缩。

第三节　猪主要病毒性传染病

猪病毒性传染病的种类多，危害大，其中以非洲猪瘟、猪瘟、口蹄疫、猪繁殖与呼吸综合征（猪蓝耳病）、伪狂犬病、猪圆环病毒病、猪流行性腹泻等为猪的主要病毒性传染病。

一、口蹄疫

口蹄疫（foot-and-mouth disease，FMD）是口蹄疫病毒（foot-and-mouth disease virus，FMDV）引起的一种急性、热性、高度接触性人兽共患传染病，主要侵害牛、羊、猪等偶蹄类动物。发病动物的临床典型特征为口舌黏膜、皮肤及蹄部皮肤形成水泡、糜烂或溃疡病灶。该病传播迅速，流行范围广，可引起幼畜心肌炎而急性死亡，成年动物虽多呈良性经过但生产性能下降，并且严重影响动物及动物产品的贸易流通，因此被世界动物卫生组织（OIE）列为必须通报的法定报告疫病，被我国列为必须上报的一类动物传染病。

（一）病原

FMDV 属于小 RNA 病毒科（*Picornaviridae*）口蹄疫病毒属（*Aphthovirus*）。病毒粒子由正链

单链 RNA 和包裹的衣壳蛋白两部分组成，衣壳表面无囊膜，直径约 27nm（图 2-5-18）。FMDV 有 7 个血清型，分别为 A 型、O 型、C 型、南非 1 型、南非 2 型、南非 3 型和亚洲 1 型，其中以 A 型和 O 型分布最广，危害也最大。7 个血清型又可进一步划分为多个亚型，各亚型之间无交叉免疫现象，各型在发病的临床症状方面表现基本相同。病毒衣壳蛋白决定病毒的抗原性、免疫性和特异性。FMDV 的变异性极强，其中 VP1 蛋白是决定病毒抗原性的主要成分，变异性最强。FMDV 的正链单链 RNA 基因组长约 8.5kb，左右两端分别是 5′非编码区和 3′非编码区，其结构与真核细胞 mRNA 很相似，都含有一个开放阅读框（ORF），其 3′端有 poly（A）尾。病毒的 ORF 共编码一段多聚蛋白，在病毒蛋白酶作用下被切割成不同肽段，其中 P1 区主要编码病毒的衣壳蛋白，最终裂解成 4 种结构蛋白 VP4（1A）、VP2（1B）、VP3（1C）和 VP1（1D），共同组成 FMDV 的衣壳。VP1 蛋白大部分裸露于病毒表面，在很大程度上决定了病毒的抗原性。VP1 中大约有 10 个氨基酸残基突出于衣壳表面组成 G-H 环，是病毒与细胞受体的主要结合位点，也是与中和抗体的主要结合位点。在 4 种结构蛋白中，VP1 蛋白可以诱导机体产生特异性中和抗体，并能引起机体的抗感染免疫。

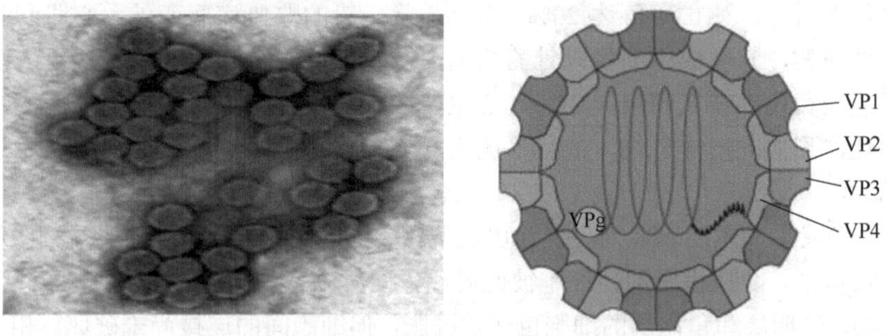

图 2-5-18　口蹄疫病毒（Lee et al.，2020）

（二）致病机制

易感动物通过消化道感染，皮肤、黏膜损伤也可导致病毒入侵。FMDV 具有强嗜上皮性，它经消化道和呼吸道黏膜、损伤的皮肤侵入机体后，以细胞膜的硫酸乙酰肝素和整合素家族的 αvβ3 作为受体，入侵上皮细胞并增殖，引起感染细胞的空泡变性并发生破裂，形成原发性水疱。此后大量病毒由原发性水疱进入血液形成病毒血症，并播散、定居于其嗜好的部位，如在口腔黏膜、蹄部和乳房皮肤等处的上皮细胞内继续增殖，形成继发性水疱。继发性水疱发生于人工感染后 48h。水疱破裂后，则于口腔黏膜、皮肤和蹄部皮肤形成糜烂和溃疡病灶，此时患畜多表现为大量流涎和采食困难。蹄部病变可致跛行，如继发化脓菌或腐败菌感染，常导致蹄匣脱落。继发性水疱破溃后病畜体温降至正常，血液中的病毒也减少甚至消失，病畜很快恢复正常，死亡率不超过 3%。此外，病毒还可在心肌和骨骼肌中增殖，导致肌纤维变性、坏死，严重时可因坏死性心肌炎而引起病畜急性死亡。

（三）病理变化

1. 剖检病变

（1）良性口蹄疫　牛的水疱主要位于口唇外侧、口腔黏膜和舌部，有时也见于鼻腔外口、鼻腔、食管和瘤胃，无毛部皮肤以乳头、蹄冠、蹄、趾间等处最为多见，肛门、阴囊和会阴部也有发生。水疱可达黄豆大，甚至可发展为核桃大小，水疱液最初为淡黄色透明状，因水疱液内含有红细胞、细胞碎片和炎症细胞而呈粉红色或灰白色。水疱破裂后，形成鲜红色或暗红色边缘整齐的烂斑。有的烂斑表面被覆淡黄色渗出物，干涸后形成黄褐色痂皮，经 5～10d 后烂斑即被新生的上皮覆盖而愈合。如果水疱破裂并继发细菌感染，病变可向深部组织发展而形成溃疡，在蹄部则可继发化脓性炎或腐败性炎，严重者造成蹄壳脱落。在瘤胃的肉柱或其他部位有时也可见水疱和溃疡，真胃和肠道黏膜仅呈现轻度炎症和出血斑点。

猪的水疱主要发生在蹄冠、蹄等部位的皮肤，形成米粒大至蚕豆大水疱，水疱破裂后形成糜烂，如无继发感染，病灶经 1 周左右即可痊愈。但若继发细菌感染而侵害蹄叶时，也可导致蹄壳脱落；猪的鼻镜、乳房也常发生水疱或烂斑；口腔多无典型病变，有时于唇、舌、鼻和齿龈处偶见小水疱或烂斑；仔猪很少发生水疱病变，多半呈急性心肌炎而死亡。

绵羊和山羊的蹄底部和趾间可见到小水疱，常继发细菌感染而导致蹄匣脱落。绵羊除在蹄部形成水疱病变外，母羊还常伴发流产。山羊的水疱病变多发生于硬腭和舌面，往往被忽视，但唇颊常发生肿胀甚至发展成蜂窝织炎。

（2）恶性口蹄疫　该病型多见于机体抵抗力弱或病毒致病力强所致的特急性病例，也可由良性病例恶化而引起，死亡率可达 20%～50%。除一般的败血症病变外，心肌和骨骼肌呈现较明显的坏死性病变，其中成年动物以骨骼肌病变严重，而幼畜则以心肌病变更为明显。病变心肌呈灰白色或灰黄色，在室间隔、心房、心室肌的红褐色背景上，散在灰白色或灰黄色条纹状与斑点状病灶，形似虎皮样斑纹，故称“虎斑心”。

2．镜检病变

（1）良性口蹄疫　主要表现为皮肤和皮肤型黏膜的棘细胞肿大、变圆，排列疏松，细胞间有浆液性渗出物积聚。随病程发展，细胞彼此脱离，同时高度肿大呈球形（气球样变）。棘细胞层以上的颗粒层、透明层和角化层的细胞也变性肿胀，但细胞间的连接尚未破坏，相互间连接呈细网状，故称其为网状变性。气球样变和网状变性的细胞在蛋白酶作用下发生坏死、液化，形成早期的微细水疱，小水疱进一步融合形成肉眼可见的大水疱。水疱内容物内混有坏死的上皮细胞、白细胞和少量红细胞。此外，在变性的上皮细胞内还偶见折光性很强的嗜酸性包涵体小颗粒。

良性 FMD 转归较好，水疱破溃后遗留的糜烂面经基底层细胞再生而修复。如果病变部继发细菌感染，则可能导致脓毒败血症使动物死亡。除在感染局部见化脓性炎灶外，还可在肺、蹄深层、骨髓、关节及乳腺等组织见转移性化脓性炎灶等病变。

（2）恶性口蹄疫　心肌纤维肿胀，呈明显的颗粒变性与脂肪变性，严重时心肌细胞坏死。病程稍久的病例，在变性心肌纤维的间质内，可见不同程度的巨噬细胞、淋巴细胞和中性粒细胞浸润。病程长时还可见浆细胞和成纤维细胞增生，以至形成局灶性纤维性硬化和钙盐沉着。心脏的小静脉周围有淋巴细胞、中性粒细胞浸润。小血管内皮细胞肿胀、坏死脱落，血管壁纤维素样变，管腔内有透明血栓形成。

骨骼肌的病变多见于股部、肩胛部、前臂部和颈部的肌肉，病变与心肌纤维的变化类似，骨骼肌纤维变性、坏死，有时可见钙盐沉着，但炎症细胞浸润通常比心肌轻。

肝、肾实质器官的实质细胞变性、肿胀，伴发局灶性坏死。肝细胞颗粒变性，偶有脂肪变性，窦状隙和中央静脉扩张、充满红细胞，肝小叶中央部肝细胞凝固性坏死，小叶周边部肝细胞空泡变性；肾充血，肾球囊内有浆液性渗出物，肾小管上皮细胞颗粒变性，肾髓质内见局灶性坏死；软脑膜充血、水肿，脑实质表现一定的病毒性脑炎病变。脑干与脊髓的灰质与白质常散发点状出血。神经元变性、坏死，血管周围有淋巴细胞浸润。上述变化以脊髓、四叠体、海马回、尾状核及丘脑最明显，也可波及大脑皮层、延髓与小脑。神经节细胞空泡变性，有的细胞浓缩，其周围水肿，并见卫星现象与淋巴细胞增生。肾上腺皮质与髓质细胞萎缩、变性；乳房呈现浆液性乳腺炎。

二、猪瘟

猪瘟（classical swine fever，CSF）俗称“烂肠瘟”或“猪霍乱”，是猪瘟病毒（classical swine fever virus，CSFV）引起的一种高度接触性传染病，病症以出血和发热为主。猪瘟是严重危害全球养猪业的重要疾病，也是我国主要的畜禽疫病之一。该病被世界动物卫生组织列为法定报告疫病，我国将其列为一类传染病。

（一）病原

CSFV 是一种小 RNA 病毒，属于黄病毒科瘟病毒属，为正链单链 RNA 病毒。病毒粒子呈圆形，大小 38～44nm，核衣壳二十面体立体对称，有包膜（图 2-5-19）。CSFV 在细胞质内复制，不能凝集红细胞，与牛腹泻病毒有相关抗原。病毒常存在于病猪的血液和全身多个组织中，以淋巴结、脾和血液中的含毒量最高，病猪的尿、粪便和分泌物中都含有病毒。

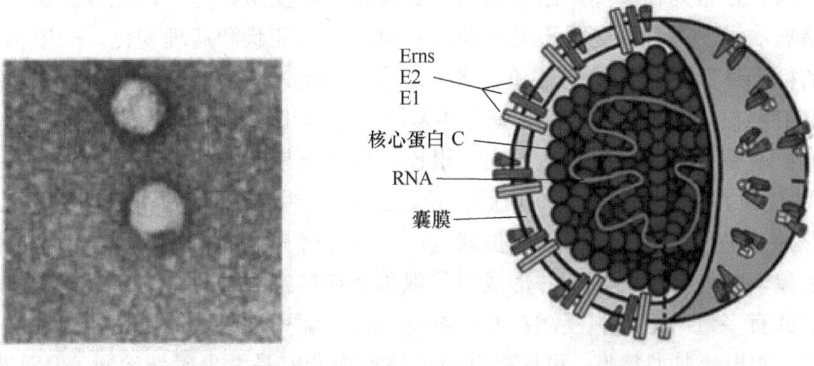

图 2-5-19　猪瘟病毒（周斌，2010；Fan et al.，2021）

（二）致病机制

CSFV 吸附在靶细胞表面，通过其囊膜糖蛋白 Erns 和 E2 与宿主细胞膜融合或经受体介导的胞饮作用进入感染细胞。CSFV 对淋巴系统细胞、血液白细胞、巨噬细胞、造血组织有亲嗜性，上述细胞被感染后发生坏死及凋亡，导致全身性淋巴组织坏死性病变。感染机体出现免疫抑制和 CSFV 持续性感染，以及由此引起的其他病原的继发感染。CSFV 感染引起的广泛性渗出性出血主要与以下因素有关，即 CSFV 对血管内皮细胞有亲嗜性，病毒感染后可导致血管内皮细胞变性、坏死，微循环血管壁损伤，通透性增加，渗出性出血、微血栓形成和梗死；CSFV 感染后产生大量与血管渗透性和凝血有关的细胞因子（炎症因子），微血栓形成，血小板减少，使血管通透性增加并破坏凝血功能，导致全身广泛性组织出血；CSFV 具有嗜神经性，可感染神经元和胶质细胞而引起病毒性脑炎。

（三）病理变化

1. 剖检病变　猪瘟的潜伏期一般为 5～7d，按照潜伏期长短不同，可分为最急性型猪瘟、急性型猪瘟、慢性型猪瘟和温和型猪瘟 4 种。

（1）最急性型猪瘟和急性型猪瘟　病死猪呈现以多发性出血为特征的败血症变化，体表的鼻端部、耳后根、颈部、腹部及四肢内侧皮肤及齿龈、唇内、肛门等处黏膜出现针尖大小的出血点，指压不褪色；体内浆膜、黏膜和心脏、肺、肾、膀胱、胆囊等均出现大小不等、数量不一的出血点；胃、肠黏膜呈现出血性卡他性炎；全身淋巴结暗红色肿大、出血，切面呈红白相间的大理石样病变，严重者形似血肿；脾边缘或表面发生暗红色隆起的出血性梗死灶；公猪包皮发炎，阴鞘积尿，用手挤压时有混浊恶臭的液体流出。

（2）慢性型猪瘟　常由急性型猪瘟转变而来。肾有出血点；淋巴结出血；脾发生出血性梗死灶；回盲瓣、结肠、盲肠黏膜发生纤维素性坏死性肠炎，后期常因继发副伤寒感染而出现具有证病意义的局灶性固膜性肠炎，此时回肠、结肠、盲肠黏膜发生隆起的溃疡病灶，形成扣状肿；若继发巴氏杆菌感染，可导致纤维素性肺炎病变；仔猪慢性病例可见肋骨和肋软骨连接处有结节状增生及污黄色钙化线。仔猪胸腺萎缩。慢性肾小球肾炎；慢性猪瘟时还会引起猪的繁殖障碍，妊娠母猪没有明显症状，但有的不发情，有的早产甚至流产，有的分娩时生下死胎、木乃伊胎，弱仔比例大，死亡率高。

（3）温和型猪瘟　又称非典型猪瘟或隐性猪瘟，一般为先天性感染，主要发生在断奶后的仔猪和架子猪。仔猪死亡率高，耐过猪的生长发育严重受阻。另外，免疫猪群的猪瘟也多表现为非典型猪瘟，由于温和型猪瘟不具备典型猪瘟的临床症状和病理变化，一般很难发现，按照典型猪瘟的标准诊断，很容易把温和型猪瘟误诊或判定为其他疾病，从而贻误治疗时机。

2．镜检病变　该病的特征性病变主要是淋巴组织出血性坏死，即扁桃体充血、出血，淋巴细胞坏死、崩解；淋巴结充血、出血，淋巴细胞坏死崩解（核浓缩、核破碎、核溶解、核消失）；脾灶状出血，淋巴细胞坏死、崩解；肠黏膜固有层淋巴滤泡内淋巴细胞坏死、崩解，充血、出血。此外，可见典型的病毒性脑炎病变，如脑血管充血，血管周围大量淋巴细胞浸润聚集形成袖套现象，神经元变性坏死并形成卫星现象和噬神经细胞现象；肾小球充血、出血，间质有灶状出血并有多量淋巴细胞浸润；心肌纤维变性、坏死，心脏间质充血、出血，并见少量淋巴细胞浸润。如果是典型猪瘟，可根据剖检及镜检病变容易做出确切诊断。但对非典型猪瘟，依据病理学诊断则难以把握。为了进一步确诊，还可以采取病料进行病原学诊断，用分子生物学技术、免疫学方法和动物接种实验等进行确诊。

三、非洲猪瘟

非洲猪瘟（African swine fever，ASF）是非洲猪瘟病毒（African swine fever virus，ASFV）引起的猪的一种急性、热性、高度接触性传染病，其特征是发病急、病程短，死亡率最高可达100%，病猪以高热、皮肤发绀、全身广泛性出血为特征。世界动物卫生组织将其列为法定报告动物疫病，为法定报告疫病，我国将其列为一类动物疫病。ASF 的临床症状与传统猪瘟高度相似，因其首次发现于非洲而得名“非洲猪瘟”。

（一）病原

ASFV 属于非洲猪瘟病毒科非洲猪瘟病毒属，病毒有些特性类似虹彩病毒科和痘病毒科。病毒粒子直径 175～215nm，基因组大小 170～190kb。ASFV 呈二十面体对称，为有囊膜的双链 DNA 病毒，具有 1 个血清型，22 个基因型，国内流行的主要为基因Ⅱ型及其变异毒株，目前又出现了基因Ⅰ型及基因Ⅰ型、基因Ⅱ型重组（图 2-5-20）。在猪体内，ASFV 主要感染单核巨噬细胞系统，可在血管内皮细胞、肝细胞、肾小管上皮细胞等细胞内复制，能在 PK15、Vero、BHK21 传代细胞内复制，引起细胞病变，并能吸附红细胞。该病毒可在钝缘蜱中增殖，并使其成为主要的传播媒介。

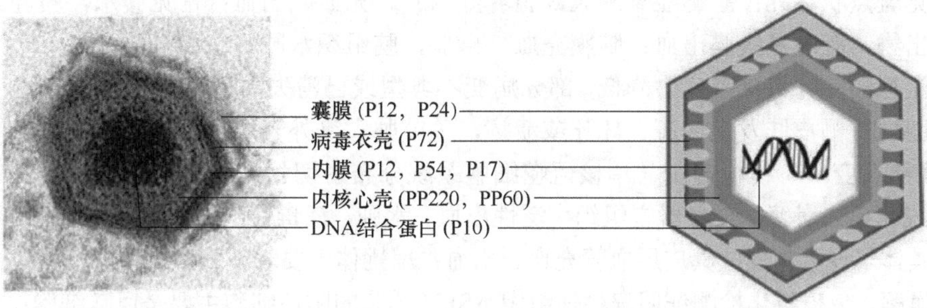

图 2-5-20　非洲猪瘟病毒（王涛，2018）

（二）致病机制

ASFV 感染的主要靶细胞是猪单核巨噬细胞系统，通过受体介导的内吞作用入侵，巨噬细胞表面的 CD_{163} 受体与细胞对 ASFV 的易感性密切相关，但 CD_{163} 是否是介导 ASFV 感染的受体还需进一步验证。病毒编码的许多蛋白质也参与细胞表面受体的结合过程，P54 和 P72 蛋白在病毒的吸附过程中发挥一定作用。ASFV 基因组编码的蛋白质有 4 类，第一类是病毒结构蛋白及参与病毒形态发生的蛋白质；第二类是参与病毒基因复制和转录的酶及因子；第三类是调节宿主细胞功能的蛋白质；第四类是多基因家族编码的病毒蛋白。据估计，约有 90 个 ASFV 编码的蛋白质参与病毒的复制过程，其余的蛋白质与病毒在宿主细胞内的生存和传播有关，后者主要是病毒逃避宿主防御系统的蛋白质。经口感染时，病毒首先在扁桃体和下颌淋巴结的巨噬细胞中进行复制，然后经血液和（或）淋巴转移至病毒二次复制的场所（淋巴结、骨髓、脾、肺、肝和肾）。病毒血症通常在感染后 4～8d 出现，由于缺乏中和抗体，病毒血症将持续数周或数月。

ASFV 侵害并活化单核巨噬细胞系统，被感染活化的单核巨噬细胞系统产生并释放大量炎症介质，引发炎症因子风暴，激发全身炎症反应，导致全身性炎症综合征/败血症，并发生肺水肿（病猪死亡的主要原因）。病毒具有抵抗巨噬细胞活化免疫反应的能力，从而保证病毒在巨噬细胞内存活，引起 ASF 发生。ASFV 也会在血管内皮细胞、肝细胞、肾小管上皮细胞和中性粒细胞内复制。ASFV 侵害单核巨噬细胞系统、骨髓、血液白细胞及淋巴器官组织，从而摧毁先天和后天免疫功能。ASFV 侵染血管内皮细胞后，使微循环内皮细胞变性、坏死及血管壁纤维素性坏死，血管发生炎症反应，血管壁通透性增加，弥散性血管内凝血（DIC）形成，骨髓血小板减少造成凝血障碍。另外，巨噬细胞活化引起的全身性炎症综合征可能也是导致水肿、出血性病变的主要原因。ASFV 可直接侵害神经系统，导致病毒性脑炎及严重的神经症状。

（三）病理变化

1. 剖检病变　病猪全身发红（“红猪”），常见鼻出血、便血，病死猪血液不凝固。典型病例皮肤弥漫性或局灶性暗红色充血、出血，或呈黄疸；扁桃体出血、坏死；全身淋巴结充血、水肿、出血、坏死，似黑红色的血肿，切面呈大理石样外观并见血水渗出；脾呈黑红色，显著肿大，质脆易碎，呈典型败血脾病变；肺充血、出血、水肿；胸腔积液，胸膜斑点状出血；肾表面、切面皮质和肾盂均有点状出血，切面常见大量血水渗出；膀胱黏膜斑点状出血；心内、外膜有斑点状出血，有时见心包积液；胃肠道黏膜充血、水肿、出血；肝变性肿胀，充血、出血，有时见斑点状坏死；胆囊显著肿大，胆囊壁水肿、充血、出血；常见腹水，腹腔内有浆液出血性渗出物，有时见腹膜出血；脑膜充血、出血，脑组织水肿。

目前流行的变异毒株致病力降低，部分病变不典型或已消失并呈现新的病变特征，如耳部、腹部和大腿内外侧皮肤发生红斑、坏死或溃疡，关节肿大等外表病症。

2．镜检病变　镜检病变与单核巨噬细胞系统分布密切相关。最具特征的病变为单核巨噬细胞系统坏死、崩解，全身器官组织广泛性出血、水肿，病毒性脑炎，淋巴结出血坏死，败血脾病变。具体表现为：皮肤真皮层血管充血、出血；扁桃体主要表现为扁桃体淋巴滤泡间巨噬细胞坏死、崩解，免疫组化检测证明扁桃体组织 ASFV 感染的阳性细胞主要是巨噬细胞；淋巴结的淋巴滤泡间巨噬细胞坏死、崩解，被膜下、髓质区出血水肿，淋巴滤泡水肿，淋巴细胞稀疏，淋巴细胞也有不同程度坏死、崩解；脾红髓区充满红细胞，巨噬细胞、淋巴细胞坏死、崩解；支气管水肿、出血；肺小叶间质水肿增宽，肺泡壁毛细血管充血、出血，巨噬细胞坏死、崩解，肺泡腔水肿、出血；肾间质灶状出血，肾小球充血、出血，常见肾小球微血栓，肾小管上皮细胞变性坏死；膀胱黏膜斑点状出血；心脏心内、外膜下出血，心肌纤维变性坏死，间质出血；胃肠道黏膜上皮细胞坏死脱落，黏膜固有层充血、水肿、出血，巨噬细胞坏死、崩解；肝细胞变性坏死，多见出血性坏死灶，肝间质巨噬细胞坏死、崩解；胆囊壁充血、出血、水肿；脑膜下充血、出血、水肿，血管周围间隙内淋巴细胞、巨噬细胞浸润并形成袖套现象，浸润的细胞坏死、崩解。神经细胞变性坏死，并见卫星现象、噬神经细胞现象及胶质细胞结节状增生。

四、猪繁殖与呼吸综合征

猪繁殖与呼吸综合征（porcine reproductive and respiratory syndrome，PRRS）又称猪蓝耳病，是猪繁殖与呼吸综合征病毒（porcine reproductive and respiratory syndrome virus，PRRSV）引起的一种急性传染病，该病的主要特征为母猪繁殖障碍和仔猪呼吸困难。PRRS 最早由鼠动脉炎病毒通过伤口传染给中欧的野猪，1912 年作为狩猎使用而引入美国。1987 年确认发生于美国，1991 年正式定名为“猪繁殖与呼吸综合征”。该病于 1996 年传入中国，2006 年出现高致病性 PRRSV（HP-PRRSV），HP-PRRSV 能引起更高的发病率和死亡率，因此农业部（现农业农村部）于 2008 年将其归为一类动物疫病。

（一）病原

PRRSV 属于动脉炎病毒科（Arteriviridae）动脉炎病毒属（*Arterivirus*），病毒粒子呈卵圆形，有囊膜，直径 40～60nm，表面有约 5nm 大小的突起。核衣壳呈二十面体对称，直径 25～30nm（图 2-5-21）。基因组为不分节段的正链单链 RNA 病毒，基因组长约 15kb，含有 5′端非编码区（non-coding region，UTR）、10 个开放阅读框（ORF1a、ORF2a、ORF1b、ORF2b、ORF3-7、ORF5a）编码病毒结构蛋白（GP2、GP3、GP4、GP5、M、N）和 3′端 UTR，其中 ORF7 编码核衣壳蛋白（N），ORF5 编码病毒的糖基化囊膜蛋白，GP5（E）是最易发生变异的蛋白质基因之一，基因之间有部分重叠。无血凝活性，不凝集哺乳动物、禽类和人类红细胞。PRRSV 有两个基因型，即欧洲型和美洲型。欧洲型通常引起经典性 PRRS，可降低感染猪的免疫力，引起继发感染，并长期带毒；美洲型通常引起高致病性 PRRS，HP-PRRSV 通常诱导产生严重的炎症反应，造成猪急性肺炎性损伤，导致猪的急性死亡，对猪群的危害十分严重。

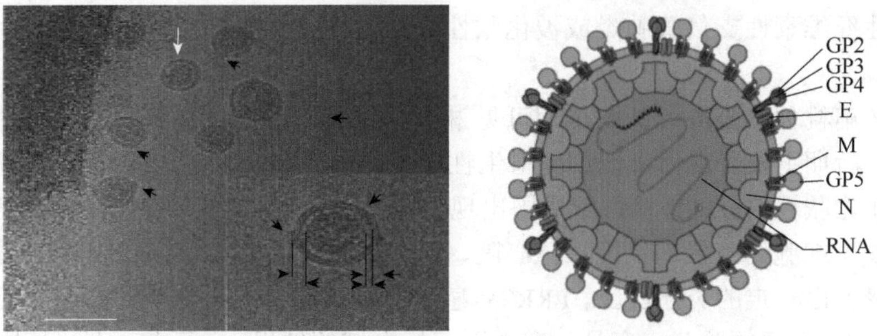

图 2-5-21　猪蓝耳病毒（Spilman et al.，2009）

（二）致病机制

PRRSV 侵入猪体后首先感染其巨噬细胞，尤其是肺泡巨噬细胞（pulmonary alveolar macrophage，PAM），侵害免疫器官，导致机体免疫功能下降，从而引起免疫抑制。

PRRSV 感染后，首先在猪局部组织的巨噬细胞中复制，然后迅速向全身淋巴组织和肺中扩散，有时也向其他组织扩散。一般情况下，临床疾病的发生及病损程度与病毒最高滴度出现的时间和出现的组织有关，如在染毒后的 7～14d，肺和淋巴结中的病毒滴度最高。这是因为 PRRSV 主要在分化较好的单核细胞中复制，这些分化较好的单核细胞具有糖蛋白受体，PRRSV 与该受体结合后，经过受体介导的内吞作用进入细胞内。因此，PRRSV 急性感染时这些肺和淋巴组织中 PRRSV 的滴度最高、组织损伤最为严重。与在日龄较大的猪体内复制相比，PRRSV 在小猪 PAM 和肺间质巨噬细胞（PIM）中复制后的滴度要高一些。仔猪感染 PRRSV 后的病变较成年猪更为严重。PRRSV 感染多种组织的巨噬细胞后，造成组织学病变，其炎症的类型和严重程度取决于毒株、猪的年龄、继发其他细菌或病毒的感染情况。PRRSV 造成的组织病变包括间质性肺炎、脑炎、心肌炎、淋巴器官组织病变和动脉炎。全身疾病的严重程度，决定了 PRRSV 感染的临床表现。PRRSV 毒株的毒力越强，猪的日龄越小，存在其他病原混合感染时，临床出现的 PRRS 病症就越严重。

（三）病理变化

1. 剖检病变　主要病变出现在肺部，表现为肺暗红色肿大，间质明显增宽，切面硬实，呈典型的间质性肺炎，伴有细菌感染时可引起化脓性肺炎或纤维素性胸膜肺炎。

HP-PRRS 重症病例的全身淋巴结，尤其是颈部淋巴结、支气管淋巴结、肺门淋巴结等呈现暗红色肿胀；胃肠道黏膜、浆膜及肾等器官表面均有不同程度的出血；若有其他病原继发感染，则可出现相应的病理变化，如心包炎、胸膜炎、腹膜炎及脑膜炎等。

2. 镜检病变　主要表现为肺泡壁严重增厚，肺泡壁Ⅱ型上皮细胞增生，肺泡壁淋巴细胞、巨噬细胞浸润，伴有严重的充血、出血，支气管及血管周围淋巴细胞、巨噬细胞浸润，肺泡腔变狭窄甚至消失，残存的肺泡腔中有时会出现均质淡红染的浆液、嗜中性粒细胞及红细胞，若存在细菌继发感染还可见卡他性、化脓性或纤维素性肺炎病变；鼻甲部黏膜病变是 PRRSV 感染后期的特征之一，表现为上皮细胞纤毛脱落，上皮细胞内空泡形成和黏膜下层淋巴细胞、巨噬细胞、浆细胞浸润。生长猪较成年猪更常见特征性组织病理变化，间质性肺炎的组织学病变具有普遍性和诊断意义。PRRSV 和细菌、病毒混合感染时，病变因与并发感染的细菌/病毒不同而有明显差异，合并感染细菌性病原常引起复杂的 PRRS 肺炎，间质性肺炎常混合化脓性纤维素性支气管肺炎或被化脓性纤维素性支气管肺炎所掩盖。有些感染病例还可见胸膜炎。

淋巴结、扁桃体、胸腺和脾在早期可见淋巴组织充血、出血及坏死，有时淋巴窦内有巨核细胞浸润，后期主要表现为淋巴细胞增生性病变。易感猪感染HP-PRRSV变异株后还引起比较严重的非化脓性脑炎，镜检血管周围出现“袖套现象”，神经元变性坏死引发的噬神经细胞现象、小胶质细胞结节状增生现象；心脏、肝、肾等实质器官出现出血性变质性炎症；胃肠道黏膜也表现出一定的炎症反应。PRRSV感染引起的繁殖障碍猪所产仔猪和胎儿很少有特征性病变，PRRS致死的胎儿病变是子宫内无菌性自溶的结果，并无特异性。流产胎儿的血管周围出现以巨噬细胞、淋巴细胞浸润为特征的动脉炎、心肌炎和脑炎，脐带发生出血性扩张和坏死性动脉炎。

五、伪狂犬病

伪狂犬病（pseudorabies）是伪狂犬病病毒（pseudorabies virus，PRV）感染引起的一种急性传染病。伪狂犬病以其传播速度快、范围广、途径多、病原顽固等特点被定义为极难防疫的自然疫源性疾病，世界动物卫生组织（OIE）将其列为二类传染病。猪感染PRV后，体温升高，新生仔猪及4周龄以内仔猪出现神经症状、麻痹、衰竭死亡，死亡率高达100%。耐过者成为僵猪，也可出现腹泻等消化系统症状。PRV会严重损害母猪的繁育能力，引起繁殖功能障碍，妊娠母猪感染后会引起流产、产死胎、木乃伊胎，公猪则表现为精液品质下降，性欲减退，可引起睾丸黏膜炎。

（一）病原

PRV属于疱疹病毒科（Herpesviridae）α疱疹病毒亚科，与牛疱疹病毒1型（bovine herpesvirus 1，BHV-1）和马疱疹病毒1型（equine herpesvirus 1，EHV-1）同源性较高。PRV呈球形或椭圆形，有囊膜，直径150～180nm，无囊膜的粒子直径为110～150nm，由含基因组的核蛋白核心、二十面体核衣壳、蛋白壳皮和脂质双层膜组成（图2-5-22）。

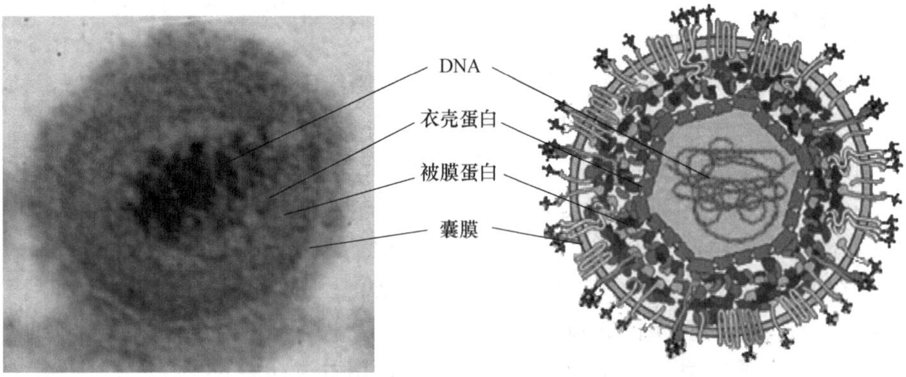

图2-5-22　伪狂犬病毒（Pomeranz et al.，2005）

PRV为DNA病毒，基因组长约150kb，可编码约100个蛋白质，PRV基因组的（G+C）摩尔百分含量（mol%含量）高达73%。PRV毒力由多种基因协同决定，其中编码胸苷激酶的*TK*基因是PRV最主要的毒力基因，另外还有编码糖蛋白gE、gD、gI和核苷酸还原酶（RR）等的基因。将主要毒力基因*TK*失活后，PRV对宿主的毒力会丧失或降低。因此PRV工程疫苗

株都是缺失了 *TK* 基因，且同时缺失 *TK* 和 *gE* 基因，使疫苗毒株的使用更为安全。PRV 只有一个血清型，但不同毒株之间存在差异。

（二）致病机制

猪主要通过口、鼻腔感染 PRV。病毒进入机体后首先在上呼吸道黏膜上皮细胞内进行复制，随后在咽部黏膜、扁桃体和肺部多种细胞内增殖，扩增的病毒以自由扩散或侵染白细胞的形式在体内扩散。病毒可通过三叉神经、嗅神经和吞咽神经入侵中枢神经系统，在神经元或胶质细胞核内复制并导致非化脓性脑炎病变。PRV 可以感染多种类型的细胞（如肝细胞、扁桃体隐窝黏膜上皮细胞、支气管黏膜上皮细胞、巨噬细胞等），肺泡巨噬细胞对 PRV 高度易感，PRV 还能感染活化的 CD_4^+ T 淋巴细胞和 CD_8^+ T 淋巴细胞。PRV 是细胞溶解性病毒，可导致感染细胞的死亡和溶解，在多个器官形成核破碎的急性坏死灶。病毒侵入子宫、胎盘和胎儿后，可导致胚胎死亡或流产。病毒也可感染公猪生殖器，从精液中可分离出 PRV。

PRV 编码的蛋白质主要包括衣壳蛋白、被膜蛋白和囊膜蛋白。PRV 能够编码 11 种糖蛋白，这些糖蛋白在介导病毒的吸附及病毒囊膜与细胞膜的融合中发挥重要作用。PRV 入侵宿主细胞需要糖蛋白介导的一系列级联反应，病毒粒子通过 gC 糖蛋白与细胞外基质中的硫酸乙酰肝素相互作用而吸附在细胞膜上，之后 gD 糖蛋白与特异性受体结合成稳定吸附结构，最终 gB、gH 和 gL 协同介导病毒囊膜和细胞质膜发生融合，将病毒衣壳和被膜释放入细胞质内。

PRV 也能在其宿主体内建立潜伏感染，潜伏感染的部位通常为宿主的外周神经系统。其特点是感染的细胞或组织内检测不到病毒复制期相关基因的表达，仅表达潜伏相关转录本（可供编码蛋白质的成熟的 mRNA），细胞内的基因组以环化的形式存在，潜伏感染的基因组受到刺激后，可产生新的病毒粒子，并沿轴突运输至感染部位，导致再次发病。

（三）病理变化

1．剖检病变　病死仔猪的鼻腔黏膜呈卡他性或化脓性出血性炎，呼吸道有大量泡沫样黏液。典型病例的扁桃体、淋巴结、肾上腺、肺、肝、脾、肾等器官表面均有白色坏死灶和出血点，分别表现为扁桃体肿胀和严重坏死；肺有一定的间质性肺炎病变；气管及支气管内有白色泡沫样黏液；心包积液；偶见腹腔积水；不同程度的卡他性胃肠炎病变；脑膜充血、出血、水肿，脑脊液增多。

2．镜检病变　病死猪表现为鼻腔与咽喉黏膜上皮细胞坏死，部分细胞核内可见嗜酸性包涵体；扁桃体隐窝黏膜上皮细胞变性、坏死并见核内红染的包涵体，淋巴组织灶状坏死；肺泡壁毛细血管严重充血，淋巴细胞、巨噬细胞浸润，并见核崩解破碎的坏死灶，肺泡腔内充满水肿液；肝细胞灶状坏死，坏死肝细胞核浓缩深染、破碎、消失，坏死灶周围变性肝细胞核内见红染的包涵体；脾淋巴细胞灶状坏死；心外膜表面有炎症细胞浸润；脑组织呈病毒性脑炎病变，血管充血，周围淋巴细胞围绕形成“袖套现象”，神经元变性坏死，核内可见红染包涵体，同时可见卫星现象和噬神经细胞现象，胶质细胞结节状或弥漫性增生。

六、猪流行性腹泻

猪流行性腹泻（porcine epidemic diarrhea，PED）是猪流行性腹泻病毒（porcine epidemic diarrhea virus，PEDV）引起的猪的一种以急性肠炎、呕吐、水样腹泻和脱水为主要特征的肠道传染性疾病。

（一）病原

PEDV 属于尼多目（Nidome）冠状病毒科（Coronaviridae）冠状病毒属（*Coronavirus*），目前还没有发现该病毒有不同的血清型。冠状病毒为有囊膜的线性正链单链 RNA 病毒。PEDV 的结构蛋白与其他同属的冠状病毒相近，其表面含有分子质量为 180～200kDa 的糖基化刺突蛋白（S 蛋白）、27～32kDa 的糖基化膜蛋白（M 蛋白）、囊膜蛋白（E 蛋白）及 57～58kDa 的没有糖基化的 RNA 结合核衣壳蛋白（N 蛋白）。病毒通过细胞质内膜以出芽的方式进行装配。病毒粒子一般呈球形，其平均直径（包括刺突蛋白在内）约为 130nm，一般为 95～190nm，棒状刺突的长度为 18～23nm（图 2-5-23）。

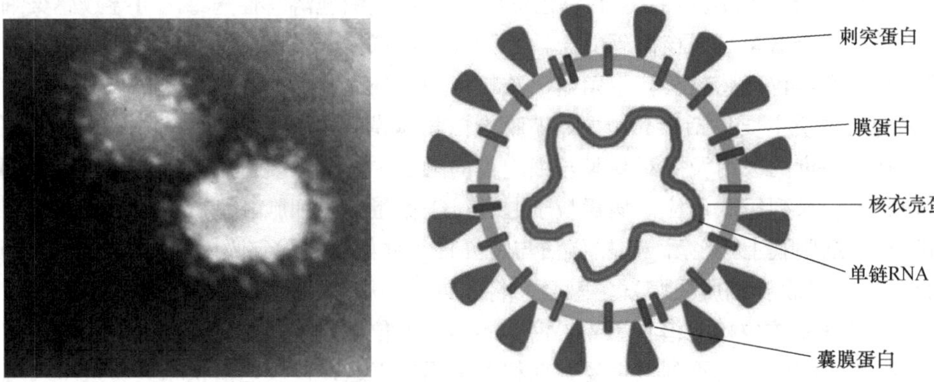

图 2-5-23　猪流行性腹泻病毒（Hurmach et al.，2021）

PEDV 有三种基因亚型，以 CV777 为代表的经典毒株（G1 群）、以 AJ1102 为代表的变异毒株（G2 群）及 S-INDEL 毒株（G1 群和 G2 群重组毒株）。目前 G2 群已成为我国的主要流行毒株（占 90%以上）。与经典毒株相比，G2 群的毒力显著增强，可使 10 日龄以内的仔猪感染后的发病死亡率达 100%，发病猪粪便中病毒含量高达 10^{11}。高毒力 PEDV 变异株属 G2 亚群，其基因组发生明显变异，其高变区之一位于 S 蛋白编码区内，以碱基的插入、缺失和突变为典型特征。由于 S 蛋白介导病毒入侵和诱导中和抗体，因此 *S* 基因的变异被认为与病毒致病性增强相关。PEDV 流行毒株毒力增强是多因子作用的结果，*S* 基因变异仅是致病性增强的必要条件之一。

（二）致病机制

病毒经口和鼻感染后，直接进入小肠，在整段小肠和结肠的绒毛上皮细胞质中进行复制。接毒后最早于 12～18h 即可见病毒存在于受感染的上皮细胞内，于 24～36h 达到高峰。PEDV 的受体为氨基肽酶 N（aminopeptidase N，APN），主要是 I 型冠状病毒的黏附性受体，广泛分布于哺乳动物的多种组织细胞表面，尤其在小肠微绒毛表面。冠状病毒主要依赖各自 S 蛋白来识别 APN 具有种属特异性的氨基酸而感染宿主细胞。猪氨基肽酶 N（porcine aminopeptidase N，pAPN）编码 963 个氨基酸，可被胰蛋白酶分解成 2 个亚基，一个 95kDa 的 N 端部分和一个 50kDa 的 C 端部分，在剩余区域 717～813 氨基酸处含有 3 个抗原中和位点，其广泛存在于猪小肠和肾，pAPN 是 PEDV 的受体，其主要与 PEDV 的 S 蛋白的 S1 区结合。PEDV 的感染其实与 pAPN 受体的分布密度有关，小肠绒毛顶端和两侧的上皮细胞高表达。S 蛋白中 S1 区中含有受体结合区，病毒的 S 蛋白受体结合域与氨基肽酶 N 发生黏合，之后与氨基肽酶 N 从发生交联，再到达陷窝蛋白区，最后介导病毒进入靶细胞。pAPN 还具有介导 PEDV 复制的能力。病毒在小肠上皮内复制时导致细胞变性，绒毛变短，绒毛与隐窝深度比由正常的 7∶1 缩短为 3∶1。S 蛋白在病毒与宿主细胞膜融合、病毒的组织嗜性及对靶细胞的侵染中发挥关键作用。S 蛋白还介导中和抗体的产生，是发展有效抵抗冠状病毒的主要靶抗原。肠绒毛萎缩造成吸收表面积的减少，小肠黏膜碱性磷酸酶含量显著减少，进而引起营养物质吸收障碍，这是引起腹泻的主要原因，属于渗透性腹泻。严重的腹泻可引起脱水、电解质及酸碱平衡紊乱，是导致病猪死亡的主要原因。发病猪即使不发生死亡也会严重影响以后的生长发育。

仔猪在病原微生物和各种应激因素的刺激下，肠道内环境发生紊乱，病原微生物大量增殖，产生和释放有害气体和毒素，造成肠绒毛萎缩及上皮细胞变性、坏死、脱落，破坏了肠黏膜的完整性，使消化功能紊乱，小肠吸收能力降低，小肠中大量未充分消化的食糜进入大肠，使大肠微生物发酵而产生有害酸，引起大肠内渗透压上升，大量水渗入大肠而引起腹泻，使营养物质、电解质、体液严重丢失，影响猪的生长发育，变成僵猪甚至死亡。

（三）病理变化

因年龄大小不同，PED 的感染潜伏期、病程及症状轻重有较大差异。年龄越小，症状越重。新生仔猪的潜伏期在 18～36h，实验感染的仔猪在 16～24h 内出现病变，成年猪的潜伏期在 2d 左右。猪发生 PED 后的临床症状一般表现为严重的水样腹泻，多数伴有呕吐现象，食欲减退，精神萎靡。7 日龄以内的仔猪则表现出严重的临床症状，发病后即出现严重的水样腹泻，全身明显脱水，消瘦，喷粪，粪便呈灰黄色或淡黄色，死亡率为 50%～80%，个别猪场甚至高达 100%。

1．剖检病变　病死猪尸体消瘦脱水，皮下干燥，眼球凹陷。病变部位主要局限在消化道，尤其是小肠。剖检可见胃扩张，充满白色或黄色凝乳样内容物，胃黏膜不同程度地充血、出血，小肠壁变薄呈半透明状，肠腔内有灰白色或黄白色浆液样或水样内容物，小肠黏膜有不同程度的充血、出血，空肠系膜淋巴结充血肿胀；个别病猪肾表面可见散在的点状出血。其余器官未见明显病变。与传染性胃肠炎相比，该病的胃内膜出血程度不如传染性胃肠炎明显。

2．镜检病变　腹泻仔猪的主要病变以空肠最为严重，空肠段上皮细胞内形成空泡、脱落，肠绒毛显著萎缩，绒毛长度与肠腺隐窝深度的比值由正常的 7∶1 缩短到 3∶1，提示当前流行的 PEDV 致病性较强，整个胃肠道黏膜均有损伤病变，在病变较重的空肠段引起难以修复的损伤病变，发病猪日龄越小病变程度越重。发病猪肠黏膜上皮细胞变性、坏死、脱落，肠绒毛萎缩、断落，黏膜固有层呈现充血、出血等急性出血性坏死性炎变化；发病猪的胃、十二指肠、回肠、大肠（结肠、盲肠）也均有一定程度的炎症反应，主要表现为卡他性或出血性卡他性炎；与小肠相比，大肠的病变较轻，病变以黏膜上皮细胞变性为主。PEDV 主要分布在小肠黏膜上皮细胞，而胃、结肠及盲肠等消化道分布较少。

七、猪传染性胃肠炎

猪传染性胃肠炎（transmissible gastroenteritis of swine，TGE）是传染性胃肠炎病毒（transmissible gastroenteritis virus，TGEV）引起的一种猪的高度接触性消化道传染病。临床上以呕吐、腹泻和脱水为特征。病毒经口摄入后，靶器官是小肠，侵害小肠绒毛上皮。我国将其归为二类传染病，OIE 将其列为法定报告疫病。

（一）病原

TGEV 属于冠状病毒科冠状病毒属，为单链 RNA 病毒，病毒粒子呈圆形、椭圆形或多边形。病毒直径 90～200nm，有双层膜，外膜覆有花瓣样突起，突起长 18～24nm，突起以极小的柄连接于囊膜的表层，其末端呈球状（图 2-5-24）。这种病毒仅对猪有致病力，存在于病猪的各器官、体液和排泄物中，但以小肠及肠系膜淋巴结内含毒量最高。

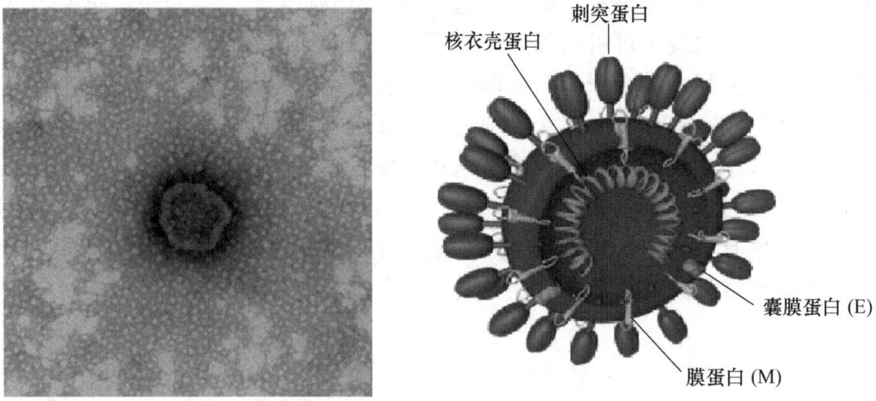

图 2-5-24　传染性胃肠炎病毒（Niu et al.，2023）

（二）致病机制

病毒经口摄入后，靶器官是小肠，可侵害小肠绒毛上皮，并很快在此增殖，引起绒毛上皮的变性、坏死，脱落入肠腔中，结果使肠绒毛的长度缩短，绒毛表面积和上皮细胞的数量大为减少。此种变化以空肠受害最严重，回肠次之，十二指肠较轻。由于绒毛萎缩和再生不成熟的上皮的酶活力降低，故消化和吸收过程发生扰乱。乳猪吸吮的乳汁成分不被水解和吸收，以及肠内容物渗透压增高，使组织中的体液反而渗入肠腔中，导致肠内的液体增多。小肠中增加的液体在大肠中也不能吸收，可引起腹泻和脱水，电解质平衡紊乱，最终导致死亡。此外，小肠消化、吸收障碍而高度膨胀还会使胃内容物排出受阻，从而导致呕吐。从感染后第 5 天起，绒毛开始再生，肠黏膜的功能逐渐复原。

TGEV 从小肠上皮细胞顶端进行入侵，目前广为接受的 TGEV 的受体为氨基肽酶 N（APN），TGEV 的 S 蛋白可以识别 APN 的特异性片段，且 S 蛋白第 522～744 位氨基酸是识别 APN 的片段。新生仔猪和成年猪的绒毛和隐窝上皮细胞都有高水平 APN 的分布，但 TGEV 仅对新生仔猪易感，且只能感染肠绒毛上皮细胞，对隐窝处上皮细胞并不易感，说明 APN 并不能决定 TGEV 对肠上皮细胞的嗜性，可能还存在其他未知的受体，导致 TGEV 对新生仔猪更加易感。有报道发现一个位于猪睾丸间质细胞和肠绒毛上皮细胞 200kDa 大小的蛋白质可能是 TGEV 的第二个受体，该受体同 TGEV 易感仔猪有关。还有研究报道发现在肠道上皮的刷状缘有一种黏液样糖蛋白（唾液酸），在 TGEV 黏附到宿主细胞表面过程中起着重要的作用。另外，表皮生长因子受体（epidermal growth factor receptor，EGFR）有可能作为一个辅助受体参与 TGEV 的入侵。同时，含有泛素调节 X（UBX）结构域的蛋白质可以与 TGEV 的 S1 相结合，从而介导病毒的入侵。

（三）病理变化

1. 剖检病变　病理剖检特征为急性胃肠炎和小肠绒毛萎缩。尸体脱水明显，剖检有轻重不一的卡他性胃肠炎，胃内充满凝乳块，小肠内充满白色至黄绿色液体，肠壁菲薄且缺乏弹性，肠管扩张，呈半透明状，胃肠黏膜充血并常见瘀点；肠系膜淋巴结肿胀，肠系膜充血；大肠黏膜往往只有轻度潮红，肠腔内仅有稀薄的液体，其中常混有消化不完全的乳汁成分；心脏、肝、脾、肺、肾在肉眼下没有明显异常。

2．镜检病变 组织学上最重要的变化见于小肠，特别是空肠与回肠的绒毛萎缩，长度减少，与隐窝的深度之比从正常的7∶1变为1∶1或更低。绒毛末端常呈槌状膨大或呈树墩状。绒毛的数目也显著减少，上皮细胞由柱状变为立方形或扁平状。绒毛尖端的上皮细胞细胞质中含有许多脂滴，与苏丹红呈阳性反应，细胞核固缩。上皮往往缺少刷状缘。可以见到黏膜固有层水肿及单核巨噬细胞和中性粒细胞浸润。

八、猪圆环病毒病

猪圆环病毒病（porcine circovirus disease，PCVD）是猪圆环病毒（porcine circovirus，PCV）引起的一组疾病综合征。PCV分为PCV1、PCV2、PCV3三种血清型，目前又发现了PCV4。其中PCV1无致病性，常被用来作为疫苗的载体。PCV2为已明确的致病性病毒，对各个生长期的猪均有致病性，感染后可导致断奶仔猪出现多系统衰竭综合征（PMWS）、猪皮炎和肾病综合征（PDNS）、猪呼吸系统疾病综合征（PRDC）和繁殖障碍性疾病，统称PCV2相关性疾病（PCVAD）。除略知PCV3可引起感染猪部分器官的动脉炎症外，PCV3、PCV4的致病性尚不十分明确。

（一）病原

PCV属圆环病毒科圆环病毒属，是世界上哺乳动物中已知的最小的动物病毒之一。其中PCV2为单链环状DNA病毒，为直径约17nm的十二面体（图2-5-25）。PCV2基因组全长1767～1768bp。它包含两个主要的开放阅读框（ORF），即ORF1编码两个与复制相关的蛋白质（rep和rep′），对PCV2基因组的扩增是必不可少的，但在反向遗传获得的病毒中却不存在这两种蛋白质；ORF2编码病毒唯一的结构蛋白——衣壳蛋白（cap），衣壳蛋白决定PCV2的免疫原性和毒力。cap蛋白中的一个或两个氨基酸的突变可能影响PCV2的毒力和致病性。此外，只有ORF2是PCV2系统发育和流行病学调查的标志。根据ORF2序列，PCV2可分为6个亚型（PCV2a～PCV2f）。PCV2a和PCV2b两个基因型已在全球范围内广泛流行。

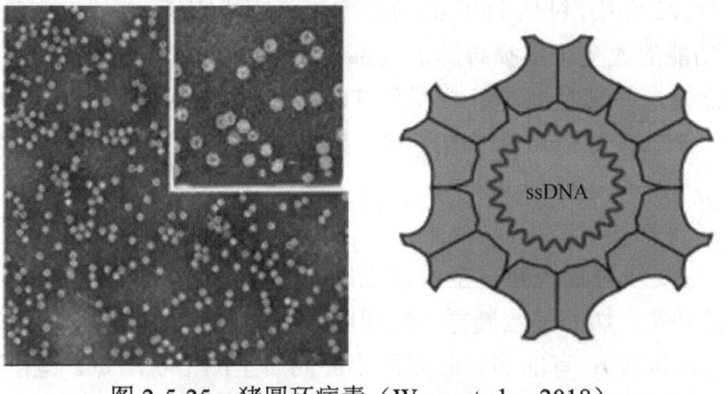

图2-5-25 猪圆环病毒（Wang et al.，2018）

PCV3由1999～2000个核苷酸组成，包含三个ORF，其中ORF1编码Rep（replicase）蛋白，包含DNA滚环复制的三个基序（FTINN、HLQG和YCKK），它们与病毒的复制相关；ORF2编码214个氨基酸衣壳（cap蛋白），基于cap蛋白氨基酸的突变，可以将PCV3分为PCV3a、PCV3b和PCV3c。中国流行的PCV3毒株分为两个主要进化支（PCV3a、PCV3b）和5个进化分支（PCV3a-1、PCV3a-2、PCV3a-3、PCV3b-1和PCV3b-2）。该病在日本、俄罗斯、中国、意大利等亚欧大陆的多个国家均有报道，然而全球不同国家的PCV3毒株在核苷酸序列上高度同源（94.44%～100%）。此外，PCV3不仅感染猪（家猪和野猪），在犬、牛、小鼠、羚羊、狍子、狒狒和篦子硬蜱中同样也检测到PCV3的存在，并且*cap*基因的核苷酸同源性都达到95%以上。可见PCV3可以在农场动物、宠物、野生动物体内存在，并具有一定的跨物种传播能力，传播谱非常宽，对世界养猪业构成了巨大的潜在威胁。

（二）致病机制

PCV2的靶细胞是处于快速增殖的宿主细胞，原因是病毒在细胞中的复制需要依赖细胞生长周期——S期的细胞表达蛋白质。猪生长发育的特性是：胚胎期主要发育的器官是心脏、肝和神经组织；仔猪出生后免疫器官，特别是外周免疫器官快速生长发育；中猪阶段皮肤、骨骼是快速增殖组织器官；母猪妊娠期子宫和胚胎处于快速增殖阶段。所以，PCV2的靶细胞在胎儿期主要是心肌细胞、肝细胞和巨噬细胞，而出生后主要是巨噬细胞和淋巴细胞。靶细胞感染后导致增殖活性降低，使靶细胞坏死减少并释放炎症因子，进而导致相应的炎症反应。持续感染导致大量免疫复合物产生并发生免疫复合物沉积型过敏反应。

PCV2传播的天然途径可能是口鼻黏膜，也可通过破损的皮肤和子宫内膜感染。PCV2侵入猪体后，首先在淋巴组织内聚集，通过呼吸道和口腔分泌物及尿液和粪便排出病毒。PCV2在淋巴组织中的感染和复制导致淋巴细胞坏死，破坏淋巴滤泡的结构，使免疫抑制。淋巴组织坏死的程度与组织中检测到的PCV2抗原的数量呈正相关。PCV2可在支气管淋巴结、扁桃体、肺、肝、肾、脾和胸腺等组织中复制，病毒可能是通过其衣壳蛋白与各种类型细胞上的病毒受体（如糖胺聚糖肝素、硫酸乙酰肝素和硫酸软骨素B）相互作用，因此对猪的多个器官和组织具有广泛的嗜性。该病的致病机制尚不清楚。

PCV2通过激活PERK/eIF2α通路、PI3K/AKt和ASK1通路、Fas/FasL途径、NF-KB途径诱导细胞凋亡。PCV2会影响细胞中IFN-α和TNF-α的产生，从而阻止DC的自分泌和旁分泌成熟过程。在PMWS猪体内的MHCⅡ会抑制T细胞、B细胞的激活和早期表达。此外，PCV2可能会降低巨噬细胞的吞噬能力，有利于PCV2的生存和传播。肺泡巨噬细胞可产生更高水平的细胞因子来应对PCV2感染，包括TNF-α、粒细胞集落刺激因子、单核细胞趋化蛋白-1（MCP-1）和IL-8。免疫细胞功能的改变可能损害肺的局部防御系统。PCV2介导的干扰素产生细胞的抑制作用似乎具有广谱性，并影响由Toll样受体TLR7和TLR9激动剂和猪其他病毒病原体诱导的免疫应答，这表明PCV2对先天免疫的影响，使猪可能更易受到继发或并发病病原体感染。

（三）病理变化

1．PMWS 主要侵害育肥猪。全身淋巴结，尤其是腹股沟淋巴结和肠系膜淋巴结显著肿大，肿大的淋巴结硬实，切面呈脑髓样（髓样肿胀）；肺硬实，稍肿胀；肾表面及切面常见大小不一的白色斑点（白斑肾）；有的病猪眼观肝小叶间质呈网格状增宽。镜检变化主要表现为淋巴滤泡内淋巴细胞坏死、数量减少，巨噬细胞增生并见巨核细胞，呈特殊肉芽肿性炎症反应；肺间质淋巴细胞、巨噬细胞浸润，呈间质性肺炎病变；肾脏间质，尤其是髓质部有大量淋巴细胞灶状浸润；肝间质有大量淋巴细胞浸润，呈间质性肝炎病变。

2．PDNS 可见于各日龄段的猪。发病猪最显著的特征是会阴部及后肢皮肤出现不规则的丘疹或者暗红色斑块。皮肤病变区域的病理变化表现为出血性脉管炎，其病变性质属于免疫复合物介导的超敏反应（Ⅲ型变态反应），免疫复合物沉积于血管壁基膜进而引起血管炎症；部分病猪肾肿大，被膜下肾表面呈现颗粒状外观，呈慢性肾小球肾炎。

3．母猪繁殖障碍　怀孕后期的母猪流产，产死胎。流产的小猪呈现坏死性心肌炎病变，眼观心肌灶状或条纹状坏死，坏死的心肌纤维颜色为灰白色，与正常的红色心肌构成红白相间的纹路，呈"虎斑心"样变。镜检变化表现为心肌纤维变质性坏死性炎症，心肌纤维变性坏死、断裂，坏死的心肌纤维周围有大量淋巴细胞浸润。

4．PCV3 相关疾病　PCV3 感染所致相关疾病的临床症状及病理变化还未明确。感染猪有 PDNS 样的临床症状、多器官炎症或仔猪腹泻，但在动物回归实验中并未出现相同的症状。PCV3 感染可导致心脏、脾等器官的血管壁坏死，周围有大量单核巨噬细胞聚集，这种病理变化尚未得到广泛认可，需要进一步证实。

九、猪塞内卡病毒病

猪塞内卡病毒病是 A 型塞内卡病毒（seneca virus A，SVA）感染引起的猪的病毒性水疱传染病。临床症状表现为猪鼻、蹄冠处出现水疱、溃烂创面，从而导致跛足。该病在临床上与口蹄疫（foot and mouth disease，FMD）、猪水疱病（swine vesicular disease，SVD）、水疱性口炎（vesicular stomatitis，VS）症状极为相似，难以区分，需要借助实验室检测手段进行鉴别。SVA 感染与 FMDV、SVDV、VSV 和 VEV 对易感猪群所引起的水疱严重程度不同。SVA 主要引起猪鼻子、蹄、口腔黏膜和冠状带处产生泡状病变。FMDV 主要感染偶蹄动物，在鼻子、口腔黏膜、舌头、咽部、冠状带及趾间和乳头处产生水疱。SVDV 主要引起感染猪的鼻子、口腔黏膜、舌头、冠状带、蹄部和踝部产生水疱。VSV 主要感染猪、牛和马，在鼻子、口腔黏膜、舌头、冠状带、趾间、踝部和乳头处产生水疱。VEV 主要感染猪和鳍脚类动物，在鼻子、口腔黏膜、冠状带、蹄部和踝部产生水疱。2015 年首次在我国的广东省出现并逐渐蔓延至全国。

（一）病原

SVA 属于小 RNA 病毒科塞内卡病毒属，该病毒是塞内卡病毒属的唯一成员。病毒是一种无囊膜的正链单链 RNA 病毒，直径 25～30nm（图 2-5-26），基因组全长 7.2kb，由 5′端的非编码区、3′端的非编码区和唯一的一个开放阅读框组成。SVA 具有和其他小 RNA 病毒相同的结构特征，基因组编码的蛋白质呈现 L-4-3-4 布局，5′→3′分别编码 L-VP4-VP2-VP3-VP1-2A-2B-2C-3A-3B-3C-3D 蛋白。开放阅读框编码 2181 个氨基酸的多聚前体蛋白质，包含一个 L 前导蛋白、P1 结构蛋白、P2 和 P3 区域的非结构蛋白。P1 区结构蛋白在病毒 2A、3C 蛋白酶和宿主蛋白酶的水解下可产生 3 个结构蛋白和 7 个非结构蛋白。P1 区经蛋白酶裂解后形成结构蛋白 VP0、

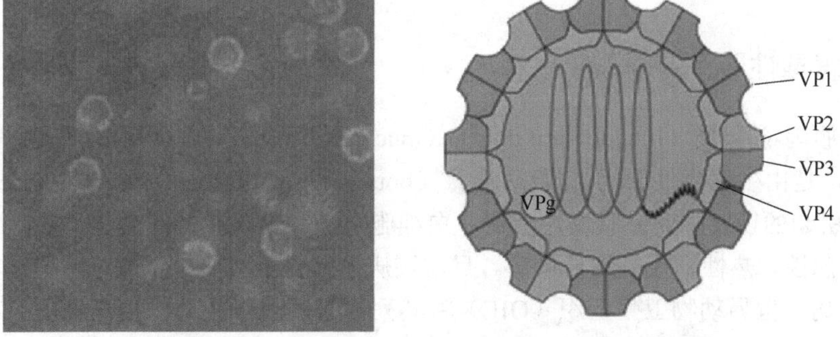

图 2-5-26　A 型塞内卡病毒（Zhang et al.，2018）

VP3 和 VP1，其中 VP0 又被水解为 VP2 和 VP4。P2、P3 区非结构蛋白域主要发挥蛋白质加工和病毒复制的功能。P2 区域经蛋白酶裂解后形成 3 个非结构蛋白 2A、2B、2C。P3 区域经蛋白酶水解后形成 4 个非结构蛋白 3A、3B、3C、3D。

（二）致病机制

人工感染实验表明，SVA 的感染与猪水疱病具有一定的联系。SVA 的潜伏期一般是 5d 左右，病毒血症可以持续 2～10d。在感染后第 3 天或第 4 天，外周血中的病毒拷贝数可达到峰值，随后逐渐下降，约 10d 以后就不能再检测到病毒。动物感染 SVA 之后，在扁桃体、脾、淋巴结、肺部、肝、肠系膜淋巴结等部位可以检测到病毒 RNA 和感染性颗粒，而在扁桃体中检测出来的病毒含量最高，提示扁桃体可能是该病毒的重要靶器官。

SVA 可以通过患病动物的口腔、鼻腔分泌物和粪便排出，且排出的持续时间有 1 个月左右。前 5 天为病毒排出的高峰期，与鼻腔分泌物和粪便排泄物相比，口腔分泌物中病毒含量更高。直至感染后的 21d 还能从口腔分泌物中检测到感染性病毒粒子，在粪便中的最长检出时间为 10d，在鼻腔分泌物中的最长检测时间为 7d。

（三）病理变化

1．剖检病变　感染猪口、鼻、舌和蹄冠等部位的皮肤和黏膜出现红斑，进而发展成为肉眼可见的一个或多个大小不等、充满液体的囊泡，第 5 天或第 6 天囊泡破溃后形成溃疡样病变，随后形成结痂并在半月后消失。有时在猪蹄部的真皮与表皮出现化脓性炎症，伴有水肿或轻度出血。

感染母猪症状相对比较轻微，主要变化为心脏充血、出血，肺气肿。淋巴结肿大出血。肾出现局部性坏死，肾小管管腔扩张，肾被膜增厚。小肠黏膜坏死脱落，新生仔猪病变比较严重，感染后除出现水疱以外，还表现出间质性肺炎、肺气肿或肺萎缩，偶尔弥漫性充血。胃内残留大量母乳，小肠和大肠充满黏稠状液体。出现非化脓性关节炎、萎缩性肠炎及非化脓性脑炎。

2．镜检变化　感染猪蹄部的真皮与表皮层炎症细胞浸润；肺间质血管周围淋巴细胞、浆细胞和巨噬细胞呈多灶性聚集；扁桃体、脾和淋巴结有不同程度的淋巴细胞增生；肾间质出现局灶性淋巴细胞、单核巨噬细胞浸润；小肠黏膜固有膜中有单核巨噬细胞、浆细胞和淋巴细胞浸润；小脑出现非化脓性脑膜炎病变，变性的脑神经细胞周围出现卫星现象和噬神经细胞现象，脑干可以观察到浦肯野细胞萎缩、坏死。

第四节　牛主要病毒性传染病

一、牛病毒性腹泻-黏膜病

牛病毒性腹泻-黏膜病（bovine viral diarrhea mucosal disease，BVD-MD），又称牛病毒性腹泻病（BVD），是由牛病毒性腹泻-黏膜病病毒（bouine viral diarrhea mucosal disease virus，BVD-MDV）引起的以发热、黏膜糜烂溃疡、白细胞减少、腹泻、持续感染、咳嗽、流产为主要特征的牛的急性、热性、接触性传染病。目前该病在世界范围内广泛流行，我国将 BVD 定为三类动物疫病，世界动物卫生组织（OIE）将其列为必须上报的动物疫病及国际动物胚胎交流病原名录三类疫病。

（一）病原

BVD-MDV 属于黄病毒科瘟病毒属，为有囊膜的正链单链 RNA 病毒，病毒粒子略呈圆形，直径约为 40nm（图 2-5-27）。BVD-MDV 基因组核酸全序列长约 12.3knt，由一个含有约 3900 个密码子的开放阅读框（ORF）和两侧的 5′端及 3′端非编码区组成，其中 ORF 可被靶细胞核糖体翻译成近 4000 个氨基酸残基的前体蛋白，进一步由病毒和细胞肽酶加工而产生至少 9 种病毒蛋白多肽。BVD-MDV 有一种血清型、两种生物型和两种基因型。虽然仅有一种血清型，但 BVD-MDV 各毒株之间存在抗原多样性。根据可否使细胞发生病变效应而将 BVD-MDV 分为致细胞病变型（cytopathic，CP）和非致细胞病变型（noncytopathic，NCP）两种生物型。CP 型可以形成细胞聚集、圆缩、细胞内空泡、拉网等病变，而 NCP 型只能使培养细胞发生较少的可见变化，感染细胞一般表现正常状态，造成急性及持续性感染的 BVD-MDV 多为 NCP 型，且一般毒力较强。不同株系 BVD-MDV 之间的遗传多样性和抗原差异十分复杂，根据遗传、抗原组分及 BVD-MDV 基因组 5′端非编码区（5′-UTR）差异，可将其分为两种主要的病毒类群，即 BVD-MDV-1 和 BVD-MDV-2 基因型，BVD-MDV 每个基因型又可分为多个基因亚型。

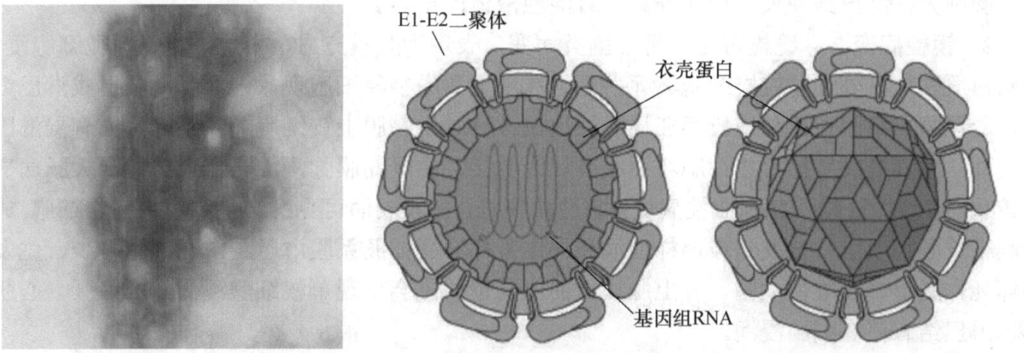

图 2-5-27　牛病毒性腹泻-黏膜病病毒（关平原提供左图；右图引自袁野，2022）

（二）致病机制

大多数 BVD-MDV 急性感染是 NCP 型病毒引起的，急性感染或持续性感染 BVD-MDV 的牛是该病的初始传染源。病毒主要通过口鼻途径侵染，病毒进入且接触口鼻黏膜表面后，在表皮细胞中发生首轮病毒复制，特别是在腭扁桃体，然后扩散到局部淋巴结和血液，随后病毒可以通过血液循环遍布整个机体。体内传播是由血清中的自由病毒粒子或白细胞内病毒所引起的，感染病毒的淋巴细胞和单核细胞更是病毒运输的重要载体。感染后 3～10d 可从血清或淋巴细胞中分离到病毒，病毒能够进入更多组织，特别是淋巴组织。然而，不同病毒株系的组织嗜性可能大不相同。BVD-MDV 急性感染所引起的不同程度的免疫系统功能紊乱可能会导致其他病原的继发性感染。BVD-MDV 通过形成肺的局部免疫抑制，引起继发性细菌感染。

BVD-MDV 能感染多种细胞类型，对单核巨噬细胞系统、树突状细胞、淋巴细胞等免疫细胞有更强的嗜性；大脑是 BVD-MDV 的重要攻击对象，BVD-MDV 主要集中在大脑和脑干，其对神经组织的侵染主要体现在可导致急性脑膜脑炎、神经元退化、神经组织坏死和胶质神经细胞增生；BVD-MDV-2a 毒株主要分布于呼吸道单核巨噬细胞、血管平滑肌和神经细胞，鼻甲软骨细胞往往存在广泛的 BVD-MDV 抗原，肺泡巨噬细胞发生中度到强度的 BVD-MDV 免疫反应，而肺泡上皮细胞则为弱到中等，呼吸道的鳞状上皮和纤毛柱状上皮存在少到中等剂量的抗原，鼻黏液分泌腺和气管混合型腺体存在微弱的病毒信号，杯状细胞不见病毒，BVD-MDV 也存在于肺泡壁细胞及间质细胞。因此，感染牛犊的鼻腔浆液性分泌液、上皮细胞、白细胞和呼吸道分泌物是散布 BVD-MDV 的主要途径，牛病毒性腹泻-黏膜病病毒分布在呼吸道上皮细胞，导致 BVD-MDV 持续性感染动物，容易发生继发性感染；BVD-MDV 存在于卵巢皮层中的巨噬细胞样细胞和基质细胞中，引起卵巢炎，影响卵巢功能，导致生育率下降。另外，牛卵母细胞和卵丘细胞很容易受到牛病毒性腹泻-黏膜病病毒的感染，牛胎盘及胚胎中也均能检测到病毒。持续性感染个体中淋巴细胞群及外周血单核细胞等白细胞中也发现有 BVD-MDV。

（三）病理变化

1．剖检病变　尸体消瘦，脱水，皮下组织充血；鼻腔黏膜潮红，充血；死于急性感染的牛从口腔到食道、前胃、真胃及整个肠道黏膜均可见糜烂或溃疡性病变，整个消化道黏膜广泛性出血、水肿，其中十二指肠点状出血，肠壁菲薄；空肠黏膜条状出血，肠内容物为红色，含有大量气泡和黏液；真胃黏膜弥漫性出血，水肿，有小的溃疡；肝肿大、有结节或斑点状坏死；脾肿大；淋巴结肿大，切面外翻，有混浊液体流出。

2．镜检病变　镜检可见病毒性脑炎病变，表现为脑膜充血，淋巴细胞、巨噬细胞浸润，大脑白质软化，外部颗粒层细胞坏死并见卫星现象和噬神经细胞现象，血管周围形成淋巴细胞性袖套现象，小脑白质和皮质存在局灶性出血；胃肠道黏膜上皮细胞坏死脱落，固有层淋巴细胞浸润，尤其是真胃腺上皮细胞坏死脱落较为明显，小肠黏膜弥漫性充血、出血，大肠病变往往较重，表现为纤维素性出血性病变，急性溃疡时，黏膜表面可见纤维蛋白和中性粒细胞渗出，黏膜下或肠系膜小动脉发生玻璃样变性和纤维素样坏死；肠系膜淋巴结淋巴细胞减少、生发中心坏死；肠道、心脏、大脑、肾上腺皮质的血管壁周围会出现单核细胞浸润；肝门区、心肌、脾、淋巴结有巨噬细胞浸润。

二、牛传染性鼻气管炎

牛传染性鼻气管炎（infectious bovine rhinotracheitis，IBR）又称“牛传染性坏死性鼻炎”或“红鼻病”，是牛传染性鼻气管炎病毒（IBRV）引起的牛的一种急性、热性、接触性传染病，主要表现为鼻气管炎症、呼吸困难、流鼻涕等症状，可引起传染性脓疱性外阴阴道炎、传染性脓疱龟头包皮炎、结膜炎、犊牛脑膜脑炎、乳腺炎、奶牛流产、产奶量下降等，是我国出入境动物检疫部门必检疫病。世界动物卫生组织（OIE）将该病列为必须上报的动物疫病，我国将其归为二类动物传染病。

（一）病原

IBRV 属于疱疹病毒科 α 疱疹病毒亚科水痘病毒属，又称为Ⅰ型牛疱疹病毒（bovine herpesvirus-1，BHV-1）。与伪狂犬病毒、马疱疹病毒Ⅰ型、水痘带状疱疹病毒同属 α 疱疹病毒亚科成员。IBRV 具有疱疹病毒科成员所有的形态特征，病毒呈球形，有囊膜，核酸为双链 DNA 分子，成熟病毒粒子直径 150～220nm（图 2-5-28）。IBRV 只有一个血清型，包括 3 个亚型，分别是 BHV-1.1、BHV-1.2a 和 BHV-1.2b、BHV-1.3。各亚型的流行病学和临床表现可能不同，如 BHV-1.1 和 BHV-1.2a 主要引起呼吸道感染，表现为传染性鼻气管炎；BHV-1.2b 可引起传染性脓疱性外阴阴道炎、传染性脓疱龟头包皮炎；BHV-1.3 则与犊牛的脑膜脑炎和胎儿流产有关。

亚型1.2的毒力较亚型1.1弱，且BHV-1.1的传播能力最强。各型之间存在交叉免疫性。IBRV可在多种细胞上生长，如来源于牛的肾细胞、胚胎细胞、睾丸细胞、肾上腺细胞、肺细胞及山羊、马、猪等的肾细胞等。

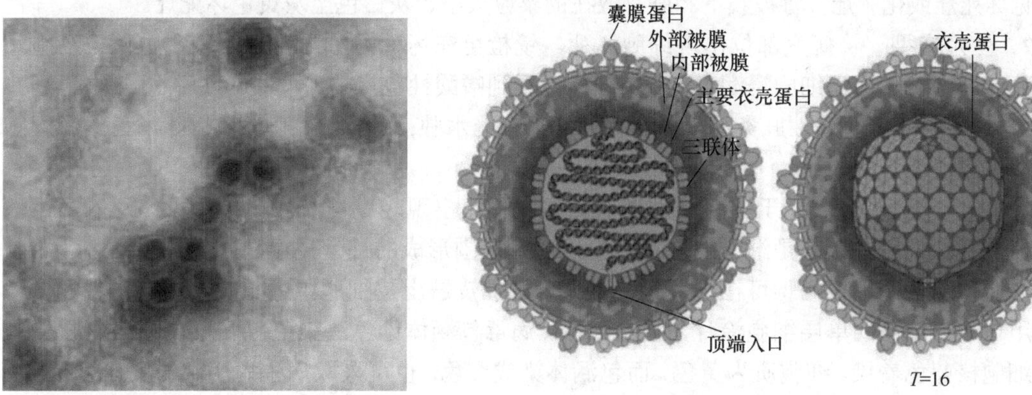

图2-5-28　牛传染性鼻气管炎病毒（徐晓琴，2010）

（二）致病机制

病毒经鼻腔进入动物体内并在上呼吸道和扁桃体的黏膜上皮细胞内复制，随后扩散到结膜并通过神经轴突传到三叉神经节；通过生殖系统感染后，IBRV在阴道或包皮黏膜上皮细胞中复制并潜伏于荐神经节。IBRV在原发感染时，在体内通过感觉神经纤维向心性蔓延。像其他疱疹病毒一样，IBRV潜伏在三叉神经节与腰、荐脊髓等部位。耐过鼻黏膜感染的牛鼻黏膜、三叉神经和延髓中都有病毒的存在，而耐过阴道黏膜感染的牛阴道黏膜和腰、荐脊髓中也有病毒。病毒侵入神经纤维和神经节后，不再受体液抗体的影响。在感觉神经内出现的活性病毒是从三叉神经向鼻黏膜蔓延，从腰、荐脊髓向阴道黏膜蔓延。因此，对耐过自然感染或实验感染的牛（感染耐过牛）给予免疫抑制剂时，无论血液中有无抗体，都能在鼻腔、阴道采集液或包皮冲洗液中检测到病毒。牛感染后常呈间歇性复发，长期向体外排泄病毒，所以IBRV的持续感染可能是终身的。

疱疹病毒的潜伏感染特性可逃避宿主对病毒的免疫清除，从而允许病毒感染在牛群中持续存在。这种持续感染的机制可能是病毒产生的*TK*基因在激活宿主细胞中的一种类似核苷酸序列时起重要作用，该类似核苷酸序列实际上是病毒复制的抑制基因。也有人认为是病毒基因组掺和到分化极慢的神经细胞DNA上所致。能激活潜伏感染病毒的因素较多，如细菌、病毒或寄生虫的感染和某些化学试剂、抗生素、激素等。另外，环境条件、群体密度、长途运输、疲劳等因素也能降低机体的免疫力。IBR病毒潜伏在三叉神经节中，不受中和抗体的影响。这种潜伏感染病毒的再激活很少能引起临床症状，但这种状态下病毒的复活将是最危险的传染源。所有的IBRV抗体阳性牛实际上都是带毒者。弱毒疫苗接种后也可在体内保持一种持续感染状态，但这种牛不能阻止攻击强毒在体内的复制。另外，对自然带毒牛进行疫苗接种也不能阻止病毒排出。

（三）病理变化

1. 呼吸道型　呼吸道型的病变局限于上呼吸道，肺大多正常，口、鼻腔、咽、喉、气管黏膜有不同程度的炎症反应。轻度发病牛上呼吸道黏膜充血、肿胀并伴有黏液性渗出物，严重者在黏膜下有出血点和坏死灶。镜检病变可见呼吸道黏膜下层有淋巴细胞、巨噬细胞和浆细胞浸润，在坏死的黏膜内含有大量嗜中性粒细胞。在病变的上皮细胞内可看到典型的嗜酸性包涵体；脾可见坏死灶或化脓灶；肾被膜下和肝有散在的粟粒大小、灰白色至灰黄色坏死灶。

2．生殖道型　病变部位出现细胞坏死。镜检可在坏死区域内发现大量嗜中性粒细胞，在坏死灶周围可见淋巴细胞浸润，且能在细胞内看到嗜酸性包涵体（病牛痊愈后 6d 左右包涵体消失）；流产胎儿有坏死性肝炎；脾局灶性坏死，有些水肿；肝、肺、脾、胸腺、淋巴结和肾等器官有弥漫性或灶状坏死。

3．脑膜脑炎型　死于脑膜脑炎型的犊牛，脑膜出现轻度出血。镜检可见广泛的病毒性脑膜炎特征性病变，尤其是淋巴细胞在脑组织血管周围形成的袖套现象。

包涵体检查。因该病毒可在牛胚肾、睾丸、肺和皮肤上皮细胞中生长并形成核内包涵体，故可用该病毒感染的单层细胞涂片，用 Lendrum 病毒包涵体染色法染色，镜检细胞核内包涵体。往往细胞核蓝色着染，细胞质为黄色，而包涵体染成红色。也可采取病牛病变部的上皮组织（上呼吸道、眼结膜、角膜等组织）制作切片后染色，镜检观察包涵体。

三、牛结节性皮肤病

牛结节性皮肤病，又称疙瘩皮肤病（lumpy skin disease，LSD），是牛结节性皮肤病病毒（lumpy skin disease virus，LSDV）引起的牛的一种急性、亚急性或慢性传染病。主要通过吸血节肢动物等多种方式传播，以发热，皮肤、黏膜和内脏器官表面有广泛性结节（疙瘩），淋巴结肿大，动物消瘦，产奶量降低，不孕、不育和流产为主要临床特征，还有无症状的隐性损伤和继发感染等表现。

（一）病原

LSDV 属于痘病毒科（*Poxviridae*）羊痘病毒属（*Capripoxvirus*），与山羊痘病毒（goatpox virus，GTPV）和绵羊痘病毒（sheeppox virus，SPPV）同为一属，遗传相近，有交叉保护作用。LSDV 形态特征与其他痘病毒相似，病毒粒子在电镜下呈砖块状或短管状，大小为 290nm×270nm（图 2-5-29）。主要有胞内成熟病毒粒子（intracellular mature virion，IMV）和胞外囊膜病毒粒子（extracellular enveloped virion，EEV）两种形式，具有不同的囊膜，但都具有感染性，理化性质

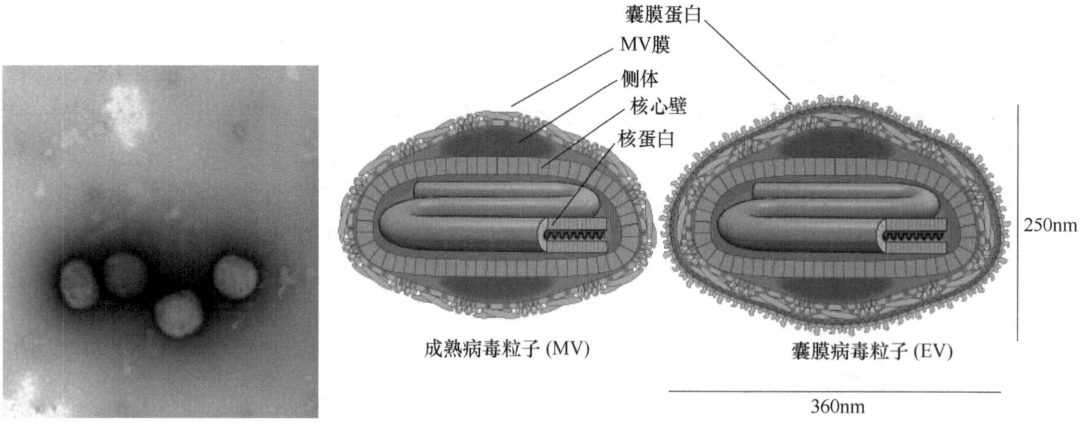

图 2-5-29　牛结节性皮肤病病毒（景志忠，2023）

与 GTPV、SPPV 类似。病毒核酸为 dsDNA，基因组大小约为 151kb，富含 AT（占 74%左右），有一个中心编码区，由相同的末端反向重复序列（ITR）包围，含有 156 个编码蛋白质的基因。目前的病毒株只有一个血清型，但病毒株间可发生基因组重组，产生新毒株。

（二）致病机制

健康动物被昆虫叮咬感染 LSDV 后，病毒在其血液和皮肤细胞中继续复制，成熟的和不成熟的病毒粒子在病毒血症期间被广泛散播到机体的其他易感组织，并证实病毒浸润到真皮、皮下组织和淋巴结的实质。易感组织包括嘴唇内侧、牙龈和牙垫、舌软盘、咽、会厌的口腔黏膜及瘤胃、胃网、瓣胃和皱胃，此外鼻腔黏膜、气管和肺也易被感染。病毒血症一般持续大约 9d，有时更长，直到诱导的抗体反应能完全中和病毒时为止。LSDV 感染的动物一般具有细胞、组织和器官嗜性，并以特殊的方式排毒、传播和致病。皮肤是病毒复制最常见的感染组织和细胞，具有较强的病毒嗜性。

（三）病理变化

1. 剖检病变　皮肤上出现许多结节，少者 1～2 个，多者可达百余个，结节硬而突出，界限清楚，大小不一，直径一般 2～3cm。结节最先出现于头、颈、胸、背等部位，重症病例波及全身。有时可见四肢关节有滑膜和腱鞘炎症；在肛门、会阴、乳房和口腔的结节，不如皮肤结节隆起明显，可见明显的充血带；在胸下部、乳房和四肢常见水肿，体表淋巴结明显肿大。

2. 镜检病变　在结节病变周围出现明显的炎症反应，皮下组织、黏膜下组织和结缔组织有浆液性和出血性渗出液，呈红色或黄色。表皮和皮脂腺细胞肿胀，细胞质内有空泡。在病变早期，受损的细胞在细胞质内出现嗜酸性包涵体。

第五节　宠物病毒性传染病

一、狂犬病

狂犬病（rabies）又称恐水病、疯犬病，是狂犬病病毒（rabies virus，RV）引起的一种以恐水、怕风、畏光、流涎、吞咽困难、狂躁为主要临床特征的急性、高度致死性的烈性人兽共患传染病。人类患者通常是患病动物咬伤，其唾液中 RV 侵入人体后感染所致。狂犬病以侵犯中枢神经系统为主，是迄今为止病死率最高的急性传染病，一旦发病，病死率几乎为 100%。狂犬病是世界性疾病，我国将其列为二类动物疫病。

（一）病原

RV 属于弹状病毒科（Rhabdoviridae）狂犬病病毒属（*Lyssavirus*）。病毒颗粒一端呈平坦或略凹状，另一端为半圆形，呈子弹状。病毒颗粒是由囊膜和被其包裹着的核蛋白构成。囊膜表面有长 6～7nm 的棘状突起，由病毒糖蛋白（glycoprotein，G 蛋白）三聚体组成，囊膜内层是基质蛋白（matrix protein，M 蛋白）。中央为紧密的螺旋状核衣壳，直径约 50nm，由基因组 RNA、核蛋白（nucleoprotein）、巨蛋白（large protein）和磷蛋白（phosphoprotein）组成（图 2-5-30）。该病毒群有 4 个血清型，最典型的 RV 为第 1 型（原型株为 CVS11），从尼日利亚以果实为生的蝙蝠体内分离到的为第 2 型（lagos 蝙蝠型），从人体内分离到的为第 3 型（mokota 型），从南非人体内分离而来的为第 4 型（duvenhage）。RV 基因组为单链、不分节段的负链 RNA，长度为 11 928～11 932 个核苷酸，基因组由 7 个功能区组成，它们分别是 3′先导区、N、P、M、G、L 蛋白等 5 个结构基因及约 70 核苷酸的 5′非转录区。RV 与其他弹状病毒最明显的不同在于 N 蛋白基因的 3′端 58 个核苷酸的非编码序列，以及在结构基因之间有大小和序列各不相同的不转录的间隔区。RV 是嗜神经病毒，可在几乎所有哺乳动物的神经组织细胞内增殖，也可在禽类组织细胞内增殖。RV 存在于患者和病兽的神经组织及唾液中。

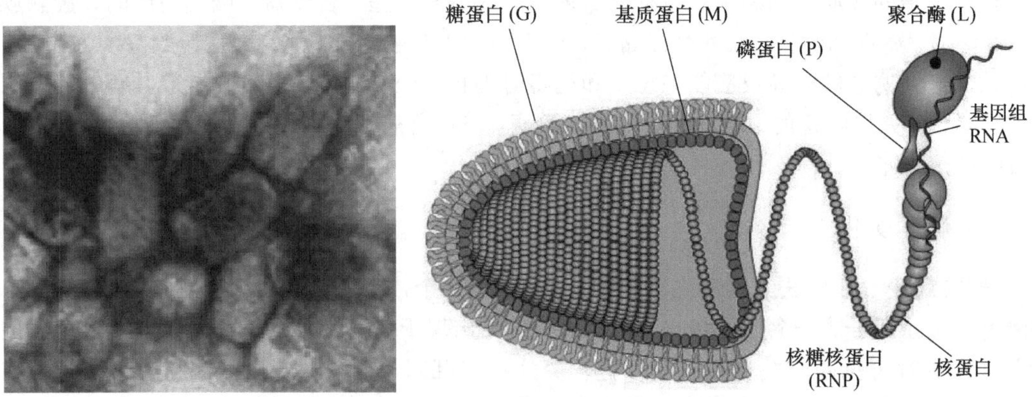

图 2-5-30　狂犬病病毒（金宏丽，2022）

（二）致病机制

RV 为严格的嗜神经病毒，它不侵入血液，不形成病毒血症。其传播是通过快速突触传送发生的。

（1）向心性扩散　RV 进入人体后首先侵染肌细胞或皮肤细胞，在感染部位增殖并在其中度过潜伏期，然后病毒特异性结合神经肌肉结合处的乙酰胆碱受体及神经节苷脂等受体，在伤口附近的肌细胞内复制，而后通过感觉或运动神经末梢侵入外周神经系统，沿外周传入神经迅速上行到达背根神经节，最后侵入脊髓和中枢神经系统。在脑的边缘系统大量复制，感染脑干、海马、延脑神经细胞、浦肯野细胞和小脑，即出现脑脊髓炎症状。病毒粒子聚集形成胞质内包涵体，称为“内氏小体”（negri bodies），只在神经细胞细胞质和浦肯野细胞里存在。病毒在中枢神经系统中增殖，既侵害神经细胞，又损害血管壁。血管壁受损后，引起血管周围淋巴细胞浸润。神经细胞受刺激后，即可引起各种神经症状，如神志紊乱和反射兴奋性增强。当延脑受到侵害时，则可引起发热、多尿和糖尿。该病在后期常常由于神经细胞变性，患病动物逐渐出现麻痹症状。

（2）离心性扩散　RV 从中枢神经向周围神经系统扩散，病毒通过神经到达唾液腺和导管，特别是向高度受神经所支配的器官扩散，如唾液腺，病毒在唾液腺内大量增殖并以很高的滴度经唾液排出体外。

病毒蛋白有很强的免疫原性。但在病毒从咬伤部位向中枢系统扩散的过程中，既无体液免疫应答也无细胞免疫应答，可能是病毒抗原隐藏在肌肉细胞或神经轴突之内，使其病死率高。病毒从伤口至脊髓的时间即为潜伏期，病毒从脊髓抵达脑的时间为前驱期，之后是急性神经症状期、昏迷期，最终疾病进展到不可避免的全身神经系统衰竭和死亡。

（三）病理变化

其特征病变为弥漫性脑脊髓膜炎，在患病动物体内以中枢神经组织、唾液腺的含毒量最高，其他脏器、血液和乳汁中也可能有少量病毒存在。常在大脑海马、小脑浦肯野细胞和延脑的神经细胞细胞质内形成狂犬病特有的嗜酸性包涵体，叫内氏小体，呈圆形或椭圆形。内氏小体是狂犬病的病理特征，是神经元细胞质内的包涵体，由成群的病毒核壳体组成。此外，脑、脊髓出血，神经细胞肿大，细胞质内出现颗粒变性、空泡变性或脂肪变性。脑的其他病变是脑干和髓质神经元的破坏，大脑皮层在临死前多仍正常，无长时间缺氧的表现。海马、丘脑和基底神经节常有神经元病变和胶质细胞增多，尤其在脑桥和第四脑室底部更为明显。咬伤部位的外周神经炎病变，可见神经纤维髓鞘与轴突变性、崩解，淋巴细胞浸润。

二、犬瘟热

犬瘟热（canine distemper，CD）是犬瘟热病毒（canine distemper virus，CDV）引起的一种急性、高度接触性病毒性传染病。CDV 主要侵害易感动物的消化系统、神经系统和呼吸系统。临床症状多表现为“双相热”。犬在感染 CDV 后最初表现为精神沉郁、脱水、食欲减退等临床症状，眼鼻有黏液样分泌物，伴有腹泻。后期常常出现抽搐、痉挛等神经症状，严重时出现血便，四趾肉垫增厚、角质化明显。

（一）病原

CDV 属于副黏病毒科（*Paramyxoviridae*）麻疹病毒属（*Morbillivirus*）。CDV 是负链单链、不分节段的 RNA 病毒，病毒粒子多呈球形或不规则形状，直径 120～300nm，基因组全长 15 690bp，核衣壳包裹 RNA，3′端为含有 55 个核苷酸的前导序列，5′端为尾随序列，3′端到 5′端依次为 *N* 基因（缠绕 RNA 表面形成核衣壳的核蛋白，即 N 蛋白）、*P* 基因（编码磷蛋白，即 *P* 蛋白）、*M* 基因（编码基质蛋白，即 M 蛋白）、*F* 基因（编码融合蛋白，即 F 蛋白）、*H* 基因（编码血凝素蛋白，即 H 蛋白）、*L* 基因（编码大蛋白，即 L 蛋白），其中 *P* 基因还编码两个非结构蛋白，C 蛋白和 V 蛋白（图 2-5-31）。

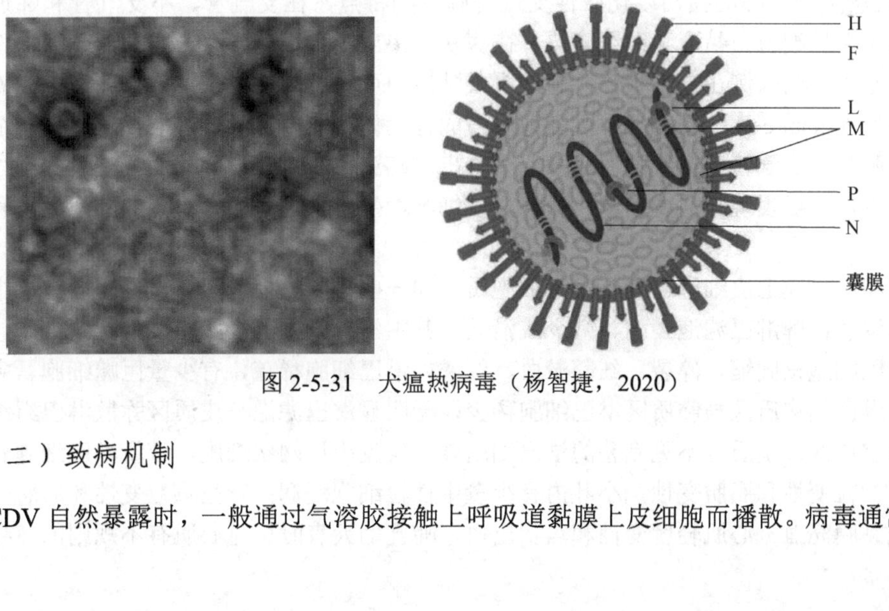

图 2-5-31　犬瘟热病毒（杨智捷，2020）

（二）致病机制

CDV 自然暴露时，一般通过气溶胶接触上呼吸道黏膜上皮细胞而播散。病毒通常 24h 内可在巨噬细胞内增殖，通过局部淋巴管扩散到扁桃体和支气管淋巴结。接种后 4～6d，病毒增殖出现在脾淋巴小结、胃和小肠固有层、肠系膜淋巴结及肝库普弗细胞中。淋巴器官内广泛的病毒复制与体温升高、白细胞减少症相一致。白细胞减少症是病毒破坏淋巴样细胞（对 T 细胞和 B 细胞都有影响）引起的一种淋巴细胞减少症。感染后第 7 天，病毒在胃肠道、呼吸道和泌尿道黏膜上皮细胞中定居、增殖，部分病例还在皮肤组织和中枢神经系统（首先是在大脑血管内皮细胞）中定居。由此可见，CDV 是一种泛嗜性病毒，特别是对间充质、单核巨噬细胞系统和上皮细胞具有特殊的亲和力，因此不论经何种方式感染，都表现为败血症性病程。所有易感动物的肾盂、膀胱及支气管黏膜等上皮细胞，单核巨噬细胞系统，神经胶质细胞，中枢神经系统的神经节细胞，室管膜细胞及肾上腺髓质细胞等的细胞质和细胞核内均可见有嗜酸性包涵体形成。

（三）病理变化

CDV 为泛嗜性病毒，对上皮细胞和淋巴细胞有特殊的亲和力，因此病变分布非常广泛。病理变化随病程的长短、临床病型和继发感染的种类与程度不同而异。

1．剖检病变　死于犬瘟热的病犬，尸体外观有卡他性或卡他性化脓性结膜炎，有时见有溃疡性角膜炎和化脓性全眼球炎。有些病例的皮肤，如股内侧、腹部、耳壳、包皮等部位皮肤发生水疱性或脓疱性皮肤炎，干涸后可形成褐色痂皮。水疱和脓疱一般限于皮肤的表皮层，真皮表现为充血。有些病例脚底表皮角化层过度增生，致使肉趾增厚变硬，形成所谓的硬肉趾病或硬脚掌病，剖检体腔有浆液性渗出物。

病犬发生急性卡他性鼻炎、支气管炎，并常发展成为卡他性肺炎，鼻腔、喉头、气管和支气管黏膜充血、肿胀，被覆有卡他性脓性分泌物。肺常伴发卡他性肺炎，以后转为卡他性化脓性肺炎，肺炎病变多发生于尖叶、心叶和膈叶前部，有时遍布全肺。病灶部初期呈暗红色或褐红色，以后呈灰红色，切开病灶部见支气管腔内充满黏液脓性渗出物。炎灶部的胸膜呈纤维素性炎变化；胃肠道黏膜呈卡他性炎，并常有糜烂和溃疡病灶。肠黏膜孤立与集合淋巴小结肿胀。个别病例可发生严重的出血性肠炎，胃黏膜出血；扁桃体红肿；脾轻度肿大、淤血，脾髓增生；胸腺缩小，有时呈胶冻状；全身淋巴结肿大、水肿；死于神经症状的病犬，脑膜充血、出血，脑室扩张，脑脊液增多。脑和脊髓充血与水肿。

2．镜检病变　肺的损伤以化脓性支气管肺炎为特点，在支气管、小支气管和邻近的肺泡内充满嗜中性粒细胞、黏液和组织碎屑。在病初，渗出物中可能含有一些血液、嗜中性粒细胞和巨噬细胞。有些病例在支气管内、肺泡膈或肺泡中可见游离的巨核细胞，即形成犬瘟热性巨细胞性肺炎（giant cell pneumonia）。细胞质内的包涵体或核内包涵体也能在这些巨核细胞、一些巨噬细胞和小支气管及支气管上皮细胞中检出。感染 CDV 仔犬肺的变化是以弥漫性间质性肺炎为特点，主要表现肺泡壁增厚，肺泡上皮细胞增生，肺泡中含有脱落的肺泡上皮和巨噬细胞。

镜检胃和肠黏膜上皮细胞可含有大量细胞质内和一些细胞核内包涵体，黏膜固有层中有较多淋巴细胞浸润；脾淋巴滤泡萎缩、减少或消失，其中淋巴细胞稀少，主要为网状细胞，中央动脉周围淋巴细胞核固缩、碎裂，红髓淤血，红髓内淋巴细胞稀疏，有少量巨噬细胞、中性粒细胞浸润；淋巴结皮质区与髓质区淋巴细胞稀少，无明显淋巴滤泡，皮质区弥散淋巴组织内出现许多圆形空白区，髓质内不见完整的淋巴细胞索，仅见少许网状细胞，少量淋巴细胞和巨噬细胞；肝呈颗粒变性和脂肪变性，小叶内有少量中性粒细胞浸润；肾呈颗粒变性和脂肪变性，肾盂与膀胱黏膜充血；心肌轻度变性和点状出血，哺乳幼犬有时可见心肌有不规则的坏死与钙化区。

死于神经症状的病犬，镜检以脱髓鞘性脑病为特点，脑组织内的包涵体主要见于室管膜细胞和星状胶质细胞，神经细胞中则少见，且包涵体不仅有细胞质内包涵体，而且有细胞核内包涵体。星状胶质细胞增生，形成胶质细胞结节，血管周围淋巴细胞浸润形成袖套现象。

三、犬细小病毒病

犬细小病毒病（canine parvovirus disease）又称犬传染性出血性肠炎，是犬细小病毒（canine parvovirus，CPV）引起的犬的一种急性高度接触性传染病。临床上以出血性坏死性肠炎和急性非化脓性心肌炎为特征。

（一）病原

CPV 属于细小病毒科细小病毒属，是一种 DNA 病毒，病毒粒子小，直径 20～22nm，外观呈圆形、椭圆形，无囊膜，基因组为单链 DNA，基因组 5233bp，衣壳由 32 个长为 3～4nm 的壳粒组成，CPV 病毒粒子有 3 种多肽，其中 VP2 为主要衣壳蛋白成分（图 2-5-32）。CPV 具有较强的血凝活性，能凝集恒河猴、猪、仓鼠、猫和马的红细胞，不能凝集其他动物的红细胞，据此可作为病毒鉴定的参考指标。CPV 与猫泛白细胞减少症病毒（FPLV）、水貂肠炎病毒（MEV）之间有共同的抗原组成，能发生交叉血清学反应，但又有各自的抗原成分。CPV 与猪细小病毒（PPV）之间也有某些共同的抗原组成，两者之间能出现免疫荧光和血凝抑制交叉现象。

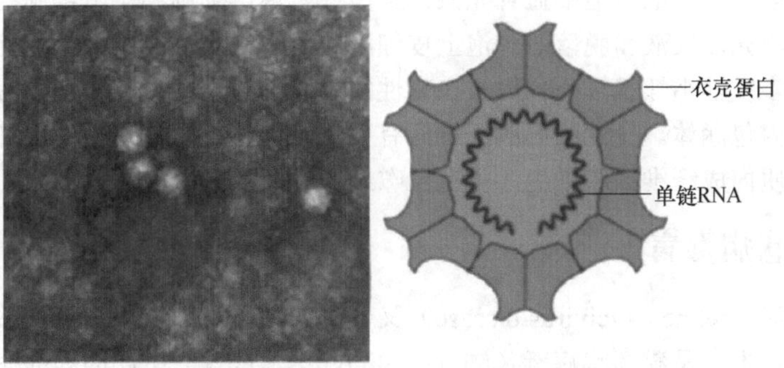

图 2-5-32 犬细小病毒（李紫仟等，2022）

（二）致病机制

CPV 感染动物 3～4d 后，病毒首先在口咽淋巴组织、肠系膜淋巴结和胸腺开始复制，然后通过血液循环扩散到小肠的肠隐窝。感染后 1～5d，可以检测到明显的病毒血症。病毒血症后，CPV 主要定居于舌上皮层、口腔、食管、小肠、骨髓和淋巴组织，CPV 在淋巴和肠细胞的更新速率决定了疾病的严重程度，高的更新速率促进 CPV 复制，使细胞受到严重破坏，导致感染犬出现临床症状。在小肠成熟的上皮细胞通常是由隐窝原始上皮细胞逐渐成熟转移到绒毛顶端的，一旦到达绒毛顶端，它们便可获得吸收功能。CPV 感染肠隐窝的原始上皮细胞，导致上皮细胞破坏和肠绒毛崩解，结果使正常的细胞更新被破坏，导致肠绒毛缩短和萎缩，在肠绒毛萎缩期间，小肠失去吸收功能。

胸腺中的变化较为剧烈，胸腺皮质的损伤通常最明显，反映出 CPV 对分裂活性高的细胞的亲嗜性。与其他淋巴组织相比，胸腺皮质部广泛的淋巴细胞裂解进一步反映了胸腺皮质淋巴细胞的高分裂频率，因此感染 CPV 的幼犬会发生严重的淋巴细胞减少现象。此外，应激因素尤其是寄生虫和非特异性因素（如断奶）使黏膜上皮细胞活性增加，导致犬对 CPV 更易感。

（三）病理变化

1. 剖检病变

（1）*肠炎型*　胃和十二指肠空虚或有稀薄液体，黏膜轻度潮红、肿胀，黏膜表面有较多黏液，特别是空肠和回肠肠壁出现不同程度的增厚，肠管增粗，肠腔狭窄，充满血粥样内容物或混有紫黑色血凝块，黏膜潮红、肿胀，散布斑点状或弥漫性出血，并且形成厚的黏膜褶皱。盲肠、结肠和直肠的内容物稀软呈暗红色，具有腥臭味，黏膜肿胀，有散在的出血点。肠系膜淋巴结肿大，因充血、出血而变为暗红色。肝肿大，呈紫红色，质地脆弱，切面有暗红色血液流出。胆囊肿大，黏膜肿胀。脾轻度肿大，偶见出血性梗死灶。

（2）*心肌炎型*　主要病理变化在肺和心脏。肺胸膜散在出血斑点，肺斑点状充血出血，表面色彩斑驳，触其肺组织较硬实。肺切面富有血液，挤压切面有血样液体流出；心包积液，心脏变性肿胀并见界限不明的灰白色坏死灶，常见出血性斑纹。

2. 镜检病变

（1）*肠炎型*　小肠黏膜上皮细胞坏死、脱落，小肠黏膜上皮细胞和肠腺上皮细胞有核内嗜碱性或嗜酸性包涵体，肠绒毛萎缩。血液检测指标显示血清总蛋白减少，白细胞总数显著减少，转氨酶指数上升。

（2）*心肌炎型*　肺泡壁毛细血管充血，肺泡壁有淋巴细胞和巨噬细胞浸润增生，呈间质性肺炎病变，肺泡充满浆液和脱落的肺泡上皮细胞或巨噬细胞；心肌纤维变性、坏死、断裂或溶解消失，形成多发性小灶状坏死，散布在变性的心肌纤维之间，在肿胀的心肌纤维中可见嗜碱性或嗜酸性核内包涵体。变性的心肌纤维间有少量中性粒细胞浸润，淋巴细胞和巨噬细胞呈小灶性聚集，间质内成纤维细胞增生，伴有巨噬细胞浸润。

四、猫杯状病毒病

猫杯状病毒病（feline calicivirus disease）又名猫的呼吸道病、小核糖核酸病毒感染、间质性肺炎或溃疡性口炎，是猫杯状病毒（feline calicivirus，FCV）引起的猫的病毒性呼吸道传染病，主要表现为上呼吸道症状，口腔溃疡，大量流涎，伴随结膜炎和眼睛分泌黏液脓性分泌物。

（一）病原

FCV 属于杯状病毒科水疱疹病毒属猫杯状病毒，正链单链不分节段 RNA 病毒。无囊膜，衣壳由整齐排列的 32 个中空的呈杯状结构的壳粒构成，病毒颗粒直径 35～39nm，表面结构是由 90 个壳粒以 $T=3$ 的二十面体对称形式组成。壳粒是由病毒衣壳蛋白的二聚体构成，分为三个区：上部的两叶结构、中央茎区和下部的壳状区（图 2-5-33）。但有的毒株形态模糊。基因组约 7.7kb，FCV 基因组包含 3 个开放性阅读框（ORF）。病毒在细胞质内合成和成熟，有时呈晶格状排列。FCV 的分子量约为 2.7×10^6，沉降系数为 170S～183S。

（二）致病机制

FCV 感染宿主首先吸附到细胞表面与受体结合，通过内吞作用穿过细胞膜，经过与 pH 相关的病毒脱壳过程，病毒 RNA 进入细胞质进行复制。猫连接黏附分子-A（fJAM-A）是 FCV 的

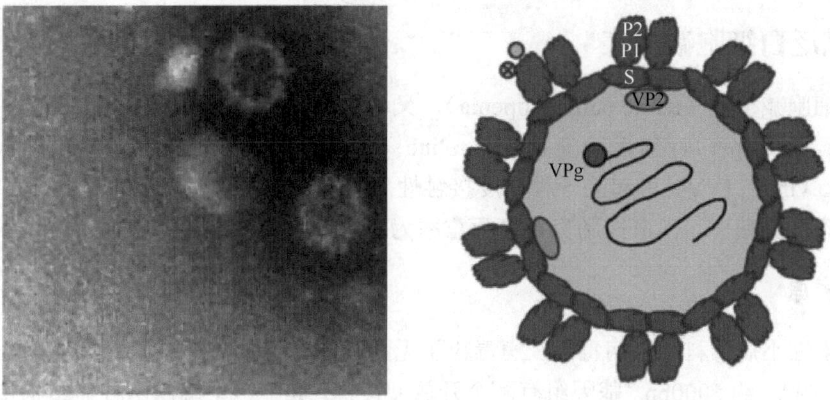

图 2-5-33　猫杯状病毒（Hofmann-Lehmann et al.，2022）

细胞受体，介导 FCV 在细胞表面附着和感染性病毒进入，也是杯状病毒科所有病毒成员的主要细胞受体。

FCV 通过口腔、鼻腔和眼部分泌物排出，也可在感染猫血液、尿液和粪便中检出。口腔是 FCV 的主要复制部位，口腔溃疡是 FCV 的典型症状，病毒入侵引起上皮细胞坏死，舌头边缘首先出现水疱，随后破裂形成溃疡，鼻镜处也会出现溃疡。在口腔及鼻镜病变部位被覆上皮细胞坏死和中性粒细胞浸润，通常 2～3 周愈合。FCV 引起的肺炎最初是局灶性肺泡炎所致，导致急性渗出性肺泡炎，然后又发展成一种增生性间质性肺炎。Kahn 等用 255 株感染猫，感染首日即在肺泡壁细胞检测到特异性病毒荧光，急性炎症后肺泡巨噬细胞增多，细胞质内检测到病毒。随后在支气管和细支气管上皮细胞中也观察到特异性病毒荧光。FCV 感染跛行主要为急性滑膜炎、滑膜增厚和关节内滑液量增加，伴有纤维性渗出和巨噬细胞增多。高毒性 FCV（VS-FCV）与经典型 FCV 不同，多种组织器官出现病变，包括肝（肝坏死）、胰腺（胰腺炎）和皮肤（皮肤水肿和溃烂）等，感染猫死亡率高达 50%以上。VS-FCV 感染的发病机制尚不清楚，可能包括病毒变异、免疫介导因素及环境和管理因素。

（三）病理变化

1．剖检病变　虽然各病毒毒株的毒力不同，但其特征病变为在鼻、舌、口腔黏膜或硬腭上形成水疱。水疱随着其上皮细胞的坏死，形成界限分明的溃疡，后者愈合极其缓慢。

在肺形成多发性间质性肺炎病灶。病灶随着肺泡间的细胞浸润、肺泡上皮呈腺样增生的不断增加，以及最终有大量细胞脱落填充肺泡腔而隆突于肺表面。此种间质性肺炎病灶界限分明，边缘不整，呈暗紫色，常位于肺的边缘部位。

跛行猫主要表现为急性滑膜炎、滑膜增厚和关节内滑液量增加。

高毒性 FCV 感染可引起肝坏死、胰腺炎和皮肤水肿与溃烂等病变。

2．镜检病变　口腔黏膜，病理组织学检查显示，轻度炎症（1 级）时，感染区域内上皮细胞轻度增生、角化不全，固有层和黏膜下层炎症细胞增多；中度炎症（2 级）时，溃疡区域内上皮细胞变性，固有层和黏膜下层炎症细胞浸润增生；严重感染（3 级）时，感染区域内上皮细胞变性坏死，水肿，形成溃疡，渗出物内含有大量巨噬细胞、嗜中性粒细胞和淋巴细胞，固有层和黏膜下层中大量炎症细胞浸润、出血。

肺泡壁增厚，有较多红细胞渗出，少量上皮细胞坏死，细胞核固缩深染。支气管上皮细胞大量脱落，局部血管可见不溶性纤维蛋白。

五、猫泛白细胞减少症

猫泛白细胞减少症（feline panleukopenia），又称猫传染性肠炎（feline infectious enteritis）、猫瘟（feline distemper）、猫运动失调症（feline ataxia），是猫泛白细胞减少症病毒（feline panleukopenia virus，FPV）引起的一种高度接触性急性传染病，以突发双向高热、呕吐、腹泻、脱水、白细胞严重减少、出血性肠炎及高死亡率为特征，是猫的重要传染病。

（一）病原

FPE 属于细小病毒科细小病毒属。病毒粒子无囊膜，二面体结构，直径 20～40nm。病毒基因组为单链 DNA，约 5000bp。基因组有两个开放阅读框，其中一个编码两种非结构蛋白（NS1、NS2），另一个编码三种衣壳蛋白（图 2-5-34）。该病毒与犬细小病毒（CPV）和水貂肠炎病毒（MEV）都有相关抗原性。该病毒只有一个血清型。

图 2-5-34　猫泛白细胞减少症病毒（程楠，2016）

（二）致病机制

病毒进入机体后，侵害淋巴造血组织，使淋巴细胞、中性粒细胞减少，18h 后出现病毒血症，48h 后病毒遍布全身组织，7d 后达到高峰。体内逐渐出现血清抗体，病毒含量下降，14d 后达到最低，但肾中的病毒可残存达一年以上。怀孕母猫感染后病毒可通过胎盘屏障使胎儿流产、畸形、胎儿脑部损伤。

（三）病理变化

1．剖检病变　猫尸体脱水、消瘦。小肠黏膜肿胀、充血、出血或呈伪膜样坏死，肠内容物灰黄色、水样、恶臭；肠系膜淋巴结充血、出血、水肿；肝呈红褐色、肿大；脾充血、出血；肺水肿，充血、出血；血液中白细胞总数减少。

2．镜检病变　主要见肠黏膜上皮细胞和肠腺上皮细胞变性、肿胀，核内有嗜酸性及嗜碱性两种包涵体。

六、猫传染性腹膜炎

猫传染性腹膜炎（feline infectious peritonitis，FIP）是猫传染性腹膜炎病毒（feline infectious peritonitis virus，FIPV）引起的一种慢性、进行性、致死性传染病。该病以纤维素性腹膜炎为主要特征，常伴随胸膜炎。

（一）病原

FIPV 属于冠状病毒。病毒粒子直径为 70～75nm，具有中心核，其直径 50～55nm。双层外壳，周有冠状突起。在抗原性上与猪传染性胃肠炎有亲缘关系。病毒可在 9 周龄以内 SPF 小猫小肠器官培养物中复制，在吃奶的小鼠、大鼠和仓鼠脑内也能复制成功。健康猫体内含有低效价的抗病毒抗体，但没有保护作用。病毒有可能持续存留在具有高效价特异抗体的猫体中。其所造成的免疫病理学病变，似乎与水貂的阿留申病相似。

FIPV 是猫冠状病毒（FCoV）的一种生物型。FCoV 是一种具有包膜的正链 RNA 病毒，包含两个非结构基因分别编码复制酶 1a 和 1b；4 个结构基因，分别编码刺突蛋白（S）、囊膜蛋白（E）、膜蛋白（M）、核衣壳蛋白（N）（图 2-5-35）；5 个辅助基因：*3a*、*3b*、*3c*、*7a*、*7b*。FCoV 有两种生物型：猫肠道冠状病毒（FECV）和猫传染性腹膜炎病毒（FIPV）在抗原性和形态学上难以区分，前者具有低致病性，可引起轻度肠炎或不明显感染，后者具有高毒性和致死性。

FIP 的特征在于患猫出现体腔积液（渗出型）、发生肉芽肿病变，影响多个器官（非渗出型）。FIPV 被认为是 FECV 的突变体。FCoV 有两种血清型：Ⅰ和Ⅱ型。FECV 和 FIPV 都具有这两种血清型。两种血清型在宿主细胞内都可以发生基因组突变，获得巨噬细胞趋向性变化，并导致猫传染性腹膜炎。

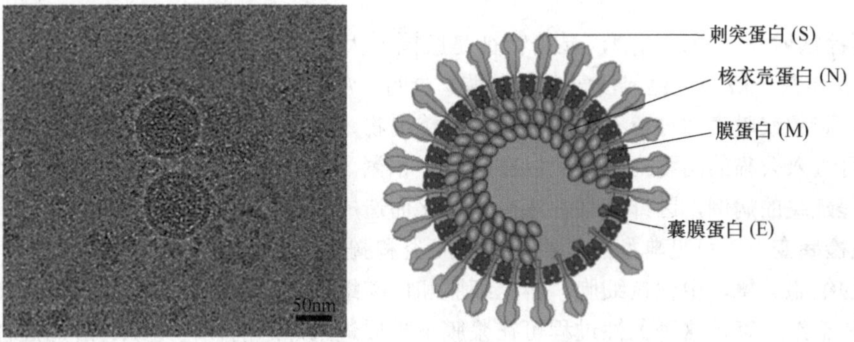

图 2-5-35　猫传染性腹膜炎病毒（左图由华中农业大学彭贵青教授提供；右图引自 https://viralzone.expasy.org）

（二）致病机制

关于 FIP 的发病机制科学界曾提出过以下几种理论假说。

（1）内部突变理论　FECV 对小肠根尖绒毛上皮有趋向性，主要在肠上皮细胞中复制。FIPV 可以感染单核细胞/巨噬细胞，并在这些细胞内充分复制并全身性扩散。FIPV 由 FECV 突变产生，感染 FECV 的猫将陷入一个感染—痊愈—再感染的循环周期，而动物体内发生 FECV 突变会使病毒毒性扩大并具有趋向性，且 FIPV 在动物之间的水平传播不太可能。从局部上皮细胞到单核细胞、巨噬细胞的转移被认为是 FIPV 毒力增强的重要原因。S 蛋白被认为是 FCoV 感染宿主细胞的主要调节因子，该蛋白质具有受体结合域（receptor binding domain，RBD），以此来连接细胞受体，同时还具有融合肽（fusion peptide，FP），在病毒进入细胞过程中诱导病毒与细胞膜融合。

FCoV 中 *S* 基因的突变与 FECV—FIPV 的转变有关，特别是在编码 S1/S2 切割位点的区域

（仅存在于 FCoV 血清Ⅰ型病毒中）。FECV 的 S1/S2 序列有可能被弗林蛋白酶样（furin-like）蛋白酶切割，而 FIPV 具有 S1/S2 突变序列，可能被其他蛋白酶激活。第二个 S 裂解位点 S2′（存在于 FCoV 两血清型中）也参与 FCoV 的发病机制，但其与毒性和趋向性的关系尚不清楚。FCoV S2′切割位点有特定的序列，其上的突变可能导致蛋白酶激活需求的改变，甚至可能改变病毒趋向性，导致 FECV—FIPV 的转变。3c 蛋白似乎对肠道中 FECV 的复制至关重要，但对全身性的 FIPV 复制是不必要的，并且研究表明其与 FCoV 毒力和向性的改变有关。

（2）与病毒—宿主相互作用相关的免疫应答　FIPV 发病的一个重要特征是病毒细胞嗜性的转变，FIPV 可以感染单核细胞/巨噬细胞，并在这些细胞内充分复制产生全身性扩散。FIPV 在单核细胞和巨噬细胞中复制可能是因为这些细胞在其表面不表达病毒抗原，创造了一种通过体液免疫系统逃逸的形式。巨噬细胞是 FIP 病变部分中最主要的炎症细胞，从化脓性肉芽肿病变部位中分离出来的巨噬细胞和从积液中分离出来的单核细胞中可以检测到病毒抗原。此外，感染 FIPV 的巨噬细胞释放肿瘤坏死因子 α（TNF-α），可能导致 CD_4^+ T 细胞特别是 CD_8^+ T 细胞的凋亡。一种被称为抗体依赖性增强（ADE）的机制被公认为是 FCoV 的致病机制，尤其 FIPV 进入细胞的机制。这种机制运用了宿主的免疫反应，FIPV 与抗 FIPV 抗体结合，利用细胞中与 Fc 受体结合部分作为病毒进入的受体，使病毒感染单核细胞和巨噬细胞。尽管科学家多次努力了解 FIP 的发病机制，但对这种疾病仍然没有一个明确的解答。FIP 发病的原因可能是多因素的。

（三）病理变化

1．剖检病变　猫尸消瘦，显著特征是腹围增大，腹腔积聚纤维素性渗出物，多的可达 1000mL。腹腔液一般为无色或浅黄色、黏稠、透明的液体，夹有灰白色纤维素絮片，遇空气可发生凝固。腹腔浆膜表面被覆有灰白色颗粒状渗出物，尤以肝和脾的表面最厚。同样的纤维素性渗出物可进入公猫的阴囊内，也可以在胸腔中积聚。整个肝常可见有灰白色稀疏散在的小坏死灶。病程延缓的病例，因纤维素性渗出物机化而造成腹腔内各器官严重的粘连。

2．镜检病变　可见典型的纤维素性腹膜炎和胸膜炎。在不同厚度炎性纤维素渗出物中，含有超常的细胞碎屑、中性粒细胞、淋巴细胞和巨噬细胞。延缓病例可见伴随渗出物而增生的纤维组织和毛细血管，这种炎性过程可在浆膜下扩展进入邻近的任何组织。肝局灶性坏死，伴有炎症反应。类似的病灶，也可见于脾、肾、胰、肠系膜淋巴结和胃肠壁的肌层组织中。少数病例在上述组织器官中有淋巴细胞和组织细胞增生形成肉芽肿病变，在病灶的小血管周围有炎症细胞聚集，呈现脉管炎，但在肉芽肿中未见有病毒粒子的存在。偶见在脑膜、室管膜或脉络丛中有化脓性或单核细胞性脑膜炎，极少数病例炎症可沿血管进入脑实质。此外，部分病例可见眼病变，眼房中有渗出物，视网膜和视神经等有单核巨噬细胞浸润。

（刘思当　肖一红　宁章勇）

第六章　细菌性疾病

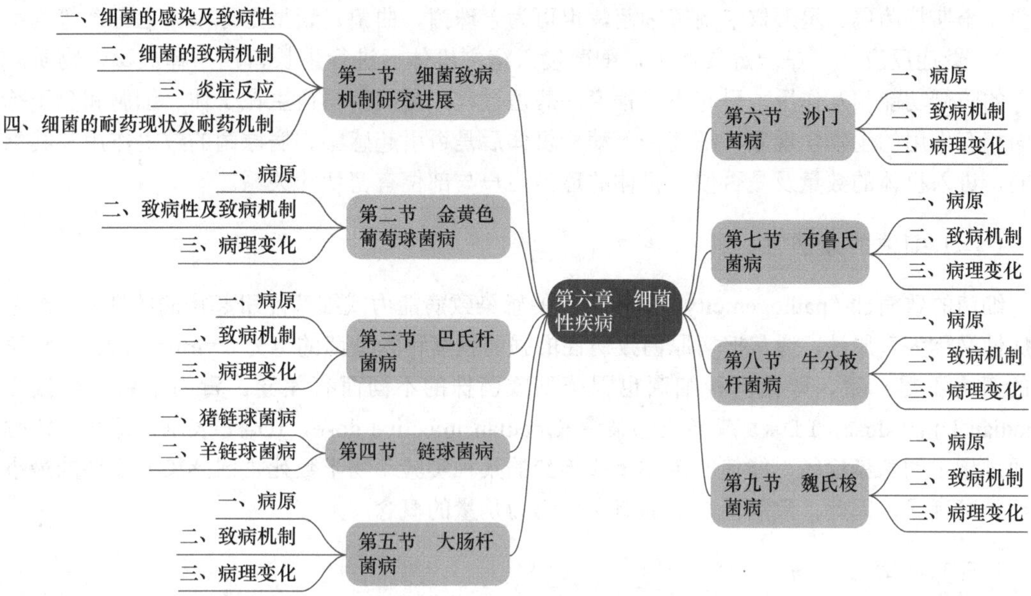

第一节　细菌致病机制研究进展

一、细菌的感染及致病性

（一）细菌及细菌感染

1．细菌　细菌（bacteria）是形状细短，结构简单，以二分裂方式进行繁殖的原核生物，是在自然界分布最广、个体数量最多的有机体，是大自然物质循环的主要参与者。细菌分为病原菌（pathogenic bacteria）、条件致病菌（conditional pathogenic bacteria）和非病原菌（nonpathogenic bacteria），能使宿主致病的细菌称为致病菌或病原菌。

在正常机体的体表及与外界相通的腔道如口腔、鼻咽部、肠道、生殖道等处存在着各种细菌，它们在机体免疫功能正常的条件下，对机体有益无害，称为正常菌群。其中寄居在机体体表的有金黄色葡萄球菌、表皮葡萄球菌、棒状杆菌、痤疮丙酸杆菌等；寄居在口咽部的有葡萄球菌属、α 型溶血链球菌和 β 型溶血链球菌、非溶血链球菌、肺炎球菌、奈瑟菌属、莫拉菌、嗜血杆菌属、厌氧球菌、乳酸杆菌、类白喉杆菌、真杆菌、梭形杆菌、类杆菌属、白色念珠菌等；寄居在肠道的（空肠末端至结肠）有大肠杆菌、产气肠杆菌、变形杆菌属、绿脓杆菌、葡萄球菌属、肠球菌属、产气荚膜杆菌、消化球菌、消化链球菌、类杆菌属（主要为脆弱类杆菌）、双歧杆菌、真杆菌、梭形杆菌、白色念珠菌等；寄居在阴道的细菌有乳酸杆菌、类白喉杆菌、类杆菌属、肠球菌属、大肠杆菌、奈瑟菌属、厌氧球菌等。

当机体抵抗力下降或各种原因（如病毒感染，年龄增大，糖尿病，肝硬化，肿瘤，血液病，化疗，放疗，应用免疫抑制剂、激素及抗菌药物等）引起免疫功能降低时，原来正常寄居菌或致病力很低的细菌可能侵入人体其他部位而引起感染，称为条件致病菌（机会致病菌）。这些条件致病菌可以是人类正常菌群，或存在于环境中通常不致病者，如大肠杆菌、肺炎杆菌、绿脓杆菌、肠杆菌属、沙雷菌、沙门菌属、金黄色葡萄球菌、表皮葡萄球菌、肠球菌属、产气荚膜杆菌、李斯特菌属、星形奴卡菌等细菌，也可为念珠菌、曲菌、新型隐球菌、毛霉菌等真菌。

2．炎症反应　在一定条件下，细菌侵入宿主机体后进行生长繁殖、释放毒性物质，与宿主的防御功能相互作用，引起不同程度的病理过程，是细菌与宿主在个体、细胞和分子等多层面相互作用的生物学现象。细菌侵入动物机体后是否引起感染、病原菌的致病作用与其毒力强弱、进入机体的数量及是否侵入机体的适当门户与部位有密切的关系。

（二）细菌的致病性

细菌的致病性（pathogenicity）是指细菌的感染致病能力或细菌能引起疾病的性质，细菌的致病性又称为病原性，通常把病原菌致病性的强弱程度称为细菌的毒力（virulence）。各种病原菌的毒力不尽一致，即使同种细菌也因菌型或菌株的不同而有差异。毒力常用半数致死量（median lethal dose，LD_{50}）或半数感染量（median infective dose，ID_{50}）表示，即在一定时间内通过指定的感染途径，能使一定体重或年龄的某种实验动物半数死亡或感染所需要的最小细菌数或毒素量。因此，致病性是质的概念，毒力是量的概念。

（三）细菌毒力岛

1．细菌毒力岛的概念　毒力岛（pathogenicity island）又称致病性岛，是近年来在细菌分子学研究领域出现的新概念。Hacker 等（1997）对毒力岛下了较为精确的定义，即毒力岛是编码细菌毒力基因簇的一分子量相对较大的染色体 DNA 片段，编码毒力相关的物质，存在于强毒株中，在相关菌的弱毒株或无毒株中不存在或仅散在分布。一种病原菌可以有一个或几个毒力岛，如鼠伤寒沙门菌就有 5 个毒力岛。人们往往认为细菌毒力是单因素或者说其中的某一个毒力因子发挥着决定性作用。例如，过去认为霍乱弧菌的毒力主要是产生毒素的能力，不产生毒素的细菌就是无毒的。而毒力岛的发现使我们认识到细菌的毒力比我们想象的要复杂得多，目前已经发现的毒力岛有十多个。

2．细菌毒力岛的功能　毒力岛虽然都是编码毒力相关基因的 DNA 大片段，但其产物却因不同的细菌而有差异。有的毒力岛具有编码Ⅲ型分泌系统的基因，对致病菌侵袭宿主上皮细胞及在巨噬细胞内的存活具有重要意义。除编码Ⅲ型分泌系统外，细菌的毒力岛还编码一些表面蛋白（如菌毛、环境感受器等）和外毒素。毒力岛除有某些结构基因外，还含有调控成分，使其在赋予宿主细菌一些新的毒力特征的同时，还具有调控其他毒力因子的功能，有时同一病原菌上的两个毒力岛之间也存在着基因的互相调控。

3．毒力岛在细菌毒力进化及致病性中的作用　细菌进化过程中，点突变、基因重组和基因水平转移是主要的推动因素。但点突变所导致的进化过程比较缓慢，而大片段基因的获得和缺失则可使细菌基因在短期内发生“量的飞跃”，从而产生许多新的突变株。噬菌体、质粒均参与了这种快速进化过程。既然细菌毒力岛的结构特征决定了 DNA 重组的可能性，这就意味着毒力岛可能在新病原菌出现的过程中发挥着作用。毒力岛是否能使细菌成为致病菌，主要有

3 方面因素：①获得毒力岛基因，即是否携带毒力基因；②受体菌的状态，即内部其他基因成分的调控；③受染宿主本身的免疫状态。有的基因足以使细菌成为病原菌，但对于大多数细菌来说，通过水平转移所获得的基因的作用却不尽相同。另外，有的细菌在特定情况下，为适应新的环境并朝着更有利的生存方式发展，也可能缺失原有的毒力岛。故目前认为毒力岛也与新出现的病原菌有关。总之，毒力岛与细菌的毒力密切相关，但应指出，细菌的毒力和致病性是多因素综合作用的结果，毒力岛的发展与研究使我们对细菌的致病性有了更进一步的了解，也为研究新的病原菌的致病机制及追踪新的病原菌提供了思路。

毒力岛不仅赋予病原菌特殊的致病能力，介导感染过程的特殊阶段，而且在细菌进化过程中扮演着重要角色，毒力岛的获得可能与新出现的病原菌密切相关。因此，毒力岛的发现和研究为深入了解细菌的致病性、毒力因子和进化提供了有效的途径。

二、细菌的致病机制

细菌的致病机制涉及细菌的毒力（侵袭力、毒素）、细菌的侵入数量、细菌的侵入门户和细菌的黏附定居与侵袭扩散。

（一）细菌的毒力

细菌的毒力是指病原菌致病性的强弱程度，毒力主要包括侵袭力和毒素。

1. 侵袭力　侵袭力是指病原菌（包括条件致病菌）突破机体防御系统（皮肤、黏膜、生理屏障等免疫防御系统），侵入机体并在体内生长繁殖、蔓延扩散的能力。与其有关的因素主要包括菌体表面结构、黏附素（黏附蛋白）和侵袭性酶类。

（1）菌体表面结构　主要包括荚膜及其他表面物质，荚膜具有抵抗吞噬细胞的吞噬及体液中杀菌物质的作用，有些细菌表面有类似荚膜的物质（比荚膜要薄），如微荚膜、Vi 抗原、K 抗原等，它们都具有抗吞噬、抵抗抗体和补体的作用。

（2）黏附素（adhesin）　细菌表面存在一些特殊结构和相关蛋白质，具有使细菌黏附到宿主靶细胞的作用。黏附是病原菌接触和感染细胞的第一步，与其致病性密切相关。黏附素有两类，一类是菌毛（pilus），多种革兰氏阴性菌具有菌毛，通过其与宿主细胞表面的相应受体结合而黏附、定居在黏膜表面，有助于细菌侵入；另一类是非菌毛黏附物质（afimbrial adhesin），包括磷壁酸（革兰氏阳性菌细胞壁上的一种酸性多糖）、荚膜、微荚膜、支原体顶端结构及黏附素。黏附素一般作为配体与宿主细胞表面受体相互作用，介导黏附作用的发生。

黏附素的致病机制：①借助黏附，激活被黏附细胞的信号转导系统，使其不同程度地释放不同种类的细胞因子，导致炎症反应性损伤。②某些黏附因子与受体作用，激活细胞凋亡控制系统，引起细胞凋亡（apoptosis）。炎症损伤和细胞凋亡有利于细菌生长、繁殖和扩散。

（3）侵袭性酶　是某些细菌代谢过程中产生的与致病性有关的胞外酶，分泌到菌体周围，可协助细菌抗吞噬或有利于细菌在体内扩散。主要的侵袭性酶有：①血浆凝固酶，其作用是使血浆中的纤维蛋白原转变为纤维蛋白，使血浆发生凝固，凝固物沉积在菌体表面或病灶周围，以保护细菌不被吞噬细胞吞噬和杀灭。②透明质酸酶，又称扩散因子，可分解结缔组织中起黏合作用的透明质酸，使细胞间隙扩大，通透性增加，因而有利于细菌及其毒素向周围及深层扩散。③链激酶，又称链球菌溶纤维蛋白酶，能激活血浆溶纤维蛋白酶原为纤维蛋白酶，从而使纤维蛋白凝块溶解，使细菌易于扩散。④胶原酶，是一种蛋白质分解酶，可分解结缔组织中的胶原蛋白，促使细菌在组织间扩散。⑤脱氧核糖核酸酶，能水解组织细胞坏死时释放的 DNA，使黏稠的脓液变稀，有利于细菌扩散。⑥其他可溶性物质，如杀白细胞素能杀死中性粒细胞和巨噬细胞；溶血素能溶解细胞膜，对白细胞、红细胞、血小板、巨噬细胞、神经细胞等多种细胞均有细胞毒作用；卵磷脂酶（魏氏梭菌能产生和分解细胞的卵磷脂酶）可使细胞坏死或红细胞溶解。

2．毒素　细菌的毒素是病原菌的主要致病物质，按其来源、化学性质和毒性作用等不同，可分外毒素和内毒素两种，还有一些细菌释放的其他毒性蛋白质和酶也有类似毒素的作用。

（1）外毒素　是细菌生长繁殖过程中合成并分泌到菌体外的毒性物质。外毒素主要由革兰氏阳性菌产生，但少数革兰氏阴性菌也能产生。外毒素的毒性较强，大多为多肽，不同细菌产生的外毒素对组织细胞有高度选择性，并能引起特殊的病变和症状。常见的外毒素有：①神经毒素，如破伤风痉挛毒素、肉毒毒素；②细胞毒素，如白喉毒素、表皮葡萄球菌剥脱毒素、葡萄球菌毒性休克综合征毒素、A 群链球菌致热外毒素；③肠毒素，如霍乱肠毒素、大肠杆菌肠毒素、产气荚膜梭菌肠毒素、葡萄球菌肠毒素。

外毒素的化学性质为蛋白质，不耐热，易被热（56～60℃，20min～2h）破坏，性质不稳定，易被酸和消化酶灭活。外毒素具有特异的组织亲和性，可选择性作用于靶组织而引起特异性的症状和体征。外毒素具有良好的抗原性，在 0.3%～0.4%甲醛液作用下，经过一定时间可使其脱毒，而仍保留外毒素的免疫原性，称类毒素。类毒素可刺激机体产生具有中和外毒素作用的抗毒素。

（2）内毒素　是许多革兰氏阴性菌的细胞壁结构成分（脂多糖），只有当细菌死亡、破裂、菌体自溶或用人工方法裂解细菌后才释放出来。各种细菌内毒素成分基本相同，是由脂质 A、非特异核心多糖和菌体特异性多糖（O 特异性多糖）三部分组成。脂质 A 是内毒素的主要毒性成分，内毒素性质稳定，耐热，需加热 160℃经 2～4h 或用强酸、强碱或强氧化剂加热煮沸 30min 才可灭活。内毒素抗原性弱，不能用甲醛液脱毒制成类毒素。内毒素脂多糖（LPS）能刺激巨噬细胞、血管内皮细胞等产生 IL-1、IL-6、TNF-α 等。少量内毒素可诱生这些细胞因子，导致发生发热、微血管扩张、炎症反应等免疫保护性应答，若内毒素大量释放则可导致高热、低血压休克、弥散性血管内凝血（DIC）。由于所有革兰氏阴性菌细胞壁脂多糖结构成分基本相同，故内毒素引起的毒性作用大致类同。内毒素的毒性作用较弱，对组织细胞无严格的选择性毒害作用，引起的病理变化和临床症状大致相同，其主要的生物学活性有致热作用、白细胞增多、感染性休克、DIC。

（3）其他毒性蛋白质和酶　某些细菌产生溶血素，能使血平板上菌落周围出现溶血环，如链球菌溶血素 S，大肠杆菌产生的 α 溶血素、β 溶血素，葡萄球菌和链球菌等产生的杀白细胞素，可损伤和破坏中性粒细胞，导致感染中的白细胞数量减少。

（二）细菌的侵入数量

细菌引起疾病除需有一定的毒力外，还需要有一定的数量。毒力越强，致病所需的菌量越少，相反，毒力越弱，致病所需菌量越多。

（三）细菌的侵入门户

有一定的毒力和足够数量的病原菌，还要经过适当的侵入门户到达一定的器官和组织细胞才能致病。若侵入门户不适宜，仍不能引起致病性感染。一些病原菌的侵入门户是特定的，也有一些病原菌可经多种侵入门户侵入机体。

（四）细菌的黏附定居与侵袭扩散

1. 细菌的黏附定居　致病细菌引起动物疾病是细菌各种遗传性状的综合作用，是一个十分复杂的过程，涉及致病细菌及宿主细胞上多种相关分子的相互作用。病原细菌感染的第一步就是在特定组织细胞上定居。只有定居成功后，细菌才能在宿主体内增殖，最终致宿主发病或造成隐性感染。定居作用虽然不直接造成宿主组织损伤，但却是感染的基础。在定居过程中，病原细菌首先通过菌毛等黏附素与宿主细胞表面的受体结合，使细菌黏附在宿主细胞表面，随后大多数病原菌就停留在细胞外面，但也有少数细菌黏附后还需侵入细胞内部才能进一步扩散和传播，引起各种不同的病症及相应的病理变化。而细菌引起上述致病的各种表现，除部分是由质粒控制外，主要还是由细菌染色体的相关基因所控制的。

黏附性物质有蛋白质、糖蛋白、多糖和脂多糖（LPS）等，具体包括普通菌毛、磷壁酸、荚膜、微荚膜、支原体顶端结构及黏附素等。一般作为配体与宿主细胞表面受体相互作用而介导黏附作用的发生。

（1）荚膜　细菌的荚膜具有抵抗吞噬细胞的吞噬和溶菌酶及补体等杀菌物质的作用，因而有助于细菌在体内迅速繁殖和扩散。

（2）菌毛等黏附因子　细菌首先通过黏附因子黏附在宿主呼吸道、消化道或泌尿生殖道等部位的黏膜上皮细胞上，才能在局部定居、繁殖并引起疾病。

（3）其他表面物质　其他表面物质（抗原）如金黄色葡萄球菌A蛋白、链球菌M蛋白、大肠杆菌K抗原等都具有抗吞噬和抗正常体液中杀菌物质的作用。

2. 细菌的侵袭扩散　侵袭性物质很多，主要是各种侵袭性酶，如致病性葡萄球菌凝固酶、A群链球菌透明质酸酶和链激酶等，其有利于细菌在组织中扩散，协助病菌抗吞噬或向四周扩散。

3. 对抗宿主防御功能

（1）抗吞噬作用　①不与吞噬细胞接触，如通过外毒素破坏细胞骨架以抑制吞噬细胞的作用，如链球菌溶血素等。②抑制吞噬细胞的摄取，如荚膜、菌毛和链球菌M蛋白。③在吞噬细胞内生存，如胞内寄生菌（结核分枝杆菌、沙门菌、布鲁氏菌等）的某些成分可抑制吞噬体与溶酶体的融合。李氏杆菌被吞噬后，很快从吞噬小体中逸出，直接进入细胞质。金黄色葡萄球菌则产生大量的过氧化氢酶，能中和吞噬细胞中的氧自由基。④杀死或损伤吞噬细胞，细菌通过分泌外毒素或蛋白酶来破坏吞噬细胞的细胞膜或诱导细胞凋亡或直接杀死吞噬细胞。

（2）抗体液免疫机制　①抗原伪装或抗原变异，前者主要是在细菌表面结合机体组织成分，如金黄色葡萄球菌通过细胞结合性凝固酶而结合血纤维蛋白，或通过葡萄球菌A蛋白（SPA）结合免疫球蛋白；②分泌蛋白酶降解免疫球蛋白，如嗜血杆菌IgA酶；③通过LPS、荚膜及S层等的作用，逃避补体，抑制抗体产生。

（3）内化作用　指某些细菌黏附于细胞表面之后，进入吞噬细胞或非吞噬细胞内部的过程。结核分枝杆菌等严格的胞内寄生菌及大肠杆菌等胞外寄生菌的感染都离不开内化作用，这些细菌一旦丧失进入细胞的能力，毒力会显著下降。宿主细胞为进入其内的细菌提供了一个增殖的小环境和庇护所，使细菌逃避宿主免疫机制的杀灭。

（4）在体内快速增殖　细菌在宿主体内增殖是感染的核心问题，增殖速度对致病性极其重要，如果增殖较快，细菌在感染之初就能克服机体的防御机制，容易在体内生存。反之，若增殖较慢，则易被机体清除。

（5）生物膜的形成　生物膜是细菌产生多聚复合物基质，将自身包绕并黏附于无活性物体或活体表面而形成的有一定结构的细菌群体。生物膜内的细菌被包裹在细胞外基质内，可以在医疗器械上形成生物膜。生物膜内的细菌呈现出一种社会行为，类似于在更高等的有机体中发现的行为。细菌在生物膜内可以相互通信，并对变化的生存环境做出快速适应。细菌外基质不只是在结构上为细菌提供了一层物理性的保护屏障，保护细菌免受宿主免疫反应和干燥作用的伤害，还为细菌提供了一个生理性微环境，在此处的细菌更能耐受抗菌药物的杀伤作用。这种固着群落的形成及它们内在对宿主免疫攻击及抗生素杀伤作用的耐受力被认为是很多持续性和慢性细菌感染的根本所在。约65%的感染性疾病与生物膜有关。具有生物膜的细菌性感染病灶难以被清除。生物膜中的细菌对抗菌药物高度耐受并可逃避宿主的免疫作用，导致感染迁延不愈，称为细菌生物膜相关感染。

三、炎症反应

（一）感染来源

1．外源性感染　外源性感染是病原菌来自宿主机体以外的环境，传染源主要有：①患病动物，从潜伏期到病后恢复期，病原菌可以各种方式在动物与动物之间水平传播；②带菌动物，因不表现临床症状并在一定时间内持续排菌而不易被发觉，故是重要的传染源；③人兽共患病，某些细菌（结核分枝杆菌、布鲁氏菌和鼠疫耶尔森菌等）可引起人兽共患病，病原菌可在人和动物中间传播；④细菌污染物及环境。

2．内源性感染　内源性感染主要指来自体内细菌的自身感染，包括条件致病菌和潜伏状态存在的致病菌，即原先感染过但少数病原菌潜伏下来而后又重新感染的现象，如结核分枝杆菌。

（二）感染途径

病原菌感染途径主要有呼吸道（密切接触、气溶胶、飞沫吸入）、消化道（粪-口方式、食入）、泌尿生殖道（性接触、黏膜损伤）、创伤（皮肤破损）、经血（输液、注射、针刺）、媒介昆虫（密切接触、叮咬）等，也有致病菌经多种途径（经消化、呼吸、创伤等）感染的。

（三）细菌的感染类型

1．不感染　病原体被机体排除或消灭。机体免疫力强，病原体致病力弱或数量不足，或侵入部位不当。

2．隐性感染（亚临床感染）　机体不出现或出现不明显的临床症状（亚临床感染），体内可测到病原菌或其特异性抗体。

3．显性感染　当病原菌毒力强、数量多且宿主机体免疫功能相对较弱时，其感染所造成的病理损伤使宿主出现临床症状或体征。

（1）显性感染依发病缓急、病程长短分类　①急性感染，突然发作，症状明显而急，病程较短（数日～数周）。病愈后，病原菌从宿主体内消失。②慢性感染，病情缓慢、病程长（数月～数年），多见于胞内寄生菌（如结核分枝杆菌）。

（2）显性感染依发病部位分类　①局部感染，致病菌侵入宿主体内后，局限在一定部位繁殖并引起病变的一种感染类型；②全身感染，感染发生后，致病菌或其毒性产物向全身散播引起全身性感染状态。全身感染可表现为以下几种形式。

1）毒血症：细菌不侵入血流，只在局部繁殖，其产生的外毒素进入血液循环后，经血液到达易感的组织和细胞，引起特殊的中毒症状，如破伤风、人白喉等。

2）脓毒血症：化脓性细菌侵入血流，在其中大量繁殖并通过血流扩散至宿主体的其他组织或器官，产生新的化脓病灶。

3）内毒素血症：G^-细菌侵入血流后，在血液中大量繁殖，崩解后释放出大量内毒素，或病灶内大量G^-细菌死亡、释放的内毒素入血所致，出现内毒素中毒症状。

4）菌血症：致病菌由局部侵入血流，并在其中极少量繁殖，只是短暂的一过性地通过血液循环到达体内适宜部位后再进行繁殖而致病。

5）败血症：致病细菌由局部侵入血流，在其中大量繁殖并产生毒性产物，引起产生全身性严重中毒的症状，如高热、皮肤和黏膜瘀斑、肝脾肿大等。

（四）细菌感染性病变——炎症

细菌感染所致局部病变的主要表现形式为炎症，是机体受到病原菌感染时所表现出的一系列局部和全身性防御适应性应答反应，可以看作是非特异性免疫的综合作用结果，其作用在于清除病原菌、修复受伤组织及保持自身稳定性。

1．炎症的发生机制　发生机制如下：①致病因素直接导致组织损伤及炎症反应；②局部血管充血、通透性增加及浆液和炎症细胞渗出；③吞噬细胞的溶酶体酶释放或泄漏自身组织成分；④各种毒性产物与活性介质将刺激正常机体组织、死亡白细胞与破坏裂解的靶细胞共同形成脓液（化脓）。

2．炎症的防御功能　防御功能如下：①动员大量的炎症细胞聚集在炎症部位；②血液中的抗菌因子和抗体发生局部浓缩；③死亡宿主细胞的堆积可释放抗微生物物质；④炎症中心氧浓度下降和乳酸积累，可进一步抑制病原菌的生长；⑤适度的体温升高可以加速免疫反应的进程。

四、细菌的耐药现状及耐药机制

（一）细菌的耐药现状

当细菌长期暴露于含抗菌药物的生长环境中时，在药物的选择压力下，敏感菌株被抑制或杀灭，而天然耐药或获得性耐药菌株则继续生存、繁殖和克隆传播，导致细菌的耐药性增强。耐药菌株造成的直接医疗费用（包括二、三线抗菌药物高昂的购买费用、专用设备使用费用、长期住院费用等）和间接社会成本（患者死亡造成的生产力损失）无法估量，临床主要致病菌对常用抗菌药物的耐药率在中国也呈增长趋势。除医疗产业外，畜牧业和水产养殖中抗菌药物的大剂量滥用为细菌耐药性变异提供了生态环境的选择性压力。

（二）细菌的耐药机制

1．天然耐药机制　天然耐药性是所有菌种都具备的耐药特征，且发生于抗菌药物治疗前。细菌的固有耐药，主要由细胞外膜的低水平渗透性、染色体编码的外排泵、外排泵调控基因突变、药物作用位点基因突变等机制引起。

2．细菌分泌钝化酶　自抗生素投入临床使用后，细菌可通过多种生化机制逃脱其杀菌作用。耐药菌可分泌具有修饰、破坏抗生素结构功能的钝化酶，以水解或灭活抗生素。

3．抗菌药物靶点发生突变或被修饰　抗菌药物作用靶点发生突变或结构改变会直接影响其与药物间的亲和性。

4. 适应性耐药机制　在抗菌药物环境下细菌可产生暂时性耐药，获得耐药表型。细菌发生适应性耐药的主要机制包括：生物膜形成的物理性屏障可降低菌体内的药物浓度；细胞壁增厚和脂多糖结构改变减少抗菌药物的渗透；外排泵表达量增加使药物外排增多；抗菌药物转运蛋白-膜孔蛋白减少。

第二节　金黄色葡萄球菌病

金黄色葡萄球菌是动物化脓性感染中最常见的病原菌，可引起局部化脓感染，也可引起动物肺炎、关节炎、乳腺炎、结膜炎、脑膜炎、脐炎等，甚至可引起败血症、脓毒血症等全身感染。

一、病原

金黄色葡萄球菌属于杆菌纲杆菌目葡萄球菌科葡萄球菌属，是革兰氏阳性球菌的代表，又称“噬肉菌”，可造成包括人在内的动物的许多感染性疾病。目前将常见的动物致病葡萄球菌有金黄色葡萄球菌、猪葡萄球菌、中间葡萄球菌、伪中间葡萄球菌及海豚葡萄球菌。

金黄色葡萄球菌无芽孢、鞭毛，少数有荚膜，有细胞壁结构（由10%磷壁酸和90%肽聚糖组成）。金黄色葡萄球菌的形态为球形，直径0.5～1.5μm，显微镜下可见菌体排列呈葡萄串状，在特殊的液体或脓性培养基中，菌落常呈双球或短链状排列。革兰氏染色呈阳性，但是衰老或死亡后革兰氏染色呈阴性。

金黄色葡萄球菌荚膜水解后得到多糖和蛋白质两种抗原。多糖抗原可以分为11个型，主要成分为*N*-乙酰氨基糖醛酸和*N*-乙酰岩藻糖胺；葡萄球菌A蛋白（SPA）为主要的蛋白质抗原，具有型特异性的半抗原，是一种单链多肽，与肽聚糖共价结合。从动物体分离的金黄色葡萄球菌菌株，一般都采用脉冲场凝胶电泳（PFGE）或多位点序列分型（MLST）进行分型。PFGE是金黄色葡萄球菌分型的金标准，在分型、重复性方面和辨别能力上相较于其他分子分型具有优势，通过限制性内切酶消化金黄色葡萄球菌DNA，可获得5～20条大小为10～700kb的片段，根据电泳条带的不同形式对其分型。MLST基因分析方法的分辨力很高，在金黄色葡萄球菌内部含有7个基因，分别为*glpF*、*arcC*、*aroE*、*tpi*、*gmk*、*pta*、*yqiL*，它们的基因片段长度一般为400～500bp。对于不同菌株，每一个片段由于其等位基因不同而有不同的序列。

二、致病性及致病机制

金黄色葡萄球菌是人类和动物化脓感染中最常见的病原菌，可造成局部化脓感染甚至败血症和脓毒血症的全身感染，引起肺炎、心包炎等炎症。其中金黄色葡萄球菌金黄亚种可造成多种动物皮肤感染、伤口感染，造成牛的乳腺炎、鸡的关节炎、鸟类的腹泻、犬和马的生殖道感染等。金黄色葡萄球菌厌氧亚种导致绵羊的干酪性淋巴结炎。金黄色葡萄球菌也可导致毒素性疾病，进入消化系统后引起人和动物的中毒性呕吐、肠炎及人的毒性休克综合征。

金黄色葡萄球菌是一种条件致病菌，可在指数增长后期和稳定期分泌毒素，在细胞外基质分泌的毒素参与组织的渗透并且溶解细胞，使细菌能够入侵宿主，并通过溶解的细胞获取铁等必需的营养物质进行病原菌生长繁殖，从而使宿主感染。因为细菌在一定的遗传背景下具有特殊的毒力因子和调节基因组合，所以其致病性的基本单位是克隆菌株或分支。金黄色葡萄球菌较常见的毒素因子包括溶血素、肠毒素、杀白细胞素、表皮剥脱性毒素和毒性休克综合征毒素-1。同时，致病菌还分泌一系列表面蛋白质和酶，这些蛋白质介导细菌黏附和破坏宿主细胞及组织，如血浆凝固酶、蛋白酶等多通过干扰宿主分子信号级联或代谢途径而发挥作用，有助于细菌逃避宿主的防御，这是细菌在组织间传播并导致临床感染的主要原因。

三、病理变化

（一）鸡金黄色葡萄球菌病

鸡感染金黄色葡萄球菌时表现为急性败血症、关节炎、脐炎、眼部感染、皮肤坏死、骨膜炎等。

1. 急性败血症型 病鸡胸部有大片羽毛脱落，皮下水肿、充血、出血，有血样渗出物。皮肤外观呈紫黑色，手压有波动感。感染严重的病鸡从胸部皮肤流出紫红色液体并污染伤口周围的羽毛，大群有轻微的腹泻，粪便呈白色或黄绿色。大腿内侧、头部、下颌部和趾部皮肤湿润、肿胀，羽毛极易脱落。胸部皮下充血、出血，呈弥漫性紫红色，脓肿部位有大量黄红色胶冻样液体，皮下组织可见点状或条纹状出血，肝肿大呈紫色，有花纹样坏死，脾肿大呈紫红色，有白色坏死点。心包积液，心冠脂肪点状出血。

2. 关节炎型 多见趾、跖关节肿大，关节周围充血肿胀，颜色呈紫红或紫黑色，严重者出现皮肤破溃，组织液渗出，出血后形成污黑色结痂。有的出现趾瘤，组织增生，脚底肿大，有的趾尖发生坏死呈紫黑色。关节处滑膜增厚，充血或出血，关节囊内有含量不等的浆液，有浆液纤维素性渗出物。病程较长的慢性病例，关节腔充满干酪样坏死物，关节周围结缔组织增生。

3. 雏鸡脐炎型 可见脐部肿大隆突，颜色呈紫色，有暗红色或黄红色液体渗出，时间稍久则为脓样干酪样坏死物，干燥的脐带不脱落，成为“钉脐”。肝有出血点。卵黄吸收不良，坏死腐败，外观呈黄红或灰黑色。

4. 眼型 表现为上下眼睑肿胀，有脓性分泌物黏闭，导致无法睁眼，用手掰开可见眼结膜红肿，眼内有多量脓性分泌物，并见有肉芽肿。时间较久者，眼球下陷，失明。有的可见眼的眶下窦肿突。

（二）鸭金黄色葡萄球菌病

1. 败血症型 胸腹部皮下充血、出血，有胶冻样水肿液。关节肿胀，关节腔内有脓性或浆液纤维素性渗出物。肝肿大，紫红色，有花斑样变。脾肿大，紫红色，有白色坏死点。肺充血、出血、水肿。心包积液呈黄红色，有时心冠脂肪及心外膜出血。肾肿大。公鸭睾丸肿大出血。病理组织学变化以肝细胞脂肪变性、坏死，脾淋巴细胞坏死减少，肾小管上皮细胞变性坏死等为主要特征。

2. 关节炎型 多见于跖、趾关节变形肿胀或紫黑色坏死腐败。跗关节肿大，滑膜增厚，充血或出血。关节腔内有浆液性或脓性渗出物，病程较长的形成干酪样物，严重的会出现关节周围结缔组织增生。

（三）猪金黄色葡萄球菌病

金黄色葡萄球菌感染可造成猪的急性、亚急性或慢性乳腺炎及乳房的脓疱病、坏死性葡萄球菌皮炎、局部组织化脓性炎症。此外，感染猪还可能出现多发性关节炎或败血症。猪金黄色葡萄球菌主要引起猪的渗出性皮炎，又称仔猪“油皮病”，是最常见的金黄色葡萄球菌感染。

（四）牛金黄色葡萄球菌病

牛感染易引发肺炎、乳腺炎、脑膜炎、化脓性炎症等。

1．金黄色葡萄球菌性肺炎　肺组织广泛性出血、坏死及脓肿。胸膜下小脓肿若破裂，会形成脓胸或脓气胸，极易发展成肺脓肿、脓胸等。镜检可见病变部中性粒细胞大量浸润、坏死、崩解，形成脓液。

2．奶牛急性乳腺炎　表现为精神沉郁，体温升高，患部乳区肿胀，乳管堵塞封闭，有浆液性和化脓性渗出物，触诊疼痛，有热感，乳汁中含有絮状物、乳凝块，或乳汁呈奶油状，严重时乳头无法挤出奶。慢性乳腺炎时，不表现全身症状，主要是乳汁发生变化，触诊病区，乳区内有纤维化病灶，含有大量纤维素性渗出物，很难治愈，病灶往往反复发作，炎症细胞数量明显升高。

（五）羊金黄色葡萄球菌病

羊感染金黄色葡萄球菌常表现为急性化脓性乳腺炎，严重时出现坏疽病变，病变可见乳房发红，明显肿大，按压疼痛，其分泌物呈红色，有恶臭气味，母羊不让羔羊吮乳。羔羊患病表现为化脓性皮炎或脓毒败血症，内脏器官可见大小不等的脓肿。

（六）兔金黄色葡萄球菌病

兔感染金黄色葡萄球菌的主要表现为全身各器官组织脓肿，皮肤出血。母兔出现乳腺炎，乳区肿胀，乳腺发生纤维素性、化脓性炎症。仔兔主要表现败血症、脓肿、仔兔肠炎。

第三节　巴氏杆菌病

巴氏杆菌病（pasteurellosis）是多杀巴斯德菌引起的各种家畜、家禽、野生动物和人类的一种传染疾病的总称。多杀巴斯德菌宿主广泛，也能够引起人类感染。动物巴氏杆菌病的急性型常以败血症和出血性炎症为主要特征，故又称为出血败血症（hemorrhagic septicemia），简称“出败”。慢性病例主要在感染局部的器官组织发生坏死性、化脓性等炎症反应。

一、病原

该病病原是多杀巴斯德菌（*Pasteurella multocida*）。多杀巴斯德菌为革兰氏染色阴性的需氧兼性厌氧菌，该菌在添加血清或血液的培养基上生长良好，不形成芽孢，不运动，无鞭毛，是一种两端钝圆、中央微突的短杆菌或球杆菌。在自然病例的组织和体液涂片中，具有两极着色的特征，用培养物所做的涂片两极着色的特点不明显。用特异性荚膜抗原（K 抗原）吸附于红细胞上做被动血凝试验，分为 A、B、D、E 和 F 5 个血清群，在我国流行的多杀巴斯德菌为 A、B、D 3 个血清群。利用菌体抗原（O 抗原）做凝集试验，将该菌分为 12 个血清型。一个分离株完整的血清型表示为 A:1、B:2、D:4 等。据菌落形态分为黏液型（M）、平滑型（S）和粗糙型（R）。

多杀巴斯德菌感染不同动物所引起的临床症状可包括无症状、轻度慢性上呼吸道炎症、急性肺炎和（或）转移性疾病、败血症等。多杀巴斯德菌的血清型与宿主、致病性及病型存在相关性，不同血清型的多杀巴斯德菌可能表现出一定的宿主偏好性，导致不同临床表现的巴氏杆菌病。例如，多杀巴斯德菌 B∶2 菌株只要很低的剂量就可以使牛发病甚至死亡，然而其对鸡却几乎没有致病性。在禽（包括家禽和各种野生鸟类）中流行的主要为荚膜 A 型（A:1、A:3 和 A:4 型）和 F 型（F:3、F:4 和 F:7 型）多杀巴斯德菌，主要导致禽霍乱（avian cholera）。在猪群中流行的主要为荚膜 A 型和荚膜 D 型多杀巴斯德菌，主要引起猪巴氏杆菌肺炎（pasteurella pneumonia）和猪萎缩性鼻炎（atrophic rhinitis，AR），其中猪巴氏杆菌肺炎主要是荚膜 A 型不产毒多杀巴斯德菌导致，而猪萎缩性鼻炎则主要是荚膜 D 型产毒多杀巴斯德菌及极少数荚膜 A 型产毒多杀巴斯德菌导致。

二、致病机制

病畜禽的排泄物、分泌物及带菌动物均是该病的重要传染源。该病主要通过消化道和呼吸道感染，也可通过吸血昆虫，损伤的皮肤、黏膜而感染。正常情况下，多杀巴斯德菌寄生在宿主的上呼吸道黏膜及下泌尿道黏膜上，并不使宿主感染致病。然而当外界环境改变和宿主免疫力下降时，多杀巴斯德菌就有可能乘虚而入，使宿主致病，发病动物还会通过分泌物、排泄物及飞沫等对其他动物造成感染。

多杀巴斯德菌致病机制尚不清楚。该菌通过一系列免疫逃逸机制，干扰宿主的免疫系统，突破机体的防御屏障，在体内定植、繁殖、扩散，引起宿主细胞的破坏。

1. 多杀巴斯德菌免疫逃逸机制　多杀巴斯德菌的免疫逃逸机制包括干扰或逃逸宿主的吞噬作用，抵抗中性粒细胞、抗菌肽、补体介导的杀伤作用，降解免疫球蛋白或封闭抗体活性，形成生物膜等。除此之外，多杀巴斯德菌毒素（PMT）还参与多种免疫逃逸作用。

（1）*干扰或逃逸宿主的吞噬作用*　①抑制吞噬细胞的吞噬或摄取。多杀巴斯德菌的荚膜多糖能够避免吞噬细胞的吞噬或摄取，用多杀巴斯德菌腹腔接种小鼠，无荚膜的菌株容易被小鼠腹腔巨噬细胞所摄取，在血液、脾和肝中可被有效地清除，而有荚膜的菌株对吞噬作用有显著的抵抗力，能够迅速繁殖。除荚膜参与抗吞噬作用外，某些外膜蛋白也具有抗吞噬活性。②在吞噬细胞内生存或诱导细胞凋亡。多杀巴斯德菌能够在巨噬细胞、中性粒细胞内存活。细菌在细胞内存活的机制是细菌能够进入细胞质，抑制吞噬小体和溶酶体的溶解作用，干扰氧依赖的杀菌作用即呼吸爆发。细胞内环境还可以使细菌抵抗细胞外的杀菌剂、抗体、毒物等的杀伤作用，能够在病原菌感染的初期或直至它们发展成一种完整的致病性因子时保护细菌。该菌还可以通过分泌毒素或蛋白酶来破坏吞噬细胞的细胞膜，或诱导细胞凋亡，或直接杀死吞噬细胞。

（2）*抵抗中性粒细胞、抗菌肽、补体介导的杀伤作用*　中性粒细胞是血液中主要的细菌吞噬细胞，在防御感染中起重要作用。具有弹性蛋白酶活性的防御素和无弹性蛋白依赖的乳铁蛋白可共同发挥猪中性粒细胞分泌物的杀菌作用，该分泌物能够有效杀伤无毒性的大肠杆菌 K-12，但对多杀巴斯德菌缺乏有效的杀伤作用。抗菌肽是具有抗菌活性的短肽的总称，具有广谱的抗菌作用，巴氏杆菌脂多糖（LPS）结构有助于细菌抵抗抗菌肽的作用。禽巴氏杆菌靠其菌体表面的外膜蛋白 H（Omp H）能够逃逸机体血清补体介导的杀菌作用。

（3）*降解免疫球蛋白或封闭抗体活性*　分离自牛、鸡、羊、猪的多杀巴斯德菌能够分泌裂解 IgA 和 IgG 的蛋白酶，降低抗体活性，从而使多杀巴斯德菌逃逸宿主的防御反应。

（4）*形成生物膜*　多杀巴斯德菌通过分泌胞外聚合物，形成包裹细菌的保护层，导致生物膜内部细菌代谢率低，分裂缓慢，对外界刺激反应迟钝，对宿主免疫系统和抗菌药物具有很强的抵抗力。

（5）PMT 参与的免疫逃逸作用　多杀巴斯德菌毒素（pasteurella multocida toxin，PMT）主要由多杀巴斯德菌血清 D 型产生，在临床上导致猪萎缩性鼻炎。PMT 导致猪萎缩性鼻炎的机制在于 PMT 破坏了骨组织内成骨细胞和破骨细胞的动态平衡，骨组织的吸收功能增强，鼻甲骨逐渐萎缩或消失，并被增生的间质组织所取代，使猪鼻部表现为扭曲、变形、萎缩等。PMT 影响免疫系统的多种细胞，能诱导树突状细胞的成熟，但却阻断了树突状细胞到局部淋巴结的趋化运动，这是一种限制 T 细胞应答、减少 B 细胞体液免疫亲和力的有效机制，使细菌具有生存优势。PMT 能够选择性地影响 B 细胞，通过改变细胞内信号通路来干扰它们的分化，影响抗体的产生，从而使多杀巴斯德菌能够逃逸宿主的免疫反应。

2．主要毒力因子　包括荚膜、外膜蛋白、脂多糖、PMT、菌毛和黏附素等。

（1）荚膜　荚膜（capsule）是多杀巴斯德菌表层结构的主要组成部分，是最重要的毒力因子和免疫原性因子之一。在对细菌的黏附作用、阻止宿主的吞噬作用、抗溶菌酶、抗干燥、维护细菌结构正常形态等中发挥重要作用，对细菌起到保护作用，是一种重要的免疫逃逸因子，在致病机制上发挥着重要的作用。

（2）脂多糖　脂多糖（lipopolysaccharide，LPS）是革兰氏阴性致病菌外膜的主要成分，也是一种重要的毒力因子。LPS 在细菌对宿主的致病过程中发挥着关键因子作用，主要作用有黏附、侵入和抗血清。但它能刺激机体产生免疫，是一种保护性抗原。多杀巴斯德菌入侵宿主时，LPS 能够与宿主的抗菌肽及补体成分等发生直接相互作用，其致病作用跟 LPS 的完整性相关，截短禽源菌株 LPS 长度可降低该菌株致病力，LPS 末端的磷酸胆碱基团对多杀巴斯德菌的致病力具有重要作用，去掉后多杀巴斯德菌的毒力显著降低。LPS 还能通过激发 Toll 样受体 4 信号通路，激活一系列的宿主免疫因子，诱发强烈的先天免疫应答，进而引起炎症风暴，导致宿主死亡。LPS 还能刺激宿主发生较强的适应性免疫反应。

（3）外膜蛋白　多杀巴斯德菌的外膜具有非常复杂的结构，在细菌的基因组中有 20%～30%的基因编码外膜蛋白。多杀巴斯德菌的外膜蛋白（OMP）按照功能可以分为结构蛋白、黏附蛋白、转运蛋白、绑定蛋白、膜相关酶、装配蛋白、脂蛋白等。外膜蛋白功能非常广泛，包括帮助多杀巴斯德菌附着，侵入宿主细胞，维持膜结构的稳定性和完整性，参与离子和溶质主动及被动的转运、信号转导、适应性催化与防御作用。绝大多数的外膜蛋白主要位于细菌的表面，因此它在细菌与宿主相互作用、自身防御方面起着非常重要的作用。

（4）PMT　目前，PMT 是血清 D 型菌株表达的唯一确定的毒素，在临床上主要引起猪萎缩性鼻炎。纯化的天然毒素和充足菌株表达的毒素均能在实验条件下诱导产生萎缩性鼻炎的典型临床症状。PMT 通过调节磷脂酶 C 信号转导通路中的 Gaq 亚基，在细胞内发挥作用。在猪体中，主要导致鼻甲骨萎缩，破骨细胞不受控制地增殖会导致骨吸收，而成骨细胞受到抑制会阻止骨组织的再生。

（5）菌毛和黏附素　菌毛和黏附素在表面黏附中起作用，它与细菌的毒力相关，它们附着在宿主细胞表面，在决定菌株与宿主初始结合点或入侵中发挥重要作用。

（6）铁代谢相关蛋白（IMRP）　铁是细菌赖以生存的基本元素，多杀巴斯德菌已经发展出多种吸收铁的机制。对多杀巴斯德菌菌株 PM70 的序列分析显示，该基因组中有相当大一部分（超过 2.5%）编码了 53 个与铁摄取或获取蛋白相似的蛋白质。通过对富铁、缺铁培养基或体内培养的多杀巴斯德菌的比较，发现许多高分子量外膜蛋白受铁水平的调控，因此被称为铁调控外膜蛋白（IROMP）。铁获取蛋白被认为在菌株致病过程中起重要作用。

（7）唾液酸代谢（SAM）　大多数巴氏杆菌菌株能产生唾液酸酶，这些酶可以通过暴露关键宿主受体和（或）降低机体防御（如黏蛋白）的有效性来增强细菌的毒性。

以上这些毒力因子有助于实现巴氏杆菌定植和侵袭宿主，避免宿主防御机制，对宿主组织可造成损伤并刺激宿主炎症反应。这些毒力因子和外膜蛋白对于研究该菌感染的发病机制、功能、保护性免疫和疫苗开发尤为重要。

3．外界诱发因素　环境因素、应激反应及宿主的健康状况与多杀巴斯德菌感染的严重程度及传播密切相关。当气候、季节变化，长途运输，其他病原感染，营养不良等因素导致动物机体抵抗力降低时，健康带菌动物的呼吸道和扁桃体内所存在的巴氏杆菌会变成强毒菌而造成内源性感染。另外，污染的饲料、水、空气、器具等可经消化道、呼吸道、外伤而造成外源性感染。如果机体抵抗力较弱，侵入的是强毒菌，则会很快通过淋巴结的阻止作用而进入血流，形成菌血症，染病动物可于24h内因败血症死亡。如果机体抵抗力强或侵入机体的菌数不太多或毒力较弱时，病程可延长1～2d或更久。如果病原菌属于弱毒力，机体又具有较强的抵抗力，则病变会局限于局部。

4．与其他病原协同致病作用　与其他呼吸系统病原菌，特别是支气管败血鲍特菌（*Bordetella bronchiseptica*）、溶血性曼氏杆菌（*Mannheimia haemolytica*）等形成协同感染也是多杀巴斯德菌的一种重要感染致病机制，这些细菌能够增加多杀巴斯德菌的定植能力，造成更加严重的感染。多杀巴斯德菌常在某些呼吸系统病毒或支原体感染宿主后形成继发感染。

三、病理变化

由于机体抵抗力、细菌毒力、侵入菌数及各种畜禽对该菌的易感性不同等，该病的病理变化也具有明显差异。

（一）禽巴氏杆菌病

禽巴氏杆菌病称为禽霍乱，分为最急性型、急性型和慢性型。急性型呈败血症病变，慢性型发生肉髯水肿、关节炎等。

（1）最急性型　主要见于2月龄以上的家禽，夏季多发，突然死亡。死亡的病鸡无特殊病变，有时只见心外膜有少量出血点。

（2）急性型　呈明显的出血性败血症病变。鸡冠和肉髯呈青紫色，有的病鸡肉髯肿胀，有热痛感。病鸡皮下组织、腹膜及腹部脂肪常见小出血点。心包腔扩张，心包内积有大量不透明淡黄色液体，有的含纤维素絮状液体，心外膜、心冠脂肪有喷洒样出血点。肺充血、肿胀或见点状出血，镜检呈纤维素性肺炎病变。肝脏稍肿胀，质变脆，呈棕色或黄棕色，肝表面散布有许多灰白色、针头大的坏死点。脾不肿大或稍肿大，有时见灰白色坏死灶。肠道尤其是十二指肠呈出血性卡他性炎，肠内容物中含有血液。

（3）慢性型　病变因侵害的器官不同而异。以呼吸道症状为主时，见鼻腔和鼻窦内有大量黏液性分泌物，某些病例见肺炎性肿胀。局限于关节炎和腱鞘炎的病例，主要见关节肿大变形，有炎性渗出物和干酪样坏死。鸡冠出血、坏死，公鸡的肉髯肿大，内有干酪样渗出物，母鸡卵巢明显出血，卵泡膜充血出血，有时卵泡变形，似半煮熟样。

鸭、鹅的病理变化与鸡基本相似，死于禽霍乱的鸭在心包腔内充满透明橙黄色渗出物，心外膜、心冠脂肪有出血斑点。肺呈大叶性肺炎，间有气肿和出血，多见气囊炎。鼻腔黏膜充血或出血。肝略肿大，表现有针尖大出血点和灰白色坏死点。肠道以小肠前段和大肠黏膜充血和出血最严重；小肠后段和盲肠较轻。雏鸭为多发性关节炎，关节面粗糙，附着黄色的干酪样物质或红色的肉芽组织，关节囊增厚，内含有红色浆液或灰黄色、混浊的黏稠液体。肝发生脂肪变性和局部坏死。

（二）猪巴氏杆菌病

猪巴氏杆菌病称为猪肺疫，据临床特征分为最急性型、急性型和慢性型。

（1）最急性型　未见症状即出现急性死亡，有“锁喉风”之称。病程稍长的病例表现呼吸困难，颈部、咽喉部炎性肿胀。剖检病死猪，肿胀部位皮下有水肿，颈部淋巴结肿胀、出血，咽喉黏膜有急性炎症，周围组织浆液浸润。肺急性水肿。肾及膀胱可能有出血点。浆膜、黏膜有时有小点出血。脾不肿大。

（2）急性型　主要表现为胸膜肺炎病变。胸腔积液，肺有各期大叶性肺炎病变，有出血斑点、水肿、气肿和红色肝变区，或表面有纤维素性渗出物附着，常与胸膜粘连。支气管淋巴结肿大。胃肠道有卡他性炎或出血性炎。

（3）慢性型　有慢性肺炎、慢性胃肠炎、关节炎三种类型。病猪持续性咳嗽，呼吸困难，常食欲不振、腹泻、营养不良，间有关节炎。剖检病死猪肺有多处坏死灶，胸膜及心包有纤维素性絮状物附着。确诊时，可采取病猪的肝、脾和淋巴结做涂片染色镜检，发现两极染色小杆菌，结合病状、剖检病变和病史即可做出确诊。

（三）牛巴氏杆菌病

牛巴氏杆菌病又称牛出血性败血病。病牛可分为三种类型，分别为败血症型、浮肿型及肺炎型。

（1）败血症型　病牛突然发病，持续高热，病程短，死亡率高。死亡病例剖检皮下组织、黏膜、舌、浆膜及肺部有斑点状出血。胸腹腔内有大量渗出液，肺充血、出血、水肿。肝及肾呈急性出血变质性炎症。脾病变不严重，只见少量出血点。全身各处淋巴结呈浆液性炎症。

（2）浮肿型　病牛突然发病，持续感染，口腔、前胸、头颈等部位出现炎性水肿，病程相对较短，最终会窒息而死。死亡病例剖检水肿部位有深黄色透明浆液伴有血液流出。咽喉部及颈部淋巴结显著肿胀。上呼吸道黏膜出现卡他性炎。

（3）肺炎型　是牛巴氏杆菌病最为常见的类型，病牛高热，呼吸困难，鼻流黏液。死亡病例剖检，发病中期胸腔内渗出大量浆液，胸膜和肺部有明显出血点，并覆盖纤维素膜。肺切面呈现大理石状，镜检呈纤维素性肺炎或出血性纤维素性肺炎病变，病变处呈弥漫性出血。病程后期，则出现坏死性病灶，胸膜和心包发生粘连，伴有干酪样坏死物。

（四）羊巴氏杆菌病

皮下有液体浸润和小出血点。黏膜、浆膜及内脏出血。胸腔积液，肺充血，有小出血点和肝变。其他脏器水肿、充血、间有小出血点。脾不肿大。胃肠有出血性炎症。病程较长者尸体消瘦，皮下胶冻样浸润，常见纤维素性胸膜炎、肺炎和心包炎，肝有坏死灶。

（五）兔巴氏杆菌病

兔对巴氏杆菌十分敏感，常会大批发病和死亡。巴氏杆菌是2～6月龄兔死亡的主要原因。

（1）鼻炎型　病兔的鼻腔积有大量黏液性或脓性分泌物，鼻窦和副鼻窦内有分泌物，窦腔内层黏膜红肿。

（2）肺炎型　常表现为急性纤维素性肺炎和胸膜炎病变。剖检呈急性纤维素性肺炎和胸膜炎，肺实变出血、脓肿，胸膜有纤维素覆盖。

（3）败血症型　除一般的败血症病变以外，各器官、浆膜、皮下还常见充血、出血，肝变性肿胀，并有许多小坏死点。常见鼻炎和肺炎的变化。

（4）中耳炎型　鼓膜和鼓室内壁变红，有时鼓室破裂，脓性渗出物流入外耳道，严重时出现化脓性脑膜炎的病变。

（5）其他病型　生殖器官感染、结膜炎、全身各部脓肿、子宫炎、子宫积脓、睾丸炎、附睾炎、皮下内脏器官脓肿等。

（六）马、驴巴氏杆菌病

马巴氏杆菌病主要在胸膜、心包膜和肠管浆膜及心冠脂肪处有大量出血点，肺尖叶常见出血点，肝、脾常无明显变化。而病死驴的肝有大量坏死点，脾边缘有点状出血，胃幽门部有出血斑，膀胱黏膜有弥散性点状出血。

（七）鹿巴氏杆菌病

病死鹿的皮下组织有大量浆液浸润并有散在出血点，真胃和肠道出血性炎症，尤其是十二指肠和盲肠出血明显。有肺炎变化。淋巴结充血、水肿、出血。

（八）貉巴氏杆菌病

病死貉的急性病例，营养良好，尸僵不完全，结膜贫血，口腔黏膜有出血斑。心冠有出血点，心内膜乳头肌基部有斑点状出血。肺气肿，表面有出血点。肠淋巴结肿大，切面多汁。胃黏膜易脱落并有出血点，小肠黏膜出血，大肠呈卡他性肠炎。脾出血，但不肿大。肝肿大，表面有灰白色坏死灶。膀胱黏膜有出血点。慢性病例营养不良，机体消瘦，贫血，各实质器官浆膜、黏膜出血，胃壁变薄，局限性出血。肺尖叶、心叶常见炎症变化。

（九）貂巴氏杆菌病

病死水貂以实质器官、黏膜和浆膜出血为主要特征。体表淋巴结肿大，肠系膜淋巴结有小出血点。

（十）狐巴氏杆菌病

病死狐尸体营养良好。皮下组织、黏膜、浆膜上均有针尖大至粟粒大的出血点。鼻腔、气管内有黏液，黏膜有出血点，肺呈暗红色肿胀，表面有大小不等的弥散性出血，切面多汁，肺门淋巴结肿大。心包膜及心外膜有针尖大出血点。肝肿大，表面有大量出血斑和灰白色坏死灶。脾肿大，呈樱桃红色。肾散在出血点。胃肠黏膜广泛出血。

第四节　链球菌病

链球菌病是多种链球菌引起的多种人兽共患病的总称。在猪常引发化脓性淋巴结炎、败血症、脑膜炎等；在牛引发链球菌性乳腺炎、链球菌性肺炎；在羊主要呈败血症变化；在马属动物呈颌下淋巴结急性化脓性炎症；在人则引发猩红热、扁桃体炎、丹毒及局部感染性疾病。

一、猪链球菌病

猪链球菌病（swine streptococcosis）是多种致病性链球菌感染引起的一种人兽共患病，包括败血症、化脓性淋巴结炎、脑膜炎及关节炎等多种病型。猪链球菌 2 型可导致人类的脑膜炎、败血症和心内膜炎，严重时可致人死亡。

（一）病原

链球菌的种类繁多，但其共同特征是呈圆形或卵圆形，常排列成链，短者由 4～8 个菌体组成，长者则有数十个甚至上百个。在固体培养基上培养呈短链，液体培养时呈长链，不形成芽孢，也无鞭毛，有的可形成荚膜，革兰氏染色阳性。该菌广泛分布于自然界，按血清学分类，可将链球菌分为 20 个血清群。A 群主要对人类致病，如猩红热、扁桃体炎及各种炎症和败血症。对动物有致病性的主要链球菌属于 B、C、D、E、L、N、P 等群及绿色链球菌。C 群中的链球菌兽疫亚种及 E 和 D 群，间或有 R、S、T、U 等群链球菌可引起猪的疾病。C 群中的链球菌亚种是马腺疫的致病菌。属于 B 群的无乳链球菌是牛乳腺炎的主要致病菌。C、E、G、L、O 和 P 群中的链球菌也可引起乳腺炎，偶致绵羊和山羊疾病。绿色链球菌和 C、D、E、L、D 等群链球菌也常引起猪、牛生殖道感染。从皮肤感染的病灶中常分离到 C 群和 L 群链球菌，C、E、D 群的猪链球菌也可引起人的感染。

（二）致病机制

致病过程的第一阶段类似于对宿主黏膜和（或）上皮表面的黏附和定植。第二阶段是侵入血液的更深组织和向细菌的细胞外转移，这些细菌可以自由循环或附着在单核细胞表面。如果猪链球菌存在于血液中并不能导致致命，它能够进入第三阶段，包括渗透到宿主器官中，主要是通过穿越血脑屏障和（或）血脑脊液屏障进入中枢神经系统（CNS）并引起脑膜炎。第四阶段是炎症，猪链球菌可能诱导促炎性细胞因子过度产生，从而引起败血症性休克和（或）不同白细胞群的募集和激活，引起中枢神经系统的急性炎症。猪链球菌还可通过激活小胶质细胞、星形胶质细胞和其他可能的细胞类型而引起大脑的剧烈炎症反应，从而导致颅内并发症，包括脑水肿、颅内压增高、脑血管损伤和耳蜗病变，造成耳聋。在致病过程的所有阶段，猪链球菌均与多种类型的具有免疫能力的宿主细胞相互作用，如多形核白细胞、淋巴细胞、单核巨噬细胞、树突状细胞和小胶质细胞，并利用多种通用的毒力因子逃避先天性和适应性免疫防御机制及克服环境压力。普遍认为猪链球菌病的发病机制是病原菌侵入机体后，先在侵入处繁殖，最后再到达相应的部位或突破机体的防御屏障入血，进而引起不同的临床症状和严重的败血症。

细菌与脑微血管内皮细胞相互作用，即特异性地与这些细胞发生黏附而入侵中枢神经系统，而细菌的毒素只是增加了渗透性而已。与引起脑膜炎的病原所不同的是，猪链球菌 2 型只能黏附脑微血管内皮细胞，而不能侵入这种细胞。另外，可能是黏附于脑微血管内皮细胞上的猪链球菌分泌能够作用于内皮细胞的毒素因子，以增加血脑屏障的通透性，从而出现脑水肿、颅内压增加、大脑血流阻塞等细菌性脑膜炎症状。

现在公认的 33 个血清型中，1、2、7、9 型是猪的主要致病菌，其中 2 型最为常见，也最为重要，也可感染人而致死。

（三）病理变化

1．剖检病变　病猪皮肤发绀，耳端、四肢末端及腹下皮肤呈紫红色，表皮易脱落，表皮下呈深红色。如果病猪烫毛屠宰，可见全身皮肤呈“大红袍”样，皮下脂肪深红色。血液凝固不良或者不凝固，皮下、腹膜、浆膜出血。鼻腔、喉头及气管黏膜充血，常见大量泡沫。肺肿胀、充血，呈小叶性肺炎或融合性肺炎。而急性胸膜肺炎型则表现为化脓性支气管炎，多见于尖叶、心叶和膈叶前下部，病变部位坚实，灰白、灰红和暗红的肺组织相互间杂，切面有脓样病灶，挤压后从细支气管内流出脓性分泌物。全身淋巴结肿胀、充血、出血呈暗红色，其中以下颌淋巴结、腹股沟淋巴结及胸腔淋巴结的病变最为明显。心包有时有淡黄色积液，心外膜有纤维素性渗出物附着，心内、外膜不同程度出血。脾淤血、出血，呈暗红色肿大，有时可增大3倍。肾肿大、出血，呈紫红色。胃及小肠黏膜充血、出血，内容物附带红色。浆膜腔、关节腔常见炎性渗出，其中关节炎型关节病变明显，关节及其周边组织肿胀，其中以腕关节和附关节最为明显，关节腔内关节液增加，关节液稀薄或为胶冻样且含有少量纤维素性渗出物，液体混浊呈淡黄色。脑膜炎型脑膜充血或出血，血管树枝状充血，可见小出血点。脑膜下有时见积液，脑组织也有点状出血。

2．镜检病变　病理组织学观察猪链球菌病的各个脏器都有不同程度的出血和中性粒细胞浸润，各器官可见变性病变。心内膜下充血、出血，心肌纤维变性坏死，纤维间有炎症细胞浸润。肝细胞颗粒或空泡变性，肝窦内有中性粒细胞、淋巴细胞、巨噬细胞浸润，中央静脉、肝窦充血。脾充血，中性粒细胞浸润，白髓萎缩，淋巴细胞数量减少。支气管及细支气管周围炎症细胞浸润，腔内可见浆液，脱落的上皮、中性粒细胞、红细胞浸润。肾小球毛细血管内皮细胞肿胀，中性粒细胞浸润，小血管充血，肾小管上皮细胞颗粒变性，间质炎症细胞浸润。淋巴结内淋巴滤泡萎缩，淋巴细胞数量减少，副皮质区和髓质炎症细胞浸润。脑膜下充血，中性粒细胞浸润。

二、羊链球菌病

（一）病原

羊链球菌病又称羊败血性链球菌病，是链球菌属中C群链球菌兽疫亚种（为溶血性链球菌）引起的一种羊的热性、急性、败血症性传染病。此病多发于冬春寒冷季节（每年11月至次年4月），主要通过消化道和呼吸道传染。链球菌最易侵害绵羊，山羊也很容易感染，主要特征为下颌淋巴结与咽喉高度肿胀，呼吸不畅，机体内各器官均有出血，胆囊随之肿大，最后导致全身性出血、败血症病变，甚至纤维素性胸膜炎。

（二）致病机制

溶血性链球菌通过呼吸道或其他途径（损伤部位的皮肤及黏膜）侵入体内，首先在入侵处分裂繁殖，初期菌体外面形成一层黏液状的荚膜，以保护菌体在机体内继续生长繁殖。同时乙型溶血性链球菌在代谢过程中产生透明质酸酶，分解结缔组织内的透明质酸，使结缔组织基质发生变化，组织疏松，通透性增加，病原菌易于在组织中扩散和蔓延。因此侵入机体的病原菌很快就进入淋巴管和淋巴结，继而大量繁殖并产生溶血毒素，大量红细胞被溶解，血液成分发生变化，造成血管壁受损和整个血液循环发生障碍，使单核巨噬细胞系统的吞噬功能降低，以致发生急性全身性败血症病变，各实质器官出血性变质性炎症，浆膜腔出现浆液纤维素性炎。

（三）病理变化

羊链球菌病大致可分为急性（败血）型及亚急性（胸）型。前者病程短，主要表现急性败血症病变。后者病程一至二周，具有明显的纤维素性胸膜炎和腹膜炎病变。

（1）扁桃体　咽扁桃体是该病的原发性病变部位，该菌由此侵入并在此繁殖引起炎症反应。轻者充血、出血，重者化脓坏死。大多数自然病例的咽扁桃体呈现充血、化脓和坏死变化。镜下可见上皮细胞坏死脱落。淋巴滤泡中心正常的淋巴组织结构及淋巴细胞消失，呈疏网状或空洞。有的滤泡被变性的中性粒细胞和坏死的淋巴细胞占据，呈化脓性坏死。

（2）淋巴结　由于该病的经过不同，淋巴结的病变也不相同。最急性者病变较轻，慢性者病变严重。急性病例的淋巴结以充血、出血为主。镜下可见淋巴结血管高度扩张，充满红细胞，同时发生出血，使滤泡和边缘窦中布满红细胞。滤泡萎缩，淋巴细胞减少，网状细胞肿胀，巨噬细胞浸润，同时含有中性粒细胞和大量的细菌。整个淋巴结水肿，间质疏松，髓质中淋巴窦扩张水肿。慢性病例中，整个淋巴结增生肿大，并出现化脓坏死灶，有的呈浆液性炎症。镜下可见淋巴结中除淋巴细胞坏死外，整个淋巴结见有大量中性粒细胞浸润。有时淋巴组织内见大量浆液、纤维素渗出。

（3）肺　最急性病例病变不明显，但急性与亚急性病例的肺炎病变明显。肺病变为卡他性肺炎及纤维素性胸膜炎。镜检肺泡壁充血、水肿、增厚，肺上皮细胞坏死脱落。有的肺泡中充满红细胞、中性粒细胞，有的肺泡中有纤维素性渗出物。支气管黏膜上皮脱落，管腔中充满中性粒细胞及形成的脓液，黏膜固有层水肿、中性粒细胞浸润。肺小叶间质水肿。发生胸膜炎时，肺外膜增厚，其表面附有薄厚不等的纤维素性渗出物，并有大量中性粒细胞浸润。

（4）心脏　心肌纤维肿胀、颗粒变性，血管充血，并有小出血灶。

（5）肝　肝细胞变性、坏死。小叶间结缔组织坏死、溶解。

（6）脾　脾髓淋巴滤泡显著水肿。红髓静脉窦扩张，脾索内网状细胞增生，中性粒细胞浸润。

（7）肾　皮质部肾小球充血肿大，肾小管上皮细胞变性、坏死。髓质部肾小管上皮细胞变性，间质水肿。

（8）肾上腺　皮质出血，腺上皮细胞变性、坏死，中性粒细胞浸润。间质水肿、出血。

（9）消化道　第四胃和小肠黏膜上皮细胞脱落，黏膜固有层充血、出血，胃、肠腺体坏死和溶解，中性粒细胞浸润。黏膜下水肿。

（10）脑及脊髓　大、小脑脑膜充血、出血，中性粒细胞浸润，脑组织血管充血、出血，血管周围间隙水肿，神经元变性或坏死。

第五节　大肠杆菌病

大肠杆菌病（colibacillosis）是致病性大肠埃希菌（*Escherichia coli*，*E. coli*）的某些血清型菌株引起的一组人兽共患传染病。大肠杆菌在自然环境中无处不在，一般不具有致病性，与其他菌群共生于包括人在内的动物的肠道中。但在特殊条件下，*E. coli* 会引起包括人在内的动物感染，被公认为是人兽共患病的重要病原菌。

一、病原

大肠埃希菌又称大肠杆菌，为埃希菌属的代表菌，属肠杆菌科，兼性厌氧菌，革兰氏染色阴性，短杆状，长约2μm，直径约0.5μm，多数菌株周生鞭毛，无芽孢，可利用多种糖类并产酸、产气，对营养要求低，在37℃环境中，*E. coli* 在普通培养基上培养12～16h可形成浅灰色、光滑湿润且边缘整齐的透明菌落。在麦康凯琼脂培养基上生长时多呈红色或粉红色、中间凹陷、表面光滑的饼状菌落。在伊红-亚甲蓝琼脂上生长时呈紫褐色带金属光泽的菌落，是区别于其他肠杆菌的标志性特征。

根据抗原组成成分，可将大肠杆菌抗原分成4种，即菌体抗原（O抗原）、鞭毛抗原（H抗原）、荚膜抗原（K抗原）和菌毛抗原（F抗原）。O抗原是一种耐热型抗原，也称O特异性侧链，是大肠杆菌脂多糖最外侧的长链结构，经121℃高压后仍具有抗原性。O抗原一般由一个或多个寡糖重复单位聚合而成，单糖种类、单糖间连接方式、单糖数量不同都会导致O抗原具有不同的特异性，目前已鉴定的O抗原有190多种。H抗原为鞭毛抗原，是一类不耐热的抗原，存在于具有鞭毛的菌株当中，目前已鉴定的有80多种。K抗原是热不稳定抗原，依据其热不稳定性可分为L、A、B三种，目前已知的K抗原有80多种。K抗原位于O抗原外层，少数位于菌毛中，具有抗吞噬和补体杀灭作用，与细菌毒力相关。因为K抗原较难鉴定，所以利用O抗原和H抗原鉴定作为大肠杆菌分型的“金标准”。F抗原至少有5种，与大肠杆菌的黏附作用有关。

根据 *E. coli* 的遗传学和临床致病特征将其分为三类，共生型菌群、腹泻型菌群和肠外致病性菌群。其中致病性大肠杆菌被分为5类，肠致病性大肠杆菌（enteropathogenic *E. coli*，EPEC）、产肠毒素大肠杆菌（enterotoxingenic *E. coli*，ETEC）、肠侵袭性大肠杆菌（enteroinvasive *E. coli*，EIEC）、肠出血性大肠杆菌（enterohemorrhagic *E. coli*，EHEC）和肠集聚性大肠杆菌（enteroaggre-gative *E. coli*，EAEC），EPEC和ETEC主要入侵十二指肠、空肠和回肠上皮细胞并定植引起婴幼儿和幼畜（禽）小肠炎。EHEC、EIEC主要定植于盲肠、结肠和直肠部分，引起包括人在内的动物传染性肠炎和出血性肠炎等。EAEC在小肠和大肠内均可定植感染引起严重的腹泻。近年来认为，肠外致病性大肠杆菌是一类新的大肠杆菌菌群，危害性比其他大肠杆菌要大，这类菌主要隐性定植在肠道内，不引起腹泻，但入侵宿主的一些肠外组织可诱发宿主感染。

大肠杆菌的分型方法主要包括表型分型和基因分型。表型分型包括血清型分型、生物分型、噬菌体分型等。基因分型包括DNA指纹为基础的分型方法（脉冲电场凝胶电泳分型、肠杆菌科基因间重复一致的序列技术、随机扩增多态性DNA分析、限制性片段长度多态性分析、简单重复序列分析、扩增片段长度多态性分析、多位点酶电泳）、多位点序列分型技术等。

二、致病机制

大肠杆菌通常紧密黏附于肠上皮细胞的表面或嵌入肠上皮细胞表面的凹陷中，使黏膜呈特征性损伤，局部微绒毛萎缩，肠黏膜上皮细胞坏死，进而形成溃疡。大肠杆菌的致病性主要取决于毒力因子（主要有菌毛、毒素、黏附素、侵袭因子、溶血素等），这些毒力因子通常是由染色体上成簇存在的一组基因所编码，称其为毒力岛（pathogenicity island，PAI）。

1．肠致病性大肠杆菌（EPEC）　肠致病性大肠杆菌是一类致泻性大肠杆菌，能引起典型的黏附与脱落（attaching and effacing，A/E）病变，进而导致腹泻。EPEC 紧密黏附在宿主肠黏膜上皮细胞上，引起 A/E 损伤，并能避免被肠蠕动和肠分泌液所清除。此现象打破了宿主与原核生物之间的生存平衡，使 EPEC 在与其他菌群的竞争中处于优势。EPEC 的主要毒力因子定位于毒力岛和肠细胞脱落位点（the locus of enterocyte effacement，LEE）上，致病机制模型被认为有局限性黏附、信号传递和紧密黏附 3 个阶段。

2．产肠毒素大肠杆菌（ETEC）　产肠毒素大肠杆菌是一类能在小肠黏膜上皮细胞定植，继而产生和释放由质粒和（或）染色体编码的热不稳定（LT）和（或）热敏（ST）肠毒素的病原菌。ETEC 至少可产生、分泌并有效释放 LT 和（或）ST 毒力因子。鉴于编码这些毒素基因系统发育进化树的明显多样性，可能是各自形成致病性克隆的基本元素。小肠定植是 ETEC 必需的毒力特征，多种编码在 ETEC 质粒和染色体上的不同结构蛋白已被鉴定为假定的黏附素和定植因子。ETEC 大肠杆菌可产生周身鞭毛，每条鞭毛约由 20 000 个独立的鞭毛蛋白分子组成。鞭毛蛋白分子以螺旋排列的形式堆积，高度保守的氨基端和羧基端区域相互作用，在鞭毛丝内部整齐排列成一行，而可变区暴露于外表面，表现“H”抗原特异性血清型。完整的鞭毛在 ETEC 体外的黏附和热敏毒素的释放呈递中发挥着必需作用，同时对在小肠的定植方面也有显著影响。

3．肠侵袭性大肠杆菌（EIEC）　肠侵袭性大肠杆菌是一种能引起较大儿童和成年人腹泻的重要病原菌。与 EIEC 致病相关的毒力因子主要有黏附素系统（菌毛、非菌毛黏附素，F1、P、F17）、铁离子摄取系统（气杆菌素、肠杆菌素）和抗机体杀菌因子（外膜蛋白 A、脂多糖、KI 荚膜、耶尔森菌素）。EIEC 的毒力因子通常都由可变性的、可以用来重组形成新菌株的基因元件或曾经为可变性的基因元件而已被重组为基因组的基因元件所编码，并且在宿主内能将致病性毒力因子与基因组重组产生变异性的致病性菌株才能成功存活下来，而控制这些毒力因子的基因可以是染色体以外的基因（如质粒），也可以是染色体上的某些特殊片段。因此，完整的 EIEC 毒力涉及一套编码在质粒和染色体上的基因，主要有毒力质粒和编码在染色体上的 His（组氨酸）、ha-xyl（鼠李糖-木糖）、ldc（赖氮酸脱援酶）等基因片段。EIEC 致病是一个多方面因素都参与的最终表现结果，但具体致病机制依然不明。

4．肠出血性大肠杆菌（EHEC）　肠出血性大肠杆菌是近年来才认识到的一种新人兽共患的致泻性大肠杆菌，其中 O157:H7 是与人出血性结肠炎、溶血性尿毒综合征有关的主要血清型，是一类威胁人类健康的重要致病菌。肠出血性大肠杆菌 O157:H7 的发病机制涉及细菌吸附在感染的家畜或人的肠黏膜上皮细胞表面，躲避宿主的免疫防御系统，迅速增殖并损伤宿主细胞。致病剂量极低，不到 100 个细菌即可引起疾病。摄入的细菌通过胃进入宿主的肠道，形成微菌落定植在大肠黏膜上并产生肠毒素（enterotoxin，VT）。与肠致病性大肠杆菌一样，形成黏附与脱落损伤也是肠出血性大肠杆菌发病的主要特征。大肠杆菌 O157:H7 的致病机制与其基因组中某些特殊区域有关，这些区域可编码与 EHEC 致病性有关的毒力因子，毒力岛就是这些特殊基因的编码区。大肠杆菌 O157:H7 毒力岛包括编码 *eae* 基因的 LEE 岛、前噬菌体上编码志贺样毒素（verotoxin，SLT）的 *slt* 基因和大质粒（pO157）编码的 *hly*、*kat P*、*esp P*、*tox B*、*stc E* 基因等。

5．肠集聚性大肠杆菌（EAEC）　肠集聚性大肠杆菌是一类致泻性大肠杆菌，其特征是 EAEC 黏附于 HEp-2 细胞表面，表现出特征性的“叠砖样”聚集性黏附形式（aggregative “stacked-brick” pattern）。EAEC 是从一名患有顽固性腹泻的智利儿童体内分离得到的。受感染的人是 EAEC 的主要传染源，目前尚无动物作为其传染源的报道。EAEC 感染所致腹泻是一个复杂的宿主病原体相互作用的过程，与宿主易感性、宿主免疫反应、菌株毒力异质性及感染者所摄入的菌量有关。

三、病理变化

（一）猪大肠杆菌病

主要有仔猪黄痢、仔猪白痢和猪水肿病三种病型。

1. 仔猪黄痢　仔猪黄痢是 1 周龄以内仔猪发生的一种急性、高度致死性疾病，仔猪以剧烈腹泻、排黄色或黄白色稀粪、迅速死亡等为特征。该病剖检最显著的病理变化是急性卡他性胃肠炎，少数为出血性胃肠炎。镜检可见胃黏膜上皮细胞变性、坏死或脱落，固有层水肿并有少量炎症细胞浸润。肠黏膜上皮细胞变性、肿胀或坏死脱落，肠绒毛裸露。肠腺部分萎缩，大部分被破坏，仅留下空泡状腺管轮廓。肠黏膜下层充血、水肿，有少量炎症细胞浸润。

2. 仔猪白痢　仔猪白痢又称仔猪迟发型大肠杆菌病，是 10～30 日龄仔猪多发的一种急性肠道传染病，以急性卡他性胃肠炎、排腥臭的乳白色或灰白色的糨糊状粪便为主要特征。剖检病程短的几乎不显胃肠炎的病变，病程稍长的病例呈现轻度卡他性胃肠炎的变化，胃内有凝乳块。小肠黏膜充血，肠腔扩张，其内有灰白色糨糊状的内容物并混有气体，气味腥臭。镜检小肠绒毛上皮细胞高度肿胀，部分坏死脱落，固有层血管扩张、充血，中性粒细胞和巨噬细胞浸润。部分肠管绒毛萎缩，肠黏膜上皮细胞表面常见大肠杆菌附着。

3. 猪水肿病　猪水肿病是断奶前后仔猪的一种急性肠毒血症。以突然发病，病程短促，头颈部皮下、胃肠壁及肠系膜水肿，共济失调，惊厥和麻痹为主要特征。该病剖检的特征病变是水肿，常见于眼皮、头颈部皮下，有时波及前肢和腹部皮下。病变部皮肤和黏膜肿胀、苍白。胃壁切面胶冻样显著增厚，肠系膜胶冻样水肿。镜检水肿主要见于皮下、黏膜下疏松结缔组织，可见水肿部位的水肿液内常含大量蛋白质、少量红细胞和炎症细胞。脑干部常有水肿和软化灶，软化灶中神经元变性、坏死，神经纤维排列紊乱。另外的特征性变化是全动脉炎，可见于全身各组织，以水肿部位最严重。最初动脉血管内皮细胞变性、肿胀，进而发展到中膜平滑肌细胞出现纤维素样坏死，外膜水肿，周围有巨噬细胞、嗜酸性粒细胞浸润。

（二）禽大肠杆菌病

禽大肠杆菌病的病型很多，包括纤维素性浆膜炎、急性败血症、输卵管炎/卵黄性腹膜炎、肠炎、关节炎、慢性肉芽肿等多种病型，而以纤维素性浆膜炎、急性败血症和输卵管炎/卵黄性腹膜炎最为常见。

1. 纤维素性浆膜炎型　纤维素性浆膜炎型主要表现为心包膜、肝包膜和气囊发生纤维素性炎，浆膜增厚，表面附着灰白色或灰黄色纤维素性膜，严重时气囊或心包腔内充满炒鸡蛋样渗出物。

2. 急性败血症型　急性败血症型是禽大肠杆菌病中危害最为严重的一个病型，主要发生于雏鸡和青年鸡。突然死亡病例的病理变化不明显，仅见器官组织轻度充血、出血和实质器官变性肿胀等变化。病程稍长者或成年鸡可见全身皮下、浆膜和黏膜有大小不等的出血点，呈现败血症和急性浆液纤维素性炎的特征性变化。

3. 输卵管炎/卵黄性腹膜炎型　输卵管炎/卵黄性腹膜炎型是产蛋家禽死亡的最常见疾病

之一。输卵管和子宫黏膜发生卡他性、纤维素性炎，输卵管和子宫显著膨胀，黏膜表面附有黏液或干酪样渗出物，内有一个甚至多个卵子蓄积，黏膜充血肿胀。炎症使输卵管、子宫失去蠕动、输送功能，导致卵子滞留其中，使后续成熟卵子落入腹腔，引起卵黄性腹膜炎，腹腔有大量新鲜或陈腐的、呈挤压状的卵黄团块，气味异常。

第六节　沙门菌病

沙门菌病（salmonellosis）又称副伤寒（paratyphoid fever），是各种动物沙门菌属的细菌引起的疾病总称。沙门菌是一种重要的人兽共患病病原菌，宿主极其广泛，包括人、牛、鸡、鸭、鹅、猪、羊等。主要引起动物的败血症和肠炎，也可使怀孕母畜发生流产。许多血清型的沙门菌可使人感染而发生食物中毒、败血症等症状。沙门菌病是最常见和广泛分布的食源性疾病之一，感染者通过食用受污染的生肉、家禽、蛋、乳制品等或由于与感染或携带者个体密切接触而感染。

一、病原

沙门菌（*Salmonella*）属于肠杆菌科沙门菌属，是一种兼性厌氧的革兰氏阴性菌。沙门菌一般呈直杆状，菌体大小为（0.7～1.5）μm×（2～5）μm，菌落直径 2～4mm，周身鞭毛，具有运动性，而且大多数细菌具有菌毛，能够吸附于宿主细胞表面，有利于感染。该菌在生活周期中不产生芽孢和荚膜，因此对热和干旱的抵抗能力较弱。实验室条件下，沙门菌在普通 LB 肉汤或 LB 琼脂平板上培养 24h 后可形成中等大小的菌落，菌落呈圆形，表面光滑，无色半透明，边缘整齐，与大肠杆菌菌落相似。

依据沙门菌对宿主的感染范围，可将其分为宿主适应血清型和非宿主适应血清型。宿主适应血清型可在单一宿主物种中引起伤寒样疾病，如伤寒沙门菌（*S. typhi*）、仙台沙门菌（*S. sendai*）和副伤寒沙门菌（*S. paratyphi*）A、副伤寒沙门菌 B 和副伤寒沙门菌 C，以及鸡沙门菌（*S. gallinarum*）和鸡白痢沙门菌（*S. pullorum*）。宿主适应血清型与一个宿主物种相关，但也能在其他宿主中引起疾病，如霍乱沙门菌（*S. cholerae*）、伤寒沙门菌（*S. typhia*）。非宿主适应血清型很少产生系统性感染，但能够在多种动物的消化道定植，这一组的绝大多数血清型中最常见的是鼠伤寒沙门菌（*S. typhimurium*）和肠炎沙门菌（*S. enteritidis*），统称为非伤寒血清型（NTS）。沙门菌抗原结构复杂，主要为 Vi 抗原、O 抗原和 H 抗原。随着沙门菌的新型菌型和抗原不断被发现，其抗原表也在不断更新中，目前抗原表中共收录沙门菌 2579 个血清型。沙门菌属包含肠道沙门菌（*Salmonella enterica*）和邦戈尔沙门菌（*Salmonella bongor*）两个种，每种都包含多种血清型。

二、致病机制

沙门菌感染宿主的过程包括黏附、侵袭、沙门菌囊泡（*Salmonella*-containing vesicle，SCV）成熟、增殖等步骤。在此过程中其首先利用自身表面存在的许多黏附因子黏附在宿主细胞上，随后效应蛋白被释放到宿主细胞中，导致细胞骨架发生变化，并在其表面形成皱褶结构。另外，细菌可以直接由黏膜下层进入宿主细胞。一旦进入细胞质，沙门菌就会进入 SCV，并在那里繁殖。SCV 将细菌传递至基底外侧膜并释放到黏膜下层，细菌被吞噬细胞吞噬后再次进入 SCV。SCV 膜的完整性及在细胞中的迁移与沙门菌的繁殖和致病机制密切相关。SCV 成熟的一个关键标志是迅速获得晚期吞噬小体或溶酶体的标记蛋白 LAMP-1（lysosome-associated membrane protein 1)。成熟的 SCV 能够抵抗宿主产生的与先天性免疫应答相关的免疫攻击，抵御溶酶体和吞噬体对 SCV 的融合破坏，还能够与来源于晚期内吞作用的液泡相互作用以提供细菌复制所需的营养，利于沙门菌在宿主细胞内的存活和增殖。

沙门菌在适应不同宿主环境的过程中，代谢发生了改变，说明在长期的进化过程中，病原菌通过调节基因的表达来适应环境的变化，获得了一系列有利于其在宿主体内生长繁殖的特性，尤其是在不利条件下，即使它们不能生长，也能确保营养供应和得到机械保护。利用体外和体内感染动物模型，已经确定了许多沙门菌毒力因子，如鞭毛、脂多糖、沙门菌毒力岛、Ⅲ型分泌系统等。

（1）鞭毛　是一种长螺旋状的细丝，负责细菌的运动，使沙门菌在被摄入后能够进入宿主细胞。然而，沙门菌进入宿主细胞后，鞭毛蛋白的表达会发生变化。也许是由于长期的进化，鞭毛蛋白会减少表达以逃避宿主的免疫作用。

（2）脂多糖　是沙门菌属的一种重要毒力因子，由类脂 A、核心寡糖（C-OS）和 O 抗原多糖（O-PS）组成，在沙门菌黏附、入侵、定植等过程中均发挥重要作用。全身性肠道感染的复杂发病机制及大量防御性和攻击性毒力因子的存在，均与脂多糖有关。

（3）沙门菌毒力岛（salmonella pathogenicity island，SPI）　也称致病性岛，是许多沙门菌毒力因子（如黏附、入侵和毒素基因）聚集在染色体的某些区域，是染色体基因组中具有典型结构特征的、能够编码细菌毒力和代谢功能相关基因簇的 DNA 片段。在感染宿主的每个阶段，细菌都调节不同基因组的表达，其中大部分基因在沙门菌毒力岛（SPI）中编码。大多数的毒力岛在细菌基因组中的位置非常接近，在沙门菌中已鉴定出约 21 种 SPI，它们的种类从 SPI-1 到 SPI-21。在这 21 种 SPI 中，SPI-1 和 SPI-2 是被研究最多的。

（4）Ⅲ型分泌系统（type Ⅲ secretion system，T3SS）　是一种蛋白质复合物，与 20～30 种参与细胞入侵的结构和调节蛋白结合，其中许多蛋白质与鞭毛输出的蛋白质具有同源性。虽然 T3SS 被称为分泌系统，但它的生物学功能是将细菌毒力蛋白直接从细菌细胞转移到宿主细胞的细胞质中，因此起到“分子注射器”的作用。这些毒力蛋白称为效应蛋白，一旦进入细胞内就可利用Ⅲ型分泌系统来破坏宿主细胞的功能，如细胞骨架结构、膜转运、信号转导和细胞因子表达等，并促进细菌在宿主细胞内的定植、增殖和全身性感染。沙门菌有两个Ⅲ型分泌系统（T3SS-1 和 T3SS-2），它们分别由 SPI-1 和 SPI-2 编码，位于不同的沙门菌 DNA 簇中，它们在细菌感染的不同阶段发挥作用。T3SS-1 在细菌与宿主细胞膜接触时具有活性，并将效应蛋白转移到其细胞质中，而 T3SS-2 在吞噬体内具有活性并将效应子转移到液泡中。

三、病理变化

（一）鸡沙门菌病

鸡白痢沙门菌引起的疾病称为鸡白痢，鸡伤寒沙门菌引起的疾病称为鸡伤寒，而其他有鞭毛能运动的沙门菌引起的疾病则统称为鸡副伤寒。

1. 鸡白痢（diarrhea alba）　各种品种的鸡对该病均有易感性，以 2～3 周龄以内雏鸡的发病率与病死率为最高，呈流行性。因鸡白痢而急性死亡的雏鸡，病理变化不明显，只见卵黄吸收不良，肝肿大，其上有针尖大灰白色坏死灶。病期长者，除见卵黄吸收不良，肝、脾肿大，有针尖至粟粒大灰白色坏死灶以外，在心肌、肺、盲肠、大肠和肌胃肌肉中有坏死灶或灰白色结节，胆囊肿大，盲肠中有干酪样物堵塞肠腔。育成阶段的鸡，突出的变化是肝肿大，可达正常的 2～3 倍，暗红色至深紫色，有的略带土黄色，表面可见散在或弥漫性的黄白色大小不一的坏死灶，质地极脆，易破裂，常见有内出血变化。成年鸡一般呈隐性感染，无临床症状或表现为母鸡产蛋量与受精率降低，卵巢变形，卵泡液化坏死，呈椭圆形、三角形、不规则形，或有长柄。镜检肝细胞灶状或弥漫性坏死，坏死灶内大量淋巴细胞、巨噬细胞及异嗜性粒细胞浸润。白痢结节主要是组织细胞坏死，巨噬细胞、淋巴细胞及少量异嗜性粒细胞浸润，结缔组织增生所致。

2. 鸡伤寒（fowl typhoid） 鸡伤寒是鸡伤寒沙门菌引起的鸡的一种败血性疾病，呈急性或慢性经过。雏鸡与产蛋鸡的鸡伤寒同鸡白痢不易区别。亚急性、慢性病例的肝肿大，呈青铜色或绿褐色，见灰白色粟粒大坏死灶。脾充血肿大，常见粟粒大坏死灶。肺、心和肌胃有时可见灰白色坏死灶。镜检病变同鸡白痢。

3. 鸡副伤寒（chicken paratyphoid） 雏鸡呈急性或亚急性经过。外观病症似鸡白痢，但常见关节炎和角膜炎，剖检肝、脾肿胀，有针尖大灰白色坏死灶。成年鸡急性病例的肝、脾肿胀充血，常见出血性坏死性肠炎。镜检病变同鸡白痢。

（二）水禽沙门菌病

1. 鸭沙门菌病 剖检病死鸭，雏鸭肝显著肿大，呈青铜色，肝表面有大小不一的坏死灶。脾肿大。盲肠形成干酪样物，直肠肿大，黏膜有出血点或小坏死灶。有的见心外膜炎及心肌炎。产蛋鸭可见卵泡病变和输卵管炎。镜检病变具有鸡白痢的病变特征。

2. 鹅沙门菌病 剖检病鹅肝呈古铜色或者红色，明显肿大，肝实质存在灰黄色的细小坏死灶或针尖大小出血灶。胆囊肿胀，含有大量胆汁。脾肿大，存在小点坏死灶或出血条纹。肾发白，输尿管中存在较多的尿酸盐。肠黏膜出现卡他性、出血性炎症，同时盲肠也发生肿胀，并存在由干酪样团块物质构成的栓子，导致肠腔被堵塞。部分病鹅还伴有肺炎、肺水肿、心包积液、心包炎、腹膜炎等炎性变化。

（三）猪沙门菌病

猪沙门菌病（swine salmonellosis）又称猪副伤寒（swine paratyphoid）。病猪的临床症状有急性型或败血症型和慢性型两种。

1. 急性型或败血症型 剖检呈败血症变化。脾暗红色肿大，切面呈蓝紫色。肝淤血肿大，表面有出血点，肝表面及实质可见针尖至粟粒大黄灰色坏死点或灰白色副伤寒结节。肠系膜淋巴结索状肿大。全身各黏膜、浆膜均有不同程度的出血斑点，胃肠黏膜可见急性卡他性炎。镜检肝、脾见坏死灶，有的坏死灶内有大量巨噬细胞、淋巴细胞浸润和增生（副伤寒结节）。

2. 慢性型 是常见的类型，与猪瘟的症状极为相似。剖检特征性病理变化为坏死性肠炎。盲肠、结肠肠壁增厚，黏膜覆盖一层弥漫性坏死性和腐乳状物质，呈糠麸状，剥开见底部红色、边缘不规则的溃疡面，此种病理变化有时波及至回肠后段。少数病例的肠道滤泡周围黏膜坏死，稍突出于表面，有纤维素性渗出物积聚，形成隐约可见的轮环状。肠系膜淋巴结髓样肿胀并见灰黄色坏死灶。肝、脾肿大，并见针尖至粟粒大黄灰色坏死灶。

（四）牛沙门菌病

1. 犊牛急性型 剖检呈败血症病变，除见全身性出血等败血症一般病变外，特征病变在脾、肝、肠道和肠系膜淋巴结等处。脾暗红色肿大，被膜下可见出血点和粟粒大黄灰色坏死灶，镜检红髓内散在出血灶和坏死灶，坏死灶内巨噬细胞、中性粒细胞和淋巴细胞浸润。肝肿大，肝表面及实质可见针尖至粟粒大黄灰色坏死点或灰白色副伤寒结节，镜检肝细胞变性肿胀、灶状坏死，有的坏死灶内有大量巨噬细胞、淋巴细胞浸润增生（副伤寒结节）。肠黏膜发生卡他性、出血性或坏死性（固膜性）炎症，病变以回肠、结肠最为严重。肠系膜淋巴结充血肿胀，有的见出血性炎症。

2．犊牛慢性型　肺呈卡他性化脓性肺炎，肺暗红色肿胀，表面或切面散布灰黄色化脓灶，有时继发浆液纤维素性胸膜炎和心包炎。肝有灰白色副伤寒结节。肠道有卡他性炎。四肢关节发生浆液纤维素性炎。

3．成年牛型　主要呈现急性出血性肠炎，剖检可见肠黏膜潮红，往往伴发出血，大肠黏膜发生脱落，出现局限性坏死。胃黏膜发炎，明显潮红。肠系膜淋巴结发生浆液性或出血性炎症。肝变性肿胀，肝表面及实质可见针尖至粟粒大黄灰色坏死点或灰白色副伤寒结节，胆囊有所肿大，胆汁变得混浊。肺存在肺炎区。脾充血肿大。

（五）羊沙门菌病

1．下痢型（羔羊副伤寒）　剖检病死羊主要表现出血性卡他性胃肠炎。肠系膜淋巴结浆液性或出血性炎症。

2．流产型　流产或死胎表现皮下水肿。体腔浆液纤维素性炎。全身浆膜、胃肠道黏膜出血，肠系膜淋巴结肿大。肝、脾肿大，散在灰黄色坏死点。胎盘水肿、出血。

第七节　布鲁氏菌病

布鲁氏菌病（brucellosis），简称布病，是布鲁氏菌（*Brucella*）感染引起的一种人兽共患病。布病目前流行范围广，几乎遍布全世界，我国将其列为二类疾病。布鲁氏菌可以通过口腔、呼吸道、眼结膜、受伤创口、皮肤感染，患畜的流产物中含菌量最高，感染动物的鼻拭子、粪便、奶样中可存在大量细菌。

一、病原

布鲁氏菌为革兰氏阴性菌，病原呈球形和短杆形，大小为（0.6～1.5）μm×（0.5～0.7）μm，散落分布，很少聚集，无鞭毛，无芽孢，在条件不利时有形成芽孢的能力，改良的 Ziehl-Neelsen 或改良科斯特染色呈红色，吉姆萨染色呈紫色。根据布鲁氏菌对宿主的偏好、基因组差异和流行病学特点，可将其分为 12 个种属，我国主要存在羊种、牛种、猪种布鲁氏菌。

目前还没有发现布鲁氏菌具有产生外毒素的能力，但侵袭力很强，并在宿主细胞内有着非凡的生存、繁殖能力。与其他多种致病性病原菌不同，布鲁氏菌不具备经典的毒力因子，如外毒素、外分泌蛋白酶、荚膜、菌毛、鞭毛、胞外酶及溶细胞素等。布鲁氏菌主要有 4 个毒力因子，分别是脂多糖（LPS）、外膜蛋白、Ⅳ型分泌系统、毒力相关调控蛋白（BvrR）和感受蛋白（BvrS）组成的二元调控系统。

根据 LPS 有无 O 特异性链（OPS）/侧链多糖，将布鲁氏菌分为光滑型（S）和粗糙型（R）两种。光滑型布鲁氏菌与大肠杆菌等肠道菌群相比，具有非典型性内毒素，对细胞的刺激作用要低，这避免激活获得性免疫以使机体产生杀伤布鲁氏菌的免疫程序，是布鲁氏菌能够顺利建立感染的基础。光滑型菌株 LPS 除通过抑制 Toll 样受体 4 信号转导通路来达到免疫逃逸外，LPS 的完整性在细菌侵入细胞及在细胞内的转运和繁殖过程中发挥着重要的作用。在没有抗体等调理素的情况下，粗糙型布鲁氏菌吸附及侵入巨噬细胞的量要比光滑型布鲁氏菌的量大得多，虽然粗糙型布鲁氏菌对细胞的侵袭力强，但其进入细胞后无法阻止吞噬体与溶酶体的融合而易被细胞清除，而光滑型布鲁氏菌能够抑制吞噬体与溶酶体的融合，最终进入内质网而在细胞内进行长期生长繁殖。

革兰氏阴性菌的外膜蛋白可调节吞噬细胞的功能，激活细胞因子的产生，与布鲁氏菌在巨噬细胞内的存活和抗巨噬细胞杀伤能力有关。细菌Ⅳ型分泌系统具有两个重要的与致病性相关的作用，即交换遗传物质及分泌效应分子。例如，侵入宿主细胞后细菌获得新的基因使细菌适应变化的胞内环境；分泌的效应分子与宿主细胞的相互作用能够帮助细菌抵抗宿主细胞的杀伤作用，在宿主细胞内存活增殖。Ⅳ型分泌系统有助于布鲁氏菌在宿主细胞内的持续性感染。布鲁氏菌二元调控系统在调控多聚阳离子、毒力、细菌的侵袭力和细菌胞内复制中起着重要的作用。

二、致病机制

布鲁氏菌可通过呼吸道、擦伤的皮肤和胃肠道等途径感染。布鲁氏菌侵入机体后，主要循淋巴管侵入局部淋巴结并在局部增殖，如未被消灭则在此大量增殖并引起原发病灶，当病灶内病原菌增殖到一定数量后突破淋巴结屏障进入血液形成菌血症，部分细菌被单核巨噬细胞吞噬后在其中增殖，并随血流散播到肝、脾、淋巴结、骨髓等全身各部位引起新的病灶，这些病灶中的细菌又可多次进入血流引起发热等临床症状。病灶部位的T淋巴细胞被细菌致敏，再次接触抗原后释放巨噬细胞趋化因子，吸引大量巨噬细胞聚集形成传染性肉芽肿病灶。

布鲁氏菌感染成功的第一步是附着和侵入。布鲁氏菌可以与多种细胞外基质蛋白结合，特别是纤维连接蛋白和玻连蛋白。在真核细胞中，唾液酸残基是布鲁氏菌黏附到细胞表面和吞噬细胞的基础，布鲁氏菌黏附素 SP41 蛋白也参与上皮细胞的黏附。布鲁氏菌被嗜中性粒细胞和巨噬细胞等吞噬细胞通过拉链样过程吞噬。中性粒细胞是抵御布鲁氏菌的第一道防线，它们可以杀死细菌，但布鲁氏菌对其存在抵抗力。巨噬细胞是第二道防线，但布鲁氏菌可以在巨噬细胞内存活增殖。经过 IgG 刺激的细菌容易进入巨噬细胞并诱导长期感染，抗体 Fc 片段和补体受体促进布鲁氏菌的内化，凝集素和纤维连接蛋白促进非刺激细菌的内化。一般细菌进入巨噬细胞后，受到细胞内一系列杀菌化学物质和自由基的攻击，很少有细菌能在感染后的第一个小时内躲过巨噬细胞内的氧自由基而存活。布鲁氏菌可以在巨噬细胞中存活并造成持续感染，主要原因是布鲁氏菌的增殖发生在内质网，这是病原体最喜欢的增殖点。布鲁氏菌的致病性很大程度上取决于其入侵宿主、在单核巨噬细胞系统中的存活能力和在细胞内生态位中的增殖能力。

布鲁氏菌包含的有些致病性因子可以通过主动和被动策略以逃避先天免疫机制，在宿主靶细胞中生存和建立持久性慢性感染。布鲁氏菌的非典型性内毒素 LPS 具有稳定的抗微生物攻击和防止免疫介质合成的能力。光滑型布鲁氏菌抑制细胞凋亡，逃避宿主免疫应答。LPS 是进入宿主细胞和抵抗免疫系统杀伤的重要部分。二元调控系统 BvrR/BvrS 对溶酶体途径中的黏附、渗透、侵袭和逃逸起重要作用。VirB 操纵子编码Ⅳ型分泌系统（T4SS），参与宿主细胞的黏附、内化、细胞内运输和复制。VirJ 编码的蛋白质参与细胞内复制，定位在周质区。循环-1,2-葡聚糖（CbG）是布鲁氏菌细胞内存活所必需的细胞质周葡聚糖。这些葡聚糖在宿主细胞膜上的脂质筏中起作用，并通过逃避与溶酶体融合来调节液泡成熟。因此，该毒力因子参与了脂质筏和布鲁氏菌复制的相互作用。布鲁氏菌感染的关键特性是能够适应含有营养不良、低氧、酸性和活性氧的细胞内生态位。

布鲁氏菌主要以巨噬细胞（包括树突状细胞）与胎盘滋养层细胞为宿主细胞，然而布鲁氏菌在两种宿主细胞中的生存却截然不同。由于巨噬细胞表达更多的布鲁氏菌模式识别受体，因此布鲁氏菌优先感染巨噬细胞。虽然特异性 IgG 和巨噬细胞 INF-γ 的活化促进了巨噬细胞的杀伤能力，但是强毒菌株仍能抵抗细胞的杀伤作用，甚至在细胞内大量繁殖，削弱巨噬细胞的吞噬功能，使巨噬细胞的细胞杀伤作用与抗原呈递功能部分丧失，从而逃避宿主的免疫防御机制，造成持续感染。胎盘滋养层细胞可通过其表面热休克蛋白 70 与布鲁氏菌结合以启动内吞作用，而且胎盘滋养层细胞表面 IFN-γ 受体也可促进其对布鲁氏菌的吞噬。而布鲁氏菌在胎盘滋养层细胞内的复制主要发生在胎盘细胞分泌类固醇激素的怀孕晚期。在怀孕晚期，布鲁氏菌在胎盘滋养层细胞中可大量快速地增殖，导致坏死性胎盘炎，从而破坏胎盘的完整性或感染胎儿，最终导致流产或产下弱仔、带菌胎儿。细菌能够诱导滋养层细胞分泌和合成类固醇激素和前列腺素，以促进细菌的大量复制。受感染的胎儿体内激素也会发生改变，即前列腺素（PG）、雌二醇及皮质醇分泌增加，而孕酮分泌减少。从分娩的角度来说，这些激素的变化是有利的。目前对感染了布鲁氏菌的胎盘滋养层细胞中的环境变化知之甚少，反刍动物胎盘滋养层细胞感染布鲁氏菌后可产生大量的赤藻糖醇，此物质可刺激细菌在细胞中的生长繁殖。

三、病理变化

布鲁氏菌病的病理变化广泛，受损组织有生殖系统、肝、脾、骨髓、淋巴结、关节、血管等。病理变化以全身性单核巨噬细胞系统增生、上皮样细胞肉芽肿、化脓性炎症和变态反应性血管炎为主，病变波及神经、血液循环、泌尿生殖、免疫系统和运动器官，常伴有菌血症。布鲁氏菌病引起动物最重要的病理损伤是母畜流产和公畜睾丸炎。

（一）牛布鲁氏菌病

非妊娠母牛发生该病时，病变部位主要见于乳腺及相关的淋巴结，其次为全身淋巴结、脾、肝、骨髓等，病变器官可见灰白色针尖至粟粒大结节性病灶。镜检可见坏死灶和传染性肉芽肿。

妊娠母牛感染后多表现为中后期流产，已流产过的母牛再度流产，但一般比第一次流产的时间要迟。流产牛发生子宫和胎膜的化脓性炎，子宫内膜和绒毛膜之间有无臭、灰黄色稍黏稠的渗出物，有的绒毛叶发生坏死，坏死的绒毛叶变软呈灰黄色，子宫内膜有时见多灶性出血。镜检胎膜水肿，有大量单核巨噬细胞和中性粒细胞浸润，绒毛膜上皮细胞细胞质内可见大量病原菌。流产胎儿全身皮下和浆膜腔有血样水肿液，有纤维素性胸膜炎、心包炎、腹膜炎、支气管肺炎和脾炎。输卵管肿大变粗，内有灰黄色炎性渗出液，黏膜肥厚，局部出现结节状增厚。卵巢初期呈浆液纤维素性炎，后期卵巢组织硬化或形成卵巢囊肿。乳腺发生间质性乳腺炎，或继发性萎缩和硬化。一些病情严重的慢性病例，前后肢发生多发性关节炎、腱鞘炎和滑囊炎，初期表现为浆液纤维素性或化脓性，后期因渗出物被机化导致关节变形。

公牛患病时可发生化脓坏死性睾丸炎、附睾炎和精囊炎。睾丸显著肿大、变硬，切面可见灰白色干涸的坏死灶或灰黄色脓性软化灶。镜检睾丸生精细胞坏死脱落，曲细精管间质内中性粒细胞浸润并形成大小不等的脓灶，脓灶周围可见淋巴细胞、巨噬细胞或上皮样细胞结节状增生。

（二）羊布鲁氏菌病

羊布鲁氏菌在全世界范围内严重危害人类、山羊和绵羊。山羊很容易被感染，并且是人类布鲁氏菌病的主要传染源。绵羊和山羊的布鲁氏菌病多为隐性感染，眼观病变不明显。少数慢性重症病例可见淋巴结不同程度肿大，切面灰白色，呈增生性淋巴结炎病变，以乳腺淋巴结和骨盆腔淋巴结病变最为常见。肺、淋巴结、脾、肾、肝、乳腺、未孕子宫内膜等器官组织均可见灰白色针尖至粟粒大结节性病灶。在慢性阶段，可以观察到关节炎。镜检淋巴结淋巴滤泡内淋巴细胞坏死崩解，器官坏死灶内淋巴细胞、巨噬细胞、上皮样细胞增生。

妊娠晚期流产是山羊的主要临床症状。子宫和胎膜发生化脓坏死性炎症，眼观子宫内膜和绒毛膜之间有污灰色或黄色胶冻样渗出物，绒毛叶充血、出血、肿胀或坏死，呈紫红色或污红色，表面附有一层黄色坏死物和污灰色脓液，胎膜水肿而增厚。流产后子宫常因继发感染而发生化脓性子宫内膜炎，某些病例可发展为慢性子宫内膜炎。流产的胎儿有的外观正常，有的呈败血症病变，表现皮下组织出血、水肿，全身浆膜和黏膜有出血点，急性脾炎和淋巴结炎，实质器官变性肿胀，肝出现多发性小坏死灶，可出现支气管肺炎。

公羊感染可发生在附睾、睾丸、精囊和输精管，病变主要见于附睾尾，因炎症附睾显著肿大。镜检附睾间质局灶性或弥漫性淋巴细胞、巨噬细胞浸润增生，附睾管腔内中性粒细胞聚集，睾丸曲精小管结构破坏，各级生精细胞、支持细胞变性坏死。感染公羊常表现性功能障碍，精液质量和生育能力降低。

（三）猪布鲁氏菌病

母猪主要症状是流产，流产的胎儿大多为死胎，有的病猪产出弱胎或木乃伊胎。死亡胎儿可见浆膜上有絮状纤维素分泌物，胸、腹腔有少量微红色液体及混有纤维素。流产的猪胎衣充血、出血和水肿，表面覆盖淡黄色渗出物，有的还见有坏死。母猪子宫黏膜充血、出血和有炎性分泌物，部分母猪的子宫黏膜上有许多粟粒大的淡黄色小结节，质硬，切开可见少量化脓或干酪样物质，有的可见小结节互相融合成不规则的斑块，使子宫壁变厚和内腔狭窄，常称为粟粒性子宫布鲁氏菌病。

公猪主要症状是睾丸炎和附睾炎，公猪睾丸及附睾肿大，切开见有豌豆大小的化脓灶和坏死灶，甚至有钙化灶。鞘膜腔充满浆性渗出液。慢性者睾丸及附睾结缔组织增生、肥厚及粘连。其病变性质为坏死性睾丸炎和附睾炎及局灶性脓肿形成，间质淋巴细胞、巨噬细胞浸润。

无论公、母猪都可能发生关节炎，大多发生在后肢，关节肿大，关节囊内液体增多，滑囊有浆液和纤维素渗出，严重时见有化脓性炎症和坏死。

淋巴结、肝、脾、肾、乳腺等也可能见到布鲁氏菌病性结节病变。

第八节　牛分枝杆菌病

牛分枝杆菌（*Mycobacterium bovis*）是引起牛结核病（bovine tuberculosis）的主要病原菌，除感染多种动物外，还能引起人结核病。牛结核病是一种慢性传染病，以组织器官的结核结节性肉芽肿和干酪样、钙化的坏死病灶为特征。OIE 将其列为法定报告疫病。

一、病原

对动物致病的分枝杆菌主要分为三个型，即牛分枝杆菌（牛型）、结核分枝杆菌（人型）和禽分枝杆菌（禽型）。这三个型常引起各自的宿主发病，但可发生交叉感染。牛结核病原主要为牛型，人型也可引起牛结核病，禽型也可感染牛，不会导致严重的病变。禽分枝杆菌副结核亚种可引起牛副结核病。此外还有多种分枝杆菌，大部分对人畜都无致病力。

分枝杆菌的形态，不同的型稍有差异。结核分枝杆菌是直的或微弯的细长杆菌，呈单独或平行相聚排列，多为棍棒状，间有分枝状；牛分枝杆菌比人型菌短粗，且着色不均匀；禽分枝杆菌短而小，呈多形性。该菌不产生芽孢和荚膜，也不能运动，为革兰氏阳性菌。分枝杆菌具有蜡质膜，不能用普通的苯胺染料染色，必须在染料中加入媒染物质。常用的方法为Ziehl-Neelsen抗酸染色法，一旦着色，虽用酸处理也不能使其脱色，所以又称抗酸性菌。牛分枝杆菌为严格的需氧菌，其菌落、毒力及耐药性可发生变异。

二、致病机制

（一）牛分枝杆菌感染宿主的生物学机制

牛分枝杆菌是典型的胞内寄生菌。在感染早期，最先入侵的宿主细胞是单核巨噬细胞。细胞介导的免疫反应是主要的免疫保护机制。牛分枝杆菌感染引起的宿主反应过程大致可分为三个阶段。

（1）起始期　巨噬细胞吞噬牛分枝杆菌的初级阶段，在宿主免疫反应压力下吞噬的细菌不能活跃繁殖和扩散，动物往往不表现症状，但几乎不能被根除。当动物机体抵抗力低或明显下降时，潜伏态的细菌往往会被激活，在感染部位繁殖并进一步传播到局部淋巴结，进而扩散到机体其他部位。

（2）T细胞反应期和共生期　宿主巨噬细胞与被吞噬的牛分枝杆菌相互作用，将牛分枝杆菌抗原呈递给抗原呈递细胞（APC），激活特异性T淋巴细胞反应，产生多种淋巴因子，激活单核细胞或巨噬细胞到达病灶部位。此时，宿主细胞免疫反应和迟发型变态反应形成，病灶中牛分枝杆菌细胞壁磷脂一方面刺激巨噬细胞转化为上皮样细胞，后者相互融合或经核分裂形成巨核细胞（即郎格罕细胞），另一方面抑制蛋白酶对组织的溶解，使病灶组织溶解不完全，产生干酪样坏死，周围包裹上皮样细胞，外有淋巴细胞、巨噬细胞和成纤维细胞，形成结核结节（即结核肉芽肿）。肉芽肿的形成可以防止牛分枝杆菌进一步扩散，但牛分枝杆菌仍持续存活（共生期）。

（3）细胞外增殖和播散期　结核病灶内干酪样坏死灶一旦液化，细菌便可大量增殖并突破宿主细胞局部的免疫防御机制，引起播散。

（二）牛分枝杆菌感染宿主的致病机制

牛分枝杆菌首先主要通过呼吸道以气溶胶的形式侵入机体，在肺泡内遭遇动物机体第一道防御屏障——巨噬细胞的吞噬。其次是通过消化道感染，其突破消化道黏膜屏障的机制尚不十分清楚。牛分枝杆菌致病的关键是其能侵入宿主巨噬细胞并长期生存、增殖，成为胞内致病菌和寄生菌。牛分枝杆菌通过结合宿主细胞表面的多种受体包括补体受体、甘露糖受体、树突状细胞特异性结合细胞间黏附分子3的非整合素（DC-SIGN）和Fc受体进入巨噬细胞内。

牛分枝杆菌一旦进入巨噬细胞的吞噬体，就会激活巨噬细胞内的一系列分子来阻止含结核分枝杆菌的吞噬体与溶酶体的融合成熟过程，从而避免被降解和杀灭；在牛分枝杆菌致病过程中，可通过自身分泌的抗原影响自噬的形成，从而逃避巨噬细胞的免疫杀伤作用；牛分枝杆菌还能通过减少巨噬细胞的凋亡率保护其赖以生存的内环境，这也是牛分枝杆菌持续生存过程中的重要机制。牛分枝杆菌在宿主中持续生存是一个非常复杂的过程。牛分枝杆菌不分泌外毒素，没有经典的毒力因子，甚至在基因组中也没有毒力岛。但牛分枝杆菌的分泌蛋白、菌体细胞表面组分、菌体细胞代谢酶、转录调节因子等均与牛分枝杆菌持续感染有关。

结核结节是结核病的基本病理变化，据病变性质可分为增生性和渗出性两种结节。结核菌感染局部，富含脂质的细菌招引大量巨噬细胞并将其吞噬，有时可杀灭细菌，但大多数细菌可在细胞内增殖并使细胞坏死，形成结核结节的中心凝固性坏死；细菌和抗原物质一起从死亡巨噬细胞内释放出，使T淋巴细胞致敏并分泌细胞因子，吸引激活更多的巨噬细胞，感染灶内的巨噬细胞转化为上皮样细胞，上皮样细胞融合成巨核细胞（郎格罕细胞），形成特殊肉芽层。周围出现结缔组织增生并有大量淋巴细胞及巨噬细胞浸润，即外周结缔组织层。这样就形成了典型的增生性结核结节。当机体抵抗力降低，结核菌迅速增殖，呈急性炎症反应，有较多浆液、纤维素、中性粒细胞及单核细胞渗出，随后渗出物和局部组织发生干酪样坏死，形成渗出性结核结节。

三、病理变化

1．初发性结核　牛的初发性结核主要见于犊牛或青年牛，病灶发生部位与感染途径有关，病灶为相对较小的增生性结核结节或已发生钙化，只有极个别牛为渗出性结核结节甚至迅速发生全身化。初发性结核病灶在牛的检疫或剖检时往往被忽略。

（1）呼吸型　经呼吸道感染形成的初发性结核病灶主要见于肺和肺门淋巴结。肺有少量黄白色、中心为干酪样坏死的结核结节，呈肺淋巴结干酪样坏死或小坏死灶、淋巴管炎。

（2）消化型　经消化道感染的原发性结核病灶的肠道淋巴组织或肠系膜淋巴结、扁桃体干酪样坏死、溃疡，周围淋巴结干酪样坏死。小肠后段（回肠）形成干酪样坏死（溃疡），肠系膜淋巴结肿大、干酪样坏死，肠系膜淋巴管串珠状结核结节。

2．继发性结核　牛的继发性结核主要见于成年牛，是指由急性转为慢性且病灶持续增大，或在原发性结核的基础上再次感染。继发性结核主要在肺、淋巴结、浆膜、乳腺等结核病灶易发的组织器官上形成典型的增生性结核病灶。

在肺、淋巴结、乳腺、肝、脾等器官组织形成大小不一的增生性结核结节，小的如粟粒大、豌豆大，或融合成更大的灰白色硬实结节。胸腹膜、肠系膜等浆膜常见许多豆粒至玉米粒大、表面光滑、灰白色增生性结核结节，散在或密布，好像在浆膜面撒了一层珍珠（珍珠病）。

3．镜检病变

（1）增生结核结节（特殊肉芽肿）　中心为红染的干酪样坏死，其中散在许多蓝染的细胞核碎片。中间以上皮样细胞、郎格罕细胞为主，散在分布少量淋巴细胞的特殊肉芽组织。外围是淋巴细胞、浆细胞、巨噬细胞并伴有不同程度的结缔组织增生。

（2）渗出性结核结节　局部病变发展迅速，有大量纤维蛋白、中性粒细胞与巨噬细胞浸润，随后渗出物和局部组织发生干酪样坏死。

抗酸染色在结核病灶内可见大量红染的分枝杆菌。

第九节　魏氏梭菌病

魏氏梭菌病（clostridiosis welchii）是魏氏梭菌（*Clostridium welchii*）感染引起的一类传染病的总称。该菌主要侵袭消化道，可使感染人兽发生中毒、坏死性或出血性肠炎。该菌宿主广泛（如人类、羔羊、牛犊、仔猪、家兔、雏鸡等），是重要的人兽共患菌。

一、病原

魏氏梭菌又称产气荚膜梭菌（*Clostridium perfringens*），是最重要的病原梭菌，魏氏梭菌可分解宿主局部组织中的糖而生成大量气体并充斥于组织间形成气肿。该菌在一定条件下能产生芽孢，使菌体中间膨大，宽度超过两端呈现梭形。该菌还能形成荚膜，故称为产气荚膜梭菌。该菌菌体呈杆状，产生芽孢时呈梭形，两端钝圆，长宽为（0.6～2.4）μm×（1.3～19）μm，革兰氏染色阳性，无鞭毛，靠Ⅳ型菌毛驱动菌体产生一定的运动。该菌产生20余种外毒素，其中α、β、ε、ι为主要致死性毒素，根据毒素产生情况的不同将该菌分为A、B、C、D、E 5型。还有些菌株会产生产气荚膜梭菌肠毒素（CPE）、溶血素、坏死性肠炎毒素（NetB）和产气荚膜梭菌大分子细胞毒素（tpeL）等。外毒素、荚膜还有多种侵袭性酶，使产气荚膜梭菌有了强大的侵袭力。该菌是一种不严格的厌氧菌，低氧环境下也能生长。

二、致病机制

产气荚膜梭菌是一种机会致病菌。幼畜出生后数日即可经口侵入消化道，当宿主机体抵抗力降低时，病菌在肠道内大量繁殖并分泌毒素，其致病性主要是菌株分泌的毒素所致，可造成机体组织损伤，毒素还可经吸收进入血液循环扩散至全身的组织器官进而造成全身中毒。

病菌主要引起感染人兽的食物中毒、气性坏疽、坏死性或出血性肠炎和肠毒血症。细菌毒素对宿主细胞的作用主要靠细胞膜损伤、细胞穿孔和细胞内活性，其中α毒素可分解卵磷脂，引起溶血、组织坏死、血管内皮损伤，可使血管通透性升高而造成水肿；β毒素和ε毒素可改变细胞膜通透性，使胶体渗透压平衡破坏和上皮细胞死亡，胃肠道出血、黏膜坏死；ι毒素是一种二元毒素，每条链（ιa 或 ιb）都不能单独起效，ιa 可与肌动蛋白绑定在一起，ιb 是一种绑定组件，负责与细胞表面结合，把ιa转运到细胞内并快速解聚肌动蛋白丝，从而破坏细胞骨架，发挥毒性作用。肌动蛋白中断能够改变细胞许多重要的过程，包括囊泡运输、吞噬作用、迁移、上皮细胞与细胞外基质的结合、信号转导等；肠毒素可引起小肠黏膜上皮细胞脱落、坏死和绒毛缩短，胃肠道黏膜广泛出血、坏死，使其吸收功能遭到破坏，可引起出血性肠炎、腹泻甚至休克。

三、病理变化

（一）羔羊痢疾

该病由B型产气荚膜梭菌引起，仅发生于3周龄以下的羔羊，主要表现为肠毒血症、出血性或溃疡性肠炎。

1．剖检病变　病畜外表消瘦，肛周和后肢溅污稀粪。可视黏膜苍白，皮肤干燥，血液黏稠，表现明显的脱水症状。胸腔、腹腔和心包腔内积有淡黄色透明液体。空肠、回肠及回盲瓣周围的浆膜多呈树枝状充血，肠黏膜呈局限性或弥漫性充血、出血，有时可见溃疡灶，严重时肠壁呈深红色，黏膜红肿，回肠内容物呈血色糊状，空肠可见充气。十二指肠内容物常呈暗黄色，肠黏膜可见出血斑点或溃疡。大肠内容物多呈灰黄色糊状，少数的可积留较干的粪块。肠系膜淋巴结肿大，尤其是回肠和盲肠部的淋巴结肿大最为明显，切面湿润，有时伴有充血和出血。前胃多无明显变化，真胃存有多量混有凝块的液状内容物，黏膜潮红、肿胀，见红色条纹或斑状出血。

2．镜检病变　肠道黏膜可见卡他性炎，黏膜表面附有多量黏液，上皮细胞变性、坏死、脱落，杯状细胞增多。固有层毛细血管充血、淋巴细胞浸润，并可见中性粒细胞和嗜酸性粒细胞。病变严重时黏膜下层可见出血和炎性水肿并伴有坏死，坏死灶内可见聚集成团块状的蓝染细菌。

（二）羊猝疽

该病由C型产气荚膜梭菌引起，主要表现为肠毒血症、腹膜炎或溃疡性肠炎，患畜发病急、病程短、死亡快，羔羊和成年羊均可发病。

病畜死亡后若不立即剖检，则各内脏器官和肌肉会迅速腐败，可见血液凝固不良。尸体皮下发生大范围血样浸润，肌肉触感柔软，呈淡红色或黑色，按压有气泡。胸腹腔和心包腔有血样积液。十二指肠、空肠、回肠黏膜充血、出血，可见大小不一的溃疡灶，溃疡灶底部深红色，四周炎性充血。腹膜血管严重充血并散布出血点。大网膜、小肠浆膜、膀胱血管可见极度充血。肝灰黄色，切开后流出带有气泡的血液。肾触之柔软，肾盂积尿。心内外膜出血。病羊死亡一段时间后骨骼肌可见出血，肌肉间积聚血样液体并有气性裂孔。羔羊病变程度较成年羊轻，在小肠可见卡他性、出血性或坏死性炎，肠内容物混有血液，黏膜可见小的溃疡灶，病变轻时只表现肠壁水肿。肠系膜和腹膜轻度炎症反应，并有少量渗出的纤维素覆盖。

（三）出血性肠炎

该病由B型或C型产气荚膜梭菌引起，呈散发性，主要感染初生羔羊，但与羔羊痢疾不同，其发病特点呈亚急性，病程可达3周。

尸体剖检常见空肠和回肠广泛出血性肠炎，严重病例肠腔内可见血样内容物。肠系膜充血，肠系膜淋巴结水肿。心包有多量积液，浆膜可见斑点状出血。

（四）羊肠毒血症

该病由D型产气荚膜梭菌引起，又称软肾病和类快疫，是绵羊常见的传染病，通常是羔羊多发。主要表现为突然腹泻、死亡，常见麻痹、惊厥、角弓反张、抽搐、昏迷等神经症状，发病羊病程短且死亡快，死后尸体极易腐败。病羊死前尿检血糖呈阳性。

可视黏膜呈暗红色。胸腹腔和心包腔积液，心内膜和心包出血。肠道黏膜片状充血、出血。病死羊肾柔软似脑髓样，被膜不易剥离，镜检肾小管上皮细胞坏死，肾小球和间质充血、出血。肺水肿、出血。脑组织局部对称性软化。

（五）牛梭菌性肠炎

该病由D型产气荚膜梭菌引起，也称软肾病。各年龄段的牛均可发病，但以4～8月龄犊牛多发，多呈最急性型，病情严重，死亡率高，存活下来的犊牛常出现发育迟缓。伤口感染产气荚膜梭菌会引起气性坏疽。

病理变化主要表现为小肠和全身实质器官出血。胸腹腔和心包腔积液，心内外膜密布出血斑点。小肠黏膜弥漫性出血，肠内有多量带血的黏液。肠系膜淋巴结肿大、出血。瘤胃臌气，真胃黏膜出血、水肿和溃疡。肝土黄色肿大，表面有出血点。脾大，表面散在出血点。胆囊肿大充满胆汁。肺淤血、水肿，间质气肿，表面散布出血点。肾表面充血肿大，被膜下点状出血，多数病例的肾软化，故称软肾病，镜检肾小管上皮坏死。脑膜充血、出血、水肿，有些神经元坏死溶解。

气性坏疽主要表现为创伤感染处肌肉组织呈蜂窝状或进行性坏死，创口周围组织坏死腐败，创口边缘皮肤呈暗紫色，创口流出污褐色、恶臭难闻带有气泡的组织渗出液。

（六）猪梭菌性肠炎

该病由A型或C型产气荚膜梭菌引起，新生仔猪通过污染的母猪乳头、地面或垫草等食入该菌芽孢而感染。A型产气荚膜梭菌引起的肠炎通常发生在出生48h以内的仔猪或断奶仔猪，患猪持续腹泻，被毛杂乱，体力不支，排糊状稀粪，通常不发热，较少出现死亡病例。C型产气荚膜梭菌引起的肠炎通常病变严重，主要表现为患猪衰弱无力，肠毒血症，肠黏膜坏死，排浅红或红褐色稀粪或混有坏死组织碎片。

A型产气荚膜梭菌引起的猪梭菌性肠炎的病理变化为小肠松弛，肠壁增厚，肠内容物呈面糊状，黏膜轻度炎症，黏附有坏死物，肠绒毛消失。大肠内充满白色黏稠物，黏膜正常或被坏死物覆盖。

C型产气荚膜梭菌引起的猪梭菌性肠炎的病理变化为尸体皮下呈胶冻样浸润。病变主要局限于肠系膜淋巴结和小肠，其中空肠病变最重。最急性型病例的出血性病变表现严重，空肠可见暗红色，其两端有明显分界，肠腔内容物为血样液体，所有病变区域的黏膜层和黏膜下层有弥漫性出血。肠系膜淋巴结呈鲜红色。急性型病例的出血病变较最急性型轻，但多见坏死性病变，肠壁增厚，空肠黏膜变为黄色或灰色，肠腔内有与血液混合的坏死组织碎片，多数肠绒毛脱落，留下一层坏死性假膜。亚急性病例的空肠或回肠病变严重，质脆易碎，肠黏膜被发硬的坏死性假膜取代。慢性型病例肠浆膜面外观正常，剖开有多个线状坏死区。胸腔、腹腔、心包腔有许多樱桃红色积液。心肌色泽苍白，心外膜有出血点。肾切面皮质部小点状出血。脾边缘有小出血点。膀胱黏膜见小出血点。

（七）鸡坏死性肠炎

鸡坏死性肠炎是A型或C型产气荚膜梭菌引起的以鸡肠道黏膜上皮细胞坏死为主要特征的重要疾病，又称为糜烂性肠炎。

病理变化为小肠黏膜局灶性或弥漫性坏死，病变主要见于空肠和回肠，严重时会波及十二指肠和盲肠，肠黏膜有出血点，附着一层黄绿色的假膜，肠壁增厚，肠腔内充满血液。

（刘思当　曹胜亮　刘蒙达）

第七章　寄生虫性疾病

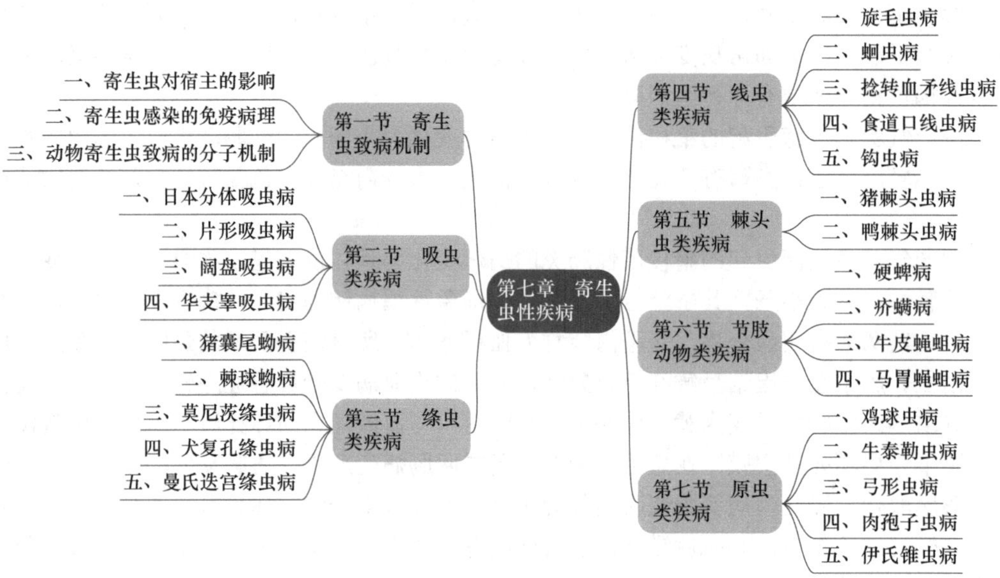

第一节　寄生虫致病机制

寄生虫侵入宿主机体后，移行到达其特定的寄生部位进行生长、发育和繁殖，其间会对宿主机体产生不同程度的损伤。不同种类的寄生虫因寄生方式、寄生部位不同，对宿主产生的主要致病作用也不同。寄生虫对机体的影响主要为产生毒素作用和免疫损伤及机械损伤、夺取营养、吸食宿主血液、破坏宿主的组织细胞和作为其他疾病的媒介等。宿主也会出现相应的炎症反应、肉芽组织增生、包囊形成、贫血、继发感染或免疫反应等。

一、寄生虫对宿主的影响

寄生虫对宿主的致病作用有多种方式，其对宿主的损伤常常是综合性的，而且各种危害作用又往往互为因果、互相激化进而引起复杂的病理过程。但由于寄生虫的种类、数量和致病作用的差别，各种寄生虫对宿主的影响也各不相同。

1. 机械损伤　一些寄生虫侵入机体后，在其发育过程中需经过一定的移行路径到达最终寄生部位。它们在移行过程中，对宿主会造成损伤、压迫或阻塞管腔，导致不同程度的病理变化。

（1）损伤　吸虫、棘头虫和线虫以吸盘、吻突、口囊等特殊器官附着在胃肠等脏器的黏膜上，可造成寄生局部的损伤；有的幼虫移行穿透各组织而损伤组织器官，造成“虫道”，引起出血、炎症等，如肝片吸虫幼虫对肠壁和肝表面形成的损伤；有的虫体在肠管、胆管、淋巴管、血管及支气管内聚集，引起肠壁炎症、穿孔等。

（2）压迫　寄生虫在其寄生部位生长时，随着体积的增大，可压迫其周围的脏器和组织，引起相应组织的病理变化，如棘球蚴引起其寄生的肝、肺等发生压迫性萎缩，因而损害其功能；牛羊感染多头蚴后，随着囊体增大可压迫脑组织引起脑损伤和神经症状；寄生于猪或人脑内的猪囊尾蚴，压迫脑组织可引起癫痫等。

（3）阻塞管腔　寄生虫感染数量较多时，大量聚集在管腔，可致管腔阻塞，严重者还可使管腔发生破裂，甚至造成局部血液循环障碍，组织坏死，如莫尼茨绦虫、蛔虫可引起小肠阻塞甚至肠破裂；蛔虫也可进入胆管，导致胆汁排出受阻。

2．夺取营养　寄生虫在寄生期间所需的营养物质均从宿主获取，不同种类的寄生虫对营养物质的需求和获取方式不同。消化道寄生虫以宿主消化和未消化的食物为营养，包括碳水化合物、脂肪和蛋白质等基础营养物质。一些寄生虫在生长、发育和繁殖过程中还夺取宿主大量的微量元素、维生素，造成宿主严重的营养不良和贫血。寄生虫数量越多，所需营养也就越多。由于对宿主不易获得而又必需的物质，如维生素 B_{12}、铁及微量元素等的掠夺，宿主长期处于营养不良和贫血状态。

3．吸食宿主血液　吸血性寄生虫以宿主血液为营养物质，如寄生于肠道内的仰口线虫（又称钩虫）、捻转血矛线虫、大型圆线虫等。犬钩虫和其他动物及人的钩虫，借吸血从氧化血红蛋白中获取氧的生理需求远远超过其对营养的需求。某些吸虫也以血液为营养物质，如分体吸虫。节肢动物中的蚊、虻、吸血蝇、吸血虱、蚤、蜱和皮刺螨等，都可直接从宿主的皮肤吸食血液，造成宿主贫血、消瘦。

4．破坏宿主的组织细胞　有些寄生虫分泌溶组织酶以破坏宿主的组织细胞，使组织变性溶解为营养液，然后吸入体内作为食物，如吸虫以口吸盘吸入宿主的肠绒毛，将其溶解吸食作为营养；马的普通圆线虫除吸血外，也吸食组织碎片；绵羊夏伯特线虫以其口囊吸入宿主的肠绒毛，吞食组织作为营养。当取虫体寄生部位的消化管壁做切片观察时，可见虫体周围组织的溶解和炎症变化，在虫体的消化道里可以观察到宿主组织的碎片。寄生于细胞内的原虫，如寄生于肠上皮细胞内的球虫、寄生于红细胞内的巴贝斯虫等，它们除获得营养外，还破坏它们所寄生的细胞，造成寄生部位细胞崩解、出血和炎症反应。

5．产生毒素作用和免疫损伤　寄生虫在宿主体内寄生期间排出的代谢产物、分泌物及虫体崩解后的物质都是可对宿主产生危害的化学物质，能够引起机体局部或全身的中毒反应或免疫病理反应，导致宿主组织及功能受损害，如将蛔虫体液滴入感染过蛔虫的马匹眼内，马则出现呼吸困难、出汗、腹痛等重症症状。此外，动物患寄生虫病时，血液中嗜酸性粒细胞增多也是过敏反应的一种表现。寄生于胆管系统的华支睾吸虫，其分泌物、代谢物可引起宿主胆管上皮细胞增生、肝实质萎缩、胆管局限性扩张及管壁增厚，进一步发展可导致上皮瘤样增生。血吸虫虫卵分泌的可溶性抗原与宿主抗体结合后可形成抗原-抗体复合物，引起宿主肾小球基底膜损伤。犬患恶丝虫病时，常发生肾小球基膜增厚和部分内皮细胞增生（肾小球肾炎），这可能是Ⅲ型超敏反应所致。

6．作为其他疾病的媒介　许多寄生虫在感染宿主或在宿主体内移行的过程中，会使宿主皮肤或黏膜受到损伤，给其他病原体的侵入创造了条件。另外，寄生虫本身也可携带病原微生物进入宿主机体，特别是在宿主体内移行的幼虫，更容易将病原微生物带进损伤的组织内。还有一些寄生虫本身就是另一些病原微生物或寄生虫的传播者，如某些蜱传播马、牛的梨形虫病，鸡异刺线虫传播火鸡组织滴虫病，某些蚊传播马脑脊髓丝虫病、日本乙型脑炎等，某些蚤可传播鼠疫杆菌等。

二、寄生虫感染的免疫病理

寄生虫及其分泌物、代谢产物、虫体分解产物都是宿主的异物，宿主对其侵入会产生免疫反应，这种免疫反应是抵抗感染的重要防御反应，宿主对这些外源性抗原的免疫反应也会伴随着不同程度的组织损害和功能紊乱。由于变应原的种类不同及动物个体的差异，变态反应发生的临床表现各不相同。有的寄生虫病可同时存在多型超敏反应，如曼氏血吸虫病同时伴有过敏反应型、细胞毒型、免疫复合物型及T细胞型超敏反应（迟发型）。

1. Ⅰ型超敏反应（过敏反应型） 该类型超敏反应主要见于蠕虫感染。寄生虫可溶性抗原第一次出现时刺激宿主产生IgE，IgE与组织中的肥大细胞和血中嗜碱粒细胞结合，使宿主致敏。当抗原再次出现时，可与上述细胞上的IgE相结合，导致细胞出现脱颗粒现象，引起细胞中活性物质（组胺、前列腺素等）释放，这些活性物质具有使平滑肌收缩、提高血管通透性、扩张血管及增加腺体分泌的作用，在几分钟内迅速在局部或全身引起过敏反应。局部反应表现为皮肤出现疹块，全身反应如棘球蚴囊泡破裂囊液外溢时可引起休克。牛皮蝇、疥螨等节肢动物寄生也可引起过敏反应。

2. Ⅱ型超敏反应（细胞毒型） 与寄生虫相关的Ⅱ型超敏反应常见于黑热病、疟疾。寄生虫抗原吸附于红细胞表面，特异性抗体（IgG/IgM）与其结合后，激活补体，导致红细胞溶解，出现贫血。锥虫、梨形虫和血吸虫等寄生虫抗原常附着于红细胞等细胞膜上，也会由于上述机制而使宿主出现贫血等症状。

3. Ⅲ型超敏反应（免疫复合物型） 血吸虫、锥虫、疟疾、犬恶丝虫等寄生虫抗原在血液中与抗体相结合，形成免疫复合物（抗原-抗体复合物），一些仍属溶解状态的中等大小的免疫复合物，其抗体主要是IgG和IgM，可引起血管炎及肾炎等病变。

4. Ⅳ型超敏反应（迟发型） 犬弓首蛔虫幼虫在内脏移行时，可在组织中虫体周围形成肉芽肿，而其他蛔虫幼虫在肺部形成的肉芽肿样病变也都属于T细胞型变态反应。利什曼原虫引起的皮肤结节有明显的细胞反应和肉芽肿形成。血吸虫排出的虫卵随血液进入肝，毛蚴成熟分泌可溶性抗原，经卵壳微孔释出，使淋巴细胞致敏。当其接触抗原时，致敏的T淋巴细胞释放淋巴毒素、巨噬细胞移动抑制因子、嗜酸性粒细胞趋化因子，在虫卵周围出现以淋巴细胞、巨噬细胞、嗜酸性粒细胞浸润为主的肉芽肿，这均属于此类超敏反应。

三、动物寄生虫致病的分子机制

寄生虫致病过程中产生的组织、细胞因子和一些化合物分子，如肿瘤坏死因子（TNF）、花生四烯酸代谢产物、前列腺素、血栓素、氧自由基、一氧化氮、γ干扰素（IFN-γ）、细胞间黏附分子-1（intercelluar adhesion molecule-1，ICAM-1）等，大多是动物维持正常生命所必需的分子，有的具有抗寄生虫感染作用，但当其异常增高时，便会致病。

1. 肿瘤坏死因子（TNF） 它是一类能直接造成肿瘤细胞死亡的细胞因子。根据其来源和结构分为两种，即TNF-α和TNF-β，前者主要由致敏或活化的单核巨噬细胞产生，后者由活化的T细胞产生，又称淋巴毒素（lymphotoxin，LT）。TNF-α有157个氨基酸残基和一个二硫键参与机体免疫功能调节。通过增强巨噬细胞F_c受体，产生活性氧自由基和NO的释放进而发挥抗寄生虫感染作用。当其水平异常升高时会引起机体发生免疫病理变化，引起骨髓内红细胞生成障碍，吞噬红细胞活动增强，介导感染、休克、炎症等反应和组织损伤，使宿主发热及引起中枢神经系统症状。有些寄生虫的毒素会诱导 TNF 的活性，如疟原虫含有的一种内毒素样因子就有这种作用。在疟原虫感染过程中，TNF-α 量异常增多，活性增强，可引起多种病理变化。肝片吸虫感染羊时，TNF-α 量异常增多，会引起多种损伤的化学递质发生连锁反应，使宿主抵抗力减弱。但 TNF 的水平与病理变化之间的关系并不是呈简单的正相关，不同种寄生虫情况也不相同。

2．一氧化氮（NO）　一氧化氮在动物体内发挥着细胞间和细胞内的信息传递作用，是血管舒张的调节剂和血小板凝聚的抑制剂，可用于调节血压。NO 又是神经递质，可调节免疫功能和内分泌系统。NO 过少或过多均会致病。NO 可诱导巨噬细胞凋亡及 B 细胞、骨髓细胞、软骨细胞死亡，从而导致循环休克、糖尿病、神经病变，以及呼吸、消化和内分泌系统疾病和遗传性疾病，如羊感染肝片吸虫后引起 TNF-α 含量上升，诱导 NO 等超量表达，加剧肝组织损伤和微循环障碍，使肝细胞处于缺血和缺氧状态。

3．花生四烯酸（arachidonic acid，ARA）代谢产物　花生四烯酸代谢产物是一类二十碳不饱和脂肪酸，主要包括前列腺素、血栓素和白三烯等三大类。它们参与调节细胞活性，在免疫凝血方面发挥重要的生理作用，但在病理过程中也发挥重要作用，即可导致炎症、过敏和心血管病理发生。感染肝片吸虫后，前列腺素 E_2、白三烯、血栓素等异常增多，引起病理变化加剧。

4．细胞间黏附分子-1（ICAM-1）　细胞间黏附分子-1 是一种糖蛋白，分子质量为 80～90kDa。脑型疟原虫感染小鼠后，脑血管内皮表达的 ICAM-1 量明显增高，介导原虫感染的红细胞与血管内皮间的黏附作用，引起脑微血管阻塞，导致脑型疟形成，也使白细胞黏附加重。给小鼠注射 TNF-α 时，也会使 ICAM-1 含量增加，发生白细胞黏附，小鼠发病加重加快。

5．γ 干扰素（IFN-γ）　γ 干扰素是由激活的 T 细胞及天然杀伤细胞产生的细胞因子，具有抗病毒及抗细胞增殖效应、激活巨噬细胞、调节Ⅰ类和Ⅱ类 MHC 抗原的表达、调节免疫球蛋白产生等作用。

6．其他细胞因子　已经发现的细胞因子有很多，仅淋巴因子就有数十种，还有干扰素、炎症因子、巨噬细胞消失因子、白细胞介素、各种 T 细胞分泌的特性因子等。宿主在健康状态时，这些细胞因子间维持一定的平衡关系，遇到外因刺激时能通过调控以维持平衡并抗击入侵的病原。但在寄生虫造成病理变化时，这种平衡便会失调，也会促进致病的产生。根据分泌的细胞因子不同，将属于 CD_4^+ T 细胞的辅助 T 细胞分为 Th1 和 Th2 两个亚型，参与调节机体的免疫反应。一般来说，不同抗原只激活一种以 CD_4^+ T 细胞亚型为主的免疫反应。原虫主要激活 Th1 型细胞，蠕虫则诱导 Th_2 型细胞为主的免疫反应。当机体有抵抗寄生虫感染的免疫能力时，Th 细胞两个亚型都通过激活、分化和增殖，分泌相应的细胞因子参与免疫调节，同时 Th1 和 Th2 细胞之间借助各自分泌细胞因子的量来调节和维持两型细胞间的动态平衡关系。用夏氏疟原虫感染 C_{57} BL/6 小鼠时，在感染急性期首先出现 Th1 型为主的细胞免疫反应，其分泌的 IFN-γ 诱导、激活和增强了巨噬细胞的吞噬活性，活化的巨噬细胞通过释放 TNF 及细胞呼吸爆发、产生活性氧自由基和一氧化氮等杀伤疟原虫，结果抑制了高虫血症和严重贫血等现象的出现，缓解了急性期的临床症状，使感染转为亚急性或慢性状态。随后 Th2 型细胞被激活，而 Th1 型细胞活性及其细胞因子水平下降，于是 Th2 型细胞迅速分化、增殖并通过分泌其细胞因子来调节和促进 B 细胞转化为能合成抗体的浆细胞，最终经抗体介导的免疫反应彻底消除了红细胞内寄生的疟原虫。而用文氏疟原虫感染 BALB/c 小鼠后，则出现一直以 Th1 型细胞为主的免疫应答，产生过量的 IFN-γ 和 TNF，而 Th2 型几乎不参与免疫反应，最终小鼠死于重症感染。

寄生虫感染致病的分子机制研究还有许多未明之处。细胞因子通过组成复杂的网络参与生物效应与免疫功能，一些免疫细胞对细胞因子分泌量的调控是通过与其他免疫细胞及神经内分泌系统相互调节而发挥作用。

第二节　吸虫类疾病

吸虫类疾病是扁形动物门（Platyhelminthes）吸虫纲（Trematoda）的多种寄生虫寄生于包括人在内的动物体内引起的一类寄生虫病。吸虫生活史较复杂，大多需经历虫卵、毛蚴、胞蚴、雷蚴、尾蚴、囊蚴和成虫几个发育阶段，在发育过程中一般需更换一个或两个宿主才能完成其生活史。第一中间宿主为淡水螺或陆地螺，第二中间宿主多为鱼、蛙、螺或昆虫等。吸虫类疾病是包括人在内的多种动物的一类重要寄生虫病，一些种类分布广泛，危害大。

一、日本分体吸虫病

日本分体吸虫病又称日本血吸虫病（schistosomiasis japonica），是日本分体吸虫（*Schistosoma japonicum*）寄生于包括人在内的动物门静脉系统的小血管内而引起的一种危害极大的人兽共患病。在我国分布于长江流域及以南的多个省（自治区、直辖市），以湖北、湖南、安徽、江西鄱阳湖地区流行情况较为严重。

图 2-7-1　日本分体吸虫成虫

（一）病原

日本分体吸虫为雌雄异体。雄虫乳白色，大小为（10～20）mm×（0.5～0.55）mm，有口吸盘和腹吸盘，体壁自腹吸盘后方至尾部，两侧向腹面卷起形成抱雌沟，雌虫常在雄虫的抱雌沟内。雌虫大小为（15～26）mm×0.3mm，呈暗褐色，卵巢呈椭圆形，位于虫体中部偏后方两侧肠管之间（图 2-7-1）。虫卵呈椭圆形，大小为（70～100）μm×（50～65）μm，淡黄色，卵壳较薄，无盖，在其侧方有一小刺，卵内含毛蚴。

（二）致病机制

日本分体吸虫的尾蚴、童虫、成虫和虫卵均可引起病变。成虫及虫卵抗原连续释放到血液或组织内，致敏机体并产生免疫病理反应，造成组织损伤。尾蚴吸附在体表，利用其穿刺腺分泌的蛋白酶溶解宿主的皮肤组织，很快钻入皮肤，引起皮肤的炎症反应，称为尾蚴性皮炎。对曾经感染过的动物，变态反应性皮炎更为严重。钻入皮肤或黏膜内的尾蚴脱去尾部和部分皮层后变为童虫，童虫随血流进入血液循环，到达肺部，部分可穿破肺泡壁毛细血管，游出到肺组织中，引起点状出血、白细胞浸润。童虫经大循环移行到其他器官组织，也引起与肺部相似的病变。童虫最终到达肠系膜静脉、门静脉和肝，寄生在这些部位，以宿主血液为食，逐渐发育为成虫。随血流侵入其他部位的虫体陆续死亡。

日本血吸虫的成虫寄生在门静脉和肠系膜静脉内，可引起栓塞、静脉内膜炎、静脉周围炎、嗜酸性粒细胞增多等。被成虫吞食的红细胞，其血红蛋白在虫体内被蛋白酶分解后形成血红素样色素（血吸虫色素），残存在虫体肠管内的色素从口排出，致使肝、脾的单核巨噬细胞系统的细胞内有黑褐色的血吸虫色素沉着。

在肠道壁沉积的虫卵会破坏肠壁组织，造成纤维结缔组织增生，导致肠壁增厚，形成虫卵肉芽肿。而在肝沉积的虫卵会导致嗜酸性粒细胞增多，引起肝脓肿，进而破坏肝，严重的会出现肝腹水、肝硬化，继发门脉高压、脾肿大、食道及胃底静脉曲张等一系列病变，最后导致宿主死亡。

（三）病理变化

尸体消瘦，贫血，脂肪萎缩。腹腔内常有多量积液。肝表面凹凸不平，表面或切面可见米粒大小灰白色虫卵结节；感染初期肝肿大，后期肝萎缩、硬化。镜检肝间质结缔组织不同程度增生，可见急性虫卵结节、慢性虫卵结节或血吸虫性肝硬化。

急性期肠黏膜出血、水肿，黏膜和浆膜面可见灰黄色或黄白色小结节，黏膜面形成溃疡。慢性期肠管增粗，肠壁增厚，肠腔狭窄，黏膜粗糙，高低不平，或有炎性息肉形成。浆膜面及黏膜上可见细颗粒状隆起的灰白色虫卵结节，病灶中央可发生坏死、脱落，形成糜烂、溃疡。肠系膜淋巴结肿大。门静脉血管增厚，在门静脉和肠系膜静脉内可见雌雄合抱的虫体。镜检黏膜上皮变性、坏死、脱落，黏膜层及黏膜下层有成堆的虫卵堆积，其周围有以嗜酸性粒细胞为主的炎症细胞浸润，形成急性虫卵结节和慢性虫卵结节。虫卵可随坏死组织排入肠腔。晚期结缔组织增生，形成疤痕。肺表面和切面常见白色虫卵结节和出血灶。肺组织可见小动脉炎、小动脉壁增厚和出血灶。在心脏、肾、脾、胃、脑等器官中有时也可发现虫卵结节，虫卵周围有嗜酸性粒细胞浸润，有时可见肉芽肿形成。

二、片形吸虫病

片形吸虫病（fascioliasis）是片形吸虫引起的一种人兽共患寄生虫病，常发生于反刍动物（水牛、黄牛、奶牛、山羊、绵羊、鹿和骆驼等），有时也见于马、猪、犬、豚鼠、家兔及其他野生动物，也有人感染肝片吸虫的报道。片形吸虫在我国有两种，肝片吸虫（*Fasciola hepatica*）和大片形吸虫（*F. gigantica*）。它们寄生于牛、羊等反刍动物的肝胆管中，能引起肝炎和胆管炎，并伴有全身性中毒现象和营养障碍。

（一）病原

肝片吸虫背腹扁平，外观呈树叶状，大小为（21～41）mm×（9～14）mm。虫体前端有一呈三角形的锥状突，肩部以后逐渐变窄。口吸盘呈圆形，位于锥状突的前端。腹吸盘较口吸盘稍大，位于其稍后方。生殖孔位于口、腹吸盘之间。消化系统由口吸盘底部的口孔开始，下接咽和食道及两条具有盲端的肠管，肠管有许多侧枝。雄性生殖器官包括两个多分枝的睾丸，前后排列于虫体的中后部。雌性生殖器官有一个鹿角状的卵巢，位于腹吸盘后的右侧。曲折重叠的子宫位于卵模和腹吸盘之间，内充满虫卵。卵黄腺由许多褐色颗粒组成，分布于体两侧，与肠管重叠（图 2-7-2）。虫卵较大，为（133～157）μm×（75～90）μm，呈长卵圆形，黄色或黄褐色，卵盖不明显，卵壳薄而光滑，卵内充满卵黄细胞和一个胚细胞。大片形

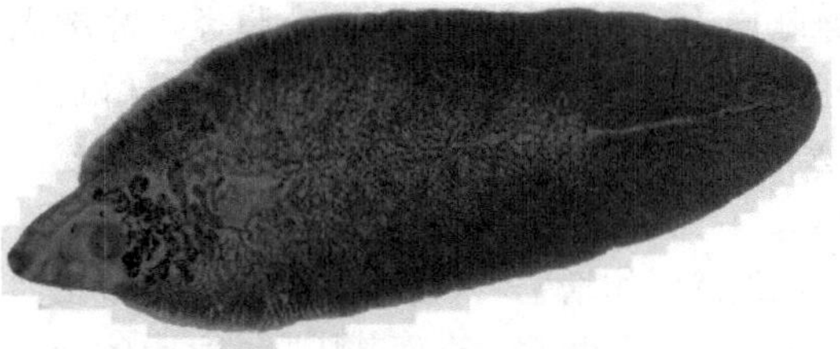

图 2-7-2 肝片吸虫（硼砂卡红染色）

吸虫与肝片吸虫在形态上很相似，虫体呈长叶状，大小为（25～75）mm×（5～12）mm，虫体两侧缘较平行，后端钝圆，“肩”部不明显。

（二）致病机制

囊蚴被宿主食入后脱囊成为童虫，可以随消化系统到达小肠部位，钻入肠壁，移行至肝、胆管等器官，引起机体的各种病理变化。自肠道移行到肝胆管的过程中带入各种细菌继而引起肝创伤性出血性肝炎、脓肿，在肝表面形成虫道。童虫在肝实质中移行时以肝细胞为食，破坏肝组织，同时破坏微血管引起出血，因而发生创伤性出血性肝炎及肝实质梗死。当感染强度很高，达数千个虫体时，机体往往在此时期发生急性死亡。成熟的肝片吸虫寄生于胆管内，因虫体表皮有角质小刺，可对胆管上皮造成损伤。

（三）病理变化

尸体极度消瘦，贫血，皮下水肿，浆膜腔常积有大量淡黄色、透明或混浊的液体。病理变化主要在肝，变化程度与感染强度有关。原发性感染且急性病例可见急性肝炎和出血后贫血。肝肿大，表面可见暗红色虫道，内有血凝块和童虫。在肝的切面可见豌豆大空洞样病灶，其内为含有血液的坏死组织和虫体。镜检肝组织呈明显的局灶性凝固性坏死，坏死灶周围出血、嗜酸性粒细胞浸润。大胆管明显扩张，其中含有大量浆液、血样、胆汁和虫体。腹腔有淡红色液体渗出。

慢性病例表现为慢性增生性肝炎。肝表面形成淡灰白条索状瘢痕，肝实质萎缩、变硬，边缘锐薄，小叶间结缔组织增生。胆囊显著肿大，充满浓稠的胆汁，胆囊壁增厚，胆囊黏膜粗糙。胆管肥厚，胆管内壁粗糙且坚实，内含大量血性黏液和虫体，以及黑褐色或黄褐色的块状、粒状磷酸盐结石。镜检胆管黏膜上皮细胞大量变性、坏死、脱落，胆管壁结缔组织大量增生，在增生的结缔组织中可见大量淋巴细胞、浆细胞、巨噬细胞和嗜酸性粒细胞浸润，胆管腺体常呈腺瘤样增生，胆管附近的小叶间质明显增生，其中可见大量淋巴细胞和嗜酸性粒细胞浸润。胸腔及心包有透明液体渗出。轻度寄生的病例胆管变化不显著，但多呈慢性卡他性胆管炎和间质性肝炎，胆管内可见虫体寄生（图 2-7-3）。

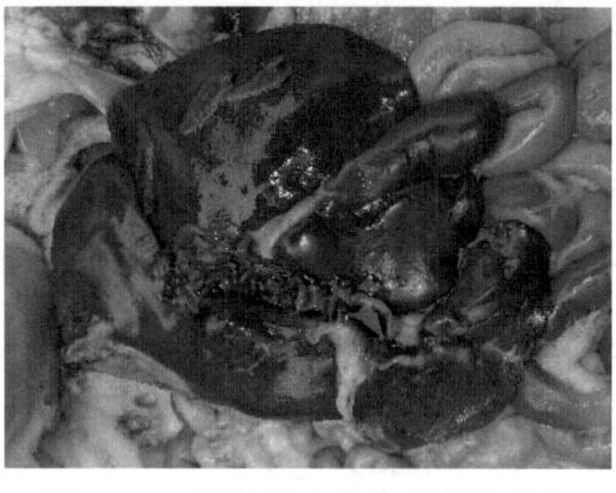

图 2-7-3 肝片吸虫寄生于胆总管内

三、阔盘吸虫病

阔盘吸虫属歧腔科阔盘属（*Eurytrema*），有多种，我国家畜感染的阔盘吸虫主要为胰阔盘吸虫，寄生于牛、羊等反刍动物的胰管中，人也可寄生。阔盘吸虫病（eurytremiasis）主要分布于亚洲、欧洲及南美洲，我国各省（自治区、直辖市）均有分布，但以东北和西北，以及内蒙古的草原地区流行广泛。

（一）病原

胰阔盘吸虫的活虫为棕红色，固定后为灰白色。虫体扁平，较厚，呈长卵圆形，大小为（8～16）mm×（5～5.8）mm。吸盘发达，口吸盘较腹吸盘大。咽小，食道短，肠支简单。睾丸两个，呈圆形或略分叶，左右排列在腹吸盘稍后。阴茎囊呈长管状，位于腹吸盘前方与肠支之间。生殖孔开口于肠叉的后方。卵巢分叶 3～6 瓣，位于睾丸之后，体中线附近，受精囊呈圆形，在卵巢附近。子宫弯曲，内充满棕色虫卵，位于虫体的后半部。卵黄腺呈颗粒状，位于虫体中部两侧（图 2-7-4）。虫卵为黄棕色或深褐色，椭圆形，两侧稍不对称，具卵盖，大小为（42～50）μm×（26～33）μm，内含一个椭圆形的毛蚴。

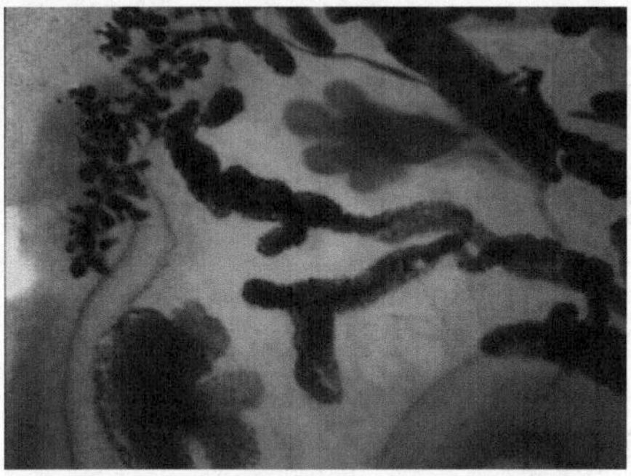

图 2-7-4　胰阔盘吸虫睾丸（1）与卵巢（2）（硼砂卡红染色）

（二）致病机制

胰阔盘吸虫在胰管内的机械性刺激及排出的毒性物质可使胰管发生慢性增生性炎症，致使胰管壁增厚，管腔狭小，严重感染可导致管腔堵塞，使动物胰功能异常。由于胰消化酶分泌受阻，病畜出现消化吸收功能障碍，引起其消化和营养不良、贫血、消瘦、颈部或胸部水肿等，严重时机体极度消瘦、死亡。

（三）病理变化

尸体消瘦，胰腺肿大，胰腺被膜粗糙，有时可见出血。胰管扩张，管腔中可见数十条至数百条虫体，多时可达千余条，严重时堵塞胰管，胰管管壁增厚，管腔狭窄，黏膜不平，形成数量不等的乳头状突起。胰腺内结缔组织增生引起胰腺萎缩、硬化。病畜下痢，粪便常含有黏液。心脏冠状沟脂肪萎缩呈胶冻样。

四、华支睾吸虫病

华支睾吸虫（*Clonorchis sinensis*）属于后睾科支睾属，俗称肝吸虫，寄生于人、犬、猫、猪及其他一些野生动物的胆管和胆囊内，是一种能引起肝胆病变的人兽共患寄生虫。主要分布于东亚诸国，在我国流行范围较广，所有省（直辖市、自治区）均有华支睾吸虫病（clonorchiasis sinensis）的流行或病例报道。

（一）病原

虫体背腹扁平，呈叶状，前端稍尖，后端较钝，透明，大小为（10～25）mm×（3～5）mm。口吸盘略大于腹吸盘，消化器官包括口、咽和短的食道及两肠支，肠支伸达虫体后端。睾丸分支，前后排列在虫体的后 1/3 处，缺雄茎和雄茎囊。卵巢分叶，位于前睾之前。受精囊发达，呈椭圆形，位于睾丸与卵巢之间。输卵管远端的卵模周围为梅氏腺，位于前睾丸之前。卵黄腺由细小的颗粒组成，分布在虫体两侧。子宫从卵模处开始盘绕而上，开口于腹吸盘前缘的生殖孔，内充满虫卵。虫卵大小为（27～35）μm×（12～20）μm，有肩峰，内含成熟的毛蚴，黄褐色，上端有卵盖，下端有一小突起。

（二）致病机制

成虫寄生在肝胆管内，对胆管黏膜的吸附、吸食及其移行作用可造成黏膜的机械损伤，可引起黏膜上皮细胞脱落、增生。虫体的分泌物及代谢产物可诱发变态反应，引起胆管内膜及胆管周围的炎症反应，使胆管扩张和胆管周围肝组织变质。虫体较多时，造成胆管阻塞，引起黄疸和消化障碍。死亡虫体及其碎片、虫卵或坏死组织可组成结石的核心，进一步引起结石症。慢性炎症及结石的长期作用可导致胆管上皮细胞增生，甚至发生癌变。

（三）病理变化

虫数较多时，肝有不同程度的肿大、变硬、变黄，胆囊扩张。切开肝脏可见胆管增粗变硬，管壁增厚，管腔内有黏稠的红黄色液体，有时可见虫体与虫卵。胆囊肿大，胆汁浓稠，胆汁内可见虫体虫卵，偶见少量虫体侵入胰管内引起胰腺炎。镜检，前期肝细胞肿胀、脂肪变性，后期萎缩。在胆管阻塞和胆管炎的基础上可发生胆汁性肝硬化。严重时因虫体阻塞胆管而出现阻塞性黄疸病变。继发感染时，可引起化脓性胆管炎，甚至肝脓肿。在虫体的长期刺激下，有少数病例可在胆管上皮腺瘤样增生的基础上发生癌变。多数病例可见胆囊炎。

第三节　绦虫类疾病

绦虫类疾病是扁形动物门（Platyhelminthes）绦虫纲（Cestoidea）中的圆叶目（Cyclophyllidea）和假叶目（Pseudophyllidea）绦虫对包括人在内的动物造成的一类寄生虫病。除个别种类外，寄生于包括人在内的动物体内的绦虫在发育过程中需要一个或两个中间宿主。绦虫成虫阶段和幼虫阶段都会对宿主造成危害，其中幼虫阶段的绦虫作为主要致病虫体的疾病称为绦虫蚴病，如猪囊尾蚴病、棘球蚴病、脑多头蚴病（又称脑包虫病）和裂头蚴病等；以成虫阶段的绦虫为主要致病虫体的疾病称为绦虫病，如莫尼茨绦虫病、复孔绦虫病、马裸头绦虫病等。有很多绦虫病对动物和人均具有感染性，常能导致人、畜严重疾病。

一、猪囊尾蚴病

猪囊尾蚴病（cysticercosis cellulosae）是链状带绦虫（猪带绦虫）（*Taenia solium*）的幼虫猪囊尾蚴（猪囊虫）（*Cysticercus cellulosae*）寄生于猪的体内导致的。猪带绦虫寄生于人的小肠，猪囊尾蚴主要寄生于猪的肌肉组织内，有时也可寄生在实质器官和脑中，同样可以寄生于人体中，是一类人兽共患病。该病是肉品卫生检验的重点项目之一，也是我国重点防治的猪病之一。

（一）病原

猪囊尾蚴的外观呈椭圆形囊泡状，大小为（6～10）mm×5mm，囊内充满液体，囊壁为一层薄膜，壁上有一个圆形粟粒大的乳白色小结，其内有 1 个内陷的头节，头节上有 4 个吸盘，最前端的顶突上带有许多角质小钩，分两圈排列（图 2-7-5）。猪带绦虫长 2～5m，由 700～1000 个节片组成，头节很小，球形，直径约为 1mm，顶突上有 25～50 个小钩，分内、外两环交替排列，故也称有钩绦虫。顶突后方有 4 个吸盘，颈节窄而短，长 5～10mm。每一成熟节片（成节）内含有一组雌雄同体的生殖系统，生殖孔位于节片侧缘的中央，呈不规则交替排列。孕节窄而长，子宫每侧分出 7～12 个侧枝，每一孕节含虫卵 3 万～5 万个，孕节逐个或成段地脱落，随宿主粪便排出。

（二）致病机制

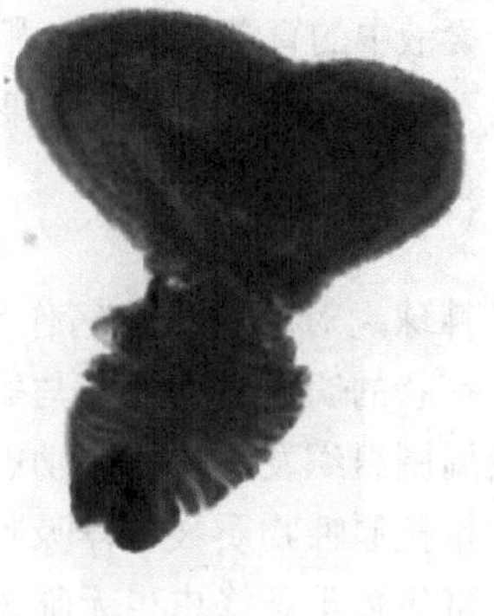
图 2-7-5 猪囊尾蚴（硼砂卡红染色）

猪带绦虫用其头节固着在人的肠壁上，可引起肠炎，导致腹痛、肠痉挛，同时还可夺取机体大量营养。虫体分泌物和代谢产物等毒性物质被吸收后，可引起胃肠功能失调和神经症状，如消化不良、腹泻、便秘、消瘦、贫血等。猪囊尾蚴对人体的危害更大，其危害程度取决于寄生的部位与数量。当其寄生于脑时，可引起癫痫发作，间或有头痛、眩晕、恶心、呕吐、记忆力减退和消失，严重的可致死。寄生于眼内时，可导致视力减弱，甚至失明。寄生于肌肉、皮下组织中，可使局部肌肉酸痛无力。猪囊尾蚴对猪的危害一般不明显，重度感染时可导致营养不良、贫血、水肿、衰竭。胸廓深陷入肩胛之间，前肢僵硬，发音嘶哑和呼吸困难。大量寄生于猪脑时，可引起严重的神经紊乱，特别是鼻部的触痛、强制运动、癫痫、视觉扰乱和急性脑炎，有时突然死亡。

（三）病理变化

在猪体的肩胛外侧肌、臀肌、腰肌、咬肌、颈部肌肉、内脏等处发现有猪囊尾蚴包囊，有些包囊变实变硬，内有钙化灶。包囊呈卵圆形，呈半透明乳白色粟粒大小，内含无色透明液体，囊壁内可见小米粒大小的头节，眼观如石榴籽样。镜检时可见头部具有 4 个吸盘，中间生有一个齿冠，由大小不同的 11～16 对角质小钩组成。此外有时可见虫体呈粥样崩解，囊内液体变为混浊或淡绿色脓样物质，虫体钙化，结缔组织增生取代虫体等。

二、棘球蚴病

棘球蚴病又称包虫病（hydatidosis），是寄生于终末宿主犬、狼、狐等小肠的棘球绦虫的中绦期（棘球蚴）寄生于牛、羊、猪、人及其他动物的肝、肺及其他器官中而引起的。棘球蚴体积大，生长力强，可寄生于人畜体内任何部位，但以肝、肺常见，不仅压迫周围组织使其萎缩和功能障碍，还易造成继发感染，是一类重要的人兽共患寄生虫病。

（一）病原

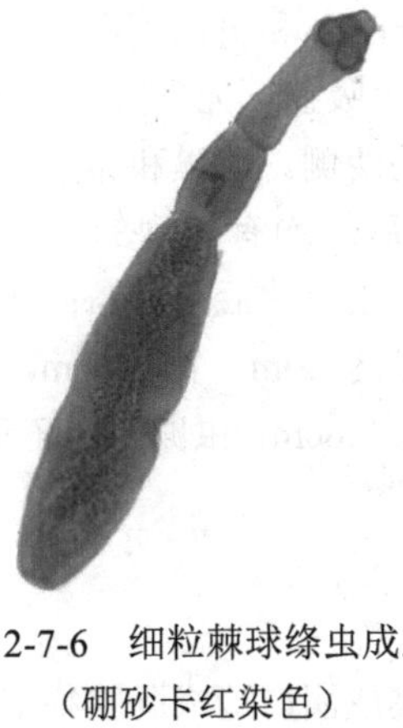
图 2-7-6 细粒棘球绦虫成虫（硼砂卡红染色）

棘球绦虫寄生于犬科动物的小肠中，属带科棘球属，种类较多。世界公认的有 4 种，即细粒棘球绦虫（*Echinococcus granulosus*）、多房棘球绦虫（*E. multilocularis*）、少节棘球绦虫（*E. oligarthrus*）和福氏棘球绦虫（*E. vogeli*）。我国以细粒棘球绦虫为常见种（图 2-7-6）。

细粒棘球绦虫仅有 2～7mm 长，由头节和 3～4 个节片组成。头节上有 4 个吸盘，顶突钩 36～40 个，排成两行（图 2-7-6）。成节内含一套雌雄生殖器官。生殖孔位于节片侧缘的后半部。孕节的长度约占全虫长的 1/2。虫卵大小为（32～36）μm×（25～30）μm。细粒棘球蚴为包囊状构造，内含液体，直径为 5～10cm。棘球蚴的囊壁分两层，外层为乳白色的角质层，内为胚层（生发层）。胚层向囊腔芽生出成群的小囊，在囊内壁上生成数量不等的原头蚴

（protoscolex），此小囊称为育囊或生发囊（brood capsule）。母囊内还可生成子囊，甚至孙囊。游离于囊液中的育囊、原头蚴和子囊统称为棘球蚴砂（hydatid sand）。原头蚴上有小钩、吸盘及微细的石灰颗粒，它们具有感染性。

（二）致病机制

棘球蚴对动物的致病作用主要为虫体的机械性压迫、囊液的毒性作用及其引起的过敏反应。症状的明显与否主要与寄生部位和感染数量有关。当感染的数量多、体积较大时，寄生部位及周围组织发生萎缩和功能障碍。虫体的代谢产物被吸收后引起严重的毒性作用和过敏反应。当大量抗原性物质被机体吸收后，各种动物都可因此急性死亡。成虫对犬的致病作用不明显，甚至寄生数千条绦虫也无临床表现。

（三）病理变化

在寄生的器官内可见直径5～10cm的圆球形囊肿，囊内充满淡黄色透明液体。镜检未成熟的棘球蚴被巨噬细胞、嗜酸性粒细胞等炎症细胞包围。随着棘球蚴发育，囊肿外可见淋巴细胞、嗜酸性粒细胞组成的肉芽组织包囊，囊肿壁外围为较厚、透明、伊红淡染的板层状角质层。较陈旧的棘球蚴在角质层附近有坏死碎屑和变性坏死的嗜酸性粒细胞包围虫体，并有大量上皮样细胞、巨细胞、嗜酸性粒细胞及淋巴细胞浸润，其外围有结缔组织包绕，形成寄生虫性肉芽肿，甚至整个棘球蚴囊肿全被肉芽组织所取代。在严重感染的肝中，大小不等、外形扭曲与不规则、互相重叠的囊肿挤满肝表面，将肝实质几乎全部取代，致使肝切面呈蜂窝状。棘球蚴囊肿常常变性，内层萎陷，萎陷的生发层团块变成干酪状并可钙化。变性的囊肿可能外观类似结核病变或鳞状上皮癌，但在坏死碎屑、巨噬细胞和巨核细胞、板层状外膜的残体中，可辨认出变性原头蚴的吻突小钩，进而可确定此病变的来源。

三、莫尼茨绦虫病

莫尼茨绦虫属于裸头科莫尼茨属（*Moniezia*），寄生于反刍动物绵羊、山羊、黄牛、水牛、鹿和骆驼等的小肠中。分布范围较广，我国各地均有报道，多呈地方性流行。主要危害羔羊和犊牛，影响幼畜生长发育，严重感染时，可导致动物死亡，是反刍动物常见的寄生虫病。

（一）病原

我国常见的莫尼茨绦虫有两种，即扩展莫尼茨绦虫（*Moniezia expansa*）和贝氏莫尼茨绦虫（*M. benedeni*）。它们在外观上颇为相似，头节小，近似球形，上有4个吸盘，无顶突和小钩。体节宽而短，成节内有两套生殖器官，每侧一套，生殖孔开口于节片的两侧。卵巢和卵黄腺在体两侧构成花环状。睾丸有数百个，子宫呈网状。两种虫体节片的后缘均有横列的节间腺（interproglottidal gland），扩展莫尼茨绦虫的节间腺为一列小圆囊状物，沿节片后缘分布；而贝氏莫尼茨绦虫的则呈带状，位于节片后缘的中央。扩展莫尼茨绦虫长可达10m，宽1.6cm，呈乳白色，虫卵近似三角形；贝氏莫尼茨绦虫呈黄白色，长可达4m，宽为2.6cm，虫卵为四角形。虫卵内有特殊的梨形器，内含六钩蚴，卵的直径为56～67μm。

（二）致病机制

莫尼茨绦虫为大型虫体，长达数米，当虫体大量寄生时，虫体聚集成团，造成肠腔狭窄，甚至发生肠阻塞、套叠、扭转，有时因肠破裂导致腹膜炎而死亡。虫体在肠道内吸取宿主营养，使宿主迅速消瘦、体质衰弱。虫体的代谢产物和排泄物被宿主吸收后，可引起各组织器官发生炎症反应和退行性病变，改变血液成分，使红细胞数量减少，血红蛋白降低，出现低色素红细胞。肠黏膜遭破坏后，可引起继发感染，降低幼畜的抵抗力，进一步引发其他疾病的发生，如可能诱发羊快疫和肠毒血症。毒素中毒还可引起神经系统和循环系统障碍。

（三）病理变化

尸体消瘦，黏膜苍白，肌肉发白，胸腹腔有液体渗出。肠道有时可见阻塞或扭转甚至肠破裂。肠系膜淋巴结、肠黏膜、脾增生。肠黏膜出血，肠内可见虫体，寄生处可见卡他性炎。

四、犬复孔绦虫病

复孔绦虫病（dipylidiasis）是双壳科的犬复孔绦虫（*Dipylidium caninum*）寄生于犬、猫的小肠中引起的一种寄生虫病，是犬和猫常见的寄生虫，人体偶尔感染，特别是儿童。该病呈世界性分布，在我国各地均有报道。

（一）病原

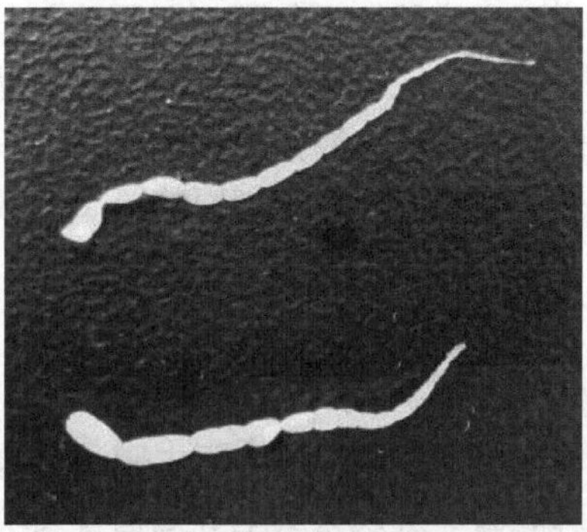
图 2-7-7 犬复孔绦虫

犬复孔绦虫活体呈淡红色，固定后为乳白色，虫体长10～15cm，最长可达50cm，宽约3mm，约由200个节片组成（图2-7-7）。头节近似菱形，上有4个吸盘，顶突可伸缩，上面约有60个刺状小钩呈4～5行排列。每一成节内含两套生殖系统。睾丸100～200个，位于排泄管的内侧。节片两侧各有一卵巢和卵黄腺，形似葡萄。生殖孔开口于体两侧的中央稍后。成节与孕节均长大于宽，形似黄瓜籽，故又称瓜籽绦虫。孕节内子宫分为许多卵囊（egg capsule），每个囊内含虫卵数几个至30多个。虫卵呈球形，直径为35～50μm，内含六钩蚴。

（二）致病机制

少量虫体寄生时只引起轻微的损伤，大量虫体寄生时虫体致病性明显，以其头节上的小钩和吸盘损伤宿主的肠黏膜，从而导致寄生部位黏膜充血、出血和炎症。虫体吸取宿主营养，造成宿主生长发育障碍；虫体分泌的毒素可引起宿主中毒。虫体聚集成团，可堵塞小肠腔，导致腹痛、肠扭转甚至肠破裂。

（三）病理学变化

小肠内有乳白色带状虫体，长度为10～15cm，虫体的头附着在肠壁黏膜，头节附着处可见肠黏膜充血、出血，其他肠壁部位呈卡他性炎。

五、曼氏迭宫绦虫病（diphyllobothriasis mansoni）

曼氏迭宫绦虫又名孟氏裂头绦虫（*Spirometra mansoni*），属双叶槽科（Diphyllobothriidae）迭宫绦虫属（或旋宫属，*Spirometra*），成虫寄生于犬、猫和一些食肉动物虎、狼、豹、狐狸等的小肠中，人偶能感染。曼氏迭宫绦虫的裂头蚴又名曼氏裂头蚴（*Sparganum mansoni*），寄生于蛙、蛇、鸟类和一些哺乳动物包括人的肌肉、皮下组织、胸腹腔等处。该病呈世界性分布，在我国多见于南方各地。

（一）病原

曼氏迭宫绦虫长 40～60cm，最长可达 1m。头节指状，背腹各有一纵行的吸槽。体节宽度大于长度。子宫有 3～5 次或更多的盘旋，子宫孔开口于阴门下方。曼氏裂头蚴呈乳白色，长度为 0.3～105cm，扁平，不分节，前端具有横纹。虫卵大小为（52～76）μm×（31～44）μm，淡黄色，椭圆形，两端稍尖，有卵盖。

（二）致病机制

成虫寄生时，虫体损伤宿主的肠黏膜，可引起炎症。虫体吸取宿主营养，可造成营养不良、生长发育障碍；虫体分泌的毒素可引起宿主中毒；大量虫体聚集成团，可堵塞肠腔，导致腹痛、肠扭转甚至肠破裂。当其他哺乳动物和人作为中间宿主时，裂头蚴经皮肤或黏膜侵入机体，可移行至各种组织内，并在其中寄生。一般症状不明显，局部可能有水肿或触痛。在感染的早期，肉眼观察肿块无包膜，切面呈灰白色或灰红色，有时有不规则的裂隙、腔穴，腔穴与腔穴之间有管道相连，裂头蚴常寄生于穴道内；在感染的后期，虫体周围无包膜，有出血点，病灶为炎性肉芽肿，中心为嗜酸性坏死组织所形成的腔穴和不规则的隧道，其间有中心粒细胞、淋巴细胞、单核细胞和浆细胞等浸润。隧道壁为增生的组织细胞和上皮样细胞。裂头蚴断面可见石灰样小体。

（三）病理变化

猪裂头蚴主要寄生于腹腔脂肪、腹膜下、腹肌、膈肌和股部肌肉等部位。此外，在心脏、肺、肾、肝及胃肠壁等处也曾发现有虫体寄生。病畜常表现出血性素质和皮下水肿等病变。有时虫体坏死和钙化，形成粟粒大结节，也有的被机化。当虫体寄生于脏器时，可引起纤维素性浆膜炎，可发生粘连。寄生于脂肪的虫体，大多呈盘曲状态或伸展状态，呈浅黄色或白色。有时虫体周围出血。寄生于肌肉时，盘曲于肌膜之下，可部分地嵌在肌纤维之间。有时肌膜下的较小虫体被结缔组织包裹。寄生部位有出血和炎症。

第四节　线虫类疾病

线虫类疾病是线虫动物门（Nematoda）的多种寄生虫寄生于动物包括人体引起的一类寄生虫病。线虫种类繁多，在畜禽蠕虫病中占比 50%以上，而在线虫中，土源性线虫最为常见，土源性寄生虫在发育过程中由于不需要中间宿主，分布更广泛，多呈混合感染，危害严重。部分线虫病为人兽共患寄生虫病，在公共卫生上也具有重要意义。

一、旋毛虫病

旋毛虫病（trichinelliasis）是毛尾目毛形科毛形属（*Trichinella*）的旋毛形线虫（*Trichinella spiralis*）寄生于人和猪、犬、猫等多种动物中而引起的一种人兽共患寄生虫病。成虫寄生于肠管，幼虫寄生于横纹肌，致病力强，人旋毛虫病可致死亡，肉品卫生检验中将旋毛虫检验列为首检项目。

（一）病原

旋毛虫成虫细小，肉眼难以辨识，虫体前端尖细，后部较粗，后部占虫体的一半稍多。前部为食道部，食道的前端部无食道腺围绕，后部均由一列相叠置的食道腺细胞所包裹。较粗的后部包含肠管和生殖器官。雄虫长 1.4～1.6mm，尾端有泄殖孔，泄殖孔外侧为 1 对呈耳状悬垂的交配叶，内侧有 2 对小乳突，无交合刺。雌虫长 3～4mm，阴门位于虫体前部（食道部）的中央。胎生。成虫寄生于小肠，称为肠旋毛虫。幼虫寄生于横纹肌内，称为肌旋毛虫。刚产出的幼虫呈圆柱状，长 80～120μm，到感染后第 30 天，幼虫长大到 1mm，宽 35μm。经一段时间发育后，幼虫常处于肌肉组织的包囊内，包囊内的幼虫呈椎状盘绕，充分发育的幼虫通常有 2.5 个盘转，此时幼虫已具感染性，并有雌雄之别。幼虫前端尖细，向后逐渐变宽，后端稍窄，后部体内包含着肠管、睾丸或卵巢。尾端钝。

（二）致病机制

旋毛虫病分布于世界各地，宿主范围广泛，可以感染猪、鼠、犬、猫等 49 种动物，人也是其宿主之一。在屠畜中，旋毛虫主要感染猪和犬，其感染来源可能是鼠类和野兽。猪、犬、猫可成为动物间散布该病的重要源头。

猪感染旋毛虫可能是由于其吞食了老鼠。鼠为杂食性动物，且常互相残食，一旦旋毛虫侵入鼠群，就会长期地在鼠群中保持感染。鼠对旋毛虫比较敏感，两条幼虫即能造成鼠感染。某些动物的尸体、蝇蛆、步行虫及某些动物排出的含有未被消化的肌纤维和幼虫包囊的粪便都能成为猪的感染源。用生的废肉屑、洗肉水和含有生肉屑的垃圾喂猪也可引起旋毛虫病流行。犬的活动范围广，吃到动物尸体的机会多，对动物粪便的嗜食性也比猪强烈，所以犬旋毛虫的感染率在一些地区很高。人感染旋毛虫多与吃生猪肉或食用腌制与烧烤不当的猪肉制品有关。此外切过生肉的菜刀、砧板均可能偶尔黏附有旋毛虫的包囊，不慎时也可污染食品，造成感染。旋毛虫对人致病的轻重与食入旋毛虫包囊的数量、包囊活力及宿主的机能状态，特别是对旋毛虫的免疫力等因素有重要关系。轻者无临床表现，重者可在患病的第 4～7 周死亡。

（三）病理变化

肌旋毛虫常寄生于膈肌、舌肌、喉肌、嚼肌、颈肌、肋间肌和腰肌等处，以膈肌的感染率最高，且多聚集于筋头。被侵害的肌肉发生变性，肌纤维肿胀，横纹消失，有时变成均质状，甚至发生蜡样坏死。未形成包囊的旋毛虫在肌纤维间呈直杆状或逐渐蜷曲状态，虫体也可能被挤至肌浆处。包囊形成期的旋毛虫可在淡蔷薇色背景下观察到透明的圆形或椭圆形物体，囊中是蜷曲的虫体。钙化的旋毛虫在镜下呈黑色，可见到模糊不清的虫体。机化的旋毛虫可见虫体被肉芽组织包围，形成纺锤形、椭圆形或圆形的肉芽肿（图 2-7-8）。

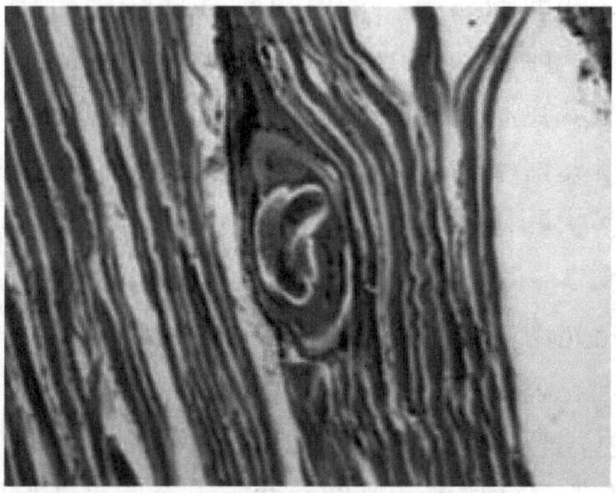

图 2-7-8　肌肉中的旋毛虫（HE 染色）

二、蛔虫病

蛔虫病（ascariasis）是包括人的动物常见的重要肠道寄生虫病，幼龄动物最易感，大多数蛔虫都有宿主特异性，通常寄生于小肠中，在非特异性宿主体内寄生，很少能发育成成虫。该病在我国广泛流行，对各种家畜、家禽的危害极为严重。其中较为重要的有猪蛔虫病、犊新蛔虫病、马副蛔虫病、鸡蛔虫病和犬弓首蛔虫病等。

（一）病原

猪蛔虫病的病原为蛔科（Ascaridae）的猪蛔虫（*Ascaris suum*），是一种大型线虫。新鲜虫体为淡红色或淡黄色。虫体呈中间稍粗、两端较细的圆柱形。头端 3 个唇片呈“品”字形排列。雄虫体长 15～25cm，尾端向腹面弯曲呈鱼钩状，泄殖腔开口距尾端较近，有 1 对等长的交合刺。雌虫长 20～40cm，虫体较直，尾端稍钝。生殖器官为双管形，阴门开口于虫体前 1/3 与中 1/3 交界处附近的腹面中线上。肛门距虫体末端较近。受精卵黄褐色，短椭圆形，大小为（50～75）μm×（40～80）μm，卵壳厚，最外一层为凹凸不平的蛋白膜，卵细胞与卵壳之间的两端形成新月形空隙。未受精卵较受精卵狭长，平均大小为 90μm×40μm，多数没有蛋白膜，卵壳较薄，内容物为很多油滴状的卵黄颗粒和空泡。

犊新蛔虫病的病原为弓首科的牛新蛔虫（*Neoascaris vitulorum*），虫体粗大，淡黄色，角皮薄软。头端有 3 片唇，唇基部宽而前窄。食道呈圆柱形，后端由一个小胃与肠管相接。雄虫长 11～26cm，尾部有一小锥突，弯向腹面，交合刺一对，等长或稍不等长。雌虫长 14～30cm，尾直，生殖孔开口于虫体前部 1/8～1/6 处。虫卵近球形，大小为（70～80）μm×（60～66）μm，壳厚，外层呈蜂窝状，胚细胞为单细胞期。

马副蛔虫病的病原为蛔科（Ascaridae）的马副蛔虫（*Parascaris equorum*），是家畜蛔虫中体形最大的一种。虫体近似圆柱形，两端较细，黄白色。口孔周围有 3 片唇，背唇稍大，唇基部有明显的间唇。雄虫长 15～28cm，尾端向腹面弯曲。雌虫长 18～37cm，尾部直，阴门开口于虫体前 1/4 部分的腹面。虫卵近圆形，直径 90～100μm，呈黄色或黄褐色，卵壳表层蛋白膜凹凸不平，颇细致。

犬、猫蛔虫病的病原为弓首科的犬弓首蛔虫（*Toxocara canis*）、猫弓首蛔虫（*Toxocara cati*）和狮弓首蛔虫（*Toxascaris leonina*）。犬弓首蛔虫头端有 3 片唇，虫体前端两侧有向后延展的颈翼膜，食道与肠管连接部有小胃。雄虫长 5～11cm，尾端弯曲，有一小锥突，有尾翼。雌虫长 9～18cm，尾端直，阴门开口于虫体前半部。虫卵呈亚球形，卵壳厚，表面有许多点状凹陷，大小为（68～85）μm×（64～72）μm。猫弓首蛔虫外形与犬弓首蛔虫近似，颈翼前窄后宽。雄虫长 3～6cm，雌虫长 4～10cm。虫卵大小为 65μm×70μm，虫卵表面有点状凹陷，与犬弓首蛔虫卵相似。狮弓首蛔虫头端向背侧弯曲，颈翼发达，无小胃。雄虫长 3～7cm，雌虫长 3～10cm，阴门开口于虫体前 1/3 与中 1/3 交界处。虫卵偏卵圆形，卵壳光滑，大小为（49～61）μm×（74～86）μm。

鸡蛔虫病的病原为禽蛔科禽蛔虫属（*Ascaridia*）的鸡蛔虫（*Ascaridia galli*）。虫体为黄或白色，表皮有横纹，头部有三片唇。雌虫长 65～110mm，生殖孔位于体中部。雄虫长 26～70mm，有明显的尾翼和乳突，并有一个圆形或椭圆形的肛前吸盘。虫卵椭圆形，大小为（70～90）μm×（47～51）μm，卵壳厚而光滑，深灰色。

（二）致病机制

蛔虫幼虫阶段和成虫阶段对宿主的致病性有所不同，其危害程度与感染强度有关。幼虫危害源于在体内的移行，其可造成各器官和组织的损害，其中以对肝和肺的危害较大。幼虫滞留在肝，特别是在叶间静脉周围毛细血管中时，造成小点出血和肝细胞颗粒变性、空泡变性、脂肪变性或坏死。幼虫由肺毛细血管进入肺泡时使血管破裂，造成大量的小点出血和水肿病变，严重病例还伴发蛔虫性肺炎，引起持续性咳喘。瘦弱仔猪，尤其是饲料中缺乏维生素A时，常引起死亡。如果宿主同时患有隐性流行性感冒、气喘病等疾病，可以因蛔虫幼虫在肺部的协同作用而加剧病势，造成死亡。一般来说，蛔虫发育到性成熟时，其致病作用显著减弱。但在严重感染时，也可因虫体夺取营养和其游走特性所致的机械性刺激与阻塞，以及有毒物质的吸收等引起严重危害，甚至造成死亡。蛔虫有游走习性，尤其是在发热、妊娠、饥饿或饲料变化时，常使虫体活动加剧，凡是与小肠相通的部位，如胃、胆管和胰管，均可能被蛔虫蹿入，引起胆管或胰管阻塞、呕吐、黄疸和消化障碍等不同类别和不同程度的病变和症状。仅有雌虫而无雄虫时，蛔虫误入胆管或胰管的可能性增大。寄生数量太多时，虫体常在小肠内扭结成团，造成肠阻塞，严重时可导致肠破裂、肠穿孔，并继发腹膜炎，引起死亡。蛔虫分泌的有毒物质和代谢产物有时会引起过敏反应，出现阵发性痉挛、兴奋和麻痹等症状。由于上述各种致病因素的作用，患畜一般呈现消瘦、发育不良和生长停滞，也常因抵抗力降低而引起并发症，甚至造成死亡。

（三）病理变化

发病初期，肠、肝和肺表现出以中性粒细胞和嗜酸性粒细胞浸润为主的炎症反应和肉芽肿。肝局灶性实质变质及间质性肝炎中，肝细胞颗粒变性、脂肪变性、局灶性坏死和出血，有时可见暗红色虫道。后期可在肝表面和切面见到白色纤维化病灶，导致局灶性肝硬化，形成“乳斑肝”。肺质地变实，表面有大量出血点或暗红色的瘀斑。在小肠内可见数量不等的蛔虫。出现卡他性肠炎，小肠黏膜出血、轻度水肿、浆液性渗出或溃疡。当虫体数量很多时，常缠在一起堵塞肠管，甚至造成肠破裂，引起腹膜炎。肠和肠系膜及腹膜粘连。偶尔可见虫体钻入胆管，造成胆管堵塞，胆汁排出受阻，病程较长的，有化脓性胆管炎或胆管破裂，出现肝黄染和肝硬化等病变。如果虫体钻入胰管，则造成胰管炎。

三、捻转血矛线虫病

捻转血矛线虫病（haemonchosis）是毛圆科（Trichostrongylidae）血矛属（*Haemonchus*）的捻转血矛线虫（*H. contortus*）寄生于牛羊等反刍动物第四胃（真胃）中引起的一种胃肠道线虫病。捻转血矛线虫与很多毛圆科线虫多呈混合感染，但以捻转血矛线虫致病力最强，流行范围最广，对养殖业造成的危害最大。

（一）病原

捻转血矛线虫呈毛发状，常因吸血而呈淡红色。颈乳突显著，呈圆锥形伸向虫体后侧方。头端尖细，口囊小，口囊内有一矛状小齿。雄虫长 15～19mm，交合伞有细长肋支撑着的长侧叶和偏于左侧的由一个倒“Y”形背肋支撑着的小背叶。有两根等长的交合刺，末端有小钩，导刺带呈梭形。雌虫长 27～30mm，因白色的生殖器官环绕于红色含血的肠道周围，形成红白线条相间的麻花状外观，故称捻转血矛线虫（捻转胃虫）。阴门位于虫体后半部，有一显著的瓣状阴门盖。虫卵大小为（75～95）μm×（40～50）μm。卵壳薄，光滑，稍带黄色，新排出的虫卵含 16～32 个肽细胞。

（二）致病机制

成虫以头端刺入真胃黏膜引起黏膜损伤。其大量吸血并分泌抗凝血酶，可引起极度贫血及低蛋白血症，胃黏膜增厚，呈现出血性病灶。每条捻转血矛线虫每天可吸食绵羊血液 0.05mL，如果寄生 5000 条虫体每日可使宿主失血 250mL。成年绵羊若感染 8000～10 000 条成虫则可以引起急性死亡。500～1000 条虫的持续感染可引起慢性血矛线虫病。急性大量感染时，贫血及低蛋白血症可由骨髓造血及肝合成蛋白质暂时获得代偿。但铁及蛋白质的进行性丧失，再加上厌食，血红蛋白持续下降，最终导致动物衰竭、水肿而死亡。虫体的代谢产物和分泌物对机体有毒性作用，可抑制中枢神经系统的活动，破坏消化系统与神经系统的神经调控作用，使消化紊乱。

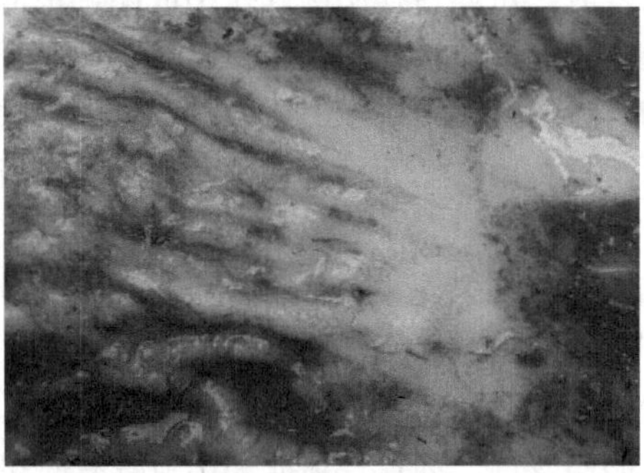

图 2-7-9　寄生于羊真胃黏膜的捻转血矛线虫

（三）病理变化

急性型以肥羔羊突然死亡为特征。尸体消瘦，腹泻，肛门附近被毛附羊大量稀便；眼结膜苍白，高度贫血，肌肉苍白，下颌间隙和头部发生水肿。胃肠黏膜充血、肿胀，可见发丝状红白相间的虫体（图 2-7-9），出现严重的胃黏膜脱落或溃疡。镜下见卡他性出血性肠炎，伴嗜酸性粒细胞浸润。

慢性型的症状较不明显，病程长，体温一般均正常。

四、食道口线虫病

食道口线虫病（oesophagostomiasis）是食道口科（Oesophagostomatidae）食道口属（*Oesophagostomum*）线虫的幼虫及其成虫寄生于肠壁与肠腔引起的寄生虫病。由于有些食道口线虫的幼虫阶段可以使肠壁发生结节，故又名结节虫病（nodule worm disease）。此病在我国各地的牛、羊、猪中普遍存在，鹿、骆驼、灵长类和一些野生动物中也有相应种类的食道口线虫寄生。

（一）病原

食道口属线虫的口囊小而浅，呈圆筒形，其外周为一显著的口领，口缘有叶冠。有颈沟，其前部的表皮常膨大形成头囊。颈乳突位于颈沟后方的两侧，有或无侧翼。雄虫的交合伞发达，有 1 对等长的交合刺。雌虫阴门位于肛门前方附近，排卵器呈肾形。虫卵较大。不同种类食道口线虫的主要区别在于叶冠的圈数，头泡、侧翼膜的有无，颈乳突的位置、形状及神经环的位置等方面。寄生于牛羊等反刍动物的食道口线虫有哥伦比亚食道口线虫（*O.columbianum*）、辐射食道口线虫（*O.radiatum*）、微管食道口线虫（*O.venulosum*）、粗纹食道口线虫（*O.asperum*）和甘肃食道口线虫（*O.kansuensis*）；寄生于猪的食道口线虫有有齿食道口线虫（*O.dentatum*）、长尾食道口线虫（*O.longicaudum*）和短尾食道口线虫（*O.brevicaudum*）。哥伦比亚食道口线虫主要寄生于羊，也寄生于牛和野羊的结肠。有发达的侧翼膜，虫体前部弯曲。头囊不甚膨大。颈乳突在颈沟的稍后方，其尖端突出于侧翼膜之外。雄虫长12.0～13.5mm，交合伞发达。雌虫长16.7～18.6mm，尾部长。虫卵呈椭圆形，大小为（73～89）μm×（34～45）μm。辐射食道口线虫寄生于牛的结肠。侧翼膜发达，前部弯曲。无外叶冠，内叶冠也只是口囊前缘的一小圈细小的突起。头囊膨大，上有一横沟，将头囊区分为前后两部分。雄虫长13.9～15.2mm，雌虫长14.7～18.0mm。微管食道口线虫主要寄生于羊，也寄生于牛和骆驼的结肠。无侧翼膜。前部直，口囊较宽而浅。雄虫长 12～14mm，雌虫长 16～20mm。粗纹食道口线虫主要寄生于羊的结肠。口囊较深，头囊显著膨大。无侧翼膜。雄虫长13～15mm，雌虫长17.3～20.3mm。甘肃食道口线虫寄生于绵羊的结肠。有发达的侧翼膜，前部弯曲。头囊膨大。颈乳突位于侧翼膜内，尖端稍突出于膜外。雄虫长14.5～16.5mm，雌虫长18～22mm。有齿食道口线虫虫体乳白色，寄生于猪结肠，雄虫长 8～9mm，雌虫长 8.0～11.3mm。长尾食道口线虫虫体呈灰白色，寄生于盲肠和结肠，雄虫长 6.5～8.5mm，雌虫长 8.2～9.4mm。短尾食道口线虫寄生于结肠，雄虫长6.2～6.8mm，雌虫长6.4～8.5mm。

（二）致病机制

感染性幼虫进入宿主消化道内，大部分先在大肠（结肠），有时也在回肠的黏膜下形成大小不等的结节。幼虫在结节内蜕皮成为第4期幼虫后返回大肠腔发育为成虫。结节是虫体刺激引起周围结缔组织增生而形成的，有的结节高出于黏膜表面。在新形成的结节中常可发现幼虫。后期结节可发生钙化。结节感染细菌时，体积增大。在浆膜面破溃时可继发腹膜炎和腹腔脏器粘连，在黏膜面破溃时可引起溃疡性或化脓性结肠炎。在虫体发育过程中有些幼虫移行到腹腔生活数日，但不能继续发育，后逐渐发生死亡，在肠壁内或腹腔浆膜上形成结节状包囊，继而发生钙化。包囊和结节的形成，影响肠的运动和食物的消化、吸收，同时肠黏膜的广泛损伤，会引起下痢、黏性血便、贫血、浮肿、腹痛乃至衰竭死亡。幼虫有时也侵入肠壁以外的肝、肺、心肌、腹部脂肪组织，形成结节并钙化，但不能存活。

食道口线虫中，以哥伦比亚食道口线虫对羊的危害最大，主要可引起大肠的结节性病变。辐射食道口线虫对牛的危害较大，幼虫阶段在小肠和大肠壁中形成结节。动物初次感染幼虫时，在宿主的肠壁上会出现暂时性局部炎症反应。第4期幼虫返回大肠腔后，留下的虫皮可导致局部组织出血、坏死和溃疡，但不形成结节。当宿主肠壁反复遭受幼虫侵袭时，局部组织产生免疫反应，形成寄生虫性肉芽肿结节。严重损伤的肠壁组织经修复后形成疤痕性肠狭窄，影响肠道的蠕动和吸收功能。成虫寄生在肠道内，其头部和食道腺的分泌物刺激肠黏膜，使黏液分泌增多、充血、水肿。成虫可能以这些炎性渗出物为食，并可导致宿主造血组织发生一定程度的萎缩、红细胞数减少、血红蛋白下降等贫血症状。

（三）病理变化

幼虫感染可引起动物小肠到大肠的黏膜至浆膜层形成米粒至黄豆大的灰白、灰黄或灰绿色颗粒状结节。有时在胃、小肠、肝、肾浆膜上也可见到同样的结节。结节破溃或大量幼虫突破肠壁进入腹腔时可引起腹膜炎和浆膜粘连。大量感染时，因结节病灶多，发生慢性卡他性肠炎，黏膜普遍增厚，甚至发生硬化，散在边缘不整的灰白色瘢痕。在肠腔内可见结节突出黏膜表面，破溃时可引起溃疡性和化脓性结肠炎、黏液增多、肠壁增厚等。当组织广泛损伤经修复、机化后，可能发生肠狭窄或肠套叠。

病理组织学检查可见黏膜固有层、肌层、浆膜层有多量类圆形结节，结节中央部可见由薄层膜包裹的卷曲的虫体或均质钙化的虫体残骸，周围由纤维结缔组织包围。结节周围的间质内可见大量中性粒细胞、嗜酸性粒细胞浸润。肠腔内有时可见虫体或虫卵。成虫寄生时可引起肠黏膜分泌增多、充血、水肿和增厚等炎症反应。

五、钩虫病

钩虫病（hookworm disease or ancylostomiasis）也称钩口虫病，是钩口科的线虫感染引起的一种寄生虫病。钩虫科的线虫种类繁多，至少包括 9 个属 100 多个种，宿主极为广泛，人和许多哺乳动物（如猪、牛、羊、犬、猫、狐狸和长颈鹿等）都有特定种类的钩虫寄生。该病呈世界性分布，在热带和亚热带地区广泛流行，我国长江以南各地流行严重。

（一）病原

寄生于反刍动物的钩口线虫主要有仰口属（*Bunostomum*）的羊仰口线虫（*B. trigonocephalum*）和牛仰口线虫（*B .phlebotomum*），它们均寄生于小肠。仰口属线虫头端向背面弯曲（图 2-7-10），口囊大，口缘有一对半月形角质切板，雄虫交合伞的背叶不对称（图 2-7-11），雌虫阴门在体中部之前。羊仰口线虫呈乳白色或淡红色，口囊底部的背侧生有一个大背齿，背沟由此穿出。底部腹侧有 1 对小的亚腹侧齿。雄虫长 12.5～17.0mm，交合伞发达，背叶不对称，右外背肋比左面的长，由背干的高处伸出，交合刺等长，褐色，无引器。雌虫长 15.5～21.0mm，尾端钝圆，阴门位于虫体中部前不远处。虫卵大小为（79～97）μm×（47～50）μm，两端钝圆，胚细胞大而数少，内含暗黑色颗粒。牛仰口线虫形态与羊仰口线虫相似，口囊底部有两对亚腹齿。雄虫体长 10～18mm，交合刺特别长，可达 3.5～4.0mm，是羊仰口线虫的 5～6 倍。雌虫体长 24～28mm。虫卵大小为 106μm×46μm，卵细胞少而大，胚细胞呈暗黑色。

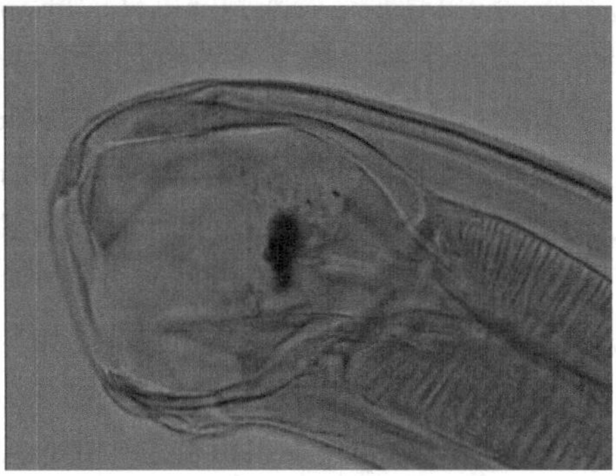

图 2-7-10　羊仰口线虫头端

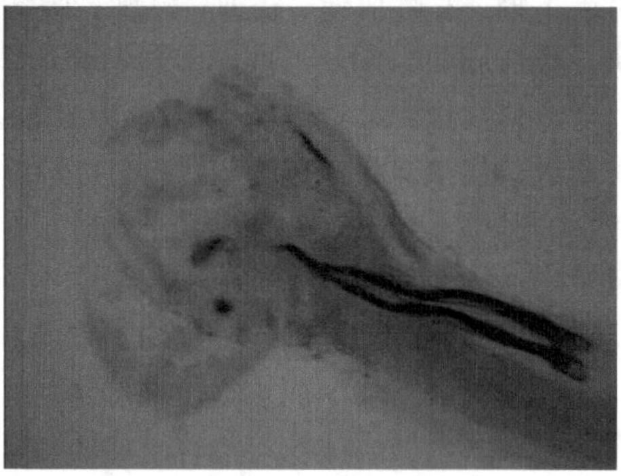

图 2-7-11　羊仰口线虫雄虫交合伞

寄生于猪的钩口线虫主要有球首属（*Globocephalus*）的多种线虫，常见的有长尖球首线虫（*G. longemucronatus*）、萨摩亚球首线虫（*G. samoensis*）和锥尾球首线虫（*G. urosubulatus*），均寄生于小肠。球首属线虫虫体粗短，口孔呈亚背位，口囊呈球形或漏斗状，外缘为一角质环，无叶冠和齿。靠近口囊基底通常有 1 对亚腹齿，背沟显著，交合刺纤细。雌虫尾端呈尖刺状，阴门位于虫体后部。长尖球首线虫雄虫长 7mm，雌虫长 8mm，口囊内无齿。萨摩亚球首线虫雄虫长 4.5～5.5mm，雌虫长 5.2～5.6mm，口囊内有两个齿。锥尾球首线虫雄虫长 4.4～5.5mm，雌虫长 5～7.5mm，口囊内有两个亚腹齿。

寄生于犬、猫的钩口线虫有钩口属（*Ancylostoma*）、板口属（*Necator*）和弯口属（*Uncinaria*）的犬钩口线虫（*A. caninum*）、巴西钩口线虫（*A. braziliense*）、美洲板口线虫（*N. americanus*）和狭头弯口线虫（*U. stenocephala*），均寄生于犬、猫等肉食动物的小肠，主要是十二指肠。犬钩口线虫虫体呈淡红色，前端向背面弯曲，口囊大，腹侧口缘上有 3 对大齿。口囊深部有 1 对背齿和 1 对侧腹齿。虫体长 10～16mm。卵的大小为 60μm×40μm，含 8 个卵细胞。巴西钩口线虫虫体头端腹侧口缘上有 1 对大齿，1 对小齿。虫体长为 6～10mm，卵的大小为 80μm×40μm。美洲板口线虫虫体头端弯向背侧，口孔腹缘上有 1 对半月形切板，口囊呈亚球形，底部有两个三角形亚腹侧齿和两个亚背侧齿，背食道腺管开口于背锥的顶部，雄虫长 5～9mm，雌虫长 9～11mm，卵的大小为（60～76）μm×（30～40）μm。狭头弯口线虫虫体呈淡黄色，两端稍细，较犬钩口线虫小，口弯向背面，口囊发达，其腹面前缘有 1 对半月形状切板，接近口囊底部有 1 对亚腹侧齿，雄虫长 6～11mm，雌虫长 7～12mm，虫卵与犬钩口线虫的相似。

（二）致病机制

各种钩口线虫的生活史基本相同。幼虫侵入皮肤，引起皮肤损伤，沿幼虫移行的路径产生局灶性皮炎，幼虫移行到肺部时可引起肺出血，此时一般无明显的临床症状。成虫在小肠内寄生，口囊吸附于肠黏膜上，刺破肠绒毛吸取宿主血液，吸附结束后血液会沿伤口继续流失，最终导致贫血，严重时导致动物死亡。

（三）病理变化

尸体消瘦、贫血、水肿，皮下浆液性浸润。幼虫侵入期可引起局灶性皮炎，最初为小充血斑点，进一步形成小丘疹，最后发展为水疱。真皮层有以中性粒细胞为主并伴有巨噬细胞、淋巴细胞和酸性粒细胞增多的炎症细胞浸润。肺有小出血点，呈小叶性肺炎病变，严重时可导致肺纤维化。腹腔、胸腔、心包腔积液。十二指肠和空肠内可见大量虫体游离于肠内容物或吸附于肠黏膜上，肠黏膜出血性坏死性肠炎，肠内容物呈深褐色或血红色。

第五节　棘头虫类疾病

棘头虫类疾病是棘头动物门（Acanthocephala）的寄生虫寄生于畜禽引起的一类寄生虫病。在我国，已报道寄生于畜禽的棘头虫有 10 个种，其中蛭形巨吻棘头虫涉及公共卫生安全，该虫主要感染猪，偶尔感染人；而多形棘头虫和细颈棘头虫可寄生于鸭、鹅、野禽及鸡的小肠，从而引起疾病，多呈地方性流行。

一、猪棘头虫病

猪棘头虫病（porcine acanthocephaliasis）是寡棘吻科巨吻棘头虫属（*Macracanthorhynchus*）的蛭形巨吻棘头虫（*Macracanthorhynchus hirudinaceus*）寄生于猪小肠内引起的寄生虫病，在我国各地普遍流行。犬、猫、猴和人也可感染。

（一）病原

成虫呈乳白色或淡红色，长圆柱形，前部较粗，后部较细。体表有横皱纹，吻突小，呈球形，有 5～6 行小棘，故名棘头虫。雌虫长 30～68cm，宽 4～10mm。雄虫长 7～15cm，宽 3～

5mm，呈长逗点状（图 2-7-12）。虫体无消化道，有假体腔，通过体壁吸收营养。卵呈长椭圆形，深褐色，两端稍尖。棘头蚴的大小为 58μm×26μm，头端有 4 列小棘，第 1 列和第 2 列较大，第 3 列和第 4 列较小。棘头囊长 3.6～4.4mm，体扁，白色，吻突常缩入吻囊。卵深褐色，大小为（89～100）μm×（42～56）μm，卵壳由 4 层组成，成熟卵内含有具小钩的棘头蚴。

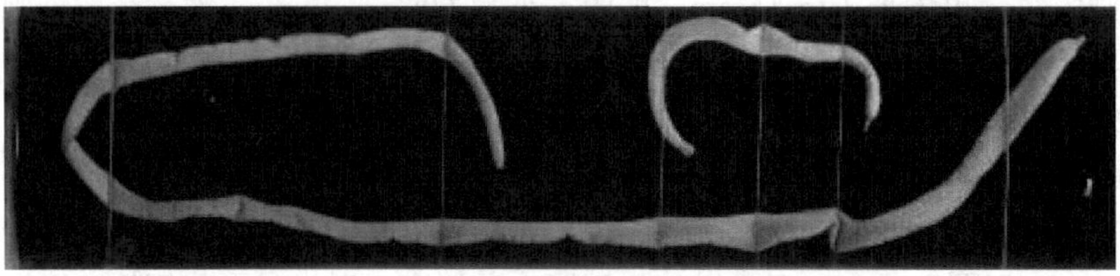

图 2-7-12　蛭形巨吻棘头虫成虫

（二）致病机制

虫体以吻突插入肠黏膜内，引起黏膜发炎。吻突钩可以使肠壁组织遭受严重的机械损伤，附着部位发生坏死和溃疡。吻突深入浆膜层，可在浆膜层形成小结节，呈现坏死性炎症，炎症部位多继发细菌感染。虫体有时可钻出肠壁，引起炎症和肠粘连，也可能诱发腹膜炎而引起死亡。

（三）病理变化

尸体消瘦，黏膜苍白。空肠和回肠的浆膜可见灰黄色或暗红色小结节，结节周围有红色充血带。肠黏膜发炎，严重感染者可见肠壁穿孔，吻突穿过肠壁，吸着在附近的浆膜上引起粘连，肠壁增厚，有溃疡灶。虫体多时可阻塞肠道，甚至造成肠道破裂。

二、鸭棘头虫病

多形棘头虫和细颈棘头虫均属于多形科，寄生于鸭、鹅等水禽和鸡的小肠中。鸭棘头虫病（duck acanthocephaliasis）在春夏季多发。

（一）病原

寄生于禽类肠道的多形属棘头虫有三种，分别为大多形棘头虫（*Polymorphus magnus*）、小多形棘头虫（*P. minutus*）与腊肠状多形棘头虫（*P. botulus*）。细颈属有鸭细颈棘头虫（*Filicollis anatis*）。大多形棘头虫呈橘红色，纺锤形，前端大，后端狭细。吻突上生有小钩 18 纵列，每一纵列前 4 个钩比较大，有发达的尖端和基部，其余的钩不很发达，呈小针形。吻囊呈圆柱形。雄虫长 9.2～11mm，睾丸呈卵圆形，位于虫体前 1/3 部分内。雌虫长 12.4～14.7mm。小多形棘头虫虫体较小，呈纺锤形。雄虫长 3mm，雌虫长 10mm，新鲜虫体呈橘红色，吻突呈卵圆形，有钩 16 纵列，每列 7～10 个，前部的钩较大，向后逐渐变小，虫体前部有小棘，吻囊发达，与前睾相邻，睾丸近于圆形，前后斜列于虫体的前半部内。腊肠状多形棘头虫虫体纺锤形，吻突球状，吻钩 12 纵列，每列 8 个，前部吻钩稍大，颈部细长，吻腺呈带状，体前部有棘。雄虫长 13.0～14.6mm，雌虫长 15.4～16.0mm。鸭细颈棘头虫呈纺锤形，白色，前部有小刺。雄虫长 4～6mm，吻突呈椭圆形，具有 18 纵列的小钩，每列 10～16 个，吻腺长，睾丸前后排列，位于虫体的前半部内，睾丸下方有 6 个椭圆形的黏液腺。雌虫呈黄白色，长 10～25mm，前后两端稍狭小，吻突膨大呈球形，其前端有 18 纵列小钩，吻腺也长。

（二）致病机制

大多形棘头虫和小多形棘头虫均寄生于水禽的小肠前段，鸭细颈棘头虫多寄生于小肠中段。棘头虫以吻突附着于肠黏膜，引起卡他性肠炎，有时吻突埋入黏膜深部，穿过肠壁的浆膜层。在附着部位可导致出血和溃疡，附着较深的地方可从浆膜面上看到突出的黄白色结节，甚至可以造成肠穿孔，引发腹膜炎导致死亡。肠黏膜的损伤，往往诱发其他病原的继发感染，引起化脓性炎症，大量感染时可导致死亡。

（三）病理变化

肠道浆膜面上有肉芽组织增生的小结节，肠腔和肠壁有大量虫体聚集，附着的部位呈不同程度的创伤。

第六节　节肢动物类疾病

节肢动物（arthropod）是目前已知动物界分布最广、数量最多的类群，共同特征为个体小、被覆几丁质外骨骼、变态发育。与兽医相关的节肢动物主要有蛛形纲（Arachnida）的蜱、螨和昆虫纲（Insecta）的各类蚊、蝇及其幼虫、毛虱和血虱、蚤等。许多节肢动物类寄生虫除本身作为病原危害宿主以外，还可作为一些致病性细菌、病毒和寄生虫等病原的传播媒介，给宿主造成更大的危害。

一、硬蜱病

蜱又称扁虱或牛虱，俗称“草爬子”“狗豆子”“草瘪子”“马鹿虱”等。蜱类属于寄螨目（Parasitiformes）蜱目（Ixodida）蜱总科（Ixodoidea）。蜱总科下分硬蜱科（Ixodidae）、软蜱科（Argasidae）及纳蜱科（Nuttalliellidae）三个科，其中最常见、危害最大的为硬蜱科。蜱类绝大多数寄生于哺乳动物的体表，少数寄生于鸟类、爬行类及两栖类，不仅吸食大量血液，刺激叮咬部发炎，有时还可引起宿主麻痹性瘫痪，更重要的是它们是许多病原体的传播媒介，被其叮咬可引起硬蜱病（ixodiasis）。

（一）病原

硬蜱，背腹扁平，长卵圆形，芝麻至米粒大，雌虫吸饱血后可膨胀达蓖麻籽大。头、胸、腹连成一体，按其外部器官的功能与位置区分为假头与躯体两部分。假头位于躯体的前端，由1个假头基（basis capituli）、1对须肢（palp）、1对螯肢（chelicera）和1个口下板（hypostome）组成。假头基呈矩形、六角形、三角形或梯形，雌蜱的假头基背面有1对椭圆形或圆形凹下的孔区（porosa area）。假头基腹面前部侧缘有1对耳状突，其形状和大小因种类而不同。须肢分4节，螯肢位于须肢之间，位于背面，为切割宿主皮肤之用。口下板位于螯肢的腹面，与螯肢合拢形成口腔，其形状因种类而异，在腹面有呈纵列的逆齿，逆齿在吸血时具有穿刺与附着的作用。躯体背面有一块盾板，雄虫的盾板几乎覆盖整个背面，雌虫、若虫和幼虫的盾板呈圆形、卵圆形、心脏形、三角形或其他形状，仅覆盖背面的前方。躯体背面的后半部，雄虫及雌虫都有后中沟和1对后侧沟。有些属的硬蜱盾板上有银色的花纹，有些属的硬蜱有1对眼位于盾板的侧缘，有些属的硬蜱躯体后缘具有方块形的缘垛（festoon），通常为11个，正中的一个有时较大，色淡而明亮，称为中垛（parma）。有些属的硬蜱体后端突出，形成尾突。躯体腹面前部正中有一横裂的生殖孔，在其两侧有 1 对向后伸展的生殖沟。肛门位于后部正中，是由 1 对半月形肛瓣构成的纵裂口，除个别属外，通常有肛沟围绕肛门的前方或后方。腹面有气门板 1 对，位于第 4 对足基节的后外侧，其形状因种类而异，是分类的重要依据。有些属的硬蜱雄虫腹面有腹板，其数量、大小、形状和排列状况也常被作为鉴别蜱种的特征。硬蜱的成虫和若虫有足 4 对，幼虫 3 对。足由 6 节组成，基节固定于腹面，其后缘通常裂开，延伸为距，位于内侧的叫内距，外侧的叫外距，距的有无和大小是重要的分类依据。跗节上有环形假关节，其末端有爪 1 对，爪基有发达程度不同的爪垫。第 1 对足跗节接近端部的背缘有哈氏器（Haller's organ），为嗅觉器官。

（二）致病机制

硬蜱吸食宿主大量血液，因此大量寄生时可引起机体贫血、消瘦、发育不良、皮毛质量降低及产乳量下降等。它的叮刺，可造成宿主皮肤产生水肿、出血、胶原纤维溶解和中性粒细胞浸润等急性炎症反应。在恢复期，巨噬细胞、成纤维细胞逐渐代替中性粒细胞。对蜱有免疫性的宿主，其真皮处具有明显的嗜碱性粒细胞浸润。蜱的唾腺能分泌毒素，可使家畜产生厌食、体重减轻和代谢障碍等现象，但症状一般较轻。某些种的雌蜱唾腺可分泌一种神经毒素，可抑制肌神经接头处乙酰胆碱的释放活动，造成运动性纤维的传导障碍，引起急性上行性的肌萎缩性麻痹，称为“蜱瘫痪”。蜱传播的疾病较多，是许多种病毒、细菌、螺旋体、立克次体、支原体、衣原体、原虫和线虫的传播媒介或贮存宿主，其中大多数是重要的自然疫原性疾病和人兽共患病，如森林脑炎、莱姆病、出血热、Q 热、蜱传斑疹伤寒、鼠疫、兔热病、布鲁氏菌病等。硬蜱在兽医学上更具有特殊重要的地位，因为对家畜危害极其严重的巴贝斯虫病和泰勒虫病都必须依赖硬蜱传播。

（三）病理变化

局部皮肤表面有大小不等的硬蜱附着，寄生部分充血、水肿和出血，形成炎症性损伤，嗜酸性粒细胞浸润。因动物摩擦和啃咬，皮肤机械性伤口可增大，甚至化脓，中性粒细胞浸润。在硬蜱脱落后，损伤部位炎症逐渐消退，结缔组织增生，最后形成瘢痕。

二、疥螨病

动物疥螨病（sarcoptidosis）是疥螨科的各种螨寄生于畜、禽体表所引起的一种慢性寄生性皮肤病。患病动物以皮肤发生剧痒、湿疹性皮炎、脱毛和形成皮屑干痂为特征。疥螨病是马、牛、绵羊、山羊、猪、家兔和犬等家畜的重要寄生虫病。

（一）病原

疥螨虫体很小，背面隆起，腹面扁平，呈龟形，浅黄色。假头呈圆形，后方有一对粗短的垂直刚毛。雌螨（0.25～0.51）mm×（0.24～0.39）mm，雄螨（0.19～0.25）mm×（0.14～0.29）mm。虫体背面有细横纹、锥突、圆锥形鳞片和刚毛。腹面有 4 对粗短的足，每对足上均有角质化的枝条，雄螨 1、2、4 对足，雌螨 1、2 对足跗节末端有一长柄的膜质钟形吸盘，其余各足末端为一根长刚毛。雄螨生殖孔在第 4 对足之间，围在一个角质化的倒“V”形构造中。雌螨腹面有两个生殖孔，一个为横裂，位于后两对肢前方中央，为产卵孔，另一个为纵裂，在体末端，为阴道，但产卵孔只在成虫时期发育完成，肛门位于体后缘正中，半背半腹。

（二）致病机制

当疥螨虫体附着于动物皮肤后，利用其口器切开表皮钻入皮肤，挖凿隧道，其深可达皮肤的乳头层。一般正在产卵的雌虫寄生于皮肤深层，而幼虫和雄虫寄生于皮肤表层。虫体以宿主表皮深层的上皮细胞和组织液为营养。大量虫体在皮肤寄生和挖掘隧道，对宿主皮肤有巨大的机械刺激作用，加上虫体不断分泌和排出有毒的分泌物和排出物等刺激神经末梢，致使动物产生剧痒并造成皮肤炎症。皮肤因充血和渗出而形成小结节，因瘙痒摩擦而造成继发感染，形成脓疱，脓疱破溃、内容物干涸形成痂皮。多数情况下，宿主患部皮肤的汗腺、毛囊和毛细血管遭受破坏，并因有化脓菌感染而使患部积有脓液，皮肤角质层因受渗出物浸润和虫体穿行而发生剥离，或形成大面积结痂。病情加剧的病畜，患部脱毛，皮肤增厚而失去弹性或形成皱褶。病畜常由于高度营养障碍而日渐消瘦，最后衰竭死亡。

（三）病理变化

各种动物患疥螨病时发生的病理变化相似，但不同动物患疥螨病时病变发生的部位及表现形式有区别。

（1）马疥螨病　从头部、体侧、躯干及颈部等薄毛部或稀毛部位开始，蔓延至肩部、背部乃至全身。患马痒觉剧烈，骚动不安。由于不断啃咬或摩擦患部，在皮肤表面上形成许多小结节、小水疱或小脓疱，继而可形成厚层痂皮。此时，患部皮肤增厚，失去弹性，形成皱褶并脱毛。皮肤真皮乳头层充血、出血和有炎症细胞浸润，表皮各层结构破坏，沿虫道有炎症细胞浸润，有时见虫道内存有不同发育阶段的虫体。皮肤汗腺、毛囊破坏，表层组织发生坏死，形成大片坏死细胞碎屑。

（2）绵羊疥螨病　主要在头部明显，如在嘴唇周围、口角两侧、鼻子边缘和耳根下面，严重时蔓延至整个头部，个别病例可扩展至颈、背。初期只见剧痒处皮肤潮红、粗糙，逐渐形成皮肤丘疹、水疱和脓疱，被毛脱落。后期病灶部皮肤形成坚硬、灰白色、象皮样痂皮，干涸如石灰，故有“石灰头”之称。

（3）山羊疥螨病　主要发生于嘴唇四周、眼圈、鼻背和耳根部，可蔓延到腋下、腹下和四肢曲面等无毛及少毛的部位，严重时口唇皮肤皲裂，采食困难。病变部奇痒，皮肤发红、肥厚，形成小结节和脓疱，破溃后形成干涸痂皮或鳞片状灰白色碎屑。龟裂多见于嘴唇、口角、耳根和四肢弯曲面。

（4）骆驼疥螨病　开始于头部、颈部和体侧皮薄的部位，随后波及全身。痂皮硬厚，不易脱落，患部皮肤往往形成龟裂和脓疱。

（5）猪疥螨病　仔猪多发，病初从眼周、颊部和耳根开始，以后蔓延到背部、体侧和股内侧。患部皮肤首先出现红色丘疹，丘疹经摩擦破溃，渗出的液体或继发化脓干涸后使患部皮肤表面形成石灰色的硬固痂皮并脱毛，或皮肤发生干枯龟裂。

（6）犬疥螨病　先发生于头部，后扩散至全身，幼犬尤为严重。患部皮肤发红，有红色或脓性疱疹，上有黄色结痂。奇痒，脱毛，皮肤变厚进而出现皱纹。

三、牛皮蝇蛆病

牛皮蝇是双翅目皮蝇科（Hypodermatidae）皮蝇属（*Hypoderma*）的昆虫，它们在幼虫阶段寄生于牛或牦牛的体内从而引起疾病，偶尔也可寄生于马、驴和野生动物的背部皮下组织，也可寄生于人，可引起牛皮蝇蛆病（hypodermosis）。在我国西北、东北，以及内蒙古牧区广为分布。

（一）病原

寄生于牛的皮蝇属（*Hypoderma*）病原有牛皮蝇（*H. bovis*）、纹皮蝇（*H. lineatum*），以及我国寄生于牦牛的中华皮蝇（*H. sinense*）和寄生于鹿的鹿皮蝇（*H. diana*）。第 1 期幼虫淡黄色，半透明，大小 0.5mm×0.2mm。第 2 期幼虫长 3～13mm。第 3 期幼虫虫体粗壮，色泽随虫体成熟由淡黄、黄褐变为棕褐色，长可达 28mm，体分 11 节，无口前钩，体表具有很多结节和小刺，最后两节腹面无刺，有 2 个后气孔，气门板漏斗状。纹皮蝇的成蝇体长 13mm，体表被毛稍短，胸部毛呈灰白色或淡黄色，并具有 4 条黑色纵纹。腹部绒毛前端灰白色，中间黑色，末端橙黄色。卵与牛皮蝇的相似，但一根牛毛上可见一列虫卵。

（二）致病机制

成虫虽不叮咬牛，但雌蝇飞翔产卵时可以引起牛只不安、踢蹴、恐惧，严重影响牛的正常采食和休息，日久牛只逐渐消瘦，有时牛只出现“发狂”症状，牧民称其为“跑蜂”，出现跌伤或孕畜流产，甚至死亡。幼虫是主要的致病阶段，幼虫最初钻入皮肤后引起皮肤痛痒，精神不安。其在体内移行过程中，造成移行部位组织损伤。寄生在食道时，可引起浆膜发炎，表现为吞咽困难。第 3 期幼虫在背部皮下寄生时，引起局部结缔组织增生和皮下蜂窝织炎，有时细菌继发感染还可化脓形成瘘管。背部幼虫离开牛体后牛损伤逐渐恢复，可遗留瘢痕，影响皮革价值（图 2-7-13）。皮蝇幼虫的毒素对牛只的血液有害，可引起贫血。患畜消瘦、肉质降低、乳畜产乳量下降。个别患畜，幼虫误入延脑或大脑脚寄生，可引起神经症状，甚至造成死亡。幼虫的自然死亡或机械除虫挤碎的幼虫体液被吸收可引起变态反应，表现为荨麻疹，间或有眼睑、结膜、阴唇、乳房的肿胀，流泪，流涎，呼吸加快。

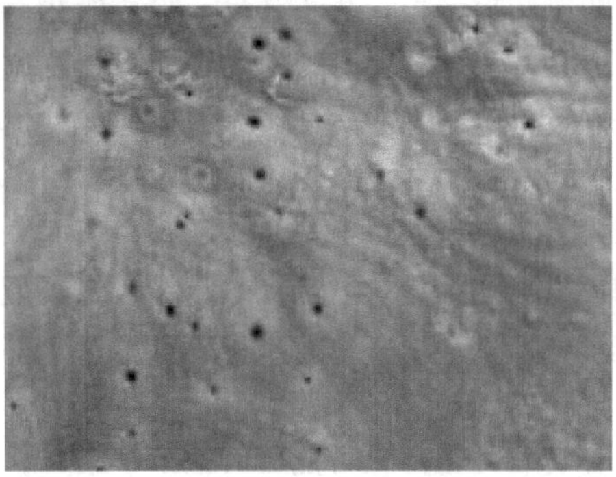

图 2-7-13　牛皮蝇幼虫在牛皮肤上形成穿孔

（三）病理变化

病初在牛的背部皮肤上可以摸到长圆形的硬结节，经过 1 个月左右呈肿瘤样隆起，在隆起的皮肤顶部中央有 1 个小孔，小孔周围附着结痂，孔内含有一个幼虫（图 2-7-14）。如果伴有细菌感染可引起化脓，形成瘘管，经常有脓液和浆液流出，直到成熟幼虫脱落后，瘘管才逐渐愈合，形成瘢痕。当皮蝇幼虫寄生于食道黏膜时，引起食道黏膜充血、出血和坏死，嗜酸性粒细胞浸润（图 2-7-15）。当皮蝇幼虫钻入延脑或大脑脚时，可引起脑组织坏死，引起嗜酸性粒细胞性脑炎，有时伴有化脓。

四、马胃蝇蛆病

马胃蝇为双翅目胃蝇科（Gasterophilidae）胃蝇属（*Gastrophilus*）的昆虫，其幼虫阶段寄生于马属动物的体内从而引起马胃蝇蛆病（equine gasterophilosis）。马胃蝇幼虫主要寄生于马属动物，也有寄生于人的报道。

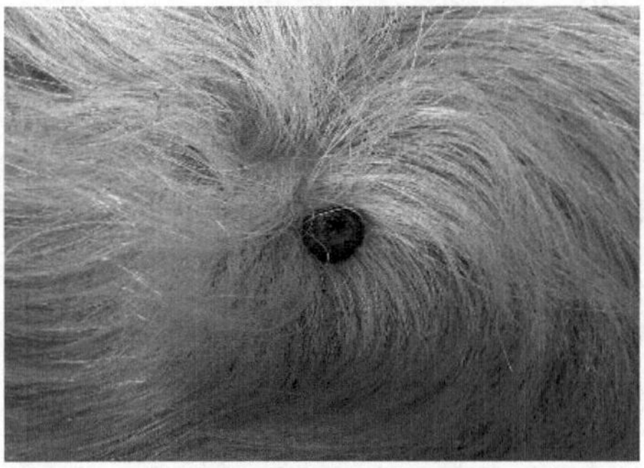

图 2-7-14　寄生于皮下的牛皮蝇第 3 期幼虫

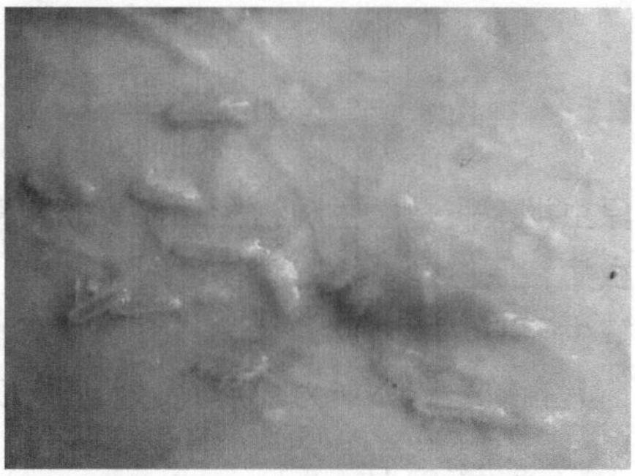

图 2-7-15　寄生于食道黏膜下的第 2 期幼虫

（一）病原

马胃蝇成虫外形似蜂，全身密布有色绒毛，故俗称“螯驴蜂”。蝇卵呈浅黄色或黑色，前端有一斜的卵盖。第 3 期幼虫（成熟幼虫）粗大，长度因种的不同而异，为 13～20mm。有口前钩，虫体由 11 节构成，每节前缘有刺 1～2 列，刺的多少因种而异。虫体末端齐平，有 1 对后气门，气门每侧有背腹直行的 3 条纵裂（图 2-7-16）。

图 2-7-16　马胃蝇第 3 期幼虫

（二）致病机制

马胃蝇在其整个寄生阶段均有致病作用，危害程度与马的抵抗力和寄生数量有关。成虫产卵时，对马造成惊扰，影响马匹休息和采食。寄生初期引起口腔、舌部和咽喉部的水肿、炎症或溃疡，病马表现咳嗽、流涎、打喷嚏、咀嚼和吞咽困难。幼虫移行到胃或十二指肠，以强大的口前钩深刺入胃肠黏膜，形成火山喷口状的损伤，引起寄生部位的黏膜水肿、炎症和溃疡，长期寄生使胃的运动功能和分泌功能发生障碍。幼虫尚吸食血液，第 3 期幼虫更甚。加上虫体还有毒素作用，病马呈现以营养障碍为主的症状，表现为食欲减退、消化不良、贫血、周期性疝痛、多汗、消瘦、使役能力下降，严重的可因渐进性衰弱而死亡。有时大量幼虫在幽门部或十二指肠部寄生还可引起局部阻塞。个别可引起胃或十二指肠穿孔，并出现相应症状。在幼虫向体外排出的阶段，幼虫在直肠壁短暂地附着，引起直肠黏膜充血、发炎，表现为排粪频繁或努责。由于幼虫对肛门的刺激，病马常摩擦尾部，引起尾根和肛门部擦伤或炎症。

图 2-7-17　寄生于马胃内的红色马胃蝇幼虫

（三）病理变化

病初幼虫可引起马口腔、舌部和咽喉部水肿、炎症或溃疡。胃或十二指肠黏膜出现充血、水肿和火山喷口状的溃疡，当大量幼虫寄生于黏膜面时呈红色葡萄串样，严重病例可引起胃或十二指肠穿孔（图 2-7-17）。

第七节　原虫类疾病

原虫类疾病是原生动物（protozoan，简称原虫）寄生于包括人在内的动物体内引起的一类寄生虫病。原虫是单细胞动物，形体微小，一个细胞即可完成生命活动的全部功能。寄生性原虫多寄生于动物的腔道、体液、组织和细胞内，有许多种类的原虫可以感染包括人在内的多种动物，具有较强的致病力，可引起人兽疾病的流行。

一、鸡球虫病

鸡球虫病（coccidiosis）是艾美耳科艾美耳球虫属的多种球虫所引起的一种常见的寄生虫病。该病分布广，危害严重，15～50 日龄雏鸡的发病率和死亡率高，可使病愈雏鸡的生长发育受阻。

（一）病原

寄生于鸡的艾美耳球虫均为艾美耳球虫属（*Eimeria*）球虫，有 9 种，分别为柔嫩艾美耳球虫（*E. tenella*）、巨型艾美耳球虫（*E. maxima*）、堆型艾美耳球虫（*E. acervulina*）、和缓艾美耳球虫（*E. mitis*）、早熟艾美耳球虫（*E. praecox*）、毒害艾美耳球虫（*E. necatrix*）、布氏艾美耳球虫（*E. brunetti*）、变位艾美耳球虫（*E. mivati*）和哈氏艾美耳球虫（*E. hagani*），但目前公认的有 7 种，我国报道至少有 7 种艾美耳球虫。每一种球虫的致病力不同，其中以柔嫩艾美耳球虫的致病力最强，其次为毒害艾美耳球虫。

（二）致病机制

鸡球虫寄生于肠道黏膜，在发育过程中不断破坏上皮细胞。肠道黏膜上皮严重损伤，可继发细菌感染引起肠炎，进而出现消化功能紊乱、血性下痢、贫血和消瘦等症状。此外，肠细胞崩解、肠道炎症和细胞产物形成的有毒物质蓄积在肠管中不能迅速排出，可使机体发生自体中毒，从而可引起严重的神经症状和死亡。感染卵囊的数量与发病的轻重有关。

（三）病理变化

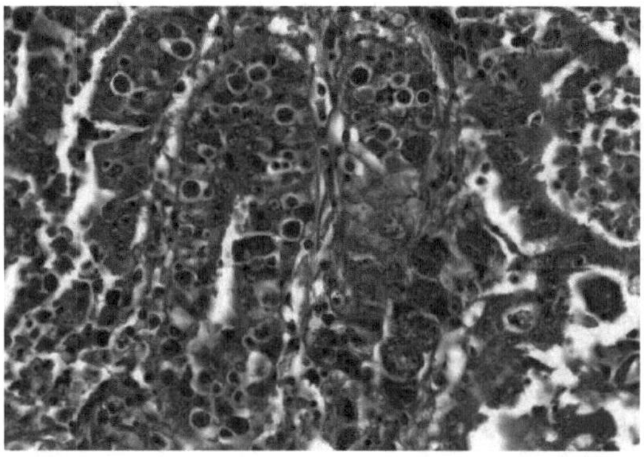

图 2-7-18　鸡盲肠球虫、肠黏膜肠腺上皮细胞间的不同发育阶段的球虫虫体（HE 染色）

柔嫩艾美耳球虫感染雏鸡时可引起严重的出血性坏死性盲肠炎。急性病例盲肠显著肿大，为正常的 2～3 倍，黏膜出血严重，肠腔中充满凝血块和盲肠黏膜碎片。肠腔内充满混有血液的内容物，恢复期肠内有干酪样物。慢性经过者则肠管显著增厚。黏膜上皮广泛脱落，黏膜下层水肿及出血，嗜酸性粒细胞、淋巴细胞及浆细胞增多。肠黏膜上皮细胞或肠腔内容物中可见不同发育阶段的卵囊（图 2-7-18）。

毒害艾美耳球虫侵害小肠中段，小肠高度肿胀。肠黏膜显著充血、出血和坏死，肠壁增厚。肠内容物中含有大量的血液、血凝块和脱落的伪膜。耐过的雏鸡可出现消瘦、继发感染和失去色素。

堆型艾美耳球虫多侵害十二指肠前段。病初肠黏膜变薄，被覆有横纹状的白斑，外观呈梯状。肠道苍白。轻度感染的病变仅局限于十二指肠，有散在斑块。严重感染时，病变可沿小肠扩展并可能融合成片，受侵害肠段的黏膜呈灰白色，肠壁增厚。有的病例肠壁水肿，黏膜显著充血，上皮细胞变性、坏死。

巨型艾美耳球虫寄生在小肠的中段，可引起出血性肠炎，严重感染时，肠黏膜大量坏死。肠管显著扩大。

布氏艾美耳球虫寄生于小肠下段，通常在卵黄蒂至盲肠连接处。在感染早期，小肠下段黏膜可被小的瘀点所覆盖，黏膜稍增厚、褪色。严重感染时，黏膜严重受损，在感染后 5～7d 出现凝固性坏死，整个小肠黏膜呈干酪样侵蚀，在粪便中出现凝固的血液和伪膜碎片。

二、牛泰勒虫病

牛泰勒虫病（bovine theileriosis）是泰勒科泰勒属（*Theileria*）的原虫引起的一种蜱传血液原虫病。临床上以高热、贫血、消瘦、体表淋巴结肿大为主要特征。

（一）病原

环形泰勒虫（*T. annulata*）寄生于红细胞内的虫体称为血液型虫体（配子体），虫体小，形态多样，但多以圆环形和卵圆形为主。寄生于巨噬细胞和淋巴细胞内进行裂体增殖所形成的多核虫体为裂殖体或称石榴体或科赫氏蓝体（Koch’s blue body）。裂殖体呈圆形、椭圆形或肾形，位于淋巴细胞或巨噬细胞细胞质内或散在于细胞外。裂殖体有两种类型，一种为大裂殖体（无性生殖体），产生直径为 2～2.5μm 的大裂殖子；另一种为小裂殖体（有性生殖体），产生直径为 0.7～1.0μm 的小裂殖子。

（二）致病机制

环形泰勒虫的子孢子进入牛体后，侵入局部淋巴结的巨噬细胞和淋巴细胞内反复进行裂体增殖，形成大量的裂殖子，在虫体对细胞的直接破坏和虫体毒素的刺激下，局部淋巴结内巨噬细胞增生及坏死崩解，引起充血、渗出等病理过程。临床上局部淋巴结呈现肿胀、疼痛等急性炎性症状。泰勒虫在局部淋巴结中大量繁殖时，部分虫体随淋巴和血液散播至全身各器官的巨噬细胞和淋巴细胞中进行同样的裂体增殖，引起与前述相同的病理过程，在淋巴结、脾、肝、肾、皱胃等一些器官出现相应的病变，临床上呈现体温升高、精神不振、食欲减退等前驱期症状。大量细胞坏死和出血所产生的组织崩解产物及虫体代谢产物进入病牛血液，导致严重的虫毒血症，临床上呈现高热稽留、精神高度沉郁、贫血、出血等症状。重症病例通常在这些症状出现 5～7d 内，因重要器官功能进一步紊乱和全身物质代谢严重障碍而死亡。牛患环形泰勒虫病时，病牛发生严重的贫血，裂殖体和红细胞型虫体均可促使贫血的发生，与自身免疫机制促使循环血液中红细胞被大量吞噬有关。

（三）病理变化

尸僵明显，尸体消瘦，血液稀薄。镜检红细胞大小不均，可见异形红细胞。败血症病变明显，全身皮下、肌间、黏膜和浆膜可见大量出血点和出血斑（图 2-7-19）。全身淋巴结肿大，充

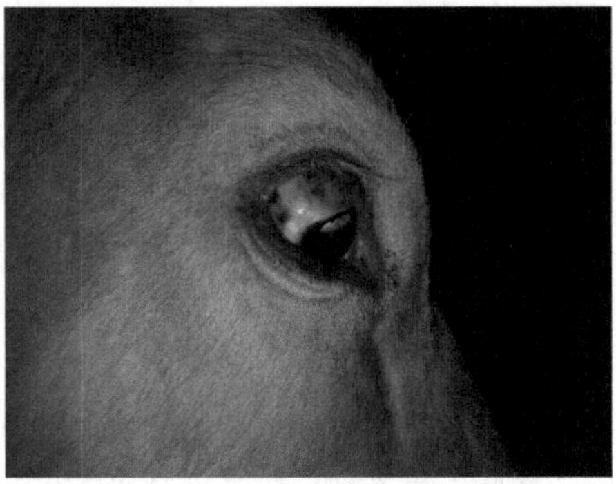

图 2-7-19 牛泰勒虫病
牛眼球结膜散在深红色出血斑

血、出血、水肿，外观呈紫红色，有暗红色和灰白色大小不一的结节状病灶。脾肿大，可达正常的 2～3 倍，被膜紧张，边缘钝圆，有出血点，脾髓质变软呈紫黑色泥糊状，红髓内淋巴细胞减少，出血。肾和肝肿大、质软。皱胃黏膜肿胀、充血，有针尖至黄豆大小的暗红色或黄白色结节，结节部上皮细胞坏死后形成糜烂或溃疡，溃疡有针尖、粟粒乃至高粱米大，中央凹陷，呈暗红色或红褐色；溃疡边缘不整，稍隆起，周围黏膜充血、出血，构成狭窄的暗红色炎症反应带，皱胃病变明显具有诊断意义。小肠和膀胱黏膜有时也可见结节病灶或溃疡。心脏横径增宽，心内、心外膜有出血点，心包积液。

三、弓形虫病

弓形虫病（toxoplasmosis）是刚地弓形虫（*Toxoplasma gondii*）引起的一类可寄生于包括人在内的多种动物的人兽共患原虫病。其中以牛、羊、猪、兔、犬、猫和鸡的弓形虫病尤为严重，动物弓形虫病还是人类感染本病的重要传染源，尤其是作为终末宿主的猫对人类更具威胁性。

（一）病原

刚地弓形虫（图 2-7-20）属真球虫目弓形虫科弓形虫属（*Toxoplasma*），在其全部生活史中可出现 5 种不同的形态，分别为滋养体（trophozoite）又称速殖子（tachyzoite）、包囊（cyst）、裂殖体（schizont）、裂殖子（merozoite）和卵囊（oocyst）。

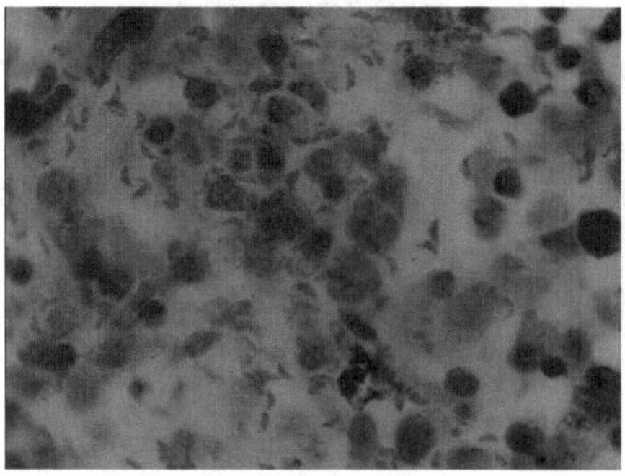

图 2-7-20 弓形虫患畜腹水涂片（瑞氏染色）

（二）致病机制

经消化道感染是弓形虫病最主要的感染途径。宿主摄食卵囊或采食带虫动物组织中的滋养体、假囊或包囊后都能引起感染。怀孕母畜感染该病后，虫体可通过胎盘使胎儿感染。滋养体也可经受损伤的黏膜、皮肤进入动物体内。弓形虫为细胞内寄生原虫，主要侵害有核细胞，受其感染的细胞有明显的损伤性变化，全身性淋巴循环障碍与体液循环障碍也是导致细胞损伤的主要因素之一。感染初期，由于机体缺乏相应抗体或致敏淋巴细胞，虫体在宿主体内大量繁殖，进入血液，引起虫血症，并随血流播散到全身，可寄生于机体各组织内。在虫体的机械性损伤及其毒性产物的影响下，组织细胞遭受破坏，出现坏死灶、出血点和炎性变化。在大量虫体的侵袭下，往往引起个体死亡。一些病例随着机体免疫力的产生，血液和组织内的虫体大部分被歼灭，仅有部分虫体以包囊形式潜藏于脑、眼、骨骼肌、子宫壁等组织中，病程由急性经过转变为慢性。包囊是虫体的一种休止型，发育速度慢，一般不激起周围组织发生炎症反应。当虫体增殖到一定数量后，包囊即可破裂释放出虫体，又可形成新的包囊，从而使机体产生强烈的变态反应，损坏血管壁，导致纤维素渗出、出血和组织坏死，以至机体死亡。如能耐过，则非化脓性脑炎和脉络膜视网膜炎可导致运动障碍、癫痫样痉挛及斜颈等神经症状和视力障碍等后遗症。

（三）病理变化

急性病例主要见于幼畜，淋巴结、肝、肺和心脏等器官肿大，并出现许多出血点和坏死灶。肠道肠黏膜可见扁豆大小的坏死灶，肠腔和腹腔内有多量渗出液。慢性病例可见各内脏器官的水肿，并有散在的坏死灶。病理组织学变化为明显的单核巨噬细胞增生，淋巴结、肾、肝和中枢神经系统等处尤为明显，但不易见到虫体。慢性病变常见于老龄家畜。隐性感染的病理变化主要是在中枢神经系统内见有包囊，有时可见有神经胶质细胞增生性和肉芽肿性脑炎。

（1）猪弓形虫病　眼观胸腹部、耳部、四肢及颜面部皮肤呈暗红色，可见出血斑或坏死灶。浆膜腔积液。肺膨大，色暗红，肺小叶间质增宽呈胶冻样，肺切面流出较多泡沫状液体。右心扩张，心腔内积满血凝块。肝表面可见散在或密布的出血点与针尖到粟粒大小的灰黄色或灰白色病灶。脾肿大，表面散在灰白色小坏死灶。肾被膜下散在灰白色坏死灶。膀胱黏膜有针尖大小出血点。胃底腺部充血或有出血及浅表溃疡。全身出血性坏死性淋巴结炎，可见坏死灶。脑脊髓膜充血、出血，脑脊液增多。镜检肺小叶间质显著增宽，内充满浆液、纤维素和炎症细胞，在病变部位可见单个或多个弓形虫虫体位于巨噬细胞细胞质内或游离于组织中，肺泡间隔因毛细血管充血、结缔组织水肿与炎症细胞浸润而增厚，后期Ⅱ型肺泡上皮细胞增生，数个或成团的原虫在巨噬细胞细胞质内形成假囊。肺泡腔内有数量不同的浆液、少量纤维素、炎症细胞及脱落的肺泡上皮，在渗出液和脱落上皮细胞中有时可见到虫体。在肝小叶内可见坏死灶，肝细胞凝固性坏死或碎裂溶解，有的病灶因肝细胞的溶解消失而成为出血性坏死溶解灶，病程长者可见坏死灶内单核巨噬细胞浸润增生进而呈现结节性病灶。胃黏膜上皮细胞变性、坏死、脱落，固有膜充血、水肿及中性粒细胞、单核细胞、淋巴细胞等浸润，黏膜下层有浆液浸润，肌层平滑肌纤维空泡变性。出血性坏死性肠炎。坏死性淋巴结炎，肝门和肺门淋巴结病变最明显。脑充血和水肿，血管内皮细胞肿胀、病程短时，血管壁周围以嗜酸性粒细胞性管套为主，病程长者为淋巴细胞细胞性管套，神经细胞变质，小胶质细胞呈弥漫性或局灶性增生，并见噬神经细胞现象或卫星现象，可见小坏死灶，灶内有游离的弓形虫或在神经元内形成假囊。

（2）牛弓形虫病　眼观病变可见肝轻度肿胀，表面和切面有针尖大到粟粒大黄白色坏死灶。肺稍显暗红色实变，有细小灰白色坏死灶。全身淋巴结尤其是肺门淋巴结和肠系膜淋巴结肿大，切面湿润，并有少量出血点。肾表面和切面有少量出血点。小肠和大肠呈出血性卡他性炎，回盲瓣口处黏膜发生溃疡。病理组织病变可见肝坏死灶内混有浸润的炎症细胞，其周围常有炎症反应带，有时还见滋养体，肝细胞呈颗粒变性和渐进坏死，实质可见炎症细胞浸润灶。间质性肺炎。脾淋巴细胞坏死，数量减少，可见坏死灶，组织内可见含有滋养体的巨噬细胞或假囊。还可见浆液性或出血性肾小球肾炎、嗜酸性粒细胞性脑炎、卡他性出血性肠炎。

（3）羊弓形虫病　流产的胎盘可出现特征性病变，小叶（或绒毛叶）呈暗红色、硬实，有密集细小白色坏死灶或结节，轻度水肿。镜检小叶的绒毛膜上皮细胞增生、坏死与脱落，伴有局灶性巨噬细胞浸润，有时还可见游离的滋养体。其他病变同牛弓形虫病。

（4）猫弓形虫病　病变主要表现为间质性肺炎。肝淤血，肝细胞发生颗粒变性或脂肪变性，肝细胞局灶性坏死，坏死灶周围炎症细胞浸润，有时可见弓形虫滋养体及假囊。还可见嗜酸性粒细胞性脑炎，淋巴结出血、坏死，急性炎性脾肿。

四、肉孢子虫病

肉孢子虫病（sarcosporidiasis）是肉孢子虫属（*Sarcocystis*）的多种肉孢子虫寄生在肌肉组织而引起的一种人兽共患寄生虫病。草食动物、杂食动物、肉食动物、禽类、啮齿类、鱼类和爬行类动物等均可感染，其中以牛、羊、猪最为多见，人偶尔也可感染。

（一）病原

肉孢子虫属肉孢子虫科（Sarcocystidae）肉孢子虫亚科（Sarcocystinae）肉孢子虫属（*Sarcocystis*）。肉孢子虫有100种以上，常见的有猪肉孢子虫（*S. miescheriana*）、牛肉孢子虫（*S. fusiformis*）、羊肉孢子虫（*S. tenella*）、马肉孢子虫（*S. bertrami*）、兔肉孢子虫（*S. cuniculi*）、鼠肉孢子虫（*S. mueis*）及林氏肉孢子虫（*S. lindemanni*）。肉孢子虫并无严格的宿主特异性，可相互感染，但同一种虫体寄生于不同的宿主中，其形态大小有显著差异。肉孢子虫寄生在宿主的肌肉中，可形成与肌纤维平行的包囊（又称米氏囊，Miescher's tube），呈纺锤形、圆柱形、卵圆形、线形或不规则形，颜色灰白至乳白，小的仅能在显微镜下才能观察到，大的可达数厘米。囊壁由两层组成，内壁向囊内延伸，形成很多中隔，可将囊腔分成若干小室。发育成熟的包囊小室中有许多肾形或香蕉形的慢殖子（滋养体），长10～12μm，一端稍尖，一端偏钝。肉孢子虫的卵囊在终末宿主体内形成，为哑铃形，壁薄而光滑，无微孔、极粒和残体。卵囊内含2个孢子囊，每个孢子囊内含有4个子孢子。孢子囊呈椭圆形，壁厚且平滑。卵囊壁薄而脆弱，容易破裂，故在排出之前常将孢子囊释放出来，随粪便一起排出。

（二）致病机制

肉孢子虫对宿主的致病作用表现在虫体寄生造成的直接损伤及肉孢子虫毒素（sarcocystin）所致的损伤。对终末宿主，肉孢子虫一般不致病。中间宿主如处于裂体增殖阶段的则可引起急性肉孢子虫病，当裂殖子侵入横纹肌并形成包囊后，症状减轻进而转为慢性经过。当感染强度达到一定程度时（每克肌肉中有40个虫体），肉孢子虫包囊破裂释放出虫体及肉孢子虫毒素（内毒素），随血液循环进入组织细胞，对宿主的中枢神经系统、心血管系统等发生毒性作用，导致细胞出现病理损伤。不同种间毒素有共同的抗原性，用其制备的免疫血清对毒素有中和作用。肉孢子虫病的血液和血管变化显著。血液变化表现为红细胞性正色素性贫血，红细胞压积容量、红细胞总数和血红蛋白量下降约50%；乳酸脱氢酶、谷草转氨酶、山梨醇脱氢酶、磷酸肌酸激酶活性明显升高，血清胆红素和血清尿素氮含量在贫血期间升高。贫血的主要原因是肉孢子虫裂体增殖阶段破坏大量红细胞，而血管内皮细胞受损引起的出血可加重贫血。溶血时还可促使血管内凝血的发生。血管变化是肉孢子虫病组织病理学的基础。裂殖子的作用、血管通透性升高、毛细血管破裂，使机体发生广泛性出血、水肿。小血管壁因受损而引发凝血机制，形成血栓，故在各器官组织中均能观察到小血管血栓，且多数血栓呈机化状态。血栓的形成使相应部位的组织细胞出现退行性变化甚至坏死。

（三）病理变化

肉孢子虫易寄生于心肌、骨骼肌，轻度时肉眼观察不到病变；严重感染时，肉眼可见大量顺着肌纤维方向的白色条纹，食道外壁肌肉和咽喉部易肉眼观察到大米粒大小的虫体包囊。慢性病例病变部位肌肉（骨骼肌、舌肌、咬肌、膈肌、食道肌、心肌等）可见白色线头状或颗粒状的肉孢子虫包囊。慢性期骨骼肌和心肌内有不同发育阶段的包囊，完整的包囊位于肌纤维（包括心肌纤维与浦肯野纤维）里（图 2-7-21，图 2-7-22），其外常无炎症变化。虫体坏死或包囊破裂后，局部发生嗜酸性粒细胞、淋巴细胞、巨噬细胞和成纤维细胞浸润增生，局部肌细胞发生变性、坏死，形成伴嗜酸性粒细胞浸润的肉芽肿病变。

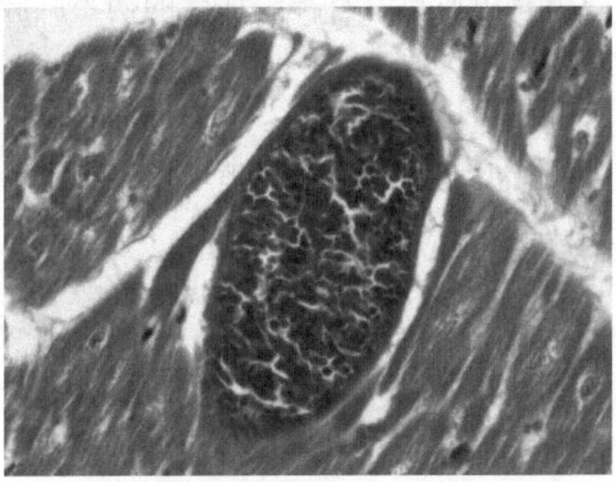
图 2-7-21　心肌内的肉孢子虫包囊（HE 染色）
囊内充满缓殖子

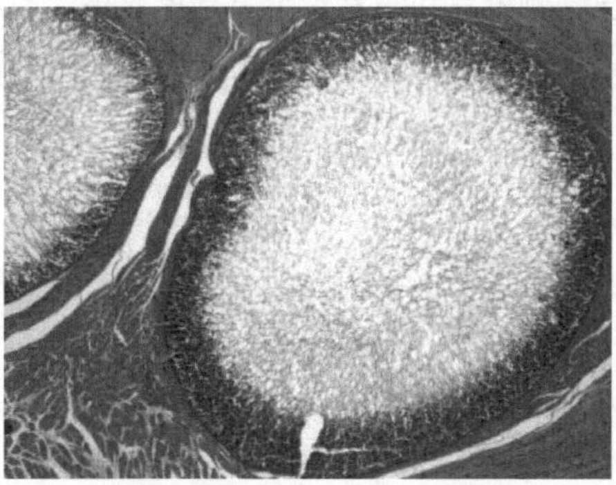
图 2-7-22　羊食道肌内的肉孢子虫包囊（HE 染色）
肌组织内体积巨大的住肉孢子虫包囊

五、伊氏锥虫病

伊氏锥虫病（trypanosomosis），又称苏拉病，是伊氏锥虫（*Trypanosoma evansi*）引起的一种血液原虫病，是马属动物、牛、水牛、骆驼的常见寄生虫病。

（一）病原

伊氏锥虫为单形型锥虫，虫体细长柳叶形，长 18～34μm，宽 1～2μm，前端比后端尖（图 2-7-23）。细胞核位于虫体中央，椭圆形。距虫体后端约 1.5μm 处有一小点状动基体，靠近动基体为一生毛体，自生毛体生出 1 根鞭毛，沿虫体伸向前方并以波动膜与虫体相连，最后游离。在压滴标本中，可以看到虫体借波动膜的活动而使虫体运动。

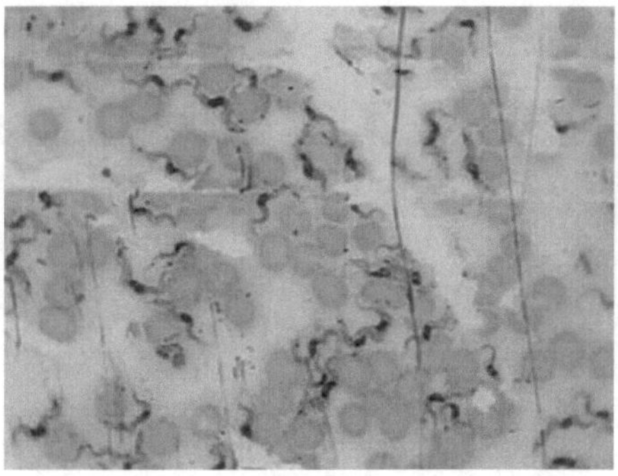
图 2-7-23　患畜血涂片中的伊氏锥虫（瑞氏染色）

（二）致病机制

锥虫在血液中寄生，迅速增殖并产生大量有毒代谢产物，宿主也会产生溶解锥虫的抗体，使锥虫溶解死亡，释放出毒素。伊氏锥虫体表的表面可变糖蛋白（variable surface glycoprotein，VSG）具有极强的抗原变异性。虫体在血液中增殖的同时，宿主也产生相应的抗体。在虫体被消灭时，有一部分 VSG 发生变异的虫体可逃避抗体作用，重新增殖，从而出现新的虫血症高潮，如此反复致使疾病出现周期性的高潮。虫体毒素首先使中枢神经系统受损伤，引起体温升高和运动障碍。对造血器官的损伤则引起贫血，红细胞溶解进而出现贫血与黄疸。毒素对血管壁渗透作用的损伤，可导致皮下水肿，肝的损伤。虫体对糖的大量消耗，使患畜出现低血糖症和酸中毒现象。

(三)病理变化

胸前、腹下、公畜的阴茎部位皮下水肿，血液稀薄，凝固不良。胸、腹腔积有大量液体，胸膜及腹膜上常有出血点。骨骼肌肿胀，呈煮肉样。脾肿大，表面有出血点，髓质质软如泥。反刍动物瓣胃和皱胃黏膜上有出血斑。心脏肥大，心外膜有出血点。有神经症状的病畜脑腔积液，侧脑室扩大，室壁有出血斑点。腰背部脊椎出现脊髓灰质炎。

(王文龙　王金玲)

第八章　真菌性疾病

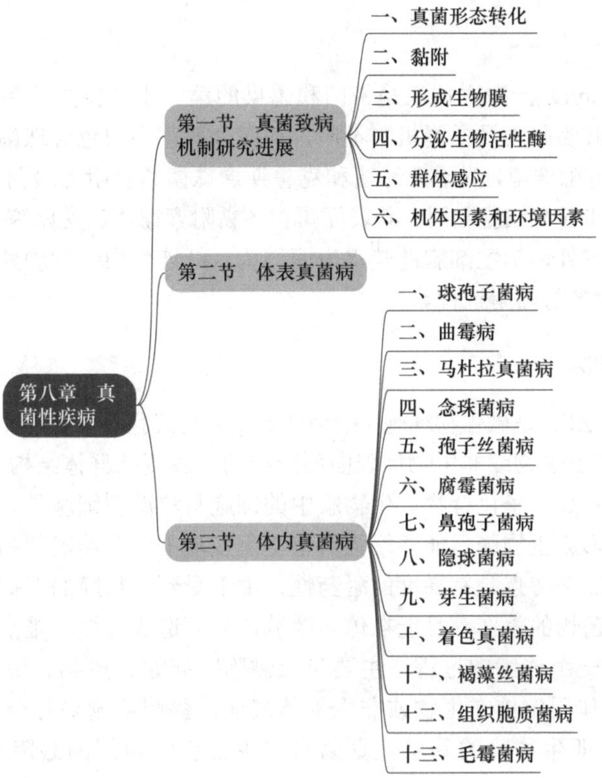

第一节　真菌致病机制研究进展

大多数条件性致病真菌感染是浅表的，仅影响毛发、皮肤和脚趾，但有些真菌能够引起危及生命的疾病。浅表的致病真菌，由于寄居在机体皮肤的表层，在浅表的温度等条件下比较容易适应，因此能轻松逃脱动物机体免疫防御系统的攻击。皮肤真菌能溶解角蛋白以获取营养，由此便可存活、繁殖、产生毒力因子，致使机体产生浅表的病理变化。体内的致病真菌，要适应动物机体内的各种理化环境，并能抵抗或逃脱宿主机体的特异/非特异免疫防御系统。真菌强大的感染致病力主要源于繁杂的毒力因子和强大的适应属性，包括形态转化、黏附素和侵袭素的表达、触变性、生物膜形成、表型转换、生物活性酶的分泌等。其适应属性包括对环境 pH 波动的快速适应性、代谢灵活性、强大的营养采集系统和极强的应力响应机制多态性。

一、真菌形态转化

真菌孢子出芽形成芽管，芽管延长呈丝状称为菌丝。芽管在真菌从酵母相转变为菌丝相的过程中形成，是真菌由定植菌向致病菌转变的重要标志。芽管的结构成分（表面抗原）与真菌的感染致病性密切相关。芽管可以提高真菌的组织侵袭性和黏附力，如白色念珠菌的芽管形成阶段可以穿透上皮细胞膜。芽管在免疫逃避中也发挥重要作用。

二、黏附

真菌黏附（adhesion）于宿主体表是带菌和感染的第一步，持久的黏附并大量繁殖将导致感染。不同的真菌，其黏附力及黏附机制不同，如在念珠菌中白色念珠菌的黏附力最强，其次为热带念珠菌、近平滑念珠菌，光滑念珠菌和克鲁斯念珠菌的黏附力最弱。真菌可与宿主表皮、黏膜上皮、血管内皮和吞噬细胞黏附，其表面蛋白（黏附素家族、受体等）、细胞壁的碳水化合物等参与黏附过程。另外，宿主细胞的疏水表面结构、纤连蛋白、细胞外基质蛋白（纤维蛋白等）、糖磷脂受体等也参与黏附过程。

三、形成生物膜

生物膜（biofilm，BF）是微生物细胞（细菌或真菌）及其胞外聚合物（extracellular polymeric substance，EPS）聚集于生物或非生物体表面而形成的一种复杂群体结构。EPS 主要包括多糖、蛋白质、核酸和脂类等高分子化合物。生物膜中的细胞与浮游型细胞具有明显不同的表型和基因表达特征。微生物形成生物膜后能够增强对宿主免疫攻击、营养限制和抗菌药物等有害因子的耐受性。生物膜的显著特点是有高度的耐药性，由于受到生物膜的保护，膜内菌能够逃逸机体免疫系统的攻击及药物的杀伤，且能在体内播散，从而造成慢性、难治性感染。

生物膜的形成是一个连续的过程，主要包括黏附、起始、成熟、脱离和扩散几个阶段。酵母型细胞通过黏附作用定植在生物或非生物体表面，黏附细胞进行分裂和增殖，形成一个紧密的微菌落群体，即生物膜的基层。真菌对宿主细胞和组织的黏附是感染过程中的关键步骤。黏附是真菌成功定植在黏膜及其他物体表面的第一步，同时也是生物膜形成并引发病原感染的开始。黏附素是细胞黏附和定植过程中的关键诱导因子，它们在生物膜的形成过程中发挥着重要的作用。黏附是病原菌细胞与宿主表面的一种相互作用，因此病原菌细胞壁结构、宿主细胞表面受体及外部环境等都能调控黏附过程的发生。随后酵母型细胞开始伸长并形成大量的菌丝或假菌丝，同时伴有细胞外基质的产生。细胞外基质能够有效地保护真菌逃避宿主免疫细胞的吞噬，阻止抗菌药及有害物质的杀伤，并可维持生物膜内部营养物质的稳定。最后酵母型细胞自发地脱离成熟的生物膜菌体，扩散至其他部位并引发新生物膜的形成和发育。

生物膜对真菌药物、宿主免疫系统和环境胁迫因子等都表现出较强的抵抗力和耐受性，是临床上病原真菌感染防治的重大挑战。随着基因表达谱和遗传操作技术的发展，真菌生物膜的形成及其耐药性的获得所依赖的遗传调控通路和分子调控机制越来越清晰，其中最常见的两条遗传调控通路是环腺苷酸-蛋白激酶 A（cAMP-protein kinase A，cAMP-PKA）通路和丝裂原激活的蛋白激酶（MAPK）信号通路，此外还有调节形态转换的血管紧张素转换酶 2（ACE2）和形态发生调节酶（regulation of Ace2 and morphogenesis，RAM）通路等。

1. cAMP-PKA 通路　cAMP-PKA 通路可调控真菌对特异性环境刺激的应答和各种特异

性细胞表型的形成。此通路的下游组分利用转录因子（transcription factor，TF）来调节每一种生长条件下特征性表型所需成分的基因表达。cAMP-PKA 通路为各种因素诱导的形态转化的最基本通路。在此通路中，胞外信号分子通过大鼠肉瘤（Ras1）活化腺苷酸环化酶（adenylyl cyclase，AC），AC 促进 cAMP 生成，cAMP 随后激活 PKA（包括两个催化亚基 Tpk1 和 Tpk2），活化的 PKA 可磷酸化下游的 TF 而使 TF 活化，从而调节基因表达。

白色念珠菌（*Candida albicans*）、烟曲霉（*Aspergillus fumigatus*）、新型隐球菌（*Cryptococcus neoformans*）依赖于 cAMP-PKA 通路以控制不同毒力表型的构建。新型隐球菌利用 cAMP 信号调节形态转化，控制涉及毒力的细胞决定簇表达。

2．MAPK 信号通路 真菌类生物发展了复杂而敏感的适应机制，这使它们能够通过适当的细胞内信号活动来适应外部环境的变化，而 MAPK 级联反应则是细胞适应机制中的重要部分之一。MAPK 信号通路由三种序列活化激酶组成，即丝裂原激活的蛋白激酶激酶激酶（MAPKKK）激活并活化丝裂原激活的蛋白激酶激酶（MAPKK），随后 MAPKK 激活丝裂原激活的蛋白激酶（MAPK）。

在酿酒酵母菌中，至少有 5 种信号转导途径参与 MAPK 级联反应——细胞壁完整性通路、孢子壁组装通路、菌丝生长通路、信息素反应通路和高渗透性甘油通路，它们分别调节其生长、形态改变、繁殖、应激反应。

白色念珠菌是最常见的侵袭性真菌，MAPK 信号通路在白色念珠菌致病机制中的作用可能是介导白色念珠菌感染中关键的形态学变化，即酵母相向菌丝相的转换。通过遗传学分析和表型鉴定发现，白色念珠菌中存在三条 MAPK 通路，即 Mkc1 介导的细胞壁完整性通路、Cek1/Cek 2 介导的交配和丝化通路、Hog1 介导的自渗透性甘油通路。

四、分泌生物活性酶

真菌能分泌多种蛋白酶、磷脂酶和脂肪酶等，病原性真菌蛋白酶可能参与真菌对宿主的黏附、定植和播散及逃避宿主的免疫应答过程。部分蛋白酶还是变应原，可诱发哮喘和过敏性疾病。真菌分泌的生物活性酶在介导其入侵宿主组织及逃避宿主抗真菌的感染免疫中发挥关键作用。

五、群体感应

群体感应（quorum sensing，QS）是细菌监控自身群体密度的环境信号感受机制。细菌在生长繁殖过程中向细胞外分泌一些特定的化学信号分子，当信号分子达到一定的阈值时，细菌能感受到自身群体的细胞密度，从而通过相关信号转导通路选择性启动某些基因的表达，以调整细菌细胞自身的功能状态。真菌中也存在类似细菌的群体感应。

六、机体因素和环境因素

真菌病的发生与机体因素和环境因素密切相关。

1．机体因素 每一个动物个体都有自身的一套免疫系统，成年动物一般都具有完备的皮肤防御系统以防止真菌的侵入。但机体抵抗力下降或有外伤则有可能会破坏皮肤屏障而使皮肤癣菌、念珠菌等致病真菌侵入。另外，动物使用某些药物之后，机体的防御功能受到影响，宿主防御机制发生改变，给致病菌侵入皮肤、呼吸道或黏膜提供了良好的前提条件，可继发皮肤真菌病。例如，患糖尿病时，动物机体组织的糖水平较高，吞噬细胞的吞噬能力下降，导致致病真菌感染发生率增高。抗生素的应用，减少了黏附在皮肤上的真菌与细菌群的竞争；糖皮质激素的过量使用，也可抑制炎症反应和免疫反应，降低机体防御功能，有可能使潜在的感染病灶活动和扩散。与此同时，在临床上对皮肤病诊断不明确，一味追求治疗效果，盲目使用一些广谱类药物，使机体免疫系统发生紊乱，也可造成病原真菌乘虚而入，使机体发病。

2．环境因素　环境中长期存在具有感染性的真菌孢子，如皮屑中的皮肤癣菌孢子能存活两年之久。另外，真菌细胞壁受体和动物体表角质细胞或黏膜细胞可以相互作用，如利用化学键、皮肤表面张力等，实现真菌细胞在皮肤或黏膜表面的附着。某些皮肤真菌还可以产生某些酶如角蛋白酶，渗透角化细胞。真菌疾病的发生机制大致可归为以下两个方面。

（1）*真菌的物理损伤和化学毒害*　病原真菌通过一系列的附着、穿入、穿出过程，对体表和内部器官组织造成了损伤，同时病原真菌也从宿主体内摄取营养用于生长，这些统称为物理损伤。而化学毒害方面主要是指病原真菌在侵染过程中释放出毒性物质及致敏原，造成组织的损伤反应。

（2）*机体的免疫及炎症反应*　真菌感染后机体必然会做出细胞及体液的免疫应答，发生不同程度的炎症反应，在上述抗真菌感染过程中必然造成各种病理变化，如肉芽肿形成、变态反应。

第二节　体表真菌病

体表真菌病即浅部真菌病，主要是真菌寄生在动物体表而引起的动物表皮、毛发、指（趾）甲的癣病。目前研究较多的是表皮真菌病。

表皮真菌病又称为皮肤霉菌病、皮肤真菌病、癣病等，是皮肤丝状菌（*Dermatophytes*）引起的人和动物的一种真菌性皮肤传染病。病原菌是一群潜在性真菌，因能产生水解角蛋白的胞外酶，所以主要侵害动物的被毛、羽毛、皮肤、趾、甲、爪等角化组织及人的皮肤、头发和指甲，引发皮肤炎及秃毛等病害。该病呈世界广泛分布，动物以犬、猫、牛、马最为易感，家兔和豚鼠次之，山羊、绵羊、骆驼、猪、河狸及禽类也能感染。

（一）病原

该病病原为皮肤丝状菌，属于半知菌亚门丝孢菌纲，均能形成有隔菌丝，并产生大小分生孢子。根据病原侵犯组织的不同和培养特点分为 3 属。

1．小孢子菌属　小孢子菌属有 14 个种类。小孢子菌属属于半知菌亚门丝孢菌纲丛梗孢目丛梗孢科。这一属中的菌多半是致病菌，常见的有羊毛样小孢子菌、石膏样小孢子菌、铁锈色小孢子菌等。其侵犯毛发和皮肤，在我国以铁锈色小孢子菌、羊毛样小孢子菌等多见。小分生孢子密集成群，包围着毛干，为毛外形。培养特征是梭形大分生孢子，两端尖，多隔，厚壁，壁粗糙，有麻点或细刺，大小不等。在紫外灯下发亮绿色强荧光。

2．毛癣菌属　毛癣菌属有 19 个种类，可侵犯毛发、皮肤、指（趾）甲。常见的有黄癣菌、红色毛癣菌、断发毛癣菌、紫色毛癣菌、石膏样毛癣菌等。该菌属在培养基上生长需 2～3 周。分生孢子大，壁薄而光滑，有 0～10 个隔，形似铅笔，菌落区域松散的气生菌丝体依菌种不同而呈现不同的颜色。在紫外灯下无荧光或很弱。黄癣菌菌丝呈鹿角状。

3．表皮癣菌属　表皮癣菌属只有 1 种，即絮状表皮癣菌（*Epidermophyton floccosum*），主要感染人，侵犯皮肤和指（趾）甲。培养物为黄色棉花样，分叉，可见杆状或梨形大分生孢子，壁光滑。

（二）致病机制

皮肤丝状菌具有嗜角化组织的特点，俗称皮癣菌。皮癣菌有亲动物性皮癣菌和亲土壤性皮癣菌，因此患病动物、隐性带菌者及污染土壤是皮癣菌的主要来源。健康动物和患病动物的直接接触是重要的传播方式。人和动物接触可互相传播，人与人之间也可传播。该病的传播与昆虫也有关系。温暖、潮湿、阴暗、拥挤不洁的厩舍及日粮中缺少维生素都能促进该病的发生和传播。

皮癣菌只生活在角化组织中。在重症炎灶中不能生存。皮肤皮脂腺分泌的脂肪酸具有抑制该菌的作用。皮癣菌侵入毛的休止期（毛生长初期），真菌繁殖与毛生长同步进行。

皮癣菌是严格的需氧菌。真菌由病变中心毛干不断向其周围毛干侵入，使病变呈离心的方式发展而呈特征的圆形。皮癣菌偶尔引起毛囊炎，导致毛囊壁破坏，随后侵入真皮，毛干蛋白和皮癣菌的作用而引起真皮炎形成疖病。毛囊炎和疖病的重剧炎症反应称为脓癣（kerion），可能是机体对皮癣菌和其他产物所产生的过敏反应。真菌的代谢产物和本身的抗原物质被吸收进入血液后也可引起机体的变态反应性变化。

（三）病理变化

眼观病理变化主要表现为以下几种。

（1）斑状秃毛癣　在皮肤上形成圆形癣斑，其上有鳞屑。多见于被毛稠密处。

（2）轮状秃毛癣　癣斑中部开始生毛，但周边部分脱毛仍在继续进行，从而形成了轮状癣斑。

（3）水疱性和结痂性秃毛癣　病变部发生丘疹、水疱与结痂。

（4）毛囊和毛囊周围炎　在秃斑处同时发生毛囊的化脓性炎。

第三节　体内真菌病

体内真菌病即深部真菌病，是真菌侵入真皮、皮下组织及内脏器官引起的疾病。

一、球孢子菌病

球孢子菌病（coccidioidomycosis）也称为球孢子菌性肉芽肿（coccidioidal granuloma）、沙漠热（desert fever）、山谷热（valley fever）等，是粗球孢子菌（*Coccidioides immitis*）引起的人和动物的一种慢性真菌病。球孢子菌病为区域性流行病。哺乳动物如牛、驴、马、羊、猪、家兔、犬可感染，人群对该病普遍易感，但男性多于女性，以青壮年和野外作业者居多，其中有色人种和怀孕后期的妇女更易感染。

（一）病原

粗球孢子菌为双相型真菌，在25℃和人工培养基上生长为霉菌相，37℃和人体组织内表现为酵母相。该菌感染宿主后呈双壁球形，称为球囊。球囊成熟时含有圆形或不规则形内生孢子（endospore），数目为数个到数百个，内生孢子呈周边形向内排列，或充满球囊，1 周后球囊成熟破裂，释放出内生孢子，每个内生孢子在感染组织内又发育为成熟的球囊，球囊感染后又释放出内生孢子，如此循环往复地生长繁殖。

（二）致病机制

多数情况下，粗球孢子菌感染是土壤中的关节孢子被风刮起，被人和动物吸入而引起的，少数可发生于皮肤的真菌直接接触。

在肺细支气管和肺泡中，粗球孢子菌的增殖可以引起嗜酸性粒细胞浸润，伴有球囊破裂和肉芽肿形成，以及非生殖球菌的成熟。孢子成熟后，球囊自行破裂，内生孢子逸出，其中有些被中性粒细胞吞噬、清除，有些幸存者可在附近组织中继续发育，形成新的球囊。此时它们可被巨噬细胞吞噬或被巨噬细胞所环绕。一旦被吞噬的球囊破裂和巨噬细胞解体，又周期性地激起更多的中性粒细胞浸润，从而以肉芽肿的形式将感染部位包围，继发化脓性炎症。内生孢子可随淋巴进入肺脏所属淋巴结，经血流播散到全身各器官，从而引起继发性病变。

一般情况下，机体在感染后的数周内就可获得免疫力，从而抑制粗孢子球菌的增殖，炎症反应也随之消退。尽管感染可受到明显控制，但宿主免疫并不能完全消灭病原菌，粗球孢子菌可能还会以休眠状态存活一段时间。

（三）病理变化

该病的特征性病变是形成化脓性肉芽肿。牛患病后多取良性经过，仅在屠宰后才被发现，常侵害支气管与纵隔淋巴结，肺脏与其他淋巴结（颌下、咽背与肠系膜淋巴结）也可出现病变。眼观淋巴结肿大，切面有大小不等的灰黄、黄白色病灶，较大者由肉芽肿或结缔组织包囊，其中有黄色脓液，但无硫黄样颗粒。病理组织学观察，有包囊的化脓性肉芽肿结节中心为干酪样坏死，有时有较完整的中性粒细胞聚集，后期发生钙化，坏死区外周由上皮样细胞、淋巴细胞、中性粒细胞、巨核细胞和富有毛细血管的结缔组织包裹。肺的病变多位于肺前叶，病区直径为1.9～2.5cm，根据其发展过程不同而呈淡红色、红色、红白色、黄白色或灰白色，质地较坚实。病理组织学变化与淋巴结基本相同，但慢性病例有明显的炎症细胞浸润。

犬患该病时，如感染扩散则可出现慢性咳嗽、厌食、恶病质、跛行、关节肿大、发热和间歇性腹泻等症状。

马患该病时剖检腹腔积血，肝脏肿大，实质脆弱，散发小颗粒状化脓灶。脾脏肿大，被膜下散布大小不一的硬性结节，有的直径可达10cm，结节与腹膜粘连。肺脏中结节可达3cm左右。

羊的病变主要局限于腹腔淋巴结，病变同牛。

猪的病变多以肉芽肿结节形式散布于肺脏，镜检在肉芽肿病变内可发现小球体。

兔和鼠类患病后通常在肺脏散发粟粒大至绿豆粒大隆起的灰黄色硬性结节，镜检变化同牛。

二、曲霉病

曲霉病（aspergillosis）是曲霉菌引起的以呼吸器官肉芽肿结节为主要特征的真菌病。主要见于鸡、火鸡、鸭、鹅、鸽等家禽和鸟类，马、牛、羊、猪、猫等哺乳动物及人类都能感染。

（一）病原

曲霉菌（*Aspergillus fumigatus*）种类繁多，广泛分布于自然界。最主要和致病性最强的是烟曲霉（*A. fumigatus*），烟曲霉菌属于半知菌亚门丝孢菌纲丝孢菌目丛梗孢科曲霉菌属。其他如黄曲霉（*A. flavus*）、构巢曲霉（*A. nidulans*）及黑曲霉（*A. niger*）等也能引起发病。

（二）致病机制

该菌群大都是条件致病菌。在机体免疫状态良好时，带菌个体可能不发病，不过免疫力较差的雏禽可能发病，而健康成年禽的抵抗力较强，只有当饲料或褥草被曲霉菌严重污染，吸入大量孢子时才可能感染。曲霉菌产生的毒素是主要的致病因素。该病主要通过呼吸道吸入。

（三）病理变化

病变主要集中在呼吸系统。鼻腔、喉、气管、支气管、气囊和肺脏都有炎症反应。病变形态常依病程的发展而异。受害器官的早期病变表现为卡他性炎，炎性渗出液内如含有营养菌丝，眼观为灰白色；若出现分生孢子则渗出物常为绿色。以后因肉芽组织增生，受害器官或组织常呈现肥厚，或形成肉芽肿结节。

三、马杜拉真菌病

马杜拉真菌病（maduramycosis）又叫足菌肿、足（马杜拉）分支菌病，是真菌或细菌感染引起的皮肤和皮下组织的一种慢性化脓性肉芽肿性疾病，以肿胀和多发性窦道形成及排出带有颗粒的脓性渗出物为主要特征。该病好发于热带、亚热带潮湿多雨的地区和季节。该病除发生于人类外，在马、犬、猫等动物中也有发现。

（一）病原

马杜拉真菌病多半是以诺卡菌属和其他放线菌为主的细菌所致，其余则是由30多种不同的真菌所引起。真菌主要寄居于土壤和木质植物中，可通过皮肤创伤而引起慢性感染。

（二）致病机制

病原菌侵入皮肤后，首先在组织中繁殖，形成菌丝体颗粒。颗粒的大小、颜色、硬度及结构依不同的菌属或菌种而有差异。随着病程的进展，受侵部位因形成化脓性肉芽肿而肿大，继而形成多发性窦道，排出脓性或脓血性渗出物，内含具有诊断意义的菌丝体颗粒。病变严重时可向深部发展而破坏肌肉，累及骨和关节，引起骨外膜炎、骨髓炎和关节炎。罕见经淋巴或血行播散。

（三）病理变化

病变常发生于动物的四肢，也可侵及胸部、背部、头、颈、臀部或身体其他部位的皮肤。病变开始时多在皮肤上出现丘疹或结节，随即融合成大的肿块与多发性脓肿。脓肿的大小和新旧不一，脓肿间有窦道相通，也可穿透皮肤形成瘘管。感染继续蔓延时可深入皮下，侵及筋膜、肌肉、肌腱、骨骼及关节。脓肿和窦道周围有大量肉芽组织和结缔组织增生，致使局部皮肤显著肿胀，高低不平。在病变部切面的肉芽组织或脓液中散布黑色或褐色的细小颗粒。通过病理组织学观察，在肉芽组织中所见的颗粒实为密集的菌丝体，呈黑色或褐色等不规则的圆形小体，其外周有呈冠状的嗜酸性物质（颗粒诱发的免疫反应）环绕。颗粒中心的菌丝稀疏，呈分枝、分隔、较宽而长度不一。另外，还有大量的厚壁、圆形的厚膜孢子，其直径可达25μm以上。

四、念珠菌病

念珠菌病（candidiasis）是念珠菌和假丝酵母（*Candida*）引起的一种人兽共患真菌病。该病可以传染给人、牛、马、猪、羊、犬、猫、猴、狒狒、大袋鼠、海豚、鸡、鸽、鹅、火鸡、孔雀、鸭等，实验动物以兔最易感，小鼠、豚鼠也易感。该病以幼龄动物多发。

（一）病原

念珠菌属隐球酵母科念珠菌属（假丝酵母属），包括白色念珠菌（*C. albicans*）、热带念珠菌（*C. tropicalis*）、假热带念珠菌（*C. pseudotropicalis*）、克柔氏念珠菌（*C. krusei*）、副克柔氏念珠菌（*C. parakrusei*）、类星形念珠菌（*C. stellatoidea*）等30余种，其中以白色念珠菌最为常见。

念珠菌呈圆形，革兰氏染色阳性，但细胞内着色不均匀，过碘酸希夫（PAS）染色呈鲜艳的紫红色。在沙氏培养基37℃下孵育，可形成奶油色表面光滑的菌落，有时有放射状沟。

（二）致病机制

该菌在自然界中广泛存在，常存在于人和动物的皮肤、口腔、阴道和消化道内，成为消化道的正常菌系。长期应用广谱抗生素能促进念珠菌病的发生。长期使用免疫抑制剂，可使机体的免疫功能受到抑制，从而激发念珠菌感染。长期大量使用皮质类固醇激素，由于炎症反应可受到抑制，降低宿主的吞噬细胞作用和抗体形成，从而促进该菌对宿主的感染。

（三）病理变化

念珠菌可以引起轻重不等的病变，由不严重的浅表感染到致死性的全身播散。主要病变表现为皮肤、黏膜的溃疡，内脏器官的坏死灶、小脓肿及肉芽肿性反应。念珠菌嗜上皮组织，主要侵犯皮肤及黏膜，偶尔入侵深部组织。主要反应为化脓性和肉芽组织性反应。念珠菌病的好发部位是口腔、阴道、口唇、食管、肠道、肛门及皮肤褶皱处等一些比较阴湿的部位。慢性感染时可形成结核样肉芽肿，中央部位有少量中性粒细胞。

鸡的念珠菌病在病理变化上主要集中在上消化道，可见喙缘结痂，口腔和食道有干酪样假膜和溃疡。嗉囊内容物有酸臭味，嗉囊皱褶变粗，黏膜明显增厚，被覆一层灰白色斑块状假膜，易刮落，假膜下可见坏死和溃疡。少数病禽的病变可波及腺胃，引起胃黏膜肿胀、出血和溃疡，其他器官无明显变化。病理组织学检查，在嗉囊黏膜病变部位可见复层扁平上皮变薄，表层红染，核消失，上皮细胞间散在有多量圆形或椭圆形厚垣孢子，尚见少数分枝分节、大小不一的酵母样假菌丝。黏膜上皮深层细胞肿胀或空泡变性，上皮下组织血管轻度扩张充血，未见炎症细胞反应。食管、咽、腭和舌等黏膜病变如同嗉囊，但食管部病变较轻。咽部病变严重，且有出血和异嗜性细胞浸润等炎症反应，这可能与继发感染有关。

五、孢子丝菌病

孢子丝菌病（sporotrichosis）是二形申克孢子丝菌（*Sporotrix schenckii*）引起的一种慢性肉芽肿性深部真菌病。该病流行广泛，大多数动物易感。

（一）病原

申克孢子丝菌属于孢子丝菌属的致病真菌，是一种双向型真菌，在组织内为酵母型，在室温培养时为菌丝型。该菌在坏死组织、脓液等中，菌体呈酵母型，表现为圆形、雪茄烟形和梭形，芽生繁殖，革兰氏染色阳性，有时可见星状体。该菌在自然界中是一种腐物寄生菌。

（二）致病机制

主要感染途径是皮肤伤口及呼吸道和消化道。可沿血行播散至内脏器官。在病变部出现的星状体是由中央呈球形，直径 5～10μm，周围由长短不一、角形突起呈星形的嗜酸性物质所构成，其化学成分是糖蛋白，偶见单芽或 3～4 个排列成串状的酵母细胞，人们认为它是一种抗原-抗体复合物沉着在酵母细胞表面形成的，可引起慢性炎症。这种抗原-抗体复合物的一部分从星状体脱落下来，进入淋巴或血液而堵塞肺泡和肾小球毛细血管，引起急性免疫复合物疾病。宿主体液免疫在孢子丝菌病的感染过程中有重要意义，多形核白细胞在宿主防御机制上作用巨大。

（三）病理变化

病理学特征是在皮肤、皮下组织及其邻近淋巴管中形成结节状病灶，继而软化、破溃变成顽固性溃疡。根据发生发展情况的不同，可以分为皮肤型和系统型，而皮肤型按照皮损的特点不同，又分为固定型、淋巴管型、血源型三种类型。

（1）固定型　病变存在于损伤部位而不沿淋巴管向外传播。

（2）淋巴管型　最为常见，约占皮肤型的 70%，可以分为两种，一种见于肢端损伤，有远端感染炎性病灶，淋巴管向近端作带形传播，形成典型的带状损害，容易诊断；另一种见于肢端以外的其他部位，由于淋巴管分布不同，因而损害不一定呈带状。

（3）血源型　本型罕见，约占皮肤型的 1%，是病原菌通过血液循环播散所致。

系统型少见，又可分为无症状肺孢子丝菌病、单灶的系统性孢子丝菌病及多灶的系统性孢子丝菌病三种。

病理组织学检查，皮肤的表皮变性、坏死、形成溃疡。真皮间有少量中性粒细胞、上皮样细胞和巨核细胞组成的肉芽肿结节。皮下和内脏器官的结节是非特异性肉芽肿，其中心为崩解的中性粒细胞和坏死组织，有时见有星状体，中间层为上皮样细胞和巨核细胞，外层为成纤维细胞、浆细胞、淋巴细胞。然而三层的结构界限不显著。

六、腐霉菌病

腐霉菌病（pythiosis）由腐霉菌科（Pythiaceae）的腐霉菌（*Pythium*）引起，马、犬、牛及人均可感染。

（一）病原

腐霉菌在改良沙氏琼脂培养基上可形成光滑明亮的灰色菌落，成熟的菌落在表面呈现出白色毛毡样外观。在新分离的典型菌落表面有不显著的曲褶放射线（放射菌丝）。镜检菌丝直径 5～10μm，菌丝的侧枝短呈棍棒状。培养时间久则侧枝延长，并再分枝，少数菌丝缠绕，甚至形成结节样。该菌培养于无菌水中，于 37℃经 5h 能出现游动孢子，孢子具有两根鞭毛。

（二）致病机制

游动孢子可在水中生存，当动物在沼泽区活动时，可发生接触感染。

（三）病理变化

特征变化是在皮肤形成慢性肉芽肿。眼观背部、腹部、胸下、体侧、头部、四肢、蹄部、乳房等处皮肤有溃疡性肉芽肿。在溃疡与正常皮肤连接部位的皮下有多量黄色珊瑚状、不规则分支的坏死组织凝块，有时伴有钙化。这种凝块牢固地附着于周围组织或游离于窦道中，许多窦道开口于肉芽肿的表面，并有黏脓性液体流出。浅表局部淋巴结肿大，并含黄白色坏死凝块。

肺部感染时，在肺实质中有许多隆突于胸膜的黄白色团块，表面不规则或光滑，质地坚实。在团块周围有结缔组织包围。胃肠感染时，肠黏膜有溃疡形成，肠壁有结节状团块，内含黄白色坏死灶。

病理组织检查，皮肤的凝块由菌丝、胶原、小动脉和嗜酸性粒细胞等炎症细胞组成。凝块中心为无形态结构的变性嗜酸性粒细胞、胶原和菌丝，有时菌丝与胶原紧密平行排列，周围有大量嗜酸性粒细胞、中性粒细胞和巨噬细胞浸润，最外层为新生血管、上皮样细胞、巨噬细胞和异物性细胞，淋巴细胞、浆细胞则分布于整个肉芽肿。

七、鼻孢子菌病

鼻孢子菌病（rhinosporidiosis）是由西伯鼻孢子菌引起的一种慢性、乳头瘤样或息肉样肉芽肿性疾病。常发生于马，其次为驴、骡、牛、犬等动物，人也可以发生。

（一）病原

该病的病原是西伯鼻孢子菌（*Rhinosporidium seeberi*），感染孢子的直径为6～7μm，呈圆形，具有相当厚的角质膜，内有一个含核仁的细胞核。核仁逐渐增大，到直径50～60μm时，则发生核分裂，出现4个染色体。这时孢子体积更为增大，直至孢子的直径达到100μm。

（二）致病机理

西伯鼻孢子菌首度感染上皮，引发中性粒细胞、浆细胞、淋巴细胞的浸润和局部组织细胞增生，间或有大量嗜酸性粒细胞浸润。局部的移行上皮常内凹或呈瓶状形成假囊肿，其内有孢子脓液及黏液。

（三）病理变化

病变主要见于鼻黏膜和眼结膜，眼观鼻黏膜最明显的变化是鼻腔内有鼻息肉形成。

八、隐球菌病

隐球菌病（cryptococcosis）是新型隐球菌（*Cryptococcus neoformans*）感染所引起的亚急性或慢性深部真菌病，主要侵犯中枢神经系统和肺，但也可侵犯骨髓、皮肤、黏膜和其他内脏。

（一）病原

新型隐球菌在组织中呈圆形或卵圆形，直径为5～12μm，能保留革兰氏染色。菌体被宽厚的荚膜所包裹，不形成菌丝和孢子，出芽生殖。

（二）致病机制

新型隐球菌可由肺部经血液进入中枢神经系统。该菌常侵犯中枢神经系统的原因可能是脑脊液中缺乏抗体或脑脊液缺乏补体激活系统。脑脊液中的多巴胺有利于隐球菌生长。

（三）病理变化

患隐球菌脑膜炎时颅底软脑膜病变较显著。蛛网膜下腔有广泛的渗出物积聚，内含单核巨噬细胞、淋巴细胞及隐球菌等。也可形成局限性肉芽肿，后者是机体反应较强的表现，由组织细胞、巨细胞、淋巴细胞及成纤维细胞组成，较少见到隐球菌，它们大多存在于巨细胞及组织细胞内。

九、芽生菌病

芽生菌病（blastomycosis）是皮炎芽生菌（*Blastomyces dermatitidis*）引起的一种疾病。人、犬、猫、马及多种野生动物易感。

（一）病原

皮炎芽生菌属双相型，其有性期属裸囊菌科，其自然栖息地不明，可能存在于土壤或腐木内，也可能存在于天然水体中，通过呼吸道或皮肤进入体内。

取脓液、痰、脑脊液等做氢氧化钾涂片直接镜检时可见皮炎芽生菌为一种圆形或卵圆形的双层壁、直径 8～18μm 的单芽孢子，牙颈较粗，单芽生，胞质内有少量颗粒，无荚膜。

（二）致病机制

临床症状与病原菌侵入的途径有密切关系，如从皮肤侵入，损害常为局限性小片状，病程有限；如通过呼吸道侵入，则首先引起肺部的原发性感染，如不及时治疗，往往经血液循环扩散至全身。

（三）病理变化

一般呈现消耗性疾病的变化，生前伴有咳嗽、厌食、呼吸困难、发热和鼻分泌物增多。基本的病理变化为化脓性肉芽肿，在巨细胞或微小脓肿中可见厚壁芽生孢子并伴有中性粒细胞浸润，有上皮样细胞形成和不同程度的纤维化。不同部位受损时，其病变也不尽相同。

皮肤病变类似疣状皮肤结核，表皮可见乳头瘤样增生，皮肤脓包处覆盖一层黄色痂皮，有的皮下组织出现结节。肺感染病灶出现数量不同、大小不一、形状各异、质地坚实、颜色灰黄的实变区，肺与胸部淋巴结有结节样病理变化。病原菌全身播散时，可在各个脏器形成脓肿，如肝脓肿、口腔溃疡。淋巴结可相互融合、坏死，形成脓疡及纤维化。

十、着色真菌病

着色真菌病（chromomycosis）又名着色芽生菌病，是由着色芽生菌属引起的慢性肉芽肿性炎症，主要侵犯皮肤和皮下组织，其特点是在真菌侵入处缓慢形成无痛性疣状，最后形成乳头瘤样赘生物，部分可继发溃疡。

（一）病原

该病由裴氏、紧密、疣状、皮炎着色真菌及分枝孢子菌等引起。在患病组织和脓液中着色芽生真菌呈圆形、棕黄色，直径为6～12μm，并不生芽。在自然界分布很广，多寄生在潮湿的土壤与腐烂的谷草木材中。通过破损的皮肤侵入组织，经组织直接蔓延或沿淋巴向四周扩展，偶尔可侵犯脑组织及其他脏器。

（二）病理变化

可以分为三型，即疣状皮炎或典型着色真菌病、脑脓疡综合征、囊肿性及非特异性着色真菌病。

十一、褐藻丝菌病

暗色丝孢霉病（phaeohyphomycosis）是一组真菌引起的人和动物的皮肤、皮下或系统性真菌病。其主要特征为形成肉芽肿性结节，故又称为暗色真菌囊肿（phaeomycotic cyst）。犬、猫、马、牛、鸡、鱼及人都可感染。

（一）病原

该病的病原属丝孢菌目暗色孢科。

（二）病理变化

（1）皮肤暗丝孢霉病　犬、猫的好发部位为四肢、口、鼻等处。眼观病变为单个或多发性皮下结节，有时有溃疡或窦管。偶尔皮肤病变呈鳞状细胞癌样外观，切面光滑发亮。病理组织学检查，典型肉芽肿的中心为变性、坏死的中性粒细胞，中间层为上皮样细胞、巨噬细胞和巨核细胞，外层为新生的结缔组织成分、淋巴细胞和浆细胞。

（2）播散性暗丝孢霉病　动物少见。

（3）脑暗丝孢霉病　是斑替（毛样）枝孢霉引起的一种真菌性脑炎。主要发生于犬、猫。眼观脑实质有灰褐色或灰色不规则的硬固病灶，有时见小脓肿。病理组织学检查，在脑实质和脑膜中有多量大小不一的化脓性肉芽肿，病变中心为变性坏死的中性粒细胞，周围由上皮样细胞、巨核细胞、巨噬细胞及少量的浆细胞、淋巴细胞环绕。

十二、组织胞质菌病

组织胞质菌病（histoplasmosis）又名网状内皮细胞真菌病（reticulo-endothelial cytomycosis），是荚膜组织胞质菌（*Histoplasma capsulatum*）引起的人和动物共患的接触传染性真菌病，其特征为广泛侵害巨噬细胞系统。

（一）病原

荚膜组织胞质菌为真菌，属半知菌门组织胞质菌属。

（二）病理变化

动物组织胞质菌病可分为原发性（良性）与播散性（进行性）两型，前者多通过肺脏吸入而感染，病变局限于肺脏和支气管淋巴结，取良性经过，通常缺乏临床症状，主要见于马和牛；后者是由原发性型发展而来，经常取致死性转归，常见于犬和其他动物，患畜呈进行性消瘦、顽固下痢、咳嗽、贫血、不规则发热、白细胞减少等症状。

十三、毛霉菌病

毛霉菌病（mucormycosis）是毛霉科的真菌引起的一种急性或慢性真菌病。特征是菌体入侵血管，导致血栓及梗死。慢性经过时形成肉芽肿。

（一）病原

毛霉科包括毛霉属、根霉属和犁头霉属的腐生菌。在病理组织中，三属的真菌菌丝均不分隔，较粗（直径 6～50μm）、短而呈直角分枝。在土壤、空气中存在的霉菌孢子可通过呼吸道、消化道或皮肤发生感染，也可通过交配由公畜传给母畜，往往造成妊娠母畜的流产。

（二）病理变化

按受侵部位的不同，可分为肺毛霉菌病、胃肠毛霉菌病、皮肤毛霉菌病、播散性毛霉菌病、中枢神经系统性毛霉菌病和真菌性胎盘炎。病变分为急性坏死性溃疡型和慢性肉芽肿型两种。皮肤毛霉菌病可分为两型，即浅表型和坏疽型。浅表型主要表现为皮下结节，多数结节可相互融合成斑块，边缘清楚。结节开始一般不红，质硬，压之无凹陷，与皮下组织不粘连；坏疽型皮肤毛霉菌病是一种进展快速的感染，结节与皮下组织粘连，色泽加深，可破溃，形成多数化脓性溃疡。胃肠毛霉菌病剖检可见胃肠黏膜出血，严重时可引起胃肠坏死、穿孔。

毛霉可侵犯全身各组织器官，最突出的组织病理变化是真菌侵入血管，尤其是大、小动脉而引起血栓和邻近组织缺血、梗死和坏死，于受侵血管壁或梗死组织处活检，用嗜银染色法可见粗短不一、少数分隔、分枝成直角的菌丝。皮肤组织病理变化表现为真皮网状层肉芽肿性炎症，其中有宽而无隔的透明菌丝，少见侵入血管。

（董俊斌）

第九章　支原体疾病

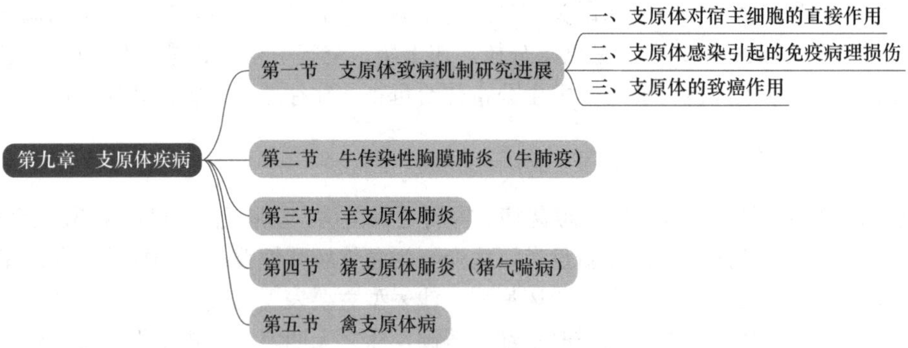

第一节　支原体致病机制研究进展

一、支原体对宿主细胞的直接作用

（一）掠夺营养成分

支原体（mycoplasma）的基因组很小，几乎丧失了所有合成氨基酸、脂肪酸、辅助因子、维生素的能力，因此其生物大分子的合成需要宿主提供相应的前体物质。这种竞争关系的存在可能导致宿主细胞功能严重受损，如非发酵支原体能利用精氨酸双水解酶合成其所需的 ATP，此过程能迅速耗尽宿主体内储备的精氨酸，因此可引起蛋白质合成障碍。染色体组蛋白中含有大量精氨酸，而组蛋白的合成障碍可能导致染色体畸形和损伤。发酵支原体感染小鼠星形胶质细胞后，能引起体内胆碱缺乏，并诱导神经细胞凋亡。胆碱是体内一种极其重要的物质，在维持细胞膜的功能及信号转导方面具有无可替代的作用。胆碱的缺乏可直接影响胆碱能神经的功能、跨膜信号转导和脂质代谢等。

（二）黏附引起的损伤

支原体黏附于宿主细胞后，能干扰细胞膜表面受体的功能，如猪肺炎支原体能引起支气管纤毛上皮细胞 K^+通道损伤，从而导致纤毛摆动停滞。同时支原体也能产生许多有毒物质，如代谢产物、溶细胞酶、超氧自由基等。支原体中的膜结合磷脂酶可催化宿主细胞磷脂的水解而干扰宿主细胞的信号级联途径，同时产生的溶血磷脂可影响细胞膜的完整性。

（三）融合引起的损伤

支原体没有细胞壁，在某些情况下它与宿主细胞间的直接接触，能导致两者的融合。融合现象只发生于依赖非脂化胆固醇生长的支原体，而不依赖非脂化胆固醇生长的无胆甾原体不发生融合现象。融合发生后，支原体内一些酶类，包括水解酶、核酸酶、磷蛋白磷酸酶等也随之转移至宿主细胞当中。核酸酶可以降解宿主细胞的 DNA，磷蛋白磷酸酶能干扰丝氨酸/苏氨酸和酪氨酸蛋白激酶的活性。另外，支原体细胞膜成分也能融合至宿主细胞膜中，引起细胞膜上某些受体识别位点发生变化，从而可能干扰细胞间的信号传递或影响细胞因子的产生等。

（四）致细胞病变效应

支原体是细胞培养中最常见的污染因素之一，通常情况下支原体污染不像其他细菌或真菌那样使培养基出现明显的混浊状态，其导致细胞的形态学变化也不明显，类似于培养基中营养成分如氨基酸、糖类及核酸前体的缺乏等。通过更换培养基或补充新鲜的养料，能逆转这些形态学改变。

支原体黏附至真核细胞后，有时能引起明显的致细胞病变效应，黏附能使支原体释放一些有毒的酶类和溶细胞代谢产物。有些支原体能选择性寄居于细胞的特定区域，因而在琼脂覆层上能形成微菌落，并有坏死灶或斑块产生。微菌落的形成意味着在单细胞层上有支原体特异受体的存在。其他发酵支原体如猪关节液支原体，能黏附于几乎所有细胞，并能破坏整个单细胞层，产生广泛的致细胞病变效应。穿透支原体入侵 HeLa 细胞后，最显著的病变是胞质中有空泡产生，其数目和大小与感染的持续时间密切相关。与其他侵入性细菌产生的空泡相比，前者空泡里并没有支原体存在，其产生原因可能与有机过氧化物的聚集有关。

支原体自身无合成核苷酸的能力，但能产生相应的核酸酶，包括分泌至胞外并溶解于培养基中的部分和膜结合部分，这些核酸酶通常是自身代谢所需的。但有时这些分泌至培养基中的核酸酶能被宿主细胞摄取，从而发挥对宿主细胞的毒性作用，如牛支原体核酸酶被淋巴细胞摄取后能增强该细胞对各种诱导因素所致凋亡的敏感性。

（五）支原体诱导的细胞凋亡

支原体除能调节宿主免疫系统外，还有一个重要特征是对宿主细胞具有毒性作用，包括诱导宿主单核巨噬细胞、神经胶质细胞和生殖细胞凋亡（apoptosis）或坏死（necrosis），形态学主要表现为胞质溶解、无法辨认的细胞器等。

支原体诱导宿主细胞凋亡的机制尚不清楚，如上述发酵支原体诱导星形胶质细胞的凋亡可能与星形胶质细胞膜中的磷酸卵磷脂和鞘磷脂缺乏，以及胞内神经酰胺（凋亡信号通路中的第二信使）堆积有关。牛支原体能在体外诱导牛淋巴细胞凋亡，而氯霉素能抑制该过程，说明支原体诱导的凋亡可能与蛋白质合成有关。支原体对细胞的毒性作用很大程度上取决于其脂质相关膜蛋白（lipid-associated membrane protein，LAMP），LAMP 能影响淋巴细胞和单核细胞膜的通透性，从而诱导这些细胞释放 ATP，后者能与免疫细胞膜上的 P2 嘌呤受体结合，从而诱导细胞凋亡和（或）坏死。除此之外，LAMP 也能直接与宿主细胞膜上的 Toll 样受体（TLR）相互作用而启动相应的凋亡信号，从而直接诱导免疫细胞凋亡、坏死。

二、支原体感染引起的免疫病理损伤

支原体引起的炎性损伤很大程度上是免疫病理反应所引起的。支原体在机体内的生存与其抗吞噬能力密切相关。巨噬细胞在清除支原体的过程中发挥重要作用，如用 NO_2 处理肺泡巨噬细胞后，病情明显加重。巨噬细胞清除支原体需要调理素的参与。很多情况下，补体、抗体、细胞因子等对巨噬细胞清除支原体来说是必需的。相对而言，中性粒细胞在抗支原体感染中的作用不是很清楚，即便在抗体和补体存在的情况下，中性粒细胞对支原体的吞噬作用仍不明显。相反，支原体感染通常能引起局部 PGE_2 产生，后者能抑制中性粒细胞的活性，因而能继发细菌感染。另外，中性粒细胞也可能是促进支原体弥散至全身的因素之一。

（一）非特异性免疫反应引起的损伤

支原体感染后，早期最显著的反应是诱导免疫细胞如单核细胞、巨噬细胞、自然杀伤细胞、神经胶质细胞产生一系列的前炎症细胞因子，如 IL-1β、TNF-α、IL-6、INF-γ、IL-8、趋化性细胞因子［如 NO、PG、单核细胞趋化蛋白 1（MCP-1）］等。尽管这些炎症介质的产生能增强固有免疫系统清除支原体，但也可能引起炎症失控及加重局部组织的损伤。这一点在支原体引起的生殖道感染、支气管哮喘等疾病中，免疫反应所致的病理损伤尤为明显。肺炎支原体感染后能引起肺泡巨噬细胞分泌 IL-8，其量与感染支原体的数目和肺通气损害的严重程度密切相关，而 IL-8 是中性粒细胞的趋化因子。如上所述，中性粒细胞对支原体的清除相当有限，其大量渗出能影响巨噬细胞的活性，并释放大量氧自由基，加重局部组织的损伤。

（二）特异性体液免疫反应引起的损伤

支原体感染后机体能产生特异性抗体，这是清除支原体的重要方式之一。特异性抗体主要有 IgM、IgG 及黏膜表面的 sIgA 等，然而这些抗体对支原体的清除能力比较有限，容易引起反复感染及造成相应的病理损伤，如肺炎支原体能诱导呼吸道黏膜表面产生 IgE，同时可刺激肥大细胞释放 5-羟色胺、β-己糖胺酶等，这些生物活性分子能诱发支气管平滑肌收缩，从而引起气喘和呼吸困难。因此，这可能是哮喘的发病机制之一。支原体的抗体反应也可能引起免疫复合物的形成，从而引起支原体诱导的关节炎和肾小球肾炎，如在患有肺支原体关节炎的兔滑膜冷冻切片中发现有 IgG 和 IgA 生成细胞，同时也在关节软骨中证实有 IgG 和补体（C_3）的沉积。免疫复合物通过活化补体或巨噬细胞，或因抗原成分的持续存在，从而引起关节炎的发生。

（三）特异性细胞免疫反应引起的损伤

T 细胞在人和动物支原体感染引起的疾病中发挥重要作用。按功能可将 T 细胞分为辅助性 T 细胞（CD_4^+）和细胞毒性 T 细胞（CD_8^+），CD_4^+又可以分为两个亚型，即 Th1 和 Th2。支原体感染后可诱导 T 细胞产生大量细胞因子，包括 IL-2、IL-4、IL-5、IL-6、IL-10、IL-13、IL-18 和 IFN-α 等。这些细胞因子功能各异，在支原体感染所引起的免疫病理中构成了一个复杂的协同和拮抗网络。究竟哪些细胞因子对清除支原体有利，哪些会给机体带来病理性损伤还不十分清楚。经典的细胞因子反应可分为 Th1 型和 Th2 型，前者主要以分泌 IFN-γ 为特征，而后者则以分泌 IL-4 为特征。通常情况下，支原体能诱导 Th1 型和 Th2 型细胞因子反应，两者均与疾病的严重程度相关。例如，Th2 型细胞因子反应（如支原体诱导产生的 IL-4）能促进嗜酸性粒细胞介导的炎症反应、IgE 的产生和呼吸道反应性等，从而诱发和加重哮喘发作；Th1 型细胞因子反应也与支原体病有关，它们产生的细胞因子能活化巨噬细胞而清除体内支原体，或者促进慢性炎症的发生发展。因此，Th1 型和 Th2 型细胞因子反应间的平衡最终决定了支原体感染的结局。另外，支原体也能诱导 Th 细胞产生 IL-10，IL-10 能抑制巨噬细胞的活性及前炎症细胞因子的产生，从而避免炎症失控。

（四）支原体感染引起的自身免疫应答

支原体能引起某些自身免疫反应，这是其致病性的又一特征，如肺炎支原体感染后能引起溶血、神经系统病变、肾小球肾炎等。支原体也可能是类风湿性关节炎（RA）的病因之一。与RA相关的支原体主要有无乳支原体和发酵支原体。将发酵支原体直接接种至兔的关节内，数天后能诱导明显的关节炎症状，包括关节肿胀、中性粒细胞渗出、淋巴细胞浸润等。同时也发现，支气管接种发酵支原体后也能诱发关节炎症状，结合培养和PCR方法，能从血液、脑组织、肺、心脏、肾、脾、关节等部位检测出发酵支原体。

支原体引起自身免疫病的机制可能包括：①支原体与宿主细胞具有某些共同/类似的抗原决定基，或支原体能修饰/改变某些自身抗原的结构而引起自身免疫应答。②支原体的某些成分，能非特异性或通过打破下调机制活化自身反应性T细胞和B淋巴细胞，这也是引起相应的自身免疫症状的重要原因。③支原体能非特异性地抑制或刺激巨噬细胞、淋巴细胞，从而发挥其对免疫系统的调节效应。其上调/下调细胞因子的表达和产生（如诱导产生IL-4和IL-6，两者能促进B细胞的生长发育及抗体的产生）能直接引起宿主免疫系统功能的紊乱。

三、支原体的致癌作用

支原体能在哺乳动物中寄生相当长的时间。尽管尚无充分的证据证明支原体与肿瘤的发生具有直接关系，但这种看似毒力很小的病原体在与宿主细胞长期的相互作用过程中，对宿主细胞生物学功能的影响是不容忽视的。这些作用包括影响染色体的稳定性，促进肿瘤的生长，以及影响类固醇受体的功能等。例如，在支原体诱导的可逆性和不可逆性生长转换过程中，支原体与宿主细胞内*H-Ras*和*c-myc*癌基因的过表达有关。

第二节　牛传染性胸膜肺炎（牛肺疫）

牛传染性胸膜肺炎（bovine contagious pleuropneumonia）又称牛肺疫，是由丝状支原体引起的牛的一种高度接触传染性肺炎。主要特征为高热、呼吸困难、咳嗽及浆液纤维素性胸膜炎和纤维素性肺炎。

（一）病原

该病的病原体为丝状支原体丝状亚种（*Mycoplasma mycoides* subsp. *mycoides*），呈球形、环形、丝状或分支状，革兰氏染色阴性，吉姆萨染色效果好。该菌能在10%～20%血清琼脂平面上和含血清的马丁肉汤中生长，也可通过9～11日龄鸡胚绒毛尿囊膜接种连续传代。该菌对外界环境因素的抵抗力不强。

（二）致病机制

病原首先侵害细支气管形成原发性感染，继而侵入肺脏间质，随后侵入血管和淋巴管系统，以支气管源性和淋巴源性两种途径扩散，进而形成各种病变。

支气管源性途径是沿细支气管蔓延，引起肺小叶细支气管发生炎症和坏死，进一步扩展到相邻小叶。大量小叶病变迅速发展扩大和大量淋巴液蓄积，患部很快硬化，使淋巴管和血管栓塞而形成坏死。又因肺脏不同区域处于纤维素性肺炎发展的不同阶段，显现红、黄和灰色等不同色彩的肝变。淋巴源性途径是沿细支气管周围发展，侵入肺小叶间的结缔组织和淋巴间隙中，引起小叶间结缔组织广泛而急剧的炎性水肿。淋巴管显著扩张，其中淋巴液大量蓄积，病原的繁殖与淋巴液的渗出相互促进，终造成血液和淋巴循环系统的堵塞，导致小叶间组织显著增宽，呈白色，内含大量淋巴液和炎症细胞，形成广泛的坏死。这种间质变化结合肺泡的炎症形成肺脏的大理石样变。通过淋巴管病变迅速扩展，可很快形成纤维素性肺炎。

肺脏发生炎症，导致大量淋巴液渗出于胸腔，继而引起浆液纤维素性胸膜炎。病原沿着淋巴管侵入进而引起胸膜纵隔和肺门淋巴结的肿大。

（三）病理变化

主要病理变化表现在肺和胸膜。

疾病初期，以多发性支气管性肺炎为特征。肺脏呈红色或紫红色，病灶大小不一，质地稍硬。病变区肺泡壁充血，肺泡腔可见浆液、红细胞、中性粒细胞和巨噬细胞及少量的肺泡壁上皮细胞。

疾病中期，呈典型的纤维素性肺炎和浆液纤维素性胸膜炎。肺炎多为单侧性，以右肺多见，多发生于膈叶和中间叶，也有的在心叶和尖叶同时发生。肺脏病变区高度肿大、重量增加，质地硬实如肝脏。肺脏表面和切面中不同区域处于纤维素性肺炎的不同时期，使肺脏不同区域呈现的色彩不同，形成肺脏的大理石样外观。镜检有明显的出血水肿期、红色肝变期和灰色肝变期病变。肺炎明显部的胸膜表面附有薄厚不等的灰黄色纤维素性膜，剥离后表面不平整。多数病例的胸腔内积有大量淡黄色透明或混浊液体，常见胸膜与肺病变部粘连。镜检胸膜表面附有大量纤维素和少量白细胞。间皮细胞脱落，胸膜下水肿。病程长者可见不同程度的结缔组织增生。

疾病后期，肺部明显坏死，周围可见结缔组织性包囊，有的坏死组织发生液化，液化物被吸收，通过气管排出或水分被吸收形成干酪样坏死团块，局部可形成间隙或空洞，有时病灶发生钙化。

此外，肺门淋巴结和纵隔淋巴结肿大、出血，也可见坏死灶。心包膜变厚，心包积液，心肌变性。肝、脾、肾无特征性病理变化。胆囊肿大。一些病例还可见腹膜炎、浆液性纤维素性关节炎等。

第三节　羊支原体肺炎

羊支原体肺炎（mycoplasmal pneumonia of sheep and goat）又称羊传染性胸膜肺炎，是多种支原体引起的绵羊和山羊的一种高度接触性传染病。主要特征为高热、咳嗽、浆液纤维素性胸膜肺炎。取急性或慢性经过，病死率高。该病见于许多国家，我国也有发生，特别是饲养山羊的地区较为多见。绵羊支原体性肺炎的发生率也在明显升高。

（一）病原

病原体包括丝状支原体山羊亚种（*Mycoplasma mycoides* subsp. *capri*）、丝状支原体丝状亚种（*M. mycoides* subsp. *mycoides*）、山羊支原体山羊亚种（*M. capricolum* subsp. *capricolum*）、山羊支原体山羊肺炎亚种（*M. capricolum* subsp. *capripneumoniae*）和绵羊肺炎支原体（*M. oviprzeumoniae*），革兰氏染色阴性，吉姆萨或亚甲蓝着色良好。对理化因素的抵抗力很弱，对红霉素、四环素和氯霉素等抗生素敏感。

（二）致病机制

病原进入呼吸器官，首先通过黏附素和黏附因子黏附于呼吸道上皮细胞，定植于呼吸道黏膜和肺泡细胞表面，抵抗纤毛的清理作用及吞噬细胞的吞噬作用，获取宿主细胞营养成分产生有毒代谢产物，以损害纤毛及上皮细胞膜，导致呼吸道纤毛脱落，从而阻碍宿主细胞清除炎性渗出物，最终引起呼吸道疾病。致使部分肺小叶发生病变，随后肺组织发生一系列病理变化，造成肺脏功能失调，引起羊发生浆液性、纤维素性炎，并逐步侵袭整个肺脏，引起肺脏出现病变，发生纤维化。

此外，支原体能够抑制宿主免疫系统，降低天然免疫细胞的杀伤能力，使外周 T 淋巴细胞、B 淋巴细胞数量减少，使其逃避免疫系统的监控和清除。与此同时，羊感染后也会出现一系列复杂的免疫学发病机制，产生特异性与非特异性抗体，抵抗机体发生感染或成为致病性因素，导致过敏反应。

（三）病理变化

病变多局限于胸部，呈浆液纤维素性胸膜肺炎的变化。胸腔常混有絮状物的淡黄色混浊液体，暴露于空气后有纤维蛋白凝块形成。急性病例的损害多为一侧性，间或两侧出现纤维素性肺炎，肺脏与胸壁发生粘连。肺脏在疾病初期充血、水肿，以后发生肝变。肝变区的大小视病情严重程度而不同，切面平整、致密，不同区域的颜色不一致，呈暗红色、红色、灰红色、灰白色等大理石样外观。病程久者，肝变区机化，胸膜变厚而粗糙，附着黄白色纤维素层，常与心包发生粘连。慢性病例，肝变区发展为凝固性坏死，小的病灶可被机化，大的病灶被肉芽组织包裹形成包囊。肝变区的变化与牛肺疫相似，为典型的纤维素性肺炎，间质的变化没有牛肺疫的严重。

第四节　猪支原体肺炎（猪气喘病）

猪支原体肺炎（mycopllasmal pneumoma of swine，MPS）又称猪地方流行性肺炎（swine endemic pneumonia），俗称“猪气喘病”“喘气病”，是猪肺炎支原体引起的猪的一种常见、多呈慢性经过的接触性传染病。主要特征为咳嗽、喘气、呼吸困难、间质性肺炎和支气管淋巴结髓样肿胀。该病广泛分布于世界各地。患猪生长发育不良，饲料转化率低。病死率一般不高，但继发感染可造成严重死亡。

（一）病原

病原为猪肺炎支原体（*Mycoplasma hyopneumoniae*），革兰氏染色阴性，吉姆萨或瑞氏染色良好。猪肺炎支原体能在无细胞人工培养基、液体培养基、江苏Ⅱ号培养基和固体培养基上生长，也可在鸡胚中生长。该菌对自然环境和常用的化学消毒剂抵抗力不强，对放线菌素 D、丝裂霉素 C 最敏感，对大观霉素、土霉素、卡那霉素、泰乐菌素、林可霉素、螺旋霉素敏感。

（二）致病机制

早期感染主要是支原体聚集，主要依靠黏附蛋白黏附在支气管、细支气管及气管上皮细胞上，通过特异性受体附着在纤毛上皮细胞，逐渐引起感染细胞出现病变与死亡，导致纤毛萎缩脱落及功能受损，后发展为支气管肺炎。

随后分泌的一些有害因子，进一步破坏呼吸道黏膜层。纤毛大量脱落，无法通过摆动功能排出肺泡分泌物、空气源性的微粒粉尘及各种致病菌。另外，支原体使巨噬细胞吞噬功能减弱，导致猪体的免疫功能降低，而易于继发感染。伴随着感染引发的炎症面积逐渐扩大，肺泡出现感染，呼吸功能受到影响。同时，炎性产物渗出堵塞呼吸道，加重患猪咳嗽、气喘。肺炎感染进一步加重时，患猪呼吸和血液循环系统功能会受到影响，严重缺氧时导致心力衰竭和窒息死亡。

（三）病理变化

（1）急性型　特征性病变在肺脏，肺膨大明显，几乎充满整个胸腔，被膜紧张，富有光泽，边缘钝圆，肺脏淡红色或灰白色，表面常有肋骨压痕。肺脏切面湿润，按压可流出带泡沫的血样液体。两侧尖叶、心叶、中间叶和膈叶前缘呈对称性灰红色、半透明胶状，称为胰样变或虾肉样变，与正常肺组织界限明显。支气管淋巴结及纵隔淋巴结肿大，湿润，富有光泽，灰白色，质地变实，称髓样肿胀。心脏急性扩张，右心室最明显，心壁变薄且质地软。病理组织学检查，具有诊断意义的变化为细支气管和小血管周围淋巴细胞增生、浸润，形成管套，甚至一些细支气管周围形成淋巴滤泡样结构，后可波及周围的肺泡。肺泡壁充血，肺泡上皮细胞肿胀、脱落，肺泡腔内见脱落的上皮细胞、淋巴细胞和浆液。病程长者可见广泛的肺气肿和肺水肿。支气管淋巴结和纵隔淋巴结中淋巴小结数量增多，体积增大，生发中心明显扩大。淋巴结的毛细血管内皮细胞肿胀、增生，淋巴窦扩张充满大量渗出液。

（2）慢性型　病变与急性型类似，但病程长、病情重的病例肺部炎区扩大，类似纤维素性肺炎的灰色肝变期景象，甚至有的病例还可发展为肺组织纤维化。病理组织学检查，肺泡内有大量淋巴细胞和浆细胞，肺泡腔内渗出物可被机化。支气管淋巴结和纵隔淋巴结体积可增大几倍，切面隆起、灰白色、湿润，淋巴细胞大量增生。

继发感染时，除猪支原体肺炎的变化外，还可见化脓性肺炎、纤维素性肺炎、浆液性-纤维素性胸膜炎，也常见机化和粘连。

第五节　禽支原体病

禽支原体病（avian mycoplasmosis）是支原体感染而引起的禽的一组传染病。其中鸡毒支原体引起的该病主要特征为咳嗽、流鼻液、呼吸道啰音、张口呼吸、气囊炎和呼吸道炎，也可见鼻窦炎和结膜炎；而滑液囊支原体引起的该病主要特征为关节肿胀和滑膜炎。

（一）病原

禽支原体病病原为鸡毒支原体（*Mycoplasma gallisepticun*，MG）和滑液囊支原体（*Mycoplasma synoviae*，MS），吉姆萨染色着色良好，革兰氏染色呈弱阴性。培养时对营养要求较高，在 pH 7.8 左右的培养基中 37～38℃培养最为适宜。对外界环境的抵抗力不强，一般消毒药均能将其迅速杀死。对链霉素、四环素和红霉素较敏感。鸡毒支原体分离株只有一种抗原型，但菌株间致病力差异很大。

（二）致病机制

MG 进入鸡体后，首先通过其表面的黏附蛋白吸附于上呼吸道黏膜相应的受体上，进而生长繁殖，引起上呼吸道特别是鼻道的炎症。由于黏膜的充血和鼻黏膜腺体分泌增强，机体出现流鼻液和打喷嚏症状。随着炎症的蔓延，受损的部位扩大至鼻邻近组织和眶下窦、气管、支气管、肺和气囊等处。气管内蓄积大量炎性渗出物，出现呼吸啰音。呼吸道内大量炎性渗出物的蓄积，使空气进出受阻和呼吸容量减少，进而出现明显的呼吸困难。

MG 感染是一种经过缓慢的传染病，当饲养管理条件良好时，疾病的发展缓慢，有的几乎不显症状。而当饲养条件恶劣或伴有其他感染时，则病情显露和加剧。特别是混合感染时，出现的症状、病变比单纯 MG 感染要复杂得多，其发病机制也不尽相同。

另外，MG 感染鸡虽然可以产生一定的免疫力，但 MG 利用黏附素的高频率变化逃脱宿主的免疫防御反应，还可通过侵入细胞躲避宿主的免疫防御而在宿主体内长期持续存在。

（三）病理变化

单纯感染鸡毒支原体时病变较轻微。自然感染病例多混合大肠杆菌、新城疫病毒和传染性支气管炎病毒等感染，常出现明显的呼吸道炎和气囊炎。

剖检鼻腔中含有黏性渗出物。喉头黏膜轻度水肿、充血和出血，有多量灰白色黏液脓性渗出物覆盖。气管、支气管黏膜增厚，内有多量灰白色或红褐色黏液。胸腹部气囊变化明显，早期气囊膜轻度混浊、水肿，表面有增生的结节状病灶。随着病情发展，气囊膜增厚，囊腔内还有大量干酪样渗出物。严重的慢性病例，眶下窦黏膜发炎，窦腔内积有混浊黏液或干酪样渗出物，有时炎症蔓延到眼部，可使一侧或两侧眼部肿大、突出，眼球破坏，在眼结膜中能挤出灰黄色干酪样物质。严重病例，可发生纤维素性或化脓性心包炎、肝周炎等。

病理组织学检查，眼结膜上皮细胞增生，皮下结缔组织水肿，淋巴细胞和浆细胞弥漫性浸润，也可形成生发中心。鼻腔黏膜上皮细胞的纤毛脱落、减少甚至消失，黏膜固有层充血、水肿增厚，淋巴细胞和巨噬细胞弥漫性浸润。眶下窦黏膜上皮的纤毛消失，胞质淡染，空泡变性，并有异嗜性粒细胞浸润，固有层充血、水肿，淋巴细胞弥漫性浸润。气管和支气管黏膜上皮细胞的纤毛消失，上皮脱落，黏膜固有层见淋巴细胞弥漫性浸润，甚至形成滤泡样结构。气囊可见上皮细胞局部脱落，纤维蛋白、异嗜性粒细胞和巨噬细胞渗出。

滑液囊支原体感染时的主要病变为滑膜炎和腱鞘炎。表现为关节、爪垫肿胀，关节腔内、爪垫下可见黏稠、灰白色或灰黄色渗出物，渗出物初呈奶油状，后为干酪样，滑膜和腱鞘增厚、水肿。慢性型可见关节变形，关节表面粗糙，关节软骨萎缩。随着病情发展，腱鞘、肌肉和气囊中可见干酪样渗出物。

（赵　丽　刘永宏）

第三篇

普通病病理

第十章　败　血　症

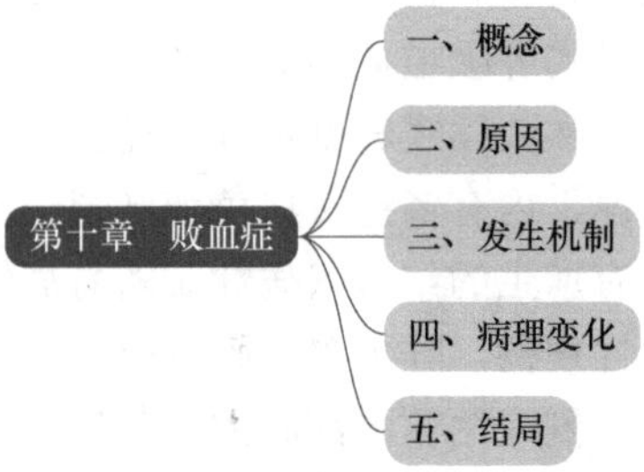

一、概念

致病菌或条件致病菌侵入血液循环中生长繁殖，产生毒素和其他代谢产物，并由此造成广泛的组织损害，临床上出现严重的全身性反应，这种全身性病理过程称为败血症（septicemia）。败血症是病原微生物突破机体屏障、局部感染灶经血液不断向全身扩散的结果。败血症通常由一种病原菌引起，但也有由两种或多种病原菌所引起，称为复数菌败血症，在全部的败血症中，其发病率超过 10%。败血症的预后较差，死亡率一般为 30%～50%。复数菌败血症的死亡率更高，可达 70%～80%。

早先人们认为全身广泛性出血是由腐败菌在血液内繁殖造成的，但后来人们注意到腐败菌很少造成败血症，于是提出细菌侵入血流，在血液内大量繁殖，造成全身广泛性出血和实质器官变性，并将其称为败血症。也有人认为，细菌一般不在机体的循环液体内繁殖，血液内出现的细菌是组织感染灶内的细菌向血流播散和倾注，而机体一时不能将其完全清除的结果。由于一些病毒性传染病也出现与细菌性败血症相似的变化，因此病毒的全身性感染也被称为病毒性败血症。

（一）菌血症（bacteremia）

菌血症即细菌出现于循环血液中的现象。败血症时，持续存在的菌血症标志着病原菌已从原发病灶进入血流，而机体因防御功能解体，故不能将其清除。需要指出的是，菌血症并不等同于败血症，循环血液中一时出现细菌，这在一些细菌性传染病过程中是常有的现象，甚至在健康的机体内也偶尔发生，如在布鲁氏菌病、鼻疽病时，动物机体内可能出现菌血症，但病原菌在血液内存在的时间较短，其中一部分被单核巨噬细胞系统吞噬消灭，另一部分则在适宜于生长的部位停留，生长繁殖形成新的病灶。健康动物口腔或肠道内的细菌也有可能通过黏膜侵入血流而引起菌血症，但却不一定出现明显的症状，细菌在血液中的时间很短，很快即可被单核巨噬细胞所清除。根据致病菌的种类可将败血症分为三大类型：革兰氏阳性菌败血症、革兰氏阴性杆菌败血症和真菌性败血症。

1．革兰氏阳性菌败血症 主要致病菌是金黄色葡萄球菌，它的外毒素能使周围血管麻痹、扩张，多见于严重的痈、急性蜂窝织炎、骨与关节化脓症时，有时也发生在大面积烧伤感染时。临床上一般无寒战，发热呈稽留热或弛张热。患畜四肢温暖，常有皮疹、腹泻、呕吐，可出现转移性脓肿，易并发心肌炎。发生休克的时间较晚，血压下降也慢，但患畜多呈昏迷状。

2．革兰氏阴性杆菌败血症 常由大肠杆菌、绿脓杆菌、变形杆菌所引起，多见于胆道、尿路、肠道和大面积烧伤感染时，有时也可由克雷白杆菌、肠杆菌等引起。革兰氏阴性杆菌的内毒素可以引起血管活性物质的释放，使毛细血管扩张，管壁通透性增加，血液淤滞在血管内并形成微血栓，以致循环血量减少，细胞缺血、缺氧而发生感染性休克。临床上一般突发寒战，发热呈间歇热，严重时体温不升或低于正常。有时白细胞计数增加不明显或反而减少。休克发生早，持续时间长。患畜四肢厥冷，出现发绀，少尿或无尿，多无转移性脓肿。革兰氏阳性菌败血症与革兰氏阴性杆菌败血症的临床鉴别要点见表3-10-1。

表3-10-1 革兰氏阳性菌败血症与革兰氏阴性杆菌败血症的临床鉴别要点

	革兰氏阳性菌败血症	革兰氏阴性杆菌败血症
主要致病菌（毒素）	金黄色葡萄球菌（外毒素）	大肠杆菌、绿脓杆菌、变形杆菌（内毒素）
常见原发病	痈、急性蜂窝织炎、骨与关节化脓症、大面积烧伤感染	胆道、尿路、肠道感染，大面积烧伤感染
寒战	少见	多见
热型	稽留热或弛张热	间歇热，严重时体温低于正常
皮疹	多见	少见
谵妄、昏迷	多见	少见
四肢厥冷、发绀	少见	多见
少尿或无尿	不明显	明显
感染性休克	发生晚，持续短，血压下降慢	发生早，持续长
转移性脓肿	多见	少见
并发心肌炎	多见	少见

3．真菌性败血症 常见致病菌是白色念珠菌。往往发生在原有细菌感染经广谱抗生素治疗的基础上，故发生时间较晚。临床表现酷似革兰氏阴性杆菌败血症，患畜突然发生寒战，出现高热（39.0～40℃）。一般情况下病情迅速恶化，出现神志淡漠、嗜睡、血压下降和休克。

（二）病毒血症（viremia）

病毒颗粒侵入或存在于血液中的现象。败血型病毒病时的病毒血症主要是细胞内复制后的病毒大量释放入血，同时伴有明显的全身性感染过程。

（三）虫血症（parasitemia）

寄生原虫侵入或存在于血液中的现象。败血型原虫病时的虫血症主要是原虫繁殖后大量释放入血，同时伴有明显的全身性病理过程。

（四）毒血症（toxemia）

血液内因细菌毒素和其他毒性产物蓄积而导致的全身中毒现象。毒血症的发生主要是病原微生物的作用，其次也和全身物质代谢障碍，肝、肾解毒和排毒功能障碍等因素有关。

二、原因

（一）败血症病原菌的变化

1935 年以前，引发败血症的病原菌主要是化脓性链球菌（A 族 β 溶血性链球菌，GAS）、肺炎链球菌（肺炎双球菌或肺炎球菌，PNC）及金黄色葡萄球菌（SA），少数是革兰氏阴性杆菌。当时由于缺乏高效的抗菌药物，败血症难以控制，因而病死率极高。自 20 世纪三四十年代磺胺和青霉素先后问世，许多引发败血症的病原菌发生了很大变化。初期这些细菌对抗生素敏感且容易被控制，发病率明显减少。后来逐渐出现了部分耐药菌株，随后又被其他新的抗生素控制而减少，以致形成细菌与抗生素之间反复斗争和变化的局面，如 GAS 与肺炎链球菌原本对磺胺和青霉素敏感而很少出现耐药（尤其是 GAS，迄今没有一个菌株对青霉素耐药），这些细菌感染就容易得到控制而不易发生败血症。应该注意的是，肺炎链球菌、金黄色葡萄球菌产生耐青霉素菌株逐渐增多，其所引起的败血症有增多趋势。20 世纪 60 年代以后，随着半合成青霉素、甲氧西林和其他抗生素的开发应用，金黄色葡萄球菌感染及其败血症又得以减少。但是，抗甲氧西林金黄色葡萄球菌（MRSA）开始出现并增多，这种金黄色葡萄球菌大多为多重耐药，使金黄色葡萄球菌败血症的发生增多且难以治疗。20 世纪 70 年代以后，革兰氏阴性杆菌感染的败血症逐渐增多，以致超过革兰氏染色阳性球菌感染的败血症。到 20 世纪 80 年代，随着广谱高效的第三代头孢菌素、氨基糖苷类与氟喹诺酮的先后应用，革兰氏阴性杆菌感染的败血症得到控制而减少。然而由于抗甲氧西林金黄色葡萄球菌（MRSA）和表皮葡萄球菌（MRSE）逐渐增多，革兰氏阳性球菌败血症又逐渐增多。

（二）败血症常见条件致病菌的微生物学特点

1）条件致病菌存在于外界环境与动物皮肤和黏膜上，包括呼吸道、胃肠道和泌尿生殖道黏膜上。条件致病菌的生命力强，但致病力不强，在一般情况下不致病，仅在动物皮肤与黏膜受损或机体免疫功能不全时才引起感染。

2）条件致病菌多属机体正常菌群（normal flora），有些长期存在于动物的皮肤和黏膜（呼吸道、胃肠道和泌尿生殖道黏膜）上，与动物机体处于共生状态，对动物机体无害反而有益，可对抗外来致病菌的定植（colonization）并为动物机体提供某些营养物质。

3）条件致病菌对外环境的抵抗力较强，长期接触抗生素而对常用抗菌药的耐药性较强，如常见的葡萄球菌与铜绿假单胞菌的耐药性很强，甚至为多重耐药。

4）不合理使用抗生素可导致条件致病菌的菌群或微生态失调。正常菌群受抑制而减少，某种菌过度生长而增多，形成优势菌而致病。也可发生复数菌感染与多部位感染。

（三）病原菌的毒素

各种病原菌均可产生一定的代谢产物和毒素（外毒素和内毒素）。外毒素主要由革兰氏阳性菌所产生，为蛋白质和酶，大多不耐热，其毒力较强，能选择性地损害神经或内脏器官或阻止动物机体合成某些蛋白质。内毒素则是细菌破碎后从细菌壁内释出的物质，多为脂多糖（LPS），主要由革兰氏阴性杆菌所产生。

金黄色葡萄球菌产生多种酶和外毒素，主要为血浆凝固酶、α-溶血素、杀白细胞素、红疹毒素、表皮剥脱毒素、肠毒素（A～E）及与中毒性休克综合征（TSS）有关的肠毒素 F。埃希氏大肠杆菌等革兰氏阴性杆菌产生的 LPS 与单核巨噬细胞接触后，可诱导后者产生一些细胞因子，如肿瘤坏死因子-α（TNF-α）、白介素 1（IL-1）、干扰素（IFN）和各种集落刺激因子。TNF-α 是一种较强的炎症介质，细胞因子通过血小板激活因子（PAF）使白细胞趋化、聚集、活化、黏附和损伤血管内皮细胞，引起管壁渗漏，导致微循环障碍，发生休克与 DIC。肺炎克雷白杆菌具有荚膜，可拮抗和吞噬体液中的杀菌物质。铜绿假单胞菌则能产生蛋白酶、杀白细胞素、磷脂酶 C 及外毒素 A，它是很强的蛋白质合成抑制物，可引起组织坏死。

三、发生机制

败血症的病原主要是细菌（传染性、非传染性）和病毒，但某些原虫（如牛泰勒焦虫）也可成为败血症的病原。病原体由侵入门进入体内后，如果未被白细胞和免疫球蛋白所识别和消灭，便在局部组织、局部淋巴结或其他适于它们生存的部位生长繁殖，改变其数量和毒力，并刺激或破坏局部组织和神经末梢，引起机体的炎症反应和其他防御适应性反应。败血症的出现则意味着病原体的损害作用已占明显优势，而机体的抵抗力趋于瓦解。

一般情况下，非传染性病原菌及一些传染性病原菌（如坏死杆菌、气肿疽梭菌等）先引起侵入门的局部感染，而后发展为败血症，即病原菌先在侵入部位引起局部炎症，在机体防御适应反应不足（如白细胞吞噬能力下降，骨髓白细胞生成减少，抗体生成不足，炎灶增殖过程迟滞，内部屏障功能减弱，中枢神经系统功能障碍等）和治疗不及时的情况下，病原菌大量生长繁殖，局部组织的破坏加剧，炎症波及炎区及其周围组织的淋巴管和血管，引起局部淋巴管炎、静脉炎和淋巴结炎，此时病原菌便可经淋巴和血液不断向全身播散。最初进入血液的部分病原菌可被单核巨噬细胞识别和吞噬，以后随着机体抵抗力的进一步降低，局部不断扩大的炎区病灶内的病原菌及其毒性产物大量进入血液，造成机体全身各器官、组织的病理性损伤，物质代谢和生理功能出现严重紊乱，患畜出现明显的全身症状，导致败血症。如果引发局部感染的致病菌为化脓性细菌，则化脓性细菌在侵入局部先引起化脓性炎症，然后引起局部淋巴结、淋巴管和静脉的化脓性炎，最后播散到机体其他部位引起转移性化脓灶。这种化脓性细菌感染的全身化称为脓毒血症（pyemia）或脓毒败血症（septicopyemia）。

传染性病原菌和病毒通常在感染后直接发展为败血症，此时肉眼常常找不到明显的侵入门病变。这一类败血症的发生机制与由非传染性病原菌所引起的败血症基本类似，只是这些病原体的侵袭力和毒力都很强，它们侵入机体后，迅速经血液播散到全身，在适合其生存的部位繁殖并大量向血流倾注，造成全身性的组织损伤。此时机体的防御适应反应虽有所呈现，但在病原体的强大作用下迅速瓦解，以致在很短时间内发展成败血症。

四、病理变化

败血症的病理变化包括侵入门的病变和全身性病变两方面。以下主要介绍这两个方面和急性经过败血症的常见病理变化。

（一）侵入门的病变

由非传染性病原菌所引起的败血症或脓血症通常在侵入门出现比较明显的病理变化，如创伤感染所引起的皮下脓肿或蜂窝织炎、脐带感染所引起的化脓性脐炎、产后子宫感染所引起的化脓性或坏疽性子宫内膜炎、尿道感染所引起的肾盂肾炎等。侵入门的病变可能呈现出多样性，但其炎症的基本性质多为化脓性或坏死性炎。剖检时应注意检查原发病灶的病理变化，并留心检查由局灶性炎发展成为全身性病理过程的通道，如局部组织的淋巴管炎、静脉炎和淋巴结炎等。侵入门所在部位的相应淋巴结常发生性质与侵入门相同的急性炎症（如化脓性淋巴结炎）。淋巴管炎从侵入门原发病灶向局部淋巴结延伸，为化脓性或非化脓性炎，表现为管腔扩张，其中充满脓性或浆液纤维素性渗出物，有的形成淋巴栓。淋巴管的炎症还可蔓延到周围结缔组织。化脓性淋巴管炎甚至可将淋巴管完全破坏。静脉炎的表现和淋巴管炎相似，见有血栓伴发的静脉炎，静脉壁因炎性浸润而增厚，内膜上附有血栓。在化脓性原发病灶处可见伴发化脓性血栓性静脉炎。

由传染性病原菌和病毒引起的败血症，其侵入门的病理变化一般不明显，也有人将其称为隐源性败血症。随着新的诊断技术的应用，一些所谓隐源性败血症已找到它们的侵入门，如利用免疫荧光技术已经证明扁桃体是猪瘟病毒的最重要的侵入门。

（二）全身性病变

败血症患畜因为有严重的物质代谢障碍和毒血症，所以全身各器官的退行性病变和出血现象相对比较明显，又因为此时病原体在机体内广泛蔓延，所以在很多器官内，特别是在脾脏和全身淋巴组织内，可以明显地看到炎症过程。在疾病过程较久、机体具有过敏性反应的病例，还可以看到由机体过敏性反应所引起的病变。因此，败血症患畜在病理形态学上通常具有某些共同的特点，但随着机体自身情况、病程和病原特性等条件的不同，每一个具体的败血症病例又具有各自特有的表现形式。

在机体抵抗力特别弱、病原体的攻击力特别强时，机体的防御功能迅速瓦解，动物迅速死亡。具有这样特点的败血症病例，此时虽然动物机体内已经发生严重的物质代谢障碍和功能紊乱，但因其病理过程特别短，机体器官组织的形态结构改变还没有充分发展的时间条件，所以在少数败血症病例通过肉眼几乎看不到很明显的病理变化。例如，炭疽杆菌接种后 24h 内死亡的小白鼠在剖检上几乎看不到任何明显的病理变化，但在组织学上则可以看到各个器官组织内都充斥着大量的炭疽杆菌，尤其是小白鼠脾脏内的炭疽杆菌密度与培养基上炭疽杆菌集落中的密度相仿。此外，小白鼠心脏、肝、肾等实质器官内还出现明显的颗粒变性。像上述小白鼠这样的急性病例在自然发病的家畜中也可见到，人们称之为超急性病例（如超急性猪丹毒、超急性猪瘟等）。这些都是特别易感的个体受到强毒性传染性病原体的攻击所致。由非传染性病原菌引起的败血症也可能出现这种情况，如创伤感染厌气性病原菌，通常 3d 左右就可能发展成为败血症。

（三）急性经过败血症的常见病理变化

死于急性败血症的动物尸体很早即可出现肌肉变性和腐败，故尸僵往往不完全或不明显；血液性状常发生改变，表现为血液凝固不全，很多病例发生溶血，因而大血管和心脏内膜常被染成污红色。黏膜和皮下组织可呈现黄疸色彩。病理组织学观察时，在脾、肝、淋巴结等器官内可见血源性色素沉着，多数器官的毛细血管内出现透明血栓（弥散性血管内凝血）；皮肤、浆膜与黏膜上可见多发性的点状出血。浆膜下、黏膜下和皮下结缔组织中可见浆液性或浆液出血性浸润。浆膜腔内有或多或少的积液，其中混有丝状或片状纤维素；淋巴结一般呈现急性淋巴结炎的变化。全身各处的淋巴结肿大、充血、出血、水肿，嗜中性粒细胞浸润，淋巴窦的窦壁细胞增生，有时可见细菌团块或局灶性组织坏死。扁桃体和肠壁淋巴滤泡也可呈现增生或急性炎症变化；脾脏呈现急性脾炎的变化，依感染病原的不同，其体积可肿大数倍或肉眼不见肿大。肿大的脾脏质地松软易碎，切面紫红色，隆起，固有的微细结构模糊不清，脾组织容易刮脱。病理组织学观察可见显著充血、出血，含铁血黄素沉着，嗜中性粒细胞浸润，脾髓组织有不同程度的增生和破坏，脾组织中往往可见到细菌团块。肉眼不见肿大的脾脏，病理组织学观察时可见脾组织变性、坏死，浆液和白细胞渗出，充血不明显；实质器官（如心脏、肝、肾）发生颗粒变性和脂肪变性，有时还可见局灶性炎症；肺呈淤血，水肿；肾上腺呈明显的变性，类脂质消失，皮质呈浅红色，并且出血；中枢神经系统在肉眼上无明显病变，病理组织学观察见水肿，神经细胞不同程度变性，有时见局灶性充血、出血和白细胞浸润。

在脓血症病例，动物尸体的突出表现是全身有转移性化脓灶。这些病灶多是从原发性化脓灶的带菌性栓子取道血流转移来的，因而其分布情况与栓塞形成的规律相同。剖检时，有些病例可以看到数量少而体积大的转移性化脓灶，说明从转移性化脓灶的出现到机体死亡已经过一定的时间。而有些病例则见转移性化脓灶数量多，但每个脓灶的体积较小，这说明病原菌是在短时间内大量进入血流，在全身许多部位同时形成新的化脓病灶，而机体在转移性化脓灶形成后不久就死亡了。有时在机体内既可见较大的化脓灶，又可见较小的化脓灶，且密度不等，这说明机体的败血症病程持续较长，病原菌多次侵入血流，所以出现转移性化脓灶处在不同发育阶段上的差异。此外，在转移性化脓灶的结构上，有些体积较大的化脓灶往往在其外围形成包囊（生脓膜），而那些化脓灶既小且多的病例，一般只见局部组织的脓性溶解和周围组织的反应性充血。由此可见，机体全身转移性化脓灶的表现往往可以反映病原菌和机体之间的斗争过程。

五、结局

（一）死亡

败血症是全身炎症反应综合征（systemic inflammatory response syndrome，SIRS）的一种，除细菌外，病毒、立克次体、真菌和原虫也能引起。SIRS 也可由非感染因素引起。在机体与病原体斗争过程中，败血症的出现是机体抵抗力不足、病原体攻击力占明显优势的表现，如果治疗不及时，动物机体常因出现重症败血症、败血症休克和多器官功能障碍综合征（multiple organ dysfunction syndrome，MODS）而发生死亡。

（二）治愈

败血症是一种复杂的、可累及各组织脏器的全身性感染。治疗上除应积极抗感染、治疗原发病和调节免疫状况外，尚需治疗因败血症所致的感染性休克、DIC、心肾功能不全等并发症。

（鲍恩东）

第十一章　贫　　血

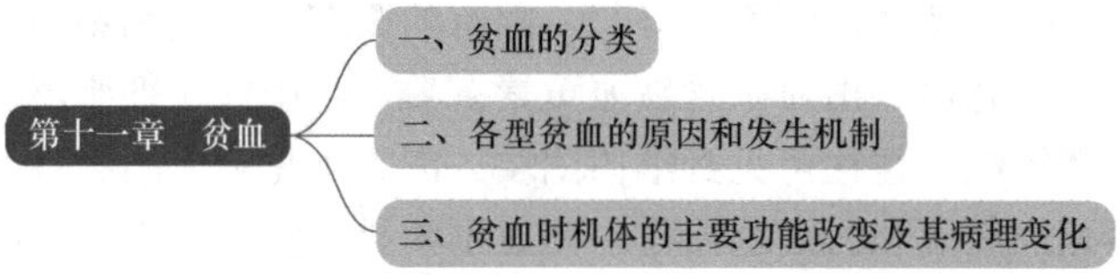

贫血（anemia）是指单位容积血液内红细胞数和血红蛋白量低于正常范围。贫血不是一个独立的疾病，而是在许多疾病过程中常常出现的一种病症，然而有时贫血也可决定疾病的经过和转归，如由创伤引起的失血性贫血，若不紧急处置，往往危及生命。

一、贫血的分类

（一）按红细胞平均血红蛋白浓度分类

可分为低色素性贫血（hypochromic anemia）和正色素性贫血（normochromic anemia）。前者的红细胞平均血红蛋白浓度低于正常，见于慢性失血性贫血、缺铁性贫血；而后者的红细胞平均血红蛋白浓度正常，见于急性失血性贫血、溶血性贫血等。

（二）按红细胞体积大小分类

可分为大细胞性贫血（macrocytic anemia）、正常细胞性贫血（normocytic anemia）及小细胞性贫血（microcytic anemia）。大细胞性贫血时，红细胞平均体积大于正常，如维生素 B_{12} 缺乏引起的贫血；正常细胞性贫血时，红细胞平均体积正常，如溶血性贫血；小细胞性贫血时，红细胞平均体积小于正常，如缺铁性贫血。

（三）按贫血的病因学和发病学分类

可分为失血性贫血、溶血性贫血、营养性贫血和再生障碍性贫血 4 种。这种分类最为常见，为临床医学所常用。

二、各型贫血的原因和发生机制

（一）失血性贫血

失血性贫血（hemorrhagic anemia）是出血而引起的贫血，它可分急性和慢性两种。

1．急性失血性贫血　通常是血管的完整性受到破坏，尤其是动脉血管壁遭到破坏而引起的大出血所致，可见于各种创伤、器官破裂（肝破裂、脾破裂）和子宫、肺、鼻腔重度出血及有出血性素质的各器官出血等场合。

失血性贫血时，红细胞的丧失超过了再生能力，以至于在一定时间内出现贫血变化。在失血当时，血液总量虽然减少，但单位容积血液中红细胞数和血红蛋白量依旧正常，血色指数也不发生变化，故此时的贫血为正色素性贫血。失血后数小时，循环血量减少和动脉压下降，可刺激主动脉弓和颈动脉窦的压力感受器，通过加压反射、交感神经兴奋和儿茶酚胺分泌增加促使脾、肝、皮下及肌肉内的血管收缩，使蓄积其中的血液参与循环。与此同时，在失血后由于血管内流体静压降低，因缺氧而使毛细血管壁通透性增加，加上肝内白蛋白随着储存血液而参与血液循环，血浆胶体渗透压因而维持正常或稍增高，故组织间液迅速渗入血管。由于上述两方面的作用，因此在失血后不久，血液循环量可逐渐恢复，但血液则被稀释，单位容积血液内红细胞数和血红蛋白量的减少相互一致，因而血色指数仍然没有变动。再经数日后，骨髓造血功能逐步增强，血液中可出现多量幼稚红细胞，如网织红细胞、多染性红细胞和晚幼红细胞。但如果此时铁供应相对不足，而红细胞的再生较血红蛋白的合成迅速，则再生的红细胞平均血红蛋白浓度低于正常，外周血液中可出现较多的淡染性红细胞，此时即出现失血性贫血的低色素性特点。

2．慢性失血性贫血 多发生于长期、反复少量失血的动物，如罹患吸血寄生虫病（如羊的血矛线虫病、肝血吸虫病、马圆线虫病、犊牛球虫病等）、用于制造血清的动物。

慢性失血最初因出血量不多，丧失的红细胞和血红蛋白易被骨髓造血功能增强所代偿，故贫血症状多不明显。但在长期反复少量失血之后，因铁损耗过多导致缺铁性贫血。

（二）溶血性贫血

红细胞破坏过多所引起的贫血，称为溶血性贫血（hemolytic anemia）。溶血是指红细胞寿命缩短，提前被破坏，其中血红蛋白被释放到膜外。溶血可发生在血管内或发生在单核巨噬细胞系统内，前者称为血管内溶血，后者称为血管外溶血。血管内溶血一般多为急性经过，当红细胞大量被破坏时，血红蛋白被释放入血浆内，出现血红蛋白血症。游离在血浆内的血红蛋白，主要与血浆结合珠蛋白（haptoglobin）结合形成复合物。一部分血红蛋白分解释放出游离的血红素，可与血浆中的血色素结合蛋白（hemopexin）或与白蛋白结合，然后在单核巨噬细胞系统内转化为胆红素，后者进入血浆后，引起游离胆红素增多，以致出现溶血性黄疸。未被结合的血红蛋白可直接分解成由两条肽链组成的半分子二聚体并由肾小球滤出，如不能被肾小管完全吸收，则从尿排出，形成血红蛋白尿。当大量血红蛋白在肾小管中沉积造成阻塞时，可因缺氧等原因导致肾小管变性、坏死，严重时可继发急性肾功能不全。血管外溶血一般过程较慢，红细胞被单核巨噬细胞吞噬破坏后，血红蛋白转化为胆红素，同样引起血中游离胆红素增多或出现黄疸，并常伴发脾肿大，但无血红蛋白血症及血红蛋白尿症。

引起溶血的因素很多，包括有遗传性因素、免疫性因素、生物性因素、化学性因素和物理性因素等。

1．遗传性因素 见于遗传性血液病及代谢病。致病基因的作用使红细胞发育异常，呈现某些自身性缺陷，从而引起红细胞破坏增多。红细胞缺陷的主要变化可大致归纳如下。

（1）*红细胞膜的异常* 红细胞膜是由脂质双分子层和蛋白质镶嵌而成，其主要功能是控制膜内外的物质交换和维持红细胞的变形性能。红细胞膜结构完整是细胞膜功能正常的基础，而细胞膜功能正常又是细胞膜结构完整的条件，二者相互制约和相互影响。红细胞膜的各种组成成分必须保持一定的数量和排列顺序，才能维持细胞膜的结构完整和功能正常，因此细胞膜的主要成分在量或质上发生任何改变，均可引起膜的结构和功能异常。红细胞膜的主要变化为：①红细胞膜脂质异常。主要表现为膜脂质的转换更新障碍，膜胆固醇/卵磷脂增高或膜溶血性卵磷脂增多。成熟红细胞不能合成脂质，需从血浆中不断摄取新的脂质进行转换更新，其中包括胞膜游离胆固醇与血浆中未酯化的胆固醇进行被动性的交换和平衡。对此，血浆中卵磷脂胆固醇酰基转移酶（LCAT）通过调节血浆中游离胆固醇的浓度，可间接影响细胞膜胆固醇的浓度。当 LCAT 缺乏时，血浆中胆固醇转化为胆固醇酯受阻，胆固醇增多，致使红细胞膜胆固醇增多，则可引起膜功能障碍。此外，细胞膜的溶血卵磷脂需与血浆的游离脂肪酸在膜的深处进行交换和平衡，而后者进入膜内深处是主动运输过程，需有 ATP 供能。游离脂肪酸与溶血卵磷脂在膜深处相互作用生成卵磷脂时，也需 ATP、辅酶等参与。因此，红细胞能量代谢障碍时，ATP 生成不足，膜内卵磷脂生成受阻，致使膜内溶血性卵磷脂积聚增多，后者能使细胞膜溶解或变形，最后导致溶血。红细胞的脂质转换更新障碍，除原发于红细胞的先天性缺陷外，也可继发于严重肝病（LCAT 合成障碍）或某些溶血物质如溶血卵磷脂、胆酸、巴比妥酸、水杨酸等的作用。②膜蛋白异常。红细胞膜蛋白对维持膜结构的完整性、通透性及变形性具有重要作用。膜蛋白多与脂质或糖结合成为脂蛋白或糖蛋白，较重要的膜蛋白有血影蛋白（spectrin）、肌动蛋白（actin）、基质糖蛋白、酶等。正常情况下，血影蛋白必须磷酸化后，才能与肌动蛋白结合形成一种复合物，以保持膜的变形性和通透性。此外，血影蛋白还有蛋白激酶作用，能激活肌动蛋白。膜蛋白异常主要表现为血影蛋白的磷酸化障碍及蛋白激酶活性降低，致使膜的变形性能降低和脆性增高，以及膜孔隙增多和通透性增高，钠离子易于进入膜内，引起红细胞变形（如球形），易被破坏。此外，血影蛋白进行磷酸化时，需由 ATP 供能，故红细胞能量代谢障碍也可引起膜的变形性能降低。③红细胞膜钠泵功能异常。钠泵实际上是一种镶嵌在脂质双层膜中具有 ATP 酶活性的特殊蛋白质，它可被 Na^{+}、K^{+}和 Mg^{2+}等离子激活，分解 ATP 以获得能量，同时将膜外 K^{+}移入膜内，将膜内 Na^{+}移出膜外，从而控制膜内外阳离子的交换和平衡。在红细胞能量代谢障碍时，ATP 酶活性降低或 ATP 生成不足，可使细胞膜钠泵功能发生障碍，从而使钠和水进入膜内增多，可引起红细胞变形和渗透脆性增高，易于被破坏。红细胞内 ATP 生成不足时，膜上的 Ca^{2+}、Mg^{2+}、ATP 酶活性降低，故常伴有细胞内 Ca^{2+}堆积及沉积于细胞膜上，可进一步使细胞膜的变形性能降低及脆性增高。红细胞膜异常可见于牛的遗传性卟啉病，红细胞呈现形态异常，易被破坏。

（2）*红细胞的酶异常*　参与红细胞代谢的酶类主要为糖无氧酵解的酶类（如己糖激酶、葡萄糖-6-磷酸异构酶、丙酮酸激酶等）、磷酸戊糖旁路的酶类（如葡萄糖-6-磷酸脱氢酶、6-磷酸葡糖酸脱氢酶等）及谷胱甘肽代谢的酶类。

糖的无氧酵解约占红细胞糖代谢的 90%，是红细胞的主要能量来源。糖无氧酵解生成的 ATP，主要用于维持膜的钠泵功能，以维持膜内外阳离子的稳定；为细胞膜脂质的转换更新提供能量，以保证卵磷脂的合成；参与血影蛋白的磷酸化过程，以维持红细胞的变形性能。因此，糖酵解的酶类发生缺陷时，糖无氧酵解过程受阻，ATP 生成减少，以致不能维持细胞膜的正常功能，可引起膜离子通透性和变形性异常，膜结构的完整性遭到破坏，最后导致溶血。此外，糖酵解障碍时，还原型辅酶Ⅰ（还原型烟酰胺腺嘌呤二核苷酸，NADH）的生成也减少，后者能使高铁血红蛋白还原成血红蛋白。故当 NADH 缺乏时，红细胞内的高铁血红蛋白增多，运氧能力下降，影响氧和二氧化碳的交换。在动物中先天性酶缺陷可见于犬的家族性贫血，红细胞丙酮酸激酶缺乏，出现球形、棘形或口形红细胞，红细胞平均体积增大和红细胞平均血红蛋白浓度降低。

磷酸戊糖旁路虽只占红细胞糖代谢的 10%，但它主要生成还原型辅酶Ⅱ（还原型烟酰胺腺嘌呤二核苷酸磷酸，NADPH）。NADPH 是谷胱甘肽还原酶的辅酶，能使氧化型谷胱甘肽（GSSG）还原为还原型谷胱甘肽（GSH），对维持红细胞中 GSH 的含量具有重要作用。GSH 具有抗氧化作用，能保持红细胞内含巯基（—SH）酶的活性和使膜蛋白及血红蛋白的硫氢基免遭氧化，故对维持红细胞的完整性具有重要意义。因此，磷酸戊糖旁路的酶发生缺陷或谷胱甘肽过氧化物酶呈现异常时，均能使红细胞膜遭到破坏，引起血红蛋白变性。变性的血红蛋白容易发生沉淀，形成海因茨小体（又称 Heinz 小体），附着于细胞膜内面，使细胞膜局部变硬，易在脾窦内被破坏。

（3）红细胞内血红蛋白异常　血红蛋白是由珠蛋白和血红素组成的。珠蛋白由两条 α 链和两条 β 链所组成，其中每条链的氨基酸数量和排列顺序都是固定不变的，人的先天性血红蛋白缺陷主要表现为珠蛋白肽链在数量上或质量上发生异常，前者主要是某一肽链（α 链或 β 链）合成障碍，因而呈现肽链不平衡，如出现 4 条相同的肽链或其他异常组合的肽链；后者主要是肽链中的一个或几个氨基酸发生替代、缺失或其他变异，如镰状细胞贫血时，β 链上第六位谷氨酸被缬氨酸替代，结果产生异常血红蛋白，易被破坏。在家畜中，目前仅见有先天性血红素合成障碍的报道，如牛、猪、猫的先天性卟啉病，因骨髓内有核红细胞卟啉代谢受阻，使构成血红素的原卟啉Ⅸ不能生成，致使血红素形成障碍，又因红细胞内含有过多的卟啉代谢的中间产物（卟啉原、尿卟啉Ⅲ、粪卟啉Ⅲ等），使红细胞膜呈现异常而容易发生溶血。

2．免疫性因素　免疫性溶血性贫血是免疫性因素通过免疫机制使红细胞受到破坏而发生的贫血。免疫性溶血性贫血的发生原因较多，但基本有以下几种。

（1）血型抗体所引起的贫血　引起红细胞破坏的抗体可以是天然抗体或获得性抗体，也可以是转移性抗体。①异型输血：血型系统不符，供血者红细胞可被受血者血浆中的同型天然抗体破坏，受血者红细胞虽然也可被供血者血浆中的天然抗体破坏，但在输血量不多的情况下，供血者血浆中的天然抗体的数量有限且被稀释，故一般对受血者红细胞的影响不大。②新生幼畜溶血病：新生幼畜溶血病是新生畜的红细胞与生后来自母体的抗红细胞抗体发生免疫反应所致。这与父系公畜的血型与母畜的不同有关。当父系公畜的血型与母畜不同并遗传给子代胎儿时，则导致胎儿血型与母畜不同，它对母畜可形成一种免疫刺激。胎儿红细胞不能通过胎盘进入母体，故母体对此无反应。但当母体胎盘发生损伤或其他原因使胎儿红细胞异常地进入母体时，则刺激母体产生抗胎儿红细胞抗体，后者可进入母畜的初乳内。分娩后，新生畜吸吮含有抗红细胞抗体的初乳，抗体可通过肠绒毛进入新生畜的血液内，与新生畜红细胞发生免疫反应，使红细胞破坏，从而引起溶血性贫血。通常在第一胎时，母体产生抗胎儿红细胞抗体的数量不多，新生畜吸吮初乳后，往往不引起明显反应或不发病。但该母畜如果继续与第一胎相同血型的公畜配种或再度受到相同免疫刺激时，由于免疫记忆的作用，可产生大量抗胎儿红细胞抗体，并通过初乳进入新生畜血液内后，可引起严重的溶血反应。新生畜溶血可见于马驹、驴驹和仔猪。

（2）药物免疫性溶血　许多药物进入机体后，在血浆中与蛋白质或红细胞结合而具有抗原性，可刺激机体产生抗体，并通过抗原-抗体作用，引起免疫性溶血。引起免疫性溶血的药物主要有抗感染药物（如青霉素、链霉素、头孢菌素、磺胺等）、消炎止痛药（如吲哚美辛、非那西丁等）、镇静药（如苯妥英钠、氯丙嗪等）及其他药物（如奎宁、左旋多巴、α-甲基多巴等）。药物免疫性溶血基本上可分为以下三种类型。①免疫复合物型，药物为半抗原，在血浆内与蛋白质结合形成抗原，刺激机体产生相应抗体（IgM 或 IgG），产生的抗体与抗原结合形成抗原-抗体复合物，非特异性地吸附在红细胞膜上，在补体的参与下，引起红细胞破坏，发生血管内溶血。磺胺、四环素、奎宁、非那西汀、吲哚美辛等可引起此型溶血。②半抗原型，药物为半抗原，在血液内与红细胞膜蛋白结合形成抗原，刺激机体产生相应的抗体（IgG，偶为 IgM），该抗体（IgG）作用于与半抗原相结合的红细胞，不需要补体参与即可引起红细胞凝集及破坏。

青霉素、头孢菌素等可引起此型溶血。③自身抗体型，药物与红细胞膜蛋白结合，使红细胞膜的抗原决定簇发生改变，刺激机体产生抗红细胞的自身抗体（IgG），引起红细胞凝集或溶血。甲基多巴、左旋多巴等可引起此型溶血。

（3）自身免疫性溶血　这类贫血是体内产生自身抗体，与自身红细胞发生免疫反应，使红细胞破坏过多而引起的一种贫血。自身免疫性溶血可分为原发性和继发性两类。原发性自身免疫性溶血多与遗传因素有关，在家畜中仅见于犬，从病犬的致敏红细胞表面可以抽取能使健康犬红细胞致敏的抗体。继发性自身免疫性溶血，除上述药物性自身免疫性溶血外，还可见于犬系统性红斑狼疮、马传染性贫血、牛边虫病、牛淋巴肉瘤等。

3．生物性因素　某些微生物和血液寄生虫是引起溶血的常见因素，如溶血性链球菌能产生O型和S型溶血素，前者可作用于红细胞的胆固醇，后者作用于红细胞的膜磷脂，可引起红细胞破坏而发生溶血。葡萄球菌能分泌α、β、γ等溶血素，具有破坏红细胞的作用。产气荚膜杆菌能产生磷脂酶C，作用于红细胞膜磷脂，可使红细胞变成球形而被破坏。某些血液寄生虫如焦虫、锥虫等可通过机械的、毒性的或免疫性的作用，引起红细胞破坏。

4．化学性因素　化学毒物和药物是引起溶血较多见的原因，常见的化学毒物有苯、苯肼、皂苷、蛇毒、蓖麻子、胆酸盐、铅、砷、铜等。苯和苯肼除直接引起红细胞溶解外，还可影响骨髓造血功能。苯的氨基或硝基衍生物如苯胺、硝基苯胺等能使珠蛋白变性，进而引起红细胞崩解。苯肼具有氧化作用，能使红细胞的还原型谷胱甘肽含量减少及谷胱甘肽过氧化物酶活性降低，使血红蛋白变性和沉淀，引起溶血。蛇毒含有磷脂酶，能水解红细胞膜或血浆中的卵磷脂变为溶血性卵磷脂，因而具有溶血作用。皂苷能与红细胞膜的胆固醇结合，增加细胞膜的通透性，水和钠易于渗入红细胞内而引起溶血。蓖麻子含有蓖麻素，具有较强的溶血作用。铅可抑制红细胞膜 Na^+，K^+-ATP 酶的活性，使红细胞的离子平衡失常，钠和水进入细胞内过多而发生溶血。胆酸盐及芳香族麻醉药均能溶解或破坏红细胞膜的脂质结构，致使红细胞溶解。此外，血浆某些成分的改变也可引起溶血，如肝病时引起卵磷脂胆固醇酰基转移酶合成障碍，血浆中该酶的减少可影响红细胞脂质的转换更新，从而引起溶血。

5．物理性因素　高温能使红细胞膜的脂质溶解，破坏细胞膜的通透性及变形性。电离辐射能使红细胞膜的脆性增加，对红细胞具有破坏作用。血浆低渗可引起红细胞的离子平衡异常，致使红细胞膨胀崩解。此外，弥散性血管内凝血（DIC）能使通过微血管的红细胞遭受纤维蛋白网的机械性牵拉，容易造成红细胞损伤，引起所谓的微血管病性溶血性贫血（microangiopathic hemolytic anemia）。

（三）营养性贫血

营养性贫血（nutritional anemia）是缺乏某些造血所必需的物质，如蛋白质、铁、铜、钴、维生素 B_{12} 及叶酸等引起的一种贫血。

（1）蛋白质　蛋白质是血红蛋白的主要成分，营养不足或消化吸收障碍导致蛋白质缺乏时，可使骨髓造血功能低下，从而引起贫血。

（2）铁　铁在血红蛋白的合成中，既与原卟啉结合成为血红蛋白，又在甘氨酸与琥珀酰辅酶A缩合为δ-氨基-γ-酮戊酸时作为一个辅酶。因此，缺铁则血红蛋白合成减少，可引起低色素性贫血。当饲料中铁缺乏或机体需要量增加（妊娠、生长中的幼畜）而摄入量不足时、铁吸收障碍（如饲料中含磷过多，在肠内形成不溶性磷酸铁，妨碍其吸收；饲料中植酸过多也不利于铁的吸收，以及胃肠道消化吸收障碍等）时、铁丧失过多（慢性出血）时等，均可引起缺铁性贫血。

缺铁不仅引起血红蛋白合成减少，而且各种含铁酶的（如细胞色素氧化酶等）活性也降低，进而影响电子传递系统，使脂类、蛋白质及糖类在原红细胞内合成障碍，结果导致成熟的红细胞体积缩小（小细胞性贫血）和内部异常，除促使其生命缩短外，这种有内部缺陷的红细胞还易于在脾内破坏，引起血管外溶血。

（3）铜　铜在血红蛋白的合成与红细胞的成熟过程中起促进作用，还参加细胞色素氧化酶和其他一些氧化酶的组成。饲料中缺乏铜时，体内贮存的铁也不能被利用，故导致血红蛋白合成减少而发生贫血。

上述因铁和铜缺乏而引起的贫血在新生仔猪中最为多见，因为在胚胎期贮存于肝的铁和铜在出生后很快就被机体利用。

（4）维生素　维生素 B_{12} 和叶酸缺乏可引起恶性贫血（pernicious anemia）或高色素性大细胞贫血（hyperchromic-macrocytic anemia），常发生于人类。维生素 B_{12} 能促使胸腺嘧啶变为胸腺嘧啶核苷，后者可进一步合成核酸，从而加速红细胞（主要是核）的成熟。叶酸可使尿嘧啶甲基化，变为胸腺嘧啶，故也具有促进造血的作用，但效果较维生素 B_{12} 差。维生素 B_{12} 的吸收需要内因子的存在，后者在人类主要由胃底部黏膜分泌，动物的十二指肠黏膜也可产生，是一种黏蛋白，其作用可能是保护食物中维生素 B_{12} 不被肠内细菌所破坏，从而有利于维生素 B_{12} 的吸收。

（5）钴　钴是维生素 B_{12} 的组成成分，放牧地带每千克土壤的钴含量低于 2mg，就可使牛发生贫血。

（四）再生障碍性贫血

再生障碍性贫血（aplastic anemia）是骨髓造血功能障碍，红细胞生成不足而导致的一类贫血。此型贫血往往伴有粒细胞和血小板生成减少，并见有骨髓造血组织的减少。

1. 原因和发病机制　引起再生障碍性贫血的原因比较复杂，其发病机制也不尽相同或不完全清楚，而骨髓造血功能障碍和红细胞生成减少仅是其产生的共同后果。引起再生障碍性贫血的主要原因有中毒或药物的过敏、电离辐射、感染、免疫反应、骨髓病变（如肿瘤、纤维化等），可能的发病机制如下。

（1）骨髓微环境障碍　骨髓微环境是指局部的骨髓基质、血液供应、神经支配、造血细胞以外的各种细胞等，是保证多能干细胞生存和分化的必要条件。因此，某些病因引起微环境尤其血液供应障碍时，不利于造血细胞的生成和分化，可导致骨髓造血功能障碍。用射线破坏骨髓微环境后发现，机体的造血功能丧失，即使重新输入骨髓组织，其造血功能也不能恢复。

（2）造血干细胞受损　某些致病因素如化学毒物、电离辐射、感染等可引起造血干细胞的损伤，使骨髓造血功能发生障碍，如电离辐射可抑制干细胞的 DNA 和 RNA 合成，使其分化和增殖受阻。氯霉素可使多能干细胞衰竭，因为氯霉素的立体结构（是一种旁链与二氯乙酰胺结合的氮苯化合物）与嘧啶核苷酸相似，可以发生竞争性抑制，能抑制 DNA 的合成，阻断信使核糖核酸（mRNA）与核糖体结合，从而抑制蛋白质的合成，致使多能干细胞衰竭和骨髓造血功能抑制。细胞毒药物（如环磷酰胺等）、某些杀虫药（如六氯苯、DDT）、农药（如对硫磷-1605、内吸磷-1059）等均能损伤干细胞或早幼红细胞，引起造血组织增生不良。某些传染病如马传染性贫血、结核病等，可因病原微生物及其在体内形成的有毒产物的作用，导致造血细胞受损而发生贫血。

（3）免疫反应　某些致病因素可通过免疫机制引起造血细胞或骨髓微循环的破坏，从而导致贫血。某些药物（如氯霉素）、病毒等可与干细胞的蛋白质结合形成一种结合蛋白，使细胞膜的抗原改变，从而被淋巴细胞或抗体所排斥，或者引起微血管结构的破坏。

（4）促红细胞生成素调节障碍　促红细胞生成素减少可影响干细胞的分化、幼红细胞的增殖和成熟。由于促红细胞生成素的生成主要与肾有关，因此慢性肾功能衰竭出现的贫血与促红细胞生成素生成不足有关。而在慢性再生障碍性贫血时，血浆中促红细胞生成素含量明显增加，这可能与骨髓长期缺氧和功能低下，不能充分利用促红细胞生成素有关。

2．血液学的主要变化

（1）骨髓的变化　骨髓造血功能障碍是此型贫血的根本问题。此型贫血时，虽然有时可见有局部红骨髓增生，但造血组织总量减少是其基本特征。此型贫血时，骨髓造血细胞表现为原始红细胞分化增殖受阻，以致红细胞系、粒细胞系和巨核细胞显著减少，或者表现为幼红细胞的成熟、发育（铁的利用、血红蛋白合成、晚幼红细胞的去核等）障碍，以致出现异常的幼红细胞（如含有铁粒或胞质胞核发育不一致的幼红细胞）和生成异常的红细胞（如低色素型红细胞）。在极少数情况下，也可能出现髓外造血，即在脾、淋巴结、肝、肾等组织内见有造血灶。

（2）外周血液的变化　红细胞数量和血红蛋白含量低于正常。红细胞一般属正常色素型，形态大多数正常或有轻度大小不均，但当伴有铁利用障碍时，则呈现低色素型红细胞。此外，在外周血液中可先后伴有粒细胞和血小板的数量减少，这也是此型贫血的一个特点。血清铁及铁蛋白含量增高，这在此型贫血与缺铁性贫血的鉴别诊断上具有一定意义。

三、贫血时机体的主要功能改变及其病理变化

（一）贫血时机体的主要功能改变

贫血所引起的全身各系统的功能变化，视贫血发生的原因、贫血程度、贫血持续时间的长短及机体的适应能力等因素而定。需要指出的是，贫血时机体所表现出的各系统的功能变化，往往是贫血的原因与结果混杂在一起的，如营养缺乏所引起的贫血，同时还伴有营养缺乏的症状，并不全是由贫血引起的。单纯由大失血引发的贫血所出现的功能变化主要是机体缺氧所致。

1．循环系统　贫血时红细胞和血红蛋白减少，导致机体缺氧和物质代谢障碍，在早期可以出现代偿性心跳加强、加快，以增加每分钟心输出量，因血流加速，单位时间的供氧增多，可代偿因红细胞减少所造成的缺氧。但到后期，因心脏负荷加重，心肌缺氧而致心肌营养不良时，则可诱发心脏肌原性扩张和相对性瓣膜闭锁不全，导致血液循环障碍。

2．呼吸系统　贫血时缺氧和氧化不全的酸性代谢产物蓄积，刺激机体的呼吸中枢，使呼吸加快。患畜轻度劳役后便出现呼吸急促症状。同时因组织细胞呼吸酶活性增强，且红细胞内甘油酸-2,3-二磷酸增高促使氧合血红蛋白的解离加强，从而增强了组织细胞对氧的摄取能力。

3．消化系统　消化道功能改变除因缺氧所致外，还与营养障碍有关。动物出现食欲减退、胃肠分泌与运动功能减弱、消化吸收障碍，故在临床上表现出消瘦、消化不良、便秘或腹泻等症状。消化过程发生障碍，反过来又可加重贫血的发展。

4．神经系统　贫血时，中枢神经系统的兴奋性降低，以减少脑组织对能量的消耗，增

加对缺氧的耐受性，因此具有一定的保护性意义。但严重贫血或贫血时间较长时，脑组织的能量供给减少，神经系统功能减弱，对各系统功能的调节能力降低，动物多表现精神沉郁、容易疲劳、使役效率降低、抵抗力减弱。

5．骨髓造血功能 贫血时，因缺氧可促使肾产生促红细胞生成素（erythropoietin），致使骨髓造血功能增强（再生障碍性贫血除外）。促红细胞生成素还能促进其反应细胞的增生，并加快正在成熟的红细胞内的血红蛋白合成速度，缩短骨髓内各级未成熟红细胞的转化时间，引起早期释放网织红细胞。

（二）贫血时血液像与骨髓像的变化

1．血液像 贫血时，除红细胞与血红蛋白数量减少外，外周血液中还可出现在正常情况下不应有的血液像变化。

（1）淡染性红细胞 红细胞呈环形，这是红细胞内血红蛋白含量减少的表现。红细胞通常呈边缘厚、中央较薄的圆盘状，当其细胞质中的血红蛋白含量减少时，含细胞质较少的中央部分就会因血红蛋白的含量过少而呈透明无色之观，仅其边缘着色，故呈环形。

（2）红细胞大小不均 红细胞形态大小不等，有的大于正常红细胞，有的则小于正常红细胞，前者称大红细胞，后者称小红细胞。

（3）异形红细胞 外形呈椭圆形、梨形、哑铃形、半月形、桑葚形等，它们是由血液中较不稳固的红细胞转变而来的。

（4）多染性红细胞 红细胞细胞质的一部分或全部变为嗜碱性而接受盐基性色素，故呈淡蓝色着染。这是一种未成熟的红细胞，见于骨髓造血功能亢进时。

（5）网织红细胞 对正常血液做活体染色时，可见少量细胞质内含有嗜碱性小颗粒或纤维网样的幼稚红细胞（为0.5%～1%），称为网织红细胞。贫血时，血液中网织红细胞增多，是红细胞再生过程增强的表现。

（6）有核红细胞 血液内出现晚幼红细胞，即未成熟的红细胞，它含有浓染的细胞核，而其大小则与正常红细胞相仿或稍大，这是造血过程加强的标志。在一些重症贫血过程中，血液内出现胚胎期造血所特有的原巨红细胞，这种细胞体积异常巨大，含有大而淡染的核，表示造血过程返回到胚胎期的类型。

（7）Howell-Jolly 小体和 Cabot 环 在贫血患畜的血液内可见红细胞细胞质内含单个或成对的蓝色的圆形小体，称为 Howell-Jolly 小体，它是红细胞核质的残迹。Cabot 环呈环形，可能是红细胞核膜的残迹。

贫血机体的外周血液中，红细胞在形态、大小、性质、结构及染色上所出现的各种变化，依贫血的种类、骨髓的反应性和红细胞生成障碍性质等的不同而呈现不同的表现，其中可以看出显然不同的两种现象：一种是骨髓造血功能紊乱，如血液中出现淡染性红细胞、红细胞大小不均、异形红细胞、原巨红细胞、Howell-Jolly 小体和 Cabot 环等，这是造血功能紊乱和病理性红细胞生成的表现；另一种是骨髓造血组织再生亢进现象，如外周血液中网织红细胞增多、出现多染性红细胞和晚幼红细胞等。因此，外周血液中红细胞的检查，对于判定贫血的程度与机体造血功能的状况具有一定的意义。

2．骨髓像 为了得到关于造血功能状态的正确概念，必须对外周血液像和骨髓像同时进行研究。在各种类型贫血时，骨髓不可避免地要发生一定改变，其中多数贫血具有红骨髓增殖现象，表现为幼稚有核红细胞生成增多。在正常情况下，有核红细胞不超过胸骨穿刺物有核细胞的 1/4 或 1/5，剩余的 3/4 或 4/5 为颗粒性白细胞及其幼稚部分的总和。因此，在正常胸骨穿刺物中，二者的比例关系可表示为

$$\frac{\text{颗粒性白细胞}}{\text{有核红细胞}}=\frac{4}{1}\text{或}\frac{3}{1}$$

贫血时，由于增殖反应主要表现在红细胞生成方面，因此，该比例关系可因有核红细胞增加而达 1∶1，甚至 1∶2 或 1∶3。此外，在胸骨穿刺物中增殖的幼稚有核红细胞各型之间的比例关系也会发生改变。根据不同类型有核红细胞占优势的情况，可分为不同性质：即原红细胞性、早幼红细胞性、晚幼红细胞性、原巨红细胞性。但必须指出的是，骨髓中红细胞的含量和外周血液中红细胞的含量之间是不存在直接比例关系的。因此，在判断骨髓的红细胞生成机能时，不能只根据骨髓中有核红细胞的数量，而应当将骨髓像和外周血液的血液像与血红蛋白等进行对比研究，才能得到有关造血组织功能的正确概念。

（三）贫血时的病理变化

各种贫血在病理解剖学上有着共同的表现，这就是全身性贫血和造血组织的反应。

全身性贫血，可致使机体各组织、器官呈现苍白色。长期贫血时，组织、细胞因缺氧而发生变性，如心脏、肝、肾和血管内皮细胞在慢性贫血时均可见不同程度的脂肪变性，血管内皮细胞的变性常导致浆膜和黏膜出血。

造血组织的反应多表现为具有再生反应特性的增生。成年动物胸骨、肋骨、椎骨体及管状骨两端松质骨中的红骨髓发生增殖，眼观该部湿润、呈红色。镜检该部位几乎全部为骨髓组织，而脂肪细胞则很少或完全缺乏。同时，在管状骨中脂肪细胞间残存的骨髓组织小岛的增生和一些由局部干细胞形成的新造血灶，可使黄色的脂肪髓中的脂肪细胞萎缩，最后完全被红骨髓所代替。在再生反应比较显著的病例，骨髓组织不仅在骨髓内增生，而且可以在骨髓外的其他一些器官中由局部的网状细胞和血管外膜细胞演变而成，这种现象称为髓外造血（或骨髓化生），如造血的骨髓组织灶常在脾、肝与淋巴结内出现。镜检时，具有再生反应特性增生的髓组织（骨髓内和骨髓外）成分和功能增高的红骨髓成分是一致的，其中可见原红细胞、原粒细胞、中幼红细胞等。髓组织的成熟程度，依贫血的病因不同而不同。此外，造血组织在某些病例中可不见增殖性反应（再生障碍性贫血），此时外周血液中也就不能见到各种未成熟的红细胞。

贫血时虽有上述共同变化，但因贫血的类型不同，各型贫血也各有其特殊病变。例如，急性失血性贫血时，因失血过多，病畜表现为可视黏膜突然苍白、体温下降、耳尖和四肢发凉、全身发抖、脉搏细弱等休克症状，并容易死亡；若失血后病程稍久，由于缺氧刺激，骨髓造血功能增强，红骨髓增生，外周血液中可出现不成熟的红细胞。溶血性贫血时，血液及骨髓变化除与失血性贫血相同外，还因为红细胞大量破坏，血液中胆红素增多，许多组织被染成黄色，所以可看到黏膜发黄（黄疸），甚至发生血红蛋白尿。同时在脾可见大量含铁血黄素沉着。寄生虫引起的慢性失血性贫血时常伴发水肿。营养性贫血时，一般病程较长，病畜呈现消瘦，血液稀薄，血红蛋白含量显著降低，外周血液可出现小红细胞（缺铁性贫血）或大红细胞（恶性贫血）。再生障碍性贫血时，因红骨髓显著减少或消失，骨髓造血功能破坏，故除红细胞和血红蛋白减少外，还伴有白细胞和血小板减少。

（鲍恩东）

第十二章　中毒性疾病

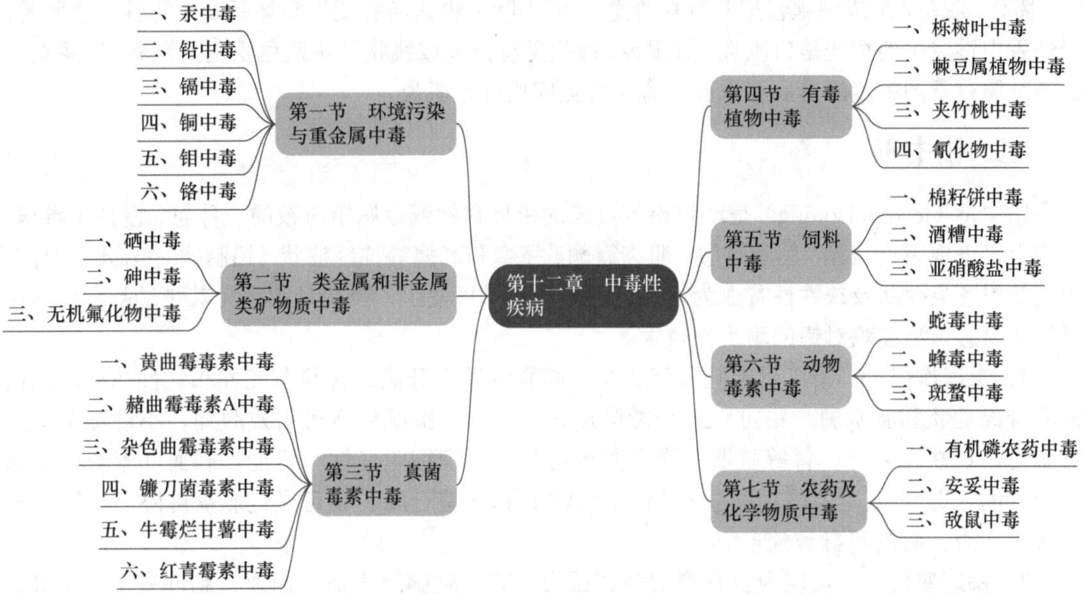

第一节　环境污染与重金属中毒

环境污染被定义为有害物质或有害因子进入环境后对生态系统造成干扰和损害的现象。环境污染物的种类繁多，各种污染物可以通过不同的途径侵入机体，而且各污染物之间可能存在联合作用，致使环境污染所引起的健康问题更加复杂。一种污染物作用于机体可能对不同的器官或功能产生影响，不同的污染物可能引起相同的后果。长期观察和流行病学调查显示，具有重要危害作用的污染物主要有废水中的重金属、有机物（酚、农药、氰化物、致癌物），大气中的颗粒物（PM）、SO_2、氟化物等。

一、汞中毒

汞中毒（mercury poisoning）是动物食入汞及其汞化合物或吸入汞蒸气引起的一种中毒病。汞及其制剂因侵入途径不同，可分别引起胃肠炎、支气管肺炎和皮肤炎；汞吸收后可导致肾和神经组织等的严重损害。各种动物对汞及其制剂的敏感性差异较大，以牛、羊最为敏感，家禽和马属动物次之，猪耐受性最强。

1．毒理作用　汞制剂具有腐蚀性，能损害微血管壁，凝聚蛋白质成分，对局部有强烈的刺激作用；汞化合物易溶于类脂质，排泄速度很慢，常大量沉积于神经组织内，导致脑和末梢神经的变性；汞能与体内含巯基酶类的巯基结合，使其失去活性，使几乎所有的组织细胞都受到不同程度的损害；有机汞可通过胎盘屏障影响胎儿，还可通过乳汁传递给幼畜，引起幼畜肢端震颤，甚至死亡。

2. 病理变化 食入中毒者，胃肠道黏膜充血、出血、水肿、溃疡甚至坏死；吸入中毒者，可见腐蚀性气管炎、支气管炎及细支气管炎、间质性肺炎、中毒性肺炎、肺出血乃至灶性坏死，有时还伴有胸膜炎；体表接触患者，皮肤潮红、肿胀、出血、溃烂、坏死、皮下出血或胶样浸润。急性汞中毒呈现中毒性肾病（见肾肿大、出血和浆液浸润，肾小管上皮细胞颗粒变性、坏死、脱落，形成细胞管型和颗粒管型）、肝小叶中央区脂肪变性和坏死及中毒性脑水肿等。慢性汞中毒突出的病变是口腔炎、齿龈炎，齿龈见有排列成线状的灰蓝色汞色素沉着（即汞线）。脑及脑膜有不同程度的出血和水肿。有时可见间质性心肌炎。

二、铅中毒

铅中毒（lead poisoning）是动物摄入过量的铅化合物或金属铅所致的一种急、慢性中毒病。临床上以表现兴奋狂躁，感觉过敏，肌肉震颤、痉挛和麻痹等神经症状（铅脑病）；流涎、腹泻、腹痛等胃肠炎症状及缺铁性贫血为特征。各种动物均可发生，反刍动物（尤其是幼龄和妊娠母畜）最易感，猪和鸡对铅的耐受性较大。

1. 毒理作用 铅可引起脑血管扩张、脑脊液压力升高、神经节变性和灶性坏死，因而常有神经症状和脑水肿。铅可引起平滑肌痉挛，胃肠平滑肌痉挛可引发腹痛，小动脉平滑肌痉挛可出现缺血，肝、肾等脏器血流量减少可引起组织细胞变性。铅能抑制血红素合成所需的两种酶，即 δ-氨基乙酰丙酸脱水酶（ALAD）和铁螯合酶。铅可通过胎盘屏障，对胎儿产生毒害作用，有的可导致流产。

2. 病理变化 表现为脑脊液增多、压力升高，软脑膜充血、出血，脑回变平、水肿；脑实质毛细血管充血，血管内皮细胞肿胀、增生；脑皮质神经细胞变性和灶性坏死，胶质细胞增生。外周神经纤维发生节段性脱髓鞘、肿胀、断裂或溶解，施万细胞轻度增生。肾肿大，质脆，呈黄褐色。肾小管上皮细胞有的核内可见圆形、椭圆形或块状包涵体，HE 染色呈淡红黄色，抗酸染色和 PAS 染色呈紫红色，其周边有一狭窄的空隙或亮晕。肾小管上皮细胞颗粒变性、坏死，坏死脱落的上皮细胞堵塞管腔，严重时肾小球硬化。肝脂肪变性，偶尔见核内包涵体。骨皮质变薄，骨密度降低，引起骨质疏松，有的在切齿和臼齿齿龈处或骨骺端发现致密的铅线。

三、镉中毒

镉中毒（cadmium poisoning）是饲料、饮水中污染过量镉，动物长期摄入后引起的以生长发育缓慢、肝和肾损害、贫血及骨骼变化为主要特征的一种中毒病。多见于放牧的牛、羊、马等，多呈慢性或亚临床经过。

1. 毒理作用 镉可经胃肠道、呼吸道甚至皮肤吸收，但动物体内缺乏排泄镉、限制镉沉着的机制，镉一旦在体内沉着就很难通过转换排出体外。镉与蛋白质有高度的亲和力，可使多种酶的活性受到影响。镉能强烈地干扰锌、铁、铜、钙、硒等的吸收或在组织中的分布，以产生相应的缺乏症。镉主要沉积在肾、肝、睾丸、脾、肌肉等组织中并引起损害；此外，镉还有致肿瘤作用。

2. 病理变化 肝是镉急性中毒造成损伤的主要靶器官，表现为肝细胞变性、坏死，细胞质溶解呈细网状，严重时完全崩解，肝血窦内皮细胞变性、肿胀。肝形成的镉-金属硫蛋白

（cadmium-metallothionein，Cd-MT）在肾小管上皮细胞中降解、分离，释放出游离的镉并产生毒性作用，表现为典型的中毒性肾病，并有亚急性肾小球肾炎和间质性肾炎的变化。主要危及肾近曲小管，严重时危及肾小球。心肌细胞变性，有时出现局灶性坏死。肺表现出严重的支气管炎和血管周围炎、弥漫性肺泡间质炎和结缔组织增生。小脑浦肯野细胞和大脑神经细胞变性。睾丸曲细精管上皮细胞变性、坏死，精子畸形。此外，实验发现镉可以引起肺、前列腺和睾丸发生肿瘤，也可引起骨质疏松、骨软化症、骨折等。

四、铜中毒

铜中毒（copper poisoning）是动物一次性摄入大剂量铜化合物或长期食入含过量铜的饲料或饮水，导致腹痛、腹泻、肝功能异常和以溶血危象为特征的一种中毒病。

1. 毒理作用　摄入大量铜盐对动物胃肠道黏膜产生直接的刺激作用；高浓度铜在血浆中可直接与红细胞表面的蛋白质作用，引起红细胞膜变性、溶血；大量铜可集聚在肝细胞的细胞核、线粒体及细胞质内，造成亚细胞结构损伤。

2. 病理变化　羊急性铜中毒时，胃肠炎病变明显，表现为真胃、十二指肠充血、出血甚至溃疡，间或有真胃破裂。胸、腹腔黄染并有红色积液。膀胱出血，内有红色以至褐红色尿液。慢性铜中毒时，以全身黄疸和溶血性贫血为特征，肝呈黄色、质脆，有灶性坏死。肝窦扩张，肝小叶中央坏死，细胞质严重空泡化，肝细胞坏死溶解。有的肝小叶弥漫性坏死或肝小叶周边严重脂肪变性。肝、脾细胞内有大量含铁血黄素沉着。电镜观察见肝细胞内线粒体肿胀，有空泡形成。肾肿大，呈古铜色，被膜有散在出血斑点，切面有金属光泽，肾小管上皮细胞变性、肿胀，肾小球萎缩。脾肿大，弥漫性淤血和出血。猪铜中毒时肝肿大一倍以上，黄染，胆囊扩大，肾、脾肿大，色深，肠系膜淋巴结弥漫性出血，胃底黏膜严重出血，食道和大肠黏膜溃疡，病理组织学变化与羊类似。鹅铜中毒时表现为腺胃和肌胃的溃疡及坏死。

五、钼中毒

钼中毒（molybdenum poisoning）是在钼矿附近及富钼地区，土壤、饮水和饲料中含钼量过高或在动物饲料中过量添加了某些钼化合物而引起的，临床上以动物持续性腹泻和被毛褪色为特征的一种中毒病。该病在自然条件下仅发生于反刍兽，牛比羊易感，水牛的易感性高于黄牛，马和猪的易感性很低。

1. 毒理作用　钼中毒与铜缺乏表现相似，是饲料在瘤胃中消化产生 H_2S，与钼酸盐作用，形成一硫、二硫、三硫和四硫钼酸盐的混合物。在消化道中，铜与硫或硫钼酸盐及蛋白质作用，形成可溶性复合物，妨碍铜的吸收。

2. 病理变化　牛、羊急性钼中毒时，表现为剧烈腹痛、腹泻；慢性钼中毒也有明显的腹泻现象，体重减轻、消瘦，皮肤发红，被毛粗糙而竖立，黑毛褪色变为灰色，深黄色毛变为浅黄色毛。眼周围特别明显，像戴眼镜一样。牛、羊全身脂肪萎缩，呈胶冻样；内脏器官色淡；肠道黏膜受损；骨质疏松，骨密度减小，哈弗斯管扩张，骨小梁排列紊乱，易骨折；肋骨呈念珠样，关节肿胀；羔羊大脑白质液化，神经元变性和神经纤维脱髓鞘。

六、铬中毒

由于饲料中天然含铬量一般不高，故家畜长期摄入过量的铬而引起慢性铬中毒（chromium poisoning）的病例较少，但当饲料中混入铬酸盐时，可引起急性中毒。

1. 毒理作用　铬吸收后可影响机体内的氧化、还原和水解过程，并可使蛋白质变性，使核酸、核蛋白沉淀，干扰酶系统。六价铬可透过红细胞膜进入红细胞，在六价铬还原成三价铬的过程中，谷胱甘肽还原酶的活性受抑制，使血红蛋白变为高铁血红蛋白，引起缺氧现象。

2. 病理变化　急性中毒时表现为呕吐，流涎，胃肠道刺激、腹泻、胃溃疡、痉挛，甚至死亡，并可引起肝、肾损伤。严重时，铬沉积于骨骼，引起跛行。

第二节　类金属和非金属类矿物质中毒

一、硒中毒

硒中毒（selenium poisoning）多发生于土壤和草料含硒量高的特定地区或临床上注射、补充过量硒制剂而导致的一种中毒病。急性型主要表现为神经症状和失明；慢性型表现为消瘦、跛行和脱毛。我国湖北省恩施和陕西省紫阳等部分地方为高硒土壤，生长的植物和粮食含硒量高，曾出现人和动物（主要是猪）慢性硒中毒。

1. 毒理作用　摄入的可溶性硒和有机硒吸收入血液后，与白蛋白结合，并在肝、肾、被毛等组织中沉积。硒可引起毛细血管扩张和通透性增加，引起肺及胃肠道黏膜充血、水肿。硒可取代半胱氨酸中的硫而影响谷胱甘肽的合成。硒可通过胎盘屏障，使母畜繁殖能力下降，胎儿生长发育停滞和畸形，羔羊生后不久死亡；仔猪生后脚爪出血或生后不久死亡。

2. 病理变化　急性硒中毒表现为肺充血、水肿，胸腔积液。心外膜有出血点，心肌纤维变性、坏死。肝充血，肝细胞坏死。亚急性硒中毒，又称瞎撞病（blind stagger），见脑充血、出血和水肿，肝变性、坏死、硬化。脾肿大、灶状出血，常伴有腹水。慢性硒中毒，又称碱质病（alkaline disease），主要表现为营养不良、贫血，被毛粗乱，鬃和尾毛（马）、尾根长毛（牛）脱落，蹄壳变形或脱落、跛行。腹腔有大量淡红色液体，心脏扩张，心肌萎缩，肝硬化和萎缩，肾小球肾炎。猪脊背部脱毛，蹄壳生长不良。脊髓渐进性坏死，脊髓中央灰质部的神经细胞肿胀、变性，甚至溶解，白质区的神经纤维髓鞘肿胀和脱落，形成典型的脱髓鞘现象。鸡可能不表现明显症状，但蛋中硒含量升高，孵化率降低，鸡胚畸形（无眼、无喙、缺翅或肢异常）。

二、砷中毒

砷中毒（arsenic poisoning）是动物摄入过量的有机或无机砷化物而引起的一种中毒病。临床上以消化系统功能紊乱、实质脏器和神经系统损害为特征。

1. 毒理作用　砷制剂为原生质毒，可抑制酶蛋白的巯基（—SH），使其丧失活性，阻碍细胞的氧化和呼吸作用，导致组织、细胞死亡。砷尚能麻痹血管平滑肌，破坏血管壁的通透性，造成组织、器官淤血或出血，并能损害神经细胞，引起广泛性的神经性损害。此外，砷制剂对皮肤和黏膜有局部刺激和腐蚀作用。

2. 病理变化　急性砷中毒者胃肠道病变十分突出，胃、小肠、盲肠黏膜充血、出血、水肿、糜烂或溃疡，胃内容物有蒜臭样气味；口腔黏膜潮红、肿胀，齿龈呈黑褐色。牛、羊真胃糜烂、溃疡甚至发生穿孔。肝、肾、心脏等实质器官肿大、充血和脂肪变性。脾增大、充血。肾小管上皮细胞变性、坏死。心内外膜、胸膜和膀胱黏膜有点状和弥漫性出血。慢性砷中毒者除胃肠炎症、肝肾病变外，尚见有喉及支气管黏膜的炎症，全身性水肿及外周神经纤维变性、髓鞘脱失、施万细胞增生、神经萎缩和间质纤维化等神经炎变化，其中以感觉神经纤维的变化较运动神经纤维的变化明显。

三、无机氟化物中毒

无机氟化物中毒（inorganic fluoride poisoning）是动物摄入含氟化物过多的饲料或饮水或吸入含氟气体而引起的急、慢性中毒的总称。急性氟中毒以胃肠炎、呕吐、腹泻和肌肉震颤、瞳孔散大、虚脱死亡为特点；慢性氟中毒（fluorosis）又称氟病，最为常见，是长期连续摄入超过安全限量的无机氟化物而导致的一种以骨、牙齿病变为特征的中毒病，常呈地方性群发，主要见于犊牛、牛、羊、猪、马和禽。

1．毒理作用　氟作用于发育期（即齿冠形成钙化期）的成釉质细胞，使其分泌、沉积基质及其后的矿化过程障碍，导致釉质形成不良，釉柱排列紊乱、松散，中间出现空隙，釉柱及其基质中矿物晶体的形态、大小及排列异常，釉面失去正常光泽，形成发育不全的斑釉（氟斑牙）。氟对牙本质的损害表现为钙化过程紊乱或钙化不全，牙齿变脆，易磨损。氟化物可使成骨细胞和成牙质细胞代谢失调，合成蛋白质和能量的细胞器受损，合成的胶原纤维数量减少或质量缺陷。此外，氟及其化合物直接与呼吸道和皮肤接触，则会产生强烈的刺激作用和腐蚀作用。

2．病理变化　急性氟中毒主要呈现出血性胃肠炎病变；慢性氟中毒除牙齿的特殊变化外，以头骨、肋骨、桡骨、腕骨和掌骨变化显著，表面粗糙呈白垩样，肋骨松脆，肋软骨连接部常膨大，极易折断，骨膜充血。骨质增生和骨赘生长处的骨膜增厚、多孔。有的病例下颌骨、骨盆和腰椎变形。齿磨片或切片可见牙釉质纤维纤细并形成缺损，基质钙化不全；牙本质小管靠近髓腔周围有局灶性断裂，断裂处呈空洞样坏死区，同时球间区的数量增多；牙骨质的骨陷窝境界不清或消失。

第三节　真菌毒素中毒

一、黄曲霉毒素中毒

黄曲霉毒素中毒（aflatoxins poisoning）是黄曲霉毒素（aflatoxin，AFT）引起的以全身出血、消化功能紊乱、腹水、神经症状等为临床特征，以肝细胞变性、坏死、胆管和肝细胞增生、肝出血为主要病理变化的一种中毒病。长期慢性小剂量摄入还有致癌作用。各种动物均可发病，一般幼年动物比成年动物敏感，雄性动物比雌性动物（怀孕期除外）敏感。各种动物中对等量黄曲霉毒素最敏感的是鳟鱼，其他依次是雏鸭、雏鸡、兔、猫、仔猪、豚鼠、大白鼠、猴、犊牛、成年鸡、肥育猪、成年牛、绵羊和马。

1．毒理作用　AFT主要是黄曲霉和寄生曲霉等产生的有毒代谢产物，其他曲霉、青霉、毛霉、镰孢霉、根霉中的某些菌株也能产生少量AFT。AFT的靶器官是肝，属肝毒。其经胃肠道吸收后主要分布在肝，在肝微粒体混合功能氧化酶催化下，进行羟化、脱甲基和环氧化反应。AFT还可直接作用于核酸合成酶而抑制信使核糖核酸（mRNA）的合成作用，并进一步抑制DNA的合成，且对DNA合成所依赖的RNA聚合酶有抑制作用，或者通过AFT与DNA结合，改变了DNA的模板结构，因而使蛋白质、脂肪的合成和代谢障碍，线粒体代谢及溶酶体的结构和功能发生变化。此外，AFT引起巨噬细胞的吞噬功能下降，抑制补体的产生，抑制T淋巴细胞产生白细胞介素及其他淋巴因子等。

2．病理变化

（1）猪　急性病例多发生于 2～4 月龄的仔猪，病猪全身黄疸，耳、腹下及四肢内侧皮肤常有出血斑。腹腔积有不同程度的腹水，浆膜上有出血斑点。肝肿大，呈苍白色或淡黄色至砖红色，表面偶见出血斑点，质脆，切面结构模糊不清。肝细胞发生严重的水肿、脂肪变性，甚至肝细胞小叶中央区发生凝固性坏死和出血；肝小叶间质可见淋巴细胞、浆细胞和单核巨噬细胞浸润。胆囊壁水肿、增厚，毛细胆管内含有胆栓，胆汁少且为油状。脾往往不肿胀，切面白髓增大。胰腺小叶间质水肿。肾稍肿，色苍白，有程度不一的黄染现象。结肠袢系膜常发生明显的水肿，肠壁各层组织水肿增厚。肠道黏膜有出血性炎症，严重病例可见肠道内有血块，粪便中混有大量血液，呈煤焦油状。心包腔积液，液体呈淡黄色，心内外膜常有出血点或出血斑。肺淤血、水肿偶见。脑膜和脑实质充血、出血和水肿。全身淋巴结肿大，呈急性淋巴结炎变化。亚急性和慢性病例多发生于育成猪和成年猪，病死猪肝往往呈橘黄色或棕色，质地坚硬，体积正常或稍肿大。肝细胞呈细胞水肿、脂肪变性，严重时发生肝细胞灶性坏死和消失；肝小叶内和间质内淋巴细胞、浆细胞、单核巨噬细胞浸润；肝内结缔组织和胆管增生，形成不规则的假小叶和再生性肝细胞结节。随着病程的延长，慢性中毒病例可出现肝细胞性肝癌或胆管性肝癌。

（2）家禽　雏鸭、雏鸡对 AFT 的敏感性较高，多呈急性经过。病死家禽肝肿大，色淡，常伴有出血斑点，胆囊扩张。肝细胞呈细胞水肿和散发性坏死，肝中卵圆细胞和胆管上皮增生，在肝小叶内还可见淋巴细胞广泛浸润，形成淋巴细胞增生性结节，小叶结缔组织增生。肾肿大，色苍白。胰腺散布点状出血。亚急性和慢性中毒时，肝由于胆管和结缔组织增生而变为坚实，呈棕黄色，表面粗糙呈颗粒状；病程长的可出现结节性肝硬化，多为胆管性肝癌。

（3）牛　新生犊牛可观察到典型的肝损伤，可能是毒素通过胎盘后呈现毒性作用的结果。3～6 月龄犊牛对 AFT 较为敏感，AFT 中毒可干扰牛的血液凝固机制，导致皮下血肿的发生。妊娠母牛出现早产、流产。

（4）犬　可见黄疸、出血性肠炎。急性中毒时，肝呈土黄色，而慢性中毒时多发现肝细胞癌或胆管癌。

（5）鱼类　表现为生长缓慢，贫血，血液凝固性差，对外伤敏感，肝和其他器官受损，免疫反应性降低，死亡率增加。

二、赭曲霉毒素 A 中毒

赭曲霉毒素 A 中毒（ochratoxin A poisoning）是畜禽采食被赭曲霉毒素 A 污染的饲料，引起的以消化功能紊乱、腹泻、多尿、烦渴为临床特征，以脱水、肠炎、全身性水肿和肾损伤为主要病理变化的一种真菌毒素中毒病。猪、山羊、禽类最易感，犊牛和马也可发病。

1．毒理作用　赭曲霉毒素 A 的靶器官为畜禽的肝和肾，肝和肾损伤后常引起严重的全身功能异常。赭曲霉毒素 A 还可阻断氨基酸（如苯丙氨酸）tRNA 合酶的作用而影响蛋白质的合成，使 IgA、IgG 和 IgM 合成量减少，抗体效价降低；可损伤禽类法氏囊和畜禽肠道淋巴组织，降低抗体产量，影响体液免疫。该毒素能引起粒细胞吞噬能力降低，影响吞噬作用和细胞免疫，也能通过胎盘影响胎儿组织器官发育。

2．病理变化

（1）家禽　肾肿大呈灰紫色或花斑肾，肾近曲小管上皮细胞损伤。肝稍肿大，肝细胞变性或液化性坏死，血凝不良等。

（2）猪　常呈地方流行性，主要呈现肾功能障碍。表现为消化功能紊乱，生长发育停滞，脱水，多尿，出现蛋白尿甚至尿中带血。妊娠母猪流产。病死猪可见明显的肝和肾病变，表现为肝细胞变性，液化性坏死，肾实质坏死，肾小管上皮细胞变性、坏死，间质结缔组织增生，形成囊肿。

（3）犊牛　肾苍白，质地变硬，病牛尿频，蛋白尿和管型尿。肝细胞广泛性坏死。

三、杂色曲霉毒素中毒

杂色曲霉毒素中毒（sterigmatocystin poisoning）是畜禽采食被杂色曲霉毒素污染的霉草，引起以逐渐消瘦、全身黄染、肝细胞和肾小管上皮细胞变性坏死、间质纤维结缔组织增生为主要特征的一种中毒性疾病。该病主要发生于马属动物、羊、家禽及实验动物。马属动物多为慢性经过，羊多为急性或亚急性。我国宁夏回族自治区流行的马属动物“黄肝病”和羊“黄染病”经证实为杂色曲霉毒素中毒。

1．毒理作用　杂色曲霉毒素可引起细胞核仁分裂，抑制DNA的合成，具有肝、肾毒性，慢性中毒可引起原发性肝癌、肝硬化、肠系膜肉瘤、横纹肌肉瘤、血管肉瘤和胃鳞状上皮增生等。

2．病理变化

（1）马属动物　以肝病变为主要特征。表现为肝肿大，呈黄绿色，表面凸凹不平，呈花斑样色彩。皮下、腹膜、脂肪黄染。肺、脾、膀胱、胃肠道、肾广泛性出血。病理组织学可见肝细胞严重空泡变性和脂肪变性，肝细胞间纤维结缔组织增生。肾小管上皮细胞空泡变性或坏死脱落。大脑部分神经细胞空泡化，呈网织状。

（2）羊　特征性变化是皮肤和内脏器官高度黄染。皮下组织、脂肪、浆膜、黏膜均黄染。肝肿大，质脆，胆囊充满胆汁。胃肠道黏膜充血、出血。肾肿大、质软、色暗。全身淋巴结水肿。

四、镰刀菌毒素中毒

镰刀菌属（*Fusarium*）的多种病原菌所产生的毒素污染饲草、饲料，并被动物摄入一定量后引起的中毒性疾病，统称为镰刀菌毒素中毒（fusarium mycotoxin toxicosis）。

（一）霉稻草中毒

霉稻草中毒（mouldy straw poisoning）是牛采食发霉稻草而引起的一种真菌毒素中毒病。其病变与临床特征表现为耳尖、尾端干性坏疽，蹄腿肿胀、溃烂，以致蹄匣和趾（指）骨腐脱，因此又称牛蹄腿肿烂病、牛烂脚病、牛烂蹄坏尾病等。国外称为羊茅草烂蹄病（fescue foot）或羊茅草跛行（fescue lameness）。该病主要发生于舍饲耕牛，尤其是水牛（占发病率的85%以上），黄牛次之。该病的发生有明显的地区性和季节性，我国陕西、湖南、贵州、四川、广东、安徽、江苏等水稻产区均有报道，一般在每年的10月中旬开始发生，11～12月达到发病高峰期，次年初春时病势渐缓，4月放牧后自行平息，发病率与致残率均较高。

1．毒理作用　主要是丁烯酸内酯及单端孢霉烯族化合物等毒素成分作用于外周血管，特别是外周小动脉，使局部血管末端发生痉挛性收缩，并损害血管内皮细胞，致使肢端、耳尖和尾尖等局部组织的血管狭窄、血流缓慢、血栓形成，进而发生血管炎，导致局部水肿、出血和坏死，严重的蹄冠至腕关节及跗关节以下部位发生腐烂或脱落。

2．病理变化　患肢肿胀部切面流出大量淡黄色透明液体，皮下组织因水肿液积聚而疏松。蹄冠与系部血管扩张、充血，部分血管内有血栓形成。患部肌肉呈灰红色或苍白色。病程长者，其患部皮肤常破溃，疮面附着脓、血，肌肉呈暗红色，可见增生的肉芽组织突出于疮面。患牛的耳尖坏死可长达5cm，尾尖可达30cm，病变部与健康部的分界明显。患肢的肩前淋巴结和膝前淋巴结明显肿大，切面呈灰黄色，有散在点状出血。病理组织学可见病变部肌肉呈红染状，肌间水肿。毛细血管扩张充血，部分表皮坏死、脱落，小动脉管壁增厚，管腔狭窄，血管周围淋巴细胞浸润，部分血管内有纤维蛋白与崩解白细胞组成的血栓。病程长者可见肌间成纤维细胞增生与毛细血管新生，以及血管内的血栓机化和血管再通等变化。坏死、脱落的耳、尾尖皮下，有大量崩解的白细胞积聚，血管扩张充血，红细胞溶解呈均质片状；有的小动脉管壁增厚，其中有血栓形成。其他器官如心脏、肝、肾等有实质细胞变性，轻度出血与坏死。

（二）马霉玉米中毒

马霉玉米中毒（mouldy corn poisoning in horse）是马属动物采食发霉玉米后引起的以中枢神经功能紊乱为临床特征的一种真菌毒素中毒病。因其病理特征为脑白质软化坏死，故又称马脑白质软化症（equine leucoencephalomalacia）。该病以驴的发病率最高，壮龄和老龄驴多见，死亡率高达50%～80%。我国华北、东北、西北等地都曾流行过该病，造成了巨大经济损失。该病的发生具有明显的地区性和季节性，主要发生于盛产玉米地区。

1．毒理作用　霉玉米中分离得到串珠镰刀菌、禾谷镰刀菌等，产生串珠镰刀菌素、赤霉素、赤霉酸、去氢镰刀菌酸等多种霉菌毒素，对脑白质有选择性毒害作用（主要损害神经髓鞘），可引起类似马脑炎的神经症状。

2．病理变化　主要集中在中枢神经系统，表现为大脑皮层水肿，脑回变平。脑白质中存在大小不等的液化性坏死灶，坏死灶表面脑膜常有明显的水肿和出血点。硬膜下腔积有淡黄色透明或红色液体，严重病例可见血凝块，软脑膜充血和出血，蛛网膜下腔、侧脑室和脊髓中央管有积液。胃肠道黏膜及肠系膜充血、出血，有时胃肠道黏膜脱落、形成溃疡。病理组织学可见脑组织出血、水肿，神经纤维间的间隙增宽，胶质细胞增生。脑内血管周围间隙扩张，积有水肿液和红细胞，血管内皮增生，水肿液侵入周围脑组织，使其液化为海绵状结构。坏死灶内血管尚存，缺乏炎症细胞反应。软化灶周围胶质细胞增生形成胶质细胞结节。脑内各部的神经元变性，可见到卫星现象和噬神经细胞现象。脊髓灰质可见小的凝固性或液化性坏死灶。消化道见急性卡他性肠炎，黏膜充血，黏液分泌亢进，黏膜固有层和黏膜下层有淋巴细胞和嗜酸性粒细胞浸润。肝淤血，肝小叶周边部肝细胞脂肪变性。肾小囊扩张、积液和出血，肾小管上皮细胞颗粒变性和空泡变性。心内外膜出血，心肌细胞颗粒变性。肺轻度气肿、充血和水肿。脾白髓萎缩，红髓内淤血。膀胱黏膜有出血点。

（三）玉米赤霉烯酮中毒

玉米赤霉烯酮中毒（zearalenone toxicosis），又称F-2毒素（F-2 toxin）中毒，是赤霉病谷物中的真菌毒素——玉米赤霉烯酮（zearalenone，RAL）所引起的一种以阴户肿胀、乳房隆起和慕雄狂等为主要临床表现的一种中毒病。猪最敏感，各种年龄的猪均可发病。家禽和牛羊等也有中毒的报道。

1．毒理作用　玉米赤霉烯酮的靶器官为动物（尤其雌性动物）的生殖器官，呈雌激素效应。性未成熟的雌性动物表现为子宫肥大，外阴部肿胀，乳腺隆起，长期投服则卵巢萎缩。

2．病理变化

（1）猪　阴道黏膜瘙痒，阴道与外阴黏膜淤血性水肿，分泌带血的黏液，外阴肿大3～4倍，阴门外翻，往往因尿道外口肿胀而排尿困难，甚至继发阴道脱、直肠脱和子宫脱。青年母猪，乳腺过早成熟而乳房隆起，出现发情征兆，发情周期延长并紊乱。成年母猪，生殖能力降低，多数第一次配种或授精不易受胎，或者每窝产仔头数减少，仔猪虚弱、后肢外展（八字腿）、畸形、轻度麻痹、免疫反应性降低。妊娠母猪，易发早产、流产、胚胎吸收、死胎或木乃伊胎。泌乳母猪在饲喂含40mg/kg F-2毒素的饲料5d后，可使哺乳仔猪的阴户红肿。发情前期小母猪，卵巢发育不全，部分卵巢萎缩，常无黄体形成，卵泡闭锁，卵母细胞变性。已配母猪，子宫水肿，卵巢发育不全。公猪和去势公猪显现雌性化综合征，如乳腺肿大，包皮水肿，睾丸萎缩和性欲明显减退，有时还继发膀胱炎、尿毒症和败血症。

（2）牛　外阴肿大、潮红，阴门外翻，频频排尿。同时繁殖功能发生障碍，如不孕、妊娠后流产或死胎。

（3）家禽　泄殖腔脱出，腔上囊和泄殖腔肿大，输卵管膨大，产蛋率降低。公鸡睾丸肿大或萎缩，精子质量下降。

（四）T-2毒素中毒

T-2毒素是镰刀菌毒素，单端孢霉烯族化合物（新月毒素，trichothecenes）中主要的霉菌毒素之一。T-2毒素中毒以拒食、呕吐和腹泻等胃肠道症状及出血性素质为主要临床特征。该病多发生于猪，家禽次之，牛、羊等反刍动物发病较少。

1．毒理作用　T-2毒素与其他单端孢霉烯族化合物的生物活性比较相似，对皮肤和黏膜具有直接的刺激作用；可引起凝血功能障碍，损伤血管内皮细胞，破坏血管壁的完整性，使血管扩张、充血，通透性增高，引起全身各组织器官出血；可抑制免疫功能，主要抑制细胞免疫；能取代细胞原生质中的脂质或部分蛋白质，从而妨碍细胞膜的功能；能通过胎盘影响胎儿组织器官的发育和成熟。此外，T-2毒素还具有一定的致畸性和致癌性。

2．病理变化　以口腔、食管、胃和十二指肠炎症、出血、坏死等为主要病变。同时肝、心脏、肾等实质器官出血、变性和坏死。病理组织学可见淋巴结、胸腺、法氏囊（禽）、骨髓等组织细胞呈严重的退行性变化，与放射线损伤近似。

五、牛霉烂甘薯中毒

牛霉烂甘薯中毒（mouldy sweet potato poisoning of cattle）是牛采食了大量黑斑病甘薯后所引起的一种以急性肺水肿与间质性肺气肿及严重呼吸困难，后期呈现缺氧及皮下气肿为病理和临床特征的一种中毒病。该病主要发生于黄牛、奶牛和水牛，绵羊和山羊次之，猪也有发病。常发生于春末夏初留种的甘薯出窖期，也见于晚冬甘薯窖潮湿或温度增高时，即10月至次年4～5月为发病的高峰期。

1．毒理作用　是黑斑病甘薯中某些成分改变后产生的肺毒素或肺水肿因子。在这些毒素中，目前已知有4种化合物：①甘薯酮（ipomeamarone）；②甘薯醇（ipomeanol）；③甘薯二醇（ipomeadiol）；④甘薯宁（ipomeanine）。第二种和第三种统称肺水肿因子（LEF），其作用与安妥相似。第四种属于肺肝兼亲毒素。这4种化合物都是耐高温物质，经煮、蒸、烤等高温处理，毒性也不被破坏。

2．病理变化　牛最特征性的病理变化是肺肿大3倍以上，边缘肥厚、质脆，切面湿润。

早期有肺充血、水肿及肺泡气肿，一般可见到间质性气肿，即间质增宽，灰白色透明而清亮，有时间质因充气而明显分离与扩大，甚至形成中空的大气腔。切开肺时有大量血水和泡沫流出，切面见小叶间质因充气呈蜂窝状，肺实质充血、出血、气肿、水肿。严重病例，在肺的表面还可见到若干大小不等的球状气囊，肺表面的胸膜脏层透明发亮，在浸水后外观呈现类似白色塑料薄膜。纵隔也发生气肿，呈气球状。肩胛、背腰部皮下和肌间积聚大小不等的气泡。此外，还见有胃肠及心脏的出血斑点，胆囊及肝肿大，胰充血、出血及坏死。在瘤胃中可发现霉烂甘薯等。

六、红青霉素中毒

红青霉素中毒（rubratoxin poisoning）是红青霉素所致的一种以中毒性肝炎和泛发性出血为特征的中毒病。主要发生于牛、羊、猪和马，家禽也可发病，病死率较高。

1. 毒理作用　红青霉素为肝和肾毒，还能引起出血并延长出血时间。此外，有报道称红青霉素还有致突变性、致畸性和胚胎毒性。

2. 病理变化　突出的病理变化是急性肝炎、胃肠炎和全身泛发性出血。中毒的马、牛，可见胸壁与胸膜、心包与心内膜、胃与盲肠黏膜和脑膜有广泛性出血。肝呈黄褐色、豆蔻样外观，质脆，肝索结构破坏，脂肪变性，混浊肿胀，并有中性粒细胞和淋巴细胞浸润。中毒猪的胃肠出血更为严重，整个胃肠黏膜呈紫红色。

第四节　有毒植物中毒

一、栎树叶中毒

栎树叶中毒（oak leaf poisoning）又称青杠叶中毒或橡树叶中毒，是栎林区放牧牛春季常见病之一，临床上以便秘或下痢、皮下水肿和肾损伤为特征。

1. 毒理作用　栎树的有毒成分是栎丹宁（oak tannin），存在于栎树的芽、蕾、花、叶、枝条和种实（橡子）中。栎丹宁系高分子酚类化合物，它经细菌发酵后转化为双没食子酸、五倍子酸和焦性没食子酸，后两种化合物是还原剂，对中毒起决定性作用。

2. 病理变化　病死的中毒牛见肛门周围、腹下、股后侧及背部皮下脂肪呈胶冻样浸润，自切面流出无色或微黄色澄清液体。腹腔积水呈淡黄色，可达 4000～6000mL。瓣胃充满干硬的内容物，瓣叶表面呈灰白色或深棕色相间。从真胃底到十二指肠及盲肠底黏膜下有褐色或褐黑色并间有散在的鲜红色出血点，呈细沙样密布。肝多数苍白贫血，偶见脂肪变性。胆囊显著增大 2～3 倍或 5～6 倍，胆囊壁充血、水肿，胆汁呈暗绿色。肾周围脂肪水肿，肾包膜易剥离，肾呈土黄色或黄红相间，红色区有针尖大出血点。肾盂淤血，有的充满白色脓样物。病理组织学检查可见肾小管扩张坏死、肝不同程度变性、胃和十二指肠黏膜层脱落坏死等变化。

二、棘豆属植物中毒

棘豆属植物中毒（*Oxytropis* spp. poisoning）是指家畜因采食棘豆属的有毒植物所致的临床上以运动功能障碍为特征、病理组织学检查以广泛的细胞空泡变性为特征的慢性中毒性疾病。全世界有棘豆属植物 300 多种，我国有 120 多种，已报道的可引起中毒的有 20 多种，主要分布于西北、西南、华北等地的 9 个省（自治区、直辖市）。

1. 毒理作用　苦马豆素是棘豆属植物的主要有毒成分之一，能强烈抑制细胞溶酶体内的α-甘露糖苷酶，导致α-甘露糖在溶酶体内大量贮积，从而出现空泡样变性，进而造成器官组织损害和功能障碍。生殖系统的广泛空泡变性，可造成母畜不孕、孕畜流产和公畜不育。苦马豆素可通过胎盘屏障直接影响胎儿，造成胎儿死亡和发育畸形。

2．病理变化　死于棘豆属植物中毒的羊尸体极度消瘦，血液稀薄，腹腔内有大量清亮液体。有些病例心脏扩张，心肌柔软。病理组织学可见大脑、海马、脑桥、脑延、小脑和脊髓的神经细胞大多发生空泡变性或溶解，有的坏死。胶质细胞增生，出现卫星与噬神经细胞现象。脑桥与脊髓的蛋白质神经纤维部分发生肿胀，髓鞘溶解、断裂。坐骨神经纤维的轴突肿胀、淡染、粗细不均和髓鞘崩解。肝、肾、心脏、胰、甲状腺、肾上腺、卵巢等器官的实质细胞大多发生颗粒变性和空泡变性，部分细胞坏死。骨髓（股骨）各系造血细胞减少，脾见髓外化生灶，淋巴结窦内网状细胞变性，肾上腺皮质和髓质细胞发生空泡变性。电镜检查可见上述各器官实质细胞内的大多数线粒体肿胀，嵴突崩解、消失。粗面内质网扩张脱粒。部分细胞核肿胀，有些核浓缩。

三、夹竹桃中毒

夹竹桃中毒（oleander poisoning）是家畜误食夹竹桃的叶、皮引起的以急性出血性胃肠炎和重度心律失常为特征的一种中毒性疾病。夹竹桃在我国各省（自治区、直辖市）均有栽植，尤以南方多见，家畜通常因饥饿采食或人为混入饲草中误食其树叶（鲜、枯叶片）或啃食其树皮而发生中毒。该病多发生于牛和羊，猪和马也偶有发生。夏秋季节多发。

1．毒理作用　目前已从夹竹桃的叶、皮和根中分离出20余种强心苷类成分，一般认为中毒量的强心苷通过抑制Na^+，K^+-ATPase活性，阻碍钠、钾离子的主动转运，使细胞内失钾，同时钙离子内流增多，这种细胞内的低钾高钙状态，使膜电位改变，引起各种心律失常，如期前收缩、窦性心律不齐、室上性阵发性心动过速、房室传导阻滞等。此外，强心苷还能增强血管收缩，使毛细血管充血、出血，引起各脏器充血、出血。

2．病理变化　主要表现胃黏膜充血、易脱落，胃内多能检出夹竹桃叶、树皮碎片。小肠、大肠黏膜充血，呈条纹状出血斑，肠腔内含有褐色或红色液体，严重者积有大量凝血块。心脏扩张，心肌柔软、脆弱，心外膜和心内膜密布斑点状出血，尤以左心室最为明显，甚至出现心内膜下血肿。肝、肾淤血与实质细胞变性。肺淤血、水肿及出血。

四、氰化物中毒

氰化物中毒（cyanide poisoning）是家畜采食富含氰苷类植物（如高粱和玉米幼苗等）或被氰化物污染的饲料、饮水后体内生成氢氰酸，导致组织呼吸窒息的一种急剧性中毒病。各种畜禽均可发生，一般多见于牛和羊，马、猪偶尔发生。

1．毒理作用　氰苷本身无毒，必须在葡萄糖苷酶的作用下生成氢氰酸才有毒害作用。大多数富含氰苷的植物本身含有葡萄糖苷酶，但在自然条件下，在完整的植物细胞内，氰苷与葡萄糖苷酶在空间上是被分隔开的。当植物枯萎、受霜冻、被采食、被咀嚼或在堆垛、青贮、霉败等过程中，植物细胞受到损害，使得氰苷能与葡萄糖苷酶接触，在适宜的温度和湿度条件下，葡萄糖苷酶催化氰苷水解生成氢氰酸。在反刍动物的瘤胃内，甚至不需要葡萄糖苷酶的催化，在微生物的作用下，也可将氰苷水解成氢氰酸。大量的氢氰酸吸收入血液后，超过了肝的解毒能力，则可抑制组织内四十余种酶的活性，其中最重要的当属细胞色素氧化酶（细胞色素a和细胞色素a_3）。

2．病理变化　特征性病理变化包括尸僵缓慢，病初急宰者血液呈鲜红色，血液凝固不良，可视黏膜呈樱桃红色。各器官的浆膜和黏膜，特别是心内、外膜散布斑点状出血，浆膜腔积液，腹腔器官显著充血。肺充血、水肿，气管和支气管充满淡红色泡沫样液体。（瘤）胃内充满未消化的食物，散发苦杏仁气味。牛羊还可见甲状腺肿。

第五节 饲料中毒

一、棉籽饼中毒

棉籽饼中毒（cottonseed cake poisoning）是长期连续饲喂或过量饲喂棉籽饼，致使摄入过量的棉酚而引起的畜禽中毒。其临床特征为出血性胃肠炎、肺水肿、神经紊乱等。该病主要发生于犊牛、仔猪和家禽等。成年反刍动物对该病有较强的抵抗力，但长期大量饲喂棉籽饼也可引起中毒。

1. 毒理作用 棉酚是一种细胞毒，其毒性作用体现在：①消化道毒害作用，特别对小肠黏膜产生强烈的刺激作用；②损害肝细胞及心肌、骨骼肌，并与体内硫和蛋白质稳定结合，损害血红蛋白中的铁，导致贫血；③血管毒作用，损害血管壁，使其通透性增加；④神经毒害作用，棉酚有较强的嗜神经性，常常积滞在脑等神经组织内，对神经系统呈现毒害作用；⑤棉籽饼中含有一种具有环丙烯结构的脂肪酸，能导致母鸡卵巢和输卵管萎缩，产卵量下降，卵变质。此外，棉酚还可使子宫平滑肌强烈收缩，引起妊娠母畜流产。

2. 病理变化 动物中毒后表现全身性水肿，血液稀薄，下颌、颈部及胸腹皮下组织有胶冻样浸润；胸腔、腹腔、心包腔蓄积大量红色半透明液体，内含富有弹性的絮状物。淋巴结肿大、出血。胃肠道黏膜充血、出血和水肿，猪肠黏膜见溃疡灶。心脏扩张，心肌松软，心内膜、心外膜散布出血点，心肌颜色变淡。肝淤血、肿大，质脆，色灰黄或土黄，有时伴有坏死，表现为中毒性肝营养不良的特征。胆囊肿大，有出血点。肺淤血、出血和水肿，间质增宽，切面可见大小不等的空腔，内有大量泡沫状液体流出。肾肿大，实质变性，被膜下散布出血点。膀胱壁水肿，黏膜出血。约有 1/3 病猪骨骼肌出现“白肌肉”现象，色泽苍白。少数病例伴发黄疸。鸡胆囊和胰腺增大，肝、脾、肠黏膜上有蜡质样色素沉着。病理组织学变化主要出现在肝和心肌。肝细胞呈退行性改变，多见于肝小叶中央，肝细胞颗粒变性明显。肝细胞坏死后遗留的空隙中充满血液，在坏死和正常的肝细胞之间，有时可见到由脂肪变性的肝细胞所构成的狭窄细胞带。肝小叶间质增生。有的病例以肝小叶边缘肝细胞颗粒变性、空泡变性和脂肪变性较明显。心肌主要表现为变性和坏死，有的心肌纤维中出现大空泡，有的心肌纤维极度萎缩。病程较长时，代偿性肥大的心肌纤维和变性的心肌纤维夹杂在一起。肥大的心肌纤维粗大，细胞核增大。有的病例在心肌纤维坏死部位可见由大量毛细血管、成纤维细胞、巨噬细胞和中性粒细胞组成的普通肉芽组织。肺的肺泡隔毛细血管扩张，充满红细胞，支气管黏膜上皮细胞变性。间质增厚，且有出血变化。肾小管上皮细胞肿胀，甚至坏死消失。肾小球体积增大，形态不规则，肾球囊壁细胞肿胀。间质血管和肾小球毛细血管扩张充满红细胞。脑神经细胞水肿、变性、坏死。肠道黏膜上皮细胞变性、坏死、脱落明显，固有层充血、出血。肌层结构疏松、水肿。雄性动物曲细精管生精上皮排列稀疏，萎缩消失，精子细胞和精母细胞细胞核模糊或自溶，精子数减少或无精子，精子结构破坏，可见多头、多尾等畸形精子。母鸡卵巢退化，停止产卵。

二、酒糟中毒

酒糟中毒（brewery grain poisoning）是家畜长期或过量采食新鲜的或已经腐败的酒糟中的

有毒物质所引起的一种中毒。临床上呈腹痛、腹泻、流涎等消化道症状和神经症状等。该病主要发生于猪、牛。

1. 毒理作用　酒糟的成分十分复杂，其所含的有毒物质取决于酿酒原料、工艺流程、储存条件等。新鲜酒糟中的有毒成分主要是乙醇。酒糟经发酵酸败后产生的有毒物质是各种游离酸（如乙酸、乳酸、丁酸）和各种杂醇（如正丙醇、异丁醇、异戊醇）等。此外，酿酒原料对酒糟的有毒成分也有影响。

2. 病理变化　急性中毒的病畜主要表现为胃肠炎。慢性中毒的病畜主要表现为消化不良，可视黏膜潮红、黄染，食欲减退，流涎，下痢。牛酒糟中毒时皮肤变化明显，后肢出现皮疹、皮炎（酒糟性皮炎）或皮肤肿胀并见潮红，以后形成疱疹，水疱破裂后形成湿性溃疡面，其上覆以痂皮，在遇有细菌感染时，则引起化脓或坏死。猪酒糟中毒时，皮肤发红，眼结膜潮红、出血，皮下组织干燥，血管扩张充血，伴发点状出血。咽喉黏膜潮红、肿胀，胃内容物有酒糟的酸臭味，胃黏膜潮红、肿胀、被覆厚层黏液，黏膜密发点状、线状或斑块状出血，尤以胃底腺部和幽门腺部最为明显。肠系膜和浆膜的血管扩张充血，散布点状出血。小肠、大肠黏膜肿胀，散发点状出血。

三、亚硝酸盐中毒

亚硝酸盐中毒（nitrite poisoning）是畜禽因采食富含硝酸盐或亚硝酸盐的饲料，使血红蛋白变性，失去携氧功能，导致组织缺氧的一种急性、亚急性中毒。临床上以黏膜发绀、血液褐变、呼吸困难、胃肠道炎症为特征。该病常为急性经过，多发于猪、禽，其次是牛、羊，马和其他动物很少发生。

1. 毒理作用　亚硝酸盐属氧化型毒物，吸收入血液后使血红蛋白中的二价铁（Fe^{2+}）脱去电子被氧化成为三价铁（Fe^{3+}），从而使正常的血红蛋白变为高铁血红蛋白，失去正常的携氧功能，造成全身组织细胞缺氧，加上亚硝酸盐的扩张血管作用，伴有外周循环衰竭，使组织缺氧进一步加剧，引起呼吸困难和神经功能紊乱。此外，慢性中毒可引起母畜流产。亚硝酸盐与某些胺作用，可形成强致癌物——亚硝胺，故长期接触可发生肝癌。

2. 病理变化　病死畜禽可视黏膜、内脏器官及肌肉呈蓝紫色或棕褐色，血液凝固不良，呈咖啡色或酱油色，在空气中长期暴露也不变红。气管和支气管内充满白色或淡红色泡沫样液体。肺饱满，肺胸膜散布点状出血，肺气肿明显，伴发肺淤血、水肿。心外膜出血，心肌实质变性。肝、脾、肾等脏器均呈黑紫色，切面淤血显著。胃充满饲料，胃内容物有硝酸样气味，胃底腺部黏膜弥漫性充血，间或可见密集的点状出血，黏膜易剥落。肠管充气，小肠黏膜有散在的点状出血，肠系膜血管充血。

第六节　动物毒素中毒

一、蛇毒中毒

蛇毒中毒（snake venom poisoning）是指家畜被毒蛇咬伤，毒汁由伤口渗入引起的以毒血症、溶血、中枢麻痹及休克甚至死亡为特征的疾病。

1. 毒理作用　毒蛇咬动物时，毒腺分泌毒液并注入被咬动物的伤口内。蛇毒是一种复杂的蛋白质化合物，含特异性毒蛋白、多肽类及某些酶类，如凝血素、抗凝血素、凝集素、胆碱酯酶、抗胆碱酯酶、蛋白酶等。蛇毒的毒性作用通常分为三类，即神经毒、血循毒和混合毒。

2．病理变化

（1）血循毒变化　咬伤后局部病变突出，表现为咬伤部剧痛，流血不止，迅速肿胀，发紫发黑，并极度水肿，往往发生坏死，而且肿胀很快向上发展，一般经 6～8h 可蔓延到整个头部至颈部，或蔓延到四肢至背腰部。毒素吸收后，则呈现全身症状，包括血尿、血红蛋白尿、少尿或无尿及胸腹腔大量出血，最后导致心力衰竭或休克而死。

（2）神经毒变化　咬伤后流血少，红肿热痛等局部症状轻微，但毒素很快经血液及淋巴循环吸收，通常在咬伤后数小时内出现急剧的全身症状。病畜兴奋不安，全身肌颤，吞咽困难，口吐白沫，瞳孔散大，血压下降，呼吸困难，脉律失常，最后四肢麻痹，卧地不起。终因呼吸肌麻痹，窒息死亡。

（3）混合毒变化　咬伤后，红肿热痛和感染坏死等局部症状明显。兼有神经毒和血循毒所致的各种临床表现。因呼吸肌麻痹而窒息死亡或心力衰竭、休克而死。

二、蜂毒中毒

蜂属于节肢动物，有蜜蜂、黄蜂、大黄蜂、土蜂、竹蜂等，雌蜂尾部有毒腺及螯针。有的蜂螯针上有逆钩，刺后可留在伤口处产生剧痛。马最敏感，严重的可引起死亡；乳牛的乳房常受到蜂的刺螯；鸭、鹅吞食蜂类，几分钟内可死亡。

1．毒理作用　毒汁主要含乙酰胆碱、组胺及 5-羟色胺、磷脂酶 A，不仅可引起组织过敏、局部肿痛，而且可产生溶血作用。

2．病理变化　当动物触动蜂巢时，群蜂倾巢而出，多数刺伤局限于头部，立即产生热痛、淤血及肿胀，轻者不久恢复，重者可引起组织坏死甚至全身症状，如体温升高，中枢神经由兴奋转为麻痹，血压下降，呼吸困难，甚至呼吸麻痹而死亡。

三、斑蝥中毒

牧草的茎叶上寄生了斑蝥成虫，动物采食这种牧草而引起的中毒称为斑蝥中毒（cantharis poisoning）。

1．毒理作用　斑蝥的主要有毒成分为斑蝥素（cantharidin），具有强烈的局部刺激作用和吸收后的全身毒性作用。

2．病理变化　动物被斑蝥叮咬，斑蝥素很快进入组织，引起皮肤炎症，甚至发生水疱及化脓。斑蝥随饲草吞食，可刺激黏膜血管扩张，血管壁通透性增加，引起口炎、咽炎和胃肠炎。斑蝥素吸收后，造成心脏、肝、脑等实质器官变性、出血和坏死。斑蝥素经肾随尿排泄，可引起肾炎和尿路的炎症。

第七节　农药及化学物质中毒

一、有机磷农药中毒

有机磷农药中毒（organophosphorus insecticides poisoning）是畜禽接触、吸入或误食某种有机磷农药所致的中毒性疾病，以体内胆碱酯酶磷酰化和乙酰胆碱蓄积为毒理学基础，以胆碱能神经效应为临床特征。

1．毒理作用　有机磷农药经消化道、呼吸道及皮肤吸收、进入机体后，能与胆碱酯酶结合，形成较稳定的磷酸化胆碱酯酶，使胆碱酯酶失去分解乙酰胆碱的能力，导致乙酰胆碱在胆碱能神经末梢和突触部大量蓄积，持续不断地作用于胆碱能受体，出现一系列胆碱能神经机能亢进的临床表现，包括毒蕈碱、烟碱样及中枢神经系统症状。

2．病理变化

（1）神经系统变化　病初病畜暴进暴退或无目的奔跑，之后陷入高度沉郁。瞳孔缩小，甚至呈线状。早期肌肉痉挛，一般从眼睑、颜面部肌肉开始，很快扩展到颈部、躯干部乃至全身肌肉，轻则震颤，重则抽搐，常常呈现侧弓反张和角弓反张。四肢肌肉痉挛时，病畜频频踏步（站立）或做游泳样动作（横卧）。头部肌肉痉挛时，可伴有舌频频伸缩和眼球震颤。

（2）消化系统变化　口腔湿润或流涎，肠炎。胃和小肠黏膜充血、肿胀，散在点状出血，有时可见糜烂。胃肠黏膜上皮细胞变性、坏死、脱落，固有层和黏膜下层充血、出血、水肿，有较多的中性粒细胞浸润。

（3）全身变化　病初在胸前、会阴部及阴囊周围出汗，之后全身大汗淋漓。肺淤血、水肿及出血，伴发灶性气肿。右心扩张，心腔蓄积未凝固的血液。脾淤血，轻度肿胀。肾肿大、质柔软、脆弱。脑和软脑膜充血、水肿。

二、安妥中毒

安妥中毒（ANTU poisoning）是动物采食了灭鼠毒饵——安妥后引起的中毒性疾病，临床上以肺水肿、胸腔积液、高度呼吸困难、组织器官淤血和出血为特征。

1．毒理作用　安妥的化学名为 1-萘基硫脲，经胃肠道吸收入血液后，主要在 3 个方面发挥其毒性作用：通过交感神经系统，阻断收缩血管神经，肺部血管通透性增加，导致肺水肿和胸腔积液；所含硫脲水解释放出的氨和硫化氢对局部有刺激作用；具有拮抗维生素 K 的作用，导致各组织器官淤血和出血。

2．病理变化　全肺呈暗红色，极度肿大，散在或密布出血斑，胸腔内有大量水样透明液体。

三、敌鼠中毒

敌鼠中毒（diphacinone poisoning）是动物误食含有敌鼠的毒饵或被敌鼠毒杀的鼠尸而引起的中毒性疾病，临床上以天然孔流血、可视黏膜出血及血液凝固不良为特征。

1．毒理作用　敌鼠的化学名为 2-（二苯基乙酰基）-2,3-二氢-1,3-茚二酮，敌鼠经消化道进入机体后，一方面可阻碍凝血酶原、多种凝血因子（Ⅶ、Ⅸ、Ⅹ）等维生素 K 依赖性凝血因子在肝细胞的合成，导致血液凝固不良；另一方面它可刺激毛细血管壁，发生无菌性炎症。毛细血管壁通透性增加，可引起内脏广泛性出血、渗血。

2．病理变化　病死动物可视黏膜苍白并有出血斑或出血点，皮肤上有紫斑，尿血、便血，凝血时间延长。病至后期，呼吸极度困难，结膜发绀，终因窒息而死亡。

（孙卫东）

第十三章　营养与代谢性疾病

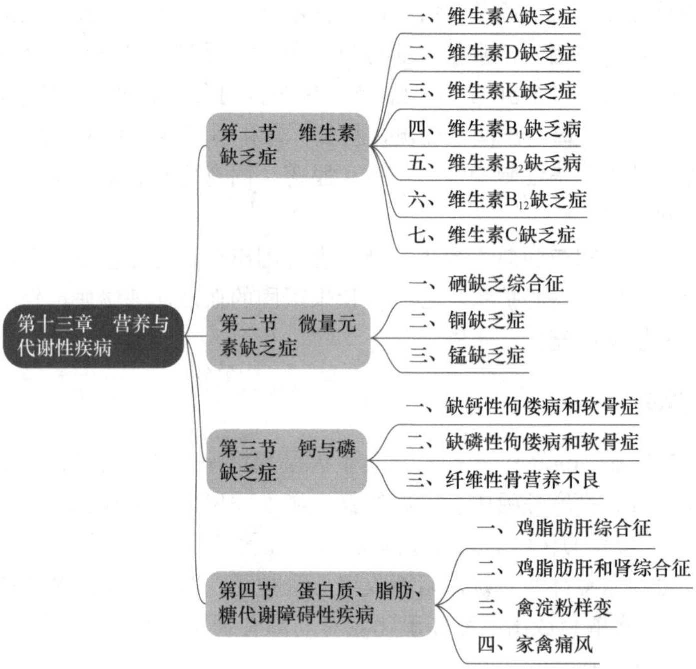

第一节　维生素缺乏症

一、维生素 A 缺乏症

维生素 A 缺乏症（hypovitaminosis A）是指动物体内维生素 A 或前体胡萝卜素不足或缺乏所引起的以上皮角化障碍、视觉异常、骨形成缺陷、繁殖功能障碍为特征的一种营养代谢病。该病在各种动物均可发生，但以犊牛、雏禽、仔猪等幼龄动物多见。

（1）皮肤病变　　皮肤干燥、脱屑、皮炎、被毛蓬乱无光泽、脱毛，蹄角生长不良、干燥，蹄表有纵行皲裂和凹陷。猪主要表现为脂溢性皮炎，表皮分泌褐色渗出物；雏鸡喙和小腿皮肤的黄色变浅或消失；牛皮肤上附有大量麸皮样鳞屑，蹄干燥，表面有鳞屑和许多纵向裂纹。

（2）视力障碍　　夜盲症是各种动物（猪除外）维生素 A 早期缺乏的症状之一，干眼病常见于犬和犊牛，主要表现为角膜增厚及云雾状。其他动物可见到眼分泌一种浆液性分泌物，角膜角化，增厚，形成云雾状，甚至出现溃疡。鸡因鼻孔和眼有黏液性分泌物，单侧或双侧上下眼睑黏合在一起，拨开眼睑见眼眶内蓄积白色干酪样物质，挤压时可从眼眶内掉出，呈不规则的片状；严重病例可见干酪样物质大量堆积，压迫眼球偏向一侧，干酪样物质与眼球接触处可见眼球表面有形状不规则的溃疡灶。其咽部和食管黏膜及导管上皮发生鳞状上皮化生、增生和脱落。

（3）泌尿道损伤　幼龄鸡一般较成年鸡严重。肾集合管和输尿管上皮发生角化和鳞状上皮化生，造成肾损伤和尿酸盐沉着。肾体积明显肿大，色变淡，表面有灰白色网状花纹（花斑肾）；输尿管增粗扩张，常见白色石灰样尿酸盐蓄积；在肾和输尿管尿酸盐沉积的同时，心脏、肝、脾及体腔浆膜表面也见尿酸盐沉着，呈典型的内脏型痛风样病变。

（4）呼吸道损伤　早期鼻甲内充满浆液性-黏液性渗出物，鼻前庭逐渐被堵塞并溢流进鼻旁窦。窦中充满渗出液而引起一侧或两侧的面部肿胀，炎性产物消除后黏膜变得菲薄、粗糙和干燥。呼吸道黏膜及其腺体发生萎缩和变性，其后原有的上皮角化为复层鳞状上皮。气管和支气管病变相似，黏膜表面附有一层干燥、无光和不光滑的薄膜，有时前部气管黏膜上可见结节状病变或气管和支气管黏膜表面有伪膜及小脓疱、坏死和溃疡等变化。可见呼吸道黏膜纤毛柱状上皮萎缩和脱落，纤毛上皮萎缩变性后形成一层伪膜呈簇状悬吊于基膜上，随后脱落。同时，新生的圆柱形或多角形细胞单个或成对地形成，并在上皮下呈岛屿状。这些新生细胞不断增生，细胞核变大，细胞界线不甚清楚，最后被覆于鼻腔及与其相通的窦，气管、支气管和黏膜下腺的纤毛柱状上皮转变成复层鳞状角化上皮。

（5）消化道损伤　首先出现在咽部，并局限于黏液腺及其导管，表现为上皮角化，堵塞导管，引起导管扩张且充满分泌物和坏死物。特征性变化是口腔、咽部和食管黏膜上出现许多白色的小结节，其直径为 2mm 左右，有时会波及嗉囊。这种病变随病程发展，病灶增大，有时相互融合，突起于黏膜表面形成伪膜。由于黏膜被破坏，因此常继发病毒和细菌感染。

（6）骨骼损伤　患病雏鸡长骨骺软骨生长发育受阻，血管分布不规则且数量减少，骨骺生长板的增生带分界不清，成熟软骨细胞被未钙化基质包围，位于干骺端一侧。骺软骨中因成熟与未成熟细胞交替排列形成一条纵行条纹。骨内膜的成骨细胞减少，导致骨生长阻滞及骨皮质变薄。椎骨受损时引起中枢神经系统受压。

（7）免疫器官损伤　患病鸡免疫器官的病变程度依次为法氏囊＞胸腺＞脾＞盲肠扁桃体。法氏囊淋巴滤泡变小且大小不均，皮质变薄，淋巴细胞减少，间质结缔组织增生。黏膜上皮化生为复层鳞状上皮并且发生角质化，腔内积有脱落的上皮细胞和坏死物质。胸腺小叶皮质变薄，淋巴细胞数量减少，髓质疏松或空虚。脾白髓体积缩小，中央动脉周围鞘及脾索中淋巴细胞减少。盲肠扁桃体生发中心减少，体积缩小，弥散性淋巴组织中网状细胞增生，淋巴细胞减少。

（8）繁殖功能障碍　公畜表现为睾丸小于正常，精液品质下降。母畜子宫黏膜上皮细胞变为复层鳞状上皮，使黏膜功能改变而影响受精卵着床，导致不孕或引起流产、死胎、弱胎、胎儿畸形，易发生胎衣滞留。犊牛可见先天性失明和脑室积水。仔猪可发生无眼或小眼畸形，也可以出现腭裂、兔唇、后肢畸形等。

（9）神经系统损害　可见中枢神经损害，常见症状有颅内压升高性脑病（共济失调、痉挛、惊厥、瘫痪等）。外周神经损伤引起运动障碍和肌肉麻痹。视神经管狭窄引起失明。犊牛和仔猪易发。

二、维生素 D 缺乏症

维生素 D 缺乏症（hypovitaminosis D）是指机体维生素 D 生成或摄入不足而引起的以钙、磷代谢为主的一种营养代谢病。临床上患病动物主要表现为食欲下降，生长阻滞，骨骼病变，幼年动物发生佝偻病，成年动物发生骨软化症或纤维性骨营养不良综合征。

（1）幼年动物佝偻病　患病动物可出现四肢弯曲变形，呈“X”或“O”形站立姿势，脊柱弯曲，关节肿大，迈步困难，跛行，肋骨与肋软骨结合处呈串珠状肿胀，胸廓扁平狭窄。骨骺软骨较正常增厚，骨骺线呈锯齿状弯曲。禽喙软，四肢易弯曲，不易折断。

（2）成年动物骨软化症　病初表现为异嗜，消瘦，被毛粗乱无光；继而运步强拘，腰腿僵硬，跛行；进而出现骨骼肿胀变形，四肢疼痛，肋骨与肋软骨结合处肿胀，骨质软化、脆弱，易骨折，肌腱附着部易被撕脱。常伴发关节炎、腱鞘炎和肌肉萎缩。

三、维生素 K 缺乏症

维生素 K 缺乏症（hypovitaminosis K）是动物体内维生素 K 缺乏或不足引起的一种以凝血酶原和凝血因子减少，血液凝固过程发生障碍，凝血时间延长，易于出血的一种疾病。

维生素 K 临近缺乏时，常引起胸部、腿部、翅膀出现小出血瘢疤。腹腔和胃肠道也可以发生出血，出血较多时，造成严重贫血和全身代谢紊乱，冠、肉髯、皮肤苍白干燥。实验性仔猪维生素 K 缺乏表现为敏感、贫血、厌食、衰弱和凝血时间延长。创伤时出血不止。

四、维生素 B_1 缺乏病

维生素 B_1 缺乏病（vitamin B_1 deficiency）是指体内硫胺素（维生素 B_1）缺乏或不足所引起的以神经功能障碍为特征的一种营养代谢病。雏禽、仔猪、犊牛和羔羊等幼畜禽多发。

鸡：呈多发性神经炎症状。双腿痉挛缩于腹下，躯体压在腿上，头颈后仰呈特异的“观星姿势”。成年鸡发病缓慢，冠呈蓝色，肌肉逐渐麻痹，开始发生于趾伸肌，然后向上发展，波及腿、翅和颈部伸肌。小公鸡睾丸发育受抑制，母鸡卵巢萎缩。

猪：呕吐，腹泻，心力衰竭，呼吸困难，黏膜发绀，迈步不稳，跛行，严重时肌肉萎缩，引起瘫痪，最后陷于麻痹状态直至死亡。

犬、猫：可引起对称性脑灰质软化症，脑桥和大脑皮质损伤，犬因食熟肉而发生，在猫多因吃生鱼而发生。主要的临床表现为厌食，平衡失调，惊厥，勾颈，头向腹侧弯，知觉过敏，瞳孔散大，运动神经麻痹，四肢呈进行性瘫痪，最后患病动物半昏迷，四肢强直死亡。

马：患马衰弱无力，采食吞咽困难，知觉过敏，脉快而节律不齐，共济失调，惊厥，昏迷死亡。

反刍动物：主要发生于犊牛和羔羊，表现为厌食，共济失调，站立不稳，严重腹泻和脱水。因脑灰质软化，主要表现神经症状，兴奋、痉挛、四肢抽搐呈惊厥状，倒地后牙关紧闭，眼球震颤，角弓反张，严重者呈强直性痉挛，昏迷死亡。

五、维生素 B_2 缺乏病

维生素 B_2 缺乏病（vitamin B_2 deficiency）是指动物体内核黄素（维生素 B_2）缺乏或不足所引起的以生长缓慢、皮炎、胃肠道及眼损伤、禽类趾爪卷缩、飞节着地等为特征的一种营养代谢病。该病多发生于禽类、貂和猪，反刍动物和野生动物偶尔也可发生。

禽：表现为羽毛生长缓慢，两腿发软，眼充血，趾爪向一个方向伸展，腿部肌肉萎缩，行走困难，多以跗关节着地而行，消瘦而死。成年家禽所产蛋的孵化率降低，胚胎死亡率升高，即使不死，雏出壳时瘦小，水肿，趾爪弯曲，蜷缩成钩状。羽毛发育受损，出现“结节状绒毛”。坐骨神经和臂神经常表现肿胀和疏松，呈现神经纤维髓鞘的变性、脱失及神经轴突的崩解。

猪：仔猪生长缓慢，皮肤皮炎，被毛脱落，皮肤溃疡及鬃毛脱落，严重时溃疡可波及蹄冠，甚至引起蹄匣脱落。有时可引起角膜混浊、角膜炎、白内障和贫血等。妊娠母猪流产或早产，所产仔猪体弱，皮肤秃毛，皮炎，结膜炎，腹泻，前肢水肿变形，迈步不稳，多卧地不起。

犬猫：皮屑增多，皮肤红斑、水肿，后肢肌肉虚弱，平衡失调，惊厥。

马：生长受阻，腹泻，羞明流泪，视网膜和晶状体混浊，视力障碍，周期性眼炎。

牛：犊牛可见口角、唇、颊、舌黏膜发炎，流涎，流泪，脱毛，腹泻，有时呈现全身性痉挛等神经症状；成年牛很少自然发病。

六、维生素 B_{12} 缺乏症

维生素 B_{12} 又称氰钴胺、钴胺素。饲料中缺乏钴和蛋氨酸可造成维生素 B_{12} 合成不足，会引起维生素 B_{12} 缺乏病（vitamin B_{12} deficiency）。家禽体内合成维生素 B_{12} 能力有限，必须从日粮中补充。

禽：雏鸡表现为贫血、脂肪肝、死亡率增高。成年鸡产蛋量下降，孵化率降低，胚胎发育畸形，多在孵化 17d 左右死亡，孵出的雏鸡弱小且多呈畸形。

猪：皮肤粗糙，后腿软弱。贫血，肝、脾、肾和其他脏器呈明显的含铁血黄素沉着。母猪缺乏时，产仔数减少，仔猪活力减弱，生后不久死亡。

犬、猫：厌食，贫血，幼崽脑水肿。

牛：犊牛表现为食欲下降，黏膜苍白，皮肤被毛粗糙，肌肉弛缓无力，共济失调；成年牛异嗜，营养不良，衰弱乏力，可视黏膜苍白，产奶量明显下降。

羊：自然发生钴缺乏性脂肪肝，表现为厌食、贫血，偶见光敏感和黄疸。

七、维生素 C 缺乏症

维生素 C 缺乏症（vitamin C deficiency）是指动物体内维生素 C（抗坏血酸）缺乏或不足引起的以皮肤、内脏器官出血、贫血，齿龈溃疡、坏死和关节肿胀为特征的一种营养代谢性疾病。

猪：表现为出血性素质，皮肤黏膜出血坏死，口腔、齿龈和舌明显，皮肤出血部位鬃毛软化易脱落，新生仔猪常发生脐管大出血，造成死亡。

牛：犊牛除齿龈病变外，皮肤出现明显的病变，毛囊角化过度，表皮剥脱形成蜡样结痂，秃毛，多发于耳周围，严重可蔓延至肩胛及背部，四肢关节增粗、疼痛、运动障碍。成年牛表现为皮炎或结痂性皮肤病，齿龈多发生化脓-腐败性炎症，产奶量下降，易发生酮病。

猴：齿龈出血，齿龈炎及牙齿松动，皮下微血管出血，可视黏膜、消化道、生殖器官及泌尿道出血。幼猴表现食欲下降、体重减轻、四肢无力等。

狐：妊娠时维生素 C 缺乏，其所生幼狐四肢关节、爪垫肿胀，皮肤发红，俗称“红爪病”。严重病例，爪垫可形成溃疡和裂纹。

第二节　微量元素缺乏症

一、硒缺乏症

硒缺乏症（selenium deficiency）是硒缺乏而导致的动物骨骼肌、心肌及肝等组织出现以变性坏死为特征的一种营养代谢病。侵害多种动物，包括畜禽、经济动物、实验动物和水生动物，如牛、羊、猪、马、鸡、鸭、大鼠、小鼠、犬、猴、鱼等 40 多种动物均可患病。该病具有明显的地域性和群体选择性特点，主要发生于幼龄动物。

（一）仔猪硒缺乏症

病变主要表现为营养性肝病和营养性肌病（如白肌病、桑葚心病）。

1．营养性肝病（nutritional hepatosis）　眼观肝肿大，淤血、出血，表面及切面见有黄色或灰白色坏死灶（俗称花肝病）。肝包膜上可见纤维素附着。胆囊壁因水肿而显著增厚。病理组织学观察肝细胞呈颗粒变性、脂肪变性和凝固性坏死。坏死一般多位于肝小叶中央区，随后累及中间区、周边区以至整个肝小叶。坏死的肝细胞溶解消失后，由漏出的红细胞填充，故小叶内呈现不同程度的出血，并可见巨噬细胞、嗜酸性粒细胞、中性粒细胞、浆细胞和淋巴细胞等浸润。病程较长者可见小叶间质结缔组织和小胆管增生。电镜观察肝糖原、微体、溶酶体、粗面与滑面内质网减少，核糖体脱落，线粒体肿胀，嵴断裂、溶解和出现空泡。细胞膜结构模糊。

2．桑葚心病（mulberry heart disease）　眼观心腔扩张，心肌混浊，色苍白或紫红。多数病例可见灰黄色的坏死条纹或灰白色的结缔组织疤痕。病变以左心室外膜下肌层最为显著，有时心外膜、心内膜和心肌有大范围的斑点状或条状出血，使心脏呈桑葚状外观。病理组织学观察心房病变较心室严重且发病较早，左心室又比室间隔和右心室显著。心肌纤维呈现颗粒变性、空泡变性、凝固性坏死和溶解，少数病例的坏死肌纤维上有钙盐沉着。坏死灶内肌纤维溶解消失，残留的间质形成空架或在坏死灶内有大量的巨噬细胞以清除残留的肌浆碎屑。心肌的间质，特别是心房部常见结缔组织疏松水肿，毛细血管及小动脉受损，红细胞漏出于组织中，且常见小动脉发生纤维素样变及血栓形成。病程较长的病例，坏死灶内有大量增生的成纤维细胞和胶原纤维。

3．白肌病（white muscle disease）　眼观肌肉多呈对称性损害，病变以颈部和肩胛部肌肉及后躯的半膜肌、半腱肌、内收肌、股二头肌、臀中肌和腰肌等最明显。患病肌纤维苍白、混浊，甚至呈鱼肉状，并可见灰黄色或灰白色的坏死条纹。部分病例皮下有大量浆液渗出。病理组织学观察肌纤维呈不同程度变性、坏死，坏死肌纤维呈不均匀肿胀，肌浆呈均质状或破裂成团块和碎屑。部分病例有钙盐沉着。在水肿的间质及坏死的肌纤维间可见弥漫性的巨噬细胞、嗜酸性粒细胞、中性粒细胞、淋巴细胞与浆细胞浸润。病程较长时，肌纤维再生现象明显，新生的成肌细胞细胞核成串状排列或在断端集聚呈花蕾状。同时间质中成纤维细胞与毛细血管大量增生，以取代坏死的肌纤维并逐渐形成疤痕。

（二）羔羊硒缺乏症

羔羊硒缺乏症又称白肌病、营养性肌营养不良（nutritional muscular dystrophy）或僵羊病（stiff lamb disease）。羔羊白肌病是一种急性或亚急性代谢病，1～6周龄羔羊多发，以骨骼肌和心肌发生变性、坏死和肌间结缔组织增生为特征。

眼观病变主要限于骨骼肌与心肌。骨骼肌呈对称性受损，以背最长肌、腰肌、股二头肌及半腱肌等最明显。患病肌肉呈灰白色乃至白色，坏死肌纤维束呈线形的白色条纹，也可出现出血点、出血斑及水肿。心肌的病变一般以右心室较严重，心室壁变薄，心肌色淡，心内膜和外膜下有淡黄色混浊的坏死条纹或灰白色的斑块。病理组织学观察初期肌纤维肿胀，横纹消失，以后断裂、坏死与溶解，并可见肌纤维溶解消失后留下不同程度塌陷的基质网架所构成的“肌溶灶”。肌间结缔组织增生，毛细血管充血，肌纤维间有巨噬细胞、淋巴细胞及中性粒细胞浸润。最后肌纤维可完全或大部分被增生的肉芽组织取代，在残余的肌纤维中可见再生现象，残留的坏死肌纤维碎块上常见有钙盐沉着。

（三）犊牛硒缺乏症

多发于4～6周龄的肉牛。眼观骨骼肌与心肌有显著坏死与钙化病变。当心脏广泛受损时，肋间肌与膈肌也经常受损害，但其他部位的骨骼肌受损较轻。犊牛的心脏病变通常是左心室比右心室严重，表现心脏扩张，心外膜和心内膜下肌层有淡白色坏死斑点、条纹或片状的病灶，尤以心壁外层的病变最为显著。乳头肌的坏死、钙化部位呈奶油白色。骨骼肌受损最严重的部位为腿部和肩部肌肉，病变为两侧对称性。病变肌肉呈苍白色，存有不规则的混浊、黄色至乳白色的病灶。受损最严重的肌肉，常有一种黄白色条带形的外观，有时可见出血条纹和局部水肿。病理组织学观察心肌病变可波及整个肌层或部分肌束。心肌的基本变化是肌纤维的变性、坏死、钙化、结缔组织增生及肌纤维再生等。骨骼肌纤维呈不均匀的肿胀、均质化和崩解。部分肌纤维变细，坏死和变性的肌纤维常见钙化。在变性、坏死肌纤维被清除的同时常伴有纤维结缔组织增生与肌纤维的再生。

（四）鸡硒缺乏症

主要表现为渗出性素质、胰腺萎缩与纤维化、骨骼肌病变和淋巴免疫器官病变。

1．渗出性素质（exudative diathesis）　是雏鸡硒缺乏的特征性病变之一。眼观渗出始发于胸部，以后发展至全身。在胸腹部、大腿内侧、颈部、背部皮下充血、出血，蓄积大量黄色、淡绿色或蓝绿色胶冻样水肿液，往往混有灰白色蛋白质凝块，并常伴有腹壁水肿和充血、出血。后期水肿液吸收，皮下发生粘连。病理组织学观察皮下组织和骨骼肌间质结缔组织水肿，胶原纤维解离、断裂，呈乱发状漂浮于水肿液中，并有数量不等的巨噬细胞和异嗜性粒细胞浸润。小静脉和毛细血管扩张充血、出血和形成血栓。小动脉壁多呈纤维素样坏死，血管壁及其周围有大量白细胞浸润，甚至形成管套。其他病变器官均有较轻微的充血，偶见出血。电镜观察骨骼肌间质血管内皮细胞线粒体损伤，出现纤维蛋白性血栓附着的内皮破损区。

2．胰腺萎缩与纤维化（pancreatic atrophy and fibrosis）　胰腺是雏鸡硒缺乏症的靶器官，其严重的胰腺萎缩与纤维化病变对该病诊断有重要意义。眼观胰腺萎缩变细，严重者呈线状，苍白、质实，重量减轻。病理组织学观察外分泌胰腺腺泡细胞发生空泡化或呈急性变性和凝固性坏死，后期结缔组织广泛增生纤维化，残存腺泡萎缩。电镜观察腺泡细胞粗面内质网脱颗粒、扩张成大小不等的囊泡，内含膜碎片。线粒体肿胀或见内外膜破损，嵴断裂，结构模糊。细胞质出现自吞噬泡，内吞有内质网片段、破损的线粒体等。

3．骨骼肌病变　眼观以胸部和腿部最明显，表现混浊、苍白、水肿、出血及出现灰白色坏死条纹。后期可见胸肌萎缩。病理组织学观察肌纤维因凝固性坏死而呈竹节状，纵纹及横纹消失，肌浆呈均质状，肌纤维断裂、溶解，核固缩、碎裂和消失。电镜观察肌纤维呈透明变性和颗粒变性。透明化的肌纤维初期变化为肌浆和肌原纤维密度增高，肌质网扩张，肌膜下形成液泡与线粒体膜破裂；后期肌原纤维崩解、溶解，肌浆膜破裂。肌纤维颗粒变性，肌浆密度降低，线粒体明显肿胀变形及出现许多肌原纤维溶解灶，最终融合导致整个肌纤维溶解。

4．淋巴免疫器官病变　胸腺、脾、法氏囊和盲肠扁桃体等的淋巴细胞有不同程度的减少或有局灶性或弥漫性坏死。

（五）雏鸭硒缺乏症

雏鸭患硒缺乏症时，皮下的胶样浸润不如雏鸡那样明显。心肌、肌胃、骨骼肌及肠壁肌肉均可见典型的坏死。

眼观肌胃平滑肌变性、坏死是雏鸭最明显的变化，肌胃壁肌层内可见灰白色坏死灶。骨骼肌普遍色淡不均匀，灰白或苍白半透明或红（出血）白相间，有明显的白色条状坏死灶，肌肉损害往往是两侧对称，常见于腿部肌肉。胸腺、脾和法氏囊的变化与雏鸡相似，但通常有局灶性或弥漫性坏死，淋巴组织萎缩。肝病变较雏鸡严重，表现肿大、淤血并出现淡黄色花斑。病理组织学观察病变平滑肌纤维融合且均质透明，肌浆嗜酸性增强，细胞核固缩致密。肌束之间的结缔组织水肿、充血和异嗜性粒细胞浸润。透明化的肌纤维肌浆内散在有细小的嗜碱性颗粒，随后肌纤维发生坏死，崩解断裂成团块状，并有钙盐沉着。坏死区有大量巨噬细胞浸润。在慢性病例，出现结缔组织增生。肝病见严重的脂肪变性。电镜观察病变轻者平滑肌/骨骼肌肌纤维的线粒体膜破裂，肌质网扩张。病变重时见肌原纤维溶解消失及肌细胞膜破裂。平滑肌/骨骼肌坏死区有大量巨噬细胞浸润，吞噬坏死肌纤维的肌浆碎片。

二、铜缺乏症

铜缺乏症（copper deficiency）是饲料中铜不足或存在干扰铜吸收、利用的因素所引起的一种营养缺乏病。以被毛褪色、消瘦、贫血和共济失调为特征。各种动物均可发病，但主要发生于反刍兽，特称羔羊晃腰病（swayback）和地方性共济失调（enzootic ataxia）。常呈地方性发病，我国新疆、宁夏、吉林等地有牛、羊、鹿的铜缺乏症发生。

铜缺乏时，影响机体造血、造骨及角蛋白、胶原蛋白、弹性蛋白与髓鞘的生成，导致贫血、被毛性状改变、髓鞘脱失、骨质疏松等。运动障碍是该病的主症，尤多见于铜缺乏羔羊和仔猪。病畜行走时跗关节屈曲困难，后肢僵硬，蹄尖拖地，后躯摇摆，极易摔倒，急行或转弯时，更加明显。重症作转圈运动或呈犬坐姿势，后肢麻痹，卧地不起。骨骼弯曲，关节肿大。被毛褪色，由深变淡，黑毛变为棕色、灰白色，常见于眼睛周围，状似戴白框眼镜。被毛稀疏，弹性差，粗糙，缺乏光泽。羊毛弯曲度减小，甚至消失，故称“直毛”或“丝线毛”。小细胞低色素性贫血。此外，母畜发情异常，不孕，流产。

三、锰缺乏症

锰缺乏症（manganese deficiency）是日粮中锰供给不足引起的一种以生长停滞、骨骼畸形、生殖功能障碍（发情异常、不易受胎或容易流产）及新生畜禽运动失调为特征的营养代谢病。

牛：新生犊牛表现为腿部畸形，缺锰地区犊牛发生麻痹，运动明显障碍，被毛干燥，无光泽。成年牛表现性周期紊乱，发情缓慢或不发情，不易受胎，早期发生原因不明的隐性流产、弱胎或死胎。泌乳牛乳量减少，严重的无乳。种公牛严重者失去交配能力，同时出现关节周围炎、跛行等。

猪：骨骼生长缓慢，肌肉无力，肥胖，发情不规律、变弱或不发情，无乳或胎儿吸收或死胎。腿无力，前肢呈弓形，腿短粗而弯曲，跗关节肿大，步态强拘或跛行。

羊：骨骼生长缓慢，四肢变形，关节有疼痛表现，运动明显障碍。山羊跗关节肿大，有赘生物，发情期延长，不易受胎，早期流产、死胎。羔羊的骨骼缩短而脆弱，关节疼痛，不愿走动。

鸡：特征性病变是骨短粗症、滑腱症（slipped tendon）。可见单侧或双侧跗关节以下肢体扭转，向外屈曲，跗关节肿大、变形，胫骨和跖骨变粗短及腓肠肌腱脱出而偏斜。种母鸡患病，主要表现为所产的受精蛋含锰量较低，致使胚胎发育不良，孵化率下降，常孵至19～21d发生胚胎死亡；刚孵出的雏鸡由于缺锰而出现神经症状，如共济失调。

第三节　钙与磷缺乏症

一、缺钙性佝偻病和骨软化症

（一）禽类钙缺乏症

禽类钙缺乏症包括雏鸡钙缺乏症、成年鸡钙缺乏症和鸭钙缺乏症。

1．雏鸡钙缺乏症　眼观雏鸡喙变软；龙骨弯曲变形，严重者呈 S 形；胸腔扁平狭小，肋骨增粗变圆，色乳白，质软，弯曲呈 V 形或波浪状，对折不断，肋间隙变窄；肱骨、桡尺骨、锁骨、股骨、胫骨和跖骨等长骨质软易弯；甲状旁腺肿大。病理组织学观察长骨骨骺生长板的增生带显著增宽，与肥大带交接处呈不规则锯齿状。干骺端松质骨骨小梁稀疏，类骨组织和结缔组织大量增生，前者形成类骨小梁和包绕骨小梁，后者填充和取代骨小梁之间的原始骨髓腔。成骨细胞增多，破骨细胞丰富，散在或成团分布于骨小梁周围和增生的结缔组织中。骨干密质骨疏松，厚薄不一，哈弗斯管（Haversian canal，也称中央管）管腔扩张，管周类骨组织增生；同心圆排列的哈弗斯骨板（Haversian lamella）（由呈同心圆排列的哈弗斯骨板绕哈弗斯管构成骨密质纵行的哈弗斯系统）明显变薄、断裂、消失，其间结缔组织增生。

2．成年鸡钙缺乏症　表现为笼养蛋鸡疲劳症（cage layer fatigue，CLF）。特征是产蛋量下降，蛋壳变薄或产软壳蛋，骨骼变薄甚至出现自发性骨折，尤以椎骨、胫骨及股骨常见。眼观骨组织骨质疏松，脆性增加，易断裂或发生骨折。骨折常见于腿骨、翅骨和椎骨，断端周围积有血凝块。在胸骨和椎骨的结合部位，肋骨特征性向内卷曲或肋骨因与胸骨连接处的细小骨折而内折呈“乙”字形弯曲，或椎段肋骨与胸段肋骨结合处见有结节形成，呈串珠样排列。瘫痪病鸡剖检时常常发现第 4 或第 5 胸椎骨折且压迫脊髓，是 CLF 病鸡出现瘫痪的根本原因。甲状旁腺肿大，显著者可达 2～3 粒芝麻大小。病理组织学观察长骨皮质骨变薄，骨吸收区增大，出现大小不一、边界凹凸不平的吸收腔，即豪息泼氏（Howship）陷窝（被吸收的骨质表面形成的凹陷）。腔边缘有许多破骨细胞附着，腔中心被富含血管的结缔组织占据。吸收腔内表面和骨髓腔面出现较多量的骨样组织层。哈弗斯管腔扩大 0.5～1.5 倍，变形，管壁边界不规则，分布有破骨细胞，多数骨陷窝变阔，骨细胞皱缩成深蓝色团块，偏于骨隐窝一侧。髓质骨数量减少，被类骨组织取代。骨小梁短细，相互间连接减少，多以碎片散在，小梁间隙增大。骨细胞固缩，许多骨陷窝变圆或椭圆，呈空泡状。成骨细胞和破骨细胞活性增强。破骨细胞常附着于骨小梁边缘或附近，相互交接包围骨小梁。甲状旁腺出现以明亮的主细胞（chief cell）为主的淡染区。该种细胞明显肥大，核偏于细胞一侧，细胞质大部分透明不着色。此区内毛细血管纵横交织成网，主细胞排列紧密，形成片状或条索状滤泡，位于网眼内。细胞质透明紧接毛细血管，细胞间结缔组织极少。

3．鸭钙缺乏症　眼观胸腔小，肋骨质软易弯，大多数病例于右侧或（和）左侧肋骨骨干内表面出现绿豆大小、灰白色、半球状突起的佝偻病串珠。脊椎骨质变软，增粗弯曲，以胸腰段最为明显。病理组织学观察与鸡钙缺乏症相似。

（二）猪钙缺乏症

1．仔猪钙缺乏症　眼观额骨、下颌骨质地变软，厚度增加。肋骨骨膜增厚，骨干柔软易回折，胸骨端膨大排列成行似串珠状。肩胛骨、胸腰椎骨质地变软，用刀易切断，腰椎横突质地如纸样。长骨质地变软，皮质变薄，间或孔隙增多，骺板不同程度增宽，其下出现裂缝，且有出血带。甲状腺和甲状旁腺体积增大，色泽较红。病理组织学观察骨组织的变化特点为类骨组织和纤维组织大量增生。甲状腺滤泡上皮细胞增生并突入滤泡腔内，滤泡间新生滤泡明显，滤泡旁细胞增多。甲状旁腺实质细胞增多，主细胞色淡，透明细胞数量增多，体积增大。电镜观察甲状旁腺主细胞体积增大，核形状不规则，粗面内质网粗大，高尔基体扩张而不规则，细胞质内游离核糖体增多，散在有大小不等的囊泡，部分囊泡内含有轻度电子致密度物质，细胞质膜多而不规则。骨骼骨小梁边缘新形成的类骨组织质地不均匀，仅有少量不成熟的纤维结缔组织，且排列不整齐，其间有小的基质囊泡和蛋白质颗粒团，成骨细胞线粒体膨大，其内无致密颗粒。

2．成年猪钙缺乏症　表现为纤维性骨营养不良。有时可表现为以形成肿块为特征的肥厚性疏松性病变，高度膨大的颜面骨部分变成一种灰红色的可以切割的组织块，只在一些地方被一菲薄的可以压陷的皮层所包围，其中有散在岛屿状骨片，有时还含有囊肿。鼻腔和上颌窦或多或少被一种纤维性组织所塞满，硬腭常向口腔拱出。在典型的纤维性骨营养不良病例中，骨组织出现大量的多核破骨细胞，薄片样骨组织消失。镜检时能发现头骨广泛性破坏，骨样组织的骨小梁排列零乱，钙化组织被吸收后所造成的间隙被纤维性结缔组织所填充，且在纤维细胞的基质中可见大量散乱的破骨细胞及破骨细胞性巨细胞。

二、缺磷性佝偻病和骨软化症

（一）禽类磷缺乏症

禽类磷缺乏症包括鸡磷缺乏症和鸭磷缺乏症。

1．鸡磷缺乏症　眼观肋骨扁平、质软但不弯曲，肋骨头（肋骨近端）梭形肿大呈串珠状，色灰白。其余变化与钙缺乏相似。病理组织学观察长骨的突出变化表现为骨骺生长板肥大带明显增宽，与增生带交接处平整，干骺端松质骨骨小梁减少，类骨组织不同程度地增生，包绕骨小梁。

2．鸭磷缺乏症　眼观上颌骨极度柔软似橡皮，对折不断。剖开胸腔可见肋骨自然外翻，质地柔软，中部弯曲突入胸腔，用力难以使其恢复原状。脊柱质地轻度变软、弯曲，严重者呈 S 状。肱骨、桡尺骨、锁骨、股骨、胫骨、跖骨等长骨质软易弯曲。胫骨多见弯曲呈弓形或半圆形，骨干增粗同骨骺两端，中部可见骨折处球形膨大，质硬，色灰白，切面上骨髓腔明显缩小或消失。病理组织学观察与鸡磷缺乏症相似，但程度较轻。

（二）猪磷缺乏症

猪磷缺乏症包括仔猪磷缺乏症和成年猪磷缺乏症。

1．仔猪磷缺乏症　眼观仔猪骨骼质地柔软，程度随病程长短而有所不同。严重者骨质很软，骨骺稍膨大，骺板显著增厚，肋骨上的骨珠多而明显，腰椎横突极薄而软。轻者骨质稍硬，骺板宽度变化不大，其余变化与仔猪钙缺乏相似。病理组织学观察骨组织的变化特点是类骨组织增生比纤维组织明显。长骨骺板下形成的骨小梁粗大，其中心为钙化的小梁，周围为类骨组织包绕，骨髓腔变小。重者骺板增宽显著。稍轻者则不明显。骨髓腔内髓细胞数量明显比正常少，骨小梁上的骨细胞幼稚，体积大而圆，核大淡染，细胞质丰富。胸腺随病程而表现为萎缩或皮质变薄，其他脏器无明显变化。

2．成年猪磷缺乏症 表现为骨软化症。在症状明显的病例，管状骨骨髓腔扩张，皮层变薄呈海绵状，易碎而柔软，可用刀切割，哈弗斯管的皮层界限不清。扁骨和短骨易碎或可以弯曲，骨髓腔扩张致使海绵状纹理显得更加清晰，或者局部融合成较大的空隙，管状骨或扁骨因脱钙，未钙化的骨基质增加，导致骨骼柔软、变形弯曲、骨痂形成及局灶性增生。

三、纤维性骨营养不良

纤维性骨营养不良（fibrous osteodystrophy）是一种营养不良性骨病，其病因与低钙高磷饲料有关。该病多见于马属动物和猪。

眼观全身骨骼表现为不同程度的骨质疏松、肿胀和变形，骨膜增厚且不易剥离，骨切面疏松状尤为明显，骨质质量减轻，硬度降低，但不同部位其病变特点存在差异。头骨肿胀，因面骨和鼻骨对称性肿胀而呈“河马头”样。下颌骨呈梭形肿胀，下颌间隙变窄，臼齿深埋。颈椎、胸椎、腰椎和荐骨体积肿大，骨质疏松，表面粗糙，凹凸不平。肋骨与肋软骨交界处呈串珠状膨大，肋骨易骨折，愈合后常呈球状突起。四肢骨肿胀和骨质疏松，且与肌腱附着部因牵拉而使局部变形，断面见骨髓腔扩张，骨干密质骨变薄，骨膜增厚。病理组织学观察密质骨哈弗斯管和福尔克曼管（Volkmann’s canal）扩张，周围骨板中的骨细胞肿胀、变性和坏死，钙质脱出后呈离心性向外扩展，骨质同时受到破坏，并被血管周围增生的结缔组织取代，松质骨骨小梁变细，骨髓腔因结缔组织增生而变窄或被取代。

第四节 蛋白质、脂肪、糖代谢障碍性疾病

一、鸡脂肪肝综合征

鸡脂肪肝综合征（fatty liver syndrome in chicken）是产蛋鸡的一种营养代谢病，临床上以过度肥胖和产蛋量下降为特征。该病多出现在产蛋量高的鸡群或鸡群的产蛋高峰期，病鸡体况良好，其肝、腹腔及皮下有大量的脂肪蓄积，常伴有肝小血管出血，故又称其为蛋鸡脂肪肝出血综合征（fatty liver and hemorrhagic syndrome in laying hen，FLHS）。该病发病突然，病死率高。病死鸡的皮下、腹腔及肠系膜均有大量的脂肪沉积。肝肿大，边缘钝圆，呈黄色油腻状，表面有出血点和白色坏死灶，质地极脆，易破碎如泥样，刀切时在刀口和肝切面有脂肪滴附着。有些鸡由于肝破裂而发生内出血，肝周围有大小不等的血凝块。有些鸡心肌变性呈黄白色。有些鸡肾略变黄，脾、心、肠道有程度不同的小出血点。病理组织学观察肝细胞细胞质内布满零乱的脂肪性空泡，使得肝小叶结构紊乱，有些区域显示小血管破裂，继发性炎症、坏死和增生。

二、鸡脂肪肝和肾综合征

鸡脂肪肝和肾综合征（fatty liver and kidney syndrome in chicken）是青年鸡的一种营养代谢病，以肝、肾肿胀且存在大量脂类物质，病鸡嗜睡、麻痹和突然死亡为特征。多发生于肉用仔鸡，也可发生于后备肉用仔鸡，以3～4周龄发病率最高。

病死鸡可见肝苍白，肿胀。肝表面有小的出血点，有时因肝被膜破裂而造成突然死亡。肾肿胀，颜色多样，脂肪组织呈淡粉红色，与脂肪内小血管充血有关。嗉囊、肌胃和十二指肠内含有黑棕色出血性液体，恶臭。心脏呈苍白色。病理组织学观察肾小管肿胀，肾小管上皮细胞颗粒变性，且在近曲小管上皮细胞中可见明显的脂肪性空泡。脂肪性空泡同样见于肝

细胞细胞质中。

三、禽淀粉样变

禽淀粉样变（avian amyloidosis）是指某些组织和器官的网状纤维、血管或细胞外有淀粉样物质沉着并伴有淀粉纤维形成的病理过程。淀粉样蛋白主要有两类，一种是含淀粉轻链蛋白（AL），另一种是含淀粉样蛋白 A（AA）。淀粉样变除在鸭、鹅、棕色蛋鸡、笼养野生鸟类中发生外，还见于犬、奶牛、马、骡、猿猴、貂、兔、小鼠及人等。近年来，自从揭示淀粉样变是阿尔茨海默病（Alzheimer disease）、牛海绵状脑病（bovine spongiform encephalopathy）和痒病（scrapie）等病的重要临床病理学基础后，已受到科学家的高度重视并成为又一新的研究热点。

眼观病死禽的肝显著肿大，色深质软，脆弱易碎，切面呈褐色油脂样，有时可见肝破裂。肾苍白、肿大，有时可见血囊肾。脾肿大。胫、股关节有非化脓性关节炎。镜检肝淀粉样物质主要沉着在迪塞间隙（Disse space）中，在脾沉着于滤泡和血管周围，在肾主要沉着在间质组织和血管周围，沉着在肾髓质时，可见肾乳头坏死。在小肠主要沉着在其基膜外。在血管早期主要沉着在血管内皮和基膜之间，后期可累及基膜和其他各层。

四、家禽痛风

家禽痛风（gout in poultry）是指其血液中蓄积过量尿酸盐不能被迅速排出体外而引起的高尿酸血症。其病理特征为血液尿酸水平增高，尿酸盐在关节囊、关节软骨、内脏、肾小管及输尿管和其他间质组织中沉积。临床上可分为内脏型痛风（visceral gout）和关节型痛风（articular gout）。近年来该病的发生有增多趋势，特别是集约化饲养的鸡群，饲料生产、饲养管理中预置有许多可诱发禽痛风的因素，因而已成为常见禽病之一。除鸡以外，火鸡、水禽（鸭、鹅）、雉、鸽子等也可发生痛风。

病死鸡剖检可见内脏浆膜（如心包膜、胸膜、肠系膜及肝、脾、肠等器官表面）覆盖一层白色、石灰样尿酸盐沉淀物。肾肿大，色苍白，表面呈雪花样花纹。输尿管增粗，内有尿酸盐结晶。患病关节内有膏状、白色黏稠液体，关节周围软组织以至整个腿部肌肉组织中都可见到白色尿酸盐沉着，关节腔内的尿酸盐结晶因具有刺激性，常可引起关节面溃疡及关节囊坏死。病理组织学观察内脏型痛风主要变化在肾，肾组织内因尿酸盐沉着而形成以痛风石为特征的肾炎-肾病综合征。痛风石是一种特殊的肉芽肿，由分散或成团的尿酸盐结晶沉积在坏死组织中，周围聚集有炎症细胞、吞噬细胞、巨细胞、成纤维细胞等。有的肾小管上皮细胞肿胀、变性、坏死、脱落；有的肾小管管腔扩张，由细胞碎片和尿酸盐结晶形成管形；有的肾小管管腔堵塞，导致囊腔形成，间质纤维化，而肾小球变化一般不明显。实质脏器中尿酸盐沉着部位的实质细胞坏死、崩解，并有巨噬细胞、炎症细胞浸润。另外，由法氏囊病毒嗜肾株感染、Vit A 缺乏引起者，还可见淋巴细胞浸润、上皮角质化等现象。关节型痛风在关节软骨、关节周围结缔组织、滑膜、韧带及骨骺等部位有尿酸盐沉着。在尿酸盐沉着部位，组织发生变性、坏死，周围组织发生炎性水肿、白细胞浸润等炎症反应。

（孙卫东）

第四篇

病理学研究技术与方法

第十四章 传统动物病理学研究技术

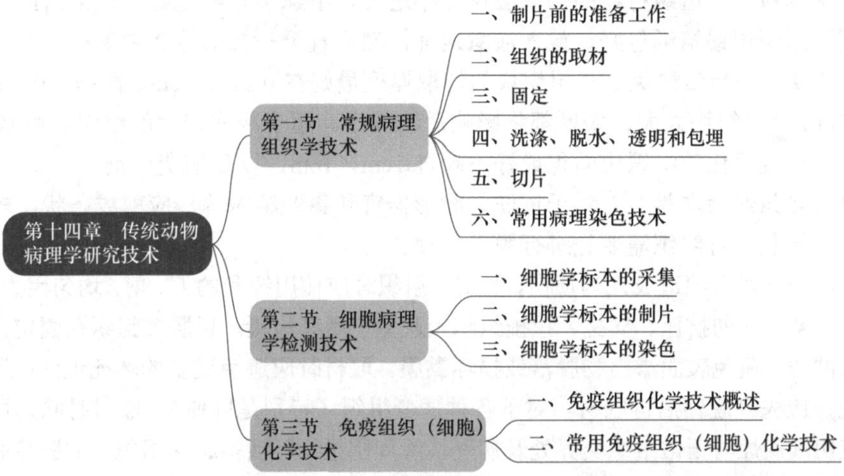

第一节 常规病理组织学技术

动物病理学实验研究的方法多种多样，随着现代科学技术（特别是分子生物技术）的快速发展，新型检测手段不断建立并在病理领域中的实际应用，进一步拓宽了病理工作者的视野，丰富了病理研究工作的内容，也提高了疾病诊断的准确性，再加上各学科特别是诸如分子生物学、分子免疫学和现代遗传学等新型学科之间的交叉渗透，使病理学研究从形态水平逐渐向分子水平发展，从传统的定性观察已发展到定量测定，并分别产生了分子病理学和定量病理学。然而，无论采用什么新技术、新方法，病理工作最基本、最重要的实验研究技术仍然是传统病理组织学技术。离开常规病理组织学技术，一切病理诊断或研究都无从谈起。本节主要介绍常规病理组织学技术。

显微镜检查的主要载体是组织切片。制作组织切片的方法很多，但在日常病理检验中，最常用的制片方法是石蜡切片，其次是冰冻切片。

一、制片前的准备工作

制片前应充分准备所需的各类器皿、耗材、试剂和染液。

应根据取材目标的体积而选取大小合适的广口瓶或圆形玻璃瓶作为标本瓶，根据制片数量和染色架的体积选取合适的染色器皿作为染色缸。载玻片的规格一般是固定的，盖玻片的选取可根据切取组织块的大小和形状而定。

提前配制相应的试剂和染液。通常使用95%乙醇，并根据体积比换算和配制75%、85%、90%、95%等系列梯度乙醇，用无水乙醇做“100%乙醇”。酸性水或酸性乙醇的配制方法是将1mL浓盐酸加至99mL蒸馏水或70%乙醇中。碱性水常用0.1%～1%氨水。

二、组织的取材

组织标本主要取于活检穿刺标本、手术切除标本、动物模型标本及尸体解剖标本。正确选取应用于病理诊断、教学或科学研究用的组织标本材料，是制作高质量病理组织切片的第一步。组织取材的主要原则有以下几方面。

（1）及早取材　组织材料的切取应该尽早进行，组织越新鲜越好。如果新鲜组织确需保存，应将所取组织用锡箔纸包好，放入液氮速冻，然后置于－70℃冰箱中保存。

（2）取适度大小的组织块　组织块的切取厚度最好在0.2～0.3cm，面积1.0～1.5cm^2，最多不超过2cm^2，组织块太大、太厚都将影响后续固定。用于冷冻切片的组织块可略厚（0.3～0.4cm）。用于免疫组化的组织块面积最好不超过1cm×1cm，以免浪费试剂。

（3）取特定组织的取材　对于皮肤、腔形器官和囊壁组织等，应剪成条状，较长时可将其缠绕成同心圆状。骨组织需要先进行脱钙处理。

取材时应防止对组织造成人为损伤，如切取组织时应使用锋利的刀、剪，均匀用力往后拖刀，需一刀即切平整，切勿挤压、揉搓、拉扯组织。避免使用有齿镊。胃肠壁组织在固定前不应以手擦拭或用水冲洗，避免表面渗出物脱落或损坏黏膜。取材时应避免过多的坏死组织或凝血块。有钙化的组织，应先经脱钙后再取材。对于各种病变组织（特别是肿瘤），取材时除切取主要病变处外，还应切取病灶与正常组织交界处及病变边缘周围组织。活检小块组织（如肝穿刺物和黏膜夹取物）时，须用擦镜纸包好，全部包埋，避免丢失。当体积小且颜色也不易区分时，固定时可滴加伊红等染液。切取包埋组织块后剩下的组织一般均应保留，以备复检和特殊染色。

三、固定

将组织标本浸入某些化学试剂，使细胞内的物质成分变为不溶性，能够尽量保持其生活状态时的形态结构和位置，称为固定。凡需制成大体标本和显微镜切片的各种组织都需经过固定。组织固定不当对标本所造成的影响是无法纠正和弥补的。

（一）固定的作用

1）保持组织、细胞与生活状态时相似的结构和形态，防止离体组织自身蛋白酶引起的自溶和细菌繁殖导致的组织腐败。

2）保持细胞内的各种成分沉淀、凝固并定位于细胞内的原来位置。固定有效保存了细胞内的抗原、DNA和RNA，为免疫组织化学染色和核酸原位杂交的检测打下坚实的基础。

3）便于区别不同组织成分。固定可使组织细胞中各种成分更易着色，且对染料产生不同的亲和力。同时，固定还可使组织产生不同的折光率以便于观察。

4）利于切片。固定剂可使细胞从胶体的半液体状态变为凝胶的半固体状态，硬度显著增加，易于切片。

（二）固定组织时的注意事项

由于影响固定的因素很多，如组织的性质与大小、固定剂的性质、组织与固定液的比例、固定时间、固定时的温度及固定方法等，因此组织固定有下列注意事项。

1）组织块应无自溶和腐败，不可太厚。对于发生自溶或腐败的组织，即使固定及时，也无法获得好的固定效果。即使在某些较大肿瘤样本的检测时，组织块厚度也不宜超过 5mm。而观察线粒体、高尔基体等亚细胞结构时，组织块厚度最好小于 2mm。

2）根据研究目的选择合适的固定剂。进行免疫组织化学染色时，最好选用 4%多聚甲醛进行固定，以便更好地保护抗原；检测尿酸盐结晶时，可用无水乙醇固定；保存细胞内糖原则应选用 Carnoy's 液固定。

3）保证足量的固定液。固定液的量一般应为组织块体积的 5 倍以上，而且切取的组织块应立即放入固定液中固定。

4）固定时间。一般情况下，大多数组织的固定时间为 3～24h。固定时间不宜太短或太长，太短达不到固定效果，太长则使组织过硬过脆。固定的温度大多为室温，当温度较低时，固定时间应适当延长。

5）选取合适的固定方法。大多数标本可以直接用浸泡法进行固定。当固定组织中的可溶性物质时，多采用蒸汽法；固定某些体积较大或固定液难以渗透进去的标本，或需要对整个组织或动物进行固定时，可采用注射法或灌注法；微波固定法因可使固定组织具有更加清晰的核膜、更加均匀的染色质、组织结构收缩小等优点，也已用于病理标本的固定。

（三）固定液的种类及其配制方法

用于固定组织标本的化学物质称为固定剂，由固定剂配制成固定组织标本的溶液称为固定液。由单一固定剂组成的固定液，称为单纯固定液；由多种固定剂组成的固定液，称为混合固定液。

1．单纯固定液

（1）10%福尔马林（甲醛液 100mL，蒸馏水 900mL）　该固定液使用的主要试剂为 40%甲醛水溶液（又称福尔马林），售价便宜。作为固定液使用时，配制成 10%水溶液。该固定液的组织穿透力强，固定均匀，组织收缩少，可长期保存标本，是广泛应用的常规固定液。该固定液对细胞核、脂类、类脂体、神经和髓鞘均有良好的固定效果，适合多种特殊染色，还可作为其他二次固定液的首次固定液。但如果固定时间过久，可产生甲酸，与血红蛋白形成福尔马林色素。用磷酸盐缓冲液代替蒸馏水配制该固定液可有效避免色素的产生。

（2）乙醇（酒精）　具有硬化、固定、脱水等作用，但组织渗透力较弱。作为固定剂使用时以 80%～95%浓度为宜。高浓度乙醇固定的组织易过度硬化，收缩明显且质脆，影响制片，故不宜留置过久。70%乙醇可较久地保存组织。在证明尿酸盐结晶和保存糖类时，可用无水乙醇进行固定。

2．混合固定液

（1）乙醇-乙酸-福尔马林混合固定液（70%或无水乙醇 85mL，冰醋酸 5mL，甲醛液 10mL）又称 AAF 液。是需迅速固定时的优良固定液，新鲜组织冰冻切片用 AAF 液固定 30s～1min 即可达到固定效果。此液利用冰醋酸对组织的膨胀作用抵消了乙醇对组织的收缩作用，可以保护糖原及核蛋白等细胞成分，还兼具脱水的作用。

（2）Zenker 液（重铬酸钾 2.5g，升汞 5g，硫酸钠 1g，蒸馏水 100mL，冰醋酸 5mL）　配制时，将升汞、重铬酸钾和蒸馏水混于烧杯中，于 40～50℃加热溶解，冷却后过滤，储存于棕色瓶中。临用时取此液 95mL，加入 5mL 冰醋酸即可。该固定液是组织学、病理学和细胞学光镜研究中应用效果极好的一种固定液，一般固定 12～24h 即可，其中的升汞能沉淀各种蛋白质，重铬酸钾可使酯类凝固，冰醋酸利于染色，能使细胞核和细胞质染色更加清晰、稳定。

（3）Bouin 液（1.22%苦味酸饱和水溶液 75mL，甲醛液 25mL，冰醋酸 5mL）　该固定液需现用现配，对组织固定的渗透速度快而均匀，组织结构收缩很小，适用于睾丸活检组织的固定，对皮肤和肌腱等坚韧组织有软化作用。一般组织的切片和染色效果很好，特别对于结缔组织的染色效果颇佳。小块组织固定数小时，较大脏器固定 12～24h 为宜。用苦味酸固定的组织带有黄色，经乙醇脱水后可洗掉（含有少量苦味酸也不妨碍染色）。

四、洗涤、脱水、透明和包埋

（一）洗涤

组织在固定后一定要把渗入组织内的固定液彻底洗去才能进行下一步的制片操作，否则滞留在组织内的固定液会妨碍染色，如产生沉淀物、形成结晶等而影响观察。

冲洗时间至少 1h，通常为 12～24h，而冲洗方法因固定剂类型不同而有所差别。固定剂以水配制的用流水冲洗。用乙醇和福尔马林固定者一般不需冲洗，但长久固定于福尔马林的标本则应当用流水充分洗涤。含有苦味酸的固定液（水溶液或乙醇溶液）可用 70%乙醇冲洗。用锇酸和含有锇酸的固定液固定者，必须用流水冲洗，以免锇酸使组织发黑而影响染色。

（二）脱水

组织冲洗完毕后要脱水。脱水是指用某些溶媒置换组织内水分的过程。脱水剂必须能与水以任意比例混合，因而常用的脱水剂有乙醇、丙酮和叔丁醇。一般将脱水剂配成各种浓度，自低浓度到高浓度循序进行（以乙醇为例，常设 70%、80%、90%、95%、无水乙醇的浓度梯度），切勿骤然进行以免引起组织强烈收缩而变形。组织内的水分务必完全脱去，否则会严重影响组织的透明和浸蜡。

（三）透明

组织脱水后，必须经过一种既能与乙醇相混合又能溶解石蜡的溶剂，通过这种溶剂的媒介作用使石蜡浸入组织块。在此过程中，组织块中的水分被溶媒所取代而变得透亮，因此称为透明。组织染色后也要进行透明。

透明所用溶剂称为透明剂，最常用的透明剂为二甲苯，其他可作为透明剂的还有苯、甲苯、氯仿等。透明以组织块对着光线观察时呈半透明或透明状态时为宜。

（四）包埋

经过透明的组织需让石蜡等支持剂透入组织内部，而将石蜡透入后的组织块用支持剂包起来的过程称为包埋，因此，支持剂又称包埋剂。包埋后制成含有组织块的包埋块，可使组织保持一定的硬度和韧性，有利于切片。

石蜡的透入又叫浸蜡，为使石蜡进入组织，常需经过3h的浸渍，其间更换3次石蜡。一般用于浸蜡的石蜡熔点为52～56℃，用于包埋的石蜡熔点为60℃左右。进行酶染色或免疫组织化学染色时，为保持组织内酶活性或减少抗原弥散，处理时采用低温石蜡（52～56℃）为宜。配制和使用新蜡时必须反复熔化多次（加温至70℃熔化后，凝固再熔化），以消除新蜡内的气体。包埋时，注意使组织的切面方向向下放置，待包埋石蜡表面凝结后连同包埋框一起放入冷水或包埋机的冷台上，使其急速均匀凝固以避免石蜡产生白色结晶。

五、切片

切片是将组织标本用切片机切成系列薄片，以便染色后在光学显微镜下观察组织细胞的形态结构。本文重点介绍目前病理学检查中常用的石蜡切片和冰冻切片。

（一）石蜡切片

将石蜡包埋的组织块用切片机切成不同厚度的切片，称为石蜡切片。石蜡切片操作简单、切片薄，适合连续切片，质量佳，因此是目前病理诊断和教学科研中最常用的切片方法。但其缺点是制片过程中组织中的脂肪、类脂质、酶和抗原-抗体复合物等物质容易受到破坏。

石蜡切片常在轮转式切片机上进行，切片厚度一般在3～5μm。切片时，使刀片匀速渐进厚切（15～20μm）以削平蜡块，待组织基本显出时改为薄切（10μm左右），随后再调整为所需厚度，正式切片。石蜡块切面提前在冰箱或冷台上放置可使组织便于切片。切出的组织片移至展片的43～48℃温水水面上，借助水温作用使其充分舒展，而后将其贴附于载玻片上，并用铅笔做好标记。胃、肠、胆囊等分层组织在展片时，应保持较低的温度，时间宜短；气管、支气管展片时的水温应高，时间可久。贴好的石蜡切片应放入56～60℃烘箱中烤片30～120min，至切片组织周围的石蜡全部熔化且无蜡片痕迹后即可进行染色。

用于DNA提取的石蜡切片厚度一般为5～10μm，切片装于微量离心管中。切片时，所用刀片、镊子等器具最好每个标本备一套，或在两样本切片之间，用二甲苯和乙醇认真擦洗切片刀及相关用具，以防止标本间的交叉污染，造成假阳性。

（二）冰冻切片

除石蜡切片外，手术中的快速病理诊断、部分免疫组织化学染色、部分特殊染色（如需显示酶、脂肪、类脂质和多种神经的切片）和核酸原位杂交等检测常需选择冰冻切片。这是因为冰冻切片无须经过长时间固定、乙醇脱水、二甲苯透明等步骤，所以酶活性、抗原活性、脂肪和类脂质成分受影响的程度较小。不足之处在于冷冻过程中组织细胞内容易形成冰晶，影响细胞形态及抗原定位，甚至破坏细胞结构，或者融化之后留下大小不一、形状不定的空隙。

为尽可能防止出现冰晶，可采取骤冷、速冻方法冷冻组织。常压下液氮的温度为－196℃，可使组织迅速冷冻，并进行低温真空干燥。将组织块平放于组织包埋盒，缓慢放入盛有液氮的小杯内，当组织块接触液氮开始气化沸腾后，保持组织的位置，使组织由底部向表面迅速冷冻，待组织完全冻结后取出，标记，放入液氮罐或－70℃冰箱内，保存备用。

六、常用病理染色技术

为了在光学显微镜下清晰分辨组织细胞的结构，必须进行适当的染色。最常用的染色方法是苏木精-伊红染色（hematoxylin-eosin staining，HE 染色），又称普通染色或常规染色。HE 染色可广泛应用于各种组织切片，清晰显示组织结构和细胞形态，用于观察、描述正常和病变组织的形态学特征，对于病理诊断、教学、科研都具有重要价值。

1．染液　HE 染色中使用的苏木精染液的配制方法很多种，普通常规染色时多用明矾苏木精；伊红则分为水溶性、醇溶性，水溶性伊红不易挥发，应用更方便，病理学检测中多用水溶性伊红 Y。

2．染色方法与后处理

（1）前处理　石蜡切片在染色之前均需经过脱蜡、水洗两步前处理，即先用两次二甲苯处理，以便将组织切片上的石蜡溶解，再用自高至低浓度梯度乙醇将不能与水混合的二甲苯替换掉。在此过程中，组织切片中的水分不断增加，直到最后水洗。具体步骤如下：①二甲苯Ⅰ脱蜡 5min；②二甲苯Ⅱ脱蜡 5min；③无水乙醇Ⅰ清洗二甲苯 5min；④无水乙醇Ⅱ清洗二甲苯 5min；⑤95%、80%、70%乙醇清洗各 1～3min；自来水清洗 1min。此时，二甲苯脱蜡应彻底，否则直接影响后续水化和染色。为此，二甲苯Ⅱ和无水乙醇Ⅱ均不得有水分混入。

（2）染色　先用苏木精将组织切片适当过染，经过水洗后用盐酸乙醇分化，再用弱碱性水溶液返蓝，最终使细胞核呈现鲜明蓝色，细胞质无色。经水洗后用伊红将细胞质染成深浅不一的粉红色至红色。具体步骤如下：①苏木精染液染色 1～5min，自来水清洗 1min；②1%盐酸乙醇分化 5～15s，自来水清洗 1min；③稀氨水（1%）返蓝 0.5～1min，流动自来水冲洗 10～45min；④伊红染液 20s～5min，自来水冲洗 30s。

要想获得理想的染色效果，就要控制好苏木精的染色时间，在保证染色效果的前提下时间不宜太长。此外，还要掌握好盐酸乙醇分化和稀氨水返蓝的时间，如果当地水质偏弱碱性，可取消稀氨水返蓝的步骤，直接采用流动自来水冲洗 45min 左右。

对于冰冻切片的 HE 染色，除不经过脱蜡步骤外，其他与常规石蜡切片染色步骤相同。但因冰冻切片的组织更为新鲜，容易着色，所以染色时间可适当缩短。

（3）后处理　为了便于观察和长期保存，经 HE 染色后的切片标本需要利用封固剂封固保存。此时，就需要对染色后的组织切片进行进一步的脱水、透明以清除组织水分及漂浮的染色液，并且将脱水剂置换出来，增强切片的折光率。具体步骤如下：①70%、80%、95%梯度乙醇脱水，各 1～5min；②无水乙醇Ⅰ、Ⅱ处理各 1～5min；③二甲苯Ⅰ、Ⅱ处理各 2～5min；④中性树胶或加拿大树胶封片。

脱水过程中循序使用不同梯度乙醇，除有脱水作用外，也可使伊红分化褪色。所以在操作中应兼顾染色和脱水的效果。无水乙醇Ⅱ和二甲苯Ⅱ均不得混入水分，否则易使切片产生云雾效果。滴加中性树胶时稀稠应适宜，盖玻片封固时要避免产生气泡。

（4）染色结果　HE 染色的结果应为：细胞核呈蓝色，软骨基质、钙盐被染成深蓝色，黏液为灰蓝色，细胞质呈深浅不同的粉红色至桃红色（细胞质内嗜酸性颗粒呈反光强的鲜红色），胶原纤维为淡粉红色，弹性纤维呈亮粉红色，红细胞为朱红色，蛋白性液体呈粉红色。当然，着色情况不仅与组织、细胞的种类有关，还随着其生活周期及病理变化而改变。

第二节　细胞病理学检测技术

疾病的细胞病理学检查是非常重要的，特别是在宠物临床诊断中，越来越受到广大宠物医生的重视。细胞病理学检查可作为肿瘤疾病的早期诊断，也是其他疾病基础筛查的重要工具。细胞病理学检查在实验室较易实现，可对疾病做出早期的预测并制订治疗方案，进而大大缩短诊治时间和节约经济成本。

影响细胞学检查准确性的关键因素是正确的样品制备，这取决于代表性标本的采集、合理的制片、有效的染色和高质量的显微镜检查，任何一步出现差错都将影响结果的正确判断。

一、细胞学标本的采集

（一）常规标本的采集

采集细胞学标本所使用的试剂、工具与组织学检查有很大的不同，主要有推子、清洁和消毒液、注射器（6～12mL 规格，有时需用 20mL）、针头（常用规格为 1～1.5in①和 2.5～3.5in 带针芯腰椎穿刺针）、骨髓穿刺针和组织活检针、手术刀片（#10 和#11）、棉签、载玻片、采血管、21～23G 蝴蝶针和静脉输液延长管、铅笔、4%无菌乙二胺四乙酸二钠（EDTA）和吹风机。

采集细胞学标本的基本步骤：①对采样部位进行清洁和消毒；②针头刺入要检查的部位，回抽注射器 0.5～1mL 产生负压；③在检查部位向不同方向穿刺数次，释放注射器负压；④拔出针头，将标本推至载玻片或离心管，备用。

采集皮肤皮下组织和腹腔器官肿块标本时一般用 1～1.5in 针头，连接 6～10mL 注射器，而较深的内脏器官需用 2.5～3.5in 骨髓穿刺针。对不安静动物，可把蝴蝶针和注射器相连以提高操作的灵活性。细胞学采样应当根据所采集部位的具体情况，以确定是否进行负压抽吸，在不确定时，应当同时采集施加负压和未施加负压的标本。抽吸血管组织和骨髓时，用 4%无菌 EDTA 对针头和针管进行润洗，防止血凝块形成。如果要从肿物内获取液体标本，需抽干净该部位液体后，更换新的注射器和针头，在实体组织上再次抽吸标本，两次获得的标本均在显微镜下观察。

（二）诊断影像介导采样

细胞学检查采样也常在 X 线透射、超声和计算机断层扫描的引导下进行。超声波引导的便捷性和便于实时观察采样针所处位置的特点，已成为图像引导下最为常用的采样方式。

超声引导下的细针穿刺活检可以徒手进行，也可以在固定于超声探头的超声穿刺架引导下完成。需要注意的是，由于超声耦合剂会对显微镜下的细胞学检查造成干扰，因此在超声探头扫查到目标结构后，应将扫查部位的超声耦合剂擦拭干净，改用乙醇或无菌水作为超声介质后再进行细针穿刺。穿刺时应选取适当注射器针头，对于大多数病灶而言，一般用 20～23G 针头和脊髓穿刺针即可。除抽吸黏稠液体时使用大内径针头外，应避免使用大口径针头，防止过多出血和对样本造成污染。如果可能，同一病灶最好重复采样 2～3 次，每次更换新的针头。对可能存在坏死中心的大病灶进行穿刺时，应选择病灶边缘进行。

大多数情况下，超声穿刺活检不会引起并发症。但有些情况下应谨慎操作，如穿刺血管组织丰富的肿瘤样本时，应避免使用大口径细针，以免引起肿瘤沿细针通道发生种植性转移。胸壁穿刺后 12～24h 内应密切监护动物状态，以免发生气胸。另外，穿刺犬的肾上腺嗜铬细胞瘤时，有可能发生高血压或低血压。

---

① 1in=2.54cm

（三）活细胞标本的制备

活细胞标本多见于科学研究中，主要来源于建株的细胞系、组织器官分离培养的原代细胞、短期培养的细胞和外周血等。细胞可直接培养在盖玻片上（细胞爬片），也可培养于细胞瓶内，用蛋白酶消化后收集细胞制成细胞悬液，最后涂片进行显微镜观察。

二、细胞学标本的制片

细胞学标本涉及半固体物质、黏液物质、血液、体腔液、尿液甚至是组织切面的细胞、液体等，不同的标本在制片时采用的方法也各有不同。

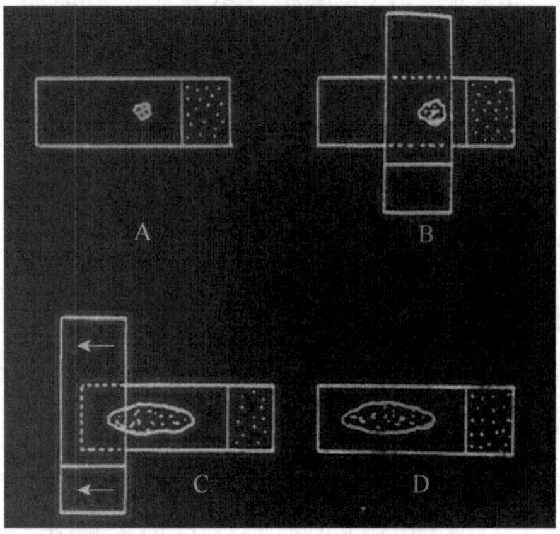

图 4-14-1　按压图片制作流程
（Raskin and Meyer，2015）
A～D. 操作顺序。箭头示涂片方向

（一）按压涂片

对于半固体标本、黏液标本、液体标本、离心后的沉淀物标本，通常采用按压涂片的方式进行制片。该方法可使标本在载玻片上形成单细胞层，便于染色和显微镜下观察。具体方法为：①在距离载玻片磨砂面 1cm 左右的中间位置放置少量样本；②用另一张干净的载玻片呈十字交叉放于标本上；③两张载玻片保持紧密接触，轻柔地使第二张载玻片匀速向磨砂远端拉拽，形成羽毛状涂片区（图 4-14-1）。

在涂片上，靠近载玻片起始端和边缘的标本区域因为太厚，或者染色时易被玻片架擦损、染色不充分，因此不适合显微镜检查。具有最佳诊断效果的细胞标本区域称为最佳点，而对于按压涂片，羽毛状区域的尾部是其最佳点。

准备按压涂片时，要避免放置过多标本于载玻片上，涂片太厚不利于诊断。载玻片滑动时应一贯而成，不能有短暂停顿。制备涂片也可将载玻片平行于下面载玻片放置，轻轻滑动上面的载玻片以形成羽毛状涂片区。

（二）液体标本的制片

采集的液体标本一般立即置于含 EDTA 的离心管中，防止形成凝块。其制片通常是直接涂片，必要时使用离心机进行离心后再涂片或压片。

像血浆一样的液体标本可直接涂片，方法与血涂片的制备完全一样。步骤如下：①将一小滴液体置于距磨砂面 1cm 处；②手持第二张载玻片以锐角靠近液体标本，直至接触到标本；③当标本液体延伸到玻片两端时，向磨砂面反方向轻轻滑动上边载玻片；④自然晾干或用低热吹风机吹干。

上边玻片的滑动速度取决于液体黏稠度。一般来说，玻片滑动越快，得到的样本越薄、越均匀。对于像关节液这类较黏稠标本，滑动要平稳。在玻片上的所有液体最终都要留在玻片上，如果有多余液体，滑动玻片至距离载玻片末端 1cm 处时应停止，再用第二张玻片反向重复操作。如果只有少量多余液体，可允许其缓慢短距离回流。

对于血性液体、云雾状液体或灌洗液，还可先进行离心以凝集细胞。此时，在去除大部分上清后，将细胞沉淀物与残留上清液重新混匀，然后进行直接涂片或压片。对液体标本进行细胞计数，应使用直接涂片法，而不能使用离心后的细胞悬浊液标本。当然，离心获得的细胞团块被收集后可以用于组织病理学检查和免疫组织化学检查。

（三）印痕

组织的切割面细胞很容易脱落，用其触及载玻片制备印痕玻片，也可作为病理组织活检的方法，特别是皮肤出现溃疡灶，怀疑为肿瘤或真菌感染时，该采样技术十分实用。该检查结果可与组织病理学检查结果相互印证、比较。

制作印痕玻片时，应着重于大体解剖外观异常的组织部位，使用组织的间质面或浆膜面触片不能得到有意义的结果。对于像纤维瘤、纤维肉瘤和瘢痕等纤维结缔组织结构的组织，接触载玻片时细胞很难脱落，此时应用手术刀刮或其他方式使组织表面变粗糙，之后再触及载玻片。对于小的组织样本，如内窥镜活检钳、穿刺活检针或骨髓活检针获得的材料，可用针头使标本材料在载玻片上滚动。采集的黏性分泌物或浆液性分泌物，可用其拭子在载玻片上滚动产生印痕线。

三、细胞学标本的染色

和组织切片一样，细胞学标本的玻片也必须进行必要的染色才可在显微镜下进行观察。细胞学检查常用的染色方法有 HE 染色、瑞氏染色、巴氏染色、新亚甲蓝染色，以及在组织病理学上常用的普鲁士蓝染色、油红 O 脂肪染色法、过碘酸希夫染色等。

（一）HE 染色

HE 染色是观察培养细胞一般形态的常规方法，也是将细胞作为标本长期保存的主要方法，多用于科学研究中细胞病理学形态改变的观察。

贴壁培养的活细胞在固定前需先用 Hank's 液、磷酸盐缓冲液（PBS）或生理盐水清洗，去除妨碍染色的血清。对于悬浮培养的细胞，经离心成细胞悬液后制成涂片，冷风吹干后待染。该染色法既有化学反应（细胞内酸性物质与碱性苏木精结合染成蓝色，碱性物质与酸性伊红染成红色），又有物理作用（染料与细胞成分的物理吸附），所染细胞透明度好，细胞核与细胞质对比鲜明。

染色步骤：①10%（中性）甲醛溶液固定 30min 或以丙酮固定 15min；②PBS 或生理盐水清洗 3 次，浸入苏木精染液 5～10min；③蒸馏水冲洗后，1%盐酸乙醇分化 10～30s；④蒸馏水冲洗后，淡氨水溶液或自来水流水冲洗返蓝；⑤蒸馏水冲洗后，浸入伊红染液 2～5min；⑥70%、80%、90%、95%、无水乙醇各 2min 进行脱水；⑦二甲苯Ⅰ、Ⅱ透明，各 5min，中性树胶封固。

染色结果：细胞核呈蓝色或蓝紫色，细胞质呈粉红色。

（二）瑞氏染色

瑞氏染色（Wright's staining）是常用且非常简便的细胞学染色方法之一。瑞氏染料由碱性的亚甲蓝和酸性的伊红组成，常溶于甲醇中。甲醇可使亚甲蓝和伊红在溶液中离解，有利于细胞成分选择性吸附染料而着色。同时，甲醇也具有脱水固定细胞的能力，使细胞稳定在一定形态并增加细胞表面积，提高其染色吸附能力。瑞氏染料系中性染料，又有缓冲液调节酸碱度的作用，所以细胞受染后蓝红等颜色强度适中，核染色质和细胞质及其中的颗粒染色比较清楚。瑞氏染色常用于血液、各种体液、分泌物和排泄物的涂片染色，对血涂片效果尤佳，因此在兽医临床中被广泛应用。但该方法对黏液较多的标本，如痰液、食管和胃细胞涂片等的着色较差。该染色的原理与操作与吉姆萨染色相类似，临床上也常将这两种染色方法结合起来形成瑞-吉氏染色。

染液配制：①瑞氏染液（瑞氏染料 830mg，甲醇 500mL）；②磷酸盐缓冲液（Na_2HPO_4 1g，KH_2PO_4 1g，溶于 2500mL 蒸馏水，调节 pH 在 6.5～7）。

染色步骤：①待染涂片置于染色架，涂片两端各画一道蜡笔线，防止染液外溢；②滴加瑞氏染液完全覆盖标本 1～2min；③加入磷酸盐缓冲液，缓冲液的量大约为染液量的 1.5 倍，混匀，静置 10～15min；④自来水冲洗玻片，待干，镜检。

染色结果：血红蛋白、嗜酸性颗粒呈粉红色，细胞核蛋白、淋巴细胞和嗜碱性颗粒呈蓝紫色或蓝色，中性颗粒呈淡紫红色。原始红细胞、早幼红细胞细胞质和核仁呈浓厚的蓝色，中幼红细胞呈红蓝色或灰红色，完全成熟的红细胞呈粉红色。

（三）巴氏染色

巴氏染色（Papanicolaou stain）主要用于脱落细胞的染色，如阴道细胞学检查。巴氏染色后的细胞结构清晰，细胞质透亮鲜丽，各种颗粒分明，细胞核染色质清楚，标本色彩丰富鲜艳，易于发现异常细胞。巴氏染色可反映出细胞在炎症刺激下和癌变后的形态学变化，对早期发现和诊断一些病变和肿瘤具有较重要意义。但该方法所用试剂和相关操作较繁杂，染色质量不及 HE 染色法稳定。

染液配制：①苏木精染液、1%盐酸乙醇和淡氨水溶液的配制见前述内容；②橙黄 G 染液（橙黄 G 0.5g，溶于 100mL 95%乙醇，加磷钨酸 15mg）；③EA50 染液［3%亮绿水溶液 10mL，纯甲醇 250mL，20%伊红 Y 水溶液 20mL，冰醋酸 20mL，磷钨酸 2g（水溶后加入），95%乙醇 700mL］。

染色步骤：①制片完成后立即放入 95%乙醇固定 15～30min，自来水充分冲洗；②浸入苏木精染液中 3～5min，自来水冲洗；③浸入 1%盐酸乙醇中 10～30s，自来水冲洗；④淡氨水溶液或自来水流水冲洗返蓝，95%乙醇漂洗；⑤浸入橙黄 G 染液中 1～10s，95%乙醇漂洗 2 次，无水乙醇漂洗；⑥浸入 EA50 染液中 3～5min，95%乙醇漂洗 2 次，无水乙醇漂洗；⑦浸入无水乙醇 2min，二甲苯 2min，中性树胶封片。

染色结果：细胞核呈深蓝色；鳞状上皮底层、中层及表层角化前细胞细胞质呈绿色，表层不全角化的细胞细胞质呈粉红色，完全角化细胞细胞质呈橘黄色；细菌呈灰色；滴虫呈淡蓝灰色；黏液呈淡蓝色或粉红色；红细胞为粉红色；白细胞为蓝色。

第三节　免疫组织（细胞）化学技术

一、免疫组织化学技术概述

免疫组织化学（immunohistochemistry）也称免疫细胞化学（immunocytochemistry），是借助于抗原与抗体之间的特异性结合特性，配合特殊的化学显色反应，以实现标记组织、细胞结构中特定成分的技术。Coons 等（1941）早期利用标记荧光素的抗体对肺组织内肺炎双球菌进行定位观察（标记组织化学技术），以后的科学家又陆续开展了酶标记抗体技术、单克隆抗体技术及亲和组织化学技术。随着免疫电镜术、原位分子杂交免疫组织化学技术和催化放大技术的建立与应用，进一步提升了免疫染色的准确度和灵敏度。

1. 免疫组织化学的特点　免疫组织化学最大的特点是可将形态学改变与功能、代谢结合起来，既保证了原有形态学观察客观、精细的优点，又可使组织细胞内生物成分进行定性和定量，从而赋予了静止的机体形态结构以生命活动的动态含义。随着多标记免疫组织化学技术和图像分析技术的发展，免疫组织化学已成为医学、兽医学乃至整个生命科学领域日益广泛应用的研究和诊断方法。

2. 免疫组织化学标记物　抗原、抗体结合后的抗原-抗体复合物是不可见的，为使结果可见，须将抗体进行标记并利用标记物与其他物质反应产生可见的发光或显色，即抗体标记。常用的标记物有黄绿色荧光的异硫氰酸荧光素（fluorescein isothiocyanate，FITC）和橙红色荧光的四甲基罗丹明-5-异硫氰酸（TRITC）等荧光标记物，可与3,3-二氨基联苯胺（diaminobenzidine，DAB）形成棕色颗粒的辣根过氧化物酶（horseradish peroxidase，HRP）和可水解α-萘酚磷酸酯而与偶氮染料产生显色反应的碱性磷酸酶（alkaline phosphatase，AP）等可见光标记物，以及生物素、亲和素等亲和组织化学标记物等。这些标记物具有以下特点：能与抗体形成比较牢固的结合；不影响抗原-抗体复合物的形成；具有较强的放大效应；发光或显色反应在抗原-抗体复合物的原位并具有良好的对比度。

3. 免疫组织化学染色的基本原理　免疫组织化学染色的基本原理是抗原-抗体反应，在此基础上，不同的染色方法则稍有不同（图 4-14-2）。

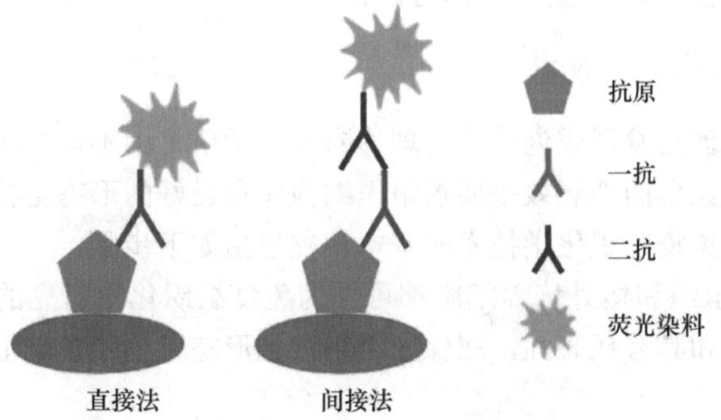

图 4-14-2　免疫组织化学直接和间接染色法原理图

（1）直接法　又称一步法，是采用与荧光素或酶结合的特异性抗体直接与待测组织中的抗原反应，如果有相应抗原存在，则可通过荧光显微镜或酶促反应显色利用光学显微镜观察。

（2）间接法　又称夹心法，是在检测抗原时，先用未标记的第一抗体与组织细胞中的抗原反应，然后以荧光素或酶标记的第二抗体与第一抗体结合，最后进行荧光或显色观察。而在检测抗体时，则先用已知抗原结合待测样本中的潜在抗体，再与荧光素标记的第二抗体孵育，如果样本中有待测抗体，则有阳性信号显示，反之则无阳性信号显示。

（3）补体法　用特异性抗体和补体的混合液与标本中的抗原反应，补体可结合在抗原-抗体复合物上，然后用抗补体的荧光抗体与补体结合形成抗原-抗体-补体-抗补体荧光抗体复合物，在荧光显微镜下即可观察抗原所在部位（图 4-14-3）。

（4）亲和素-生物素法　借助于亲和素-生物素-过氧化物酶复合物技术（avidin biotin-peroxidase complex technique，ABC），通过ABC复合物中亲和素的桥梁作用，将ABC复合物与生物素化的抗体结合在一起，达到检测抗原的目的（图 4-14-4）。在此基础上，还有酶标亲和素-生物素技术和桥联亲和素-生物素技术。

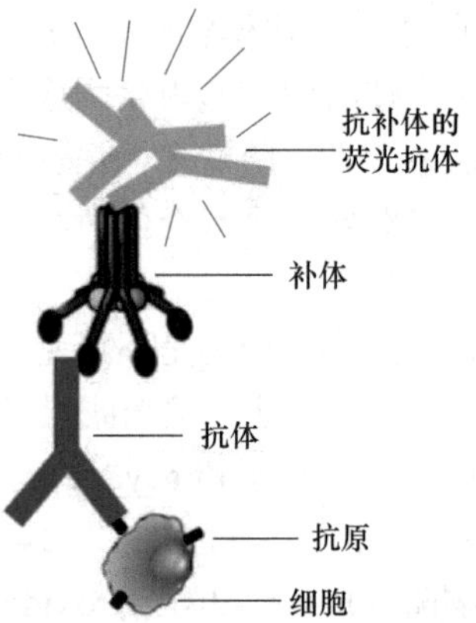

图 4-14-3　免疫组织化学染色补体法原理图

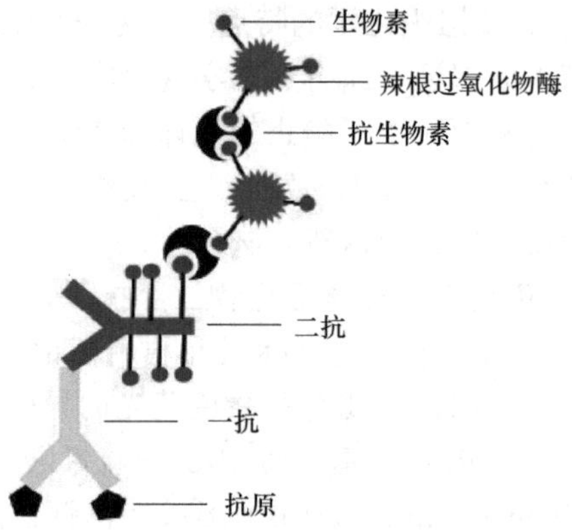

图 4-14-4　免疫组织化学亲和素-生物素法原理图

（5）*双重免疫组织化学法*　是在同一张组织切片上同时或先后显示两种抗原而发展起来的免疫组织化学技术，染色方式分阻断法和非阻断法两种，前者需要在第一种抗原染色完成后以酸性溶液洗脱该抗原-抗体复合物，防止交叉反应，之后进行第二种抗原的染色；后者则需要用不同的标记物和不同种族的抗体以避免交叉反应，此时可同时孵育和显示两种抗原。

二、常用免疫组织（细胞）化学技术

（一）常规免疫组织化学技术

免疫组织化学技术现已发展成为临床病理诊断和科学研究中不可缺少的技术手段之一。然而，免疫组织化学技术染色的理想效果要求组织细胞保存良好的形态结构，并尽可能减少对组织和细胞抗原的破坏。免疫组织化学技术的基本流程包括如下步骤。

1．取材　动物组织和体外培养细胞都可作为免疫组织化学研究的材料。在取材时，要做到准确、迅速、完整和具有代表性，在保证组织细胞形态完整的基础上，要使其抗原性不被破坏。

小型实验动物或需要进行特殊部位（如脑）原位固定时，可采用灌注法：经左心室主动脉先用少量生理盐水冲掉机体血液，再用 4%多聚甲醛进行灌注固定。

对于活体动物，活检和手术切除标本及各种途径收集的细胞（如组织脱落细胞、血细胞等）样本也常进行免疫组织化学染色。在活检取材时要求活检钳的刀口锋利，避免挤压组织，所取部位还应具有病变区域代表性。对于手术切除标本，小标本可固定后直接修切，大标本应考虑到抗原在组织中的分布差异，取材应包括主要病灶、病灶与正常组织交界，以及病灶周围的正常组织。

对于活体细胞标本，可直接将载玻片轻贴于暴露的病变区使脱落细胞黏附其上（印片法）进行取材，深部区域可用穿刺针抽取病灶液体后直接或离心后涂布于载玻片，体液标本（如血液、精液）可取少量直接涂片。

对于体外培养的细胞标本，贴壁生长的细胞可在培养瓶底提前放置载玻片或盖玻片，待细胞生长后取出玻片即可进行染色。悬浮细胞常采用离心沉淀后涂片或直接固定包埋。

2．固定　目的在于保持组织形态结构的完整性，尽可能保留组织抗原。如果固定不当会造成组织结构不清晰或特异性抗原染色不深。

（1）标准固定液　免疫组织化学中最常用的固定剂是醛类固定剂，如4%中性甲醛溶液、4%中性多聚甲醛溶液和中性戊二醛-多聚甲醛溶液。4%中性甲醛溶液可有效保护组织形态结构和一些抗原，但甲醛的交联作用常影响固定细胞膜的通透性，不利于抗体渗入细胞；4%中性多聚甲醛溶液固定作用比较温和，适于较长期保存组织；中性戊二醛-多聚甲醛溶液适合于光镜和电镜免疫组织化学研究。

（2）及时固定　标本离体后应于30min内浸泡于标本体积4～6倍的标准固定液中。

（3）固定时间　室温下，标本一般固定12～24h即可取材，然后再固定4～6h，固定总时间不要超过24～36h。过度固定将造成抗原决定簇的封闭和抗原丢失。当然，固定时间不充分也会造成抗原丢失，危害程度大于固定时间过长。对于取材后不能及时进入脱水程序的标本，在固定后可将其放置于75%或85%乙醇中数日。

3．包埋　免疫组织化学中的组织包埋仍以石蜡包埋和冷冻包埋为主。

（1）石蜡包埋　特点是对组织结构保存更好，抗原的定位更加清晰。在该过程中，组织块脱水、透明过程应尽量在低温下进行（4℃或室温），以减少抗原损失。组织块尽量小，便于充分脱水、透明和浸蜡。所用石蜡最好为熔点低的软蜡，浸蜡温度在60℃及以下。

（2）冷冻包埋　最大优点是能最大限度地保存多种抗原的抗原性，还可针对术中组织进行快速切片。但其最大问题在于冷冻过程中组织会出现冰晶，破坏组织细胞结构，使抗原扩散。为减少冰晶，可将组织浸入20%～30%的蔗糖溶液中4℃过夜，以减少组织水分，或用液氮快速冷冻。

4．载玻片的处理　备用的石蜡切片可密封后置于4℃长期保存，冰冻切片则需在低温冰箱中保存。烤片可使组织切片平展，与载玻片更好地黏合，一般可在60℃烤箱内烘烤4～12h，而对于抗原性较弱的组织，可在45℃烤箱内过夜处理，然后再以60℃烘烤1h。

5．灭活内源性过氧化物酶　在免疫组织化学的显色过程中，DAB与二抗连接的催化酶（如辣根过氧化物酶，HRP）反应形成棕色信号。但在肝、肾、肌肉及血细胞内存在有（类）内源性过氧化物酶，它们也可以和显色剂DAB结合而形成非特异性棕色信号，造成假阳性的结果。为避免此现象，常使用0.3%～3%过氧化物甲醇处理5～20min，可抑制组织内的内源性过氧化物酶。如果组织内有大量坏死，内源性过氧化物酶无法抑制时，可在上述处理后，再用0.5%过碘酸处理10min。过氧化氢的氧化反应易使组织脱片，因此，该步骤常放在脱蜡浸水之后、抗原修复之前。当组织抗原很弱时，该步骤还可以放在二抗孵育之后、DAB显色之前，以降低过氧化氢对抗原的影响。

6．抗原修复　甲醛固定后可使组织蛋白质的抗原发生交联，从而造成大部分抗原结合位点（抗原决定簇）封闭而影响显色。但在酸碱溶液中煮沸组织切片可以改变甲醛的固定效应，使交联的蛋白质打开，称为抗原修复。抗原修复的效果取决于加热的温度、时间及抗原修复的酸碱度。

（1）常用的抗原修复液　①枸橼酸抗原修复液（pH 6.0）配制方法为：将2.1g枸橼酸溶于100mL蒸馏水中得到A液，将14.7g枸橼酸钠溶解于500mL蒸馏水中得到B液。取A液9mL和B液41mL混合后加入450mL蒸馏水稀释即可。②EDTA抗原修复液（pH 8.0）配制方法：称取3.72g EDTA·$2H_2O$，加入700mL蒸馏水后，用NaOH溶液调pH至8.0充分溶解，然后补充蒸馏水至1000mL即可。

（2）常用的抗原修复法

1）微波抗原修复法：将脱蜡至水的切片置于盛有抗原修复液的容器中，将容器置入微波炉内，高挡加热至沸腾，保持10min后，将容器移出自然降至室温后进行免疫组织化学染色。

2）水煮抗原修复法：待抗原修复液在不锈钢锅内加热至煮沸后，将脱蜡至水的切片放入抗原修复液中继续煮沸20～30min，停止加热自然冷却至室温。

3）高压抗原修复法：首先将盛有抗原修复液的高压锅在电磁炉上加热沸腾，将脱蜡至水的切片放入抗原修复液中，加盖进行热处理。当高压锅气阀喷气后继续处理1.5～3min，自然冷却20min，高压锅放气后加入自来水，使抗原修复液温度降至45℃以下，取出切片进行下一步染色。

7. 免疫染色　免疫染色即为与一抗和二抗共同孵育的过程。一抗可以特异性结合底物，即用抗体识别出要检测的物质。此时，一抗与所检物质相结合与否用肉眼是看不出来的。二抗可以特异性识别一抗并和一抗结合。二抗往往带有可被检测到的特征标记物（如携带辣根过氧化物酶、碱性磷酸酶等酶类或其他显色基团），以便肉眼观察。

在实际操作中常用的抗体形式有浓缩型抗体和即用型抗体。浓缩型抗体需要自己调整稀释比例（参考抗体生产商说明书中建议的工作浓度范围），配制成抗体的稀释液，多用多配，少用少配。稀释抗体的溶液多为加入Tween-20的Tris盐酸缓冲液（TBST）、PBS或商品化专用抗体稀释液。即用型抗体使用方便，即买即用。稀释后的抗体或即用型抗体可暂存于4℃环境，长时间储存会使抗体效价显著降低，不利于免疫组织化学染色。

8. 显色　免疫组织化学的显色是依靠二抗连接的基团和底物色源进行化学反应实现的。最常用的显色液是DAB染色液，其多分成A液与B液的商品化试剂盒，使用时先将A液和B液以一定比例混合制成显色工作液，再滴于载玻片上，显微镜下观察到最佳显色效果后，用自来水冲洗终止显色。

DAB显色过程中，如果组织细胞迅速出现深棕黄色，且逐渐出现较深的背景染色，说明一抗工作浓度偏高；反之，当显色5～10min后，组织细胞仍然未有明显着色，说明一抗工作浓度偏低或抗原修复程度不够。免疫组织化学染色完成后需使用苏木精染液对细胞核进行复染。

（二）免疫荧光组织化学技术

免疫荧光组织化学技术是将已知的抗体（抗原）标记上荧光素后，作为探针检测组织或细胞内相应的抗原（抗体），在组织或细胞内发生抗原-抗体反应后形成含有荧光素标记的抗原-抗体复合物，结合的荧光素在激发光的照射下发出明亮的荧光，利用荧光显微镜可以看见荧光所在的组织或细胞，最终确定抗原（抗体）的性质和定位，甚至利用定量技术对抗原（抗体）进行含量测定。值得指出的是，一些组织携带有较强的自发荧光，需要在检测时，设置相应无荧光标记抗体孵育的阴性对照，以进行鉴别。

免疫荧光组织化学技术和常规免疫组织化学技术一样，可分为直接法、间接法和补体法。只是所用的显色标记物不同，前者采用荧光素标记抗体，而后者采用酶或显色基团。免疫荧光组织化学技术也可进行双重标记，此时多采用直接法，将两种不同种属来源的荧光标记抗体（如抗A和抗B）以适当比例混合后直接加在标本上进行孵育，洗去未结合的抗体，抗A抗体用FITC标记，发黄绿色荧光；抗B抗体用TRITC标记，发红色荧光，这样就可以明确显示两种抗原在同一组织中的定位。

1. 标本制作　一般采用冰冻切片、细胞涂片或爬片，以多聚甲醛或丙酮固定。石蜡切片经脱蜡、梯度乙醇水化后，进行抗原修复，用PBST清洗3次，每次3min。冰冻切片和石蜡切片不宜太厚，以免影响最后的荧光观察。

2．染色

（1）直接法　使用0.5% TritonX-10（PBS配制）室温通透20min（如抗原在细胞膜上表达，此步骤省略），再用5%牛血清白蛋白（bovine serum albumin，BSA）溶液（PBS配制）于室温下封闭切片1h，以消除非特异性染色，降低切片背景染色。滴加适当稀释的荧光素标记一抗（参考生产厂家说明书），置于湿盒内4℃孵育过夜。PBS（pH 7.4）漂洗3次，每次5min。最后用50%缓冲甘油（0.5mol/L碳酸盐缓冲液，pH 9.0～9.5）封固、镜检。该方法简便易掌握，特异性高，且非特异性荧光染色少，但敏感性偏低，而且一种荧光素标记抗体只能检测一种特定的抗原。

（2）间接法　组织切片的通透与封闭处理同直接法。滴加未标记的、一定稀释比例的特异性一抗，置于湿盒内4℃过夜。PBS漂洗3次，每次5min。滴加间接荧光素标记的二抗，置于湿盒内37℃避光孵育30min。PBS（pH 7.4）漂洗3次，每次5min。50%缓冲甘油封固、镜检。该方法敏感性比直接法更高，且制备一种荧光素标记的抗体，可应用于多种一抗，但该法产生非特异性染色的概率也相应增加。

3．镜检　荧光显微镜是最为常用的荧光观察工具，利用一定波长的激发光使标本发射荧光，再通过物镜和目镜的放大系统后进行图像观察。也可采用激光共聚焦显微镜进行荧光拍照，其荧光信号更清晰，分辨率更高，图像立体感也更强。

荧光染色后的标本一般需在1h内完成在荧光显微镜下的观察，或于4℃保存4～12h，时间过长，荧光会减弱甚至猝灭。组织细胞的荧光观察应在暗室内开展，且严格按照荧光显微镜使用说明书要求的步骤进行操作。接通电源后，打开高压汞灯进行预热5～15min，其间打开显微镜和计算机显示器等。标本受紫外线照射30s～5min后，荧光便会有衰弱，所以应及时使用显微镜拍摄系统记录荧光图像，且每一个观察区域不应滞留太久。而超高压汞灯在使用90min以上后，激发光强度也会有所下降，致使标本荧光减弱，所以整个观察过程不宜超过2～3h。拍摄不同颜色荧光信号时，需要调整相应荧光显微镜的信号采集通道。

荧光显微镜此时所采集的图像，不仅具有形态学特征，而且在荧光信号强度和颜色上有所区别，在判定结果时，需要将二者结合起来。对于荧光信号强度的判断，一般分为4级：“－”为无或可见微弱自发荧光；“＋”为仅可见明确的微弱荧光信号；“＋＋”为可见明亮荧光信号；“＋＋＋”为可见极强的荧光信号。荧光信号强度也可拍照后用专门的分析软件进行评估。

在免疫荧光组织化学染色过程中，极容易出现非特异性染色现象，其主要原因有以下几方面。

（1）荧光素标记抗体　主要涉及荧光标记抗体制备的纯度问题和荧光素过量标记，可通过免疫吸收法和柱层析法纯化特定抗原来制备检测抗体，以及通过透析法、柱层析法去除标记抗体中多余的、游离的荧光素。

（2）染色技术操作　主要涉及标本的固定不当、切片前处理不当和荧光标记抗体稀释比例等问题。采集标本时，要将大小适当的组织块及时投入足量的中性固定液中或快速冷冻18～48h。标本要严格执行梯度乙醇脱水，把握恰当的透明时间。切片平整无皱褶和刀痕，厚薄均匀。在抗原修复过程中，加热前后抗原修复液要始终没过标本玻片。荧光抗体稀释比例应介于特异性染色和非特异性染色之间，需预先测定两种染色效果的染色效价，以此来决定该稀释比例。此外，胰酶消化法和10%BSA溶液封闭也可提高特异性染色效果。

（3）组织自身特征　某些组织本身具有丰富的血管，或者出现了出血、炎症、坏死等病理现象，导致过氧化物酶暴露而造成非特异性染色。对此，可在滴加抗体前用过氧化物酶阻断剂（如3%过氧化氢的甲醇溶液）阻断10min。部分组织内的静电引力也可导致抗体的非特异性吸附，这可在滴加抗体前用非免疫性动物血清处理 10min。

（三）免疫金银细胞化学染色技术

免疫金银细胞化学染色技术的主要物质载体是胶体金。该技术是在免疫金染色法、免疫金银染色法、彩色免疫金银法基础上逐步发展起来的。应用胶体金作为标记物的免疫金染色和免疫金银染色法在光镜和电镜下可以实现单标记、双标记甚至多标记抗原物质，可以在组织结构层面进行定性、定位以至定量研究，再加上具有操作简单、安全性高、所染标本易保存、不褪色等优点，已在医学、兽医学和生物学领域得到广泛应用，特别是单克隆抗体的大量出现，结合免疫层析技术、纳米技术等，建立了多种快速检测技术，如犬细小病毒、牛布鲁氏菌、猪流行性腹泻等诊断试剂盒或试纸条。

1. 胶体金及其特点　胶体金是氯化金（$HAuCl_4$）被不同性质和浓度的还原剂（如柠檬酸三钠、鞣酸、白磷、抗坏血酸和硼氢化钠等）还原成的不同粒径大小的金颗粒悬液，外观透明不混浊，金颗粒的粒径在 1～100nm，不受重力影响而高度稳定。胶体金的颜色与其粒径大小有关，如粒径在 5～20nm，其吸收波长为 520nm，呈葡萄酒红色；粒径在 20～40nm 时，其吸收波长为 530nm，呈深红色；而粒径为 60nm 的金颗粒悬液，其吸收波长为 600nm，呈蓝紫色。胶体金的特点有：①对组织细胞的非特异性吸附作用小；②可标记多种生物大分子而对其生物活性没有显著影响；③本身有易观察的颜色，可用光镜直接观察，也可用于电镜分析。

2. 胶体金的标记　胶体金的标记实质上是蛋白质等大分子被吸附到胶体金颗粒表面的包被过程。当 pH 等于或稍大于标记蛋白质的等电点（pI）时，蛋白质为电中性。此时，蛋白质与胶体金颗粒间的静电作用较弱，而蛋白质本身表达张力的作用处于微弱水化状态，很容易吸附于金颗粒上，从而在金颗粒表面形成一层蛋白质膜，该蛋白质膜同时也阻止了金颗粒间的接触，而使胶体金处于稳定状态。如果 pH 低于蛋白质等电点，带正电的蛋白质会与带负电的金颗粒形成大的聚合物。如果 pH 高于蛋白质等电点，均带负电的蛋白质和金颗粒便相互排斥，不能结合。

（1）胶体金标记的准备工作　①标记蛋白质的准备。将蛋白质溶液装入透析袋后置于双蒸水或极低浓度盐水（0.005mol/L NaCl 溶液，pH 7.0）中进行透析，去除其中多余的电解质，以免影响蛋白质的吸附。对于长期低温保存的蛋白质溶液，特别是高浓度（2mg/mL）保存时，易形成蛋白质聚合物，故需要以 1000r/min 转速 4℃离心 15min，取上清，调整浓度至 1mg/mL 后备用。②标记之前，胶体金溶液的 pH 须调整至蛋白质等电点略偏碱。当需要提高胶体金溶液的 pH 时，可用 0.1mol/L K_2CO_3 溶液，而在降低其 pH 时，用 0.1mol/L HCl 溶液。一般用精密 pH 试纸测定胶体金溶液的 pH 即可。③确定待标记蛋白质的最低稳定量。测定方法包括光电比色法和目测法。

（2）蛋白质的胶体金标记　①根据用以标记的胶体金总量计算得出所需要的待标记蛋白质总量；②调整胶体金溶液 pH 至比蛋白质的等电点高 0.5 处，在电磁搅拌下，将蛋白质溶液逐渐加入胶体金溶液中（1mg 蛋白质大约 5min 加完）；③搅拌状态下继续加入 5%牛血清白蛋白使其最终浓度为 1%，或加入 3%聚乙二醇使其终浓度为 0.05%，可达到稳定标记胶体金的效果；④标记好的胶体金可放入透析袋中，置于蔗糖或硅胶中进行浓缩。采用离心法纯化时，不需要浓缩。

（3）胶体金标记蛋白质的纯化　蛋白质标记好的胶体金溶液中含有许多未结合的游离蛋白质和胶体金，以及伴随产生的各种聚合物。因此，标记好的免疫金探针需经过纯化后方可用于免疫细胞化学染色。

（4）免疫金探针的鉴定　免疫金探针的鉴定应从形态和功能两方面进行。形态鉴定采用透射电镜技术，即将标记的胶体金溶液黏附到有 Formvar 膜的镍网上，自然晾干后直接透射电镜观察，也可负染增加对比度后再观察。电镜下可见金颗粒周围包有一层蛋白质空晕。功能鉴定即生物学活性测试，用免疫细胞化学技术在阳性抗原切片上进行染色，如果观察到明确的阳性信号，则说明制备的免疫金探针是合格的。

3．免疫金银染色

（1）免疫金染色　免疫金染色的特点是操作简单，不需要单独显色，既能检测细胞表面的抗原，也能检测细胞内抗原，且定位准确，特异性高。不过，染色需要的金颗粒粒径在 20nm 及以上，且浓度较高，因而成本也较高。间接免疫金染色法的主要步骤如下：①石蜡切片脱蜡至水，用 0.1%胰蛋白酶消化 10min，双蒸水冲洗干净；②0.02mol/L Tris 盐酸缓冲液（TBS，pH 8.2）清洗 3 次，每次 5min；③1%卵蛋白（EA）或 1%牛血清白蛋白（BSA）封闭 10min；④用 TBS 对一抗进行适当倍数的稀释，然后滴加在标本上，4℃过夜；⑤TBS 清洗 3 次，每次 5min，之后 1%EA 或 1%BSA 封闭 10min；⑥二抗标记的胶体金用 TBS 进行适当倍数稀释，滴加于标本上，37℃孵育 1h；⑦TBS 清洗 3 次，每次 5min，之后双蒸水再次冲洗；⑧1%戊二醛固定切片 5～10min；⑨双蒸水冲洗切片 3 次，每次 2min；⑩苏木精染液进行复染，甘油封片，光镜下观察。如有红色金颗粒聚集，则表明所检抗原为阳性。

在免疫金染色基础上，用标记胶体金的 A 蛋白的抗体做桥，发明了 A 蛋白-金放大法（图 4-14-5）。由于抗 A 蛋白抗体既能通过其 Fab 端又能通过 Fc 端与胶体金上的 A 蛋白结合，因此在抗原与其一抗和 A 蛋白标记的胶体金结合之后，再用抗 A 蛋白抗体和胶体金顺次孵育，能够在抗原位点处聚集更多的胶体金颗粒，使阳性信号得到显著放大。该方法大大提高了免疫金染色的敏感性，而且背景干净。

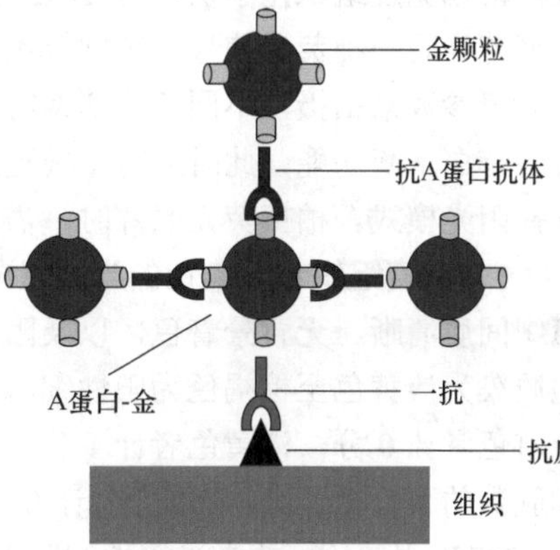

图 4-14-5　胶体金染色原理图

将免疫金染色与银显影技术相结合也创立了免疫金银染色法（immunogold-silver staining，IGSS）。该技术利用沉积在抗原位置的胶体金颗粒具有催化剂的作用，让对苯二酚作为还原剂将银显影液中的银离子（Ag^+）还原为银原子（Ag），产生的银原子可围绕胶体金的金颗粒而形成一个银壳（图 4-14-6）。新形成的银本身也具有催化作用，从而使更多银离子在金颗粒周围被还原为银原子，促使“银壳”越长越大，最终使抗原位置更加清晰，此时的抗原阳性信号呈黑色颗粒。以后在 IGSS 基础上又发展了彩色免疫金银法，阳性信号呈现蓝色或绿色，比黑色信号更加鲜明。

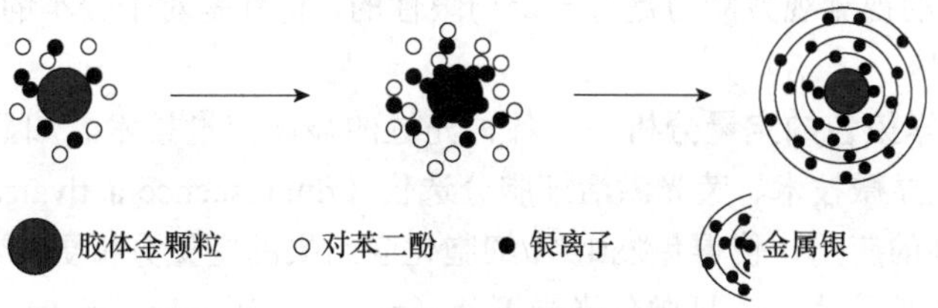

图 4-14-6　胶体金免疫金银染色原理图

（2）免疫胶体金技术（immunocolloidal gold technique）　是一种融合了胶体金技术、酶联免疫吸附法、免疫层析技术、乳胶凝集试验和新材料技术等手段且快速、敏感、特异地检测药物、激素、病原体及其抗体等物质的检测技术。常以试纸条的形式体现，称为胶体金免疫层析试纸条或胶体金试纸条。随着纳米技术和单克隆技术的成熟，胶体金试纸条得到了进一步发展，目前已广泛应用于生物分子识别等生物医学、临床医学等领域，在兽医领域临床诊断和现场快速检测方面也得到了普遍应用。胶体金试纸条的原理是先将已知的抗原或抗体以条带状包被到硝酸纤维素膜载体上，待测样品溶液会通过滤膜的毛细作用向前渗移，样品中的待测物在抗原（或抗体）条带处与其发生特异性结合并在此处富集，再利用胶体金的聚集而呈现出可目测的阳性红色条带。

（四）免疫组织化学染色的定量

免疫组织化学染色阳性信号的定量评价和比较一直是科学研究和临床诊断所关注的问题。随着显微技术和图像分析技术的快速发展，其定量方法也从之前的纯半定量向精确定量方向发展，而且越来越精准化、标准化和自动化。然而，根据标本信号颜色深浅、荧光亮度等进行直观评价的半定量方法仍然存在主观性偏差。

在进行染色结果的半定量或定量分析时，首先要确保组织切片染色信号的呈现方式要一致，常规免疫组织化学切片用 DAB 进行显色，苏木精染液进行细胞核复染。免疫荧光染色应当调整为同一种荧光信号，细胞核也统一用一种染料复染。其次，拍照时所有照片须以同样的显微镜参数来拍摄，不同切片切换时，除焦距调节外，其他参数指标均不应有变化。如果拍照设备有白平衡功能，此时应对空视野进行白平衡校正。如果没有，则需关闭自动白平衡功能或选择阳光模式。拍摄荧光照片时，需要加滤光片，以防出现偏色。

1．免疫组织化学染色的半定量分析　免疫组织化学染色半定量分析的判定标准为：在组织间质清晰、无背景着色，以及阳性信号在组织或细胞内定位准确的情况下，组织切片中细胞质染为淡黄色至棕褐色为阳性细胞标志，染色强度以视野内多数细胞呈现的染色特性计分：无着色者计 0 分，淡黄色者计 1 分，棕黄色者计 2 分，棕褐色者计 3 分，或者按阳性细胞占总细胞数的百分比计分：1%～5%计 0 分，6%～25%计 1 分，26%～50%计 2 分，51%～75%计 3 分，＞75%计 4 分，或者当阳性细胞占所有细胞 10%（阳性信号散在分布或表达很弱时，为 5%）以下时定为阴性，以上定为阳性，然后根据染色信号强度依次分为阳性（＋）、中等强度阳性（＋＋）和强阳性（＋＋＋）。

这种基于观察者视觉判断的半定量评价方法对于信号差别较大的标本比较适用。然而，在实际应用中仍然存在主观的、个体化的问题。比如，针对同一标本，不同的观察者可以得出不同的评判级别。即使同一个观察者评价同一个标本，在不同时间段进行分析时也有可能得出不同的结论。此外，人的视觉观察能力是有一定局限性的，特别是对于较小的差异不能作出比较，甚至会遗漏这些信息。

2．免疫组织化学染色的定量分析　各种先进的显微定量技术，如显微分光光度计、显微密度计、免疫荧光显微技术、荧光激活细胞分选仪（fluorescence-activated cell sorter，FACS）和各类图像分析软件的应用，使得免疫组织/细胞化学结果的定量分析更加精确。

（1）显微分光光度计法　显微分光光度计（microspectrophotometer，MSP）法是一种比较常用的方法，其可在形态学定位、信号定性的基础上，精确测量出单个细胞、单个细胞核和核仁内的蛋白质、核酸或其他成分的含量，具有直观而精确的特点。但它不能具体测量出某些成分的面积、体积或长度等极具价值的参数值。显微分光光度计常用于：①细胞和细胞核面积、形状的测量；②细胞内化学成分（如DNA、糖原、脂类、蛋白质等）的测量；③通过单色或双色荧光测定组织/细胞同一位置的单一或两种成分；④染色体的致密度和分带分析；⑤细胞放射自显影的定量；⑥利用紫外光谱分析活细胞成分。

（2）图像分析法　由光学、电子学、扫描显微镜技术、现代电视技术及计算机技术相结合而产生的图像分析系统（image analysis system，IAS）能利用先进的计算机技术客观、准确地测量有关组织或细胞的多种参数值，具有测量速度快、精确度高的特点，可批量处理图像，以及有效避免人为因素而造成的误差。

（张晓辉）

第十五章　现代动物病理学研究技术

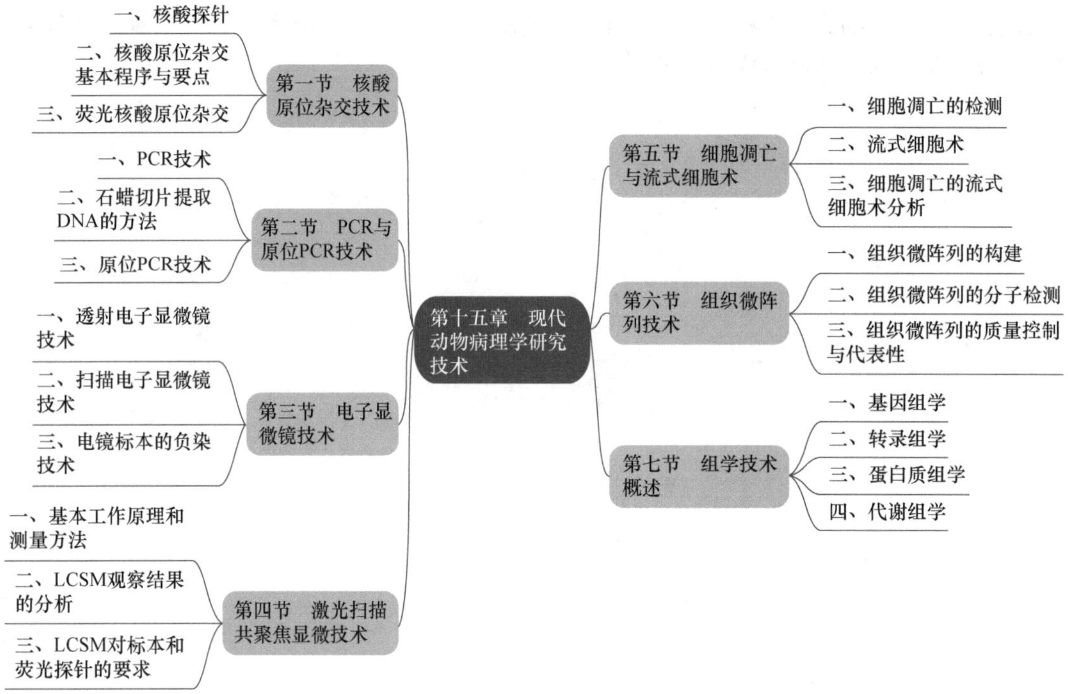

第一节　核酸原位杂交技术

Pardue 和 John（1969）在实验室分别用 ^{3}H、^{35}S、^{14}C、^{125}I 等放射性同位素和放射自显影法建立了核酸原位杂交技术，且只限于检测用生物化学方法分离纯化而来的已知 DNA 核酸序列。Harper 等（1986）用放射性同位素标记的探针检测到细胞内的 mRNA。早期由于放射性污染、检测耗时长和成本高等原因，核酸原位杂交技术的使用多局限于科研实验室，以后随着荧光素、生物素和地高辛标记的探针逐步取代放射性同位素标记探针，再加上商品化、无放射性探针的种类越来越多，技术方法也不断改进，原位聚合酶链反应（polymerase chain reaction，PCR）的出现，使得核酸原位杂交技术的应用在临床检验中变得越来越广泛。

核酸原位杂交是用标记了已知序列的核苷酸片段作为探针（probe），通过重组核酸杂交技术直接在组织切片、细胞涂片或培养细胞爬片上检测和定位某一特定靶核苷酸（DNA 或 RNA）的存在。它的生物化学基础是 DNA 变性、复性和碱基互补配对结合。根据所选用探针和待检靶序列的不同，又可分为 DNA-DNA 杂交、DNA-RNA 杂交和 RNA-RNA 杂交等。核酸原位杂交技术无须提取组织内核酸成分，而是直接在原有组织或细胞上进行靶序列的检测，且具有很高的敏感性和特异性，这使组织细胞学形态表现与基因功能活动变化得以有机结合。在实际应用过程中，核酸原位杂交技术不仅可检测组织细胞内的基因和 mRNA，而且可以对病毒等病原体核酸进行组织细胞定位研究，且既可应用于新鲜组织，又能在石蜡包埋组织上做回顾性研究。

一、核酸探针

核酸探针是指标记有可识别信号的用于检测特定核苷酸序列或基因序列的 DNA 片段或 RNA 片段。用于组织或细胞原位杂交的探针长度以 50～300bp 为宜，其具有较强的组织细胞穿透能力，杂交效果好。而用于染色体原位杂交的探针长度达 1.2～1.5kb。

（一）探针的种类与标记

根据核酸分子探针的来源与性质，可将其分为双链 DNA 探针（基因组探针）、单链 cDNA 探针、单链 cRNA 探针和人工合成的寡核苷酸探针。通常情况下，所用探针需要自己寻找，自行设计与标记。现在有商品化的裸探针和标记好的探针以供选择，但成本高，种类也较少。

1. 双链 DNA 探针　多为克隆的各种基因片段，部分为 PCR 合成的核苷酸序列。双链 DNA 的标记方法有缺口平移法和随机引物法，以前者最为常用。合成探针的长度随反应体系中 DNA 酶浓度的增大而变短。双链 DNA 探针在使用前需变性处理，主要用于 DNA 的检测，有时也用于 mRNA 序列的检测。

2. 单链 cDNA 探针　cDNA 不存在内含子和其他高重复序列，因此是一种较为理想的核酸探针。但只克隆互补 DNA 链中的一条往往比较困难，而且最终标记的单链核酸和未标记的模板核酸链仍然等浓度存在于体系中。所以，单链 cDNA 探针使用前仍需要经过变性处理。但单链 cDNA 探针不会形成大的链状连环，有利于组织细胞的渗透。

3. 单链 cRNA 探针　该探针可通过构建 RNA 表达载体来合成，且在转录的同时进行探针的标记。该探针与目的核苷酸序列可形成热稳定性更好的 RNA-DNA 杂交体，单链 RNA 分子不存在互补链竞争结合，也不搭载载体序列，从而使杂交体系更稳定、更敏感。杂交后，可用 RNA 酶消化剩余的 RNA 探针，降低背景染色。

4. 寡核苷酸探针　寡核苷酸探针多用 DNA 合成仪合成，之后用 PCR 扩增至所需的量。其长度在 10～50bp，过短则特异性降低，过长则不易合成且杂交时间延长。可用化学法或酶法在其 DNA 序列两端进行标记，即末端标记。该探针适合于基因点突变分析、有高拷贝的 mRNA 的检测及病原微生物基因组的检测等。

对于制备的各种探针，需要进行两方面的鉴定：一是采用 1%～2%的琼脂糖凝胶电泳观察条带位置以确定探针的长度符合预期；二是利用特定试剂盒检测探针标记的强度，即标记探针的浓度，最后根据需要分装，－20℃保存备用。

（二）探针的标记物

核酸探针的标记物分为放射性标记物和非放射性标记物。前者主要是指放射性同位素，包括 ^{3}H、^{35}S、^{32}P、^{14}C、^{125}I 和 ^{131}I 等，具有极高的特异性和敏感性，但其主要缺点是易造成放射性污染。此外，当标记活性极高时，放射线可造成核酸分子结构破坏。多数同位素的半衰期比较短，因此，必须随用随标，标记后立即使用。后者主要包括生物素、地高辛、荧光素［罗丹明（rhodamine）］及其他化学发光物质（如 Cy3）等，此类标记物虽然敏感性稍差，但是具有无放射性污染、稳定性好、可长久存放、操作简单、成本低等优点，应用越来越广泛。生物素和地高辛也是半抗原，还可用其与酶标抗体结合，显色之后在光学显微镜下观察。荧光素标记的探针可进行直接法原位杂交，在荧光显微镜下观察荧光信号。

二、核酸原位杂交基本程序与要点

依据探针的标记物是否能被直接检测到，核酸原位杂交技术可分为直接法和间接法两种。直接法是用标记的探针与组织细胞或染色体上的待检序列进行杂交后，直接进行放射自显影、荧光观察或酶促反应显色等获取杂交信号。而间接法一般采用半抗原标记的探针，在与待检序列结合后，再经过免疫组化方法与探针标记物反应进行信号转化（荧光信号转可见光信号）和（或）信号放大。间接法结果易观察、信号强，是最常用的原位杂交方法。核酸原位杂交广泛应用于各种组织、细胞和染色体等标本，主要的染色程序包括前期准备、预处理、变性和杂交、杂交后冲洗、杂交探针的检测等。下面以石蜡切片的间接法原位杂交为例进行具体介绍。

（一）前期准备

快速取材与固定是做好原位杂交的首要基础。取材时所用器械应提前进行高压消毒及DEPC水处理，佩戴手套，组织在离体后30min内进行固定。组织固定液以醛类固定剂为佳（如4%多聚甲醛），固定时间在室温下一般为1h。也可将新鲜组织快速冷冻切片后再固定，效果良好。

用于核酸原位杂交的载玻片应进行浸酸处理，彻底清洗，之后于160℃烤箱内烘烤2～4h，以去除灰尘和核酸酶。组织切片时应佩戴手套，所用刀片、镊子、毛笔、切片机刀架、摇柄、载物台及各种工作台面均应使用70%乙醇或DEPC水进行浸泡或擦拭。石蜡切片厚度在4～5μm（冰冻切片6～8μm）。展片所用水应高压处理。60℃烤片3～4h，之后37℃过夜后室温保存备用。冰冻切片和细胞样本不宜长时间保存，最好现用现制。

（二）预处理

将石蜡切片进行脱蜡、水化，尤其在进行RNA的原位杂交时，所用的梯度乙醇溶液应用DEPC水配制，水化也应浸入DEPC水。之后用0.1%～0.3%的Triton-100处理切片，增加组织通透性，使探针更易进入细胞，再用适度的蛋白酶消化组织，以解除交联、消化与靶序列结合的蛋白质。蛋白酶K（1～100μg/mL浓度，37℃孵育5～40min）适用于消化与病毒DNA结合的蛋白质，胃蛋白酶适合处理内源性基因组DNA和部分mRNA。在保证消化充分的同时，不应破坏组织的形态结构、损失靶核苷酸脱片。当需要DNA核苷酸阴性对照时，需用DNA酶处理切片。为提高DNA-DNA杂交的特异性，还可用RNA酶对切片进行处理。然后，在正式进行核酸杂交前，需用不含探针的杂交混合液预先孵育组织切片2h，以阻断与探针的非特异性结合。

（三）变性和杂交

进行杂交反应的探针和靶核苷酸序列均需是单链状态。当探针和（或）靶序列为DNA时，均需要先解链，即变性。一般将探针和切片分别变性，变性条件为90～95℃，5～10min，然后均置于冰水中速冷3min。切片也可用0.1mol/L的NaOH（pH 8.0）处理进行碱变性。

变性的探针应按照一定浓度加入杂交液中，再滴加到切片上。杂交液为含有高浓度盐、甲酰胺、硫酸葡聚糖、牛血清白蛋白、缓冲液和探针等成分的混合液。盐中的单价阳离子可使杂交率增加，降低探针与组织标本间的静电结合；甲酰胺有解交联作用，可降低杂交反应温度；硫酸葡聚糖起固着水分、提高探针浓度的作用；其他成分如水溶性聚蔗糖（ficoll）、聚乙烯吡咯烷酮（polyvinylpyrrolidone，PVP）和牛血清白蛋白等可阻断探针与组织结构或成分的非特异性结合，降低背景染色。

放射性探针的浓度一般在 0.5～5ng/μL，非放射性探针的浓度不低于 2ng/μL。每张切片上滴加的探针溶液体积为 5～25μL。常用的杂交缓冲液 pH 为 6.5～7.5，盐浓度为 20～75mmol/L。

杂交是指已标记的探针和待检样本中的靶序列通过碱基互补配对相结合而形成杂交体的过程。一般情况下，37℃杂交过夜（约 18h）可获得更好的信号。当然，杂交反应的温度、时间与探针的类型、长短、浓度及核苷酸链中鸟嘌呤-胞嘧啶的比例等有关，在试验中还要具体摸索最佳条件。

（四）杂交后冲洗

杂交后的冲洗遵循盐溶液浓度由高到低、温度由低到高的原则，恒温振荡洗涤，以达到使不严格碱基配对所形成的杂交体解体，而保留严格碱基配对形成的杂交体的效果。当使用 RNA 探针进行杂交时，该步骤用 RNA 酶进行消化，清除多余探针。

（五）杂交体的检测

直接法的核酸原位杂交可直接放射自显影（放射性同位素标记探针）或在荧光显微镜下观察荧光信号（荧光素标记探针）。

而对于间接法的核酸原位杂交，生物素标记探针则需用抗生物素抗体连接，地高辛或 FITC 标记探针要用抗地高辛抗体和抗 FITC 抗体进行孵育。之后，用辣根过氧化物酶或碱性磷酸酶标记的第二抗体进行免疫反应，再经 DAB 显色后在光镜下观察，如有有色沉淀则为阳性信号。

（六）对照试验

核酸原位杂交试验步骤较多，影响最终结果的因素也很多。为了确保其试验操作和最终结果的准确性、特异性、敏感性和重复性，通常需要设置一系列对照试验。

1．组织对照

（1）阳性对照　用已知含靶核苷酸序列的组织作对照。

（2）阴性对照　用已知不含靶核苷酸序列的组织作对照。

（3）组织结构对照　用靶基因所表达蛋白质的抗体进行免疫组织化学染色以对比确认核酸原位杂交信号分布情况，此时应注意基因表达水平与蛋白质表达水平存在不一致。

2．探针对照

1）从被检测的组织中提取总 DNA 或 RNA，然后分别用 Northern、Southern、PCR 和 RT-PCR 检测靶核苷酸序列。

2）用标记的和不标记的探针混合液在组织切片上进行杂交，做竞争性对照分析。

3．杂交对照

1）省去标记探针或用标记的无关载体序列代替探针。

2）杂交前用核酸酶处理切片。

以上二种试验结果应均为阴性。

4．非放射性检测系统对照

对信号检测系统做系列阴性、阳性对照，基本同免疫组织化学染色时设置的各种对照。

三、荧光核酸原位杂交

荧光原位杂交（fluorescence *in situ* hybridization，FISH）也分为直接法和间接法。前者直接采用荧光素标记的探针来检测组织中的靶核苷酸序列，再用荧光显微镜采集阳性信号；后者采用非荧光标记的探针与待检组织中的靶核苷酸序列结合，之后用亲和链结合免疫反应带入各种荧光物质以识别杂交体。间接法具有信号放大的作用，敏感性增强，为使用较多的方法。

在 FISH 试验中，试验材料可以是间期和分裂中期的细胞，也可以是冰冻切片和石蜡切片，新鲜组织细胞的效果一般好于石蜡切片。FISH 试验检测的序列为 DNA，是一种 DNA-DNA 的杂交，所以检测过程中需要进行变性。常用的 FISH 探针有序列重复探针、位点特异性探针、全染色体探针、DNA 单一序列探针及其他载体的小片段 DNA 探针。

第二节　PCR 与原位 PCR 技术

一、PCR 技术

聚合酶链反应（polymerase chain reaction，PCR）是一种在体外模拟天然 DNA 复制的分子生物学技术，可将特异性目的 DNA 片段进行高效扩增。该技术已广泛应用于传染病、遗传病、肿瘤性疾病的诊疗，以及法医学鉴定和基因工程的分子克隆等领域。

（一）PCR 的基本原理

PCR 的基本原理是依据细胞内 DNA 复制时的半保留复制机制和不同温度下 DNA 双链和单链可以互相转变的性质，人为控制体外合成系统的温度，促使双链 DNA 变成单链 DNA，单链 DNA 与人工合成的引物退火，然后在体外 4 种脱氧核苷酸（dNTP）的存在下，耐高温的 DNA 聚合酶使引物沿单链 DNA 模板延伸成为双链 DNA。高温变性、低温退火、适温延伸等三个步骤反复循环进行，使目的基因得以迅速扩增。

PCR 技术是用来扩增已知序列中的核苷酸区段。设计两条序列不同的寡核苷酸引物，分别与待扩增模板目的 DNA 两侧的一条单链结合，然后在 DNA 聚合酶酶促反应的扩增循环下，使 PCR 产物以 2^n 指数形式迅速增加，经过 25～35 个循环后，理论上可使基因扩增 10^9 倍以上，而实际上只能达到 10^6～10^7 倍。扩增的 DNA 产物长度取决于两引物之间的距离。

基于上述原理，PCR 具有以下 4 方面特点。

（1）高度的敏感性　PCR 产物是以指数形式增加的，在经过一定循环次数后，可将极微量（pg 级）DNA 扩增到紫外线下可见的水平（μg）。即使是单拷贝基因，也能用于扩增而被检测到。

（2）高度的特异性　PCR 的特异性多依赖于两个引物的设计质量、引物与模板的正确结合及退火的温度。一般情况下，只要引物设计合理，反应温度适宜，采用高温启动法进行 PCR 扩增，均能获得很高的特异性结果。

（3）操作简便、反应快速　操作过程只需把反应体系材料按一定浓度和比例混合，置入 PCR 仪，输入特定程序即可进行 PCR 扩增。扩增所需时间在 1h 以内。

（4）适用样品的广泛性　各种类型的样本，包括细胞或体液、新鲜样本或储存样本、DNA 或 RNA、含量极低或较高的完整基因组或基因片段等，均可用于 PCR 反应。

（二）PCR 反应体系构成

PCR 反应体系由耐热的 DNA 聚合酶、引物、4 种脱氧核苷酸、待扩增的 DNA 或 RNA 序列和缓冲液构成。

目前已应用于 PCR 的耐热 DNA 聚合酶包括 *Taq* DNA 聚合酶、*Tth* DNA 聚合酶、*VENT* DNA 聚合酶和 *Sac* DNA 聚合酶。其中 *Taq* DNA 聚合酶应用最为广泛，它可从耐热菌中分离，也可利用基因工程技术合成。*Taq* DNA 聚合酶的特性有：以 DNA 为模板、结合的 DNA 模板上的引物为出发点，将 dNTP 以碱基配对的方式按照引物的 5′→3′方向合成新的 DNA 链；有逆转录酶活性；有 5′→3′的外切酶活性；可在新合成的双链产物末端加上一个非模板依赖的碱基，且优先聚合 A。

PCR 的扩增效率取决于引物与模板的特异性结合及多聚酶对引物的有效延伸。因此，引物的正确设计对于确保 PCR 扩增成功具有重要意义。设计引物的总体规则有：引物长度最好为 15～30 个碱基；引物中碱基随机排布，避免有连续的嘌呤和嘧啶排列，G＋C 的含量宜在 45%～50%；避免两引物间的碱基互补，引物自身不应存在连续超过 3 个碱基的互补序列；引物的 3′端不能有任何修饰和二级结构，而 5′端则根据需要可进行适当修饰，如酶切位点；引物与非扩增序列的同源性不应超过 70%或有 8 个互补碱基同源；当扩增编码区域时，引物 3′端不要终止于密码子的第 3 位。

反应体系中 4 种脱氧核苷酸 dATP、dTTP、dCTP、dGTP 为扩增靶序列的原料。dNTP 的浓度依据靶序列的长度和碱基构成而定，一般使用浓度为 20～200μmol/L，同时应注意 4 种碱基要保持相同的当量浓度。

PCR 的反应缓冲液一般包括 Tris-HCl（pH 8.3～8.8）、KCl（50mmol/L）或（NH_4）$_2SO_4$（25mmol/L）、$MgCl_2$（1.5mmol/L）、明胶（0.1%）和甲酰胺（5%）。适当浓度的 Mg^{2+} 对维持 *Taq* DNA 酶的活性和精确度是必须的。Tris-HCl 负责调解反应体系的 pH。上述浓度的 KCl 或（NH_4）$_2SO_4$ 可促进引物的退火。明胶能帮助稳定酶活性。甲酰胺能促进引物与模板的特异性配对，有利于特异性产物的增加。

PCR 可以 DNA 为模板直接进行核酸扩增，而 RNA 则需要先逆转录成 cDNA 才能用于 PCR 扩增。模板 DNA 的提取方法很多，传统方法的主要步骤为：去污剂裂解组织细胞—蛋白酶消化蛋白—有机溶剂抽提—乙醇沉淀核酸。作为模板时，克隆的 DNA 用量一般为 ng 级，染色体 DNA 用量为 μg 级。

PCR 扩增反应的循环数主要取决于模板 DNA 的浓度。一般来说，25 次循环后 PCR 产物积累即达到最高值。但扩增效率一般只有 75%左右，所以 30 个循环是比较合理的。循环次数太少，产物的量少；循环次数过多，非特异性产物增加。

（三）PCR 的一般步骤

1. 模板 DNA 的提取　将消化的细胞或悬浮培养的细胞进行离心后收集细胞沉淀，而组织样本需洗涤血水和坏死组织后在液氮中研磨或用匀浆机进行匀浆。用消化液［10mmol/L Tris-HCl（pH 8.0）、0.1mmol/L EDTA（pH 8.0）、20μg/mL RNA 酶、0.5%SDS］充分消化样本，再加入蛋白酶 K 在 50℃水浴中作用 3h 以降解蛋白质。加入等体积的饱和酚∶氯仿∶异戊醇（25∶24∶1）的混合液抽提 1～2 次。加入 1/10 体积的 3mol/L 的 NaAc 和 2～2.5 倍体积的－20℃预冷的无水乙醇以沉淀 DNA，离心后弃上清液，得到白色 DNA 沉淀物。用 70%乙醇清洗沉淀 1～2 次，离心收集沉淀，自然干燥，最后加入 TE 缓冲液或高纯水在 4℃环境下溶解 DNA。用紫外分光光度计测 DNA 溶液的 DNA 浓度及 OD_{260} 与 OD_{280} 的比值，比值在 1.65～1.85 为纯品。

在提取组织细胞的 RNA 时，需要使用 RNA 酶抑制剂以防止 RNA 酶污染，所用器具均应用 DEPC 水浸泡处理，相关水溶液也需用 DEPC 水配制。

2．逆转录 PCR 检测组织细胞中的 mRNA 可以反映所检基因的活动程度，而分析由其逆转录而来的 DNA 序列则可以体现 mRNA 及其相应基因位点的序列。当采用 PCR 方法检测组织细胞中的 mRNA 时，须在逆转录酶的作用下先将 mRNA 逆转录为 cDNA 模板。逆转录过程就是以 4 种脱氧核苷酸为底物，以 mRNA 为模板、tRNA 为引物，在逆转录酶的作用下按照 5′→3′方向合成一条与 RNA 模板互补的 DNA 单链（cDNA），这条 DNA 单链一开始与 mRNA 杂交为 RNA-DNA 杂交体，之后在逆转录酶的作用下水解掉 RNA 链而形成独立的 cDNA 单链，再以其为模板合成互补链。以禽呼肠孤病毒经典毒株 S1133 株基因组 S1 序列的扩增为例，所提取的病毒 mRNA 逆转录体系和反应程序如下。

（1）*逆转录体系* 5×莫洛尼氏鼠白血病病毒（M-MLV）逆转录酶反应缓冲液 8μL，dNTP mixture 4μL，M-MLV 逆转录酶 0.5μL，随机引物（6mer）0.15μL，重组 RNA 酶抑制剂（RRI）0.5μL，mRNA 25μL，DEPC 水 1.85μL。

（2）*反应程序* 将上述成分混匀后，采用如下反应程序：30℃ 10min；42℃ 1h；72℃ 15min（灭活逆转录酶）。逆转录而成的 cDNA 可短暂放置于 4℃，长期存放时建议在－80℃。

3．DNA 的 PCR 扩增 PCR 的扩增体系成分构成如上所述。以扩增禽呼肠孤病毒经典毒株 S1133 株基因组 S1 序列的 cDNA 为例。

（1）*反应体系（20μL）的各成分* ddH_2O 11.7μL，10×buffer 2μL，dNTP mixture 1.6μL，正向引物Ⅰ 1μL，反向引物Ⅱ 1μL，模板 cDNA 2.5μL，*Taq* DNA 聚合酶 0.2μL。

（2）*扩增程序* 95℃预变性 5min；以下程序进行 35 个循环，即变性 95℃，30s，退火 59℃，30s，延伸 72℃，30s；最后 72℃，7min 结束循环。形成的 PCR 扩增产物可在 4℃放置数日，较长时间存放需在－20℃。

PCR 扩增时的参数设置主要考虑变性的温度与时间、引物的退火温度与时间、引物的延伸温度与时间及循环次数。变性温度一般为 90～95℃，94℃为佳。温度过低则不能产生 DNA 单链，PCR 不会启动。变性时间一般数秒钟，多在 40～60s；退火温度决定 PCR 的特异性与产量，一般由引物的碱基成分决定，可用公式 $T_m=4（G+C）+2（A+T）$ 来计算。高温时引物与变性 DNA 的结合严格性增加，但温度过高会使引物与模板不能牢固结合。退火温度确定后，退火时间并不是主要影响因素，一般不低于 30s，也不宜太长。延伸温度一般在 70～75℃，这是因为 *Taq* DNA 聚合酶的最适温度为 72℃。延伸温度比退火温度高 10℃为宜。循环次数取决于靶序列的含量，当含量较少时则应增加循环次数。PCR 扩增一般为 25～35 个循环。

确认 PCR 正确扩增和有无污染非常必要，这常需要在后续琼脂糖凝胶电泳或聚丙烯酰胺凝胶电泳试验中设置 DNA 标准参照物（DNA marker）及阳性对照组和阴性对照组。电泳后应在对应 marker 大小处出现单条 DNA 扩增条带。阳性对照组采用已证实含有靶序列 DNA 的样品扩增出适当大小的条带，阴性对照组可用三蒸水代替模板 DNA 而不能扩增出条带。PCR 过程中要做到避免污染，应对所用试剂、枪头、离心管等进行严格的高压消毒。PCR 反应前后所用的器具及操作场所应当严格分开。

二、石蜡切片提取 DNA 的方法

要做基因诊断常需要从新鲜组织细胞中提取基因组 DNA。然而对于病理实验室来说，获得与保存新鲜组织细胞的条件比较有限，因此很难得到第一手基因提取材料，但是石蜡包埋组织是最易得到的，这为病理检测实验室查找、验证或研究基因相关病理结果提供了机会。目前已有比较可靠的石蜡块DNA提取方法，可经PCR扩增得到所需的DNA片段。

（一）石蜡切片组织DNA提取方法

（1）脱蜡　从石蜡块中刮取50mg左右的包埋组织，加入1mL二甲苯后65℃水浴处理样本5min。13 000r/min离心5min，弃上清液。重复上述操作1次，之后加入1mL无水乙醇，振荡后同样方法离心，沉淀物中再加70%乙醇1mL，振荡、离心，在真空离心机中离心5min干燥样本。

（2）消化　在干燥的样本中加入180μL TE缓冲液，再加入20μL消化液（500mol/L KCl，150mol/L Tris pH 8.0，15mol/L $MgCl_2$，1.5% Tween-20）和10μL蛋白酶K，振荡后在55℃水浴中作用3h，加入50μL 25%的整合树脂Chelex-100，振荡后继续55℃水浴1h，100℃水浴10min，13 000r/min离心3min，取上清液至200μL苯酚中。

（3）DNA萃取纯化　剧烈振荡得到的样本，离心取上清液，加入200μL苯酚-氯仿混合液，充分振荡，离心3min，取水相至另一管中，加25μL的3mol/L的乙酸钠溶液，1μL糖原溶液和−20℃预冷的750μL无水乙醇，−20℃冰箱中过夜。之后4℃离心15min，弃上清液，加入预冷的无水乙醇后振荡、离心、弃上清液。沉淀物用100μL TE缓冲液或三蒸水溶解，−20℃保存备用。

（4）PCR扩增　正式扩增前，最好进行预实验以摸索最适的DNA模板加入量。同时，扩增循环次数应当比新鲜组织高。

（二）影响石蜡块组织DNA提取的因素

石蜡包埋组织虽可提取DNA样本，但常会出现阳性率低和假阴性的结果。这与组织块的固定、DNA提取程序有很大关系。影响石蜡块DNA完整性和提取效率的因素如下。

（1）固定　新鲜组织固定不及时，组织发生自溶，组织细胞的DNA会发生不同程度的降解。组织块太大，固定液相对不足，导致固定液不能及时、充分地渗透到组织内部，使石蜡块固定不充分，引起DNA降解。

（2）固定剂　组织固定剂会损伤DNA。福尔马林固定会导致DNA的随机断裂，Zenker液、Bouin液等对DNA的损伤更大。乙醇对DNA的保存效果优于上述固定液。这种固定剂引起的DNA断裂常导致PCR扩增长片段DNA失败，而扩增小片段基因序列时成功概率更大一些。因此，组织在固定液中的浸泡时间不宜过长。

（3）包埋组织块的存放时间　包埋后的石蜡块不宜存放太久，存放时间越久，获得满意PCR产物的可能就越小。

（4）组织块提取DNA的程序　DNA提取程序的每个步骤都会影响石蜡块的PCR结果。刮取石蜡块组织的刀片、操作台等应当按照DNA提取要求严格清洗，避免污染。脱蜡用的二甲苯和无水乙醇需小心去除，不能带入PCR扩增体系中。加入的蛋白酶K需要在95～100℃下进行灭活，时间太久会损伤DNA样本。苯酚-氯仿萃取的质量也会影响PCR扩增结果，如果省去萃取步骤，则可能将脱蜡、消化等步骤的残余试剂带入PCR反应体系，抑制*Taq* DNA酶活性。

上述潜在影响因素的存在，特别是在提取过程中的DNA丢失，直接导致了石蜡块提取DNA的PCR扩增阳性率低、扩增结果不稳定的缺点。除改进固定方法（如有人用特殊固定剂：750mL无水乙醇＋200mL甲醛溶液＋50mL乙酸来固定组织，得到了很好的DNA保护效果）和严格按照标准步骤进行操作外，探索一种直接在组织切片上进行的 PCR 扩增与信号显示技术尤为重要。

三、原位 PCR 技术

原位 PCR（*in situ* PCR）技术是常规 PCR 的衍生技术，是建立在不破坏细胞形态与结构的前提下，利用原位完整的细胞作为一个微反应体系来扩增细胞内的靶序列，使 PCR 的高效扩增与原位杂交的组织细胞定位有机结合，最终将基因与某一种细胞类型相对应、联系起来的一种技术。原位 PCR 可应用于冷冻或石蜡包埋的组织切片、细胞涂片或培养细胞爬片等样本的检测，兼具 PCR 扩增放大的高度敏感性和形态学定位功能。目前已应用于生命科学领域的基础研究和临床检测中，特别是对病毒感染等外源 DNA 分子的检测。

（一）原位 PCR 技术的原理与分类

1. 原位 PCR 技术的原理　原位 PCR 先将细胞和组织进行固定及酶消化预处理，使细胞通透性适当增加以便反应试剂充分进入细胞内，滴加 PCR 反应所需的各种试剂于样本上，再将覆盖有样本的玻片放入原位 PCR 仪中进行 PCR 扩增。此 PCR 扩增与常规 PCR 反应原理相似，即在耐热 DNA 聚合酶作用下，以组织细胞内的核苷酸序列为引物，经过变性、退火和延伸等变温循环后，使特异靶序列 DNA 的量呈 2^n 指数增加，扩增后可视扩增产物的性质进行直接检测或原位杂交检测。

2. 原位 PCR 技术的分类　根据 PCR 扩增反应中所用的 dNTP 或引物是否标记，可分为直接法和间接法。

1）直接法原位 PCR：是在扩增体系中采用已标记的 dNTP 或引物，使扩增产物中携带可直接观察的标记信号而不需要进行原位杂交来观察结果，常用于直接法的标记物有地高辛、FITC 和生物素等。

2）间接法原位 PCR：先使用无标记的扩增材料在细胞内进行靶序列扩增，然后再用特异性标记探针与扩增产物进行原位杂交以显示扩增的靶序列信号。

根据所用标记物的性质和扩增产物检测方法的不同，原位 PCR 又分为原位逆转录 PCR 和原位再生式序列复制反应。

1）原位逆转录 PCR：为检测细胞内低拷贝 mRNA 的方法，先以 mRNA 为模板，在逆转录酶的作用下合成 mRNA 的 cDNA，然后再以 cDNA 为模板进行 PCR 扩增。在使用此方法时，需要先用 DNA 酶处理样本以破坏细胞内的 DNA，从而保证 PCR 扩增模板是逆转录合成的 cDNA，而不是细胞内原有的 DNA。

2）原位再生式序列复制反应：是以 mRNA 为模板，通过逆转录酶、DNA 聚合酶和 RNA 聚合酶的作用，以 RNA/cDNA 和双链 cDNA 为中间体，直接扩增 RNA 靶序列。

间接法原位 PCR 技术是目前应用最为广泛的原位 PCR 方法，具有扩增效率高、特异性强的特点，但因为需要在 PCR 后进行原位杂交，所以检测程序复杂、周期较长。

（二）原位 PCR 技术方法

原位 PCR 技术的主要操作程序有样品制备、预处理、PCR 扩增和原位检测等 4 步。

（1）样品制备　原位 PCR 样品的准备需要注意 3 个原则：保存样本组织细胞原有的形态结构；保证相关试剂易于浸入细胞内部的靶序列；避免扩增产物弥散出细胞。

进行原位 PCR 的样本总体上分为两类，一类是细胞，另一类是组织。细胞主要涉及各种培养的细胞、外周血细胞、体液细胞和精液等。悬浮细胞经 4%多聚甲醛固定后可直接悬浮于 PCR 扩增体系中，直接进行 PCR 反应，之后离心、涂布在载玻片上进行下一步检测或用流式细胞仪直接进行检测分析。该方法可提供最佳的扩增物理参数，从而获得高效的序列扩增。培养细胞爬片及悬浮细胞涂片经 4%多聚甲醛或甲醇/乙酸（3∶1）固定后在载玻片上进行靶序列扩增。对于新鲜组织样品，经中性福尔马林固定过夜后进行石蜡包埋、切片，也可直接冰冻切片，厚度均以 6～8μm 为宜，略厚的切片可以有更多的靶序列（如果样本中含有较丰富的靶序列，可以稍薄一些）。虽然组织切片的原位扩增效率不如细胞样本，但经过固定而交联的细胞蛋白质及丰富的细胞膜结构有利于防止扩增产物的扩散。石蜡切片需通过常规脱蜡、水化后才能进行下一个步骤。

（2）预处理　样本的预处理是通过一定方法增加细胞膜的通透性及消化掉与靶核苷酸序列结合的蛋白质。细胞样本一般不需处理或仅用去污剂（Triton-100 或 Tween-20）处理后即可用于 PCR，而组织切片样本均需用去污剂或蛋白酶进行预处理。预处理的程度把握很重要，如处理不充分，则影响试剂的进入和靶序列的暴露，导致 PCR 扩增失败，但如果处理过度，则会造成组织形态的破坏和 PCR 产物的弥散，甚至脱片。需要注意的是，蛋白酶处理样本后，要通过加热和洗涤等方法去除剩余酶，以免破坏后续 PCR 反应体系中的 DNA 聚合酶活性，降低 PCR 扩增效率。

（3）PCR 扩增　原位 PCR 的试剂、反应程序和常规 PCR 非常相似。但通常原位 PCR 的扩增效率不如常规 PCR，这可能与反应试剂在细胞内网络中的自由度大有关，也有人认为与载玻片上的硅分子吸附反应试剂有关。因此，在不能改变前者时，常利用提高反应体系中 *Taq* DNA 酶和 Mg^{2+}浓度，以及使用牛血清白蛋白阻止玻片对酶的黏附来改善后一因素。对于引物来说，所用引物所产生的扩增片段的长度应适当，产物过长会影响扩增效率，产物过短则容易弥散。同时，调节反应体系的温度和离子强度，降低引物寡聚或错配的可能。原位 PCR 扩增反应中变性、退火和延伸的保温时间都应比常规 PCR 长，循环次数也要适当增加。原位扩增完成后，可对样本进行充分洗涤，以去除弥散到细胞外的扩增产物，降低信号检测时的非特异性背景着色。另外，扩增后用固定剂进行样本的二次固定可减少产物的后续弥散。

（4）原位检测　原位 PCR 的检测方法取决于扩增方法的选择。直接法原位 PCR 的扩增产物带有标记分子，可直接进行信号观察。间接法原位 PCR 的扩增产物一般用原位杂交进行信号显示。原位杂交检测的预杂交步骤可在 PCR 扩增前进行，以减少洗脱次数，保留更多的扩增产物。

（三）原位 PCR 技术存在的问题

原位 PCR 技术尽管具有高敏感性和基因在细胞内定位的优点，但仍然存在一些问题：①特异性不高，主要是因为扩增序列的弥散、引物与模板的错配和损伤 DNA 在扩增时形成非特异性序列等因素造成假阳性；②兼具 PCR、原位杂交甚至免疫反应等程序，技术步骤复杂，影响因素太多；③需要特殊设备，如专用的原位 PCR 仪。

第三节　电子显微镜技术

电子显微镜（简称电镜）技术的出现与发展催生了观察介于细胞水平和大分子水平之间的

物质结构（如细胞膜三层结构、线粒体内膜的亚单位结构及溶酶体、核糖体等）的新领域，即超微结构病理学（ultrastructural pathology）。细胞和组织超微结构的研究已成为生命科学极其活跃的领域。本节主要介绍最常用的透射电子显微镜技术和扫描电子显微镜技术。

一、透射电子显微镜技术

（一）透射电子显微镜的基本原理

与光镜类似，透射电子显微镜（transmission electron microscope，TEM，简称透射电镜）是以大量带负电的粒子构成的电子束作为“光源”照射到标本上，得到的透射电子经磁场（相当于光镜的玻璃透镜）的聚焦作用后打在荧光体上发出可见光，从而获得清晰的图像。

1．分辨率与放大倍数　放大倍数和分辨率是显微镜的两个最重要的性能参数。分辨率就是能够清楚地辨认物体细节的本领，通常以能清楚分为两点的最小间距来衡量。由于电子束的波长比光波短，因此电镜的分辨能力比光镜高千倍。电镜分辨率是由标本切片的厚度和电磁辐射源的波长决定的。电镜的电子束波长约为 0.005nm，在此基础上，其在薄切片上的分辨率为 2.5nm，在超薄切片上约为 1nm。最好的电镜分辨率已达 0.14nm，而光镜的最高分辨率只为 0.2μm。放大倍数是物体经过电镜放大后的成像与原物大小的比值。分辨率确定后，电镜的有效放大倍数也就随之确定。目前电镜的有效放大倍数为 100 万倍。

2．反差　反差是指标本的成像与其背景在亮度上的差别。当反差太小时，就不能看到标本的存在。当电子束射到标本上时，被标本吸收的部分电子称为吸收电子，穿过标本的电子称为透射电子。透射电镜是利用透射电子成像的，这里涉及吸收、干涉、衍射和散射 4 种物理过程，其中散射对于电镜成像最为重要。生物组织多由原子序数很低的碳、氢、氧、氮等元素构成，它们引起的电子散射非常有限，从而使电镜形成的像反差很小，图像不清晰。因此，常利用重金属盐对组织标本进行染色来增加标本对电子的散射能力，以获得足够的反差，形成清晰的图像。

（二）标本的超薄切片技术

将标本制成很薄的切片并进行特殊的染色方可进行透射电镜观察，最常见的是超薄切片技术。电镜技术的特殊性对标本在制作超薄切片时的取材、固定、脱水、浸透与包埋、切片及常规染色等一系列程序提出了严格的要求。

1．取材　组织材料应尽量保持其生活时的状态，这就需要取材时力争在动物死亡或组织离体 0.5～1min 内浸入固定液。受限于电镜固定剂较弱的穿透力，组织块的大小一般不超过 $1mm^3$。因为电镜对取材体积的限制，所以需要确保组织取材部位具有准确性和代表性。为防止组织自溶，取材最好在 4℃环境下或冰上操作，所用器材也应预冷。取材器械应尽量锋利，避免切割组织时因切拉和挤压而损伤组织。

2．固定　固定的要求是尽量完整地保存组织细胞生活状态时的结构和成分。为此，除固定时温度要保持 4℃外，还需要具有一定穿透速度的固定剂。常用的化学固定剂有 1%锇酸溶液、2.5%戊二醛溶液和 0.6%高锰酸钾溶液，高锰酸钾在植物研究中应用较多。固定液的配制多用磷酸盐缓冲液（pH＜7.5），而高锰酸钾固定液用醋酸巴比妥缓冲溶液配制。固定模式一般采用双固定法，即先用戊二醛固定液进行前固定，再用锇酸固定液进行后固定。

3．脱水　脱水是为了让包埋剂更好地进入组织内部。脱水应在 4℃环境下进行，常用的脱水剂为不同浓度的乙醇或丙酮溶液。常规脱水方案为：磷酸盐缓冲液清洗组织三次，每次10min，然后用50%乙醇或丙酮溶液、70%乙醇或丙酮溶液、95%乙醇或丙酮溶液、无水乙醇或丙酮溶液、无水乙醇或丙酮溶液处理各15min。

4. 浸透与包埋　脱水后的组织块按下述顺序浸透包埋剂：丙酮与包埋剂的混合液（1∶1）浸透3h，丙酮与包埋剂的混合液（1∶2）浸透1h，在37℃烘箱内用纯包埋剂浸透3h，最后让丙酮彻底挥发。包埋时在预先干燥好的塑料模具内注入包埋剂，将浸透好的组织置于包埋剂液面使其自然下沉。37℃过夜（或45℃，1d；60℃，36～60h）。

常用的包埋剂有国产环氧树脂618包埋剂和进口环氧树脂Epon812包埋剂两种。

5. 切片　超薄切片使用专用超薄切片机切取。所用切片刀为玻璃刀（玻璃断面），制作方法可用手掰也可用商品制刀机。切片时需在刀上装一个小水槽，使离开刀刃的超薄切片悬浮其中水面上。切片前应将样品块进行修块，以去除周围包埋介质并形成一定形状（如正方形、梯形），便于切片。切片的厚度常以一定角度光线照射水槽中的切片而形成的干涉色为依据。干涉色与超薄切片厚度的对应关系为：暗灰色40nm以下，灰色40～50nm，银灰色50～70nm，金黄色70～90nm，紫色＞90nm。切片后，用睫毛做成的“拨针”将连续切片切为若干片，再用镊子夹住具有支持膜的铜载网边缘在水面上贴取切片。

6. 常规染色　染色前应对标本进行筛选，将切片量少、切片远离载网中心和切片过厚过脏的载网事先挑出弃掉。超薄切片的染色分为正染和负染，正染即为常规染色。

（1）常规染色剂　有乙酸铀和枸橼酸铅两种，配制方法如下：①乙酸铀染色液，2g乙酸铀溶解于100mL 70%乙醇中即可。②枸橼酸铅染色液：将硝酸铅0.67g，二水合枸橼酸钠0.88g，双蒸水15mL混合后用力振荡5～10min，溶液呈乳白色混浊，此时加入4mL 1mol/L的氢氧化钠溶液使溶液变成透明，再补充双蒸水25mL即可（pH 12）。

（2）染色方法　将染色液滴在铺有石蜡的培养皿内，将铜载网切片面朝下放在染色液内，乙酸铀染色液20～30min，枸橼酸铅染色液2～4min。染色完成后立即用蒸馏水冲洗，滤纸吸干水分备用。

（三）透射电镜图像的观察与分析

1. 识别人工损伤　在超微结构的观察中经常会遇到人工损伤带来的痕迹而影响结构观察。所谓人工损伤就是在标本制片和电镜观察过程中技术上的错误而造成的异常形态结构的人工假象。在电镜技术中常见的人工损伤涉及固定、包埋、切片与染色的各个环节。

（1）固定不良引起的损伤　引起固定损伤的主要原因是延误固定、组织块过大、取材时器械挤压、钝刀片切拉等。固定损伤的特点是细胞质内出现自溶性淡色区或空白区、膜结构出现颗粒性凝集或破裂、细胞核正常微颗粒结构消失而出现不规则染色质颗粒集结和异常空白区、线粒体肿胀、内质网扩张等。

（2）包埋引起的损伤　在固定后的脱水程序中，如果最后一步所用乙醇或丙酮含有水分，则可导致包埋介质不易渗透进入组织，进而造成后续的包埋损伤和不易切片。包埋损伤的特点是包埋剂的交链聚合不完善，质地软硬不均，微细结构被牵拉，局部结构模糊，切片易破碎或含有较多空泡。所以，在配制包埋剂时，除环氧树脂外，硬化剂、增塑剂和加速剂等其他组分一定要严格按照比例进行添加和充分搅拌。鉴于环氧树脂类包埋剂黏度大，可采用置换剂或标本振荡器以促进包埋剂的渗透。

（3）切片与染色引起的损伤　①刀痕损伤：主要是刀口不锋利、有微缺损造成，特点是组织切片上呈现与切割方向垂直状的许多并排条纹，甚至划破组织结构。可采用硬质玻璃的新断面制刀，光滑刀刃可以避免刀痕划伤。②颤痕损伤：表现为与切割方向平行、厚薄不一的条纹状结构，主要是组织块受潮或切片时在固定架上固定不紧造成的。③挤压损伤：特点是组织微细结构呈单一水平方向的压缩变形，直观的表现是细胞内圆形结构变成卵圆形或扁平形。产生的原因是刀刃较钝或组织块变软。有时用二甲苯或氯仿蒸汽熏蒸法使挤压形态恢复，但需掌握熏蒸的度。④切片污染：主要是大气中的尘埃附着、水槽内水中的微粒黏附及染色过程中冲洗不充分而残留的铀片结晶或铅致密颗粒导致的。此污染不仅遮挡结构观察，还影响高倍成像的稳定性，甚至引起电子光学系统内微量放电现象、像的漂移，继而降低电镜分辨率。

2．电镜观察中的损伤　电镜观察时，照明光斑过大且亮度太强，易导致切片极度扩张甚至撕裂。较长时间观察某一部分可使切片包埋材料升华引起组织结构模糊不清。因此，观察者应当先在低倍镜下寻找有意义的视野，然后再进行高倍镜观察。当在强亮度下移动网孔时，可因电子束照射铜网格产生铜细颗粒溅射到切片上，无法再进行观察。

漂移和像散也是常见的人工损伤。前者是电镜标本台机械稳定性差、铜载网支持膜受热脱离及破裂或电子光学系统静电蓄积引发光束偏转造成，后者则是光阑或透镜污染引起的电子束行径异常而导致的图像失真。

拍照时聚焦不准也可引起成像模糊。主要原因是反差和分辨率上的矛盾（反差好时不是正聚焦）。观察者应当在聚焦和反差之间寻找一个平衡点，既照顾到成像的反差又无损于分辨本领，或者在正聚焦、欠聚焦和过聚焦均拍摄照片进行比较。

3．镜下观察与图像分析的要点　为了能够有效利用电镜以独立地阅读电镜图像和分析照片所记录的微观资料，应当熟悉或注意以下问题。

（1）正确使用放大倍率　观察若干细胞时用3000～5000倍，看一个完整细胞用6000～8000倍，看细胞器用1万～3万倍，观察生物大分子用10万倍即可。对于生命科学领域的工作者来说，往往用不到透射电镜的最高放大倍数（100万倍）。确定使用放大倍数时常参考有效放大倍数，有效放大倍数为肉眼分辨率（0.2mm）与所需要的电镜分辨率之间的比值。在有效放大倍数下再放大，便是“空放大”。

电镜照片的放大倍率有两种标记方式：一种是直接标记放大倍数，如放大8000倍可以写成×8000或×8k；一种是用线段比例尺，如用20mm的线段画在照片的右下角，注明标尺代表1μm。对于熟练的电镜观察者来说，还可用生物结构（如生物膜厚度、核蛋白颗粒大小等）作为参考标尺来估计甚至准确判断其他细胞成分的大小。

除放大倍率需在电镜照片上标注外，动物品种、器官或细胞类型、固定包埋染色方法及必要的解释往往也应注明。这些信息对于判断超微结构是十分重要的。

（2）依据组织细胞特点进行有效判断　在观察微细结构之前，先在低倍镜下根据细胞形态和轮廓、细胞内和细胞间的物质结构，对观察目标的类型做出倾向性或准确的判断。对于动物机体的主要组织类型，如上皮组织、结缔组织、肌肉组织和神经组织，因其功能不同而各有其超微结构特点，电镜观察者应清楚掌握这些基本特征。

（3）注意区分结构与切面的关系　电镜照片经常会因为斜切面或切向效应而使某些比较熟悉的结构变得不易识别，甚至感觉丢失。这是因为在切片时，刀口恰好对膜结构做了斜切或从某种立体结构的表面掠过，如只切到细胞核核膜的一点时，只能看到大量密集的、横断的核孔区，而看不到核仁、核质等结构。而对于膜结构来说，只有正切横断时才能显示其典型的三层结构。因此，观察者要在头脑中牢固树立三维立体的概念，便于对电镜组织切面的结构做出空间上的合理认知与分析。

（4）电镜观察中的全局意识　电镜观察时，要先在低倍镜下观察标本的全貌，寻找有意义的结构区域，了解目标区域与其他结构的相互关系，然后再于高倍镜下对目标区域进行有针对性的观察。这种从全局到局部的观察有利于获得真实的、有代表性的结果。同时，在分析电镜照片时，要统观全局，不能将注意力全部放在照片的中心位置。有时候重要信息并不一定在中心区域。此外，细胞是动态的，电镜图片只是反映了细胞局部的、某一时刻的状态。所以，要综合各种时空信息来分析电镜照片所体现的结构。

二、扫描电子显微镜技术

扫描电子显微镜（scanning electron microscope，SEM，简称扫描电镜）是电子显微镜的另一个独立分支。它具有景深长、图像立体感强的优点，在观察和研究样品的表面形态上有着很好的效果。扫描电镜广泛应用于冶金、新材料、电子学、生命科学、轻工业等领域。

（一）扫描电镜的基本原理与特点

1．扫描电镜的基本原理　扫描电镜利用电子枪发出而后被加速的电子束对标本进行扫描，入射电子与标本中的原子相互作用后产生二次电子信号，信号大小因标本表面形貌而异。二次电子射到探测器上，经视频放大器放大后调节显像管的亮度，从而在荧光屏上形成图像。入射电子与标本中的原子作用后还能产生特征 X 射线、俄歇电子等，用相应仪器捕获后可进行标本的微区成分分析。利用电子隧道效应还可以得到晶体标本的衍射图样，以分析晶体结构。

2．扫描电镜的特点　扫描电镜是利用从标本表面反射回来的二次电子进行成像的，并且为了更好地收集这些低能二次电子，将标本放在了物镜磁场之外，因此，扫描电镜的标本可以很厚、很大。这与透射电镜利用物镜强磁场收集透射电子来成像是完全不同的，因此具有自己的特点。

1）观察面大，视场连续可变：可以观察立体标本，可以在低倍镜下观察全貌，又可逐步放大后仔细研究标本细节。

2）分辨率高，放大倍数连续可调：扫描电镜的分辨率一般可达 15nm，最高可达 1nm。放大倍数可在十几倍到几十万倍之间连续变化。

3）景深长，成像富有立体感：具有比光镜和透射电镜更大的景深范围，样本不受大小和厚度的限制，对表面起伏很大的标本进行观察时，其层次感和立体感能够很好地体现出来。

4）标本制备简单：标本无须制作超薄切片，几乎可以直接放入扫描电镜观察，因此更接近物体的真实状态，并且成像快。

5）可对标本进行综合分析：利用不同仪器捕获相应的信号可在观察外部形貌的同时，逐点分析其化学成分及晶体结构，是一种开展综合分析的工具。

（二）扫描电镜样品的制备技术

扫描电镜样品的制备应符合以下要求：充分暴露其表面结构并加以固定，必须干燥以满足真空观察的条件，样品表面应有良好的导电性和二次电子发射率以提高图像分辨率。

1．标本的预处理　要对标本的表面充分清洗以充分暴露其特征，清洗常用生理盐水或磷酸盐缓冲液。取材时材料可比透射电镜大一些，面积一般为 8～10mm^2，厚度可达 5mm。固定也采用 2.5%戊二醛前固定和 1%锇酸溶液后固定的双固定方法。充分固定后用蒸馏水清洗样品上的残余固定液，再按照透射电镜的方法逐级脱水，最后浸泡在乙酸异戊酯中以置换标本中的乙醇。

2．标本的干燥 预处理后的标本需在不受或少受表面张力的影响下进行干燥（除去水分或脱水剂）。常用的干燥方法有自然干燥法、临界点干燥法和冷冻干燥法。

（1）自然干燥法 将脱水后的标本置于空气中使脱水剂自然挥发干。此法适用于较硬的标本，软标本易收缩变形。

（2）临界点干燥法 利用二氧化碳、氟利昂等过渡性气体在临界状态时相界消失、表面张力也消失的特点达到干燥标本的目的。此法消除了表面张力的来源，不会对标本形态造成损伤，且用时短（2～3h），是目前生命科学领域扫描电镜标本制作中应用最多、效果最好的技术。大致过程如下：将浸于乙酸异戊酯中的标本置于专用标本盒中，放入临界点干燥仪样品室内，将样品室内充满液态二氧化碳后加热到20℃，液态二氧化碳与乙酸异戊酯进行置换15min，然后升高温度至40℃使样品室压力为1.0132×10^7Pa左右，保持5min，排出气体，取出标本即可。

（3）冷冻干燥法 将新鲜的或固定后预处理的标本快速冷冻，然后将标本置于真空的低温环境使标本中水分或脱水剂升华达到干燥标本的目的。此方法也能较好地避免表面张力在干燥过程中对标本的损伤，但是花费时间较长。

3．标本的装台粘胶 采用导电胶将干燥标本固定在样品台上。常用导电胶有银粉导电胶和碳粉导电胶。粘好样品后应待胶水彻底干透后再进行镀膜。

4．标本表面的导电处理 标本的表面导电处理主要有金属镀膜和组织导电处理两种方式，目的在于避免标本荷电现象和获得足够的图像反差。

（1）金属镀膜 即采用特殊装置将电阻率小的金属（如金、铅等）蒸发后覆盖在样品表面。镀膜后的标本可以防止充、放电效应，减少电子束对标本的损伤，增加二次电子产生率，提高图像质量。金属镀膜有真空镀膜法和离子溅射镀膜法两种，目前多采用后者。

（2）组织导电处理 该法利用某些金属溶液对生物标本中的蛋白质、脂类等成分的结合作用，使标本表面离子化或产生导电性能好的金属盐类化合物，从而提高标本耐受电子束冲击的能力和导电率。经过固定、清洗的标本可以直接用特殊试剂处理，然后即可观察。步骤简单、节约时间。常用的方法有单宁酸导电法、碘化钾导电法和碘化钾-乙酸铅导电法。导电处理后的标本可放入扫描电镜下观察，如不能立即观察，需在干燥器内保存。

5．分散细胞的扫描电镜标本处理 取细胞悬液（如血液、腹水、培养细胞等），用生理盐水或磷酸盐缓冲液清洗干净，然后用1%戊二醛固定30min，蒸馏水冲洗后，换1%锇酸固定液固定30min，蒸馏水再次冲洗。上述各步均需低速离心。得到的浓细胞悬液轻轻涂布在多聚赖氨酸处理的盖玻片上，静置1～2min。之后按照前述步骤进行脱水、干燥、镀膜后即可观察。

（三）扫描电镜的图像观察

1．观察前对扫描电镜的调整 观察标本前，需对扫描电镜灯丝的对中、光束的合轴及消除像散等方面进行检查和调整。灯丝的对中首先需操作者用放大镜或立体显微镜确认灯丝与栅极帽的对中，然后再调整灯丝尖端与栅极帽的合理高度。正式观察标本前，再用电气指示调整对中及选定饱和点。

扫描电镜的物镜重点调整其可动光阑，每次观察前要检查电子光源是否对中。

样品的高度是指标本和物镜之间的距离，由机械调整和电气指示调整共同确定。生物类样品一般在中档位置。观察者如想提高分辨率，可缩短工作距离，反之亦然。样品的倾斜度是指标本在标本室内向探测器方向的倾斜角度，通常为15°～30°，有时可根据需要调至60°～80°。

2．扫描电镜的拍照方法　用扫描电镜拍照时，在确定拍照的放大倍数后，先放大 2 倍以上进行调焦、调像散，之后再调回原定放大倍数进行拍照，即“高倍调焦，低倍拍照”。

3．对图像的辨认　通过观察，在正式拍照前确定组织细胞的正常与异常十分重要，可避免拍照后的一些不必要麻烦。首先，在荧光屏上进行辨认，先在低倍镜下辨认组织中有无污染和机械损伤，然后再放大观察标本有无变形、皱缩、干瘪等现象，接着再进一步放大观察微细结构是否正常。正式观察时，同样遵循先低倍再高倍的顺序。拍照前，还要辨认荧光屏上有无噪声（均匀闪烁的小亮点）和放电现象（不规则横向亮线），如有则不适宜拍照。其次，辨认图像的正常与否，一是清晰度好，也就是拍照时的聚焦、像散调整得好，图像真实不虚，二是色调好，图像黑白层次多。

三、电镜标本的负染技术

负染是相对于前文所述的正染而言的，又叫阴性反差染色，是通过重金属元素加强标本外周密度而使生物标本显示出负的（相对透明的）反差的一种电镜标本染色技术。最终的染色结果是在黑暗的背景上显示出白色的、电子致密度低的样品。这与透射电镜的正染效果正好相反。

1．负染技术的可能原理　负染技术虽然已应用多年，但其作用机制仍然缺乏一致观点，讨论较多的两个理论分别是密度反差原理和异常反差原理。

（1）*密度反差原理*　当物体被密度比自身大两倍以上的物质所包围或浸没时，在电镜下该物质的反差就得到加强，即负反差。比如，利用密度为4的磷钨酸浸染密度为1的生物标本时，生物标本在电镜下可得到更清晰的显示，电镜分辨力得到提升。

（2）*异常反差原理*　当用磷钨酸浸染氧化镁时得到了与密度反差原理相反的染色效果，即被磷钨酸包绕的氧化镁标本呈白色结晶体，而未用磷钨酸染色的氧化镁则呈黑色结晶。对于这种异常反差，人们认为是负荷电子在磷钨酸覆盖的标本上形成了静电场，进而将电子束聚焦于标本上达到电子致密度增强的效果，结果成像的亮度也得到加强，使原本不透明的氧化镁“透明化”了。

2．负染技术的优点　该染色法大大提高了标本的反差和分辨力，往往对标本纯度的要求并不高，染色过程简单、快速且对标本本身性状基本无影响。

3．负染技术的应用　负染技术主要用于对病毒、细菌、噬菌体、原生动物、游离的细胞亚单位及某些生物大分子等细小的颗粒状标本进行形状、结构、大小等表面特征的观察，尤其在病毒粒子的形态学观察中发挥着极其重要的作用。

4．负染标本的制备　需要染色的标本不必经过固定、包埋、超薄切片等步骤处理，而是直接做成颗粒悬液，滴于有支持膜的载网上进行直接染色和电镜观察。

病毒标本的取材方法为：对水痘、疱疹等病毒的诊断，可直接用毛细管刺入水疱取少量疱液滴于支持膜的载网上；对细胞培养的病毒，常需要破碎细胞后收集病毒上清液，并进行一定的浓缩方可；对无法鉴别感染的病毒或不易直接在电镜下看到的病毒，可预先进行病毒与抗体的免疫反应，进而形成病毒-抗体复合物，增大体积和显示度，之后经过离心沉淀后即可负染；当研究病毒与细胞接触的关系时，可将细胞和病毒一起固定后进行染色。

5．负染的染色液　用于负染的染色液为重金属盐类，常用的有磷钨酸钾、磷钨酸钠等。其配制方法为：用双蒸水或磷酸盐缓冲液配制0.5%～2%的磷钨酸水溶液。染色前，用1mol/L的NaOH或KOH将pH从1.0调至6.4～7.0。

6．负染技术的操作方法

（1）悬滴法　将所制备的标本悬液滴于带有支持膜的载网上，静置数分钟后，用滤纸吸去余液，然后立即滴上染色液染色 1～2min，之后将染液吸去，用蒸馏水冲洗 1～2 次，再用滤纸吸去水分，晾干后电镜下观察。对干燥敏感的标本可在滴样后用戊二醛或锇酸溶液预固定。

（2）喷雾法　将染色液与标本等量混合，再用特制的喷雾器喷到有支持膜的载网上，晾干后电镜下观察。该法虽然雾滴小、分布更均匀，但操作麻烦、易沉淀，甚至造成病毒扩散，故此法不常用。

（3）漂浮法　将有支持膜的载网在标本液滴上漂浮（支持膜朝向标本），然后再将沾有标本的载网漂浮于染色液滴上。数分钟后用蒸馏水冲洗，晾干后电镜下观察。

第四节　激光扫描共聚焦显微技术

激光扫描共聚焦显微镜（laser scanning confocal microscope，LSCM）是根据共聚焦激光显微镜理论推出的新型激光扫描显微成像系统。它能有效抑制同一焦平面上非测量点荧光和非焦平面荧光，进而获得比普通光学显微镜更高的分辨率。此外，该仪器还能对细胞内部进行非侵入式光学断层连续扫描，以形成立体图像并获得动态的数据。目前，这一将光学显微镜、激光扫描技术和计算机图像处理技术有机结合的高新技术设备，已广泛应用于荧光标记活细胞、生物组织切片、活体、荧光材料等的观察、成像、三维重构及细胞生物物质的定性、定量、定时和定位分布检测。

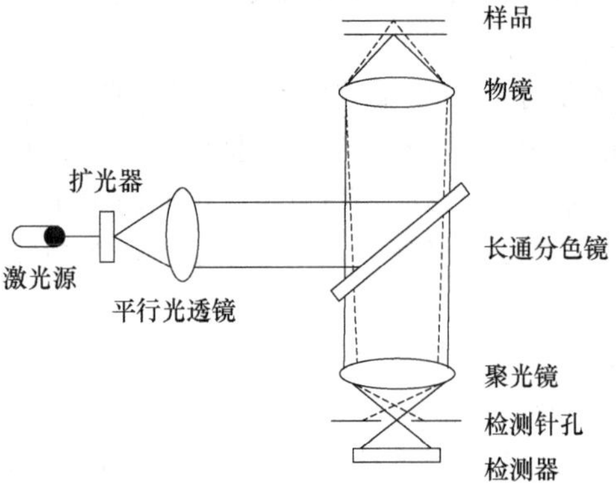

图 4-15-1　激光共聚焦的成像原理

一、基本工作原理和测量方法

（一）基本工作原理

LSCM 的主要工作原理是共聚焦成像（图 4-15-1）。由激光照射系统发出的大直径平行光束被长通分色镜反光后偏转 90°，穿过物镜时汇聚成一个小光点正好照射于样品上（物镜的焦点），对样品焦平面上的点进行逐点扫描。样品中的荧光由此被激发，样品激发的荧光波长比入射光的长，其可直接经分光器、聚光镜后汇聚于聚光镜的焦点上，此光信号被检测器接收并转化为电信号，输入计算机后在荧光屏上形成图像。非焦平面的光线则被检测针孔阻挡，不能到达检测器。相对于物镜焦平面上的光电，照明器针孔和检测器针孔是共轭的，焦平面上的点同时聚焦于二孔，此为共聚焦。正是这一独特结构，大大减少了同一焦平面的各种杂散光和非焦平面荧光，最终使分辨率显著提高。

（二）测量方法

1．单激发单发射（single-excitation and single-emission）　在一定范围内，依据细胞内荧光强度（F）与细胞内探针浓度（C）呈正比关系，即 $F=K(\lambda)C$，通过测量细胞内荧光强度即可获得细胞内荧光探针的浓度。但由于影响 $K(\lambda)$ 这一固定值的因素很多而使具体数值难以测定，因此，该方法多用于定性测量。

2. 比值法（ratio method）　单激发双发射法和双激发单发射法常用于细胞内荧光标记物浓度的测量。以单激发双发射法为例来说，某荧光探针在波长 λ1 和 λ2 处的荧光强度分别为 *I*λ1 和 *I*λ2，二者的比值为 *K*（λ1）*C*/*K*（λ2）*C*=*K*（λ1）/*K*（λ2）。*K*（λ1）/*K*（λ2）只取决于探针的荧光光谱性质。而当细胞内的 pH、离子浓度发生变化时，荧光探针的光谱发生改变。因此，测量细胞内探针 *I*λ1/*I*λ2 的值即可推算出细胞内荧光标记物的浓度。

3. 工作曲线法（work curve method）　该方法是通过建立荧光强度与测量物质浓度之间的换算关系来达到检测的目的。以某种细胞质 pH 探针为例，不同 pH 环境下该探针具有特异的吸收光谱。在某 pH 环境下，该探针在波长 λ1 处的荧光强度为 *I*λ1，波长 λ2 处的荧光强度为 *I*λ2，可计算得出二者比值 λ1/λ2。而不同 pH 环境下均可计算出一个 λ1/λ2 值。以一系列比值为纵坐标，相应的 pH 为横坐标建立标准曲线，从而得出 pH 与 λ1/λ2 值的换算关系（公式）。当测得任意 λ1/λ2 值时，可对应得到环境的 pH。

二、LSCM 观察结果的分析

（一）LSCM 数据的呈现形式

LSCM 在扫描与分析标本后，将信号传入计算机软件系统整合，并最终以不同的形式呈现出来。常见的形式有：显示不同荧光强度的细胞图像、数据直方图和曲线图、计算机程序生成的伪色彩三维图像及断层扫描形成的立体共聚焦图像。

（二）LSCM 的实验分析

LSCM 可对单一荧光染色的标本进行观察分析，提供平均荧光强度、积分荧光强度、细胞周长、形状因子等参数。在每一种荧光染料的激发波长均不相同的前提下，LSCM 可对两种及以上荧光染色的标本进行观察分析。相距较远而又需同时观察的多个细胞可以设置为一个序列，LSCM 可按序列进行自动扫描分析。

LSCM 的计算机软件还可以将动态观察获得的数据做成时间曲线，直方图也可以叠加之后进行综合分析。

三、LSCM 对标本和荧光探针的要求

（一）对生物标本的要求

用于 LSCM 观察的标本最好是培养的细胞，如贴壁细胞的爬片、悬浮细胞的涂片，也可以是冰冻切片。对于贴壁细胞的培养，需用商品化的专用玻璃底的激光共聚焦培养小皿（33mm），或者培养于盖玻片上。对于悬浮细胞则需要在特殊处理的载玻片上做细胞涂片，处理载玻片目前主要用多聚赖氨酸包被法。

黏附好的细胞标本尚不能直接进行观察，还需要进行直接或间接免疫荧光染色或荧光原位杂交染色。染色过程、荧光标记抗体或探针的质量对 LSCM 的观察会有直接影响。

（二）对荧光探针的要求

选择 LSCM 检测时所用荧光探针应考虑以下几个方面。

1）确定 LSCM 激光器所发射的激光波长应符合探针激发荧光的要求。

2）荧光探针应当具有一定的光稳定性，当进行膜流动性和细胞间通信观察时还要有适当

的光漂白性。

3）荧光定性或简单的动态观察时采用单激发光激发探针即可，而进行荧光的定量检测则需要选择双激发光激发探针。

4）荧光探针应当具有较高的特异性和较小的毒性。

5）pH 会影响探针与细胞特定成分的结合，因此探针的选择应依据细胞内的 pH 而定。

6）在确保检测器对探针敏感的基础上，还要考虑荧光滤波片是否能够有效除去探针激发的杂光。

在 LSCM 检测中，常用的标本荧光探针（荧光染料）主要有以下种类。

（1）测定 DNA、RNA 的荧光探针　嵌入双链核酸碱基对中的碘化丙啶、溴化乙锭，结合到 A-T 碱基区的 DNA 特异性染料 Hoechst 33342，以及既可嵌入双链核酸之中又能与单链核酸以静电作用结合的吖啶橙。

（2）pH 荧光探针　SNAFL-calcein-AM 是一种适用于单激发双发射定量测量的细胞质 pH 荧光探针，BCECF-AM 是一种适用于双激发单发射或单激发双发射比率法测量的细胞质 pH 荧光探针，而 FITC-dextran 是一种多用于溶酶体 pH 监测、适用于双激发单发射的比率法和单激发单发射法的荧光探针。

（3）膜电位探针　膜电位响应时间在毫秒级的快反应探针 DiBAC4 和在细胞内分布达到平衡需要几秒至几分钟的慢反应探针 rhodamine 123。

（4）膜流动性探针　膜磷脂流动特异性监测探针 NBD-C6-HPC 和膜受体流动性标记探针 FITC（Isomer I）。

（5）细胞内游离钙离子探针　用于定性测量的探针 Fluo-3-AM 及用于定量测量的探针 Indo-1-AM。

（6）细胞蛋白标记探针　配体、抗体或蛋白质与荧光探针连接以直接与细胞内受体或抗原结合（直接法）的荧光探针（Con A-FITC、Zymosan A-FITC 和 IgG-FITC 等）和适用于间接法显示细胞内物质的各种荧光标记二抗。

第五节　细胞凋亡与流式细胞术

细胞凋亡是指细胞在基因调控下自主而有序的生理性或病理性死亡过程，是一种不同于坏死的细胞死亡方式。细胞凋亡促使活细胞有序更替，在保证多细胞生物生存中发挥着重要作用。机体也可在病理情况下出现过度凋亡，从而使组织器官呈现疾病与损伤状态。相关研究已成为生命科学领域的一大热点。细胞凋亡具有相似的细胞形态学改变和 DNA 损伤特征，因此常利用这些特点来进行细胞凋亡的检测。随着细胞凋亡机制研究的不断深入，与其相关的细胞内信号通路启动或生物大分子的异常变化也逐渐得到揭示，因此，一些凋亡相关的分子激活或易位的检测也是检测细胞凋亡的方法之一。

一、细胞凋亡的检测

（一）细胞凋亡的形态学检测

1．光学显微镜检测　组织中的凋亡细胞呈单个散发存在，体积缩小，与周围正常细胞产生间隙。凋亡细胞的细胞核常常发生皱缩浓染或形成“圆形”或“新月形”凋亡小体。培养细胞爬片上的凋亡细胞表现为变圆、变小，细胞核染色质深染，发生核固缩、核碎裂。这些特征性变化均可在切片和细胞爬片（涂片）的 HE 染色中观察到。另外，通过特殊染色也可在光镜下观察到凋亡细胞的某些特征性染色结果，如采用吉姆萨染色法可见发生凋亡的细胞及凋亡小体呈蓝紫色深染，甲基绿-派洛宁染色可见凋亡细胞的细胞质呈紫红色（凋亡细胞内 mRNA 表达增强所致）。

2．荧光显微镜检测　最常用的细胞凋亡荧光染料为 Hoechst 33342 或 Hoechst 33258，这两种染料均可与细胞 DNA 的 A-T 键结合从而呈现凋亡细胞的染色质形态。染色后，活细胞细胞核内呈均质分布的蓝色荧光，而凋亡细胞的细胞核、细胞质内则出现致密深染的颗粒或块状蓝色荧光。此外，常用于检测细胞凋亡的荧光染料还有 DNA 荧光染料 4,6-二脒基-2 苯基吲哚（4,6-diamidine-2-phenylindole，DAPI）、溴化乙锭、吖啶橙等。

3．电子显微镜检测　将待检细胞按照电镜制样方法处理后进行透射电镜和扫描电镜观察。透射电镜下可见凋亡细胞表现为细胞核固缩致密、染色质碎片化，细胞膜下陷包裹细胞器和核碎片形成凋亡小体。扫描电镜下可见细胞的特征性表面结构（如微绒毛）消失，细胞膜形成皱褶。

（二）细胞凋亡的 DNA 片段检测

利用细胞凋亡时内源性核酸内切酶激活而产生的 DNA 双链断裂末端，使用带标记的外源核苷酸序列在特定酶的作用下识别这种 DNA 断裂末端，再借助一定的显色系统和显微镜便可进行细胞凋亡的检测。常用的方法之一是末端脱氧核糖核酸转移酶介导的原位末端转移酶标记技术（terminal deoxynucleotiolyl transferase-mediated dUTP-biotin nick end labeling assay，TUNEL assay）。TUNEL 染色已有商品化试剂盒，按照生产商提供的说明书进行操作，均可获得满意的染色结果，具有很高的灵敏度和特异性，其染色的凋亡细胞细胞核为棕褐色、呈固缩样，活细胞则呈苏木精负染的蓝色。类似的检测方法还有 Klenow 大片段介导的原位缺口平移法（*in situ* nick translation，INST）。

另外，细胞凋亡产生的 DNA 片段长度是有一定规律的，它总是核小体亚单位 DNA 长度（180～200bp）的整倍数，如果对这些 DNA 片段进行琼脂糖凝胶电泳，凝胶上的条带呈特征性“梯状”带。尽管细胞坏死也有 DNA 断裂现象，但此断裂是随机的，其形成的核苷酸片段也是大小不一的，凝胶电泳后呈膜状条带。利用这一特征，对检测样本的 DNA 进行提取后再进行琼脂糖凝胶电泳，如果有“梯状”条带，则提示出现了细胞凋亡。

（三）细胞凋亡相关分子的检测

胱天蛋白酶（caspase）家族在暴露其活性亚基而激活后，在凋亡程序的启动和执行过程中发挥着重要作用，是引起细胞皱缩、膜出泡和 DNA 断裂等特征性凋亡表现的关键分子。因此，利用特异性标记抗体检测细胞内激活的 caspase 分子水平，可测定凋亡早期和晚期的细胞。

另外，在细胞凋亡发生时产生特异性变化的分子是磷脂酰丝氨酸（phosphatidylserine，PS），此时它可从细胞膜内侧转移到外侧。利用特异性标记的膜联蛋白 V（Annexin V）和亲和细胞化学法可特异性识别细胞外的 PS，再利用 DAB 等显色系统可检测到早期凋亡的细胞。

二、流式细胞术

流式细胞术（flow cytometry，FCM）是利用流式细胞仪对快速直线流动的细胞或生物颗粒进行的一种多参数定量分析和分选的技术。利用细胞凋亡过程中所发生的细胞核、细胞器、细胞膜等形态和成分的变化，FCM在检测凋亡细胞时既可定性，又可定量，而且操作简单快捷，具有显著的优势。此外，FCM还广泛应用于细胞周期与细胞动力学、细胞增殖、细胞分化、细胞分类分型、特定基因表达等生理或病理状态的检测。

（一）流式细胞仪的主要工作原理

FCM的主要工作原理是，将待检细胞或微粒与荧光标记物结合后使其分散悬浮在液体中，然后依次按照一定速度通过样品池，激光光源发射的激光在此照射到流经的细胞而激发出散射光和荧光信号，光信号检测器捕获相应的信号并转换成代表前向散射角、侧向散射角和不同荧光强度的电脉冲信号，电信号随后经计算机系统处理分析并形成相应的点图、直方图和假三维结构图像。

（二）流式细胞术样品的制备

FCM是以单个细胞为分析对象的技术。因此，为了实现对新鲜实体组织、石蜡包埋组织、培养细胞、血液及各种体腔液的检测，研究者必须依据待检标本的特点进行相应的细胞分散，制备单细胞悬液用以最终分析。在制备单细胞悬液时，对标本进行处理难免会对细胞造成瞬时或持久的影响。所以，严格依据标准程序进行标本处理是获得产率高、损伤小的细胞悬液的基础。尽管已有专用的自动细胞分离器，但许多标本的处理仍然需要人工操作。这里主要介绍常用的三种标本单细胞悬液的制备。

1．新鲜实体组织　酶消化与机械破碎相结合可以达到更好的消化效果，可提高细胞产量，是最常用的方法。其作用机制是利用酶的消化作用来破坏组织间的胶原纤维、弹性纤维，或者水解组织间的糖胺聚糖、细胞间紧密连接中的蛋白质等物质，使细胞分散开来。常用的消化酶有水解蛋白质的胃蛋白酶、水解肽键和酯键的胰蛋白酶、水解胶原物质的胶原酶等，可根据组织的具体性质来选择消化酶。酶消化法的步骤为：①将待检新鲜组织置于离心管内，并用眼科镊将组织钝性撕成尽可能小的小块；②取1～2mL适宜的酶溶液加入离心管内；③在37℃环境下消化20～30min，消化过程中要间断性振荡或吹打；④终止消化，用300目尼龙网过滤以去除较大细胞团块，低速离心以去除细胞碎片；⑤制备好的细胞悬液可直接进行荧光标记，上机检测。如无法及时检测，可用固定液固定或低温保存。

采用此方法制备单细胞时，除要求使用无坏死和自溶的新鲜组织外，还要格外注意消化酶溶液的溶剂、浓度、消化时间、pH等，以免消化不充分或影响细胞活性。酶应根据组织类型选择最适宜的。必要时需要进行预实验以筛选最适酶的消化方式。

此外，有时也采用剪刀、匀浆机等纯机械法粉碎组织，如提取淋巴肉瘤、髓样癌和一些软组织肉瘤的细胞，但此法常可造成严重的细胞损伤，降低细胞的产量。采用0.2%EDTA和0.125%胰酶的EDTA溶液进行化学处理也是一种获取组织单细胞的方法，但此法易损伤细胞活性。低渗脱核法是利用低渗液体破坏细胞膜以使细胞核自行释放出来的方法，此法需注意避免脱核过久而造成核膨胀碎裂。

2．石蜡包埋组织　将石蜡包埋组织制成单细胞悬液是对其进行FCM分析的基础。常用于石蜡组织单细胞悬液制备的方法是胰蛋白酶处理法，具体步骤如下：①取适量石蜡包埋组织，切成40～50μm厚的组织片或研磨成直径为0.5mm左右的颗粒，置于试管内；②加入二甲苯，于室温下脱蜡1～2d，其间更换二甲苯两次左右；③将组织依次浸没于梯度乙醇溶液（100%、

95%、70%、50%）和蒸馏水内进行水化，各 10min 左右；④将组织用眼科镊进行钝性撕碎，然后加入 2mL 0.5%胰蛋白酶（pH 1.5～2.0），置于 37℃温箱消化约 30min，消化期间需要间隔振荡，消化完成后终止消化；⑤用滤网对消化的组织细胞进行过滤，残留组织可进行二次消化；⑥将所有消化下来的细胞汇集到一起，用生理盐水漂洗两次，500～1000r/min 离心、沉淀。收集的细胞即可用于 FCM 分析。

用此方法获取单细胞时，需要保证将包埋组织中的石蜡完全脱干净。胰蛋白酶的消化时间也不宜过长，以免影响细胞结构。

3. 培养细胞　培养细胞会有贴壁或粘连聚团的现象，有时产生过多的细胞碎片，这都会严重影响流式细胞仪的分析。因此，需要制备培养细胞的单细胞悬液。贴壁细胞的单细胞悬液制备方法如下：①将培养细胞用胰酶或者胶原酶消化 1～10min，必要时于 37℃温箱孵育；②用带血清的培养基终止消化，移液枪轻轻吹打以吹散细胞；③将细胞悬液加入离心管，500～1000r/min 离心 5min，弃上清液；④加磷酸盐缓冲液重悬、洗涤细胞，离心，重复两次；⑤最后用磷酸盐缓冲液重悬细胞后进行标记、FCM 分析。

（三）标本的质量控制

最好采用新鲜组织或细胞进行 FCM 分析，如果采集的新鲜组织或细胞不能及时分析，则要做好固定。如果检测的目的分子在细胞膜表面，则宜用醛类固定剂；如果靶标分子在细胞内，则建议使用醇类固定剂。固定时的环境温度宜在 0～4℃。

单细胞悬液是采用 FCM 进行定量分析所需要的特殊要求。因此，制备出合格的单细胞悬液是关键一环。动物机体中的血液、骨髓和淋巴组织是相对缺乏细胞间连接成分的，尤其血液和骨髓细胞是天然的单细胞分散材料，是 FCM 分析最适合的标本类型。而对于全血分析，则需要设法去除无关的细胞类型，只保留目的细胞类型；实体组织则是 FCM 分析中最常见的材料来源，但对于实体组织的单细胞悬液制备，目前尚无通用的方法，只能根据组织类型特点选择酶消化法、机械法、化学处理法及低渗脱核法，或者两种及以上方法结合使用。

石蜡包埋组织的单细胞悬液制备技术有力推动了 FCM 从只能定量分析新鲜组织细胞向对固定标本进行回顾性定量研究的拓展，推动了从传统形态病理学向分子病理学的发展。然而鉴于目前的水平，对用于 FCM 的石蜡包埋组织仍然有一定要求，石蜡包埋组织应是组织细胞丰富且经组织病理学诊断为病理形态的区域。用于消化的石蜡包埋组织切片的厚度应在 40～50μm，过厚时不仅消化费时，而且产生的单细胞少，过薄则易产生较多的细胞碎片。

临床上也常见各种脱落细胞样本，如胸水、腹水、组织腔冲洗液等，这些样本经简单处理后可获得较好的单细胞。但应注意上机检测的标本中，总细胞数应超过 10^6 个，杂质碎片、重叠细胞比率应控制在 2%以下，肿瘤细胞标本进行 DNA 异倍体检测时最好保证肿瘤细胞的占比在 20%以上。脱落细胞标本的 FCM 分析易出现假阴性和假阳性，应注意鉴别。

（四）流式细胞术样品的荧光标记

利用流式细胞仪对细胞的荧光强度进行定量，需要细胞上结合的荧光染料分子数与被结合的细胞组分呈一定的量效关系。同时，流式细胞仪对细胞荧光标记分子的激发也并不是越强越好。在一定范围内，激发光增强时，荧光分子的荧光强度按一定比例增加；而当荧光强度达到一定值时，再增强激发光则会造成细胞上的荧光素发生猝灭。

1. 常用荧光染料及其细胞参量的结合方式　在 FCM 检测中较为常用的荧光染料有碘化

丙啶（propidium iodide，PI）、溴化乙锭（ethidium bromide，EB）、异硫氰酸荧光素（fluorescein isothiocyanate，FITC）、藻红蛋白（phycoerythrin，PE）、藻红蛋白-花青素 5（phycoerythrin and anthocyanidin 5，PC5）、多甲藻黄素叶绿素蛋白质复合物（peridinin chlorophyll protein complex，PerCP）、花青素 5（anthocyanidin 5，Cy5）、别藻蓝蛋白（allophycocyanin，APC）和吖啶橙等。

不同的荧光素以特定的方式与细胞上或细胞内的生物分子结合而使其便于检测。

（1）共价结合　当细胞内 DNA 分子联结被打开时，荧光染料可与其以共价键形式形成一种不稳定的结合，如异硫氰酸荧光素（FITC）和藻红蛋白（PE）等染料的染色方式。

（2）嵌入性结合　碘化丙啶（PI）和溴化乙锭（EB）等染料可以直接嵌入到核酸分子中的碱基对之间，形成一种较为牢固的结合。PI 和 EB 具有多种相似的物理性质，但 PI 的发射光光谱峰更偏向长波，因此，在进行核酸与蛋白质的双参数测量时，PI 的激发荧光更易于与蛋白质标记物 FITC 的荧光区分开来。

（3）结构亲和结合　有的荧光染料分子携带正电荷，可与核酸结构中带负电的磷酸基团发生静电结合，这是一种很弱的结合方式，吖啶橙与核酸单链、派洛宁 Y 与单链核酸的结合均为这种静电形式的染色。

（4）抗原-抗体反应　对细胞待检分子进行荧光标记的方式还包括利用免疫反应将荧光素标记的抗体直接或间接与其形成抗原-抗体复合物。

定量细胞学的荧光染色易受多种因素的影响，主要包括以下几点。①染色时环境温度的影响。温度升高可降低荧光分子发光量子的产额，使荧光猝灭的可能性加大。②pH 的影响。每一种荧光染料分子发光量的最高产额均有其最适 pH，此时荧光分子与溶剂之间保持电离平衡，任何破坏这种平衡的 pH 变化，均可导致荧光强度的降低。③荧光染料浓度的影响。当溶剂内的荧光染料分子间相互作用最低时，荧光量子的产量是最高的，可产生最强的荧光强度。荧光染料溶液的浓度过低，达不到最高荧光强度，而浓度过高可引起溶液中缔合分子的形成反而引起荧光的猝灭。④杂质的影响。荧光染料中的杂质可使激发后的荧光分子与其他分子相互作用，降低荧光量子的产额。⑤细胞固定剂的影响。固定剂可干扰插入性荧光染料与细胞内目的分子的结合，造成荧光发射强度的改变。醛类固定液往往对 DNA 染料影响较大，而醇类则相对小得多。因此，在利用荧光染色技术进行 FCM 的定量检测时，必须尽可能地削弱上述因素的影响。

2．细胞破膜剂与溶血剂的使用　由于细胞膜的物理封闭作用，在直接进行细胞内部生物分子（如 DNA、细胞因子、酶等）的荧光标记时，往往不易得到很好的染色结果。因此，在染色前需要使流动的、完整的细胞膜产生可使荧光标记物进入细胞内的小孔，即破膜或打孔。进行破膜时所用的物质称为破膜剂，破膜剂的使用应能保持细胞原有的形态，且对细胞内外抗原的抗体结合力无显著影响。常用的破膜剂有 0.1%Triton X-100、70%乙醇和 0.05%皂角素。

在进行血液中白细胞的分析时，还常用到溶血剂，其作用是利用红细胞和白细胞细胞膜对渗透压差承受能力的差别来裂解红细胞而保留白细胞。目前，已有商品化的溶血剂供选择，但实验室也可自行配制，配制方法为：碳酸氢钾 1.0g、氯化铵 8.3g、EDTA-Na_2 0.036g，加双蒸水溶解至 1000mL。

三、细胞凋亡的流式细胞术分析

（一）早早期细胞凋亡检测

细胞凋亡启动的最早期是以 caspase-3 激活的上调为特点的。caspase-3 可通过 Fas-caspase-8

和细胞毒性 T 细胞颗粒酶 caspase-10 两种主要凋亡途径而被激活，进而导致向下的级联损伤反应从而引起凋亡。所以，临床上常用 FCM 检测 caspase-3 的激活水平来指示早早期细胞凋亡。

（二）早期细胞凋亡检测

细胞凋亡早期，原本存在于细胞膜内表面的带负电的磷脂酰丝氨酸（PS）外翻而暴露于细胞外部。荧光标记的 Annexin V 对 PS 具有高度的亲和力，因而可用作凋亡早期细胞膜外表面 PS 的识别探针。坏死细胞的外表面也存在外翻的 PS，因此需要用另一种染料（常用 PI）来区分早期凋亡细胞和坏死细胞。坏死细胞膜有损伤，因此 PI 可进入细胞与其中的 DNA 结合而呈现红色荧光，但凋亡早期和正常的细胞不会着染 PI。使用 Annexin V/PI 染色进行 FCM 的凋亡细胞检测时，双参数散点图上的左下象限显示 Annexin V^-/PI^-的活细胞，右上象限显示 Annexin V^+/PI^+的坏死细胞，而右下象限显示 Annexin V^+/PI^-的早期凋亡细胞（图 4-15-2）。早期的细胞凋亡还可用荧光染料（如 JC-1、rhodamine 123）检测细胞内线粒体膜电位的变化或用抗体 Apo2.7 结合线粒体膜外翻的 7A6 蛋白来显示。

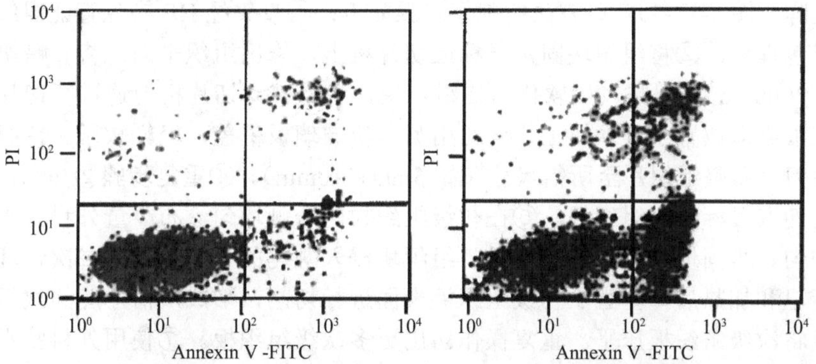

图 4-15-2　细胞凋亡的 Annexin V-FITC/PI 检测法

（三）晚期细胞凋亡检测

TUNEL 染色法可用于 FCM 检测细胞的晚期凋亡。用蛋白酶 K 对标本细胞打孔后，用外源性 TdT 催化荧光素标记的 dUTP 连接到晚期凋亡细胞内 DNA 断裂所产生的 3′端。用 FCM 检测带有荧光的 DNA 片段来指示凋亡细胞或凋亡小体。

第六节　组织微阵列技术

组织微阵列（tissue microarray，TMA）又叫组织芯片（tissue chip），是指将数十个至上千个不同的小圆柱形组织片按照预设的顺序有规律地排列在同一载体上而形成的组织切片。组织微阵列与基因微阵列（基因芯片）、蛋白质芯片和细胞芯片共同被称为生物芯片（biochip）。应用组织微阵列技术可对大批量组织样本同时进行免疫组织化学、原位杂交、原位 PCR 等组织原位分子生物学研究。由于在同一个微阵列中不同标本的操作步骤完全一致，因此组织微阵列提供了一个有效的、低成本的、比较多标本间分子表达差异的方法。商品化的组织阵列仪使组织微阵列的制作逐渐转向半机械化，同时其标本种类也逐渐拓展到冰冻组织、病原微生物及细胞株等。

一、组织微阵列的构建

（一）组织微阵列的构建程序

常规石蜡基质的组织微阵列构建方法主要包括以下几个程序：①根据检测需要进行组织微阵列的设计，主要包括检测的组织类型与数量，微阵列中不同组织柱芯的大小、排布规律等；②通过组织病理学观察确定待检组织的目标位置，并予以标记；③制作空白蜡块并根据微阵列的设计进行打孔，再依次从目标蜡块中钻取组织柱芯并插入空白蜡块的相应部位；④用切片机进行常规切片。

这种常规石蜡包埋组织微阵列的制作方法尽管极大地提高了组织原位的分析效率，但仍然存在一些问题，如柱芯的长度受限且不一致、柱芯内的组织成分和质量无法预测、空白蜡块所占据空间较大限制了每个组织微阵列所能分析的标本数量，以及柱芯尺寸仅限于钻取工具的设计尺寸。为了克服这些限制，人们开发出尖端矩阵组装（cutting-edge matrix assembly，CEMA）法，该方法将样品的连续切割和边缘-边缘紧密相连拓展到极高的程度，构成了无支架的阵列矩阵（图 4-15-3）。该方法的制作步骤如下：①收集经 HE 染色查证组织成分和质量的组织石蜡包埋块。②将组织块固定于标准切片机上，修出组织平面。将石蜡块推进到所需厚度（50～2000μm），用热风机软化石蜡组织块，轻轻转动切片机匀速进行切片。③将切取的初级组织板立即放置于玻璃板上，同时用另一块玻璃板覆盖，轻轻按压。待组织冷却硬化后，用单面刀片修整组织片至所需尺寸（如 5mm×10mm）。④重复步骤②和③，从其他待检石蜡组织上切取目标初级组织板。⑤在初级组织板的一侧均匀涂布少量外科胶水后将其按照一定顺序均匀、牢固地粘在一起，然后将组织块浸入融化的石蜡中进行二次包埋。⑥在对块体表面进行温和加热后，垂直于初级组织板表面进行切割，形成所需厚度的次级组织板，用两块玻璃板将次级组织板压平。重复操作切出更多次级组织板。⑦使用外科胶水将所有次级组织板黏附在一起，并浸入熔化的石蜡中进行包埋。此时，在最终的组织微阵列块表面呈现“棋盘格”形态。⑧将组织微阵列石蜡块进行切片（厚度 3～5μm），黏附于载玻片上，脱蜡（粘贴组织板的外科胶水可在此过程中溶解在二甲苯中）、水化后用于免疫组化、原位杂交、原位 PCR 等检测。

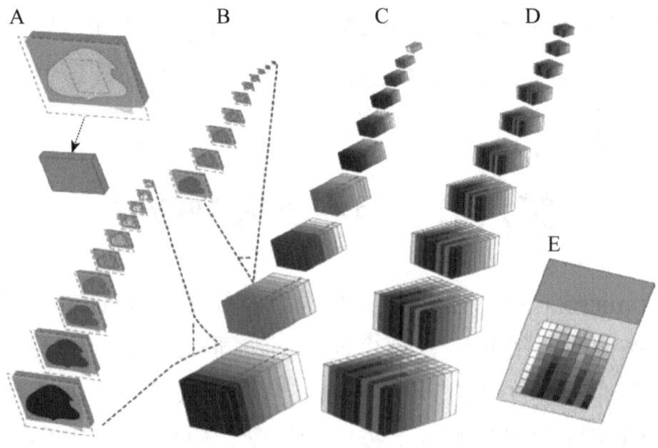

图 4-15-3 CEMA 法制备组织微阵列（Simon，2010）

A. 从石蜡块上切取较厚的初级组织板；B. 按顺序将初级组织板粘贴在一起；C. 垂直于初级组织板表面来切取次级组织板；D. 将次级组织板相互黏附在一起形成微阵列；E. 使用切片机对组织微阵列切片，贴附于载玻片

此外，常见的组织微阵列构建方法还有无空白石蜡块的皮下注射针技术、树脂载体的组织微阵列技术、冰冻切片组织微阵列技术、悬浮细胞与活检标本的微阵列构建技术等。其中，无空白石蜡块的皮下注射针技术利用改造后的皮下注射针头从供体石蜡块上打孔，以此来取得组织柱芯，组织柱芯用双面胶黏附于计算机生成的纸网格上，然后依据纸网格布局将组织柱芯插入充满液体石蜡的模具中即可。该方法可构建具有300多个柱芯的组织微阵列，无须使用受体空白石蜡块，且具有工具简便、取样快速的特点。冰冻切片组织微阵列技术利用包埋在聚乙二醇和聚乙烯醇水溶性混合物（optimal cutting temperature compound，OCT）中的冷冻组织块作为供体标本，并将标本插入受体OCT块中以形成组织微阵列。该方法一定程度上解决了石蜡包埋组织过程中引起蛋白质抗原变化和mRNA降解的问题，但易造成组织形态的改变（如组织内的冰晶常引起细胞间针状裂隙）。树脂载体的组织微阵列技术则利用冷丙酮组织固定技术结合甲基丙烯酸乙二醇酯树脂包埋，然后构建组织微阵列。该方法既可以克服石蜡包埋法严重丢失组织抗原的缺陷，又能保留良好的组织形态。

（二）悬浮细胞的组织微阵列构建

组织微阵列是一种高效的方法，可对成百上千个组织同时进行蛋白质或RNA表达的检测。尽管大多数组织微阵列是由石蜡包埋的组织制备而成，但也常会遇到细胞标本的检测需求。对于悬浮细胞，在经过固定、加工和包埋后，也可用$1\times10^6\sim5\times10^7$个细胞包埋柱芯构建组织微阵列。该方法适用于新鲜或冷冻的培养细胞、血液和骨髓、细针抽吸物、体液等标本的研究，特别是无法得到组织标本时，能良好保持细胞的形态和抗原性。具体步骤如下：①培养或处理的细胞离心（1000r/min，5min），用磷酸盐缓冲液清洗细胞两次，取$1\times10^7\sim5\times10^7$个细胞并用10%中性福尔马林固定1h。之后离心去除固定液，再用1.5mL磷酸盐缓冲液重悬。②用梯度乙醇（70%、95%、100%）对细胞进行脱水各20min，离心去除乙醇。加入1mL二甲苯透明20min，反复离心以充分去除二甲苯。③将离心管内的细胞沉淀粒在65℃中预热5min，用预先熔化好的石蜡轻柔地重悬细胞，继续在65℃中浸蜡至少20min。之后在石蜡中彻底混匀细胞，置于冷水中使细胞的石蜡悬液凝固。④用模具制作一个空白石蜡块载体，并根据预设的柱芯直径进行一定数量的打孔。⑤手持盛有石蜡包埋细胞的离心管管底，用相应直径的冲头取下细胞柱芯，置于相应石蜡载体块的孔内。待所有柱芯插入载体上的受体孔后，于45℃下放置20min，使柱芯和载体蜡块充分黏合。⑥放置一个载玻片在石蜡块的上面，轻轻压按以使石蜡块表面平整，同时载玻片与蜡块黏合在一起，放入4℃环境30min以上，细胞蜡块最终彻底硬化即得到细胞的微阵列。⑦切片时，取下细胞蜡块上的载玻片，无须过度修块，可直接固定于切片机进行切片（4～5μm厚）。

二、组织微阵列的分子检测

（一）组织微阵列的免疫组织化学检测

免疫组织化学技术是进行组织样本中原位蛋白表达分析的金标准，绝大多数已发表的组织微阵列对组织原位蛋白分子表达的研究均采用了这一技术。组织微阵列的免疫组织化学染色程序与传统大切片相似，但考虑到组织微阵列分析的大样本量特点，确定最佳的染色步骤至关重要，因为很小的步骤差异就可能会导致结果明显的不同，其中最需要注意的步骤是抗原修复的方法（修复方式与处理时间）和抗体应用策略（抗体类型、稀释倍数和孵育方法）。

组织微阵列特别适合免疫组织化学染色最优程序的筛选，因为不同的染色程序可同时在组织微阵列的连续切片上进行测试和直观比较。

（二）组织微阵列的 DNA 拷贝数检测

检测 DNA 序列的拷贝数变化对于临床实践和基础研究都具有重要意义，尤其是对于肿瘤的研究。荧光原位杂交（FISH）与组织微阵列技术的结合为评估大样本量组织中的基因畸变提供了高通量（high-throughput）研究手段，如测定不同来源的肿瘤组织中特定基因变化的组织谱。然而组织固定（如福尔马林浸泡）带来的交联亚甲基桥的形成会影响 FISH 探针的组织细胞穿透效果进而降低杂交效率，这在组织微阵列的检测中更为突出，这是因为构成组织微阵列的组织在固定形式、时间上可能有很大不同，其在石蜡中保存的时间及来源于年轻动物还是老年动物也会产生相应的影响。尽管在组织微阵列上的 FISH 染色技术要求很高，但目前已开发出多种组织预处理方案以提高此方法的检测成功率。此外，从数以千百个组织中获取杂交信号评分仍然以人工观察为主，这是一个烦琐且耗时的步骤。自动计分系统的开发有望在未来应用于组织微阵列的 FISH 检测。

组织微阵列的 FISH 检测不仅成功地用于发现各种恶性肿瘤的基因改变，还可迅速确定这些变化的临床意义，进而指导临床治疗和预后。

（三）组织微阵列的 RNA 表达检测

RNA 原位杂交技术，即在结构完整的细胞或组织中检测特定 mRNA 序列的技术。该技术在生物医学研究中没有得到广泛的应用，主要是因为该技术步骤烦琐且严格。RNA 原位杂交可以在没有合适抗体的情况下对感兴趣的基因编码分子进行详细的基因表达分析。在当今丰富的 RNA 分析技术中，RNA 原位杂交仍然是唯一能够在细胞水平上精确定位基因表达的方法。例如，新的分子标记或潜在药物靶分子必须在大量的组织中进行原位分析，而在癌症研究中，可以证明一个新特征分子确实是由肿瘤细胞本身表达的，而不是由周围任何组织表达的。组织微阵列为类似检测提供了很好的组织高通量工具。

三、组织微阵列的质量控制与代表性

（一）质量控制

组织微阵列的构建与分析是一个复杂的过程，涉及组织标本获得与制备、组织学诊断、临床与病理数据收集、检测程序和结果分析，所有这些因素都会影响组织微阵列研究的最终结果。

1. 组织标本获得与制备的质量　与组织标本切片制作要求一样，应当尽力缩短组织离体到固定的时间，以减少组织细胞内 DNA、RNA 和蛋白质的降解。潜在的方法包括液氮速冻、浸泡于可稳定核酸的特殊试剂中、固定蛋白质以使组织结构得到最好的保存；提高组织的固定效率也是有效减少组织自溶的方法，如选择强穿透力的固定剂、切取适当大小的组织标本。此外，来自不同机构的组织标本的处理程序很可能是不同的，在制备组织微阵列时需要考虑是否适合构建到一起。有时也通过预先检测待检组织中的已知抗原来预测待检分子的组织保留率和检测方法的组织适用性。

2. 组织学诊断的质量　构建一个大的组织微阵列通常需要长期的标本积累，时间可能长达 5～10 年。为了对特定的病变类型进行分析，需要对积累的组织病理学诊断进行筛选。然而，这些病理诊断的执行标准可能随着时间的推移而发生变化，或者病理学诊断来自不同的病理学家，从而造成了组织微阵列标本选择中的组织学诊断偏差。为了规避这种偏差出现在最终的微阵列中，必须提前仔细复核候选组织的截面。

3．临床与病理数据收集的质量　组织标本相关的临床与病理数据的种类与数量决定了组织微阵列研究的最终质量。当没有精准的数据记录时，只能对所有检测组织标本中特定分子改变的普遍性下一个结论。然而，大多数组织微阵列的研究是寻找分子改变与精细组织表型（如肿瘤的病理分期和分级、是否转移和预后）的关系。因此，应当尽可能全面地收集与待检组织相关的数据信息，包括病理学数据（如组织病变类型与病理分级，肿瘤的病理分期和分级，淋巴结分期、转移情况，肿瘤的组织学亚型及肿瘤类型特异性的数据等）和临床数据（如患病动物的年龄、性别、既往史和后续治疗信息）。

4．检测程序的质量　免疫组织化学分析是组织微阵列常用的检测手段，而影响免疫组织化学染色操作的因素有很多，如抗体的选择、实验条件、抗原修复和组织本身的状况等。因此，除组织微阵列本身所能提供的不同组织能同时进行同样的染色保障外，对于最佳染色条件的选择尤其重要。通常选择能够在相关阈值处区分蛋白质表达水平的染色程序。对于没有明确细胞定位和表达水平等信息的新的标记物来说，建议选择可获得最佳染色强度的检测条件。此外，还需要考虑组织微阵列本身的影响，如组织微阵列的切片保存时间等，因为切片在 4℃条件下长期保存后，检测阳性率会有明显下降。

组织微阵列的 RNA 原位杂交检测也面临着诸多因素的影响，尤其是探针灵敏度对研究结果的影响，这与免疫组织化学中抗体质量的影响类似。通常，单链互补 RNA（cRNA）制备的核糖探针比 PCR 制备的 DNA 探针灵敏度高，放射性标记的探针比明场检测的探针更灵敏。而利用 FISH 技术进行的 DNA 拷贝数检测则能在不同实验室检测条件下保持很好的一致性，这是因为 FISH 的信号统计以“有无”为准，而非“强弱”。

5．结果分析的质量　机体组织是由不同类型的细胞和细胞外成分构成的，即使在肿瘤组织中，也不全是肿瘤细胞，还存在间质细胞、浸润的淋巴细胞和血管等其他非肿瘤成分，即组织具有很高的复杂性。所以，组织微阵列染色结果的分析主要依赖病理学技能。经验丰富的病理学家可以有效区分同一组织不同细胞类型区域的阳性反应。另外，组织微阵列的特有技术优势是以极高的效率同时对大批量样本进行染色，但是病理学家的分析速度是很难匹配这一组织制片速度的，这也造成了组织微阵列分析的另一个技术瓶颈。

（二）组织标本的代表性

组织是有典型异质性的，因此，组织微阵列技术一问世，便有许多研究者关注阵列中如此小的组织斑点（tissue spot）是否具有足够的代表性来展示整个组织的特征。然而这种担忧基本是建立在“传统组织标本的切片是代表整个器官或肿瘤的”这样一个假设上。以直径 5cm、体积约为 65cm^3 的肿瘤为例，其组织切片（3cm×2cm，3μm 厚）的体积为 0.0018cm^3，肿瘤与切片的体积比为 1∶36 000，显然传统组织切片对整个肿瘤的代表性也是值得担忧的。而直径 0.6mm 的组织斑点体积为 0.000 000 85cm^3，是上述组织切片体积的 1/2000。这表明，“代表性”问题已经在组织切片与整个组织之间存在了，而且此代表性要远远大于组织斑点与组织切片之间的“代表性”。因此，真实的情况应是，组织切片和组织斑点都没有百分之百的可信度去代表整个组织或器官，只能尽可能地提示或接近真实的状况。事实上，在足够大样本量的分析中，组织微阵列检测能够充分地复制分子变化与临床病理指标的特定联系。

那么在一个组织微阵列中最好设置几个来自同一组织标本的柱芯呢？一般情况下，设置一个柱芯是合理的，这已经得到了大量研究数据的支持。尽管增加柱芯的量可以在一定程度上增加接近事实的可能，但会增加额外不必要的工作量并引入统计偏差。如果一定要增加同一标本的柱芯量，则结果分析只能限制于具有相同数量柱芯的样品之间的比较。

对于柱芯的直径大小，也没有统一的规定，而是根据微阵列中的组织类型进行相应调整。在肿瘤组织的微阵列构建时，一般认为 0.6mm 的直径比 1mm 的直径具有优势。因为小的组织斑点要么只含有肿瘤细胞，要么根本没有肿瘤细胞，这有利于肿瘤的最标准化分析。而组织斑点越大，包含非肿瘤细胞和增加变异性的可能性就越高。当然，柱芯直径在小于 0.6mm 时，冲孔的细小针头更易弯曲或断裂，从而增加了制作的难度。对于由正常组织构建的微阵列，通常建议使用较大直径的柱芯。因为正常组织应包括器官所有的相关细胞类型，而小于 0.6mm 的组织斑点不一定能完全涵盖所有细胞种类。

第七节　组学技术概述

分子生物学中，组学（omics）是指利用各种技术获得组织细胞生理或病理表型相关的分子信息组合，以研究分子功能及其与表型之间关系的科学。随着生命科学研究的不断深入，基因组学、转录组学、蛋白质组学、代谢组学、RNA 组学、糖组学、影像组学等各种组学技术不断涌现。基因组学（genomics）是研究生物整个基因组（DNA 中的全部遗传信息，包括基因和非编码 DNA）的科学；基因所包含的遗传信息经转录产生各种 mRNA，研究细胞在一定生理或病理状态下所表达的全部 mRNA 种类及水平的科学为转录组学（transcriptomics）；mRNA 翻译后产生蛋白质，但 mRNA 的种类和水平并不一定与其指导合成的蛋白质种类和水平相一致，因此，研究细胞在特定状态下全部蛋白质表达组合的科学为蛋白质组学（proteomics）；转录组学和蛋白质组学分别在基因的转录、翻译及翻译后修饰水平分析基因的功能，但这还不能完全代表生物体的全部功能，所以出现了对生物体或组织细胞的代谢产物组合进行定量分析的科学，即代谢组学（metabonomics）。

一、基因组学

基因组学的目的是对生物体所有基因进行基因组作图、基因定位和基因功能分析，特别是鉴定与疾病相关的基因改变，为疾病的个性化治疗提供最直接的支持。目前，基因组学界已经找到了导致包括人类在内的动物一系列常见病发生和生物性状形成的 DNA 序列特定变化。

（一）基因组学的研究内容

基因组学研究的内容包括三个方面：开展全基因组测序以建立生物体高分辨率的遗传、物理、转录和序列图谱的结构基因组学；利用结构基因组学提供的信息和高通量、大规模的试验方法与统计计算机分析来鉴定基因功能的功能基因组学；以结构基因组学和功能基因组学为基础来分析基因型与表型之间联系的比较基因组学。

（二）基因组学的研究方法

（1）**结构基因组学的研究方法**　主要包括基因作图和核苷酸序列分析，并以此确定基因的组成与定位。基因作图包括遗传图谱、物理图谱、转录图谱和序列图谱 4 种类型。遗传图谱是利用遗传重组方法得到基因在染色体上的线性排列规律；物理图谱则回答了构成基因组的全部基因的排列顺序及其间距。在遗传图谱和物理图谱完成后，再进行 DNA 核苷酸序列的分析，进而得到序列图谱，即测序，包括 DNA 片段化、碱基分析和 DNA 信息翻译等阶段。

（2）**功能基因组学的研究方法**　功能基因组学是在静态的基因碱基序列分析完成后进行的基因动态生物学功能研究，包括基因功能的发现、基因表达分析和突变检测。研究方法包括 cDNA 微阵列、DNA 芯片、基因表达系列分析（serial analysis of gene expression，SAGE）、基因敲除、基因陷阱和基因克隆等。

（3）**比较基因组学的研究方法**　主要涉及比较作图和比较生物信息学，即利用相同的一套 cDNA 探针对不同物种进行作图，然后用生物信息学方法进行比较分析。在基因组图谱和测序的基础上，比较基因组学通过对已知的基因和基因组结构进行比较，以此来揭示基因、基因家族的起源和功能及其在进化过程中复杂化和多样化的机制。

（三）基因组学研究的重要意义

功能和进化是 21 世纪后基因组时代的两大主题。基因功能的研究将直接促进人类对基因表达产物的广泛应用，而对功能性产物的进化与多样性研究直接产生了进化基因组学，成为连接基因型和表型之间的新桥梁。因此，后基因组时代的基因组学研究不仅破解新的生命奥秘，还将解决生物进化的难题。

基因组学将揭开生命起源、生物发育和物种进化的新奥秘。前期的研究已经揭示：生物种类的形式多样性与生命最本质物质的一致性存在辩证的统一。尽管生物学界已普遍相信，生命是通过化学进化而来的，但对有关细节仍然存在激烈的争论。基因组学的研究很可能使模拟生物起源和物种进化成为可能。同时，基因组学研究还将掌握生物生长发育过程中基因组不同时空的表达规律，揭示发育过程中的基因组活动规律就等于掌握了生物发育的过程。

基因组学将带动医学、农业等领域的发展。基因组学是解析复杂疾病与常见疾病的一种科学工具，将在疾病的发生发展与治疗控制方面提供新的思路。基因组学还在农牧领域逐渐发挥着更大的作用，如在畜禽遗传育种方面，高产、抗病基因的筛选离不开该技术的支撑。

二、转录组学

转录组学的研究对象为 RNA，它是连接基因组和蛋白质表达的桥梁。因此，转录组学为基因的结构、表达和功能研究提供了技术手段。广义的转录组是指生物体细胞或组织在特定状态下所转录出来的所有 RNA 总和，该 RNA 涵盖了信使 RNA（mRNA）、转运 RNA（tRNA）、核糖体 RNA（rRNA）、小 RNA（small RNA）及非编码 RNA（non-coding RNA）等。而狭义的转录组通常指所有编码蛋白质的 mRNA 的总和。通过转录组学分析，可以获得组织细胞特定生物学过程或疾病条件下基因表达的全部 RNA 信息，进而反映该条件下活跃表达的基因，以此表征生命活动规律。

（一）转录组学的研究内容

1．基因转录水平测定与功能注释　外界刺激或环境变化导致细胞内基因表达发生不同程度的变化，而转录组学测序不仅可以定性检测几乎所有的RNA，也能对其表达水平进行准确定量并相互比较，并将所有检测的序列读长（read）与现有数据库Gene Ontology（GO）、Kyoto Encyclopedia of Genes and Genomes（KEGG）、Clusters of Orthologous Groups of Proteins（COG）、Cluster of Protein Homology（KOG）等已注释功能的基因进行比对分析，从而得出特定条件下转录基因的名称和功能，以及其在生物学功能上的归类或信号通路中的联系等。

2．新基因功能注释　利用单碱基分辨率的转录组测序可进行新基因的注释包括编码区边界鉴定、非编码区区域界定和新基因（新转录区）标注等，特别是在低转录水平的基因发现方面具有很高的灵敏度。

3．非编码RNA（ncRNA）的发现与功能注释　第一个microRNA就是通过转录组学检测发现的，目前转录组学已经可以对其进行大规模检测并进行功能注释。同时，还不断地有新的microRNA通过转录组学被发现。

4．转录本结构变异　转录本是由一个基因转录而来的一种或多种可编码蛋白质的成熟mRNA。可变剪接负责转录后的前体mRNA加工，以调节单基因转录为多个mRNA转录本。这种转录本的结构变异是基因转录后表达多样性和生物性状多样性的基础。转录组学分析可以获取每个标本所存在的可变剪接类型及其相应表达量。

5．SNP和SSR标记的发现　单核苷酸多态性（single nucleotide polymorphism，SNP）是指在基因上有单个核苷酸变异而形成的遗传标记，其数量多，多态性丰富。简单重复序列（simple sequence repeat，SSR）也是基因组中广泛存在的一类具有大量重复核苷酸构成的序列，其两端的序列高度保守。通过转录组可以寻找潜在的SNP标记和SSR标记。

（二）转录组学的研究方法

传统转录组学检测数据和分析数据的方法主要有表达序列标签（expressed sequence tag，EST）、基于PCR技术的cDNA扩增限制性片段长度多态性技术（cDNA amplified fragment length polymorphism）、基于杂交技术的芯片技术、基于序列分析的基因表达系列分析（SAGE）和大规模平行标签测序系统（massively parallel signature sequencing，MPSS）等。然而，大多数物种（特别是非模式生物）尚没有全基因组序列信息，使用这一传统方法时具有检测周期长、成本高的缺点。

利用高通量测序技术进行序列分析的RNA-seq既可用于人和模式生物的转录组分析，又可用于非模式生物的检测。RNA-seq无须比对基因组信息设计特异性探针，而是采用六碱基随机引物合成全部转录本的cDNA第一链，合成第二互补链后加碱基A和测序接头，经过PCR扩增后得到整个标本的文库，并将文库用于Illumina基因组分析仪中进行测序。最终通过同源比对进行测序序列的注释和分析。除适用于更广泛的检测范围外，RNA-seq还可以提供精确的数字化信号，具有更高的检测通量，成为目前深入研究转录组复杂性的强大工具。

三、蛋白质组学

蛋白质组（proteome）是指充分依赖细胞周期阶段、细胞分化或在各种环境条件反应之下，细胞组织合成的及合成后修饰的各种蛋白质集合。而蛋白质组学（proteomics）则是研究组织细胞在不同特定生理或病理条件下的蛋白质组成及其活动特点的科学，可从蛋白质水平研究和发现生命活动的规律。相较于传统的蛋白质研究技术，蛋白质组学可以在大规模水平上一次性鉴定成千上万种蛋白质的表达水平和修饰水平，从而提示蛋白质参与特定生命活动的作用。

（一）蛋白质组学的研究内容

蛋白质组学直接研究细胞蛋白质（包括多肽）的表达，是对 mRNA 转录水平研究的一个重要补充，而且转录后和翻译后水平的调节导致 mRNA 与蛋白质的表达存在一定差异，因此蛋白质组学的研究具有一定的独特性和不可取代性。概括起来，蛋白质组学的研究分为两个方面。

（1）结构蛋白质组学（structural proteomics）　主要分析蛋白质氨基酸序列和空间结构及确定蛋白质种类和数量，即蛋白质表达模式研究。

（2）功能蛋白质组学（functional proteomics）　以蛋白质的功能和蛋白质间的相互作用为研究对象，即蛋白质功能模式研究。

蛋白质组学研究从一定程度上来说也是对组织细胞基因组功能发挥状况的研究。

（二）蛋白质组学的研究方法

蛋白质组学的研究方法涉及 4 个关键技术：样品的制备（蛋白质分离策略）、获取蛋白质信息（蛋白质图谱分析）、蛋白质鉴定和蛋白质特性分析。蛋白质的分离策略主要包括二维凝胶电泳法和自由流动电泳法等多维电泳法，免疫印迹法和亲和捕获法等亲和法以及大小排阻色谱法、离子交换色谱法、反向高效液相色谱法和疏水性相互作用色谱法等多维色谱法；蛋白质图谱分析主要应用还原作用和烷基化作用处理，再以酶解法或化学裂解法使蛋白质成为肽片段；蛋白质鉴定方法包括测序、双向电泳及质谱技术；蛋白质特性分析主要有磷酸化、糖基化等翻译后修饰检测，寡聚状态等蛋白质状态分析及细胞定位、免疫定位等。

（三）蛋白质组学的应用

在基础研究方面，蛋白质组学通过研究全部基因表达的蛋白质在不同试验处理下的时间与空间差异，可揭示生命活动的机制、寻找目标材料（特定的组织、细胞或细胞器）、确定目标蛋白质所在的位置及细胞和细胞器的分级分离等。

疾病的发生发展是一个蛋白质发挥作用的复杂过程，包括蛋白质在表达水平或表达类型上的改变。通过蛋白质组学分析可发现疾病不同时期的蛋白质标志物，从而提供相应疾病的诊断标志物及治疗靶点。比如，正常小鼠大脑组织中不表达 FK506 结合蛋白（FKBP-12），而患帕金森病的小鼠脑组织中高表达该蛋白质，提示 FKBP-12 的表达与帕金森病的发生发展密切相关。

应用蛋白质组学还可以发现药物靶点，从而为新兽药研发提供方向。研究表明，许多蛋白质是药物作用的靶标。利用蛋白质组学技术监测疾病和药物治疗期间的蛋白质表达谱和蛋白质-蛋白质相互作用的变化，可发现和确认药物治疗靶蛋白。

四、代谢组学

在基因组学、转录组学和蛋白质组学之后，又出现了一门新的组学研究技术，即代谢组学（metabonomics）。

代谢组学分为两个主流研究领域，一个是定性和定量分析生物体中内源性代谢物质的种类、数量及其代谢途径，另一个是研究生物体在受到内在或外在因素影响后其所有代谢物质在不同时间的动态变化规律。代谢组学所检测的代谢产物（分子量在 1000 以下）变化往往是基因表达和蛋白质表达细微变化的放大，可从动态的角度观察疾病发生、发展及转归的过程，而且所用检测技术相对比较容易掌握，不需要建立全基因组数据库和序列标签数据库等。这些方面使得代谢组学检测具有独特的优势，从而在临床诊断、治疗效果评价、新药研发（有效性和安全性评价）、器官移植及微生物等领域得到广泛应用。

（一）代谢组学的研究内容

根据研究对象和目的不同，代谢组学的研究分为 4 个层次。

（1）靶向代谢物分析（metabolite target analysis）　主要针对某一个或几个特定代谢产物组分进行定性和定量分析，可以是对某一类结构性质相关的代谢产物、某一代谢途径上的多个代谢产物或多个不同代谢途径中的标志性代谢产物的分析。

（2）代谢轮廓分析（metabolic profile analysis）　是对特定条件下生物组织内的代谢产物进行快速定性和半定量分析，目的是寻找相应代谢产物的代谢途径。

（3）代谢指纹图谱分析（metabolic finger printing analysis）　为整体性地定性分析标本，即同时分析多个代谢物而不分离鉴定具体单一组分，从而快速比较不同标本的代谢图谱，筛选鉴定目标标本。

（4）代谢组分析（metabolome analysis）　这是真正意义上的代谢组学分析，可对特定生物标本内所包含的所有代谢物进行定量分析，并研究一定影响因素作用下的动态变化规律。

（二）代谢组学的研究方法

代谢组学的研究流程包括湿法检测部分和干法分析部分，前者涉及标本的收集与处理、仪器检测分析，后者则指数据的分析和生物信息的提炼等。其研究技术包括样品分析技术和数据处理技术。常用的样品分析技术主要有质谱法（mass spectrometry，MS）、高效液相色谱法（high performance liquid chromatography，HPLC）、核磁共振法（nuclear magnetic resonance，NMR）和气相色谱法（gas chromatography，GC）。数据处理技术涉及数据的提取、峰对齐和去噪，代谢化合物谱库，以及生物信息学中的单维、多维统计法。其中多维统计法包括监督和非监督两种研究方法，监督研究方法包括显著性分析（DA）、偏最小二乘法-判别分析（PLS-DA）和人工神经网络分析，非监督研究方法包括主成分分析（PCA）、自组织映射（self-organizing map，SOM）和聚类分析（CA）。代谢组学常用的方法是模式识别法（PCA 和 PLS-DA），通过得分图（score plot）获得不同标本的代谢组分信息，然后依据载荷图（loading plot）获得变量信息并进行分析研究。

（三）代谢组学的应用

代谢组学已广泛应用于生命科学的多个研究领域。

在新药筛选与评价领域，代谢组学通过检测代谢网络中不同生物化学途径的成百上千个化合物的变化情况，可鉴定匹配人体疾病状态的优质动物模型，以此来进行疾病本身、药物药效和毒性的研究。它不仅可以研究药物引起的内源性代谢物改变，还能研究药物本身的代谢和动力学变化。代谢组学尤其可以从整体视角评价新药的治疗效果，特别是对于中草药这类非单一作用靶点的药物。

在疾病诊断方面，代谢组学可对疾病引起的代谢产物改变进行综合系统分析，不仅有助于深入了解病变的发展及其对机体的影响，而且能从代谢物质的角度筛选适宜的生物标志物以辅助临床诊断。

在微生物领域的研究中，代谢组学可用于突变体筛选、微生物表型预测及寻找微生物代谢途径等方面的研究。在微生物的工业生产方面，则主要是评估各种因素对发酵的影响，优化发酵条件和目的，最终提高生物工程产物的产量。

（张晓辉）

第十六章　比较病理学基础

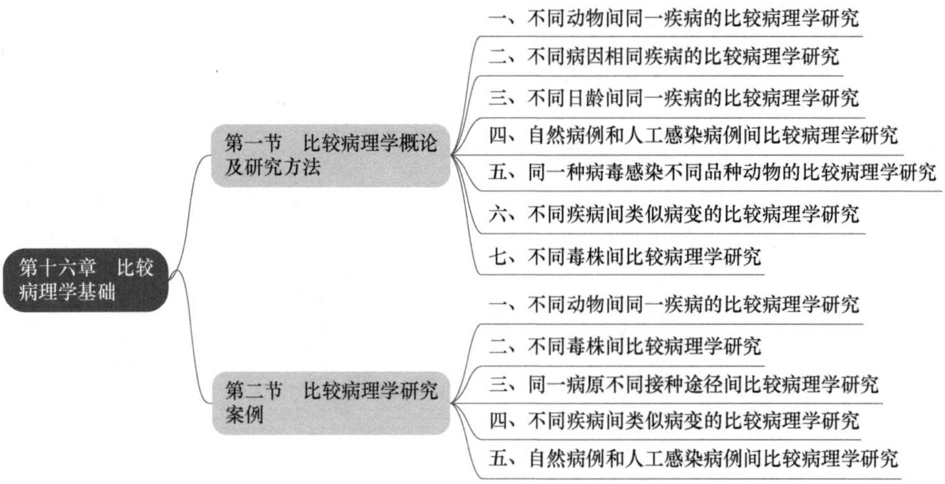

第一节　比较病理学概论及研究方法

比较病理学（comparative pathology）是将各种动物疾病及其病理过程与人类疾病的病理过程进行比较研究的一个病理学分支，其任务在于用病理学理论及其研究方法比较研究不同疾病之间或同一疾病不同动物（包括人）之间的疾病发生原因、病理变化、发病机制等方面的异同，以揭示疾病的发生发展规律，从而阐明疾病本质，为疾病的诊断和防治提供理论依据。在此简要介绍比较病理学概论及研究方法，并列举几个比较病理学研究案例。

人们通过对不同种系动物炎症现象的比较病理学研究，阐明了炎症的基本病理过程及其防御性的本质。在肿瘤比较病理学研究方面，多年来对各种实验动物、野生动物、家畜和家禽等自发性和实验性肿瘤的对比观察结果，已广泛应用于人类肿瘤病因、发病机制、药物筛选及肿瘤形态发生学的研究领域。动物肿瘤病毒病因的证实和对病毒致癌机制的认识，给人类肿瘤病毒病因和癌变机制的研究提供了重要线索。另外，从流行病学角度，通过对人类某些肿瘤高发区的家畜、家禽相关肿瘤的流行病学普查，研究对比人类和动物肿瘤发病状况及其病变特征，为研究环境因素与肿瘤发生的关系提供了颇有价值的资料。随着畜牧业的高速发展，比较病理学也发挥着越来越重要的作用，通过人工模拟动物感染的过程，并与自然感染的动物进行比较病理学分析，从而了解病原微生物具体的致病机制。因此，通过比较病理学分析，可以为病原感染的诊断及其致病机制的研究提供理论依据，更好地保证包括人类在内的动物的健康。比较病理学研究主要涵盖以下内容。

一、不同动物间同一疾病的比较病理学研究

比如对不同动物的大肠杆菌病、沙门菌病、结核病等疾病的比较病理学研究。以大肠杆菌病为例，禽大肠杆菌病主要引起鸡胚与幼雏的早期死亡、脐炎、急性败血症、纤维素性气囊炎、心包膜炎、肝包膜炎、关节炎和滑膜炎、全眼球炎、卵黄性腹膜炎、腹腔浆膜肉芽肿性炎症、足垫肿、肿头综合征及皮肤蜂窝织炎；兔大肠杆菌病主要发生在1～3月龄仔兔，临床表现呈败血症型和黏液性肠炎；仔猪大肠杆菌病在临床上主要表现为仔猪黄痢、仔猪白痢、仔猪水肿病及仔猪断奶后大肠杆菌性肠炎等。通过比较发现，不同动物间因同一病因所致疾病的临床表型及病理变化显著不同，这有助于理解病因致病的复杂性及宿主对病原致病的巨大影响。

二、不同病因相同疾病的比较病理学研究

比如奶牛、小鼠、鸡和人均会发生白血病，但其病原、发病机制及病理变化显著不同，对它们之间进行比较病理学研究，具有重要的理论意义。

禽白血病是由禽白血病病毒C亚群的病毒引起的禽类多种肿瘤性疾病的统称，禽白血病感染的毒株不同，病型和病理特征也不同，常见淋巴细胞白血病、骨髓细胞瘤病、成红细胞性白血病、成髓细胞性白血病等，更多的感染鸡表现为免疫抑制和生长迟缓、生产性能下降；牛白血病则由牛白血病病毒引起，病变类型比较单一，在体表和体内的淋巴结和各器官组织内形成淋巴细胞样肿瘤；人白血病是一类造血干细胞恶性克隆增生性疾病，其病因包括RNA病毒、化学因素、放射因素和遗传因素等。病毒性致病因素在牛、小鼠、鸡等动物中得到确证，可以借鉴这些动物白血病的研究方法或作为人类疾病模型进行研究，但是人白血病的进程和分类远比其他几种动物的要复杂得多。

三、不同日龄间同一疾病的比较病理学研究

比如对不同日龄无特定病原（special pathogen free，SPF）鸡感染禽白血病病毒或鸡马立克病毒后的比较病理学研究。不同日龄鸭感染后的比较病理学研究，对确定动物对病原的年龄抵抗力意义重大。

胚胎期或1日龄SPF鸡感染禽白血病病毒或马立克病毒后，容易复制出典型的肿瘤病变，然而1月龄SPF鸡感染，则难以复制出肿瘤。1周龄雏鸭感染鸭坦布苏病毒5d后能导致心肌变性、坏死、出血；肝细胞变性、坏死、出血及异嗜性粒细胞浸润；脾淋巴细胞浓缩、崩解、坏死，数量减少，伴有大量异嗜性粒细胞浸润；脑部血管出现“袖套现象”、噬神经细胞现象和胶质细胞结节等典型的病毒性脑炎病变。但7周龄鸭感染鸭坦布苏病毒后，感染鸭的病变则明显减轻，只见轻度的心肌纤维颗粒变性和少量炎症细胞浸润，病毒性脑炎病变也显著减轻，临床症状也不甚明显。用寨卡病毒复制感染模型时发现，注射哺乳小鼠可以成功复制疾病模型，而离乳后和成年小鼠用同样方法则无法完全复制该病模型。

四、自然病例和人工感染病例间比较病理学研究

通过对鸡低致病性禽流感、貂阿留申病及猪圆环病毒病等的人工感染病例与自然病例的比较病理学研究发现，二者间病变特征显著不同。人工感染常难以复制出临床病例的典型病变或

不具有致病性。这充分说明临床病例的发生是多因素协同作用的结果，属多因素疾病。

例如，低致病性禽流感病毒在自然感染过程中，常有其他病原的协同感染，可引起患鸡重度呼吸道症状，人工感染病例因 SPF 鸡自身不携带致病性病原，故感染后无症状或症状轻微。比较二者的病理变化可以发现，自然感染病例的鼻甲、喉头、气管腔内有大量黏液分泌，上呼吸道黏膜呈不同程度的卡他性、脓性炎症反应；人工感染病例的鼻甲、喉头、气管腔内仅有少量黏液分泌，呈轻度卡他性炎。自然感染病例的肺充血、实变，镜下观察可见肺泡壁及支气管、血管周围有大量炎症细胞浸润，支气管管腔被脱落的上皮细胞和炎症细胞堵塞，呈明显的间质性肺炎及支气管炎病变；而人工感染病例仅在支气管管腔内见少量脱落的上皮细胞，呈轻度支气管炎病变。

五、同一种病毒感染不同品种动物的比较病理学研究

芦花鸡对禽白血病病毒（ALV）的致瘤作用比其他品种鸡有更强的抵抗力，ALV-A 及 ALV-J 亚型感染在 1～15 周内对尼克蛋鸡和来航鸡的生长均有抑制作用，但对白羽肉鸡的抑制作用仅仅表现在其生长的早期。SPF 鸡 5 日龄胚经卵黄囊接种 ALV-A 后，几乎所有孵出的鸡从 1 周龄起即可表现出病毒血症，且持续 21 周以上。此外，接触感染的 SPF 鸡也都从 2 周龄开始出现病毒血症。但相同病毒以同样方法接种白羽肉鸡的鸡胚后，由其孵出的小鸡直到 8 周龄才能检测到病毒血症，且持续时间短。尼克蛋鸡则介于两者之间。除了不同品种，在同一品种不同品系间对同一病毒的抵抗力也有差异，所致疾病的临床表现及病理变化也有所不同。例如，DBA/2 系和 C3H 系小鼠对鸡新城疫病毒的反应和 DBA/1 系小鼠完全不同，前者引起肺炎，而后者引起脑炎。

六、不同疾病间类似病变的比较病理学研究

许多疾病之间有相似的临床表现及类似的病理变化，在它们之间进行比较病理学研究，对于疾病的鉴别诊断具有重要的参考价值。

例如，高致病性禽流感与新城疫的比较病理学研究发现，高致病性禽流感病毒与新城疫病毒均能引起易感鸡的出血性败血症病变，但存在明显差异，主要体现在：典型的高致病性禽流感可见鸡冠肉髯水肿出血，腿部鳞片出血，腿部、胸部皮下胶冻样水肿，胰腺坏死，剖检可见胰腺灰白色点状或灶状坏死、边缘出血，引起产蛋鸡更为严重的卵泡出血、坏死及输卵管炎症；而典型新城疫则以肠道淋巴组织集中部位黏膜出血、坏死（溃疡）为病变特征。

七、不同毒株间比较病理学研究

许多疾病的病毒（菌）株间的致病性有所差异，其致病性及感染动物后的病理变化会显著不同，而不同毒（菌）株间致病性及患病动物病理变化的比较病理学研究，对理解病原的多样性和变异具有重要的理论价值，如猪繁殖与呼吸综合征（蓝耳病）病毒经典毒株与高致病性变异毒株致病性的比较病理学研究。

蓝耳病经典毒株主要引起母猪繁殖障碍、免疫功能降低、间质性肺炎及呼吸道细菌病的继发感染，特征病变为间质性肺炎；高致病性蓝耳病毒株则引起病猪以高热为特征的急性败血症，剖检可见病猪肺呈暗红色实变，全身淋巴结肿大出血，胃肠道黏膜出血性卡他性炎。镜检呈现明显的间质性肺炎、病毒性脑炎及出血性坏死性淋巴结炎病变。两种毒株之间的比较病理学研究对认识蓝耳病病毒的变异演化及致病性变化具有重要意义。

第二节 比较病理学研究案例

一、不同动物间同一疾病的比较病理学研究

H5N1 禽流感病毒感染小鼠和两种灵长类动物的肺组织病理学比较（陈云新等，2008） 为比较 H5N1 禽流感病毒感染小鼠、恒河猴及食蟹猴急性期肺组织的病理变化。在麻醉状态下对 BALB/c 小鼠、恒河猴及食蟹猴进行 H5N1 病毒滴鼻接种，在感染急性期实施安乐死，取肺组织运用 HE 染色结合免疫组织化学技术分析肺组织的病理变化。结果显示：BALB/c 小鼠感染急性期，肺组织以变质性炎为主，肺泡结构被广泛破坏，以单核细胞为主的炎细胞浸润，局部可见渗出性炎。而在恒河猴感染急性期肺组织病理改变以渗出性炎为主，同时可见变质性炎和增生性炎。在食蟹猴感染急性期肺组织病理改变以渗出性炎和变质性炎为主，同时也可见上皮细胞的新生。因此，H5N1 禽流感病毒感染小鼠与恒河猴、食蟹猴的急性期肺组织病理变化不同，这为进一步认识禽流感的发病机制及开发针对性的治疗方法提供了理论依据。

二、不同毒株间比较病理学研究

1. MDRV 和 NDRV 感染番鸭病理学比较研究 番鸭呼肠孤病毒（muscovy duck reovirus，MDRV）和新型鸭呼肠孤病毒（novel duck reovirus，NDRV）均是我国近年新出现的水禽传染病病原，并呈地方性流行，严重影响了水禽业的健康可持续发展。临床上 MDRV 和 NDRV 均可感染番鸭并致严重的发病死亡，但两病毒引起的疫病在流行病学、临床症状和病理变化上均存在明显差异。研究比较人工感染 MDRV 和 NDRV 发病雏番鸭各实质器官的眼观和镜检病理学变化特征，可为进一步研究两病毒的致病差异奠定基础。

MDRV 人工感染番鸭的病理学：急性死亡雏番鸭在肝表面和切面可见大量直径约 0.5mm 的灰白色坏死点；脾肿大，表面和切面有直径约 1mm 的灰白色小点；肾肿大，表面出血和有黄白色条斑；肺淤血、水肿，肠道黏液增多；多数鸭脑膜出血。病变组织器官常规石蜡切片 HE 染色，镜检可观察到各器官不同程度变性、细胞溶解坏死及血管扩张充血，病灶区及血管周围淋巴细胞明显浸润；脾、胸腺和法氏囊淋巴细胞变性坏死，数量明显减少；其特征性组织病理变化主要为肝细胞程度不一的脂肪变性和空泡变性，小空泡融合成网眼状大空泡或肝细胞呈现局灶性溶解，并见淋巴细胞从病灶的周边逐渐向中心浸润，最后形成炎症细胞结节；脾淋巴细胞坏死，数量减少，网状结缔组织显露。

NDRV 人工感染番鸭的病理学：主要出现多器官组织坏死和出血病变，肝病变最为明显，肝表面有大量不同程度点状或斑片状出血与不规则坏死灶相混杂；脾变暗，可见不规则的坏死灶，有的坏死灶如肿瘤样，硬实、易剥离；心肌出血明显；法氏囊和肾也常见出血点；有时胰腺、肠道等也见坏死点。病变器官组织的石蜡切片 HE 染色后，镜检可见肝细胞不同程度变性或坏死崩解，呈局灶性，其间夹杂出血并见大量炎症细胞浸润；肾充血、出血、水肿，肾小管上皮细胞变性并与基底膜脱离；心脏呈间质性心肌炎，心肌纤维萎缩，间隙增大，并见炎症细胞浸润和灶状出血；脾充血出血，淋巴细胞减少、崩解形成坏死灶；法氏囊黏膜下出血，黏膜上皮细胞坏死脱落，淋巴滤泡和淋巴细胞减少。

2. 高致病性猪蓝耳病自然病例与美洲株（VR-2332）人工感染猪的比较病理学 为了解猪繁殖与呼吸综合征病毒（PRRSV）经典毒株与我国暴发流行的高致病性毒株在致病性上的差异，

对高致病性 PRRSV 自然感染病例和美洲株 VR-2332 人工感染猪进行比较病理学研究，探讨 PRRSV 高致病性毒株的致病特点及发病机制。结果显示，高致病性 PRRSV 会引起发病猪耳和四肢末端迅速发绀、皮肤点状出血、急性肺实变、全身淋巴结红色肿胀、急性炎性脾肿、部分病例脾边缘可见出血性梗死灶、肾点状出血和胃肠黏膜出血等剖检病变，死亡病猪具有急性出血性败血症的剖检病变特征。急性间质性肺炎或继发感染、全身性淋巴组织出血坏死、病毒性脑炎、实质器官变性坏死为高致病性 PRRSV 自然感染病例的组织病变特征。

对高致病性猪蓝耳病自然病例与美洲株人工感染猪病例比较，病变范围及病变性质基本相同，但病变程度具有显著差异。皮肤发红、眼睑肿胀发绀的外观病变在两者中基本相同。但高致病性猪蓝耳病自然病例的猪耳和四肢末段发绀的速度快、比例高，尚见皮肤点状出血、流鼻液或鼻出血等外在病变。肺实变、颌下及肺门淋巴结充血、肿大是两者共有的剖检病变。但高致病性猪蓝耳病发展快、病变程度重，淋巴结病变波及全身，出血性淋巴结炎的发病率高达35%。急性炎性脾肿，部分病例脾边缘可见出血性梗死灶、肾点状出血、胃肠黏膜出血及溃疡、实质器官重度变性坏死是高致病性猪蓝耳病特有的剖检病变，美洲株人工感染猪则很少见上述病变。对于镜检病变，急性间质性肺炎、坏死性淋巴结炎、坏死性脾炎、卡他性胃炎、病毒性脑炎等器官的病变性质在两者之间没有本质的区别。但病变程度人工感染猪显著轻于自然病例。两病毒感染猪的肺和扁桃体免疫组织化学染色阳性细胞及肺和脾电镜下病毒颗粒的分布及形态基本相同。

三、同一病原不同接种途径间比较病理学研究

1．不同途径感染猪血球凝集性脑脊髓炎病毒的比较病理学（高丰等，2003）　传代鼠血球凝集性脑脊髓炎病毒接种液，经不同途径感染 12 头 5 日龄仔猪（Ⅰ组：仔猪前后肢肌内注射病毒接种液各 1mL；Ⅱ组：仔猪口服病毒接种液 2mL；Ⅲ组：仔猪口服兼滴鼻各 1mL；Ⅳ组：仔猪脑内注射 0.5mL），并做比较病理学研究。结果表明，经脑内注射、前后肢肌内注射、口服、口服兼滴鼻等途径接种的仔猪全部感染发病，并在接种后 36～98h 死亡。发病猪出现脑、脊髓的小静脉和毛细管充血、出血、水肿，神经元水肿、急性肿胀、急性液化及中央染色质溶解、胶质细胞轻微增生等非化脓性脑脊髓炎特征。口服兼滴鼻接种猪脑脊髓出血、脑水肿最明显，神经元变质也最严重。脑内接种猪脑膜的血管周围出现明显的免疫细胞反应。

2．BALB/c 小鼠经不同途径感染单纯疱疹病毒Ⅱ型的病理学比较分析（程继帅等，2020）　为比较 BALB/c 小鼠经不同途径感染单纯疱疹病毒Ⅱ型（HSV-2）后的病理变化，分别采用经阴道、鼻腔和眼角膜 3 种不同的攻毒方式使 BALB/c 小鼠感染 HSV-2，观察小鼠的临床表现及攻毒部位和神经组织的病理变化，检测神经组织中的病毒载量。结果显示鼻腔组小鼠无明显症状，但至观察期结束仅有 27.27%的存活率；阴道组小鼠表现不同程度的外阴炎及体重下降等症状，观察至感染后 8d，小鼠的存活率已为 0；眼角膜组小鼠表现为不同程度的角膜炎，观察期结束存活率仍有 63.64%。组织病理结果显示，鼻腔组小鼠仅脑组织存在明显的病理变化；阴道组和眼角膜组小鼠攻毒部位均发生明显的病理变化，但阴道组小鼠脑和脊髓均可见明显的病理变化。神经组织病毒载量检测结果表明，与对照组相比，三个实验组小鼠脑和脊髓中 HSV-2 的病毒载量均显著升高，且随着感染时间的增加而升高。结论：BALB/c 小鼠经 3 种不同途径感染 HSV-2 均可引起小鼠不同程度的病理变化。本研究为揭示 HSV-2 感染引发的神经系统疾病的发病机制提供了理论基础。

四、不同疾病间类似病变的比较病理学研究

1．人 H7N9 禽流感病毒与 H1N1 流感病毒感染小鼠病理学损伤的比较（孙世惠等，2014） 本研究对 H1N1 病毒及 H7N9 病毒分别感染的 SPF 级近交系 BALB/c 小鼠病毒抗原的分布规律及主要脏器的病理损伤特征进行了对比研究，旨在于单一病毒感染的因素下，揭示宿主病理损伤与病毒复制、机体免疫反应之间的关系，并比较不同流感病毒的病理损伤与机体炎症反应，为进一步理解 H7N9 流感病毒感染的致病机制提供实验依据。

H7N9 病毒与 H1N1 病毒分别感染小鼠后，于不同时间点取心脏、肝、脾、肺、肾、脑、肠等组织，经 HE 染色并进行组织病理学分析，免疫组织化学检测病毒抗原分布及中性粒细胞浸润。结果：H7N9 病毒感染小鼠肺及脾损伤较轻，存活率较高。H1N1 病毒感染的小鼠肺及脾损伤较重，感染后 9d 全部死亡；两种病毒抗原主要分布于支气管上皮细胞、少量间质细胞和肺泡上皮细胞，病毒复制水平无明显差异。但 H1N1 病毒感染后肺及脾中均有大量中性粒细胞浸润，小鼠机体炎症反应明显强于 H7N9 病毒感染后小鼠。

结论：H7N9 病毒与 H1N1 病毒感染后小鼠病理学损伤特点及程度均不同，病毒复制是小鼠肺损伤的诱发因素但并非决定因素，宿主针对病毒感染产生的免疫反应程度与急性肺损伤密切相关。本研究表明 H7N9 病毒感染肺组织主要表现为局灶性脉管炎，其他组织未见显著病理学损伤。病毒分布主要集中在支气管上皮细胞和少量肺泡上皮细胞。H1N1 病毒感染肺组织为弥漫性肺损伤。宿主针对病毒感染产生的免疫反应包括中性粒细胞的激活及活化程度与肺损伤密切相关。本研究为进一步解释 H7N9 病毒感染致病机制、探索干预治疗新途径提供了实验依据。

2．三种氯霉素类药物对小鼠造血和免疫毒性的比较病理学研究（李春令等，2016） 氯霉素类药物为高效广谱抗生素，氯霉素、甲砜霉素、氟苯尼考三代氯霉素类药物对大多数革兰氏阳性菌和革兰氏阴性菌均有不同程度抑制作用。该类药物的抗菌作用机制是药物能够抑制细菌核糖体肽酰转移酶的活性，进而抑制细菌蛋白质的合成。由于真核细胞线粒体内核糖体具有与细菌类似的结构，因此也会成为氯霉素类药物的作用靶点，从而可能对真核生物的多种组织细胞产生不同程度的毒副作用。三代氯霉素类药物的相关毒副作用已被证实，但是三类药物对机体造血系统及免疫系统的毒副作用严重程度的比较研究未见报道。为保证药物的合理应用，确保食品安全及维护动物福利，很有必要对氯霉素类药物所致的造血毒性和免疫毒性进行验证、评估和比较。本研究选用鸡卵清蛋白（OVA）免疫后的昆明小鼠作为研究对象，将试验药物用无毒溶剂溶解后，按照 10mL/kg BW 的剂量灌胃给药，对照组小鼠灌胃相同体积的溶剂。小鼠分组情况如下：CH-氯霉素高剂量组、TH-甲砜霉素高剂量组、FH-氟苯尼考高剂量组；CM-氯霉素中剂量组、TM-甲砜霉素中剂量组、FM-氟苯尼考中剂量组；CL-氯霉素低剂量组、TL-甲砜霉素低剂量组、FL-氟苯尼考低剂量组。各组小鼠被称重，而后根据体重连续 7d 给予相应剂量的药物（高 1500mg/kg BW、中 1000mg/kg BW 和低 500mg/kg BW）。给药结束 1d 后，采集全血样品进行血常规分析，并进行 OVA 抗体及血清 IL-2 水平检测。小鼠称重后处以安乐死，采集骨髓、脾及胸腺组织进行组织病理学检查和凋亡检测。分离骨髓单核细胞及脾细胞，进行细胞周期检测和脾细胞增殖活性检测。结果表明，氯霉素类药物尤其是氟苯尼考能导致骨髓造血细胞的细胞周期阻滞并诱导细胞凋亡，骨髓的组织结构及造血环境受到了不同程度的影响，外周血中红细胞、白细胞及血小板的数量均有所下降。此外，三种氯霉素类药物特别是氟苯尼考，能够导致脾及胸腺组织发育不全和萎缩，脾细胞的细胞周期能被阻滞在 G_0/G_1 期，也能诱导脾细胞发

生凋亡。另外，脾细胞的增殖活性也受到药物的影响；OVA 抗体水平及 IL-2 水平检测结果表明，小鼠的体液免疫功能和细胞免疫功能均受到药物的影响。综上所述，三种氯霉素类药物均可导致昆明小鼠出现不同程度的造血毒性和免疫毒性，以相同剂量给药，氟苯尼考导致的毒副作用最强。

五、自然病例和人工感染病例间比较病理学研究

高致病性猪繁殖与呼吸综合征病毒自然感染与人工感染下的组织病理学观察（夏阳等，2020） 为进一步研究高致病性猪繁殖与呼吸综合征病毒（HP-PRRSV）的致病机制，对 HP-PRRSV 自然感染和人工感染下的病理组织学变化进行比较观察。方法：采集全国各地发病并已鉴定为 HP-PRRSV 感染的病猪，标记为自然发病组；随机挑选 PRRSV 抗体、抗原双阴性 1 月龄仔猪 10 头，颈部肌内注射 PRRSV 细胞毒（$TCID_{50}$为 $10^{-5.67}$）2mL；将 5 头 1 月龄仔猪设立为阴性对照组，颈部肌内注射灭菌生理盐水 2mL。所有仔猪均在 SPF 动物房中饲养，攻毒试验组与阴性对照组分别在安检区与效检区喂养，日常饮水、饲料一致。剖检病死猪（包括自然感染和人工感染），观察病变并拍照。快速采集肺、淋巴结、扁桃体、脾、脑、心脏、肾、肝、肠、气管、心血管等病料，用 10%福尔马林固定后，常规石蜡切片 HE 染色，进行病理组织学检查并拍照。结果：在组织病理变化方面，自然感染病例病变性质与人工感染基本相同，但在病变范围及严重程度方面存在明显差异：自然感染病例的胃肠道病变尤为显著，而人工感染病例却较少引发消化道病变；自然感染病例的炎症波及全身淋巴结，而人工感染病例以肺门淋巴结、下颌淋巴结、肠系膜淋巴结病变最为明显，其他部位淋巴结未见明显病变；自然感染病例中，常见多种病原的混合感染，提示 HP-PRRSV 可能作为多种疾病的基础病因。自然感染和人工感染病例在肺上均表现为严重的间质性肺炎，说明肺部位的病理变化对单纯 HP-PRRSV 感染的诊断具有指证意义。本研究为 HP-PRRSV 感染的诊断及其致病机制研究提供了理论依据。

（刘思当）

第十七章　数字病理与病理远程诊断

- 第十七章　数字病理与病理远程诊断
  - 第一节　数字病理
    - 一、数字病理的概念
    - 二、数字病理的优点
    - 三、数字病理和人工智能结合的实现
    - 四、数字病理在兽医中的应用
  - 第二节　远程诊断

第一节　数 字 病 理

病理诊断被看作是动物疾病尤其是肿瘤诊断的“金标准”，实现病理诊断技术新的发展构建，直接关系到现代兽医诊疗事业的发展。随着新发动物疾病的增多和宠物业的发展，兽医临床对动物病理工作者的需求量增加，对其病理技术和判读能力要求也越来越高，但病理人员的缺乏和诊断水平良莠不齐的现状限制了其快速发展。近年来，数字病理的出现和病理远程诊断的应用，不但能减轻动物病理工作者的工作负担，提高病理诊断的质量和效率，还能提高基层兽医和欠发达地区的病理诊断水平，在一定程度上缓解了病理学科的发展困境，这也是病理学科发展的必然趋势。

以玻璃切片和显微镜观察为基础的病理学技术已有200多年的发展历史，在国内外被广泛用于病理教学和科研工作中。近年来，随着计算机与信息技术的快速发展，衍生出了数字病理。20世纪80年代末曾有学者就设想采用数字化处理技术对整张切片进行处理，即数字切片技术，该技术一经提出，便引起很多国家的注意，在较短时间内掀起了一股研发的热潮。20世纪90年代美国最先将该技术研发成功，并逐步推广至商业领域。美国部分医学院校在2000年已用该技术取代传统的显微镜观察方式，随后在全世界范围内更多的医学院校开始引入数字病理切片系统。

一、数字病理的概念

数字病理切片是利用全自动数字切片扫描系统将玻璃切片通过无缝拼接技术，实现高质量的全幅玻片成像并生成全视野的数字切片，达到与显微镜下观察相似的效果。数字切片不是通过传统的数码放大，而是通过光学放大，因而图片不会出现失真和图像细节不清楚的情况，具有较高的保真特点。数字切片并不是一张静态图片，其包括玻璃切片上的所有病变信息，此种超大空间、高分辨率的数字切片图片在计算机上可随意放大、缩小，利用数字切片可观测到玻璃切片上的任何一个位置，且可将对应位置放大至所需的倍数（如5倍、10倍、20倍、40倍）（图4-17-1）。数字切片扫描系统包含硬件和软件两部分，其中数字切片扫描装置与高配置、高性能计算机是硬件的主要构成要素，而软件涉及内容较多，包括图像浏览与图像分析软件、专用扫描控制软件等。

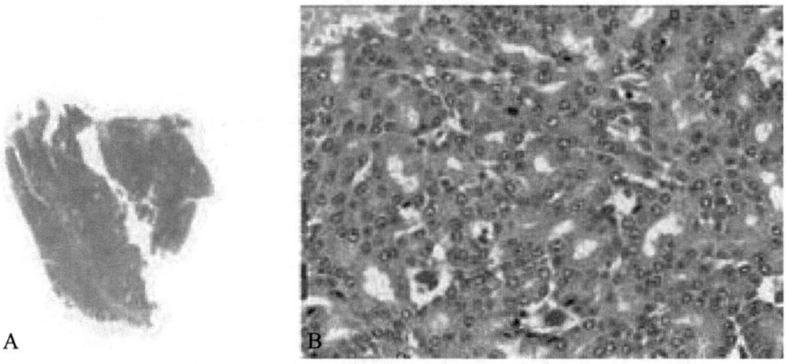

图 4-17-1　数字切片示意图
A. 全貌图；B. 40 倍放大图

二、数字病理的优点

1. 实现数字化与信息化　数字切片扫描系统可实现高速扫描，一张切片在数分钟之内便可完成，且扫描的清晰度高，使得动物病理教学与研究开始逐渐脱离显微镜，走向数字化与信息化时代。

2. 实现图片永久保存及图像质量恒定　传统玻璃切片存在易破碎、难保存、长时间保存后出现褪色等弊端，而且较为少见、极其珍贵的病理切片可能由于以上原因而丢失，严重影响病理学的教学质量和研究价值。另外，玻璃切片的保存成本相对较高，携带和运输也不方便。而数字切片不仅图像清晰度高，且质量恒定，还具有可无限复制、便于携带、不占用物理空间等优点。

3. 观察不受时间和空间的限制　传统动物病理学实验教学需要借助实验室和显微镜，学生需要在实验室或在实验课教学现场才能观察切片，限制了其自主学习的积极性。切片的数字化和网络化，将数字切片上传到服务器端，在局域网或是因特网的作用下，通过网上教学的方式，进行相互讨论分析，将课堂从实验室延伸到课外，学生利用手机或计算机可以实现随时随地学习，可在不同的时间与不同的地点表达自己的观点及看法，为病理学教学带来很大的方便，也有助于提高教学质量。

4. 有利于资源的共享　切片数字化和网络化便于高校之间的教学交流和教学资源共享，将具有丰富病理切片资料的资源带到相对缺乏或偏远地区，实现更多病例的学习和资源共享，甚至同国外建立共享机制，学习国外先进的理念或国外有而国内稀少甚至没有的动物病例，增加和丰富知识面，提升教学水平和教学质量。

5. 为人工智能和远程诊断奠定基础　切片数字化可将大量同一种类型的疾病组织病变输入计算机，经数字化分析，总结特征后用于诊断，既节省人力又节约时间，而且消除了人为阅片的差异。另外，切片数字化可以将图片无差异和迅速传递，可用于专家会诊，也适用于偏远地区和诊断水平相对较低的基层动物疫病监测部门。

三、数字病理和人工智能结合的实现

1. 切片质量和数字化是人工智能开发的必备条件　石蜡组织切片、免疫组织化学切片和特殊染色等病理切片制作精良、标准化和病变清晰可辨是做好人工智能开发和应用的基础，要求病理工作人员在组织取材、固定、制片和染色等步骤具有良好的功底。目前科技发展使切片数字化容易实施，但数据标准化的统一是人工智能的前提，没有统一化的数据标准就不能使人工智能顺利地应用于病理中。

2．病理诊断的准确性是人工智能开发和应用的前提　病理是定性分析，而人工智能则是基于定量分析。动物病理医生无法判定或模棱两可的病例交由人工智能来处理是不现实的，人工智能是无法就此进行学习的。因此，用于训练计算机所标注的切片，诊断必须是准确的，如果所标注的病变是错误的，则交给计算机的信息也必然是不准确的。病理诊断的准确性必须提前到人工智能开发之前，没有诊断质量，人工智能诊断的结果就无法得到保证。

3．病理标准化和资料的大数据互通共享　目前人们对动物病理学科在兽医临床和研究中的重视度不够，从事病理工作的人员不多，而且病理诊断没有统一规范化的标准，导致病例数量少、缺乏系统化和标准不统一等弊端，这是阻碍人工智能在兽医病理学发展中的重要一环。兽医临床面临的动物种类繁多，研究资料多散落在各地的高校和研究机构，实现病理标准化和集中共享是实现人工智能在兽医病理学中应用的关键环节。政府部门或行业机构应带头收集病例，实施标准化和大数据整合利用，在此基础上实现大数据互通共享，否则人工智能很难在兽医病理临床中得到快速发展。

4．人工智能辅助病理医生实现精准诊断　人工智能最大的优势在于搜索、整合和存储海量信息，并从中筛选出有价值的数据，通过深度学习技术，不断汲取医学书籍、论文、电子病历等信息，完善自身的数据库，并通过认知分析技术，结合强大的客观分析能力，发现人眼不易察觉的细节，学习病理阅片更深层面的特征，从而不断完善病理医生和数字病理诊断知识体系，能够帮助病理医生在短时间内实现大量切片的阅读并给出相应信息。

5．病理医生水平决定人工智能水平　人工智能在学习、记忆、搜索和整合等方面具有不可比拟的优势，但这些知识的给予必须是专业的病理医生，人工智能终究代替不了医生。人工智能诊断的准确度取决于医学发展及病理知识的更新和给予。

四、数字病理在兽医中的应用

数字病理是近年来传统病理和计算机及信息产业发展的产物，也是病理学科未来发展的新方向。目前大部分院校和研究机构已经具有该设备，主要应用于教学和科研中，可提高学生的学习兴趣，随时随地进行学习，不再局限于实验室环境和条件。但在兽医病理临床诊断中还缺乏研究和应用。在人医病理中，尤其是在乳腺癌等肿瘤性疾病的诊断与研究中已有长足的发展。

第二节　远 程 诊 断

病理远程诊断是“互联网＋”推动病理学科发展和建设的重要内容。“互联网＋”的介入可以突破远程会诊的局限性，实现国内外技术的融合，促进学科发展及诊疗水平的提高。数字病理远程诊断平台是把传统切片进行数字化、集成显微影像处理和Web图像浏览等，然后组织具有多年病理诊断经验的专家进行网上会诊，实现专家资源共享（图4-17-2）。通过互联网传输高质量的图像，甚至是实时为广大病理医生与患者提供便捷、快速的专家咨询服务，为病理医生提供无时间与空间限制的数字切片交流机会。

远程病理诊断大致经历了3种模式：静态图像诊断模式、遥控自动化显微镜诊断模式和数字化病理切片诊断模式。

（1）静态图像诊断模式　静态图像诊断模式是指申请医生以电子邮件或共享存储的方式将数码相机拍摄的病变部位图片传送给指定的病理专家，从而得到诊断结果的一种诊断模式。该模式不需要双方同时在线，便捷、经济，而且对硬件、软件的要求较低。但其缺点也是显而易见的，即图像的采集取决于申请医生的业务水平，通常带有较强的主观性，而且图像局限性大，缺乏连续性，这些都影响了病理诊断的准确性。

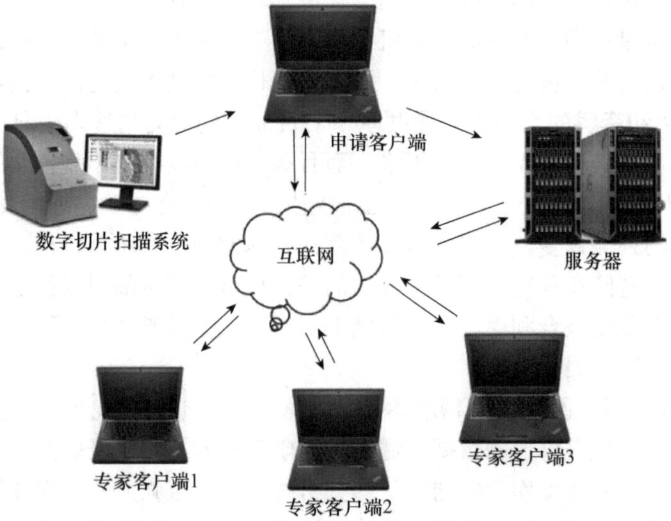

图 4-17-2　数字病理远程诊断示意图

（2）遥控自动化显微镜诊断模式　遥控自动化显微镜诊断模式是指会诊专家通过专业软件远程操作客户端的显微镜，采用平移切片、镜头倍率转换、视野亮度调整和镜头聚焦等方式实时调整图像。会诊过程中，专家与申请人员同时在线，相互交流，避免了静态图像的主观性和片面性，从而降低了漏诊和误诊的发生率。

（3）数字化病理切片诊断模式　远程病理诊断把病理切片从显微镜下“搬”到互联网上，是由专家进行异地诊断的一种新的病理工作模式，实现了医学病理资源、技术设备资源和医学科技成果信息资源的共享，目前在兽医病理中仅限于科研工作者间的交流和探讨，在临床中的应用相对较少。

（吕英军）

主要参考文献

白荣德. 1984. 免疫学. 济南：山东科学技术出版社

鲍恩东. 2000. 动物病理学. 北京：中国农业科技出版社

蔡宝祥. 2001. 家畜传染病学. 4版. 北京：中国农业出版社

曹玉璞，叶元康. 2000. 支原体与支原体病. 北京：人民卫生出版社

陈怀涛，许乐仁. 2005. 兽医病理学. 北京：中国农业出版社

陈怀涛，赵德明. 2013. 兽医病理学. 2版. 北京：中国农业出版社

陈怀涛. 2008. 兽医病理学原色图谱. 北京：中国农业出版社

陈怀涛. 2012. 动物疾病诊断病理学. 2版. 北京：中国农业大学出版社

陈溥言. 2015. 兽医传染病学. 6版. 北京：中国农业大学出版社

成军. 2016. 现代细胞自噬分子生物学. 2版. 北京：科学出版社

程杉，孔璐. 2017. 医学分子生物学. 北京：高等教育出版社

程楠. 2016. 猫泛白细胞减少症病毒反向遗传学操作系统的建立. 北京：中国农业科学院硕士学位论文

丁伟，王德田. 2014. 简明病理学技术. 杭州：浙江科学技术出版社

杜念兴. 1985. 兽医免疫学. 上海：上海科学技术出版社

段素琴. 2023. 单纯疱疹病毒Ⅰ型核衣壳结构蛋白的抗原特性分析及其在 mRNA 疫苗设计策略中的应用探索. 北京：北京协和医学院博士学位论文

范玉明，张舒. 2009. 毒理学安全性评价标准操作规程指南（全册）. 成都：电子科技大学出版社

高爱社. 2013. 病理生理学. 8版. 西安：第四军医大学出版社

高丰，贺文琦. 2010. 动物疾病病理诊断学. 北京：科学出版社

黄军生. 2020. Ⅲ型鸭病毒性肝炎病毒样颗粒抗原的制备及其免疫原性的初步研究. 合肥：安徽农业大学硕士学位论文

贾杰. 2001. 现代真菌病学. 郑州：郑州大学出版社

金宏丽. 2022. 寨卡病毒基因重组狂犬病病毒和细菌样颗粒的制备与实验免疫研究. 长春：吉林大学博士学位论文

金惠铭，王建枝. 2008. 病理生理学. 7版. 北京：人民卫生出版社

景志忠. 2023. 牛结节性皮肤病防控与净化. 兰州：兰州大学出版社

孔繁瑶. 2010. 家畜寄生虫学（修订版）. 2版. 北京：中国农业大学出版社

李成辉，田云飞，闫曙光. 2020. 激光扫描共聚焦显微成像技术与应用. 实验科学与技术，18（4）：33-38

李甘地. 2002. 组织病理技术. 北京：人民卫生出版社

李国清. 2015. 兽医寄生虫学（双语版）. 2版. 北京：中国农业大学出版社

李凌，李恩民. 2014. 卫生生物化学. 北京：人民卫生出版社

李普霖. 1994. 动物病理学. 长春：吉林科技出版社

李佑民. 1993. 家畜传染病学. 北京：蓝天出版社

李玉林. 2002. 分子病理学. 北京：人民卫生出版社

李泽君．2011．鸭坦布苏病毒病病原的分离鉴定及生物学特性研究．中国家禽，33（17）：34-35

李紫仟，赵新宇，李向南，等．2023．犬细小病毒吉林流行株的分离鉴定及 *VP2* 基因的遗传进化分析．特产研究，45（5）：92-98

梁雄燕．2018．髓细胞瘤相关 A 和 K 亚群禽白血病病毒分离株的生物学特性．荆州：长江大学硕士学位论文

林德馨．2013．生物化学．3 版．北京：人民卫生出版社

林飞卿．1992．医学基础免疫学．上海：上海医科大学出版社

刘澜澜．2010．腺胃型 IBV 的分离鉴定及三种不同致病型 IBV 毒株组织嗜性的比较．哈尔滨：东北农业大学博士学位论文

刘祖平．2019．病理实验室的设计建设与环保和安全管理．临床与实验病理学杂志，35（5）：612-613

卢伟成，高魁雄，张菊明．1974．肿瘤与免疫．王祖武，译．北京：人民卫生出版社

吕建军，霍桂桃，林志，等．2018．组织病理学同行评议的 GLP 要求及关注点探讨．中国药事，4（32）：485-493

马宝骊，肖祥熊．1987．医学免疫学．上海：同济大学出版社

马学恩，王凤龙．2016．家畜病理学．5 版．北京：中国农业出版社

马学恩，王凤龙．2019．兽医病理学．北京：中国农业出版社

内蒙古农牧学院．1981．家畜病理学．北京：农业出版社

粕川醴司．1986．免疫复合物病．北京：科学技术文献出版社

佘锐萍．2018．动物超微结构及超微病理学．北京：中国农业大学出版社

石梦雅．2021．2017-2019 马立克氏病病毒分子流行病学及分离株 GX18NNM4 的致病性研究．南宁：广西大学硕士学位论文

苏冬梅．2013．探讨消除免疫组织化学非特异性染色的方法．诊断病理学杂志，20（2）：127

田欣田，童文德，邱震东．1992．现代动物病理学实验技术．北京：中国农业出版社

王萌．2021．一株 E 亚群禽白血病病毒的分离鉴定及致病性分析．哈尔滨：东北农业大学硕士学位论文

王凤龙．2019．羊病快速诊治实操图解．北京：中国农业大学出版社

王建枝，钱睿哲．2018．病理生理学．9 版．北京：人民卫生出版社

王俊东．2016．环境兽医学．2 版．北京：中国农业出版社

王书奎，周振英．2004．实用流式细胞术彩色图谱．上海：第二军医大学出版社

王雯慧．2012．兽医病理学．北京：科学出版社

威廉 • B. 科尔曼，格雷戈里 • J. 聪格拉斯．2012．分子病理学：疾病的分子基础．步宏，石毓君，冯莉，译．北京：科学出版社

吴移谋，邵国青．2022．支原体学．3 版．北京：人民卫生出版社

徐晓琴．2010．牛传染性鼻气管炎病毒 LN01/08 株分离鉴定及其主要功能基因序列分析．北京:中国农业科学院硕士学位论文

杨军，张标，叶庆．2018．分子病理实验室设计要求及体会．诊断病理学杂志，25（11）：787-788

杨磊，王金玲，刘永宏，等．2018．牛羊常见病诊断防治彩色图册．长沙：湖南科学技术出版社

杨智捷．2020．展示犬瘟热抗原表位的犬细小病毒病毒样颗粒的制备及免疫原性研究．雅安：四川农业大学硕士学位论文

依安 • 迪萨等．1986．兽医免疫学入门．2 版．袁光斗，等译．北京：农业出版社

袁伯俊，廖明阳，李波．2007．药物毒理学实验方法与技术．北京：化学工业出版社

袁顺翎，方瑶，毛旭虎．2016．自噬与微生物感染．生命的化学，36（5）：613-620

袁野．2022．牛病毒性腹泻病毒分子流行病学调查及截短 E2 蛋白表达．昆明：云南农业大学硕士学位论文

张丹．2020．禽腺病毒血清 4 型山西株分离鉴定及其 Fiber-2 蛋白的体外表达．太原：山西农业大学硕士学位论文

张红云．2018．麻鸭源禽痘病毒的分离鉴定、全基因组测序和动物实验研究．广州：华南农业大学博士学位论文

张升，吴友苹，顾利强，等．2018．细胞自噬进程的分子信号通路研究进展．生命的化学，38（2）：213-223

张书霞．2011．兽医病理生理学．4 版．北京：中国农业出版社

张彦鹏，李静，寇铮，等. 2006. 鸭细小病毒 04Nb 株的分离鉴定与 *rep* 基因测序与分析. 中国病毒学，(2)：173-177.

张真真. 2017. Ⅰ群禽腺病毒血清 4 型的分离鉴定及其对鸡肝脏 AvBDs、IL-1β 和 IL-6 基因表达的影响. 郑州：河南农业大学硕士学位论文

赵烨. 2018. 国内鸡传染性支气管炎病毒遗传演化及传代致弱研究. 北京：中国农业大学博士学位论文

郑淑芳，徐鹏霄，张永亮. 2011. 免疫组化与分子病理学. 北京：人民军医出版社

郑武飞. 1989. 医学免疫学. 北京：人民卫生出版社

周斌. 2010. 假型猪瘟病毒体系构建及衣壳蛋白靶向灭活策略抗猪瘟病毒感染研究. 南京：南京农业大学博士学位论文

周春燕，药立波. 2018. 生物化学与分子生物学. 9 版. 北京：人民卫生出版社

朱丹婷，李景，俞立英. 2015. 白念珠菌致病性研究进展. 中国真菌学杂志，10（1）：54-58

Gad S C. 2006. 药物安全性评价. 范玉明，李毅民，张舒，等译. 北京：化学工业出版社

Levine B, Yoshimori T, Deretic V. 2012. 细胞自噬. 程轶喆，刘娟，译. 北京：化学工业出版社

Raskin R E, Meyer D J. 2015. 犬猫细胞学彩色图谱. 3 版. 董军和张迪，主译. 北京：中国农业大学出版社

Solf Y M. 2012. 禽病学. 12 版. 苏敬良，高福，索勋，译. 北京：中国农业出版社

W J 赫伯特. 1978. 兽医免疫学. 农林部兽医药品监察所，华北农业大学兽医系，合译. 北京：科学出版社

Zachary J F, McGavin M D. 2015.兽医病理学. 5 版. 赵德明，杨利峰，周向梅，主译. 北京：中国农业出版社

Ali S F. 2017. A Comprehensive Guide to Toxicology in Nonclinical Drug Development. 2nd ed. New York: Elsevier Press

Alberts B, Johnson A, Lewis J, et al. 2002. Molecular Biology of the Cell. 4th ed. New York: Garland Science

Araújo D, Henriques M, Silva S, et al. 2017. Portrait of *Candida* species biofilm regulatory network genes. Trends Microbiol, 25 (1): 62-75

Argyrios N T, Kolder R. 1989. Molecular aspects of autoimmunity. Immunol Today, 10 (6): 180

Azad A A, Barrett S A, Fahey K J. 1985. The characterization and molecular cloning of the double-stranded RNA genome of an Australian strain of infectious bursal disease virus. Virology, 143 (1): 35-44

Bamford C V, d'Mello A, Nobbs A H, et al. 2009. *Streptococcus gordonii* modulates *Candida albicans* biofilm formation through intergeneric communication. Infect Immun, 77 (9): 3696-3704

Bányai K, Palya V, Dénes B, et al. 2015. Unique genomic organization of a novel avipoxvirus detected in turkey (*Meleagris gallopavo*). Infection Genetics and Evolution, 35: 221-229

Bartam P A, Smith B P, Holmberg C, et al. 1989. Combined immunodeficiency in a calf. J Am Vet Med Abs, 195 (3): 347-350

Batt R M, Barse A, Rutgers H C. 1991. Relative IgA deficiency and small intestinal bacterial growth in German shepherd dogs. Res Vet Sci, 50: 106-111

Benavente J, Martínez-Costas J. 2007. Avian reovirus: structure and biology. Virus Res, 123 (2): 105-119.

Blecha F, Baker P E. 1986. Effect of cortisol *in vitro* and *in vivo* on production of bovine IL-2. Am J Vet Res, 47 (4): 841-845

Bumstead J M, Howes K, Payne L N. 1985. Effect of cyclosporine A on normal antigen-stimulated and MDV exposed and trans-formed chicken lymphoid cells. Avian Pathology, 14 (1): 99-113

Chu B, Kon N, Chen D, et al. 2019. ALOX12 is required for p53-mediated tumour suppression through a distinct ferroptosis pathway. Nature Cell Biology, 21 (5): 579-591

Copelan E A, Deloach J R, Waddell K S, John S C. 1990. Purine metabolism in feline lymphomas. Vet Path, 27 (2): 117-121

Corrier D E. 1990. Interdigital skin test for evaluation of delayed cutaneous basophil hypersensitivity in young chickens. Am J Vet Res, 51 (6): 950-954

Corrier D E. 1991. Mycotoxicosis: mechanisms of immunosuppression. Vet Immunol and Immunopathol, 30: 73-78

Cota E, Hoyer L L. 2015. The *Candida albicans* agglutinin-like sequence family of adhesins: functional insights gained from structural analysis. Future Microbiol, 10 (10): 1635-1648

Crissman J W, Goodman D G, Hildebrandt P K, et al. 2004. Best practices guideline: toxicologic histopathology. Toxicologic Pathology, 32: 126-131

Crook M. 2003. Handbook of toxicologic pathology. 2nd ed. Journal of Clinical Pathology, 56 (2): 160

David J L. 1991. Nutritional—mechanisms of immunosuppression. Vet Immunol and Immunopathol, 30: 19-30

Dohms J E, Metz A B. 1991. Stress mechanism of immunosuppression. Vet Immunol and Immunopathol, 30: 89-109

Demaine A G. 1989. The molecular biology of autoimmune disease. Immunol Today, 10 (11): 190

Dezzutti C S, Wright K A, Lewis M G, et al. 1989. Feline virus-induced immunosuppression through alterations in signal transduction: down-regulation of protein kinase C. Vet Immunol and Immunopathol, 21 (11): 55-67

Dixon S, Lemberg K, Lamprecht M, et al. 2012. Ferroptosis: an iron-dependent form of nonapoptotic cell death. Cell, 149 (5): 1060-1072

Dohms J E. 1991. Mechanism of immunosuppression. Vet Immunol and Immunopathol, 30: 19-30

Donald H M, Miller H C, Marx P A. 1985. Immune defect in similar acquired immunodeficiency syndrome. Vet Immunol and Immunopathol, 8: 210-214

Eterradossi N, Saif Y M. 2013. Infectious bursal disease//Swayne D E, Glisson J R, Mcdougald L R, et al. Diseases of poultry. 13th ed. USA: Wiley-Blackwell Publishing: 219-246.

Fan J D, Liao Y X, Zhang M R, et al. 2021. Anti-classical swine fever virus strategies. Microorganisms, 9 (4): 761.

Fang X, Wang H, Han D, et al. 2019. Ferroptosis as a target for protection against cardiomyopathy. Proceedings of the National Academy of Sciences, 116(7): 2672-2680

Fink S L, Cookson B T. 2005. Apoptosis, pyroptosis, and necrosis: mechanistic description of dead and dying eukaryotic cells. Infection and Immunity, 73 (4): 1907-1916

Finkel J S, Mitchell A P. 2011. Genetic control of *Candida albicans* biofilm development. Nat Rev Microbiol, 9 (2): 109-118

Flesburg P J, Clichman L T, Shofer F, et al. 1987. Clinical, immunologic and epidemiologic characteristics of canine selective IgA deficiency. Advances in Experimental Medicine ＆ Biology, 216 (B): 1461-1470.

Frank B, Bernard C. 1990. Immunomodulation in domestic food animal//Advances in Veterinary Sciences and Comparative Medicine, New York: Academic Press, INC

Ganar K, Das M, Sinha S, et al. 2014. Newcastle disease virus: current status and our understanding. Virus Research, 184: 71-81

Giger U, Werner L L, Millichamp N J, et al. 1985. Sulfadiazine-induced allergy in six doberman pinschers. J Am Vet Med Assoc, 168: 479

Glickman L T, Shofer F S, Payton A J, et al. 1988. Survey of serum IgA, IgG and IgM concentration in a large beagle population in which IgA deficiency had been identified. Am J Vet Res, 49: 1240-1245

Gorman N T, Werner L L. 1986. Immune-mediated disease of the dog and cat. Ⅲ. Immune-mediated diseases of the integumentary, urogenial endocrine and vascular systems. Br Vet J, 142 (6): 491

Gorman N T, Werner L L. 1986. Immune-mediated disease of the dog and cat. Ⅰ. Basic concepts and the systemic immune mediated diseases. Br Vet J, 142 (5): 395

Gorman N T, Werner L L. 1986. Immune-mediated disease of the dog and cat. Ⅱ. Immune-mediated diseases of the haemolymphatic and musculoskeletal system. Br Vet J, 142 (5): 403

Gowthaman V, Kumar S, Koul M, et al. 2020.Infectious laryngotracheitis: etiology, epidemiology, pathobiology, and advances in diagnosis and control—a comprehensive review. The Veterinary Quarterly, 40 (1): 140-161

Granstron D E, Ridley R K, Baoan Y, et al. 1989. Type-hypersensitivity as a component of eosinophil myositis in cattle. Am J Vet Res, 50 (4): 571-574

Greaves P. 2012. Histopathology of Preclinical Toxicity Studies. New York: Academic Press

Green D R, Reed J C. 1998. Mitochondria and apoptosis. Science, 281 (5381): 1309-1312

Habu S, Kimura, M, Katsuki M, et al. 1987. Correlation of T cell receptor gene rearrangement to T cell surface antigen expression and to serum immunoglobulin level in SCID mice. Eur J Immunol, 17 (10): 1467-1471

Hadian K, Stockwell B R. 2020. Snapshot: ferroptosis. Cell, 181 (5): 1188

Halliwell R E W, Gorman N T. 1989. Veterinary Clinical Immunology. Philadelphia: W. B. Saunders Company

Hammberg C, Schurig G G, Ochs D L. 1989. Immunodeficiency in young pigs. Am J Vet Res, 50 (6): 868-871

Haschek W M, Rousseaux C G. 2002. Handbook of Toxicology. 2nd ed. New York: CRC Press

Haschek W M, Wallig M A, Rousseaux C. 2013. Fundamentals of Toxicologic Pathology. 2nd ed. New York: Academic Press

Haschek W M. 2018. Fundamentals of Toxicologic Pathology. New York: Academic Press

Haschek-Hock W M, Wallig M A. 2018. Biochemical and Molecular Basis of Toxicity. New York: Academic Press

He H, Du L, Guo H, et al. 2020. Redox responsive metal organic framework nanoparticles induces ferroptosis for cancer therapy. Small, 16 (33): 2001251

Heinz F X, Stiasny K. 2012. Flaviviruses and their antigenic structure. Journal of Clinical Virology, 55 (4): 259-295

Hoffmann-Fezer G, Lösch U. 1983. Distribution of IgM, IgG and IgA positive cells in lymphatic organs of normal and UM-B19 chickens. Int Arch Allergy and Applied Immunol, 70 (4): 346-351

Hofmann-Lehmann R, Hosie M J, Hartmann K, et al. 2022. Calicivirus infection in cats. Viruses, 14 (5): 937

Huo S X, Zhu Y C, Chen L, et al. 2024. Complete genome sequence and construction of an infectious bacterial artificial chromosome clone of a virulent duck enteritis virus strain XJ. Transboundary and Emerging Diseases, 2024: 1746963

Hurmach V, Platonov M, Prylutska S, et al. 2021. Anticoronavirus activity of water-soluble pristine C_{60} fullerenes: *in vitro* and *in silico* screenings. Advances in Experimental Medicine and Biology, 1352: 159-172

Imaoa K, Kar Y, Nishikawa Y, et al. 1988. Induction of antinuclear antibodies in rabbits by infection with rinderpest virus with different degree of virulence. Japanese J Vet Sci, 50 (5): 1115-1118

Jezyk D F, Felsburg P J, Haskins M E, et al. 1989. X-linked severe combined immunodeficiency in the dog. Clin Immunol and Immunopathol, 52 (2): 173-189

John A W. 1981. Oncogenic viruses. J Path, 135 (1): 39-81

Jones C J, Lioyd J E. 1989. Hypersensitivity reaction and hematologic changes in sheep exposed to mosquito feeding. Vet Bull, 59 (8): 483

Jordan F T. 1986. Immunosuppressive diseases in poultry. Vet Annual, 26: 137-142

Jubb K V F, Kennedy P C. 1985. Pathology of Domestic Animals. 3rd ed. Saunders Ltd

Kim Y C, Guan K L. 2015. mTOR: a pharmacologic target for autophagy regulation. The Journal of Clinical Investigation, 125 (1): 25-32

Kostro K. 1989. Hypersensitivity to trichophytin in small animals experimentally infected with tri-chophytin equinum. Journal of Medical and Veterinary Mycology, 27(6): 353-361

Koyama H, Nakanishi H, Kajikawa O, et al. 1983. T and B lymphocytes in persistent lymphocytic and leukemic cattle. Japanese J Vet Sci, 45 (4): 471-475

Labbé K, Saleh M. 2008. Cell death in the host response to infection. Cell Death and Differentiation, 15 (9): 1339-1349

Lafrado L J, Quintana D A, Javaclian M A, et al. 1989. Polymorphonuclear leukocyte function in HIV-1 infected chimpanzees. Vet Immunol and Immunopathol, 21 (1): 3-12

Lai W C, Pakes S P, Owusu I. 1989. Mycoplasma pulmonis depresses humoral and cell-mediated immunity in mice. Lab Anim Sci, 39(1):11-15

Lee G，Hwang J H，Park J H，et al. 2020. Vaccine strain of O/ME-SA/Ind-2001e of foot-and-mouth disease virus provides high immunogenicity and broad antigenic coverage. Antiviral Res，182: 104920

Liu Y, Filler S G. 2011. *Candida albicans* Als3, a multifunctional adhesin and invasin. Eukaryot Cell, 10 (2): 168-173

Lois D, McKeeman L. 2013. Biochemical and Molecular Basis of Toxicity. Amsterdam: Elsevier Press

Louis J, Charlene S D, Mark G L, et al. 1989. Immunodeficiency in latent feline leukemia virus infection. Vet Immunol and Immunopathol, 21 (1): 39-46

Lutz H, Lehmann R, Winkler G, et al. 1990. Feline immunodeficiency virus in Switzerland: clinical aspects and epidemiology in comparison with feline leukemia virus and coronaviruses. Schweiz Arch Tierheilkd, 132 (5): 217-225

Mair T S, Tayler F G, Harbour D A, et al. 1990. Concurrent cryptosporidium and coronavirus infection in an Arabian foal with combined immunodeficiency. Vet Rec, 126 (6): 127-130

Mann P C, Vahle J, Keenan C M, et al. 2012. International harmonization of toxicologic pathology nomenclature: an overview and review of basic principles. Toxicologic Pathology, 40 (4): 7-13

Marrison W I. 2009. The Ruminant Immune System in Health and Disease. Cambridge: Cambridge University Press

Mayer F L, Wilson D, Hube B, et al. 2013. *Candida albicans* pathogenicity mechanisms. Virulence, 4 (2): 119-128

McClure H M, Anderson D C, Fultz P N, et al. 1989. Spectrum of disease in macaque monkeys chronically infected with SIV/SMM. Vet Immunol and Immunopathol, 21 (1): 13-24

Mcguire T C. 1987. The immune response to viral antigens as a determinant of arthritis in caprine arthritis-encephalitis virus infection. Vet Immunol and Immunopathol, 17: 465-470

Meguson N S, Perryman L E. 1986. Metabolic defects in SCID in man and animals. Comp Biochem Physiol, 83 (4): 701-710

Meischke H R C. 1983. Adult T-cell leukemia virus. Aust Vet J, 60 (10): 315-316

Michael B, Yano B, Sellers R S, et al. 2007. Evaluation of organ weights for rodent and non-rodent toxicity studies: a review of regulatory guidelines and a survey of current practices. Toxicologic Pathology, 35: 742-750

Miyoshi N, Tateyama S, Ogawa K, et al. 1991. Proto-oncogenes of genomic DNA in clinically normal animals of various specics. Am J Vet Res, 52 (6): 940-944

Nakamichi K, Ichikaws S, Kato S. 1987. Investigation of family line and antibody producing abilities in IgG deficient chickens. Poul Abs, 13 (8): 187

Niu T M, Yu L J, Zhao J H, et al. 2023. Characterization and pathogenicity of the porcine epidemic diarrhea virus isolated in China. Microbial Pathogenesis, 174: 105924

Niwano Y, Becker B A, Mitra R, et al. 1990. Suppressed peripheral blood lymphocyte blastogenesis in pre and postpartal sheep by chronic heat-stress. Dev Comp Immunol 14 (1): 139-149

Nobile C J, Fox E P, Nett J E, et al. 2012. A recently evolved transcriptional network controls biofilm development in *Candida albicans*. Cell, 148 (1/2): 126-138

Norman F C. 1988. Introduction to Veterinary Pathology. New York: Wiley

Orsi C F, Borghi E, Colombari B, et al. 2014. Impact of *Candida albicans* hyphal wall protein 1 (HWP1) genotype on biofilm production and fungal susceptibility to microglial cells. Microb Pathog, (69/70): 20-27

Outteridge P M. 1985. Veterinary Immunology. New York: Academic Press

Oyejide A, Moulton J E, Wolcott J A. 1985. Immunosuppression in experimental trypanosomiasis. Vet Immunol and Immunopathol, 10 (2-3): 253-263

Pederson N C, Yamamoto J K, Ishicla T, et al. 1989. Immunodeficiency virus infection. Vet Immunol and Immunopathol, 21 (1): 111-129

Perrymas L E. Bue C M, Maguson N S, et al. 1987. Immunology reconstitution of foals with combined immunodeficiency. Vet Immunol and Immunopathol, 17 (1-4): 495-508

Phillison A T. 1980. Scientific Foundations of Veterinary Medicine. London: William Heinemann Medical Books Limited

Pillai A G, Awadhiya R P, Vegacl J L. 1989. Pathology of passive mesenteric anaphylaxis in chicken. Avian Pathology, 17 (2): 465-476

Pivovar L M. 1988. Autoimmune dyspepsia syndrome in new born piglets. Veterinaria, 26: 131-134

Pomeranz L E, Reynolds A E, Hengartner C J. 2005. Molecular biology of pseudorabies virus: impact on neurovirology and veterinary medicine. Microbiol Mol Biol Rev, 69 (3): 462-500

Pradhan H K, Mohanty G C, Lee W Y, et al. 1988. Immune complex-mediated glomerulopathy in Marek's disease. Vet Immunol and Immunopathol, 19 (2): 165-171

Prel A, Le Gall-Reculé G, Jestin V. 2008. Achievement of avian influenza virus-like particles that could be used as a subunit vaccine against low-pathogenic avian influenza strains in ducks. Avian Pathology, 37 (5): 513-520

Qin J, Kuang W, Xingyu Z, et al. 2020. Platelet membrane-camouflaged magnetic nanoparticles for ferroptosis-enhanced cancer immunotherapy. Small (Weinheim an der Bergstrasse, Germany), 16 (22): e2001704

Ren X P, Xue C Y, Kong Q M, et al. 2012. Proteomic analysis of purified Newcastle disease virus particles. Proteome Science, 10 (1): 32

Robinson W F, Shaw S E , Alexander R, et al. 1990. Feline immunodeficiency virus. Aust Vet J, 67 (8): 278-280

Rope C R. 1991. Pathology of lymphoid organs with emphasis on immunosuppression. Vet Immunol and Immunopathol, 30 (1): 31-44

Ruegg C L, Clements J E, Strand M. 1990. Inhibition of lymphoproliferation and PKC by synthetic peptides with sequence identity to the transmembrane and Q proteins of Visna virus. J Virol, 64 (5): 2175-2180

Reinacher M. 1989. Disease associated with spontaneous feline leukemia virus infection in cats. Vet Immunol and Immunopathol, 21 (1): 85-95

Sahota P S, Popp J A, Jerry F. 2013. Toxicologic Pathology-Nonclinical Safety Assessment. New York: CRC Press

Samal S K.2021 Paramyxoviruses as vaccine vectors//Vanniasinkam T, Tikoo S K, Samal S K. Viral Vectors in Veterinary Vaccine Development. Berlin: Springer: 113-139

Schuler W, Weiler I J, Schulor A, et al. 1986. Rearrangement of antigen receptor gene is defective in mice with SCID. Cell, 46 (7): 963-972

Shirota K. 1986. Glomerulopathy in swine: microscopic lesions and IgG or C deposition in 100 pigs. Japanese J Vet Sci, 48 (1): 15-22

Shoenfeld Y, Isenberg D A. 1989. The mosaic of autoimmunity. Immunol Today, 10 (4): 123-126

Sijtsma S R, Rombout J H W M, Dohmen M J W, et al. 1991. Effect of vitamine A deficiency on activity of macrophages in NDV infected chicks. Vet Immunol and Immunopathol, 28 (1): 17-27

Sijtsma S R, Rombout J H, West C E, et al. 1990. Vitamine A deficiency impairs cytotoxic T lymphocytes activity in MDV infected chickens. Vet Immunol and Immunopathol, 26 (2): 191-201

Silva S, Negri M, Henrique M, et al. 2012. *Candida glabrata*, *Candida parapsilosis* and *Candida tropicalis*: biology, epidemiology, pathogenicity and antifungal resistance. FEMS Microbiol Rev, 36 (2): 288-305

Silva S, Negri M, Henriques M, et al. 2011. Adherence and biofilm formation of non-*Candida albicans* Candida species. Trends Microbiol, 19 (5): 241-247

Simon R. 2010. Tissue Microarrays: Methods and Protocols. New York：Humana Press

Souza A M. 1988. Effect of lymphoid leukosis virus and IBDV on vaccination against ND. Poul Abs, 14 (6): 188

Spilman M S,Welbon C, Nelson E, et al. 2009. Cryo-electron tomography of porcine reproductive and respiratory syndrome virus: organization of the nucleocapsid. The Journal of General Virology, 90 (Pt 3): 527-535

Stanley C, Peter A W, Robert T M. 1979. Mechanism of Immunopathology. New York: John Wiley and Sons

Stockwell B R, Friedmann Angeli J P, Ferroptosis H B, et al. 2017. A regulated cell death nexus linking metabolism, redox biology, and disease. Cell, 171 (2): 273-285

Sun W Y, Tyurin V A, Mikulska-Ruminska K, et al. 2021. Phospholipase iPLA2β averts ferroptosis by eliminating a redox lipid death signal. Nature Chemical Biology, 17 (4): 465-476

Suter M M, Wilkinson J E, Dougherty E P, et al. 1990. Ultrastructural localization of pemphigus vulgaris antigens on canine keratinocytes *in vivo* and *in vitro*. Am J Vet Res, 51 (4): 507-511

Thibodeau G A, Patton K T. 2000. Structure & Function of the Human Body. 11st ed. City of Saint Louis: Elsevier, Mosby

Tizard I R. 1989. Veterinary Immunology. New York: W. B. Saunders Company

Trainin Z, Essex M. 1982. Immune response to tumor cell in domestic animals. J Am Vet Med Assoc, 181 (10): 1125-1133

Treuting P M, Albertson T M, Preston B D. 2010. Toxicologic pathology. Toxicologic Pathology, 35 (4): 495-516

Tronchin G, Pihet M, Lopes-Bezerra L M, et al. 2008. Adherence mechanisms in human pathogenic fungi. Med Mycol, 46 (8): 749-772

Tuboly S. 1987. Adenovirus-induced immune complexes in ovine fetuses. Vet Immunol and Immunopathol, 15 (3): 215-222

Tuomari D, Elliott G, Kulwich B, et al. 2004. Society of toxicologic pathology position on histopathology data collection and audit trail: compliance with 21 CFR parts 58 and 11. Toxicologic Pathology, 32 (1): 122-123

Uekert W, Westermann P, Wunderlich. 1982. Nearest neighbour relationship of major structural proteins with bovine leukemia virus Particles. Virology, 121 (2): 240-250

Uematsu M, Oki Y. 1988. Antibody production and Ig class in IgG deficient chickens. Japanese J Zootechnical Sci, 59 (10): 874-878

Wang H, An P, Xie E, et al. 2017. Characterization of ferroptosis in murine models of hemochromatosis. Hepatology, 66 (2): 449-465

Wang X M, Wang Y L, Huang D M, et al. 2022. Astragaloside Ⅳ regulates the ferroptosis signaling pathway via the Nrf2/SLC7A11/GPX4 axis to inhibit $PM_{2.5}$-mediated lung injury in mice. International Immunopharmacology, 112: 109186

Weijer K, Uytdehaag F G, Usterhaus A D. 1989. Control of feline leukemia virus. Vet Immunol and Immunopathol, 21 (1): 69-83

Weiss R C, Vaughn D M, Cox N R. 1988. Delayed-type hypersensitivity skin responses associated with feline infectious peritonitis in two cats. Res Vet Sci, 44: 396-398

Wick G, Hala K, Wolf H. 1987. The role of genetically determined primary alteration of target organ in the development of spontaneous autoimmune thyroiditis in obese strain chickens. Poul Abs, 13 (9): 225

Wick G, Möst J, Schauenstein K, et al. 1985. Spontaneous autoimmune thyroiditis: a bird's eye view. Immunol Today, 61 (12): 359-364

Willems A, Noordzij A, Rutten V P, et al. 1985. Induction of non-IgE anaphylactic antibodies in dog. Clin Exp Immunol, 59 (2): 351-358

Wright K A, Dezzuttics, Lewis M G, et al. 1989. Feline virus-induced immunosuppression through alterations in signal transduction changes in intracellular free calcium levels. Vet Immunol and Immunopathol, 21 (11): 47-53

Wright N G, Mohammed N A, Eckersall P P, et al. 1985. Experimental immune complex glomerulonephritis in dogs receiving cationized bovine serum albumin. Res Vet Sci, 38 (3): 322-328

Wyatt C R, Magnuson N S, Perryman L E. 1987. Defective thymocyte maturation in horse with SCID. J Immunol, 139 (12): 4072-4076

Yun T, Yu B, Ni Z, et al. 2013. Isolation and genomic characterization of a classical Muscovy duck reovirus isolated in Zhejiang, China. Infect Genet Evol, 20: 444-453

Zametti M, Sercarz E, Salk J. 1987. The immunology of new generation vaccines. Immunol Today, 8 (1): 18-25

Zhang X L, Zhu Z X, Yang F, et al. 2018. Review of seneca valley virus: a call for increased surveillance and research. Frontiers in Microbiology, 9: 940.

Zheng J, Conrad M. 2020. The metabolic underpinnings of ferroptosis. Cell Metabolism, 32 (6): 920-937